2차개정판

도로계획과 설계

강재수

도서출판 건설정보사

발 간 사

    1970년 경부고속도로의 건설 이후 우리나라의 도로는 국내 여객 및 화물수송의 90% 이상을 담당해오며 국가 경제발전을 선도하고 있습니다. 고속도로의 개통 이후 40여년이 지난 2007년 말 총 도로 연장은 10만km를 넘어섰으며, 그중 고속도로는 3,368km에 이르는 도로망을 구축하여 전반적인 도로형편은 개선되었다고 볼 수 있습니다. 하지만 국토의 상당부분이 산악지로 되어 있는 지형조건 및 도심지의 교통집중현상 등 도로건설환경의 특수성과 OECD 국가 중 도로밀도가 국가순위 28위로 조사대상 30개국 중 최하위에 머물고 있는 점을 고려할 때 지속적으로 도로망의 확충이 이루어져야 할 것입니다.

    생활수준 향상에 따라 안전, 편리성 등 국민적 요구가 증가하고 있으며, ITS, 스마트하이웨이 등 첨단 도로기술이 빠른 속도로 발달하고 있습니다. 노선 및 시설물 특성에 맞추어 물류, 지역간 소통 뿐 아니라 역사와 문화의 소통 공간으로서 고속도로 디자인의 기본 가이드라인이 제시되기도 하였습니다.

    기술적, 사회적 도로 건설분야의 발전과 더불어, 건설정책의 변화 추이를 보더라도 최근 5년간 도로부문 투자는 전체적으로 감소한 반면 민자도로의 건설 및 관리 부문 투자는 높은 증가세를 보이고 있어 부족한 재정을 보안하고 조기개통을 통한 사회적 편익 실현이 중요한 사회적 이슈가 되고 있습니다. 도로의 설계와 계획에 있어서 보다 심도 있는 검토와 내실화가 요구되고 있으며, 최근 도로설계 기준의 변경이 적용된 새로운 도로계획 및 설계기준이 정립이 필요한 실정입니다.

    이러한 도로설계 환경의 변화와 요구에 발맞춰 2009년 2월 『도로의 구조·시설 기준에 관한 규칙』이 개정되었으며, 1998년 발행 이후 많은 도로기술자들의 도로설계 지침서가 되어 온 『도로의 계획과 설계』를 새로운 기준에 맞춰 개정·발간하게 되었습니다. 이번 개정판에는 한국의 지형 여건에 부합되도록 개선된 정지시거를 반영하였으며, 갓길 차로제(LCS) 와 소형차 도로의 설계기준을 추가하여 도로 공간의 효율적 활용과 중대형 차량이 적은 도심지의 효율적인 도로용량 수용을 꾀하였습니다.

아무쪼록 다소의 미흡한 점이 있더라도 본 서가 기술자 여러분의 관심 속에 도로기술의 발전을 도모할 수 있는 동반자가 되기를 간절히 바랍니다.

2009년 8월

강 재 수

차례

그림색인 - ixx -
표색인 - xviii

제 1 장 총론

1.1 도로의 기능 - 2 -
    1.1.1 도로기능의 의미 - 2 -
    1.1.2 도로의 기능 - 2
    1.1.3 도로의 공간기능 - 4 -

1.2 도로의 구분 - 6 -
    1.2.1 개요 - 6 -
    1.2.2 도로의 구분 - 6 -

1.3 도로의 네트워크 특성과 계획 및 설계 - 8 -
    1.3.1 일반사항 - 8 -
    1.3.2 기능별 특성 - 9 -
    1.3.3 설계요소 - 14 -

1.4 도로 구조와 설계 - 16 -

1.5 설계기준의 기본적 요소 - 18 -
    1.5.1 계획목표년도 - 18 -
    1.5.2 설계기준 자동차 및 자동차의 분류 - 18 -
    1.5.3 설계구간 - 25 -
    1.5.4 서비스 수준 - 28 -
    1.5.5 설계속도 - 31 -
    1.5.6 설계 교통량 - 37 -
    1.5.7 교통용량 - 44 -

1.6 도로계획 및 설계의 흐름 - 68 -

    1.6.1 개요 - 68 -

    1.6.2 노선선정 - 71 -

    1.6.3 타당성 조사 - 74 -

    1.6.4 교통영향분석·개선 및 환경영향평가 - 76 -

    1.6.5 기본설계 - 77 -

    1.6.6 실시설계 - 79 -

제 2 장 노선계획

2.1 노선계획의 의의 - 82 -

2.2 노선계획에 필요한 조사 - 82 -

    2.2.1 경제조사 - 82 -

    2.2.2 교통조사 - 84 -

    2.2.3 기술 조사 - 97 -

2.3 노선선정 - 101 -

    2.3.1 노선계획의 흐름과 방법 - 101 -

    2.3.2 개략계획 - 102 -

    2.3.3 노선선정 - 103 -

    2.3.4 도로 설계 - 116 -

2.4 노선의 평가 - 117 -

    2.4.1 노선평가의 의의와 절차 - 117 -

    2.4.2 노선의 평가방법 - 118 -

    2.4.3 투자 우선순위와 최적 투자시기의 판단 - 124 -

    2.4.4 민감도 분석(sensitivity analysis)과 위험도 분석(risk analysis) - 125 -

    2.4.5 경제성 평가의 한계 - 126 -

제 3 장 도로의 설계

3.1 개요 - 130 -

3.2 시설한계 - 130 -
    3.2.1 개요 - 130 -
    3.2.2 차도부의 시설한계 - 131 -
    3.2.3 보도 및 자전거도 등의 시설한계 - 133 -
    3.2.4 시설한계의 적용 - 134 -
    3.2.5 차 높이 제한 표지판 설치 - 135 -

3.3 도로의 횡단구성 - 135 -
    3.3.1 일반사항 - 135 -
    3.3.2 횡단구성 요소와 그 조합 - 137 -
    3.3.3 차도 및 차로 - 138 -
    3.3.4 중앙 분리대 - 141 -
    3.3.5 길어깨 - 146 -
    3.3.6 적설지역의 노측 여유폭 - 152 -
    3.3.7 환경 시설대 - 155 -
    3.3.8 식수대 - 156 -
    3.3.9 경관도로 - 160 -
    3.3.10 측도 - 165 -
    3.3.11 개구부 - 167 -

3.4 선형설계 - 170 -
    3.4.1 선형설계 일반 - 170 -
    3.4.2 평면선형 - 171 -
    3.4.3 종단선형 - 194 -
    3.4.4 선형설계의 운용 - 219 -
    3.4.5 도로 선형설계 일관성 검토 - 249 -

3.5 시거 - 253 -
   3.5.1 개요 - 253 -
   3.4.2 정지시거 - 253 -
   3.5.3 앞지르기 시거 - 258 -
   3.5.4 시거의 확보 - 264 -

3.6 횡단경사와 편경사 - 270 -
   3.6.1 표준 횡단경사 - 270 -
   3.6.2 곡선부의 편경사 - 273 -
   3.6.3 편경사의 접속설치 - 285 -
   3.6.4 길어깨의 횡단경사 - 295 -

3.7 도로의 단계건설 - 298 -
   3.7.1 일반사항 - 298 -
   3.7.2 단계건설의 성립조건 - 298 -
   3.7.3 횡방향 단계건설 - 299 -
   3.7.4 단계건설 계획시 유의사항 - 300 -
   3.7.5 단계건설 설계 및 시공 시 유의사항 - 301 -
   3.7.6 단계건설의 적용 - 302 -

제 4 장 평면교차로

4.1 기본요소 - 304 -
   4.1.1 개요 - 304 -
   4.1.2 기본요소 - 304 -

4.2 평면교차의 형태 - 306 -
   4.2.1 평면교차의 형태 - 306 -
   4.2.2 교차로의 상충 - 307 -

4.3 평면교차로의 계획기준 - 309 -
    4.3.1 기본적 고려사항 - 309 -
    4.3.2 교통관제 - 311 -
    4.3.3 설치위치 및 간격 - 313 -
    4.3.4 차로계획 - 315 -

4.4 평면 교차로의 설계 - 317 -
    4.4.1 설계절차 - 317 -
    4.4.2 설계의 기본원칙 - 324 -
    4.4.3 평면교차의 선형 - 327 -

4.5 도류화 설계 - 332 -
    4.5.1 개요 - 332 -
    4.5.2 도류화 시행방법 - 334 -
    4.5.3 도류로 - 342 -
    4.5.4 좌회전 차로 - 346 -
    4.5.5 우회전 차로 및 변속차로 - 354 -
    4.5.6 도류시설물 - 357 -

4.6 평면교차로의 시거 - 366 -
    4.6.1 개요 - 366 -
    4.6.2 평면교차로의 시거 - 368 -
    4.6.3 교차로 내에서의 시거 - 369 -
    4.6.4 회전교차로 - 373 -

4.7 안전시설 등 - 386 -
    4.7.1 도로교통 안전시설 - 386 -
    4.7.2 정지선, 횡단보도 등 - 391 -
    4.7.3 교통운영 - 398 -

4.8 교차로 설계 예 - 400 -
    4.8.1 세 갈래 교차로 - 400 -
    4.8.2 다갈래 교차로의 개선 - 404 -

4.9 신호교차로 설계 예 - 406 -

    4.9.1 신호등 운영의 특성 및 기본용어 정의 - 406 -

    4.9.2 신호등 설치 기준 - 407 -

    4.9.3 신호시간 산정 과정 - 408 -

    4.8.4 신호시간 산정 예 - 427 -

제 5 장 입체교차로

5.1 개요 - 436 -

5.2 인터체인지 설치계획과 설계 - 437 -

    5.2.1 개요 - 437 -

    5.2.2. 입체교차의 계획 기준 - 439 -

    5.2.3. 인터체인지의 설계 - 443 -

    5.2.4 인터체인지의 배치계획 - 446 -

    5.2.5 인터체인지의 위치 선정 - 450 -

5.3 인터체인지의 형식 - 458 -

    5.3.1 개요 - 458 -

    5.3.2 인터체인지의 구성 - 458 -

    5.3.3 인터체인지의 형식과 적용 - 465 -

    5.3.4 인터체인지 형식 모음 - 501 -

5.4 분기점의 설계 - 501 -

    5.4.1 일반사항 - 501 -

    5.4.2 기본 차로수 및 차로수의 균형 - 504 -

    5.4.3 분합류부에서 부가하는 보조차로 - 506 -

5.5 인터체인지의 기하구조 설계 - 506 -

    5.5.1 개요 - 506 -

    5.5.2 연결로의 설계속도와 적용 - 514 -

5.5.3 연결로의 규격과 횡단면 구성 - 520 -
5.5.4 연결로의 시거 - 528 -
5.5.5 연결로의 평면선형 - 531 -
5.5.6 연결로의 종단선형 - 547 -
5.5.7 연결로 접속부의 설계 - 549 -

5.6 연결로와 접속도로의 교차 - 576 -

그림색인

(그림 1.1) 도로기능과 도로교통 특성과의 관계 ·····3
(그림 1.2) 도시녹화와 만남의 공간기능 ··············4
(그림 1.3) 도로의 교통 기능별 특징비교 ············8
(그림 1.4) 국내·외 소형차도로 도입 사례 ········14
(그림 1.5) 도로의 구조 및 시설 설계내용 ········17
(그림 1.6) 설계기준 자동차의 제원(단위 : m) ····20
(그림 1.7) 설계기준 자동차의 제원(단위 : m) ····21
(그림 1.8) 설계자동차별 회전궤적 ·····················22
(그림 1.9) 자전거의 제원 ···································23
(그림 1.10) 자전거의 점유폭 ······························23
(그림 1.11) 인체 타원 ··23
(그림 1.12) 설계구간 접속의 예 ·························27
(그림 1.13) 4차로에서 2차로 접속설치 ··············27
(그림 1.14) 6차로에서 4차로 접속설치 ··············28
(그림 1.15) 각 서비스 수준별 교통류 상태(고속도로 기본구간) ··29
(그림 1.16) 교통량과 평균주행속도와의 관계 ······34
(그림 1.17) 차로수 결정과정 ······························38
(그림 1.18) 요일별 교통량 변화 ·························39
(그림 1.19) 월별 교통량 변화 ···························40
(그림 1.20) 연평균 일교통량에 대한 시간교통량의 비와 교통량 순서 ··41
(그림 1.21) 연속류의 속도와 밀도와 교통량 관계 53
(그림 1.22) 고속도로 구성요소 ··························55
(그림 1.23) 고속도로 구성요소의 영향권 ············55
(그림 1.24) 엇갈림 구간의 길이 ·························59
(그림 1.25) 엇갈림 구간의 형태 ·························60
(그림 1.26) 교통량비에 따른 차로당 교통량과 엇갈림 길이(설계서비스 수준 C) ·································63
(그림 1.27) 교통량비에 따른 차로당 교통량과 엇갈림 길이(설계서비스 수준 D) ·································63
(그림 1.28) 교통량비에 따른 차로당 교통량과 엇갈림 길이 ··64
(그림 1.29) 교통량비에 따른 차로당 교통량과 엇갈림 길이 ··64

(그림 1.30) 연결로의 구성 요소 ·························65
(그림 1.31) 연결부 접속부의 확인점 ··················67
(그림 1.32) 도로계획 흐름도 ······························70
(그림 2.1) 교통조사의 종류 ·······························85
(그림 2.2) 장래 교통수요 예측과정 ····················88
(그림 2.3) 평면선형의 조합 ····························106
(그림 2.4)노선의 평가과정 ·······························118
(그림 2.5) 편익산정과 설명도 ··························119
(그림 3.1) 차도부의 시설한계 ··························131
(그림 3.2) 길어깨를 설치하지 않는 도로의 시설한계 ··132
(그림 3.3) 분리대 또는 교통섬과 관계가 있는 부분의 시설한계 ··133
(그림 3.4) 보도 등의 시설한계 ························134
(그림 3.5) 횡단경사구간의 시설한계 ················134
(그림 3.6) 차높이 제한 표지 설치 예 ···············135
(그림 3.7) 횡단구성 요소와 그 조합의 예 ········138
(그림 3.8) 중앙 분리대의 구성 ·························143
(그림 3.9) 우리나라 고속도로 중앙분리대(단위 :mm) ··143
(그림 3.10) 분리대 시설물의 예 ······················144
(그림 3.11) 중앙 분리대의 접속설치 ················145
(그림 3.12) 길어깨의 예(고속도로) ···················149
(그림 3.13) 길어깨의 생략(예) ·························149
(그림 3.14) 보호 길어깨 ··································151
(그림 3.15) 길어깨 차로제 횡단구성 예시 ········151
(그림 3.16) 안전시설 설치 개요도 ···················152
(그림 3.17) 적설지역 도로의 횡단면 구성 ········153
(그림 3.18) 환경 시설대가 설치된 도로의 횡단면 ··156
(그림 3.19) 산악지역의 녹지경관과 수변지역의 수변경관 ··161
(그림 3.20) 지역특성을 나타내는 경관이 수려한 도로 ··162
(그림 3.21) 경관을 고려한 노선선정 ················163

(그림 3.22) 평면선형과 종단선형의 조화 ·········164
(그림 3.23) 시각적 자연스러움이 확보되는 선형계획
···165
(그림 3.24) 측도설치 예 ·····································166
(그림 3.25) 중앙분리대 개구부 설치예 ·········167
(그림 3.26) 긴급용 개구부의 설치방법 ·········169
(그림 3.27) 긴급용 개구부의 형상 ·················169
(그림 3.28) 제설 작업용 개구부의 설치위치 ······170
(그림 3.29) 제설 작업용 개구부의 형상 ·········170
(그림 3.30) 반경이 다른 원 ·····························171
(그림 3.31) 파라미터가 다른 클로소이드 곡선 ···171
(그림 3.32) 평면선형 요소 ·································171
(그림 3.33) 곡선부 주행시에 작용하는 힘 ·····174
(그림 3.34) 횡방향 미끄럼 마찰계수와 속도와의 관계
(AASHTO, 고속도로) ··176
(그림 3.35) 횡방향 미끄럼각과 횡방향 미끄럼 마찰계
수와 관계 ···177
(그림 3.36) 각국의 설계속도에 따른 횡방향 미끄럼
마찰계수 ···177
(그림 3.37) 도로교각의 외선장 ·························181
(그림 3.38) 세미트레일러 연결차의 확폭량 계산 184
(그림 3.39) 소형자동차의 확폭량 계산 ·········185
(그림 3.40) 자동차의 완화 주행 ·······················188
(그림 3.41) 곡선반경과 주행궤적 ·····················188
(그림 3.42) 완화주행 궤적에 근사한 곡선 ·····190
(그림 3.43) 원곡선 반경과 클로소이느의 파라미터
···192
(그림 3.44) 완화곡선의 이정량 ·························192
(그림 3.45) 상향종단경사와 종단경사 길이에 따른 감
속곡선 ···198
(그림 3.46) 종단경사와 제한길이 ·····················200
(그림 3.47) 종단경사와 종단경사 길이에 따른 가속곡
선(AASHTO, 180kg/kw 표준대형) ···········201
(그림 3.48) 종단곡선의 형태 ·····························203
(그림 3.49) 종단곡선 ···204

(그림 3.50) 종단곡선 길이가 정지시거보다 길 경우
(볼록곡선) ···206
(그림 3.51) 종단곡선 길이가 정지시거보다 짧을 경우
(볼록곡선) ···206
(그림 3.52) 종단곡선 길이가 정지시거보다 길 경우
(오목곡선) ···208
(그림 3.53) 종단곡선 길이가 정지시거보다 짧을 경우
(오목곡선) ···208
(그림 3.54) 종단곡선의 표고 계산 ···················210
(그림 3.55) 오르막차 로 설치방법 ① ·············213
(그림 3.56) 오르막 차로의 설치방법 ② ·········213
(그림 3.57) 오르막 차로 설치방법 ③ ···········214
(그림 3.58) 오르막 차로 설치 구간의 횡단면 구성(단
위 : m) ···214
(그림 3.59) 오르막차로 설계 예 ·······················215
(그림 3.60) 오르막 성능 곡선(10ps/t 트럭) ·······217
(그림 3.61) 단곡선의 각 명칭 ···························227
(그림 3.62) 복합곡선의 각 명칭 ·······················228
(그림 3.63) 배향곡선의 각 명칭 ·······················229
(그림 3.64) 인접한 두 원곡선 반경의 조화 ·····230
(그림 3.65) S형 경우에 원의 각 요소 ·············233
(그림 3.66) 선형구성의 종류 ·····························233
(그림 3.67) 평면 선형 설정 방법 ·····················234
(그림 3.68) 종단선형의 부조화 ·························235
(그림 3.69) 오목부에서의 종단곡선(2% 하향경사에서
3%의 상향성사로 변화하는 구간) ·······················236
(그림 3.70) 오목부에서의 짧은 직선의 삽입 ······237
(그림 3.71) 평면선형과 종단선형의 대응 ···········240
(그림 3.72) 볼록부의 시선 유도 ·······················242
(그림 3.73) 중간의 보이지 않는 선형(계단모양) 242
(그림 3.74) 하향경사에서 좌로 굽은 곡선에서의 식재
···242
(그림 3.75) 직선부 혹은 곡선부의 변곡점 부근에 블
록부(凸)가 있을 때의 식재 ···································243
(그림 3.76) 비탈면의 진행방향에 대한 처리로서의 식재

(그림 3.77) 평지의 식재 ········· 243
(그림 3.78) 평면선형과 종단선형의 조합 예 ···· 244
(그림 3.79) 원곡선반경별 사고율 ········ 248
(그림 3.80) 클로소이드 파라미터별 사고율 ······ 248
(그림 3.81) 종단경사별 사고율 ········ 248
(그림 3.82) 평면곡선부에서 시거와 최대안전주행속도 산출 개념도 ········ 252
(그림 3.83) 노면상태와 종방향 미끄럼 마찰계수 255
(그림 3.84) 앞지르기 시거 ········ 259
(그림 3.85) 시거 확보 폭 ········ 264
(그림 3.86) 원곡선반경과 시거확보 폭의 관계 ··266
(그림 3.87) 주행차로 기준 중앙 분리대 쪽의 시거확보 폭 ········ 268
(그림 3.88) 주행차로 기준 길어깨 쪽의 시거확보 폭 ········ 268
(그림 3.89) 직선경사의 조합 ········ 270
(그림 3.90) 분리도로의 횡단경사 ········ 271
(그림 3.91) 길어깨의 횡단경사 ········ 273
(그림 3.92) 횡단경사 설치방법(8차로 도로의 경우) ········ 273
(그림 3.93) 곡선부에서 자동차의 주행과 편경사 274
(그림 3.94) 편경사 설치의 기준점 위치 ········ 276
(그림 3.95) 최대 편경사(독일) ········ 277
(그림 3.96) (i+f)와 곡선반경(R)의 관계도 ······ 278
(그림 3.97) 곡률과 편경사의 관계 ········ 280
(그림 3.98) 편경사를 구하는 그림 ········ 282
(그림 3.99) 설계속도별 원곡선 반경에 따른 편경사 ········ 283
(그림 3.100) 완화곡선을 생략한 원곡선부의 편경사 접속설치 ········ 291
(그림 3.101) 완화곡선 구간의 편경사 접속설치 ·292
(그림 3.102) 단곡선과 완화곡선의 배향 ········ 293
(그림 3.103) 단곡선과 단곡선의 배향 ········ 294
(그림 3.104) 종단곡선 구간의 차도 끝부분의 접속설치 방법 ········ 295
(그림 3.105) 본선과 길어깨 편경사 기준(우리나라 고속도로) ········ 296
(그림 3.106) 길어깨의 접속설치 위치 ········ 297
(그림 3.107) 토공과 교량, 고가구간 길어깨의 횡단경사 접속설치 ········ 297
(그림 3.108) 횡방향 단계건설(4차로 전제 2차로) ········ 299
(그림 3.109) 횡방향 단계건설(6차로 전제 4차로) ········ 300
(그림 4.1) 평면교차의 형태 ········ 306
(그림 4.2) 상충의 유형 ········ 308
(그림 4.3) 네갈래 교차로의 상충 ········ 308
(그림 4.4) 교통운영과 상충의 관계 ········ 309
(그림 4.5) 평면선형을 고려한 설치 ········ 313
(그림 4.6) 종단선형을 고려한 설치 ········ 314
(그림 4.7) 교차로의 확폭 및 차로 증설 ········ 316
(그림 4.8) 차로의 설치 ········ 317
(그림 4.9) Y형 교차로 ········ 328
(그림 4.10) 네갈래 교차로 ········ 329
(그림 4.11) 변형교차 및 변칙교차의 예 ········ 329
(그림 4.12) 엇갈림 교차로 ········ 330
(그림 4.13) 도로선형의 개선 ········ 331
(그림 4.14) 금지된 방향의 진로를 막는 예 ······ 334
(그림 4.15) 주행경로를 명확히 한 예 ········ 335
(그림 4.16) 바람직한 자동차속도를 유지하는 예 336
(그림 4.17) 상충지점의 분리 예 ········ 337
(그림 4.18) 교통류의 교차 예 ········ 338
(그림 4.19) 주교통을 우선적으로 처리한 예 ···· 339
(그림 4.20) 기하구조와 교통관계 ········ 340
(그림 4.21) 교통류 분리 ········ 341
(그림 4.22) 비자동차 이용자를 위한 대피장소 ··341
(그림 4.23) 도류로 폭 ········ 346
(그림 4.24) 좌회전차로의 설치 ········ 348
(그림 4.25) 차로 통행 방법 예시 ········ 348

(그림 4.26) 차로 중앙선의 변경 ·················349
(그림 4.27) 중앙분리대의 제거 ·················349
(그림 4.28) 중앙분리대의 제거와 차로폭의 축소 350
(그림 4.29) 정차대의 제거 ·······················350
(그림 4.30) 파행적인 진행금지 ·················351
(그림 4.31) 좌회전 차로의 구성 ················352
(그림 4.32) 좌회전 전용차로의 설치 ··········354
(그림 4.33) 작은 도류대가 너무 많이 위치하여 좋지 않은 예 ································359
(그림 4.34) 교통섬과 사선(Zebra)표시 ······360
(그림 4.35) 교통섬의 형태 변경 ················361
(그림 4.36) 교통섬의 구성 ·······················362
(그림 4.37) 분리대의 형태 ·······················363
(그림 4.38) 교통류가 굽은 경우의 유도차로 설치 예 ·····································365
(그림 4.39) 교차로 내에서의 시거 ············367
(그림 4.40) 교차로 내에서의 시거 ············371
(그림 4.41) 시거의 확보 ··························372
(그림 4.42) 회전교차로 설계요소 ··············375
(그림 4.43) 초소형 회전교차로 ·················378
(그림 4.44) 도시지역 소형 회전교차로 ······379
(그림 4.45) 도시지역 1차로 회전교차로 ····380
(그림 4.46) 도시지역 2차로 회전교차로 ····381
(그림 4.47) 지방지역 1차로 회전교차로 ····382
(그림 4.48) 지방지역 2차로 회전교차로 ····383
(그림 4.49) 신호등의 설치 위치 ···············386
(그림 4.50) 횡단육교 설치로 좌회전이 가능한 예 ··388
(그림 4.51) 교차로에 방호책과 식수대를 설치한 예 ··389
(그림 4.52) 반사경의 설치 예 ··················389
(그림 4.53) 장애물 표시등, 시선 유도표시, 표시병을 사용한 충돌 방지 예 ················390
(그림 4.54) 시거의 확보 ··························391
(그림 4.55) 정지선의 설치 예 ··················392

(그림 4.56) 대형자동차의 회전시에 지장이 되는 정지선의 설치 예 ······································392
(그림 4.57) 횡단보도와 교통섬의 관계 ·······394
(그림 4.58) 횡단보도 설치 예 ···················395
(그림 4.59) 횡단보도의 안전을 고려 ·········396
(그림 4.60) 횡단보도설치의 개선 ··············397
(그림 4.61) 통행규제의 예 ·······················399
(그림 4.62) 교차로의 개선 예 ···················401
(그림 4.63) 예각 교차로 ··························403
(그림 4.64) Y형 교차로의 설계 예 ············403
(그림 4.65) 도로선형 개선 ·······················404
(그림 4.66) 교차로의 분할 ·······················405
(그림 4.67) 신호시간 계산과정 ·················409
(그림 4.68) 보행자 및 차량 주기 비율 ······426
(그림 4.69) 교통수요예측(예) ····················431
(그림 4.70) 교통수요예측(예) ····················432
(그림 5.1) 네 갈래 교차로의 용량관계 ······439
(그림 5.2) 교차 형식 검토의 예 ················441
(그림 5.3) 교차방식의 결정에 대한 개념도 ·······442
(그림 5.4) 출입시설 설계 흐름도 ··············445
(그림 5.5) 터널 출구에서 연결로 변이구간까지의 길이 ···452
(그림 5.6) 연결로 변이구간에서 터널 입구까지의 길이 ···453
(그림 5.7) 연결로 최소 간격 미달에 따른 접속 형식 (녹일) ···454
(그림 5.8) 기본 동선 결합의 분류 ············460
(그림 5.9) 연결로 결합의 분류 ·················461
(그림 5.10) 연결로의 형식과 특징 ············462
(그림 5.11) 좌회전 연결로 결합의 분류와 조합 ·463
(그림 5.12) 접속단 결합의 분류 ···············464
(그림 5.13) 형식평가의 분류 ····················466
(그림 5.14) 다이아몬드형 입체교차 ··········469
(그림 5.15) 변형 다이아몬드형 입체교차 ·······470
(그림 5.16) 세 갈래 교차 다이아몬드형 입체교차

(그림 5.17) 우회전 연결로가 일부 없는 불완전 클로버형 ······471
(그림 5.18) 우회전 연결로가 있는 불완전 클로버형 입체교차 ······472
(그림 5.19) 버스 정류장에서 입체교차로 이행하는 경우 ······473
(그림 5.20) 영업소를 설치하는 사분면 결정 ······473
(그림 5.21) 트럼펫형 입체교차(네 갈래 교차) ···474
(그림 5.22) 영업소 설치위치의 결정 ······476
(그림 5.22) 영업소 설치위치의 결정 ······476
(그림 5.24) 직결 Y형 ······477
(그림 5.25) 로터리형 입체교차 ······477
(그림 5.26) 직결 Y형 완전 입체교차(세 갈래 교차) ······478
(그림 5.27) 준직결 Y형 완전 입체교차(세 갈래 교차) ······479
(그림 5.28) 직결형 입체교차(네 갈래) ······480
(그림 5.29) 트럼펫형의 루프 연결로 형식 ······481
(그림 5.30) 트럼펫형 입체교차 유형 비교 ···482
(그림 5.31) 클로버형 및 변형 클로버형 ······483
(그림 5.32) 저비용 인터체인지의 기본형식 ···485
(그림 5.33) 일본의 휴게소 접속형 인터체인지 486
(그림 5.34) 일본의 휴게소 접속형 인터체인지 예 ······487
(그림 5.35) 일본의 본선 접속형 인터체인지 ······487
(그림 5.36) 점대칭형 인터체인지의 기본형식 ···488
(그림 5.37) 선대칭형 인터체인지의 기본형식 ···492
(그림 5.38) 비대칭형 인터체인지의 기본형식 ···494
(그림 5.39) 엇갈림형 인터체인지의 기본형식 ···495
(그림 5.40) 교차형 인터체인지의 기본형식 ······496
(그림 5.41) 불완전 접속형 인터체인지의 기본형식 ······498
(그림 5.42) 분리·조합형 인터체인지의 기본형식 ······498
(그림 5.43) 세 갈래 교차 인터체인지의 기본형식 ······499
(그림 5.44) 여러 갈래 교차 인터체인지의 기본형식 ······500
(그림 5.45) 3층의 입체교차로 ······500
(그림 5.46) 차로 수의 균형 ······505
(그림 5.47) 분·합류부에서의 차로수의 균형 예 505
(그림 5.48) 보조 차로 ······506
(그림 5.49) 유출 연결로의 선형과 사고율 ······510
(그림 5.50) 연계 입체교차에서 유출부의 일관성 512
(그림 5.51) 차로수의 균형 원칙 ······513
(그림 5.52) 기본 차로수와 균형 원칙의 조화 ···514
(그림 5.53) 미국의 대표적인 연결로 횡단구성 ··522
(그림 5.54) 독일의 아우토반 연결로 횡단구성 ··522
(그림 5.55) A규격 연결로의 횡단면 구성(단위 : m) ······522
(그림 5.56) B규격 연결로의 횡단면 구성(단위 : m) ······523
(그림 5.57) C규격 연결로의 횡단면 구성(단위 : m) ······524
(그림 5.58) D규격 연결로의 횡단면 구성(단위 ; m) ······525
(그림 5.59) E규격 연결로의 횡단면 구성(단위 ; m) ······526
(그림 5.60) 연결로 횡단면의 설계 예(단위: m) 527
(그림 5.61) 시설한계도 ······528
(그림 5.62) 시거를 잡는 방법 ······530
(그림 5.63) 시거확보의 검토 ······530
(그림 5.64) 노즈 후방 임의점의 반경 R과 거리 D와의 관계(일본 기하구조요강) ······532
(그림 5.65) 전이구간의 평면선형 ······533
(그림 5.66) 복합 클로소이드의 원심가속도 변화 534
(그림 5.67) 트럼펫 루프의 선형 ······539
(그림 5.68) 트럼펫 A형과 B형의 사고율 비교(일본 메이신고속도로) ······539

(그림 5.69) 주행속도와 최소반경의 관계(일본 메이신 고속도로) ·················540
(그림 5.70) S형 유출 연결로의 속도 ·················541
(그림 5.71) 단순원형의 A형 트럼펫의 대표적인 설계치 ·················541
(그림 5.72) 고속도로 분기에 트럼펫 A형을 이용하면 차는 루프에서 고속으로 주행하게 됨 ·················542
(그림 5.73) 난형 루프 설계시 트럼펫 A형의 선형 ·················542
(그림 5.74) B형 트럼펫 선형 ·················543
(그림 5.75) 유입부의 시야확보 ·················551
(그림 5.76) 변속차로의 형식 ·················552
(그림 5.77) 일본 메이신고속도로에서의 유출궤적 ·················553
(그림 5.78) 일본 메이신고속도로에서의 유입궤적 ·················553
(그림 5.79) 변속차로의 횡단구성 ·················555
(그림 5.80) 접속차로 설계길이(AASHTO) ·········556
(그림 5.81) 변속차로 길이 규정 ·················559
(그림 5.82) 가속차로의 길이 ·················562
(그림 5.83) 평행식 변속차로의 설계 ·················563
(그림 5.84) 직접식 변속차로의 설계 ·················563
(그림 5.85) 노즈단 폭 ·················564
(그림 5.86) 클로소이드 시점과 설치각 ·················564
(그림 5.87) 곡선부에서의 직접식 변속차로의 설정법 ·················566
(그림 5.88) 연결로 접속부의 크라운에 있어서 허용 최대경사차 ·················567
(그림 5.89) 연결로 접속부에서 본선 및 연결로 편경사 ·················567
(그림 5.90) 분류단 노즈 상세도 ·················568
(그림 5.91) 분류단 노즈 ·················569
(그림 5.92) 합류단 노즈 ·················570
(그림 5.93) 차로분류단 ·················571
(그림 5.94) 2차로 연결로 유출 ·················572
(그림 5.95) 본선이 1차로 줄여지는 2차로 연결로 유출 ·················573
(그림 5.96) 2차로 합류 ·················573
(그림 5.97) 연결로 접속부간 최소 이격거리의 추천값 ·················575
(그림 5.98) 집산로를 설치한 입체교차 ·················575
(그림 5.99) 연결로와 접속도로의 교차부 ·················576
(그림 5.100) 연결로와 접속도로의 교차형식 선정기준(지방부) ·················579
(그림 5.101) 연결로와 접속도로의 교차형식 선정기준(도시부) ·················579
(그림 5.102) 연결로와 접속도로 입체교차형식 ··580
(그림 5.103) 직결형 교차형식 ·················581
(그림 5.104) 변형클로버형(루프연결1개소) 교차형식 ·················582
(그림 5.105) 변형클로버형(루프연2개소[A]) 교차형식 ·················582
(그림 5.106) 변형클로버형(루프연2개소[B]) 교차형식 ·················583
(그림 5.107) 변형클로버+로타리형 교차형식 ·····583

표색인

〈표 1.1〉 도로의 기능 ···4
〈표 1.2〉 도로 위계별·용도지역별 공간기능 적용 범위
 ···5
〈표 1.3〉 일반도로의 구분 ··6
〈표 1.4〉 도로의 규모별 구분 ···································7
〈표 1.5〉 지방지역 도로의 기능별 구분지침 ·······10
〈표 1.6〉 도시계획 도로 기준에 의한 분류 ·········13
〈표 1.7〉 도시지역 도로의 기능별 구분지침 ·······13
〈표 1.8〉 도로의 설계요소에 의한 비교 ···············14
〈표 1.9〉 기능별 도로분류(AASHTO) ··················15
〈표 1.10〉 계획목표년도 ··18
〈표 1.11〉 설계기준 자동차의 종별 제원 ············21
〈표 1.12〉 자전거의 제원 ··23
〈표 1.13〉 차종분류 ···24
〈표 1.14〉 설계구간 길이의 개략지침 ·················26
〈표 1.15〉 서비스 수준별 교통류 상태 ················28
〈표 1.16〉 고속도로 기본구간의 서비스 수준 ····30
〈표 1.17〉 일반적으로 사용되는 설계 서비스 수준 31
〈표 1.18〉 설계 서비스 수준 적용기준 ················31
〈표 1.19〉 설계 속도 (단위 : km/h) ·····················32
〈표 1.20〉 지역 및 평지, 산지의 구분 ·················33
〈표 1.21〉 자동차의 속도제한(우리나라) ············33
〈표 1.22〉 도로설계 운영단계와 교통상태별 기준 속도
 ··35
〈표 1.23〉 도로의 구분(도로용량편람) ················46
〈표 1.24〉 도로구분에 따른 효과척도 ·················49
〈표 1.25〉 고속도로 기본구간의 서비스 수준 ····56
〈표 1.26〉 고속도로 기본구간의 차로폭 및 측방여유
폭 보정계수(fw) ··57
〈표 1.27〉 고속도로 기본구간 일반지형의 승용차 환
산계수 ··57
〈표 1.28〉 고속도로 기본구간 특정 경사구간의 승용
차 환산계수 ··58
〈표 1.29〉 차로변경에 의한 엇갈림 구간의 형태분류
 ··60

〈표 1.30〉 엇갈림 구간의 서비스 수준 ···············61
〈표 1.31〉 1차로 연결로의 설계속도별 최대 서비스 교
통량 ··66
〈표 1.32〉 연결로의 설계속도별 보정계수 ·········66
〈표 1.33〉 연결로 접속부의 최대 서비스 교통량 ··66
〈표 1.34〉 계수의 값 ··67
〈표 1.35〉 주요시설의 간격 ····································74
〈표 1.36〉 교통영향분석 및 개선 대상 신설도로의 규
모 ··76
〈표 1.37〉 기본설계의 보고서 등 ··························78
〈표 1.38〉 기본설계의 설계도면 ····························78
〈표 1.39〉 실시설계의 설계도면 ····························79
〈표 1.40〉 실시설계의 보고서 ································80
〈표 2.1〉 도로계획에 이용되는 중요한 경제지표 ··83
〈표 2.2〉 도로정비의 효과 ······································84
〈표 2.3〉 실시설계 토질조사 빈도 기준(한국도로공사)
 ··98
〈표 2.4〉 기준점의 종류와 내용 ·························100
〈표 2.5〉 노선계획 ··101
〈표 2.6〉 노선계획 작업의 순서 ·························102
〈표 2.7〉 도로사업의 편익항목 ···························121
〈표 2.8〉 투자사업의 비용과 편익 ·····················123
〈표 2.9〉 투자사업의 경제지표 ···························123
〈표 3.1〉 고속도로 차로 폭 및 설계속도 ·········140
〈표 3.2〉 설계속도에 따른 차로폭의 최소치 ···141
〈표 3.3〉 중앙분리대의 최소폭 ···························145
〈표 3.4〉 우측 길어깨의 최소폭(m) ···················147
〈표 3.5〉 좌측 길어깨의 최소폭(m) ···················148
〈표 3.6〉 길어깨 측대의 최소폭 ·························150
〈표 3.7〉 환경시설대를 포함한 식재지의 기본배치 원칙
 ··158
〈표 3.8〉 도로녹화의 기능에 따른 배식형태 ·······158
〈표 3.9〉 도로녹화시 고려되어야 하는 식재조건 160
〈표 3.10〉 경관자원 요소에 의한 경관도로 유형 161
〈표 3.11〉 도로의 특성에 따른 구분 ·················162

〈표 3.12〉 중앙 분리대 개구부의 치수 ·············168
〈표 3.13〉 설계에 이용되는 횡방향 미끄럼 마찰계수 ·············177
〈표 3.14〉 최소 원곡선 반경의 계산값과 규정값 178
〈표 3.15〉 바람직한 최소 원곡선 반경의 계산값과 규정값 ·············178
〈표 3.16〉 원활한 핸들 조작에 필요한 곡선 길이(설계속도로 4초간 주행) ·············180
〈표 3.17〉 도로 교각(θ)과 최소 곡선길이(Lmin)의 계산값 ·············182
〈표 3.18〉 차로당 최소 확폭량 ·············186
〈표 3.19〉 완화곡선 및 완화구간의 최소길이 ·····190
〈표 3.20〉 완화곡선을 생략할 수 있는 원곡선 반경 ·············193
〈표 3.21〉 자동차 제원 ·············196
〈표 3.22〉 최대 종단경사의 기준치(%) ·············197
〈표 3.23〉 소형차도로의 최대 종단경사의 기준치(%) ·············197
〈표 3.24〉 진입속도가 80km/h 일 때 종단경사 구간의 제한길이 ·············200
〈표 3.25〉 충격완화에 필요한 최소 종단곡선 변화 비율과 종단곡선 반경 ·············205
〈표 3.26〉 볼록형 종단곡선의 종단곡선 변화 비율과 종단곡선 반경 ·············207
〈표 3.27〉 오목형 종단곡선의 종단곡선 변화비율과 종단곡선 반경 ·············209
〈표 3.28〉 최소 종단곡선 길이의 계산(설계속도로 3초간 주행거리) ·············209
〈표 3.29-a〉 오르막 차로의 편경사 ·············218
〈표 3.29-b〉 국내외 오르막 차로 설치기준 ·····218
〈표 3.30〉 직선구간의 제한 길이 ·············226
〈표 3.31〉 직선과 원곡선이 완화곡선으로 연결될 때 최소 원곡선 반경(RAS-L-1) ·············229
〈표 3.32〉 클로소이드 파라미터(A)의 최소 값 ···231
〈표 3.33〉 설계안전 기준 (R. Lamm 등) ··········251

〈표 3.34〉 시거의 계산(습윤상태) ·············256
〈표 3.35〉 시거의 계산(눈이 왔을 때) ·············257
〈표 3.36〉 최대 종단경사에 따른 제동정지 거리 258
〈표 3.37〉 설계속도에 따른 정지시거의 기준 ·····258
〈표 3.38〉 앞지르기 시거의 계산값 ·············261
〈표 3.39〉 앞지르기 시거(독일 RAS-L-1) ·········262
〈표 3.40〉 앞지르기 시거 확보 구간 비율(일본) 262
〈표 3.41〉 앞지르기 시거구간 확보율의 최소값(독일 RAS-L-1) ·············263
〈표 3.42〉 앞지르기 시거 ·············263
〈표 3.43〉 정지시거 확보에 필요한 원곡선 반경 267
〈표 3.44〉 도로의 표준 횡단경사 ·············272
〈표 3.45〉 편경사의 최대값 ·············276
〈표 3.46〉 최대 편경사(AASHTO) ·············276
〈표 3.47〉 최대 편경사(일본) ·············277
〈표 3.48〉 설계속도와 주행속도의 관계 ·············281
〈표 3.49〉 편경사와 설계속도에 따른 곡선반경 ·283
〈표 3.50〉 도시지역 도로의 곡선반경의 특례 값 (f=0.15) ·············284
〈표 3.51〉 편경사를 생략할 수 있는 최소 원곡선 반경 (계산 값) ·············285
〈표 3.52〉 편경사의 최대 접속설치율의 각국 규정치 ·············287
〈표 3.53〉 편경사 접속 설치율의 국내 고속도로 설치 예 ·············287
〈표 3.54〉 차로수에 따른 접속설치 길이의 보정 (AASHTO) ·············288
〈표 3.55〉 보정된 최대 접속설치율 ·············288
〈표 3.56〉 편경사 접속설치의 길이 보정 ·········290
〈표 3.57〉 편경사의 최소 접속설치율과 일반 변화구간 길이 ·············290
〈표 3.58〉 단계건설의 장·단점 비교 ·············298
〈표 4.1〉 교차로별 상충의 수 ·············308
〈표 4.2〉 일시정지나 양보표지 교차로의 용량 ···312
〈표 4.3〉 바람직한 교차로 간격의 표준 하한치 ··315

〈표 4.4〉 설계속도에 의한 교차로 확폭길이 ······316
〈표 4.5〉 교차로의 설계흐름도 ·······················319
〈표 4.6〉 곡선부 평면교차의 최소곡선 반경 ······331
〈표 4.7〉 도류로의 폭 ····································344
〈표 4.8〉 감속을 위한 거리 ···························352
〈표 4.9〉 3m 폭을 갖는 경우의 테이퍼 길이 ····353
〈표 4.10〉 가감속차로의 길이 ·························356
〈표 4.11〉 선단의 최소곡선반경 ······················362
〈표 4.12〉 노즈오프셋 및 세트백의 최소값 ······362
〈표 4.13〉 각 제원의 최소값 ···························363
〈표 4.14〉 신호교차로의 최소시거 ···················368
〈표 4.15〉 신호 없는 교차로의 최소시거 ········369
〈표 4.16〉 회전교차로 유형별 설계요소 비교 ····383
〈표 4.17〉 비보호 좌회전의 직진환산계수(ELE : 직진 2차로) ··413
〈표 4.18〉 비보호 좌회전의 직진환산계수(ELE : 직진 3차로)※ ··413
〈표 4.19〉 전용 우회전 포화 교통류율(SRT) ····415
〈표 4.20〉 우회전이 이용할 수 없는 횡단보도 신호시간 비율(fP) ··416
〈표 4.21〉 우회전이 불가능한 신호(gC) ··········416
〈표 4.22〉 버스정류장 방해 보정계수(fbb) ·········419
〈표 4.23〉 주차보정계수(fP) ····························420
〈표 4.24〉 현시의 조합 ··································422
〈표 4.25〉 소요 현시율 ··································429
〈표 4.26〉 교차로 최적현시 ····························430
〈표 4.27〉 각 대안별 최적현시 ·······················432
〈표 4.28〉 대안별 지체도 비교 ·······················432
〈표 5.1〉 인터체인지 계획 순서 ·····················438
〈표 5.2〉 도시인구에 따른 출입시설의 표준 설치수 ··447
〈표 5.3〉 출입시설간의 표준 간격의 범위 ·······448
〈표 5.4〉 인터체인지와 다른 시설과의 최소간격 452
〈표 5.5〉 교차로 간 최소 간격의 예(독일) ······454
〈표 5.6〉 인터체인지 구간의 본선 선형 ··········455

〈표 5.7〉 볼록형 종단곡선의 최소 종단곡선 변화비율 ···456
〈표 5.8〉 오목형 종단곡선 최소 종단곡선 변화비율 ···456
〈표 5.9〉 인터체인지의 구성 ··························459
〈표 5.10〉 단독 자동차사고와 다중 충돌사고 ·····507
〈표 5.11〉 단독 자동차사고와 다중 충돌사고 ·····508
〈표 5.12〉 영국 고속도로(M)의 인터체인지 사고 509
〈표 5.13〉 인터체인지의 사고(메이신 고속도로) ·510
〈표 5.14〉 연결로의 설치방법과 사고율 ············511
〈표 5.15〉 본선속도와 연결로 설계속도(AASHTO) ···515
〈표 5.16〉 인터체인지의 등급별 연결로 최소곡선 반경 ···515
〈표 5.17〉 연결로 설계속도(일본구조요강) ·········515
〈표 5.18〉 인터체인지의 규격 구분과 연결로 설계속도(일본도로공단기준) ·······························516
〈표 5.19〉 연결로의 설계속도 ··························517
〈표 5.20〉 연결로의 설계속도 적용 예(한국도로공사) ···518
〈표 5.21〉 연결로 규격의 적용 ························521
〈표 5.22〉 연결로의 규격과 폭 ·······················523
〈표 5.23〉 분리대에서의 가각부 길이 ··············528
〈표 5.24〉 정지시거의 계산(노면이 젖어 있는 경우) ···529
〈표 5.25〉 노즈 후방 임의점의 반경의 규정계산(일반기하구조 요강) ······································532
〈표 5.26〉 노즈 부근에 사용하는 클로소이드 파라미터(일본구조요강) ······································532
〈표 5.27〉 아우토반 유출구의 표준 제동곡선의 수치 ···534
〈표 5.28〉 횡방향 미끄럼 마찰계수(t)의 비교 ··535
〈표 5.29〉 연결로의 최소 원곡선 반경 ···········535
〈표 5.30〉 클로소이드 곡선의 최소 파라미터 계산 ···537

〈표 5.31〉 완화곡선을 생략할 수 있는 최소 원곡선 반경 계산 ···538
〈표 5.32〉 1방향 1차로 연결로의 확폭 ·············545
〈표 5.33〉 1방향 2차로 및 양방향 2차로 연결로의 확폭(고속도로) ···545
〈표 5.34〉 A규격 연결로의 횡단면 기준과 적용 547
〈표 5.35〉 연결의 최대 종단경사 ·····················548
〈표 5.36〉 연결로의 종단곡선기준 ·····················549
〈표 5.37〉 감속차로 설계장(AASHTO 기준) ······556
〈표 5.38〉 감속차로장 기준(일본 기하구조요강) 557
〈표 5.39〉 변속차로길이(일본도로공단기준) ······558
〈표 5.40〉 감속차로의 길이 ·····························558
〈표 5.41〉 감속차로 길이 보정률 ·····················558
〈표 5.42〉 가속차로 설계길이(AASHTO기준) ·····560
〈표 5.43〉 가속차로길이 기준(일본 기하구조요강) ··560
〈표 5.44〉 변속차로장의 종단경사에 의한 보정률(일본 기하구조요강) ·······································561
〈표 5.45〉 가속차로의 길이 ·····························562
〈표 5.46〉 가속차로 길이 보정률 ·····················562
〈표 5.47〉 직접식 변속차로 설치비율의 범위 ·····565
〈표 5.48〉 교통량에 따른 입체교차 기준(공용개시 10년 후) ···577

제 1 장 총론

1.1 도로의 기능

1.2 도로의 구분

1.3 도로의 네트워크 특성과 계획 및 설계

1.4 도로 구조와 설계

1.5 설계기준의 기본적 요소

1.6 도로계획 및 설계의 흐름

1.1 도로의 기능

1.1.1 도로기능의 의미

도로는 사람의 이동, 물자의 수송에 없어서는 안 되는 가장 기본적인 교통시설이며, 광역적인 경제활동 및 일상생활의 기반이다. 또한 도로는 교통시설로서 뿐만 아니라 도시에서 거주환경의 형성, 방재공간으로 활용되고, 상하수도, 가스관, 지하철, 통신시설 등을 수용하는 공간으로 이용되는 매우 다양한 기능을 갖는 시설이기도 하다.

따라서 도로의 계획과 설계에 있어서는 교통의 안전성, 활용성, 경제성이라고 하는 도로의 교통기능적인 측면과 그것을 둘러싼 연도, 환경의 영향 등과 관계되는 공간 기능적인 측면으로 이해하지 않으면 안 된다.

본서에서 취급하는 것은 주로 도로의 교통기능을 충족하기 위한 노선선정, 선형, 폭원구성, 교차점의 처리 등 도로의 기하구조에 관한 내용이다.

도로 구조는 토공, 교량 및 터널의 3종류로 대별되며, 지형 등의 자연조건에 맞추어서 어떠한 구조를 선정할지는 건설비와 유지관리비에 크게 영향을 받는다. 이러한 의미에서, 도로구조는 노선선정과 함께 계획의 초기단계에 결정하지 않으면 안 되는 중요한 요소이다.

1.1.2 도로의 기능

도로는 계층적, 면적인 네트워크(Net-Work)를 가지며, 많은 경우 연도와의 직접적인 관계를 갖는 공공시설이지만, 동시에 공공 공간 시설로서 중요하고, 전체로서 매우 다면적인 기능과 역할을 갖는 시설이라고 할 수 있다. 따라서 도로의 계획과 설계에 있어서는 지역 발전 계획 등 상위계획을 근거로 한 도로망계획의 수립이 중요하며, 더욱이 도로 계획에 있어서는 그 노선이 도로망 전체에 있어서 기능과 역할을 다할 수 있는 시설계획을 해야만 된다.

도로기능의 분류를 대별하면 ① 교통기능 ② 토지이용 유도기능 ③ 공간기능의 세 가지로 나누어진다.

교통의 기능은 도로가 갖는 가장 중요한 기능이며, 자동차나 보행자, 자전거 각각에 대해서 안전하고, 원활하며, 쾌적하게 통행할 수 있는 이동기능, 주변 도로시설이나 건물에 쉽게 출입할 수 있는 접근기능, 자동차가 주차하거나 보행자가 체류할 수 있는 체류기능 등이 있다.

(그림 1.1)은 도로기능과 도로교통 특성의 관계를 도시한 것이다. 교통 기능을 중시한 간선도로에 있어서는 접근기능을 제한(control)하여 원활한 교통류를 확보할 필요가 있다.

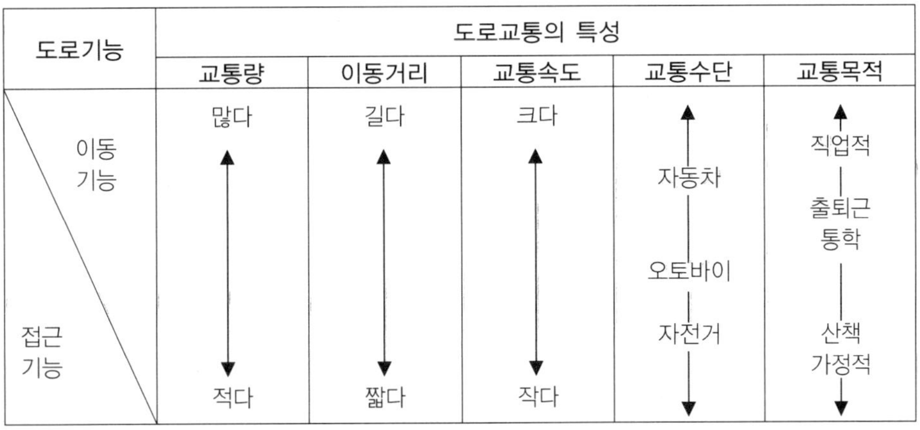

도로기능	도로교통의 특성				
	교통량	이동거리	교통속도	교통수단	교통목적
이동기능	많다 ↕ 적다	길다 ↕ 짧다	크다 ↕ 작다	자동차 ↕ 오토바이 ↕ 자전거	직업적 ↕ 출퇴근 통학 ↕ 산책 가정적
접근기능					

(그림 1.1) 도로기능과 도로교통 특성과의 관계

자동차 전용도로는 이동기능을 목적으로 하는 전형적인 예이다. 역으로 거주지역 내의 도로에서는 접근기능을 중시하여 주행속도나 주행의 쾌적성이라고 하는 이동 기능을 그다지 중요하지 않다.

토지이용 유도기능은 접근기능이 가져오는 간접효과이며, 도로 이외의 다른 시설에는 없는 기능이다. 도로와 지역개발의 상호작용은 도로가 갖는 토지이용 유도기능을 갖고 행해지므로 이것을 정확히 평가하여 두지 않으면 교통기능이 마비되고 만다. 따라서 간선도로는 지역이 갖는 발전 잠재능력을 평가하여 계획해야 한다.

공간기능은 교통약자, 일반인, 장애인과 전동차량 등의 이동 편의성 향상을 위한 보행환경 개선공간, 승용차 이외의 대중교통 및 자전거도로 등의 대중교통 수용공간, 도시와 마을의 축제, 정보 교환 등 문화 및 정보교류의 공간, 교통시설과 공공 기반시설(전기, 통신, 전력, 가스, 상하수도 등)의 수용공간, 녹화와 경관형성, 주변도로 환경보전을 위한 환경친화적인 녹화공간으로서의 기능이 있다.

도로의 공간기능은 지역주민과 이용자의 통행 편의성을 증진하고 건전한 도시 주거환경을 도모하기 위하여 기존 도로환경의 개선과 함께 신도시계획의 수립시에도 적극 검토하여야 하며, 도로의 공간기능은 자동차의 이동과 접근 등 최소한의 통행기능을 확보하되 이용자와 인접 주민 등의 일상생활에서 요구되는 생활의 편의성을 우선 고려하여야 한다.

〈표 1.1〉에 도로가 갖는 주된 기능을 나타내었다.

1.1〉도로의 기능

도로기능			효과
교통기능	이동기능 (mobility)	・자동차, 자전거, 보행자 등의 운행 서비스	・도로교통의 안전확보 ・시간거리의 단축 ・교통혼잡의 완화, 운행비의 절감 ・교통공해의 경감
	접근기능 (토지이용유도기능) (land access)	・연도의 토지, 건물, 시설에 대한 출입 서비스	・지역개발의 기반정비 ・생활기반의 확충 ・토지이용의 보전
공간기능		・공익시설의 수용 ・양호한 주거환경의 형성 ・방재기능의 강화	・전기, 전화, 가스, 상하수도, 지하철 등의 수용 ・보행환경 개선 ・문화정보 교류 공간 제공 ・대중교통의 수용 ・환경친화적 녹화공간 계획 ・가변로, 소방활동(화재연속 방지)

1.1.3 도로의 공간기능

도로는 일반토지와 같은 형태로 상하공간에 대하여 지표 위의 공간, 지표, 지하 등으로 구분할 수 있으며 통상 공간적 범위는 이를 통틀어 도로라고 표현한다. 이러한 도로가 제공하는 공간기능은 교류·문화정보의 소통·공공녹지(open space) 등으로써 전통적인 통행 편리성 이외에 도시와 지역의 이미지, 골격을 형성하고 도시의 고유한 문화적·사회적·경제적 도시기능을 형성하는 수단이 되기도 한다.

도로가 제공하는 주요한 공간기능은 다음과 같다.
① 교통약자, 일반인, 장애인과 전동차량 등의 이동 편의성 향상을 위한 보행환경 개선 공간
② 승용차 이외의 대중교통 및 자전거도로 등의 대중교통 수용 공간
③ 도시와 마을의 축제, 정보 교환 등 문화 및 정보교류의 공간
④ 교통시설과 공공 기반시설(전기, 통신, 전력, 가스, 상하수도 등)의 수용 공간
⑤ 녹화와 경관형성, 주변도로 환경보전을 위한 환경 친화적인 녹화 공간

(그림 1.2) 도시녹화와 만남의 공간기능

도로공간의 활성화는 대중교통 수용공간, 보행환경 개선공간 이외에 공공녹지와 공공디자인 등을 고려하여 도시미관, 경관개선과 연계한 품격 높은 도시환경을 조성하는데 기여하는 것으로 이용자와 지역주민의 요구를 적극적으로 반영하여야 한다. 또한, 기존 도로공간의 활성화는 지속가능한 도시재생기법을 도입하는 관점에서 접근하는 것이 바람직하다.

〈표 1.2〉 도로 위계별 · 용도지역별 공간기능 적용 범위

구 분	주 요 기 능	간선도로	집산도로	국지도로
보행공간	■ 교통약자를 고려한 설계 (universal design)	주거/상업	주거/상업	주거/상업
	■ 생활가로 개념 적용 (거주 편의성 증진)	근린상업	근린상업	-
	■ 교차로의 가곽 전제 등	중심·일반상업	중심·일반상업	-
교통수단 수용	■ 대중교통	주거/상업	(주거/상업)	-
	■ 녹색교통(도보, 자전거)	-	주거/상업	주거/상업
만남과 문화	■ 도시·마을 축제	중심·일반상업	중심·일반상업	-
	■ 오픈카페 수용	-	상업	상업
	■ 건물(민간토지) 일부를 이용한 만남의 공간	-	근린상업	(근린상업)
정보·교류	■ 마을 안내 및 각종 정보교환의 장	중심·일반상업	중심·일반상업	중심·일반상업
사회활동과 여가활동	■ 도로주변 환경정화, 화단 가꾸기 등 사회참여 프로그램	-	주거	주거
	■ 도로 공간에서 여가활동 (전원형 공간조성 등)	-	주거	주거
도시녹화	■ 가로수 식재, 냇가, 수변공간 등 도시미관 향상, 바람길, 경관	주거/상업	중심·일반상업	-
기반시설 수용	■ 통신, 전력, 상하수도, 가스 등 공동구	주거/상업	중심·일반상업	-
기타 공익향상	■ 대기환경 개선을 위한 자동차 이용제한 프로그램	주거/상업	상업	(상업)

자료) 이춘용·류재영·이우진. 「도로 공간의 복합적 기능 활성화 방안 연구, 2007, 국토연구원」

1.2 도로의 구분

1.2.1 개요

도로는 목적이나 성격 및 기능 등에 의해서 구분되며, 각각에 적합한 형식이나 구조를 갖는다. 도로의 구분은 도로가 제공하는 또는 이용자가 기대하는 기능, 도로가 존재하는 지역 및 지형의 상황과 계획 교통량에 따라 동일한 설계기준을 적용해야 하는 구간을 도로의 구조와 시설에 따라 체계적으로 구분하는 것이 중요한다.

본서에서는 도로 기하구조 설계의 기준이 되는 「도로의 구조·시설 기준에 관한 규칙」에서 구분하는 도로구분을 기준으로 하고, 기타 다른 법령에 따라 구분되는 도로의 구분은 참고로 언급한다.

1.2.2 도로의 구분

1 「도로의 구조·시설 기준에 관한 규칙」에 의한 도로의 구분

도로는 고속도로와 일반도로로 대변되며, 일반도로는 소재지역과 기능에 따라 〈표 1.3〉와 같이 구분된다.

〈표 1.3〉 일반도로의 구분

구 분		도로의 종류 및 등급	
		지방지역	도시지역
고속도로		고속도로	도시고속도로
일반도로	주 간선도로 보조 간선도로 집산도로 국지도로	일반국도 일반국도, 지방도 지방도, 군도 군도	특별시도·광역시도 특별시도·광역시도, 시도 시도, 구도 구도

2 기타 법령에서의 도로분류

1) 도로법의 도로분류

    도로법 제11조(도로의 종류와 등급)에서의 도로분류는 소재지역과 기능에 따라 ① 고속국도 ② 일반국도 ③ 특별시도·광역시도 ④ 지방도 ⑤ 시도 ⑥ 군도 ⑦ 구도

등으로 구분하고 있으며, 이 순서로 등급을 매기고 있다.

2) 도시계획 시설기준에 관한 규칙의 도로분류

도시계획 시설기준에 관한 규칙 제8조(도로의 종류)에서는 도로를 사용 및 형태, 규모(폭), 기능 등 세 가지 기준에 따라 구분하고 있다.

(1) 도로의 사용 및 형태별 구분
① 일반도로
② 자동차 전용도로
③ 보행자 전용도로
④ 자전거 전용도로
⑤ 고속도로
⑥ 고가도로
⑦ 지하도로

(2) 도로의 규모별 구분

도로의 규모별 구분은 다음 〈표 1.4〉와 같다.

〈표 1.4〉 도로의 규모별 구분

도로 구분	광로	대로			중로			소로		
		1류	2류	3류	1류	2류	3류	1류	2류	3류
폭(m)	40이상	35~40	30~35	25~30	20~25	15~25	12~15	10~12	8~10	4~8

※주 : 폭이 4m 미만인 도로는 도시계획 시설기준에 관한 규칙의 적용대상이 아님

(3) 도로의 기능에 따른 구분
① 자동차 전용도로　② 주간선도로
③ 보조간선도로　　 ④ 국지도로
⑤ 구획도로　　　　 ⑥ 특수도로

1.3 도로의 네트워크 특성과 계획 및 설계

1.3.1 일반사항

도로정비의 기본방침은 국토구조의 골격으로서의 고속도로에서 지역사회의 일상생활 기반으로서의 군도에 이르기까지, 도로망을 각각의 도로가 분담할 교통의 성격에 따라서 체계적으로 정비하는데 있다. 도로계획에 있어서는 다종 다양한 기능을 갖는 도로로 구성되는 도로망을 체계적으로 정비하여 기본적인 단계로서 기능분류를 고려하고, 이 구상에 따라 도로의 규격과 기본구조를 결정하지 않으면 안 된다.

도로의 구분은 앞 절에서 제시한 바와 같이 도로계획과 기능설계의 입장에서 도로가 담당할 네트워크 특성, 교통특성에 의해 (그림 1.3)과 같이 ①고속도로 또는 도시고속도로 ② 주간선도로 ③ 보조간선도로 ④ 집산도로 ⑤ 국지도로로 분류할 수가 있다.

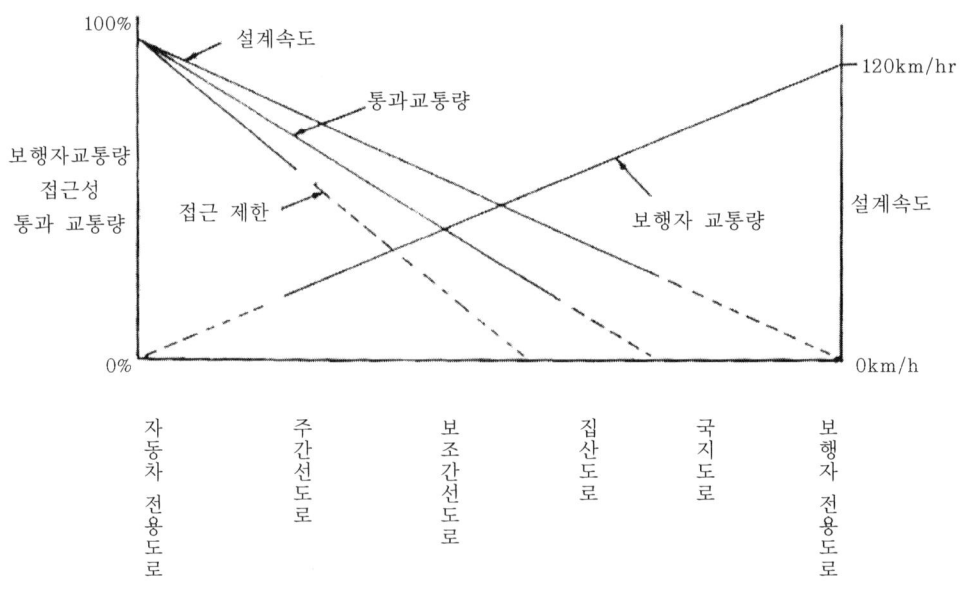

(그림 1.3) 도로의 교통 기능별 특징비교

즉, 고속도로의 경우 설계속도가 높고, 통과교통량이 많으며, 출입이 제한되는 반면 보행자 교통량이 없다.

1.3.2 기능별 특성

1 지방지역(rural area)

1) 고속도로(Highway)

대량의 교통을 가장 빠른 시간내에 안전하고 효율적으로 이동시키기 위하여 출입제한의 기능을 갖추면서, 가장 높게 규정된 설계기준을 적용하는 도로이다. 일반적으로 고속도로는 4차로 이상을 원칙으로 하며 다음과 같은 특성을 갖는다.
① 국가 간선도로망을 형성하는 도로이다.
② 지방지역에 존재하는 자동차전용의 고속 교통을 제공하는 도로다.
③ 다른 도로와 접속하는 지점에서 강도 높은 도로 접근관리 기법인 출입제한을 적용한다.

2) 주간선도로(main arterial road)

전국 도로망의 주 골격을 형성하는 주요 도로로서 다음과 같은 특성을 갖는 도로를 칭한다.
① 도 상호간의 주요 도시를 연결하는 도로로서, 주로 인구 50,000 이상의 도시를 연결하는 도로이거나 때로는 인구 25,000 이상의 도시를 연결하는 도로도 일부 해당된다.
② 지역간 이동의 골격을 형성하는 도로로서, 통행길이가 비교적 길고 통행밀도도 비교적 높은 도로
③ 지역간의 통과교통을 위주로 하며, 궁극적으로 4차로 이상의 도로 확장이 요구되는 도로
④ 도로법 제10조의 일반국도의 대부분이 해당된다.

3) 보조간선도로(sub arterial road)

지역 도로망의 골격을 형성하는 주간선도로에 연계되며, 다음과 같은 특성을 갖는 도로를 칭한다.
① 주간선도로를 보조하는 도로로서 주간선도로에 비해 비교적 연장이 짧고 광역간선 기능이 약한 도로
② 군 상호간의 주요지점을 연결하는 도로로서, 도로법 제10조의 일반국도 중 주간선도로에 해당하지 않는 나머지 도로와 도로법 제12조의 지방도의 대부분이 이에 해당된다.

4) 집산도로(collectors road)

집산도로는 군 내의 통행을 담당하는 도로로서 광역기능을 갖지 않으며, 다음과 같은 특성을 갖는 도로를 칭한다.
① 보조간선도로를 보완하는 도로로서, 군 내부의 주요지점을 연결하는 도로
② 군 내부의 주거단위에서 발생되는 교통을 흡수하며, 보조간선도로에 연결시키는 기능을 갖는다.
③ 도로법 제12조의 지방도 중 보조간선도로에 해당하지 않는 나머지 도로와 제14조의 군도가 주로 해당된다.

5) 국지도로(locals road)

도로법 제14조의 군도 중 집산도로에 해당하지 않는 나머지 도로와 농어촌 도로 등 기능이 매우 낮은 도로가 해당되며, 군 내의 주거단위에 접근하기 위해 제공되는 도로로서 통행거리도 가장 짧은 기능상 하위의 도로이다.

6) 지방지역 도로의 기능별 구분 지침

지방지역 도로의 기능별 특성, 관할권에 의한 분류와의 연계, 도로의 기하구조 특성, 교통류의 특성에 기초하여 고속도로를 제외한 지방지역 도로의 기능별 구분 지침을 일반적으로 제시하면 〈표 1.5〉와 같다.

〈표 1.5〉 지방지역 도로의 기능별 구분지침

구분	주간선도로	보조간선도로	집산도로	국지도로
도로의 종류 및 등급	국도	국도 또는 지방도	지방도 또는 군도	군도, 구도
평균 통행거리	5km이상	5km미만	3km미만	1km미만
평균 주행속도(km/h)	60	50	40	30
유출입지점간의 평균간격(m)	700	500	300	100
동일기능 도로간의 간격(m)	3,000	1,500	500	100
계획교통량(대/일)	10,000이상	2,000~10,000	500~2,000	500미만

2 도시지역

1) 도시고속도로

도시지역에 존재하는 고속도로로서, 지방지역의 고속도로에 비해 교통량이 매우 많으며, 다음과 같은 특성을 갖는다.
① 도시 외곽에 위치한 지방지역 고속도로들을 서로 연결하거나, 도심지, 부도심지, 또는 도시 주요 교통 유발시설들을 직접 연결시켜 도시 가로망 내부에 존재하는 통과 교통량을 제거한다.
② 도시지역에 존재하는 자동차 전용도로로서, 접근관리를 위해 출입제한을 사용하며, 높은 수준의 도로 설계기준을 갖는다.
③ 4차로 이상으로 건설하며 설계속도는 80~100km/h이다.

2) 주간선도로

도시지역 도로망의 골격을 형성하는 주요 도로로서 다음과 같은 특성을 갖는다.
① 도시지역 내부에 위치한 주요 도시 시설물들을 연결한다.
② 교통량 규모가 크고 통행길이가 비교적 길다.
③ 지방지역 주간선도로가 도시지역을 통과할 때, 도시지역 통과구간 역할을 감당한다.
④ 설계속도 60~80km/h이다.
⑤ 평균 주행거리는 3km 이상이며, 간선도로 상호간 배치 간격은 1.5~3.0km이다.
⑥ 「도로법」 제11조의 특별시도·광역시도의 대부분이 여기에 해당한다.

3) 보조간선도로

도시지역 주간선도로에 연결하여 주간선도로 기능을 보완하는 도로로서 다음과 같은 특성을 갖는다.
① 도시지역 주간선도로와 평행하게 위치하는 경우가 많으며, 주간선도로와 달리 보조간선도로 시점이나 종점 중 한개는 도시지역 내부에 위치한다.
② 평균 주행거리는 1~3km, 설계속도는 50~60km/h 정도이다.
③ 「도로법」 제11조의 특별시도·광역시도 중 주간선도로에 해당하지 않는 나머지 도로와 「도로법」 제13조의 시도가 여기에 해당한다.

4) 집산도로

도시지역의 생활권을 지원하는 주요 도로축으로 다음과 같은 특성을 갖는다.
① 도시 지역 보조간선도로에 평행하게 위치하는 경우가 많으며, 보조간선도로를 보완한다.
② 생활권 내에 위치한 주요 시설물을 연결한다.
③ 이동성보다는 접근성을 위주로 한다.
④ 설계속도는 40~50km/h 정도다.
⑤ 「도로법」 제13조 시도 중 보조 간선도로에 해당하지 않는 나머지 도로와 제15조의 구도 대부분이 여기에 해당한다.

5) 국지도로

지구내의 주거단위에 직접 접근되는 도로로서 이동성이 가장 낮고 접근성이 가장 높은 도로이며, 통과교통을 배제하는 방향으로 설계 및 운영된다. 따라서 도시지역에 위치한 각종 주요 교통유발시설 주변에 위치하며, 다음과 같은 특성을 갖는다.
① 차량 통행보다는 보행이나 자전거 통행을 배려해야 한다.
② 대중교통수단에 대한 배려가 충분해야 한다.
③ 가능한 차로 수는 줄이고 보도 폭은 넓게 하여 도시를 관통하는 차량이 이 도로로 진입하는 것을 억제해야 한다.
④ 「도로법」 제15조의 구도 중 집산도로에 해당하지 않는 나머지 도로와 생활도로 등이 대부분 여기에 해당한다.

6) 생활도로

생활도로는 「도로법」 등의 관련 법률에 정의되어 있지 않지만 도시가로의 주 간선도로기능이나 구역을 구획하는 도로가 아닌 지구 내 위치한 대부분의 도로를 생활도로라고 볼 수 있으며, 「도로의 구조·시설에 관한 규칙」 해설에서 기능별로 구분하고 있는 도로 중 도시지역의 국지도로 대부분이 생활도로의 성격을 갖는다고 할 수 있다.

생활도로는 보행통행이 편리하고 안전한 도로의 개념을 갖는 도로로서 그 기능은 다음과 같다.
① 접근성이 가장 높은 도로 · 통학 · 통근 · 놀이 등 일상생활과 직결되는 도로
② 비신호 도로 · 버스통행이 없는 도로(마을버스 제외)

③ 폭 9m 미만 도로·지구의 구획 내에 위치한 도로·대중교통시설(버스정류장, 지하철역)로 도보 접근 가능 도로(반지름 500m)

7) 도시계획도로 기준에 의한 분류

도시계획시설 기준에 관한 규칙에 의하면 도로를 폭원별로 광로, 대로, 중로, 소로로 구분하고 있다. 도로의 기능과 폭원이 모든 경우에 있어서 일치하고 있지는 않으나 일반적인 경우 연계성이 높으므로 도시계획 도로기준과 연계하여 도로를 구분하면 〈표 1.6〉과 같은 분류가 타당한 것으로 판단된다.

〈표 1.6〉 도시계획 도로 기준에 의한 분류

구분	도시계획도로 분류기준	구분	도시계획도로 분류기준
주간선도로	광로, 대로	집산도로	중로
보조간선도로	대로, 중로	국지도로	소로

8) 도시지역 도로의 기능별 구분 지침

도시지역 도로의 기능별 특성 및 도시계획 도로 분류기준, 도로의 기하구조 특성, 교통류의 특성에 기초하여 도시고속도로를 제외한 도시지역 도로의 기능별 구분지침을 일반적으로 제시하면 〈표 1.7〉과 같다.

〈표 1.7〉 도시지역 도로의 기능별 구분지침

구분	주간선도로	보조간선도로	집산도로	국지도로
도시계획도로 분류기준	광로, 대로	대로, 중로	중로	소로
평균 통행거리	3km이상	3km미만	1km미만	500m이상
평균 주행속도(km/h)	50	40	30	20
유출입지점간의 평균간격(m)	500	300	150	50
동일기능 도로간의 간격(m)	1,000	500	250	100
계획교통량(대/일)	20,000이상	5,000~20,000	2,000~5,000	2,000미만

③ 소형차도로

대도시 및 도시 근교의 상습 지·정체 해소를 위해 교통 수요 증대에 대응한 도로구조 개선의 방안으로 승용자동차, 소형화물 및 승합자동차 등 소형자동차만의 통행을 허용하는 소형차도로를 적용할 수 있다.

소형차도로는 설계기준자동차 중 승용자동차, 소형자동차만의 통행을 허용함으로써 동적 특성상 횡단폭원, 시설한계, 종단경사 등에 대하여 특례 값 적용이 가능하며 중량특성 및 제원 특성상 일반적인 도로의 규격과 비교하여 단면이 작은 도로의 건설이 가능하다.

따라서 소형차도로는 도로의 기하구조에 대한 특례 값의 적용을 통하여 표준 규격보다 작은 도로구조를 채택함으로써 도심부 혼잡 해소와 순환도로의 정비, 도로의 확장, 교차로의 개량 등이 용이하게 된다.

다만 소형차도로의 도입 시에는 구난 및 방재, 유지관리 등을 위한 긴급차량의 통행 공간을 확보하여야 하며, 대형 화물차나 버스 등과 같은 일반 대형자동차의 이용 불편 및 혼란을 고려하여 대형자동차가 우회할 수 있는 우회도로를 확보하여야 한다.

보차 공존 도로

교차로의 구조 개선(구상도)

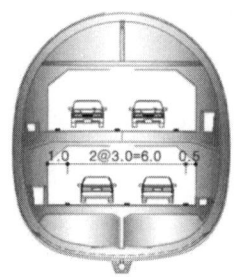
국내 소형차도로(터널)

(그림 1.4) 국내·외 소형차도로 도입 사례

1.3.3 설계요소

도로의 기본적인 설계요소를 비교하면 〈표 1.8〉과 같고, AASHTO에서는 〈표 1.9〉와 같이 도로를 기능별로 분류하고 있다.

〈표 1.8〉 도로의 설계요소에 의한 비교

설계요소 \ 도로의 구분	자동차 전용도로	주간선도로	보조간선도로	집산도로	국지도로
보도	×	○	○	○	△
차로수	4이상	2이상	2이상	2	2이하
중앙분리대	○	△	△	×	×

〈표 1.8〉 도로의 설계요소에 의한 비교(계 속)

설계요소 \ 도로의 구분	자동차 전용도로	주간선도로	보조간선도로	집산도로	국지도로
버스정류장	△	○	○	○	×
동격도로와의 교차방식	입체	입체, 평면	평면	평면	평면
좌우회전 전용차로	×	○	○	×	×
보행자 횡단처리	입체	입체, 평면	입체, 평면	평면	평면
환경시설대	○	○	△	×	×
측도	○	△	×	×	×

※ 원칙적으로 설치
△ : 필요에 따라 설치
× : 설치 불필요 또는 해당 없음

이상과 같이 도로는 여러 가지 복합적인 기능을 가지고 있으며, 단일적인 지표에 의해서 도로의 기능분류를 하는 것은 곤란하다. 따라서 도로의 계획, 설계에 있어서는 여러 가지의 관점에서 우선 도로의 기능분류를 해야 한다. 또한 지역특성과 당해 도로의 위치를 고려하여 횡단구성, 교차의 형태, 설계속도, 연결성 및 보행성 등 기본적인 기준요소를 검토, 결정하며 구체적인 도로계획과 설계를 시행해야 한다.

〈표 1.9〉 기능별 도로분류(AASHTO)

도로등급	고속도로	제1종 간선도로	제2종 간선도로	집산도로	국지도로
기능	교통의 이동	·지역간의 교통 및 도시내의 교통이동 ·토지의 접근성	·지역간의 교통 및 도시내의 교통이동 ·토지의 접근성	·간선도로와 국지도로 간의 집산 ·토지의 접근성 ·인접간의 교통	토지의 접근성
연속성	연속	연속	연속	· 반드시 연속하지 않음 · 간선도로를 확장해서는 안됨	—
도로간격(mile)		1~2	1/2~1	1/2이하	필요에 따름
인접토지와 접근성	없음	제한	·제한 ·자유로운 이동금지 ·근접도로의 간격 및 수 제한	교통안전대책상 필요시 제한 또는 인정	교통안전대책상 필요시 제한
최소교차 도로간격(mile)	1	1/2	1/4	300ft	300ft

〈표 1.9〉 기능별 도로분류(AASHTO) (계 속)

도로등급	고속도로	제1종 간선도로	제2종 간선도로	집산도로	국지도로
제한속도 (mile/h)	45~55	35~45	30~35	25~30	25
주차				제한	가능
비고	· 간선도로용량 보충 · 고속주행기능	도로시스템의 골격형성		통과교통은 제한	통과교통은 제한

구분	도시지역		지방지역	
	연장비(%)	통행비(%)	연장비(%)	통행비(%)
주간선도로	1.6	31.2	3.0	17.6
보조간선도로	1.7	11.2	3.9	8.5
집산도로	1.8	5.3	19.2	12.7
국지도로	11.3	8.1	57.6	5.5
소계	16.4	55.7	83.6	44.3

1.4 도로 구조와 설계

도로가 그 효용을 가지기 위한 구조로서
① 교통을 위한 기능적 공간을 확보하고 시설을 준비할 것
② 도로의 공간을 교통의 충격이나 장애로부터 보호하고, 물리적으로 보전할 두 가지 요소가 필요하다.

이것을 도로의 설계측면에서 본다면 전자를 기능설계, 후자를 구조설계라고 부를 수 있으며, 그 내용은 (그림 1.5)과 같다.

우리나라에서는 「도로법」 제37조와 61조, 고속국도법 제4조 및 유료도로법 제5조에 도로구조의 기술적인 기준을 법령으로 정하도록 규정하고 있다. 이에 따라 1965년 7월 19일 대통령령 제2177호 도로구조령으로 처음 제정하여 몇 차례의 개정을 거쳐 현재는 2009년 2월 19일 국토해양부령 제101호 「도로의 구조·시설 기준에 관한 규칙 전부개정령」이 공포되어 구조에 있어서 구비해야 할 기술적인 기준을 규정하고 있다. 이기준

```
기능설계 ─┬─ 기하구조 : 선형, 폭원구성 등
          ├─ 노면구조 : 미끄럼(sliding), 평탄성
          ├─ 교통기능시설 : 인터체인지, 휴게시설, 주차장, 버스정류장 등
          ├─ 교통안전시설 : 도로조명, 방호책, 방형망, 시선유도표지 등
          ├─ 교통관리시설 : 도로조명, 방호책, 방현망, 시선유도표지 등
          └─ 도로경관, 조경, 공해방지시설 등

구조설계 ─┬─ 토공 : 노체구조, 배수시설, 토공구조물, 방재시설
          ├─ 교량구조물 : 상부구조, 하부구조
          ├─ 터널 : 본체공, 부속시설
          └─ 포장구조
```

(그림 1.5) 도로의 구조 및 시설 설계내용

중에는 기능설계의 기하구조 기준이 상세히 정해져 있으며, 또한 구조설계의 면에서는 구조의 기본이 표시되어 있다.

도로의 구조·시설 기준에 관한 규칙에서는 고속도로와 일반도로, 지방지역과 도시지역에 따라 도로를 분류하고 설계상의 기준을 규정하고 있다. 도로설계 중에서 교통운용에 직접 기여하는 것은 기하구조 설계와 각종 교통시설 설계인데, 이것은 자동차의 운동역학적 특성과 이것을 운전하는 운전자 및 보행자의 인간공학적 특성의 양자를 기초로 하여 행해지고 있다.

일반적으로 기하구조의 최소치의 규정은 자동차 특성 및 인간공학적 특성에 따른 각각의 조건에 의해서 정해진다. 예를 들면, 최소정지시거는 자동차의 기계적 정지거리와 운전자의 반응시간을 합하여 구해지며, 최소곡선반경은 자동차의 역학적 특성에 따라 구해진다. 그러나 도로설계로서는 이 같은 최소기준치가 만족되는 것만으로는 안전한 설계라고 할 수 없다. 최소시거만 만족되는 구간이 연속하거나 최소치나 그에 가까운 곡선반경이 연속하는 구간에서는 운전자는 지치기 쉽고, 사고의 가능성도 높다. 또한 좋은 선형의 앞에 작은 곡선이 있는 것은 운전자에게 착각을 유발할 위험도 있다. 이와 같이 도로설계에서는 각각의 부분만이 아닌 연속된 환경을 고려하여 안전에 대한 충분한 배려가 필요하다. 이를 위해서는 교통사고의 분석을 통한 운전자나 보행자의 인간공학적 특성에 배려가 없어서는 안 된다.

도로설계에 있어서는 이와 같은 이용자에 대한 직접적인 고려만이 아니고 연도주민, 기타 외부 환경과의 조화를 이루는 것도 중요한 요소이다.

1.5 설계기준의 기본적 요소

1.5.1 계획목표년도

계획목표년도를 몇 년으로 할 것인가의 문제는 그 계획도로의 기능이나 위치에 따라 다르겠으나 일반적으로 지방지역 도로에 대해서는 장기계획으로서 20년으로 하며, 도시지역에 대해서는 도시교통의 변화가 여러 가지 상황에 따라 변화 가능성이 많으므로 노선의 성격과 중요성을 고려하여 계획목표년도를 10년으로 할 수 있다.

도로의 계획 목표연도는 도로공사가 끝나고 자동차의 통행이 시작되는 시점(일반적으로 '공용개시년도'라고 함)을 기준으로 하며, 도로의 소재지역과 기능에 따라 달리 규정한다.

또한, 도로의 계획목표년도의 설정에서는 여러 가지 정책적인 문제가 관련되어 있어서 목표연도를 쉽게 결정할 수는 없지만, 너무 멀리 내다보고 건설할 경우 신뢰성 있는 예측이 불가능하고 과대한 계획이 되기 쉽다.

도로의 등급별 목표연도는 〈표 1.10〉을 표준으로 한다.

〈표 1.10〉 계획목표년도

등급별 구분	목 표 년 도	
	도 시 지 역	지 방 지 역
고속도로	15~20년	20년
간선도로	10~20년	15~20년
집산도로	10~15년	10~15년
국지도로	5~10년	10~15년

1.5.2 설계기준 자동차 및 자동차의 분류

1 개요

1) 자동차의 정의

자동차 관리법 제2조 제1호에 규정된 바에 따르면 "자동차라 함은 원동기에 의하여 육상에서 이동할 목적으로 제작한 용구 또는 이에 견인되어 육상을 이동할 목적으로 제작한 용구를 말한다."고 정의하고 있다.

또한 도로교통법 제2조(정의)에서는 "자동차라 함은 철길 또는 가설된 선에 의하지 아니하고 원동기를 사용하여 운전되는 차(견인되는 자동차도 자동차의 일부로 봄)로서 자동차 관리법 제3조의 규정에 의한 승용차, 승합자동차, 화물자동차, 특수자동차 및 이륜자동차를 말한다."라고 규정하고 있다.

2) 설계기준 자동차의 종류와 제원

「도로의 구조·시설 기준에 관한 규칙」에서는 설계기준 자동차를 승용자동차, 소형자동차, 대형 자동차, 세미트레일러 연결차의 네 종류로 구분하여 제원을 정하고 있다. 소형자동차는 소형화물자동차 및 소형승합버스를 대상을 하고 있으며, 대형자동차에는 버스, 트럭 등이 포함되어 있으나 앞내민 길이, 축간거리 및 뒷내민 길이에 대해서는 트럭으로서 뒤축이 2축인 자동차를 기준으로 정하고 있고, 세미트레일러 연결차는 뒤축이 총 4축인 자동차를 기준으로 하고 있다. 승용자동차 및 소형자동차는 폭원, 시거, 종단 경사 등의 기준을 정하기 위하여 필요하며, 대형자동차 및 세미트레일러는 폭원, 곡선부의 확폭, 교차로의 설계, 종단경사 등을 결정하기 위하여 필요하다.

2 설계기준 자동차의 치수

자동차의 치수, 성능 등은 도로의 폭원, 곡선부의 확폭, 교차로의 설계, 종단경사, 시거 등에 큰 영향을 미친다.

자동차의 제원에 관한 법적근거는 「자동차 안전기준에 관한 규칙」에 제시되어 있다. 동 규칙의 제2장 자동차의 안전기준에서 자동차의 제원을 제시하고 있으며, 제4조에서 자동차의 길이와 너비 및 높이를 규정하고 있고, 제5조에서는 최저 지상고, 제6조에서는 자동차의 총중량 등, 제7조에서는 중량분포, 제7조의 2에서는 최대 안전경사각도, 제8조에서는 최소 회전반경을 규정하고 있다.

이 규칙에서는 차종에 따라 제원을 규정하고 있다. 최대값만 살펴보면, 자동차의 길이는 16.7m 이하, 높이는 4.0m 이하, 너비는 2.5m 이하로 규정하고 있고, 자동차의 총중량은 40톤 이하, 축하중(자동차가 수평상태에 있을 때 1개의 차축에 연결된 모든 바퀴의 윤하중을 합한 것)은 10톤 이하, 윤하중(자동차가 수평상태에 있을 때에 1개의 바퀴가 수직으로 누르는 중량)은 5톤 이하로 규정하고 있으며, 최소회전반경은 12m 이하로 하도록 규정하고 있다.

1) 길이, 너비, 높이

승용자동차의 길이, 너비, 높이는 「자동차 관리법 시행규칙」 제2조에서 규정하고 있는 승용자동차의 최대 값으로 규정한다. 이 규칙에 따르면 길이는 4.7m, 너비는 1.7m, 높이는 2.0m이다. 소형자동차는 「자동차 관리법 시행규칙」 에서 규정하는 화물자동차, 승합자동차 중·소형 미만의 차종에 대하여 국내에서 판매되고 있는 차량의 제원을 참조하여 규정하고 있다. 대형 자동차의 경우 수송효율을 높이기 위하여 최근 들어 법정 제한 길이에 가까운 자동차가 많이 생산되고 있으며, 점유율 또한 계속 증가할 것이 예상된다. 따라서 이러한 추세를 반영하기 위하여 대형 자동차의 길이, 너비, 높이는 「자동차 안전기준에 관한 규칙」 제4조에 제시된 최대 값으로 한다. 규칙에 따르면, 길이는 13m, 너비는 2.5m, 높이는 4.0m이다.

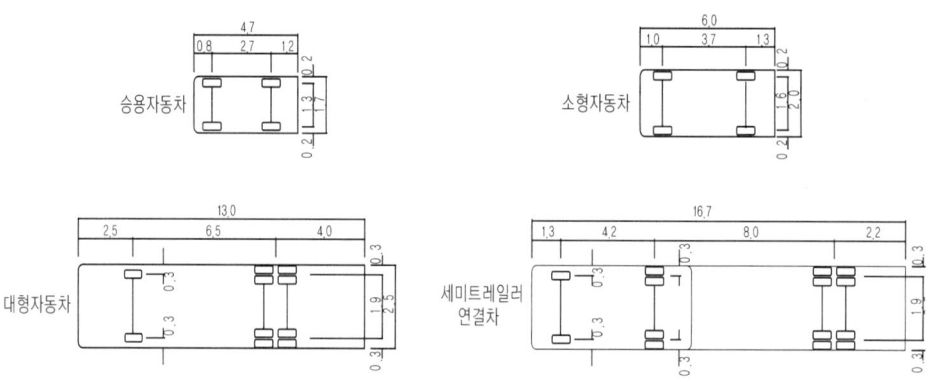

(그림 1.6) 설계기준 자동차의 제원(단위 : m)

그 밖의 자동차로는 버스전용차로의 설계기준자동차인 일반버스, BRT 설계기준자동차인 굴절버스, 기타 풀트레일러가 있다.

연결차의 경우 세미트레일러 연결차, 풀트레일러 연결차 및 이중연결차 등이 있고, 길이는 일반적으로 풀트레일러와 2중연결차가 세미트레일러보다 길다. 그러나 2중연결차의 경우 운행빈도가 적어서 대표성이 없으므로 설계기준 자동차의 제원으로 채택하기는 곤란하다. 외국에서의 연결차 길이에 대한 규제값으로는 세미트레일러 연결차의 경우 15m, 풀트레일러 연결차의 경우 18m인 경우가 많다. 그러나 일반적으로 회전시에는 세미트레일러 연결차가 큰 폭을 차지하므로 풀트레일러 연결차는 고려할 필요가 없다. 세미트레일러 연결차의 길이, 너비, 높이는 「자동차 안전기준에 관한 규칙」 제4조에 제시된 최대값으로 한다. 이 규칙에 따르면, 길이 16.7m 너비 2.5m, 높이 4.0m이다.

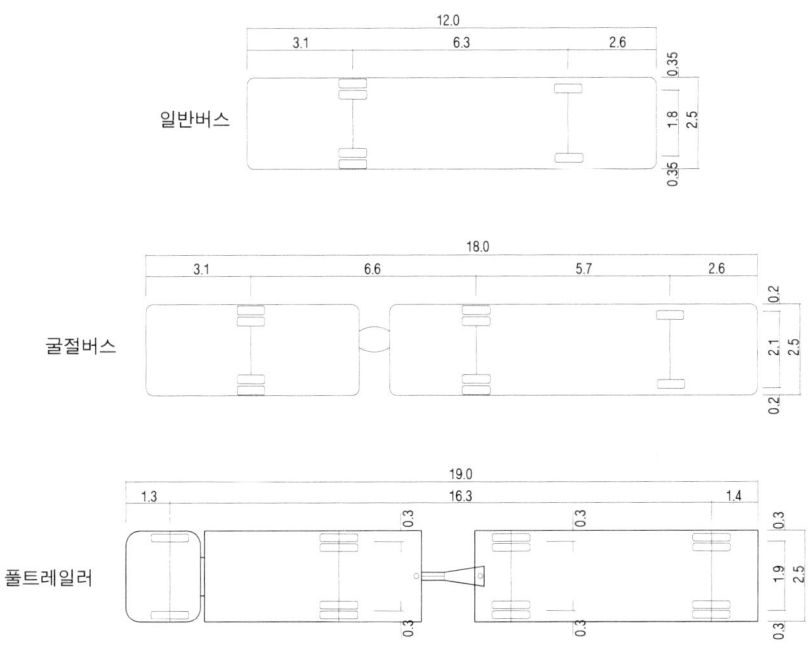

(그림 1.7) 설계기준 자동차의 제원(단위 : m)

〈표 1.11〉 설계기준 자동차의 종별 제원

(단위 : m)

제원 자동구분	길이	너비	높이	축거	앞내민길이	뒷내민길이	최소회전반경
승용 자동차	4.7	1.7	2.0	2.7	0.8	1.2	6.0
소형 자동차	6.0	2.0	2.8	3.7	1.0	1.3	7.0
중·대형 자동차	13.0	2.5	4.0	6.5	2.5	4.0	12.0
세미트레일러 연결차	16.7	2.5	4.0	전4.2, 후9.0	1.3	2.2	12.0

※주 : 1) 축거 : 앞바퀴 축 중심으로부터 뒤바퀴 축 중심까지의 거리
    2) 앞내민 길이 : 자동차의 전면으로부터 앞바퀴 축 중심까지의 거리
    3) 뒷내민 길이 : 자동차의 후면으로부터 뒷바퀴 축 중심까지의 거리

2) 최소회전반경

「자동차 안전기준에 관한 규칙」에 따르면, 자동차의 최소회전반경이란 자동차의 바깥쪽 앞바퀴 자국의 중심선의 궤적을 따라 측정한 반경을 말한다.

승용자동차의 최소회전반경은 현재 운행 중에 있거나 장래에 운행되리라 예상되는 승용차의 회전반경 중 최대 값도 포함할 수 있도록 하기 위하여, 동 규칙 제8조에서 소형 자동차 회전반경의 최소 값으로 규정하고 있는 6.0m로 하며, 소형자동차의 최소회전반경은 「도로의 구조·시설기준에관한규칙」에서 규정한 7.0m로 하고, 중·대형 자동차와 세미트레일러 연결차의 최소회전반경 역시 이 규칙에 규정된 최소 값과 동일하게 12.0m로 규정한다.

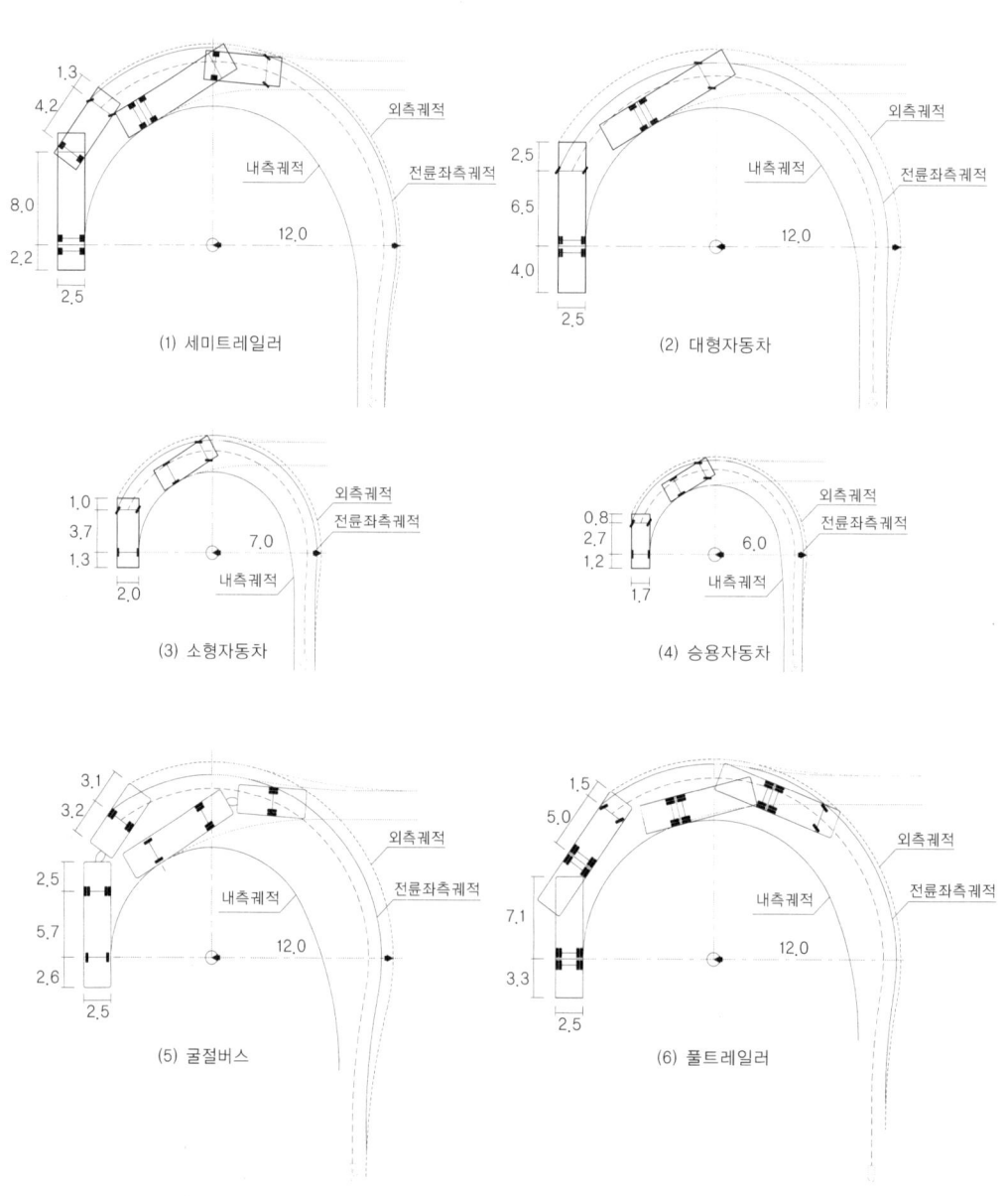

(그림 1.8) 설계자동차별 회전궤적

③ 자전거 및 보행자

자전거도로의 설계에 사용할 자전거의 제원은 〈표 1.12〉, (그림 1.9) 및 (그림 1.10)와 같으며, 보행자의 점유폭은 0.75m를 표준으로 한다.

〈표 1.12〉 자전거의 제원

(단위 : m)

폭	점유폭	높이	주행시 높이	길이	패달의 높이
0.60	1.00	1.10	2.25	1.90	0.05

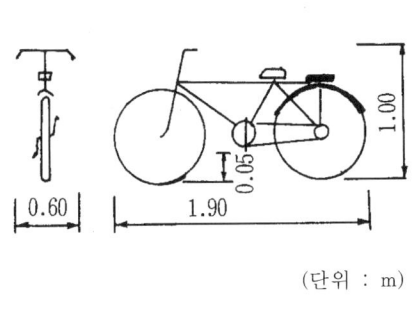

(그림 1.9) 자전거의 제원

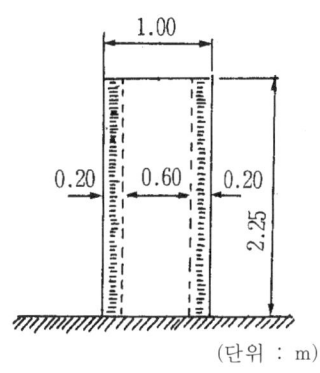

(그림 1.10) 자전거의 점유폭

보도의 설계에 적용하는 보행자의 제원은 「도로용량편람」에서 규정하는 한국인의 표준체형을 근거로 하여 한사람이 차지하는 점유공간으로 산정하며 점유공간을 나타내는 인체타원은 (그림 1.11)과 같다.

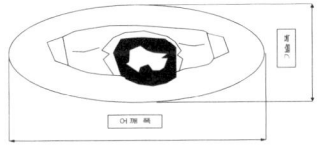

(그림 1.11) 인체 타원

④ 차종의 분류

우리나라에서 이용되는 대표적인 차종분류는 〈표 1.13〉과 같다. 국토해양부의 도로용량 조사를 위한 차종의 분류는 전국도로의 교통량을 조사·분석하여 합리적인 도로계획의 수립과 도로건설, 도로의 개량 및 확장, 도로의 운영 및 관리, 도로행정에 필요한 기본 자료를 제공하며, 도로용량 편람에서의 차종의 분류는 도로계획 및 설계 시 주요 결정지표인 교통용량과 서비스 수준을 구하는 데 이용된다.

〈표 1.13〉 차종분류

구분	목적	내용
자동차 관리법상의 차종분류	• 자동차의 효율적 관리, 소유권 공증 • 자동차의 안전도를 확보함으로써 공공의 복리를 증진	• 승용, 승합, 화물, 특수 자동차 및 2륜자동차로 차종을 대별 • 크기, 승차 정원, 최대적재량, 배기량, 견인능력, 총중량, 정격출력 등에 따라 세부적으로 39개 차종으로 구분
국토해양부의 교통량 조사를 위한 차종분류	• 합리적인 도로의 계획수립과 건설, 개량 및 확장 • 효율적인 도로 유지관리 및 도로행정에 필요한 기본자료 수집	• 승용, 버스, 화물차, 기타로 일반분류하고, 승차인원 및 적재중량, 차축수에 따라 승용차, 소형버스, 보통버스, 소형화물차, 보통화물차, 대형화물차, 세미트레일러, 풀트레일러, 기타(2축 4륜 이상)의 9종으로 분류, 그밖에 보행자, 우마차, 자전차, 2륜차의 통행량도 조사
국토해양부의 자동차 등록 현황 집계를 위한 차종분류	• 우리나라 자동차등록 현황파악 • 교통행정에 필요한 기본자료로 이용 • 교통계획 및 정책수립	• 크게 승용차, 버스, 화물차, 특수차, 2륜차로 분류 • 세부적으로 배기량, 승차인원, 적재중량, 특수용도 등에 따라 차종분류
고속도로 통행요금 징수를 위한 차종분류	• 고속도로를 이용하는 자동차의 통행료 징수	• 승용, 버스, 소형 화물차, 보통 화물차, 대형 화물차로 분류
도로사용자 부담조사 연구에서의 차종분류	• 도로 사용자부담 제도와 관련된 가격설정 방법, 사용자부담 구조 및 수입배분 방법 등의 정책 결정	• 승용, 버스, 트럭으로 대별한 후 차축수와 최대 전재하중에 따라 19개로 분류하고, 다시 자가용과 영업용으로 세분하여 38개 차종으로 분류
도로포장 설계 지침서 작성 및 자동차 축하중 조사연구에서의 차종분류	• 도로포장 설계를 위한 축하중 관련 계수의 결정	• 차축 및 차륜형태에 근거하여 승용차(2축 4륜), 소형버스(2축 4륜), 소형버스(2축 6륜), 보통버스(2축 6륜), 대형트럭(3축 10륜), 세미트레일러(4축 이하), 세미트레일러(5축), 세미트레일러(6축 이상), 트레일러트럭(5축 이하), 트레일러트럭(6축 이상)의 12종으로 분류
도로용량 편람의 차종분류	• 승용차 환산계수를 이용하여 용량과 서비스 수준을 구하는데 이용	• 승용차, 버스, 특럭 3개 차종으로 구분

1.5.3 설계구간

1 일반사항

설계구간이란 도로가 존재하는 지역 및 지형의 상황과 계획교통량에 따라 동일 설계기준을 적용할 수 있는 구간이며, 동일한 도로구분을 적용받는 구간이다. 지나치게 단구간에서 설계구간을 변화시키거나 혹은 운전자가 예기치 못한 장소에서 설계구간을 변화시키거나 혹은 운전자가 예기치 못한 장소에서 설계구간을 변경시키는 것은 운전자를 혼란시켜 교통 안전상에서도 좋지 못하며 쾌적성도 해치게 된다.

노선의 기하구조는 가능한 한 연속적인 것이 바람직하므로 설계구간을 설정하는 경우에는 그 길이나 변형점의 선정방법 등에 대해 신중한 배려가 필요하다. 설계구간 선정 시 고려할 사항은 다음과 같다.

① 도로의 성격이나 중요성, 교통량, 지역 및 지형이 대체로 같은 구간은 원칙적으로 동일한 설계구간으로 한다.
② 하나의 설계구간은 자동차가 안전하고 쾌적하게 주행할 수 있는 충분한 길이를 가져야 하며, 가능한 한 긴 것이 바람직하다.
③ 설계속도의 차이가 20km/h를 초과하는 설계구간은 교차부 또는 접속부의 경우를 제외하고 원칙적으로 상호 접속시켜서는 안 된다.
④ 상이한 설계구간은 지형이나 교통량이 크게 변하는 곳 또는 도로망의 주요지점이 되는 곳에서 상호 접속시킨다.

2 설계구간의 길이

설계구간의 길이를 어떻게 설정할 것인가에 대해서는 명확한 해답을 제시하기가 어렵다. 설계구간을 설정할 때 고려해야 할 가장 중요한 점은, 운전자가 일정한 속도를 유지하면서 주행하는 시간이 너무 짧지 않도록 해야 한다는 것이다. 왜냐하면 짧은 시간 동안 운전자가 취해야 할 속도가 자주 바뀌게 되면 운전이 부드럽지 못하기 때문이다. 일반적으로 운전자는 과거의 경험을 토대로 상황판단을 하면서 운전을 하게된다. 만약 그러한 경험이나 기억에서 동떨어진 상황에 부딪히면 당황하게 되고, 때에 따라서는 사고가 생길 수도 있다. 그러므로 도로상황이 평상시와 같다면 운전자는 아무런 위험도 느끼지 않을 것이며, 쾌적성을 잃지 않고 운전할 수 있을 것이다.

이러한 점을 고려해 볼 때 설계구간의 길이는 지금까지의 실제 설계 예를 감안하여 경험적인 것을 채택하는 것이 타당할 것이다.

〈표 1.14〉는 도로의 구분에 따른 설계구간의 최소길이를 정하는 개략적인 지침을 제시

한 것이다. 표에서 부득이한 경우의 최소길이란 짧은 구간에서 설계속도를 떨어뜨려야 하는 경우의 최소구간길이이다.

즉, 지형의 상황 등으로 인해 부득이하게 설계속도를 10km/h~20km/h 떨어뜨리는 구간이 하나의 설계구간 안에 한두 곳 정도 있더라도 허용할 수 있다는 의미이다. 하나의 설계구간 안에 부득이하게 설계속도를 낮추어야 할 구간이 여러 곳에 있는 경우에는 해당 설계구간의 설계속도를 낮추는 것이 바람직하다.

〈표 1.14〉 설계구간 길이의 개략지침

(단위 : km)

도로구분	바람직한 설계구간길이	최소 설계구간길이
고속도로, 지방지역 간선도로	30~20	5
지방지역 기타도로	15~10	2
도시지역 일반도로	주요 교차로 간격	

③ 설계구간의 변경점 및 상호접속

1) 설계구간의 변경점 및 상호접속

설계구간의 변경점은 지형이나 교통량이 현저하게 변화하는 지점, 즉, 주요 교차지점, 장대교, 터널 같은 큰 구조물이 있는 곳 등 운전자가 무의식적으로 상황의 변화를 느낄 수 있는 지점을 택하는 것이 좋다. 따라서 지형이 유사한 구간이나 교통량이 거의 동일한 구간은 하나의 설계구간으로 설정하는 것이 바람직하다.

2) 상이한 설계구간의 상호접속

설계구간의 속도 차가 20km/h를 넘는 설계구간들을 상호 접속시키면 도로의 기하구조가 크게 변화하므로 좋지 않다. 예를 들면 지방지역의 간선도로와 도시지역의 국지도로를 직접 접속시키는 것과 같은 설계는 바람직하지 않으며, 부득이 접속시켜야 할 경우는 선형의 변화 정도가 크지 않도록 설계해야 한다.

설계속도를 20km/h 변화시킬 필요가 있는 곳에서는 10km/h씩 점차적으로 변화시키도록 하고, 자동차의 안전을 위하여 교통안전시설을 설치해야 한다. 특히, 설계속도의 변화로 인하여 횡단면을 부득이하게 변화시켜야 할 필요가 있는 경우에는 횡단면의 변화구간을 테이퍼로 연결한다. 이 때 접속 설치비율은 도시지역의 경우 1/10 이하, 지방지역의 경우는 1/20 이하로 한다.

또 교통량 등에 따라 차로수 변경이 필요한 경우의 접속설치에는 교통의 안전을 원활하게 도모하기 위하여 충분한 접속길이를 확보해서 차로수를 변경하는 접속설치 구간이 필요하게 된다.

접속설치 길이에 대해서는 AASHTO에서는 속도와 이정(shift)량에 따라서 그 길이를 식 (1.1)으로 정하고 있으며, 이는 자동차가 횡 방향으로 1m 이동하는 데 약 1.5초 필요하다고 가정하는 방법과 일치한다.

$$L = \frac{1}{1.6} \cdot V \cdot W \quad (1.1)$$

여기서, L : 접속설치 길이(m)
V : 설계속도의 80%(km/h)
W : 이정(shift)량(m)

차로수를 감하는 경우에는 (그림 1.14)에 나타낸 바와 같이 접속 설치하는 것으로 한다. 이 경우 노즈(nose)가 있는 곳에서는 노즈 오프셋 0.5m를 취하는 것으로 하고, 노즈에서 30m 사이는 3차로 폭 + 측대(0.75m)로 한다.

1차로 감하는 경우의 접속설치율은 1/50 정도가 바람직하며 적어도 100m이상으로 한다.

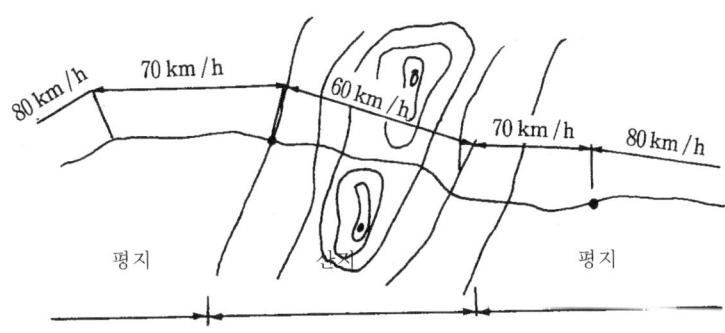

(그림 1.12) 설계구간 접속의 예

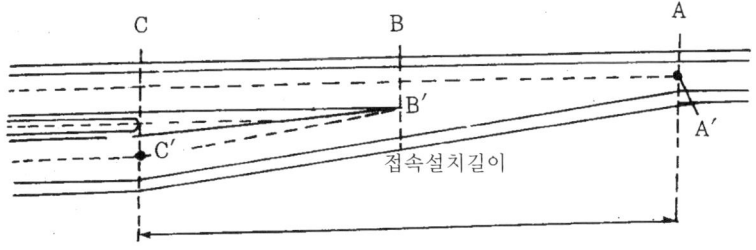

(그림 1.13) 4차로에서 2차로 접속설치

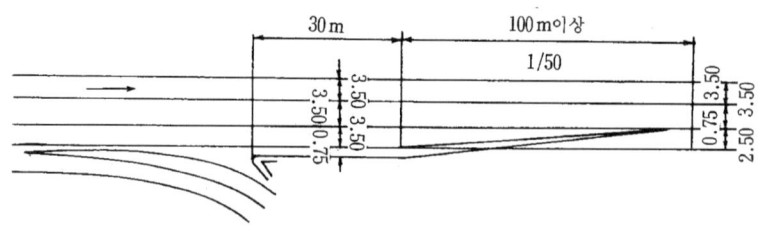

(그림 1.14) 6차로에서 4차로 접속설치

1.5.4 서비스 수준

1 서비스 수준의 개념

서비스 수준이란 주행속도, 주행시간, 통행자유도, 안락감 및 교통안전 등의 교통 운영 상태를 설명하는 질적인 개념이다.

서비스 수준은 A~F까지 6등급으로 나누어지며, A수준이 가장 좋은 상태, F수준은 가장 나쁜 상태를 나타낸다. 일반적으로 E수준을 용량상태라 한다.

〈표 1.15〉 서비스 수준별 교통류 상태

서비스 수준	구분	교통류의 상태
A	자유 교통류 (Free Flow)	· 주위의 자동차에 영향을 전혀 받지 않고 주행할 수 있는 상태. · 교통류 내에서 원하는 속도의 선택과 방향조작이 자유롭다.
B	안정된 교통류 (Stable Flow)	· 주위의 자동차에 주의를 기울이면서 주행하는 상태. · 비교적 자유롭게 원하는 속도를 선택할 수 있으나, 통행 자유도는 서비스 수준 A보다 약간 떨어진다.
C	안정된 교통류 (Stable Flow)	· 주위의 자동차와의 상호작용으로 인하여 통행에 상당히 영향을 받기 시작하는 상태. · 속도선택도 다른 자동차의 영향을 많이 받는다. 이 수준에서 통행 자유도는 매우 떨어진다.
D	높은 밀도의 안정된 교통류(Approaching unstable Floe)	· 방향조작 및 속도선택의 자유가 매우 제한된 상태. · 운전자는 운전하는 데 불편함을 많이 느낀다. 이 수준에서는 교통량이 조금만 증가해 자동차 운행상태에 문제가 발생한다.
E	불안정된 교통류 (Unstable Flow, 용량상태)	· 방향조작과 속도선택의 자유가 거의 없는 상태. · 방향을 바꾸기 위해서는 다른 자동차의 운전자가 양보해 주어야 한다. 교통량이 조금만 많아지거나, 교통류에 작은 혼란이 발생하면 곧 교통와해가 일어난다.
F	강제류 (Forced Flow, 와해상태)	· 도착 교통량이 도로 용량을 넘어서서 도로의 통행기능이 마비된 상태 · 이 수준에서는 자동차 통행이 자주 멎게 된다.

서비스 수준 A

서비스 수준 B

서비스 수준 C

서비스 수준 D

서비스 수준 E

서비스 수준 F

(그림 1.15) 각 서비스 수준별 교통류 상태(고속도로 기본구간)

〈표 1.16〉 고속도로 기본구간의 서비스 수준

서비스 수준	밀도(승용차 km/차선)	설계속도(120km/h)		설계속도(100km/h)	
		평균 통행속도 (km/h)	교통량 대 용량비 (V/C)	평균 통행속도 (km/h)	교통량 대 용량비 (V/C)
A	≤8	≥105	≤0.39	≥95	≤0.34
B	≤13	≥100	≤0.59	≥90	≤0.52
C	≤19	≥90	≤0.77	≥82	≤0.70
D	≤27	≥76	≤0.93	≥70	≤0.86
E	≤44	≥50	≤1.00	≥50	≤1.00
F	>44	<50	-	<50	-

2 설계 서비스 수준

설계 서비스 수준이란 분석도로의 혼잡 상태를 어느 수준까지 허용할 것인가 하는 상황과 관련된 것이다.

도로는 통행하는 운전자가 쾌적하고 안전하게 주행할 수 있도록 설계 서비스 수준을 설정해야 하겠지만, 당해 도로에 투자할 수 있는 비용에 한계가 있으므로 사회적, 경제적 측면에서 타당한 서비스 수준을 선정하여 이에 맞는 기준으로 설계해야 한다. 즉, 도로 설계 시에는 도로에서 얻어지는 효과와 이를 위하여 필요로 하는 투자를 충분히 검토하여 이용교통에 대한 서비스의 질적 수준을 적절하게 선택하지 않으면 안된다.

설계 서비스 수준의 또 다른 의의는 도로의 어떤 구간에 대하여 가능한 일정한 주행상태가 확보되도록 서비스의 질을 유지하는 것이다. 즉, 짧은 구간에서 서비스 수준이 급격히 변하거나 통일성이 결여되는 경우 이용 교통의 안전성이나 쾌적성이 크게 손상된다.

따라서 어느 일정구간(설계구간)에 대해서는 동종의 서비스의 질을 확보하기 위하여 설계서비스 수준을 정할 필요가 있다.

도시지역 도로의 경우 설계 서비스 수준을 낮게 잡아 운전자들이 교통 혼잡에 비교적 민감하지 않은 점을 반영할 수 있으며, 지방지역 도로의 경우 지역에 따라 교통량 변화가 심하고 장거리 통행이 많은 지역 간 교통특성을 감안하여 높은 서비스 수준으로 설계한다. 〈표 1.17〉은 우리나라에서 일반적으로 적용하는 설계 서비스 수준이다.

〈표 1.17〉 일반적으로 사용되는 설계 서비스 수준

도로구분 \ 지역구분	지방지역	도시지역
고속도로	C	D
일반도로	D	D

AASHTO에서는 도로의 종별 및 지역, 지형에 따라 〈표 1.18〉과 같이 설계서비스 수준을 정하고 있다.

〈표 1.18〉 설계 서비스 수준 적용기준

도로구분	지방지역			도시지역
	평지	구릉지	산지	
고속도로	B	B	C	C
간선도로	B	B	C	C
집산도로	C	C	D	D
국지도로	D	D	D	D

1.5.5 설계속도

1 정의

설계속도는 도로의 기하구조를 결정하는 기본요소로서 도로설계의 기초가 되는 자동차의 속도를 말한다. 이는 도로의 구조면에서 본 경우와 자동차의 주행면에서 본 경우로 다음과 같이 정의 할 수 있다.

1. 도로의 구조면에서 본 경우 : 설계속도란 자동차의 주행에 영향을 미치는 도로의 물리적 형상을 서로 연관시키기 위하여 정해진 속도
2. 자동차의 주행면에서 본 경우 : 설계속도란 기후가 양호하고 교통밀도가 낮으며, 자동차의 주행 조건이 도로의 구조적인 조건만으로 지배되고 있는 경우에 평균적인 운전기술을 가진 운전자가 도로의 어느 구간에서나 쾌적성을 잃지 않고 안전하게 주행할 수 있는 속도

2 설계속도의 적용

설계속도는 곡선반경, 편경사 및 시거와 같은 선형요소에 직접적인 영향을 준다. 「도로의 구조 · 시설기준에 관한 규칙」에서는 도로의 구분에 따라 설계속도를 〈표 1.19〉와 같이 적용토록 규정하고 있다.

〈표 1.19〉 설계 속도 (단위 : km/h)

구분			설계속도
지방지역	고속도로	평지	120
		산지	100
	주간선도로	평지	80
		산지	60
	보조간선도로	평지	70
		산지	50
	집산도로	평지	60
		산지	50
	국지도로	평지	50
		산지	40
도시지역	도시고속도로		100
	주간선도로		80
	보조간선도로		60
	집산도로		50
	국지도로		40

여기서, 지방지역 및 도시지역에서의 평지 및 산지의 구분은 〈표 1.20〉과 같다.

<표 1.20> 지역 및 평지, 산지의 구분

구분	내용
도시지역	시가지를 형성하고 있는 지역 또는 그 지역 발전 추세로 보아 도로의 설계 목표년도인 20년 이내에 시가지로 형성될 가능성이 있는 지역
지방지역	도시지역 경계선 밖의 지역
평지	종단경사, 평면선형 및 종단선형 조합에서 중차량이 승용차와 거의 같은 속도로 주행할 수 있는 지형으로서 일반적으로 2% 미만의 완만한 경사 구간이 포함됨.
산지	중차량이 종단경사, 평면선형 및 종단선형 조합으로 인하여 상당히 긴 구간을 오르막 한계속도로 주행하거나 자주 오르막 한계속도로 주행하는 지역 일반적으로 5% 이상의 경사구간이 포함됨.

3 설계속도와 제한속도와의 관계

운전자는 설계속도에 따라 주행하는 것이 아니고 지형여건, 연도상황 및 도로의 선형 등에 따라 주행속도를 선택한다. 가령, 설계속도가 80km/h인 속도로 안전하고도 쾌적하게 주행할 수 있다.

그러나 도로의 기하구조 요소가 자동차의 주행 안전성에 대하여 여유가 있고, 선형 등의 조건이 양호하면 설계속도 이상의 속도로 안전하게 주행하는 것도 가능하다. 즉, 설계속도가 40km/h를 초과하는 속도로도 안전하게 주행할 수 있는 것이다. 도로교통법에서는 자동차의 주행안전 등을 고려하여 설계 속도와 동일하게, 또는 그 이하로 주행속도를 제한하고 있다.

<표 1.21> 자동차의 속도제한(우리나라)

(단위 : km/h)

구분		제한속도		비고
고속도로	4차로 이상	최고	100	중부고속도로 • 최고속도 : 110 • 최저속도 : 60
		최저	50	
	2차로	최고	80	
		최저	40	
일반도로	4차로 이상	최고	70	
	2차로	최저	60	

※ 도로 교통법 시행규칙 제12조

(1) 우리나라의 고속도로(도로교통용량 연구조사 보고서 92. 한국건설기술연구원)

(단위 : km/h)

노선명(구간)	설계속도	제한속도	주행속도
호남선(논산·이리)	100	100	97~115
중부선(서울기점 32km)	120	110	78~82

(2) 독일의 고속도로(아우토반)[고속도로와 자동차 92. 일본]

설계속도	제한속도	주행속도	비고
140 120	무제한	116~130	*아우토반 8,822km 중 약 1,200km는 100km/h로 속도제한
100	무제한	90~115	

(3) 미국의 경우(AASHTO, 94)

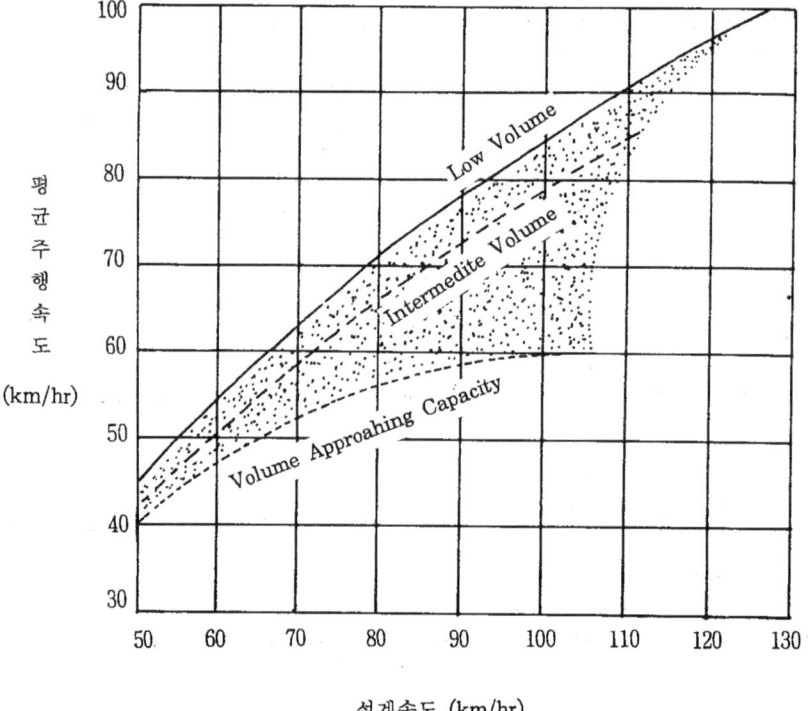

(그림 1.16) 교통량과 평균주행속도와의 관계

4 속도의 종류

「도로의 구조·시설기준에 관한 규칙」에서는 도로설계 상태와 건설 후 운영 상태에서 적용할 수 있는 속도의 종류를 개별차량(또는 통행량이 많지 않아 자유로운 교통흐름이 유지될 때) 관점과 차량군이 형성될 만한 많은 교통량이 있을 경우의 관점에서 볼 때 다음과 같은 구분하고 있다.

〈표 1.22〉 도로설계 운영단계와 교통상태별 기준 속도

구 분	개별차량의 관점	전체 차량의 관점
도로 시설규모 결정용 속도	설계속도 (V_D)	설계확인 속도 (V_B)
도로운영 차원의 검증속도	85백분위속도 (V_{85})	평균주행속도 (V_R)

1) 설계속도(V_D, Design Speed)

설계속도는 선형을 설계하는 경우에 선형요소의 한계값 결정에 직접적인 의미를 가지는 것으로 도로설계의 기초가 되는 자동차의 속도를 말한다.

2) 운영속도(Operating Speed, 85백분위속도 V_{85})

운영속도는 자유로운 교통흐름 상태에서 운전자가 자신의 차량을 운영할 때 관찰되는 속도이다(A Policy on Geometric Design of Highways and Streets, AASHTO, 2004)). 85백분위속도는 자유로운 교통흐름이나 노면습윤 상태에서 주행하는 승용차의 속도를 측정하여 측정치를 오름차순으로 정리하여 85%째에 해당하는 속도(주행 승용차의 85%가 초과하지 않는 속도)이다. 85백분위속도는 도로의 굴곡도(도로 km 당 평면 곡선의 변화량)와 차로 폭원에 따라 변화하는 것으로 알려져 있다.

독일의 경우 방향별로 분리된 도로에서의 85백분위속도는 다음과 같다

$V_{85} = V_D + 10$ km/h   (설계속도 100 km/h 이상)

$V_{85} = V_D + 20$ km/h   (설계속노 100 km/h 이하)

$V_{85} = V_D + 20$ km/h   (2+1 도로, 단 최고속도 100 km/h)

$V_{85} = $ 최고제한 속도   (도시부 외곽 또는 연계기능이 있는 도시부 도로).

또한 설계속도와 85백분위속도는 설계의 검증에서 좋은 비교지표로 활용할 수도 있다. 설계속도는 도로의 시설규모를 결정하며, 85백분위속도는 설계된 도로가 도로운영 단

계에서 나타나는 운전행태의 지표가 되는 속도로서 설계된 도로의 구간특성을 운전자가 어떻게 받아들였는지를 가늠할 수 있다. 현장에서 관측된 85백분위속도를 토대로 설계속도와 관련 기준 설정에도 활용할 수 있다.

85백분위속도는 이웃한 도로구간과 비교하여 85백분위속도가 10km/h 이상 차이가 나면 도로안전 점검 차원에서 설계여건 변화구간을 검토해 보아야 한다.

3) 평균 주행속도(V_R, Average Running Speed)

구간 평균속도(Space Mean Speed)라고도 하는데 일정도로 구간을 주행하는 차량 통과시간 관측에 의한 교통류의 속도 측정방법으로 구간거리를 평균 주행시간으로 나누어 구한다. 주행시간이란 차량이 움직이고 있는 시간만을 의미하며 멈춤으로 인한 지체시간은 포함하지 않는다. 이 속도는 교통서비스 수준을 측정하거나, 도로 이용자 비용을 산출하는 데 사용된다. 평균 주행속도는 날씨, 시간, 교통량에 따라 편차가 큰 것으로 알려져 있다. 따라서 평균 주행속도를 제시할 때는 첨두 또는 비첨두 시간인지(이 속도는 도로설계나 도로운영에 사용), 하루 평균인지(도로 경제성 분석에 이용)를 분명히 밝히는 것이 좋다.

4) 설계 확인속도(V_B)

독일 RAS-Q(1996)에 따른 속도 정의로, 교통소통의 품질평가 지표로 사용된다. 이 속도는 설계된 도로에서 허용되는 교통량(설계 교통량보다는 많고 최대 교통량보다는 적은)이 주행할 때 승용차가 나타내는 평균 주행속도를 나타낸다. 설계 확인속도는 독일의 도로망 형성 지침(RAS-N)에 기준 값을 제시하고 있다. 이 속도는 적용하는 도로 표준단면의 크기에 따라 변화하며, 최고제한속도보다는 작은 값을 나타낸다.

5) 평균 통행속도 (Average Travel Speed)

일정도로 구간을 주행하는 차량통과시간 관측에 의한 교통류의 속도 측정방법의 하나이며 구간거리를 지체시간을 포함한 차량운행시간으로 나눔으로써 얻어진다. 또한 평균운행속도는 일정구간을 통과하는 차량들의 평균 운행시간을 이용하여 구해지기 때문에 이 역시 구간평균속도이다.

6) 시간 평균속도 (Time mean Speed)

도로의 한지점을 통과하는 차량들의 속도를 산술평균한 것을 의미하며, "평균 순간속도"라고 하기도 한다.

교통의 흐름에 관련된 대부분의 분석방법에 사용되어지는 속도의 효율적인 척도는 위에서 정의한 평균 통행속도(Average Travel Speed)를 사용한다. 서비스 수준 F의 상태로 운행되는 등 통행의 방해가 없거나 휴게소 정차를 하지 않을 경우 평균 통행속도와 평균 주행속도는 서로 같게 나타난다.

1.5.6 설계 교통량

1 개요

도로의 계획 및 설계에 있어서는 대상으로 하는 도로의 장래 교통의 양이나 질을 추계하여 그 교통수요를 충분히 만족할 수 있는 구조규격으로 하지 않으면 안된다. 이 계획 또는 설계대상에 쓰이는 교통량을 설계 교통량이라고 하며, 차로수 결정의 가장 기본적인 지표가 된다. 차로수는 설정된 서비스 수준을 유지하면서 교통수요(장래교통량)와 교통공급(교통용량)의 조화를 이루는 균형점이다. 차로수의 결정과정은 (그림 1.17)와 같다.

설계 교통량은 계획 및 설계를 하는 노선의 계획목표년도에 대한 자동차의 연평균 일교통량으로서 정의 된다. 이 계획목표년도를 몇 년후로 할 것인가는 계획 정책상의 문제인데, 일반적으로 목표연도는 도로계획의 목표년도와 같이 20년으로 한다.

설계에 쓰이는 교통량에는 일교통량, 시간교통량, 15분 정도의 분단위 교통량이 있다. 이 중에서 목표년도에 있어서의 연평균 일교통량을 계획교통량으로서 가장 일반적으로 쓰고 있다. 그러나 도로의 교통용량을 검토할 경우는 하루 중에서 가장 혼잡한 시간대를 대상으로 하지 않으면 안되기 때문에 이와 같은 경우에는 시간교통량을 사용한다. 또한 시간교통량에서는 잡을 수 없는 단시간의 교통현상(예를 들어 신호교차점에서의 지체시간)을 검토할 경우에는 15분 단위의 시간 교통량을 사용한다.

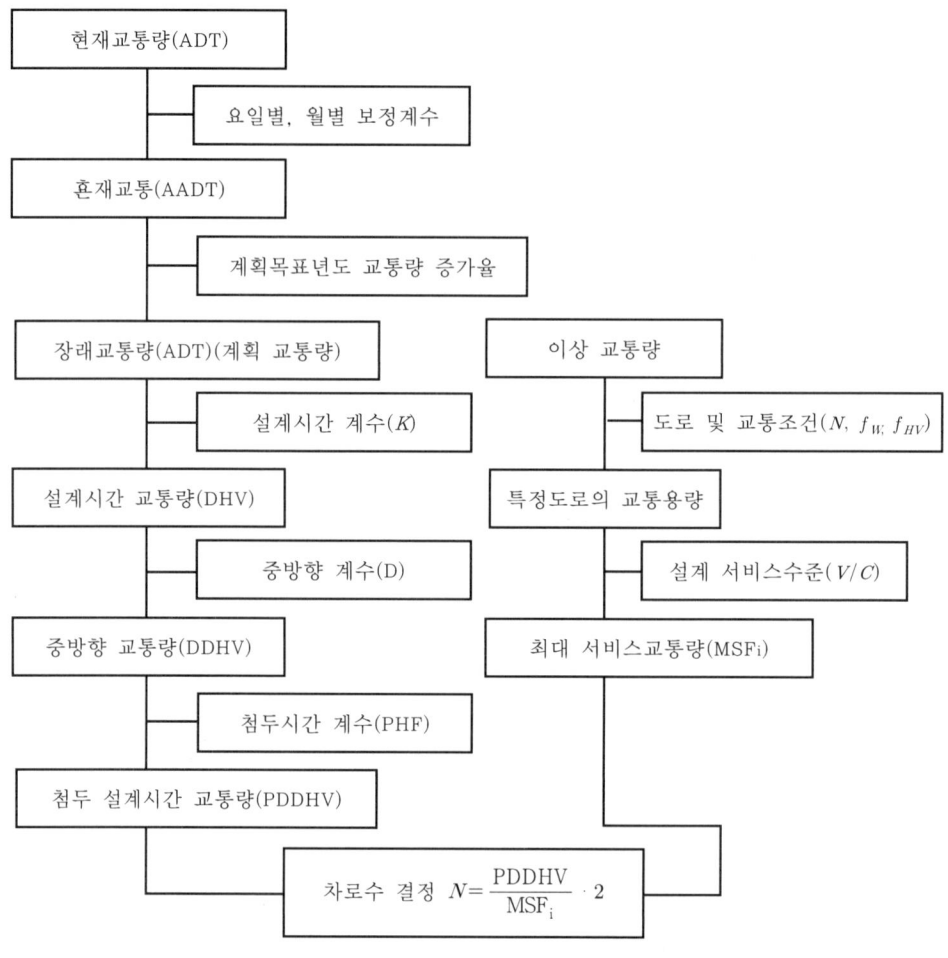

(그림 1.17) 차로수 결정과정

2 설계 교통량

1) 교통량의 요일별, 월별 보정

(그림 1.20)에서 현재 교통량이 일평균 교통량(ADT, average design traffic)일때, 1년 동안 관측한 교통량이 아닌 몇일 또는 몇 달 동안 관측한 교통량을 평균한 값일 때는 이를 연평균 일교통량(AADT, annual average design traffic)으로 바꾸기 위하여 요일별 보정계수와 월별 보정계수를 곱한다. 요일별 보정계수와 월별 보정계수는 상시 교통량 조사 자료를 참조한다.

(그림 1.18)은 요일별 교통량 변화를 보여주는 그림으로서, 세로축은 월평균 일교통량에 대한 일주일 동안의 평균 일교통량의 비율을 나타낸다.

(그림 1.19)은 월별 교통량 변화를 보여주는 그림으로서, 세로축은 연평균 일교통량에 대한 월별 평균 일교통량의 비율을 나타낸다.

현재 교통량이 연평균 일교통량(AADT)일 경우에는 요일별, 월별 보정계수를 적용할 필요가 없다.

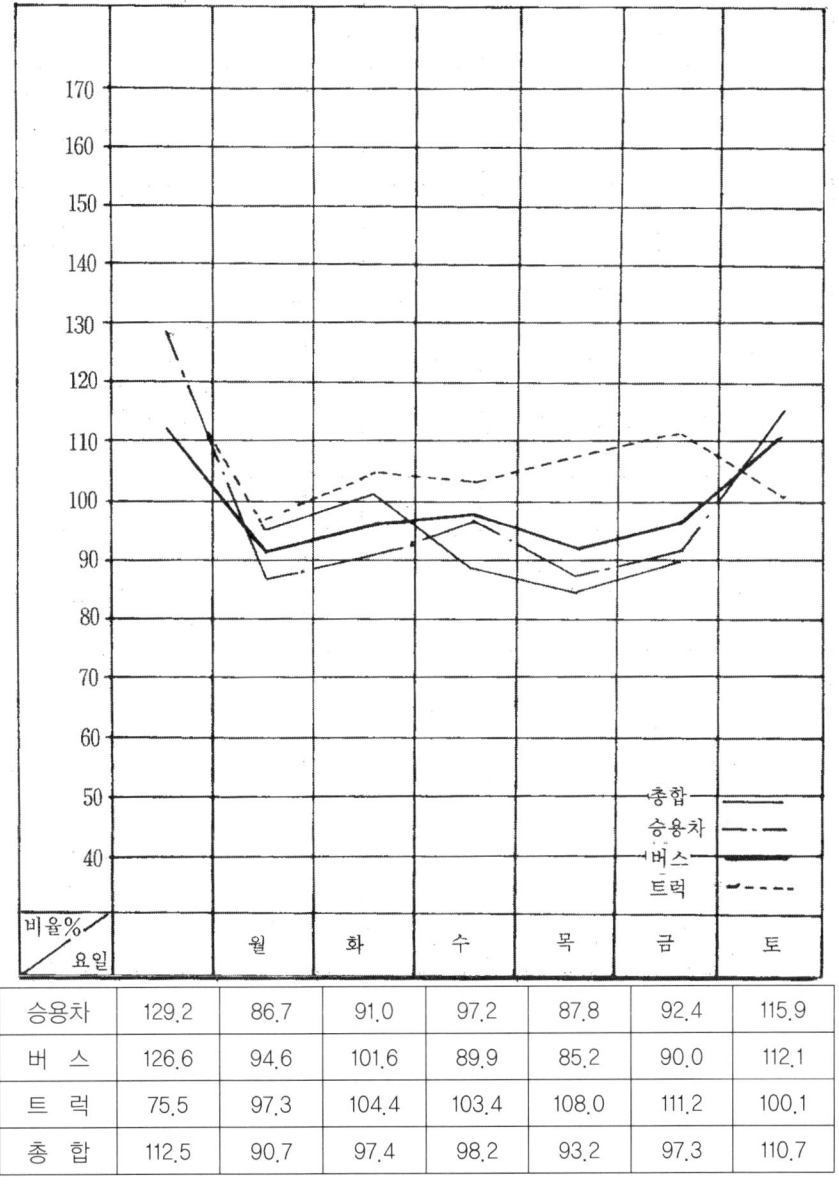

비율%\요일		월	화	수	목	금	토
승용차	129.2	86.7	91.0	97.2	87.8	92.4	115.9
버 스	126.6	94.6	101.6	89.9	85.2	90.0	112.1
트 럭	75.5	97.3	104.4	103.4	108.0	111.2	100.1
총 합	112.5	90.7	97.4	98.2	93.2	97.3	110.7

(그림 1.18) 요일별 교통량 변화

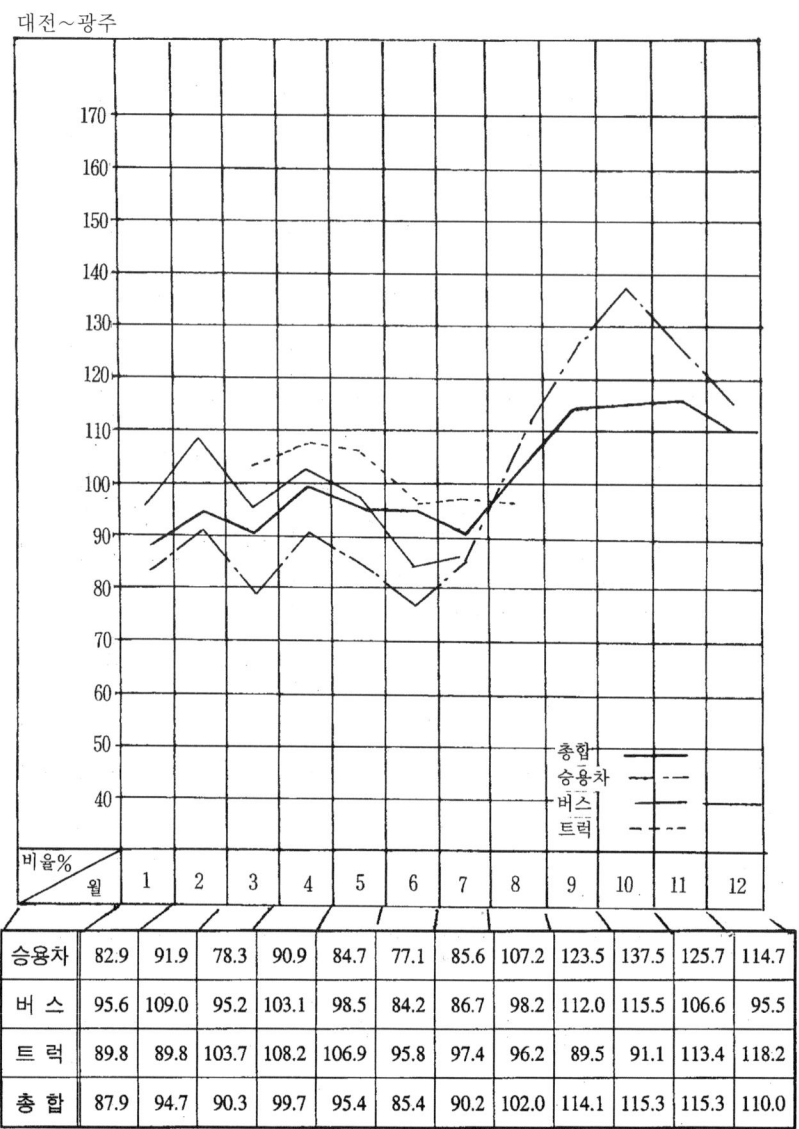

(그림 1.19) 월별 교통량 변화

2) 설계시간 교통량의 산정

설계시간 교통량(DHV, design hour volume)은 도로설계의 기본이 되는 장래 시간 교통량으로서, 계획목표년도에 대상 도로 구간을 통과할 것으로 예상되는 한 시간 교통량을 말한다.

설계시간 교통량은 연중 조사된 8,760개(=365일×24시간)의 시간교통량을 교통량의 크기 순서대로 배열한 후 이들 교통량을 부드럽게 곡선으로 연결한 뒤 급격히 변하는 지점의 교통량을 설계시간 교통으로 이용하고 있다.

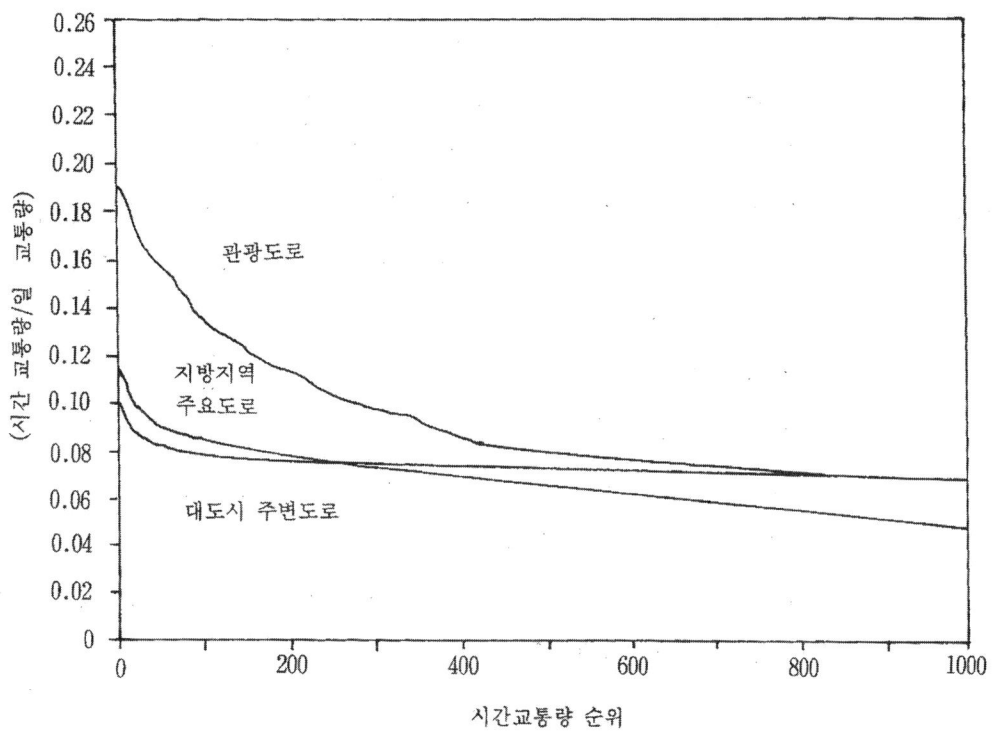

(그림 1.20) 연평균 일교통량에 대한 시간교통량의 비 $K=\dfrac{DHV}{AADT}$와 교통량 순서

연평균 일교통량(AADT)에 대한 설계시간 교통량의 비율을 설계시간 계수(K)라고 하며, 30번째 시간 교통량을 이용할 경우 설계시간 계수는 K_{30}으로 나타낸다. 일반적으로 설계시간 계수는 지방 지역이 도시지역보다 크며, 이 값이 클수록 교통량 변화가 심하고, 연평균 일교통량이 증가할수록 해당 도로구간의 설계시간 계수는 감소한다.

또한, 설계시간 계수는 일반적으로 관광도로에서 가장 높은 값을 나타내며 지방지역 도로, 대도시 주변도로, 도시지역 도로로 갈수록 낮은 값을 나타낸다.

「도로용량편람」에 제시된 자료에 따르면, 우리 나라의 경우 설계시간 계수를 결정하는 시간교통량 순위로서 관광도로의 150~200번째를 각각 추천하고 있다. 설계시간 계수는 높게 설정할 경우, 설계시간 교통량이 너무 커서 비경제적인 도로건설이 될 염려가 있고, 너무 낮게 산출할 경우에는 설계시간 교통량보다 많은 시간대가 자주 발생하여 잦은 교통혼잡을 일으킬 수 있다. 이러한 측면에서 볼 때, 도로계획시에는 합리적인 연평균 일교통량의 예측과 도로의 지역특성과 통행교통의 특성을 반영한 설계시간 계수를 산출하는 것이 중요하다.

건설교통부의 「도로교통량 통계 연보」를 토대로 한 설계시간 계수는 지역별, 구간별, 교통량 순위별로 다르나, 고속국도의 경우 K_{30}은 0.070~0.085, K_{100}은 0.070, 일반국도의 경우 K_{30}은 0.080~0.150, K_{100}은 0.075~0.085의 값을 가진다.

대상 도로구간의 설계시간 계수가 결정되면 식 (1.2)를 이용하여 설계시간 교통량을 구한다.

$$DHV = AADT \cdot K \qquad (1.2)$$

여기서, DHV : 설계시간 교통량(대/시/양방향)
AADT : 연평균 일교통량(대/일), 보통 20년 후의 계획 교통량
K : 설계시간 계수

3) 중방향 보정

왕복 두 방향에서 교통량이 많은 방향을 중방향이라 하는데, 교통량의 방향별 분포가 뚜렷한 차이를 보이는 경우, 교통량이 많은 중방향 교통량을 고려하지 않고 설계하면 중방향에서 교통 혼잡이 발생하게 된다. 따라서 도로설계 시에는 설계시간 교통량에 중방향 교통의 특성을 반영해야 한다.

중방향 보정계수는 교통량의 방향별 분포와 관계되는 중방향 교통량의 비로 정의되는데, 일반적으로 지방부보다 통근교통 외에 여러 가지 목적을 가진 통행이 많은 도시부의 값이 작다. 방향별 교통량은 하루 동안에는 큰 차이가 없으나, 설계나 분석 시 사용되는 첨두시간에는 0.55~0.70의 변동 폭을 보인다. (「도로용량편람 연구조사 2단계 최종보고서」참조). 설계 시 이 값을 적용할 때에는 계획대상지역의 교통특성을 고려하여 결정해야 한다.

방향별 분포를 고려했을 경우 중방향 설계시간 교통량(DDHV, Directional Design Hourly Volume)을 구하는 식은 다음과 같다.

$$DDHV = AADT \cdot K \cdot D = DHV \cdot D \qquad (1.3)$$

여기서, DDHV : 중방향 설계시간 교통량(대/시/중방향)
AADT : 연평균 일교통량(대/일)
K : 설계시간 계수
D : 양방향 교통량에 대한 중방향 교통량의 비

4) 첨두시간대의 특성반영

첨두시간대의 교통특성을 반영하기 위하여 교통량을 첨두시간 계수(PHF)로 보정한다. 첨두시간 계수는 한 시간 교통량을 해당 한시간 동안의 최대 15분 교통류율로 나눈 값으로 정의되는데, 국내 고속도로는 0.85~0.95의 값을 가진다.

5) 자전거, 보행자의 설계 교통량

자전거 및 보행자의 운행이나 보행 특성은 자동차와는 다르므로 설계 교통량의 경우에는 생각하는 법을 달리하지 않으면 안 된다.

보행자의 보행시간은 수분에서 기껏해야 10분 정도이며, 자전거의 경우도 30분 정도가 한도이다. 따라서 운행거리도 100m에서 수 km정도이다. 또, 그와 같은 교통량은 노선의 성격이나 지역에 의해서 크게 다르지만, 자전거나 보행자의 교통량이 많은 노선에서는 일반적으로 통근, 통학 시, 쇼핑, 점심시간 등에 피크가 되며, 횡단보도의 신호, 버스의 승하차, 학교나 직장의 출퇴근 시간에 현저히 영향을 받는다. 이와 같은 곳에서는 30초에서 수분 동안에 피크가 발생하지만 이것은 15분이나 1시간 교통량으로는 찾아볼 수 없는 큰 변동이다. 또 자전거 보행자는 이와 같은 여러 가지 요인의 영향을 받으면서 통행할 경우가 많기 때문에 그 대부분이 교통량이 많은 상태에서 통행하고 있다. 즉, 자전거나 보행자의 흐름에는 기본 교통량이 있으며, 보행자나 자전거도 폭원을 결정하는 데 단시간의 피크 교통량을 설계대상으로 고려해야 한다. 15분간 교통이라든가 1시간 교통량을 검토하면 단시간에 일어나는 피크를 잡을 수가 없기 때문에 대다수의 보행자가 교통용량이 부족한 상태에서 통행하는 것이 되어, 안전성 및 쾌적성이라고 하는 서비스 수준이 매우 낮아지게 된다. 이 때문에 자전거의 설계 교통량으로서는 5~10분간 교통량(신호의 영향이 큰 곳에서는 30초~1분간 교통량), 보행자에서는 30초~2분간 교통량을 적용하는 것이 바람직하다. 또, 자전거와 보행자 공용도로의 설계를 할 경우는 각각의 교통량을 합쳐서 피크 시의 안전성, 쾌적성을 검토한 다음 폭원을 결정하는 것이 바람직하다.

자전거나 보행자의 이와 같은 단시간의 교통량의 추계는 현실의 도로에 대한 관측치를 기초로 하여 학교, 공공기관, 역 및 신호 등의 시설계획에 따라 설정하는 것이 좋다.

1.5.7 교통용량

1 일반사항

1) 개요

일반적으로 도로의 교통용량은 주어진 시간동안, 주어진 도로, 교통의 통제조건에서 도로나 차로의 일정구간 또는 지점을 자동차가 통행하리라 기대되는 시간당 최대통행량을 의미한다.

도로 교통용량 개념은 다양하게 정의되어 왔으나, 해당 도로가 주어진 도로, 교통 등의 여건에서 통과시킬 수 있는 최대교통량과 관련되어 있다.

2) 이상적인 조건

원칙적으로 이상적인 조건이란 더 좋게 개선하여도 용량의 증가가 일어나지 않는 조건을 말하며, 이들 조건에는 크게 도로조건, 교통조건 및 교통통제 조건이 있다. 이때 기후조건이나 포장상태는 양호한 것으로 가정한다. 이상적인 조건의 예로서, 연속류 도로의 이상적인 조건은 다음과 같다.
① 차로 폭 3.5m 이상
② 측방 여유폭 1.5m 이상(주행 차로와 가장 가까이 위치한 장애물 또는 도로변, 중앙분리대 등의 장애물과의 거리)
③ 설계속도는 2차로 도로의 경우 80km/h 이상, 고속도로 기본구간의 경우 100km/h 이상
④ 평지
⑤ 승용차로만 구성된 교통류
⑥ 2차로 도로의 경우, 추월 가능 구간 백분율이 100%이고, 교통량의 방향별 분포가 50대 50일 것

대부분의 실제 여건은 위의 이상적인 상태와 다르므로, 용량산정이나 서비스 교통류율을 구할 때에는 현실의 조건을 감안해야 한다.

3) 도로조건

도로조건은 도로의 모든 기하구조 요소를 포함하는데, 여기에는 지형, 도로구분, 횡단면(차로 폭, 길어깨 등), 설계속도, 평면선형과 종단선형 등이 있다.

(1) 지형

연속류 도로의 경우, 분석대상 구간의 지형을 크게 일반지형과 특정경사 구간으로 나눌 수 있다.

A. 일반지형

일반지형은 다음과 같은 세 가지 범주로 나뉜다.

① 평지(level terrain) : 중차량이 어떠한 종단경사, 평면선형 및 종단선형의 조합에서도 승용차와 거의 같은 속도로 주행할 수 있는 지형으로서 일반적으로 2% 미만의 짧은 종단경사 구간을 포함한다.

② 구릉지(rolling terrain) : 중차량이 종단경사, 평면선형 및 종단선형의 조합에서 승용차보다 속도가 감소하지만, 상당히 긴 시간 동안 오르막 한계속도(crawl speed)로 주행하지는 않는다. 이 구간에는 일반적으로 2~5%의 종단경사 구간이 포함된다.

③ 산지(mountainous errain) : 중차량이 종단 경사, 평면선형의 조합으로 인하여 상당히 긴 구간을 오르막 한계속도로 주행하거나 자주 오르막 한계속도로 주행한다. 이 구간에는 일반적으로 5% 이상의 종단경사 구간이 포함된다.

중차량이란 6개 이상의 타이어가 도로면에 접속된 자동차로 정의할 수 있다. 오르막 한계 속도는 중차량이 주어진 긴 상향 종단경사에서 일정하게 주행할 수 있는 최고속도를 말한다. 오르막 한계속도는 교통류 내의 중차량 구성비와 자동차 성능에 따라 달라진다.

B. 특정경사 구간

특정경사 구간은 종단경사가 3% 이상이고, 종단경사 길이가 500m 이상인 구간 또는 이 조건과 같은 교통류 상태인 종단경사와 종단경사 길이를 가진 구간을 말한다.

(2) 도로구분

도로는 자동차 흐름을 통제하는 외부 영향이 있는지의 여부에 따라 연속류 도로와 단속류 도로로 나뉜다. 연속류 도로는 교통 신호등과 같이 자동차 흐름에 지장을 주는 고정된 시설이 없는 도로를 말하며, 단속류 도로는 자동차 흐름을 주기적으로 통제하는 고정된 시설, 즉 교통 신호등, 정지표지 및 양보표지 등이 설치된 도로를 말한다.

「도로용량편람」에서는 연속류 도로와 단속류 도로를 〈표 1.23〉과 같이 구분하고 있다.

〈표 1.23〉 도로의 구분(도로용량편람)

도로의 구분		구분기준
연속류 도로	• 고속도로 • 고속도로 기본구간 • 엇갈림 구간 • 연결로와 접속부	편도 2차로 이상, 중앙분리대 설치 완전 출입통제, 차선 바꿈이 필요없는 구간 엇갈림이 발생하는 구간 연결로 설치 지점
	다차로 도로	편도 2차로 이상, 고속도로 기본구간 이외
	2차로 도로	왕복 2차로 도로
단속류 도로	신호교차로	교통 신호등이 설치된 교차로
	도시 및 교외 간선도로	교통 신호등 설치, 편도 2차로 이상, 평균 통행거리 1km이상, 노측 가로의 평균거리 300~500m 동일 기능의 도로간격 500~1,000m

(3) 횡단면

차로 폭 및 길어깨 폭은 교통류에 많은 영향을 주는데, 차로 폭이 좁으면 운전자들이 원하는 것보다 더 가까이 접근하여 주행하므로 전후좌우 자동차간의 상호작용이 커지고 이에 따라 용량 또는 서비스 교통량이 감소한다.

측방 여유폭이 좁으면, 대부분의 운전자들은 위험하다고 판단되는 도로변과 중앙분리대에 설치된 고정 장애물로부터 떨어져서 통행하려고 하기 때문에 인접차로의 자동차에게 접근하게 되므로, 좁은 차로 폭에서와 같은 현상이 나타난다.

(4) 설계속도와 도로선형

설계속도는 도로의 여러 가지 기하구조 설계조건이 반영된 종합적인 설계변수로서 횡단면은 물론 종단선형과 평면선형 설계의 기준이다. 이는 다음과 같은 이유 때문에 서비스 수준 및 자동차 운행에 영향을 준다.

운전자들은 일반적으로 설계속도보다 어느 정도 낮은 속도로 주행하는데, 곡선반경이 작은 평면곡선부 및 급경사가 빈번한 곳에서는 설계 속도가 낮으며, 이러한 곳에서 도로의 선형을 따라 주행하기 위해서는 많은 주의와 감속이 필요하다.

종단선형은 설계속도와 계획도로가 통과하는 지역의 지형에 따라 결정된다. 일반적으로 용량 및 서비스 교통량은 경사가 급해짐에 따라 감소한다. 이러한 현상은 2차로 도로에서 특히 심하게 나타나는데, 나쁜 지형조건은 교통류 내의 각 자동차들의 주행능력에 영향을 미칠 뿐만 아니라 교통류 내에서 고속으로 주행하는 자동차가 저속으로 주행하는 자동차를 앞지를 수 있는 기회도 줄어든다.

지형의 일반적인 경향 이외에 상당히 긴 독립된 상향 종단경사 구간은 자동차 운행에 큰 영향을 준다. 중차량은 이러한 상향 종단경사에서 저속으로 주행하므로 자동차 통행에 장애가 되고, 도로를 효율적으로 사용하지 못하게 되는 요인이 된다. 도로의 종단경사는 교차로 진입로의 자동차 통행에도 영향을 주는데, 그 이유는 멈춤 상태에서 출발할 때 관성과 종단 경사를 동시에 극복하면서 출발해야 하기 때문이다.

4) 교통조건

(1) 차종별 구성비

교통용량, 서비스교통량, 서비스수준에 영향을 주는 근본적인 요인은 차종별 구성비이다(1.5.2항 참조). 앞에서 언급한 중차량은 다음과 같이 두 가지 이유로 교통 흐름에 지장을 준다.

① 중차량은 승용차보다 크기 때문에 승용차보다 도로면을 더 넓게 차지한다.
② 중차량은 승용차보다 주행 능력이 떨어진다. 특히, 가·감속과 상향 종단경사에서의 오르막 능력이 떨어진다.

상향 종단경사에서 중차량의 오르막 능력 감소에 따른 영향은 매우 중요한데, 중차량은 승용차와 같은 주행을 유지하지 못하기 때문에 앞지르기로 채워지기 어려운 넓은 간격(gap)이 교통류 속에 형성되어 도로를 효율적으로 사용하지 못하게 된다. 이러한 경향은 2차로 도로의 길고 급한 상향 종단경사 구간에서 특히 심하게 나타나는데, 이런 곳에 양보차로(passing lane)를 설치하면 고속으로 주행하는 자동차가 저속으로 주행하는 자동차(중차량)를 앞지를 수 있으므로 교통소통이 원활해진다.

중차량은 하향 종단경사 구간을 주행할 때에도 영향을 받는데, 특히 중차량이 저속으로 변속해야 할 만큼 급한 하향 종단경사에 큰 영향을 받는다. 이런 경우에는 중차량의 속도가 승용차 보다 낮기 때문에 교통류 내에 큰 간격이 생긴다.

(2) 교통량의 방향별 분포와 차로별 이용도

차종별 구성비 외에도 교통용량, 서비스 교통량, 서비스 수준에 영향을 미치는 요인에는 교통량의 방향별 분포와 차로별 이용도가 있다.

2차로 지방부 도로의 자동차 운행상태에 큰 영향을 미치는 최적상태는 각 방향별로 50대 50으로 분포될 때 나타나며, 방향별 분포가 편중될수록 용량은 감소한다.

편도 2차로 이상의 도로설계 시에는 왕복 2차로 도로와는 달리 한 방향의 흐름에 초점을 맞추어 행해지지만 각 방향 모두 첨두방향의 첨두 교통류율(peak rate of flow)에 적합하도록 설계하여야 한다. 왜냐하면, 대부분의 도로에서는 오전 첨두교통이 어느 한

방향에서 발생하고 오후에는 이와 반대 방향에서 첨두교통이 발생하기 때문이다.

5) 교통통제 조건

교통통제 조건은 주로 단속류 도로에 해당된다. 대표적인 교통통제 조건으로서 시간의 통제가 있는데, 특정 교통류의 주행에 이용되는 시간의 통제는 교통용량, 서비스 교통량 및 서비스 수준에 큰 영향을 주는 요소이다. 이러한 교통통제 시설의 대표적인 예는 교통 신호등이다.

단속류 도로에서의 자동차운행은 교통 신호등의 사용방식에 따라 영향을 받는데, 신호현시, 녹색 신호의 비율, 신호의 주기, 접근 방향별 교통량 등이 결정변수이다.

정지표지와 양보표지도 용량에 영향을 주지만 교통 신호등보다 덜 강제적이다. 교통 신호등은 각 방향별 움직임을 허용하는 시간을 확실하게 지시하는데 반해 정지표지와 양보표지는 주도로의 운전자들에게 통행 우선권(right of way)을 나타내고 있는 데 불과하다. 부도로의 자동차는 주도로의 교통류내로 끼어들 수 있는 간격(gap)을 찾아야만 하므로 이러한 진입로의 용량은 주도로의 교통상태에 따라 좌우된다.

2 교통류의 효과척도

1) 서비스 수준과 효과척도

교통류의 질을 나타내는 데 기준이 되는 것을 효과척도라 하며, 서비스 수준을 나타내는 데 사용한다. 연속류의 자동차 운행상태는 속도, 교통량, 밀도의 기본적인 효과척도로 나타낼 수 있다.

서비스 수준은 각 도로의 통행상태를 가장 잘 나타내는 한 가지 또는 몇 가지의 운영변수를 기본으로 하여 규정된다. 서비스 수준의 개념을 운영 상태로 폭넓게 나타내는 것이 바람직하지만, 많은 운영변수를 모두 포함하여 운영 상태를 나타낸다는 것은 자료수집 및 활용의 제한 때문에 불가능하다.

도로의 서비스 수준을 규정하는데 이용되는 척도를 효과척도라 하는데, 효과척도들은 각 도로의 교통운행의 질을 가장 잘 나타내야 한다. 〈표 1.24〉는 도로 구분별로 서비스 수준을 규정하는 데 사용되는 효과 척도들이다.

각 서비스 수준은 〈표 1.24〉의 효과척도를 사용하여 운영상태를 일정범위로 표현한 것이다. 서비스 수준이란 질을 나타내는 개념으로서, 각 서비스 수준은 하나의 값이 아닌 범위로 표현된다

여기에서는 연속류에서 가장 기본이 되는 효과척도인 교통량과 교통류율, 속도 및 밀도에 대해서 설명한다.

〈표 1.24〉 도로구분에 따른 효과척도

교통류 구분	도로의 구분		효과척도
연속류	• 고속도로 - 고속도로 기본구간 - 엇갈림 구간 - 연결로와 접속부		밀도, 평균 통행속도, 교통량 대 용량비 평균 통행속도 교통류율
	다차선도로		밀도 평균 통행속도 교통량 대 용량비
	2차선 도로	일반지형	지체차량 비율 교통량 대 용량비 평균 통행속도
		특정경사구간	평균 오르막 속도
단속류	신호교차로		자동차당 평균 정지, 지체
	도시 및 교외 간선도로		평균 통행속도

2) 교통량과 교통류율

교통량과 교통류율은 일정한 시간에 도로 또는 차로상의 한 지점을 통과한 자동차 대수를 측정하는 단위로서, 이들 용어의 정의는 다음과 같다.

① 교통량 : 주어진 시간 동안 도로나 차로의 횡단면, 또는 한 지점을 통과한 자동차의 총 대수를 나타낸다. 조사 단위는 1년, 하루, 1시간 또는 몇 분 등이다.

② 교통류율 : 한 시간보다 짧은 간격, 보통 15분 동안에 도로나 차로의 횡단면 또는 한 지점을 통과한 자동차 대수를 시간당 교통량으로 환산한 값이다.

즉, 교통량은 주어진 시간 동안 통과하리라 예측하거나 관측한 자동차 대수이며, 교통류율은 한 시간보다 짧은 시간에 통과하는 자동차 대수를 시간 단위의 교통량으로 환산한 것이다. 예를 들어, 15분 동안 100대의 자동차를 관측하였다면, 교통류율은 400대/시(=100대/15분)이다.

다음의 교통량 조사는 1시간 실시한 것으로서, 두 용어의 차이를 나타내고 있다.

관측시간	관측 교통량	교통류율(대/시)
5 : 00~5 : 15	1,000	4,000
5 : 15~5 : 30	1,200	4,800
5 : 30~5 : 45	1,100	4,400
5 : 45~6 : 00	1,000	4,000
5 : 00~6 : 00	4,300	-

교통량은 연속된 15분 간격으로 네 차례 관측하였으며, 1시간의 교통량은 관측 교통량들의 합인 4300대/시이다. 그러나 교통류율은 각 15분 간격마다 변하는데 15분 간격 동안의 최대 교통류율은 1200대/0.25시, 즉 4800대/시이다. 조사시간에 관측지점을 4800대가 통과하지는 않았지만 15분 동안에는 이와 같은 통행비율로 자동차가 통과하였다는 것을 나타내는 것이다.

교통용량 분석에서 가장 중요한 것은 첨두 교통류율을 고려하는 것이다. 위의 교통량을 관측한 도로구간의 용량이 4500대/시라면, 전체 한 시간 동안의 교통량(4300대/시)이 용량(4500대/시)보다 적더라도 4800대/시의 비율로 자동차가 도착하는 첨두 15분 동안(5 : 15~5 : 30)에는 교통와해 상태가 발생한다. 이러한 상황은 와해상태가 발생한 시점에서부터 오랫동안 먼 곳까지 혼란이 확산된다.

첨두 교통류율은 첨두시간 계수(Peak Hour Factor, PHF)를 사용하여 시간당 교통량으로 환산할 수 있다. 여기서 첨두시간 계수(PHF)는 한 시간 교통량을 해당 1시간의 최대 15분 교통류율로 나눈 값으로 정의된다.

$$PHF = V_P/(4 \times V_{15}) (=첨두시간교통량 / 첨두교통류율) \tag{1.4}$$

여기서, PHF : 첨두시간 계수
V_P : 첨두시간 교통량(대/시)
V_{15} : 첨두 15분 동안 통과한 자동차 대수(대/15분)

첨두 1시간에 균일하게 자동차가 지나갔다면, 첨두시간 계수는 1.0이 되며, 자동차통행이 15분동안에만 이루어졌다면 이 값은 0.25가 된다. 즉 첨두시간계수가 클수록 첨두시간대의 교통량 수효가 그 시간동안 균일하게 분포되었음을 나타낸다.

도로용량편람에서는 첨두시간(일반적으로 15분) 동안의 교통량을 용량분석의 기준으로 삼고 있다.

3) 속도

속도는 단위시간당 이동한 거리로 규정되는데, 일반적으로 km/h로 표시한다.
또한, 교통류의 속도는 교통류 내에서 관찰되는 자동차들의 속도가 광범위하게 분포되어 있으므로 대표값을 사용하여 나타낸다.
속도는 측정 대상 구간의 길이를 먼저 측정하고, 자동차가 이 구간을 통과하는 데 소요된 평균 주행시간을 관측한 후 구간의 길이를 주행시간으로 나누어서 구한다. 예를 들어, n대의 자동차가 길이가 L인 구간을 $t_1, t_2, t_3, ..., t_n$의 시간으로 통행하였다면, 평균 주행속도는 다음과 같이 계산할 수 있다.

$$S = \frac{L}{\sum_{i=1}^{n} t_i / n} = \frac{nL}{\sum_{i=1}^{n} t_i} \tag{1.5}$$

여기서, S : 평균 주행속도(km/h)
  L : 도로구간의 길이(km)
  t_i : i번째 자동차가 이 구간을 통과하는 데 소요되는 주행시간(hr)
  n : 주행시간 관측 횟수

평균 주행속도와 비슷한 척도인 평균 통행 속도는 어떤 도로 구간의 길이를 이 구간을 통행하는데 소요되는 평균 통행시간으로 나눈 값이다. 이 때의 평균 통행시간은 자동차가 통행 중에 정지하는 것까지 포함한 시간을 의미한다. 따라서 평균 통행속도의 계산에는 고정된 교통 방해시설(교통 신호등, 정지표지, 양보표지 등)이나 교통 혼란으로 인하여 발생하는 통행시간이 포함된 총 통행시간을 사용한다. 교통 혼란이 없는 상태에서는 평균 통행속도와 평균 주행속도는 같다.

4) 밀도

밀도는 주어진 구간의 차로 또는 구간에 있는 자동차 대수로 정의되며, 보통 '대/km'의 단위로 표시한다.

밀도의 측정방법에 현장 측정방법과 식을 이용하는 방법이 있다. 현장 측정방법으로는 도로구간을 관찰할 수 있는 높은 위치에서 관측하여 측정하는 방법이 있으나 측정이 어렵다. 식을 이용하는 방법으로서 밀도를 평균 주행속도와 교통류율로 부터 계산하는 방법이 있다. 여기에 이용되는 식은 다음과 같다.

$$D = V_t / S \tag{1.6}$$

여기서, D : 밀도(대/km)
  V_t : 교통류율(대/시)
  S : 평균 통행속도(km/h)

따라서 교통류율이 2,000대/시이고, 평균 주행속도가 50km/h인 도로구간의 밀도는 40대/km(=2,000/50)이다.

밀도는 교통 운영상태를 나타내는 중요한 변수의 하나이며, 자동차들간의 근접된 정도를 나타내므로, 교통류 내에서의 통행 자유도를 반영한다.

5) 연속류의 속도, 밀도, 교통량 관계

연속류의 흐름을 설명하는 세 척도는 [교통량=속도×밀도] 관계에 있으며, 이를 이용하면 속도와 밀도의 곱이 무한한 값이라도 교통량은 계산될 수 있다. 하지만 실제로 주어진 도로 구간에서 생길 수 있는 교통흐름은 그 밖의 변수들에 의해 제한된다.

주어진 도로의 최대교통류율은 그 도로의 용량이 되는데, 이 때의 밀도를 임계밀도라 하며, 이 때의 속도를 임계속도라 한다.

용량에 접근할수록 교통류 내에서의 차간 간격이 좁아지기 때문에 불안정한 흐름으로 바뀌어 가며, 용량상태에서는 교통류 내에서 사용할 수 있는 간격이 거의 없기 때문에 도로를 출입하는 자동차와 교통류 내에서의 차로변경 등으로 인한 혼잡이 생기고, 이렇게 발생한 혼잡은 쉽게 해소되지 않는다. 그러므로 용량상태 또는 용량에 근접한 상태로 운행되는 도로의 경우, 대부분 상류쪽에 자동차행렬이 형성되며, 불안정한 흐름 또는 교통 와해상태가 필연적으로 발생한다. 그래서 도로를 설계할 때에는 해당도로의 용량 이하 상태에서 운용되도록 설계를 해야 한다.

(그림 1.21)은 연속류를 설명하는 세 변수의 기본적인 관계를 나타낸 것이다. 이들 관계의 모양은 모든 연속류 도로에서 비슷하지만 정확한 모양과 값은 조사구간의 도로조건과 교통조건에 따라 결정된다.

(그림 1.21)에 표시한 것과 같이 용량 이하의 교통량은 다음과 같은 두 가지 다른 조건에서 발생한다. 한 경우는 높은 속도와 낮은 밀도 상태, 다른 경우는 낮은 속도와 높은 밀도 상태에서 발생한다. 곡선 중 낮은 속도와 높은 밀도 부분은 불안정류를 나타내며, 이는 강제류와 와해상태를 나타내는 것이다. 그리고 높은 속도, 낮은 밀도 부분은 안정류를 나타내며, 교통용량 분석의 관심 대상이기도 하다.

서비스 수준 A-D는 안정류 부분, 서비스 수준 E-F는 불안정류라 하며, 서비스 수준 E의 최대 교통류율은 도로의 용량이라고 한다(1.5.4항 참조)

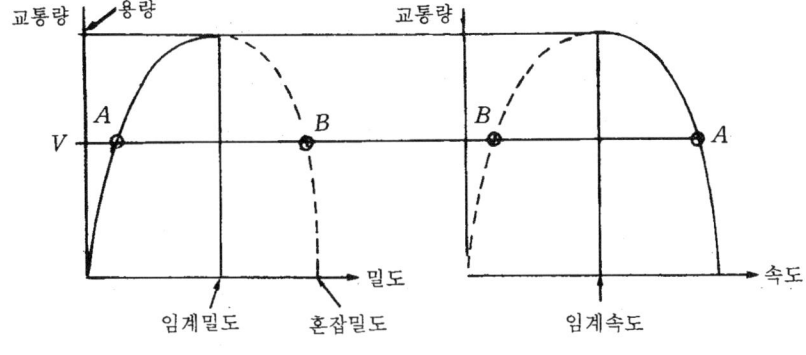
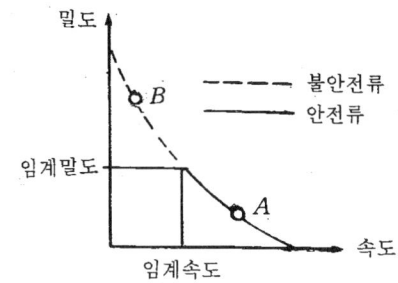

(그림 1.21) 연속류의 속도와 밀도와 교통량 관계

③ 도로의 구간별 분석과 설계

1) 개요

도로의 구간별 분석과 설계는 각 도로구간의 형태에 따른 교통류의 특성을 분석하여 교통용량과 서비스 수준을 산출하고 이를 바탕으로 원활하고 안전한 교통을 확보할 수 있도록 도로를 설계하여 도로의 효율을 높이고자 함이다.

도로의 교통용량을 산정하기 위해 「도로용량편람」에서는 도로를 2차로 도로, 고속도로 기본구간, 엇갈림 구간, 연결로와 접속부, 다차로 도로, 신호교차로, 도시 및 교외 간선도로로 구분하고 있는데, 여기에서는 고속도로 기본구간, 엇갈림 구간, 연결로와 연결로 접속부 그리고 고속도로 전체 구간의 분석에 대해 설명한다. 나머지 부분에 대한 내용은 「도로용량편람」을 참고하기 바란다.

고속도로는 완전한 형태의 연속류를 유지하는 유일한 도로로서, 교통류의 상태는 교통량과 도로의 선형에 영향을 받으며, 자동차 운행상태는 주변여건, 즉 기후, 포장상태 또는 교통사고 발생 등에 영향을 받는다.

고속도로의 기하구조는 중앙분리대가 설치되어 있고, 방향별로 2차로 이상의 차로를 가진 최상급 도로로서, 완전 출입통제 방식을 취한다.

고속도로의 구간은 다음과 같은 세 구간으로 구성된다.

(1) 고속도로 기본구간
엇갈림이 없고 연결로 접속부의 합류 및 분류의 영향을 받지 않는 고속도로 본선을 말한다.

(2) 엇갈림 구간
교통 통제시설의 도움 없이 두 교통류가 같은 방향으로 상당히 긴 구간을 주행하면서 서로 다른 방향으로 엇갈리는 구간을 말한다. 엇갈림은 합류부 및 분류부가 있는 구간에서 발생한다.

(3) 연결로와 연결로 접속부
연결로란 고속도로 본선과 접속도로 또는 고속도로 본선과 본선을 연결시키는 도로를 말하며, 연결로 접속부란 유입 연결로 또는 유출 연결로가 고속도로 본선에 접속되는 구간을 말한다. 연결로 접속부에는 합류 또는 분류하는 자동차가 집합되므로 이 구간에서 본선의 교통흐름이 매끄럽지 못하다.
엇갈림 구간과 연결로 접속부의 영향권은 다음과 같다.
① 엇갈림 구간 : 엇갈림이 시작되는 진입 연결로의 150m 상류지점부터 엇갈림이 끝나는 진출 연결로의 150m 하류 지점까지의 구간
② 진입 연결로 : 연결로 접속부의 150m 상류 지점부터 750m 하류지점까지의 구간
③ 진출 연결로(분류부) : 연결로 접속부의 750m 상류 지점부터 150m 하류 지점까지의 구간

이 영향권은 교통흐름이 정상적일 때의 경우이고, 교통사고가 발생하거나 교통수요가 많아서 정체가 생긴 상태에서의 이들 영향권은 더 길어질 수도 있다.
(그림 1.22)는 다양한 형태의 고속도로 구성요소를 보여주며, (그림 1.23)은 이들 구성요소들의 영향권을 나타낸 것이다. 고속도로 전체의 교통용량을 추정하기 위해 또는 병목현상이 발생할 소지가 있는 지점을 확인하기 위해 각 구성 요소들을 통합적인 방법으로 분석해야 한다.

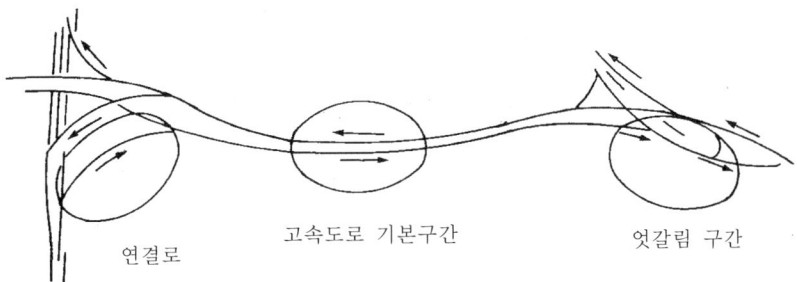

(그림 1.22) 고속도로 구성요소

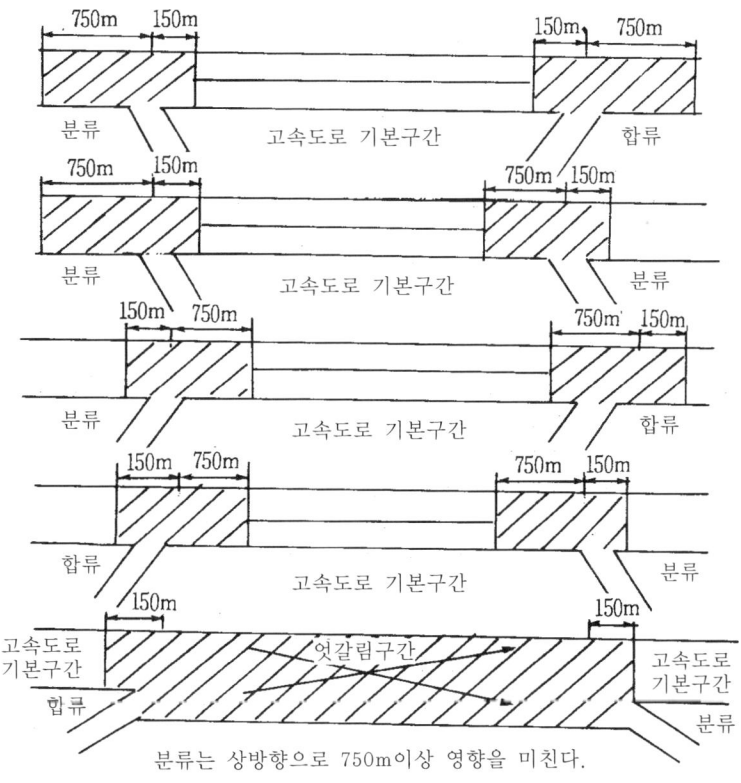

(그림 1.23) 고속도로 구성요소의 영향권

2) 고속도로 기본구간

고속도로 기본구간의 서비스 교통량을 구하는 식은 다음과 같다.

$$SF_i = 2200 \cdot (V/C)_i \cdot N \cdot f_w \cdot f_{hv} \tag{1.7}$$

여기서, SF_i : 서비스 수준 i에서, 주어진 교통조건 및 도로조건에서 차로수 N에 대한 서비스 교통량(대/시)

$(V/C)_i$: 서비스 수준 i 에서 교통량 대 용량비 [〈표 1.25〉]
N : 한 방향 차로수
f_w : 차로폭 및 측방여유폭 보정계수 [〈표 1.26〉]
f_{hv} : 중차량 보정계수

평지일 경우,

$$f_{hv} = 1/[1 + P_T(E_T - 1) + P_B(E_B - 1)]$$

여기서, P_T : 교통류 중의 트럭 구성비(%100)
P_B : 교통류 중의 버스 구성비(%100)
E_T : 트럭의 승용차 환산계수[〈표 1.27〉]
E_B : 버스의 승용차 환산계수[〈표 1.27〉]

〈표 1.25〉 고속도로 기본구간의 서비스 수준

서비스 수준	밀도 (승용차/km/차로)	설계속도(120km/h)		설계속도(100km/h)	
		평균통행속도 (km/h)	교통량대용량비 (V/C)	평균통행속도 (km/h)	교통량대용량비 (V/C)
A	≤8	≥105	≤0.39	≥95	≤0.34
B	≤13	≥100	≤0.59	≥90	≤0.52
C	≤19	≥90	≤0.77	≥82	≤0.70
D	≤27	≥76	≤0.93	≥70	≤0.86
E	≤44	≥50	≤1.00	≥50	≤1.00
F	≤44	≥50	—	≥50	—

구릉지, 산지 및 특정 경사구간일 경우,

$$f_{hv} = 1/[1 + P_{hv}(E_{hv} - 1)] \tag{1.8}$$

여기서, P_{hv} : 교통류 중의 중차량 구성비(%100)
E_{hv} : 중차량의 승용차 환산계수[〈표 1.27〉]

도로의 교통 운행상태를 분석하기 위해서는 분석구간을 결정하고 분석에 필요한 자료를 조사해야 한다. 분석구간은 도로조건과 교통조건이 거의 동일해야 하며, 분석에 필요한 자료는 교통량, 첨두시간 계수, 차종별 구성비, 차로 폭 및 측방여유폭, 종단경사와 종단경사 길이 등이다.

분석구간의 최대 서비스 교통량은 이상적인 조건에서의 용량(2,200 승용차/시/차로)에 주어진 도로조건과 교통조건을 반영시킨 보정계수 및 서비스 수준을 반영시킨 보정계수를 곱하여 구한다.

〈표 1.26〉 고속도로 기본구간의 차로폭 및 측방여유폭 보정계수(fw)

측방여유폭 (m)	한쪽에만 장애물이 있을 때				양쪽에 장애물이 있을 때			
	차로폭(m)							
	3.50이상	3.25	3.00	2.75	3.50이상	3.25	3.00	2.75
4차로(편도 3차로 이상) 고속도로								
1.5이상	1.00	0.96	0.90	0.80	0.99	0.96	0.90	0.80
1.0	0.98	0.95	0.89	0.79	0.96	0.93	0.87	0.77
0.5	0.97	0.94	0.88	0.79	0.94	0.91	0.86	0.76
0.0	0.90	9.87	0.82	0.73	0.81	0.79	0.74	0.66
4차로(편도 2차로 이상) 고속도로								
1.5	1.00	0.95	0.88	0.77	0.99	0.95	0.88	0.77
1.0	0.98	0.94	0.87	0.76	0.97	0.93	0.86	0.76
0.5	0.97	0.93	0.87	0.76	0.96	0.92	0.85	0.75
0.0	0.94	0.91	0.85	0.74	0.91	0.87	0.81	0.70

※ 양쪽에 장애물이 있는 경우, 측방여유폭은 양쪽 장애물 거리의 평균값으로 한다.

〈표 1.27〉 고속도로 기본구간 일반지형의 승용차 환산계수(E_T 및 E_B)

차량구분	지형		
	평지	구릉지	산지
트럭	1.5	3.0	5.0
버스	1.3		

4 엇갈림 구간

1) 기본사항

(1) 개요

엇갈림이란 교통통제 시설의 도움 없이 상당히 긴 구간을 주행하면서 같은 방향의 두 교통류가 차로를 바꾸는 교통현상을 말한다. 엇갈림 구간은 합류구간 바로 다음에 분류구간이 있을 때, 또는 유입 연결로 바로 다음에 유출 연결로가 있을 때 이 두 지점이 연속된 보조차로로 연결되어 있는 구간이다.

엇갈림 구간은 운전자들이 원하는 곳으로 접근하기 위해 차로를 변경하므로 다른 도로구간보다는 교통혼잡이 더 많이 발생하는 구간이다. 이러한 교통류의 혼잡을 효과적으로 처리하기 위해서는 특수한 교통 운영기법을 필요로 하며, 도로설계에서도 극히 주의하지 않으면 교통 혼잡과 교통사고 발생의 위험이 대단히 커진다.

〈표 1.28〉 고속도로 기본구간 특정 경사구간의 승용차 환산계수(E_{HV})

종단경사 (%)	종단경사길이 (km)	중차량 구성비(%)				
		5	10	20	30	40
2	0.5	1.9	1.7	1.5	1.5	1.5
	1.0	2.2	1.8	1.5	1.5	1.5
	1.5	2.9	2.2	1.8	1.6	1.5
	2.0	3.1	2.4	2.0	1.7	1.5
	2.5	3.3	2.6	2.1	1.8	1.6
	3.0	3.4	2.7	2.2	1.9	1.7
3	0.5	3.0	2.3	1.9	1.6	1.5
	1.0	4.0	3.1	2.6	2.2	1.9
	1.5	4.5	3.5	2.8	2.5	2.2
	2.0	4.6	3.6	2.9	2.6	2.3
	2.5	4.7	3.6	2.9	2.6	2.4
	3.0	4.7	3.6	2.9	2.6	2.4
4	0.5	4.1	3.2	2.6	2.2	1.9
	1.0	4.6	3.7	3.0	2.5	2.2
	1.5	4.7	3.7	3.0	2.7	2.3
	2.0	4.8	3.7	3.0	2.7	2.4
	2.5	4.8	3.7	3.0	2.7	2.4
	3.0	4.8	3.7	3.0	2.7	2.4
5	0.5	5.0	3.9	3.1	2.8	2.7
	1.0	5.1	4.0	3.2	2.9	2.8
	1.5	5.2	4.1	3.3	3.0	2.8
	2.0	5.2	4.1	3.3	3.0	2.8
	2.5	5.2	4.1	3.3	3.0	2.8
	3.0	5.2	4.1	3.3	3.0	2.8
6	0.5	5.9	4.6	3.6	3.3	3.2
	1.0	6.4	4.9	3.9	3.4	3.6
	1.5	6.5	4.9	4.0	3.7	3.6
	2.0	6.5	4.9	4.0	3.7	3.6
	2.5	6.5	4.9	4.0	3.7	3.6
	3.0	6.5	4.9	4.0	3.7	3.6
7	0.5	7.3	5.5	4.4	4.2	4.2
	1.0	7.6	5.8	4.7	4.5	4.5
	1.5	7.7	5.8	4.7	4.5	4.5
	2.0	7.7	5.8	4.7	4.5	4.5
	2.5	7.7	5.8	4.7	4.5	4.5
	3.0	7.7	5.8	4.7	4.5	4.5
8	0.5	8.7	6.7	5.5	5.5	5.5
	1.0	8.9	6.8	5.7	5.7	5.7
	1.5	8.9	6.8	5.7	5.7	5.7
	2.0	8.9	6.8	5.7	5.7	5.7
	2.5	8.9	6.8	5.7	5.7	5.7
	3.0	8.9	6.8	5.7	5.7	5.7

(2) 엇갈림 구간의 길이

엇갈림 구간의 길이는 엇갈림 구간 진입로와 본선이 만나는 지점에서 진출로 시작 부분까지의 길이로 한다.

엇갈림 구간의 길이는 엇갈림에 필요한 차로를 변경하는데 드는 시간과 공간을 운전자에게 제공해야 하며, 엇갈림 교통량이 많을수록 이 길이는 길어야 한다. 따라서 다른 요인은 변화가 없다고 가정할 때, 이 길이가 짧아질수록 운전자가 차로를 바꾸기가 어렵고, 그로 인한 혼란의 정도는 높아진다. 반면에 이 길이가 충분히 길게 제공되었을 경우, 엇갈림으로 인한 영향은 적다고 볼 수 있다.

여기에서 제시하는 분석방법은 엇갈림 구간의 길이가 750m 이하일 경우에 적용해야 한다. 엇갈림 구간의 길이가 750m 이상인 구간에서는 엇갈림이 일어난다기보다는 합류와 분류 움직임이 독립적으로 교통류에 영향을 미친다고 볼 수 있다.

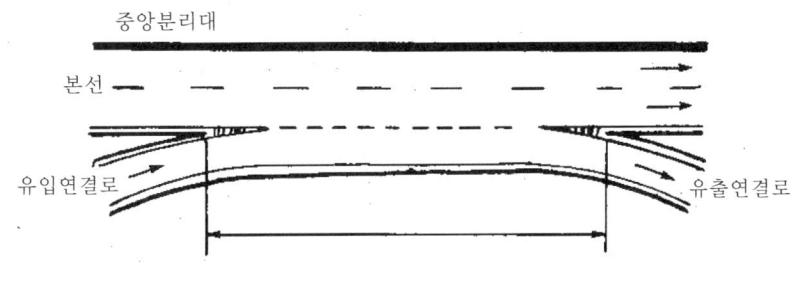

(그림 1.24) 엇갈림 구간의 길이

(3) 엇갈림 구간의 형태

엇갈림 구간의 형태는 엇갈림 하는 데 필요한 차로변경 횟수에 의해 A형, B형, C형의 세 가지로 구분된다(그림 1.25 참조). 차로변경 횟수는 진입차로와 진출차로의 위치와 차로수에 따라 결정되는데, 이들은 차로변경을 포함한 엇갈림 구간의 운행 특성에 큰 영향을 미치기 때문에 엇갈림 구간의 설계에서 매우 중요하다. 그러나 현재 우리나라에 설치된 대부분의 엇갈림 구간이 A형인 점과, B형과 C형은 설계 및 운영상 고속도로의 설계수준에 맞지 않게 불합리하다는 점 등을 고려하여, 여기에서는 A형의 연결로 엇갈림 구간을 대상으로 분석방법을 제시하였다. A형의 엇갈림 구간은 각각의 엇갈림 자동차들이 원하는 방향으로 주행하기 위해 차로를 한번 바꾸어야 하는 형태이다. A형 엇갈림 구간의 두 가지 예는 (그림 1.25)에 나타내었다. (그림 1.25(a))는 연결로 엇갈림 구간으로 진입 연결로 다음에 진출 연결로 구성되어 있으며, 두 연결로는 연속된 보조차로로 연결된 엇갈림 구간이다.

진입 연결로 자동차는 길어깨측 차로로 들어가기 위해 보조차로로부터 차로를 변경해야 하며, 진출 연결로 자동차는 길어깨측 차로로부터 보조차로로 차로를 변경해야 한다.

〈표 1.29〉 차로변경에 의한 엇갈림 구간의 형태분류

a	b		
엇갈림 교통량 a에 필요한 차선변경 횟수	엇갈림 교통량 b에 필요한 차선변경 횟수		
	0	1	≥2
0	B형	B형	C형
1	B형	A형	-
≥2	C형	-	-

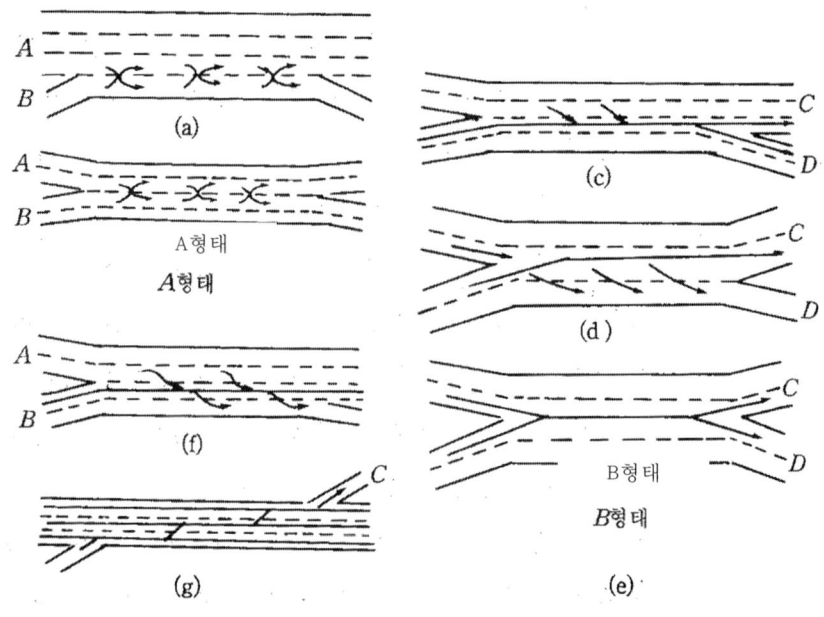

(그림 1.25) 엇갈림 구간의 형태

2) 엇갈림 구간의 서비스 수준

엇갈림 구간의 효과척도로는 평균 통행속도를 이용한다. 엇갈림 구간의 평균 통행속도는 비엇갈림 교통류의 평균 통행속도(S_{nw})와 엇갈림 교통류의 평균 통행속도는 (S_w)로 나누어 예측하며, 예측 식은 식 (1.9)과 같다.

$$S_{nw} \text{ 또는 } S_w = 30 + \frac{S_D - 30}{1 + W_{nw}(\text{또는 } W_w)} \qquad (1.9)$$

$$W_{nw} = 0.145(1 + W_R)^{0.91}(V/N)^{1.04}/L^{1.15Z}$$

$$W_w = 0.128(1 + V_R)^{2.00}(V/N)^{1.18}/L^{1.20}$$

여기서, S_{nw} : 비엇갈림 교통류의 평균 통행속도(km/h)
S_w : 엇갈림 교통류의 평균 통행속도(km/h)
W_{nw} : 비엇갈림 교통류 엇갈림 계수
W_w : 엇갈림 교통류 엇갈림 계수
S_D : 본선의 설계속도(km/h)
V_w : 엇갈림 교통량(승용차/시)
V : 엇갈림 구간의 전체 교통량(승용차/시)
V_R : 엇갈림 교통 비(V_w/V)
N : 엇갈림 구간의 전체 차로수
L : 엇갈림 구간의 길이(m)

엇갈림 구간의 서비스 수준 기준은 〈표 1.30〉와 같다.

〈표 1.30〉 엇갈림 구간의 서비스 수준

서비스 수준	비엇갈림 교통류의 평균 통행속도(S_{hw})	엇갈림 교통류의 평균 통행속도(S_w)	
		연결로 엇갈림	주엇갈림
A	≥94	≥82	≥87
B	≥86	≥75	≥80
C	≥78	≥67	≥72
D	≥68	≥58	≥63
E	≥50	≥47	≥50
F	〈50	〈47	〈50

※ 엇갈림 구간의 기준은 미국 HCM의 값을 조정한 값임.

엇갈림 구간의 교통류는 엇갈림 교통류와 비엇갈림 교통류로 나눌 수 있다. 따라서 엇갈림 구간의 평균 통행속도도 엇갈림 교통류와 비엇갈림 교통류의 평균속도로 구분할 수 있다. 그러나 비엇갈림 교통류라 할지라도 엇갈림 교통류 인접 차로의 비엇갈림 교통류는 엇갈림 자동차의 영향을 받아 평균 통행속도는 다소 떨어짐을 염두에 두어야 한다.

엇갈림 구간의 교통량 산정 시에는 고속도로 기본구간의 승용차 환산계수를 적용하며,

식 (1.9)을 이용하여 구한 평균 통행속도와 〈표 1.30〉의 기준에 따라 엇갈림 구간의 서비스 수준을 결정한다.

〈표 1.30〉를 적용할 때에는 다음과 같은 한계를 고려해야 하며, 이를 넘어서는 경우는 적용시 주의해야 한다.

① 최대 엇갈림 교통량비 [$V_{R(\max)}$] = 0.50(N=3, 본선 차로수 = 2인 경우)
    = 0.45(N=4, 본선 차로수 = 3인 경우)
    = 0.40(N=5, 본선 차로수 = 4인 경우)
② 엇갈림 구간의 차로당 최대 교통량[$V_{R(\max)}$] = 2,000승용차/시
③ 최대 엇갈림 교통량 [$V_{w(\max)}$] = 2,800승용차/시

3) 엇갈림 구간의 길이

엇갈림 구간의 길이는 전체교통량에 대한 엇갈림 교통량 비(V_R)로서 산정되며 엇갈림 구간의 길이를 구하는 식은 식 (1.9)을 엇갈림 길이 L에 대해 다시 정리하여 얻을 수 있다. 식 (1.9)을 다시 정리하여 엇갈림 구간의 최소길이를 구하는 식으로 바꾸면 식 (1.10)과 같다.

$$L = [0.128(1+V_R)^{2.00}(V/N)^{1.18}(S_w - 30)/(S_D - S_W)]^{0.833} \tag{1.10}$$

여기서, L : 엇갈림 구간의 길이(m)
V_R : 엇갈림 교통량비(V_W/V)
V_W : 엇갈림 교통량(승용차/시)
V : 엇갈림 구간의 전체 교통량(승용차/시)
N : 엇갈림 구간의 전체 차로수
S_W : 엇갈림 교통류의 평균 통행속도(km/h)
S_D : 본선의 설계속도(km/h)

엇갈림 구간의 길이는 식 (1.10)을 이용하여 구할 수 있으며, (그림 1.26)~(그림 1.29)은 일반적인 조건에서 엇갈림 구간의 길이를 구할때의 경우를 그림으로 제시한 것이다. (그림 1.26)와 (그림 1.27)는 본선의 설계속도(S_D)가 100km/h 이고, 설게 서비스 수준 C와 D일 때, (그림 1.28)과 (그림 1.29)은 엇갈림 교통량비(V/N)가 0.2, 0.4일 때, 설계 서비스 수준에 따른 차로당 교통량(V/N)과 엇갈림 구간의 길이(L) 사이의 관계를 나타낸 것이다.

1.5 설계기준의 기본적 요소 **63**

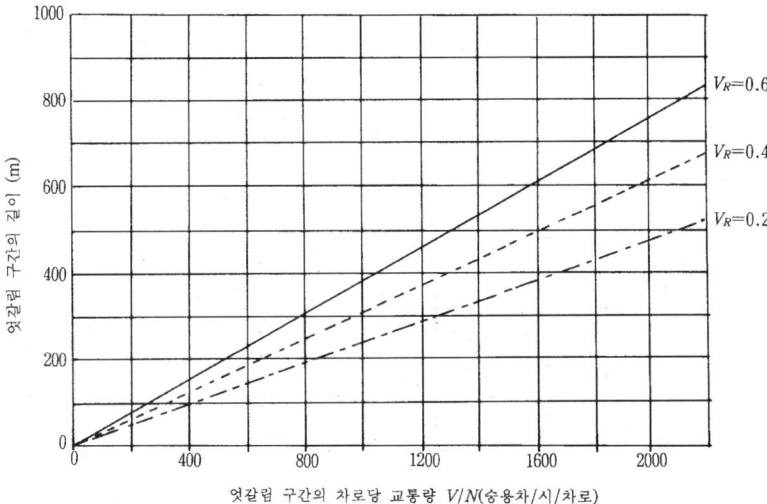

(그림 1.26) 교통량비에 따른 차로당 교통량과 엇갈림 길이(설계서비스 수준 C)

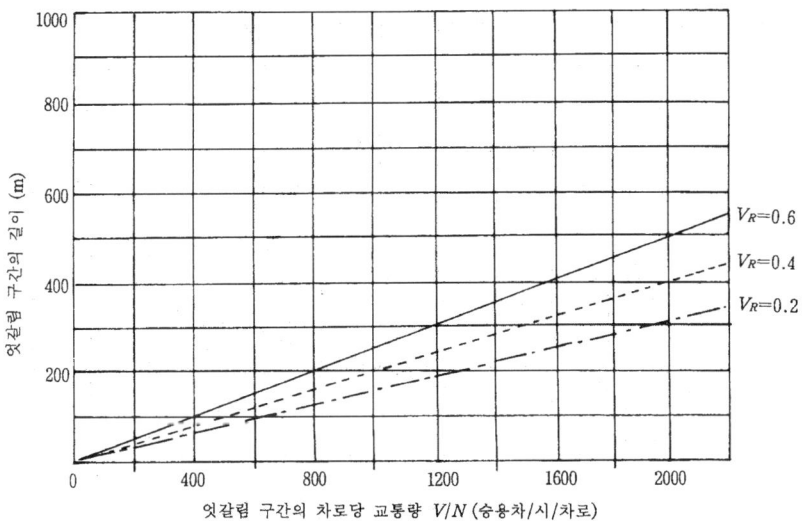

(그림 1.27) 교통량비에 따른 차로당 교통량과 엇갈림 길이(설계서비스 수준 D)

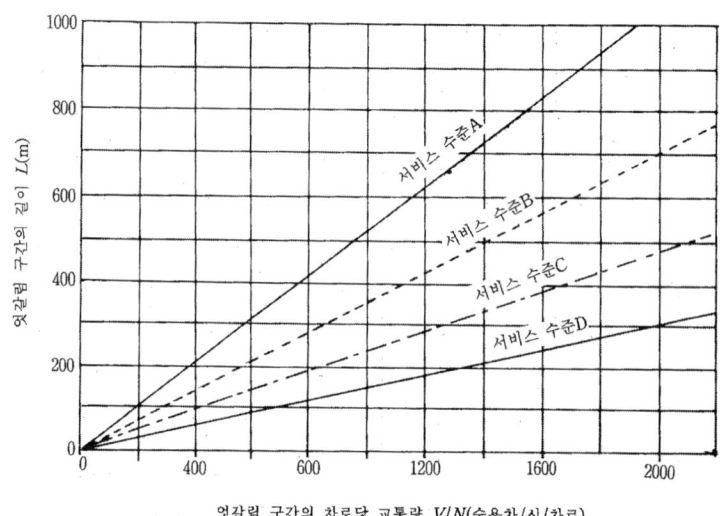

(그림 1.28) 교통량비에 따른 차로당 교통량과 엇갈림 길이($V_R = 0.2$)

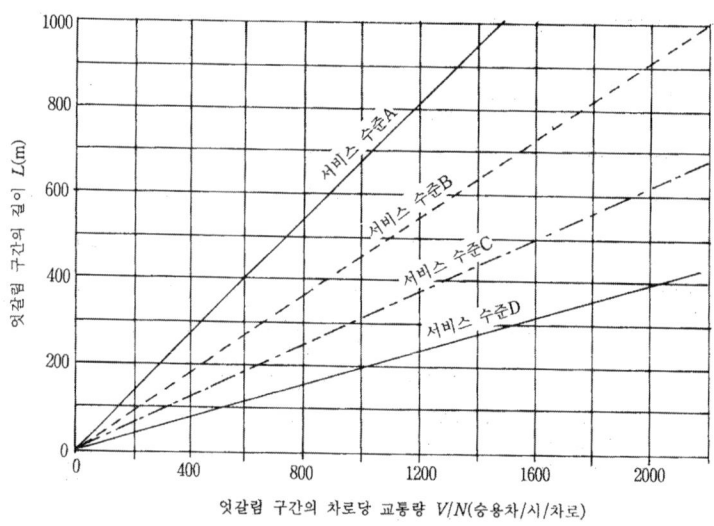

(그림 1.29) 교통량비에 따른 차로당 교통량과 엇갈림 길이($V_R = 0.4$)

5 연결로와 연결로 접속부

1) 기본사항

연결로란 입체교차 시설에서 두 도로를 연결하는 도로를 말하고, 연결로 접속부는 두 도로가 만나는 연결로의 양 끝 부분을 말한다. 여기에서 연결로 접속부의 적용대상이 되는 것은 주로 연결로와 고속도로 접속부이며, 연결로가 그 밖의 도로에 접속되는 접속부를 분석하는 경우 여기에 제시된 분석방법을 이용할 수도 있다.

(1) 구성
일반적으로 두 도로가 연결되는 데 필요한 구성요소에는 유출 연결로 접속부, 연결로, 유입 연결로 접속부가 있다.

(그림 1.30)의 세 가지 구성요소 중에서 고속도로의 운영에 가장 큰 영향을 주는 것이 연결로 접속부이므로, 여기에서는 연결로 접속부의 분석을 위주로 한다.

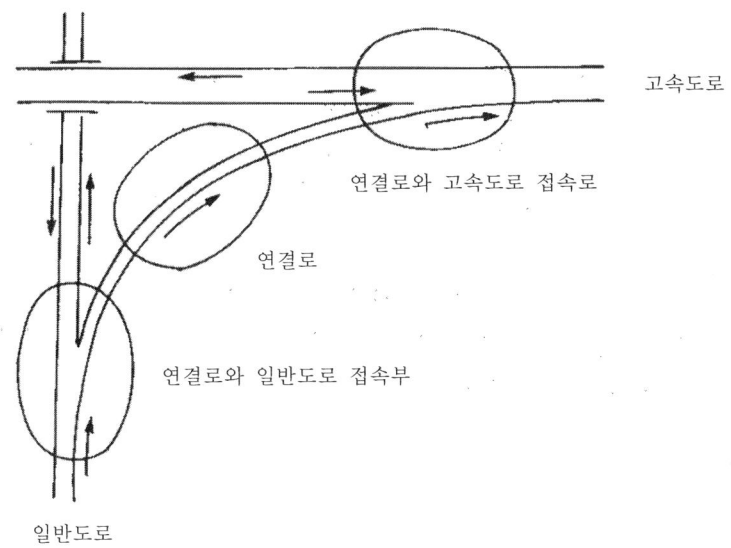

(그림 1.30) 연결로의 구성 요소

(2) 효과척도
연결로 접속부의 서비스 수준을 분석하기 위한 효과척도는 접속부 확인점에서 연결로에 접속되는 차로의 평균 교통량으로 하였으며, 이는 차로변경 등의 접속부 운행특성과 운전자의 운전습관 등을 고려한 것이다.

2) 서비스 수준
(1) 연결로의 서비스 수준
연결로의 서비스 수준은 연결로의 설계속도에 따른 연결로 교통량을 기준으로 한다.

〈표 1.31〉은 1차로 연결로의 서비스 수준별 교통량이다. 2차로 연결로의 경우 연결로의 설계속도에 따라 〈표 1.32〉의 보정계수를 곱한다.

〈표 1.31〉 1차로 연결로의 설계속도별 최대 서비스 교통량

(단위 : 승용차/시/차로)

서비스 수준	연결로의 설계속도(km/h)				
	30	40	50	60	70
A	※	※	※	※	700
B	※	※	800	900	1,000
C	950	1,150	1,250	1,300	1,400
D	1,250	1,400	1,600	1,700	1,800
E	1,500	1,650	1,800	1,900	2,000

※ 제한된 설계속도로는 서비스 수준을 기대할 수 없음

〈표 1.32〉 연결로의 설계속도별 보정계수

설계속도 (km/h)	30	40	50	60	70
보정계수	1.7	1.8	1.8	1.9	2.0

(2) 연결로 접속부의 서비스 수준

연결로 접속부의 서비스 수준은 연결로 접속차로의 교통량으로 판정한다. 연결로 접속부의 서비스 수준은 〈표 1.33〉과 같다.

〈표 1.33〉 연결로 접속부의 최대 서비스 교통량

(단위 : 승용차/시/차로)

서비스 수준	본선 설계속도			
	100km/h		100km/h 미만	
	합류부	분류부	합류부	분류부
A	650	700	550	600
B	1,050	1,100	950	1,000
C	1,450	1,500	1,350	1,400
D	1,800	1,850	1,700	1,750
E	2,200	2,200	2,200	2,200

〈표 1.33〉에서, 본선 설계속도가 100km/h 이상인 경우는 「도로용량편람」에 제시된 값이다. 본선 설계속도가 100km/h 이상인 경우보다 서비스 교통량이 어느 정도 떨어

질 것을 감안하여 최대 서비스 교통량을 조정하였다.

〈표 1.33〉의 연결로 접속차로의 교통량은 (그림 1.31)의 확인점 교통량을 말한다. 고속도로 본선 교통량과 연결로의 교통량이 주어졌을 경우 접속차로의 교통량은 식 (1.11)를 이용하여 추정한다.

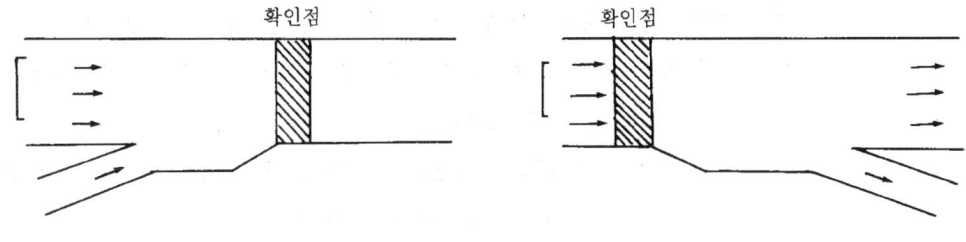

(그림 1.31) 연결부 접속부의 확인점

$$V_1 = a V_f - b V_r \qquad (1.11)$$

여기서, a, b : 계수 (〈표 1.34〉)
V_1 : 접속차로 교통량(승용차/시)
V_f : 고속도로 본선 교통량(승용차/시)
V_r : 연결로 교통량(승용차/시)

〈표 1.34〉 계수 a, b의 값

구분		계수	
		a	b
유입	본선 2차로	0.412	0.085
	본선 3차로	0.305	0.152
	본선 4차로	0.233	0.201
유출	본선 2차로	0.336	0.763
	본선 3차로	0.215	0.692
	본선 4차로	0.167	0.631

1.6 도로계획 및 설계의 흐름

1.6.1 개요

1 상위(上位)계획과 사업대상 노선선정

정책적인 차원의 도로망 계획은 국토종합개발 계획 등과 같은 상위 계획을 토대로, 구체적이고 기술적인 검토과정 없이 사회경제적인 차원에서 수행하는 개략적인 계획을 말하므로, 도로설계와 같은 기술적인 부분과 직접적인 관련은 없다. 그러나 이 도로망 계획을 바탕으로 개략적인 경제성 평가와 투자 우선순위 결정의 단계를 거친 후 일단 사업대상 노선이 선정되면, 선정된 특정노선이 어떤 지점을 어떻게 통과(어떤 선형)하여, 몇 차로로 설계되어야 가장 적절한 것인가의 문제는 결코 단순하지 않다.
이 문제는 정책적인 것이라기보다는 기술적인 사항에 속한다. 따라서 개략적인 도로망 계획에서 선정된 사업대상 노선에 대한 구체적인 타당성 조사나 기본설계 과정 역시 도로계획의 한 부분으로 분류된다. 본 항에서 주로 검토하려는 부분도 대부분이 정책적인 사항보다는 기술적인 사항에 초점을 두고 있다.

2 타당성 조사

상위계획에 대한 검토와 투자순위 결정과 같은 도로정책적인 결정과정을 거쳐 일단 사업대상 노선이 선정되면 해당 노선에 대한 경제성 검토를 통해 최적노선을 결정하게 되는데, 이 단계에서 행해지는 조사를 타당성 조사라 한다. 타당성 조사에는 사회·경제지표 현황, 도로교통 현황 및 환경현황 등에 대한 조사, 재정조사, 장래 교통수요 예측, 대안노선 설정 및 최적노선 결정 등의 일련의 과정이 포함되어 있다.

3 각종 영향평가

최적노선이 결정되면, 결정된 노선의 건설로 인해 발생할 수 있는 제반영향들에 대해서 평가를 실시한다. 이러한 영향평가에는 교통영향분석·개선과 환경영향평가 등이 있다.

4 기본설계

타당성 조사가 끝나면 결정된 최적노선에 대한 기본설계가 실시된다. 기본설계는 교통영향분석·개선과 환경영향평가 및 타당성 조사에서 도출된 제반조건을 바탕으로 하여 사전 조사사항, 주요 설계기준과 구조물 형식 및 단면의 결정, 개략적이 건설방법, 공정계획, 공사비 등의 기본적인 내용을 설계도서에 표시하는 것이다. 기본설계는 일반적으로 타당성 조사와 동시에 시행된다.

5 실시설계

실시설계는 기본설계를 구체화하여 실제 건설공사에 필요한 내용을 설계도상에 구체적으로 표시하는 것을 말하며, 도로계획 단계가 아닌 시행단계에 포함되나 외부조건들의 변화 등으로 인한 일부 설계조건의 변경은 이전 단계의 결정사항에 크게 영향을 미치지 않는 수준이어야 한다. 큰 영향을 미칠 때에는 설계변경에 따른 타당성을 재검토해야 할 경우도 있으므로 세심한 주의를 요한다.

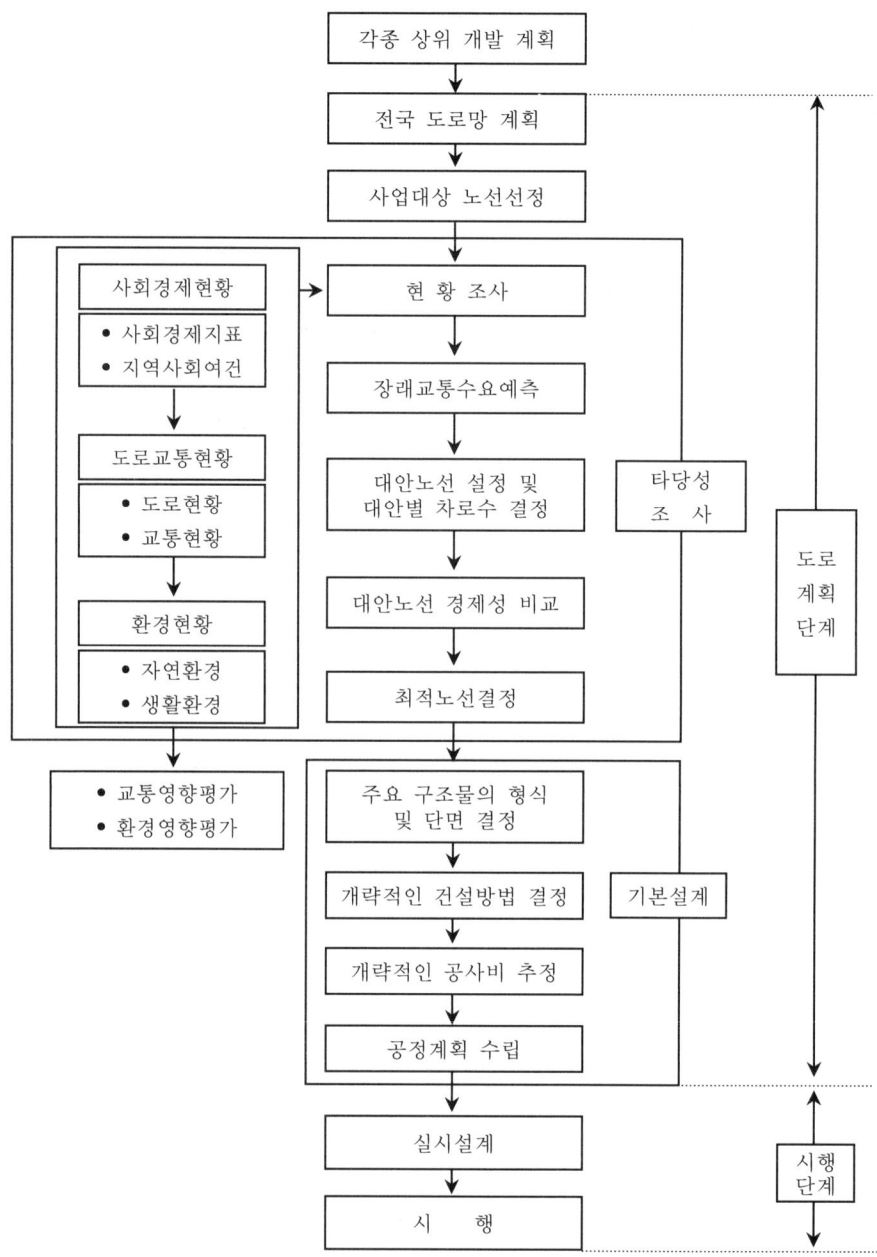

(그림 1.32) 도로계획 흐름도

1.6.2 노선선정

1 개요

도로 사업은 최초의 조사부터 시작하여 노선선정, 설계를 거쳐 건설을 함으로써 끝나게 된다. 이 중에서 노선선정은 도로계획의 기초를 이루는 중요한 단계이며, 그 도로의 사회적 환경에 미치는 영향, 경제효과, 교통 및 구조·기술적인 특성, 건설비 등을 고려하여 결정되어야 한다. 노선선정은 도로망 계획과 같은 상위 관련 계획을 토대로 한 도로정책적인 결정단계와 세부평가 과정을 거쳐 해당노선이 어떤 지점을 어떤 선형으로 통과할 것인가를 결정하는 타당성 조사 및 기본설계 단계로 구분한다. 도로 투자사업의 초기단계에서 수행하는 사업대상 노선의 선정은 보다 합리적이고 종합적인 평가과정이 필요하다. 본 항에서는 여러 가지 평가 과정 중 주로 기술적인 부분을 검토하고자 한다. 따라서 본 항에서 언급하는 노선선정은 사업대상 노선이 선정된 후 선정된 노선이 통과할 지점이나 선형 등을 결정하는 단계에서의 노선계획에 관한 것이다.

2 노선선정의 결정요인

노선을 결정하고 그에 대한 평가를 할 때, 사회적, 경제적, 기술적 요인의 세 가지 측면을 평가하고, 평가결과에 따라 최적노선을 선정한다.

1) 사회적 요인의 검토

도로가 교통망의 개선을 통해 지역사회에 가져오는 의의를 평가하는 것으로서 다른 개발계획을 함께 고려하여 해당지역에 가져오는 효과를 검토한다. 사회적인 측면에서 내려진 긍정적인 평가는 주로 노선의 개략적인 위치선정 단계에서 중요한 역할을 한다. 특히 고속도로의 경우는 지역사회를 발전시키는 계기를 제시함과 아울러 기존의 질서를 바꿈으로 인해 여러 가지 부정적인 측면의 사회적인 영향이 발생할 수 있다는 점도 고려해야 한다. 이것은 노선선정 단계뿐만 아니라 도로설계 단계에서 세심한 배려가 필요하다. 신설될 노선이 사회적으로 미치는 영향을 평가하는 데에는 다음과 같은 사항이 고려되어야 한다.
① 도시지역, 마을과의 관계(노선통과에 따른 분석)
② 학교, 병원, 주택 등과의 관계(소음, 진동, 대기오염 등의 피해, 일조, 지역분할, 경관침해 등의 환경문제)
③ 유적, 매장 문화재, 사찰, 묘지 등 민족유산과의 관계(통과에 의한 파손)
④ 자연경관, 자연생태와의 관계(자연환경의 훼손)

⑤ 자연조건의 변화(수리, 기상의 변화에 따른 수해, 냉해 등)

이러한 기존질서의 변경과 문화, 자연유산의 파괴에 따른 부정적인 효과는 관련사업(도시계획, 토지개량 등 농업구조 개선계획, 치수계획)을 동시에 실시하여 새로운 질서를 제시함으로써 보다 좋은 방향으로 바꾸어 가는 것이 중요하다. 이들 사회적 요인에 대해서는 사전조사에 의해 충분한 정보를 수집하여 관련 공공기관과 사전협의를 거치는 것이 바람직하다. 설계단계에서 방음벽, 고가교, 조경공사 등 기술적 배려에 의해 처리 가능한 것도 있지만 대부분의 문제는 노선 위치결정 때 그 영향이 결정된다. 도로계획이 지역주민의 반대에 부딪히는 경우도 있지만 이것은 앞의 사회적 여러 요인에 대한 평가가 불충분하기 때문에 발생하는 경우가 많다. 그러한 사태에 부딪히지 않기 위해서는 사전조사와 지역 행정단체 및 지역주민과의 협의 조정이 필요하다.

2) 경제적 요인의 검토

도로계획의 타당성 여부를 건설비와 유지관리비 등의 투자측면과 그 투자에 따른 경제적인 편익에 대해서 계량적으로 평가하고, 그 측면부터 계획의 타당성을 검토한다. 노선위치에 의해 건설비가 크게 달라지지만 건설비가 적게 들어도 그것을 이용하는 교통량이 적거나, 주행비용과 주행시간 등이 많아지면 투자효과가 저하된다. 따라서 경제적 요인에 대해서는 이런 면에서의 비교에 따라 평가되어야 한다.

(1) 개략계획 단계에서의 경제적 요인 검토

노선전체 또는 상당히 긴 구간에 대해서 경제성 여부를 따져 경제적 타당성을 판단한다. 편익에는 주행비용 감소, 주행시간 단축, 사고감소 등의 직접적인 편익과 주변지역에 미치는 영향 등의 간접적인 편익이 있다.

(2) 노선선정 단계에서의 경제적 요인 검토

하나의 노선내의 일부구간에 비교노선이 있는 경우, 입체교차의 설치위치, 입체교차의 추가설치 여부 등에 대해 경제성 평가를 한다.
노선계획 단계에서 비교노선은 길 경우 50km 정도로 둘 또는 세 개의 출입시설을 포함하고, 짧은 경우 출입시설을 포함하지 않는 것도 있다. 비교노선의 길이가 그 이상인 경우는 개략계획 단계에서 처리되어야 하며, 이보다 짧은 비교노선은 선형설계 단계에서 다루어져야 한다.
비교노선이 비교적 길어서 입체교차로의 위치가 달라질 경우 각각의 노선에 대한 교통량이 다르므로 이를 고려한 평가가 필요하다. 특히 장거리 노선의 통과위치가 다를 때에는 개략 계획과 마찬가지로 간접편익과 그 외의 사회적 효과도 검토해야 한다. 비교적 짧은 비교노선으로서 입체 교차로의 위치가 변하지 않는 경우, 교통량은 변하지 않는다고 생각해도 되며, 그럴 경우 직접효과만이 비교의 대상이 된다.

(3) 도로설계 단계에서의 경제성 검토
선형설계와 도로 구조물의 설계단계에서는 건설비와 유지관리비(특히 터널과 교량)를 주로 검토한다.

3) 기술적 요인의 검토
도로계획의 기술적 요인은 자동차의 흐름을 처리하기 위한 교통기술적인 측면과 그것을 자연조건과 대응시켜 구조적으로 정착시키기 위한 구조기술적인 측면으로 나누어 생각할 수 있다.

(1) 교통기술적 요인
교통, 기술적 요인은 고속도로 본래의 목적인 고속교통을 안전하고 원활하게 처리하기 위하여 고려해야 할 요인이다. 채택된 설계속도에 따라 평면선형과 종단선형이 설계되었지만 고속의 장거리 통행의 관점에서 보아 교통사고를 유발할 수 있는 불합리한 선형의 조합이 없는지, 주행의 쾌적성에 나쁜 영향을 줄 수 있는 문제는 없는지 등을 평가한다. 개략계획 단계에서는 어느 정도의 설계속도가 채택 가능한지를 평가하면 된다. 노선선정 단계에서는 선형의 기본이 분명하게 드러나고 그에 따라 교통의 서비스 수준을 평가할 수 있으며, 동시에 주행편의 등의 경제성 평가도 반영된다. 입체 교차 시설의 위치도 경제성 평가뿐만 아니라 접속도로의 교통 혼잡에 대한 영향 등 교통기술적 관점에서 검토된다. 휴게소 등의 휴게시설의 계획도 이 단계에서 검토된다.
선형설계 단계에서는 선형의 크기, 선형의 조합, 전망, 폭 구성, 안전시설 등 교통의 안전성과 쾌적성의 증대에 대한 한층 섬세한 배려와 평가가 필요하다.

(2) 구조기술적 요인
도로의 구조기술적인 요인에서는 시공의 가능성과 안전성, 유지관리의 용이성 등이 문제가 된다. 구조기술적인 문제를 처리할 때에는 경제성을 무시할 수 없지만 문제의 해결을 통해 비용만큼의 편익을 얻어낼 수 있다면 과감히 어려움을 이겨 나가야 하는 경우도 많다. 그러나 지질과 기상의 문제로 시공 중이거나 완성 후의 유지관리시에 재해 발생의 위험이 많은 도로는 노선선정의 단계에서 되도록 피해야 한다.
이러한 지형으로는 단층과 파쇄대에 평행한 터널, 낭떠러지의 큰 땅깎기, 눈사태 지대에 접한 땅깎기 비탈면 등이 있으며, 이러한 지역은 가능한 피해야 한다. 이 외에도 연약지반을 지나는 노선과 깊은 골짜기의 교량, 터널 등은 많은 공사비를 필요로 하므로 노선선정시에 유의해야 한다.

(3) 주요 시설물의 간격

도로의 노선선정은 출입시설 등의 주요 시설의 위치를 결정하고 이를 연결시키는 작업이라고 해도 과언이 아니다. 따라서 도로 주요 시설의 적절한 간격을 인식하고 나서 노선선정을 함으로써 합리적인 작업이 이루어질 수 있다.

도로의 주요시설로는 출입시설, 버스 정류장, 휴게소 등을 들 수 있으며, 이들 사이에 확보되어야 할 거리는 〈표 1.35〉와 같다.

〈표 1.35〉 주요시설의 간격

(단위 : km)

구분	표준 최소간격	절대 최소간격	최대간격
출입시설 상호	5	2	-
버스 정류장 상호	5	5	-
휴게소 상호	25	-	100
출입시설과 휴게소	5	2	-
출입시설과 버스 정류장	4	2	-

1.6.3 타당성 조사

1 일반사항

타당성 조사단계는 사업대상 노선이 결정된 후 먼저 1/50,000 정도의 지도 위에 개략적으로 초기노선을 결정하고 1/5,000 정도의 지도에 초기노선을 따라 비교노선을 설정한 후, 각각의 비교 노선을 평가하여 최적노선을 결정하는 일련의 과정을 말하며, 타당성 조사과정은 다음과 같다.

(가) 1/50,000 정도의 도면상에 시·종점, 설계조건, 지형, 기준점 등을 고려하여 개략적으로 통과노선을 그리고 이를 토대로 1/5,000 정도 지도의 도화범위를 결정한다.
(나) 1/5,000 정도의 도면상에 통과노선에 따라 몇 개의 비교노선을 그리고 각 비교노선에 대해 개략적인 입체선형(평면선형과 종단선형의 조합)을 그려 넣는다.

(다) 경제적, 사회적, 기술적 요인을 비교한다.

경제적 요인에는 각 비교노선의 건설비, 용지비, 도로이용자 비용, 유지관리비 등이 있고, 사회적 요인에는 주변 지역의 주민이나 문화재에 미치는 영향 등이 있으며 기술적 요인에는 교통량 또는 지반의 지지층의 깊이 등의 불확실한 요소를 반영한 공법, 시공의 난이도, 건설기간 등이 있다.

(라) 위에서 제시한 여러 요인들을 분석, 평가하고, 비교노선들 중에서 최적노선을 결정한다. 선정된 최적노선은 기본설계 단계에서 다소 변경될 수 있으므로 도로계획 단계에서는 계속 수정될 가능성이 있다.

2 타당성 조사의 내용

1) 개략조사

상위계획, 지역 및 도시계획 등 관련계획 검토, 기본 교통여건, 토지이용 현황, 통행실태 등을 파악하는 현황조사가 포함된다.

2) 비교노선 설정 및 최적노선 선정

현장조사 자료를 토대로 하여 비교노선을 설정하고, 계획구간별 장래 교통량을 예측하여 분석한 후 개략적인 평가의 기술검토 과정을 거쳐 최적노선이 선정된다.

3) 경제성 분석

일반적으로 타당성 조사는 기본설계와 동시에 실시되는 경우가 대부분이므로, 선정된 최적노선에 대한 기본설계를 토대로 공사비를 산출하고, 세부 교통분석 등에 관한 자료를 토대로 경제성 분석을 수행한다. 실제로 경제성 분석은 타당성 조사의 대부분을 차지한다.

3 타당성 조사의 성과품

현재 고속도로 공사시에 타당성 조사의 성과품으로 제출되는 것은 다음과 같다.
① 종합보고서 : 도로 관련 계획 검토, 교통 수용 분석, 예비 기술검토, 사업비 추정
② 1/50,000 노선도

1.6.4 교통영향분석·개선 및 환경영향평가

도로의 신설 또는 확장이 주변환경에 미치는 영향을 최소화시키기 위하여 자연환경, 생활환경, 사회 및 경제환경에 대하여 교통영향분석·개선 및 환경영향평가를 실시한다.

1 교통영향분석·개선

교통영향분석·개선의 대상이 되는 신설도로의 규모는 「도시 교통정비 촉진법 시행령 제15조 제1항」 및 동법 시행령 제13조의2 제3항의 별표1에 따라 〈표 1.36〉와 같이 규정되어 있다.

〈표 1.36〉 교통영향분석 및 개선 대상 신설도로의 규모

(단위 : km)

구 분		대상사업의 범위		시행시기
		중앙교통영향심의	지방교통영향심의	
「도로법」 제8조에 따른 도로 건설	고속국도·일반국도	총연장 30km 이상인 신설 노전 중 인터체인지, 분기점, 교차부분 및 다른 간선도로와의 접속부	총연장 5km 이상인 신설 노선 중 인터체인지, 분기점, 교차부분 및 다른 간선도로와의 접속부	도로구역 결정전
	지방도		총연장 5km 이상인 신설 노선 중 인터체인지, 교차로 및 다른 간선도로와의 접속부	도로구역 결정전
「국토의 계획 및 이용에 관한법률」 제2조 제6호에 따른 기반시설			총연장 5km 이상인 신설 노선 중 인터체인지, 교차부분 및 다른 간선도로와의 접속부	실시계획 인가전

기존 사업을 확장하는 경우에는 확장부분을 포함한 사업규모를 기준으로 규정을 적용한다. 이 규정을 적용함에 있어 교통영향분석·개선을 받은 사업을 확장하는 경우에는 이 규정에 의한 최저규모(최저규모가 없는 경우에는 최근 교통영향분석·개선이 당시의 규모)의 20%, 평가를 받지 아니한 사업을 확장하는 경우에는 이 규정에 의한 최저규모(최저규모가 없는 경우에는 확장 당시의 규모)의 5%의 범위 안에서 확장하는 경우를 각각 제외한다.

교통영향분석·개선은 도로교통과 사회·경제 현황조사, 교통수요 추정 등의 과업이 중복될 수 있기 때문에 타당성 조사와 연계하여 실시하는 것이 합리적이다.

② 환경영향평가

환경영향평가의 대상이 되는 신설도로의 규모는 「환경정책 기본법 시행령 제7조」에 다음과 같이 규정되어 있다.
① 도로법 제11조와 규정에 의한 고속국도, 일반국도, 지방도 중 4km이상의 도로신설 및 2차로 이상으로서 10km이상의 도로확장 사업
② 도시계획법 제2조 제1항 제4호의 도시계획사업 중 그 결정에 있어서 중앙도시 계획 위원회 의결을 거쳐야 하는 4km이상의 도로건설사업(특별시, 광역시의 경우 폭 30m 이상, 기타 시의 경우 폭 25m 이상인 도로)

평가서의 내용은 사업대상 주변지역의 자연환경, 생활환경 및 사회·경제 환경 등 제반 환경에 미치는 영향의 저감방안과 불가피한 환경영향, 사후 환경관리 계획, 대안설정 및 평가 등으로 구성되어 있다.

1.6.5 기본설계

기본설계에서는 타당성 조사의 결과를 바탕으로 하여 사전조사 사항, 계획 및 방법(주요 설계기준, 구조물 형식선정, 단면결정 등) 개략시공 방법, 공정계획, 공사비 등의 기본적인 내용을 설계도서에 표기한다.

기본설계 도면은 1/5,000 축척의 지형도를 이용하며 현지측량 없이 지도상에서 수집된 자료를 활용하여 작성한다. 기본설계에서 주로 수행하는 과업은 타당성 조사의 결과를 대부분 이용하고 있기 때문에 그와 유사한데 사회·경제지표 분석, 교통조사 및 수용예측, 관련계획 조사 분석 등은 그 내용이 거의 같으며, 실제로 타당성 조사와 기본설계가 하나의 과업으로 수행될 경우 과업이 중복될 소지는 없어진다.

이와 함께 기본설계에서는 수요 구조물부와 토질조사, 필요한 부분의 구간측량, 선형설계 및 각 공정별(토공, 배수 구조물, 교통 및 터널, 포장설계, 부대시설의 개략위치 선정) 개략적인 기술검토 등의 과업이 포함되어 있다.

기본설계의 성과품과 내용은 〈표 1.37〉 및 〈표 1.38〉과 같다.

⟨표 1.37⟩ 기본설계의 보고서 등

구분	내용
설계 보고서	•공사개요 : 목적, 규모, 금액 등 •계획 및 방침 – 위치선정 – 주요 구조물 및 수리 계획 – 교통영향평가 – 환경영향평가 •사전 조사 사항 •주요 시공계획 •주요자재 사용계획 •개략 공정계획 •기타 필요한 주요사항 –경제분석(개략 공사비 산출, 유지보수비, 경제분석) –기타사항
구조 및 수리 계산서	•주요 구조 계산서 –구조 단면 결정 계산 및 사유 –기초 허용지지지력 계산 –각부 구조의 재하중에 대한 구조계산 –수리계산, 이와 관련된 단면결정 계산
토질조사 보고서	•토질현황 •개략 토질조사(시추, 시항, 물리탐사 등) •개략 토질시험(표준관입시험, CBR 시험, 평판재하시험, 토성시험)
개략설계 내역서	•설계 설명서 •공종별 개략 내역서 •개략 수량 산출 근거 •기타 필요한 산출 근거

⟨표 1.38⟩ 기본설계의 설계도면

구분	도면종류	축척	표시해야 할 사항
설계도면	위치도	1/5,000~1/50,000 지형도	주변 지형 지물 표기
	종단면도 및 평면도	1/5,000~1/1,200	주요 시설물 종·평면도
	횡단면도	1/100~1/200	주요 횡단면도
	구조물도	1/100~1/200	주요 구조물 계획도, 표준도 등
	기타		기타 필요한 도면

1.6.6 실시설계

실시설계에서는 기본설계를 구체화하여 실제 시공에 필요한 구체적인 설계사항을 설계도면에 표기하는 단계로서, 도로계획 단계를 벗어난 사업시행 단계에 속한다. 실시설계도면은 1/1,200 축척의 지형도를 이용하며 지도상의 검토과정을 거친 후 현지측량 결과를 기초로 하여 상세하게 작성한다.

실시설계에는 기본설계에서 제시된 기준들을 토대로 보다 세부적인 설계를 수행하는데, 여기에는 전 구간에 대한 상세 토질조사 및 측량, 세부 선형설계, 배수구조물과 교량 및 터널에 대한 상세설계, 포장설계, 영업소와 휴게소 등의 부대시설에 대한 세부설계 등이 포함되어 있다.

이와 같이 기본설계와 실시설계는 밀접하게 연관되어 있으며, 설계 및 시공과정에서도 자주 변경될 수 있으므로, 이들 과업이 상호 독립적으로 수행되기보다는 동시 또는 과업기간 내의 시차를 두고 수행되는 것도 효율적이다. 또한 과업변경의 규모가 큰 경우 재평가를 받아야 하므로 세심한 주의가 필요하다.

실시설계 성과품과 내용은 〈표 1.39〉 및 〈표 1.40〉과 같다.

〈표 1.39〉 실시설계의 설계도면

구분	도면종류	축척	표시해야 할 사항
설계도면	위치도	1/5,000~1/50,000 지형도	주변 지형 지물 표기
	종단면도 및 평면도	1/5,000~1/1,200	주요 시설물 종·평면도
	횡단면도	1/100~1/200	주용 횡단면도
	구조물도	1/100~1/200	주요 구조물 계획도, 표준도 등
	기타		기타 필요한 도면

〈표 1.40〉 실시설계의 보고서

구분	내용
설계 보고서	•공사개요 : 목적, 범위와 내용, 기간, 과업지침, 금액 등 •계획 및 방침 　-위치선정 　-세부구조물 및 수리계획 　-세부조경계획(사면보호, 식재계획 등) 　-교통영향분석·개선 　-환경영향평가 •사전 조사 사항 •세부 시공계획 •자재 사용계획 •세부 공정계획 •기타 필요한 주요사항 　-경제성 분석(세부 공사비 산출, 유지보수비, 경제성 분석) 　-기타사항
구조 및 수리 계산서	•세부 구조 계산서 　-구조 단면결정 계산 및 사유 　-기초 허용지지력 계산 　-각부 구조의 재하중에 대한 구조계산 　-수리계산, 이와 관련된 단면결정 계산 　-수리모형 시험 결과
토질조사 보고서	•토질 현황(목적, 범위, 조사기간 등) •세부 토질조사(시추, 시항, 물리탐사 등) 　-조사방법 　-조사위치 선정 　-조사결과 분석 •세부 토질시험(표준관입시험, CBR 시험, 토성시험, 평판재하시험, 굴재시험) •부록 　-지질 분포 현황 　-토질조사 위치도(S=1/25000) 　-토질조사 위치 상세도(S=1/1200) 　-재료원 현황도 　-지층 단면도 　　시추조사 및 동적 콘관입 시험 결과 주상도 　-시험굴 주상도 　-실내 시험 성과표 　-골재 시험 성과표(하상 골재, 석산 골재)
시방서	•주요 시방 내용 　-일반 시방서(일반항, 공종별 일반사항) 　-특별 시방서(공정별, 단계별 세부시방서)
설계내역서	•설계 설명서 •공종별 세부 내역서 •수량산출 근거 •기타 필요한 산출근거

제 2 장 노선계획

2.1 노선계획의 의의
2.2 노선계획에 필요한 조사
2.3 노선선정
2.4 노선의 평가

2.1 노선계획의 의의

노선계획은 도로계획 중에서 도로망계획, 경제조사, 교통조사 및 기술조사 등의 제조사, 노선의 개략계획, 노선선정 등 도로의 중심선 결정 및 도로구조의 개략적인 결정까지를 말한다. 도로의 기능은 앞에서 기술한 바와 같이 이동성 기능, 접근성 기능 및 공간기능으로 대별된다. 각 기능의 중요도는 당해 도로의 성격이나 도로망의 위치에 따라 다르지만, 노선계획에 있어서는 노선의 성격, 지역 및 주변도로의 특성에 따라 최적화된 설계와 계획을 행하는 것이 중요하다. 또한 도로는 사회 간접자본의 축적으로서도 중요하며, 장기간에 걸친 그 역할을 간과하지 않도록 해야 한다.

도로의 계획 목표 년도는 예측의 정도 등으로부터 20년 정도를 채택하고 있지만, 도로시설의 내용 연수가 최저 50년 정도는 필요한 것을 고려하고, 또한 계획부터 건설을 하고 공용개시까지는 상당의 기간을 필요로 하기 때문에 노선 계획은 매우 중요하다.

노선계획은 도로계획 및 설계의 일련의 과정을 통하여 그 기본을 정하는 데 있다. 그러므로 검토를 함에 있어서 경제조사, 교통량 추계 등의 교통조사와 토질조사 등의 기술적 조사 등, 도로계획상의 기본적 조건의 조사를 정확히 행할 필요가 있다. 또한, 노선계획에 있어서 도로의 중심선, 도로구조 등 기본사항을 확정함과 아울러, 도로의 연장, 건설비의 규모 등 경제성과 안전성도 이 단계에서 결정되기 때문에 신중한 검토가 요망된다.

2.2 노선계획에 필요한 조사

2.2.1 경제조사

도로망 계획이나 노선계획에 있어서 자료를 수집, 정리하고 교통량 추계 등의 기본이 되는 제지표의 정리 혹은 도로정비 효과를 파악하여 계측하는 작업등을 경제조사라 총칭한다. 수집 정리하는 자료는 목적에 따라 다르지만 인구, 소득, 세대수, 취업자 수, 행정구역 등의 면적, 사업장 수, 공업 출하액, 상품 판매액, 자동차 보유대수 등의 지표에 관한 최신의 자료를 수집해야 한다.

각 지표에 따라서 장래의 추계치가 발표되어 있는 것도 많기 때문에 현황과 비교하여 정리한다. 또한, 고속도로 등과 간선도로의 계획에 있어서는 국토개발계획이나 지역정비계획 등의 자료를 수집, 정리하여 참고할 필요가 있다 〈표 2.1〉에 주요한 지표에 관하여 표시하였다. 도로 정비의 제효과에 있어서는 전술한 제기능에 대응한 형태로 정리될 수가 있다.

〈표 2.1〉 도로계획에 이용되는 중요한 경제지표

지표명	중요한 출전(예시)	
	현황	장래
인구(야간인구, DID지구인구, 주간인구, 주간노동인구, 취업자수 등)	국세조사	산업구조심의회, 통계청등에 의한 추계치
면적(행정구역면적, DID지구면적, 시가화 구역 면적 등)	국세조사 전국 시읍면 통계편람 도시계획연감	
농가수, 농업취업인구, 사업장수, 사업장 종업원수	농림업 센서스 공업 통계표	산업구조심의회에 의한 추계치 (공업 출하액) 등
상점수, 상점종업원수, 상품판매액	상업 통계표	
차종별 자동차 보유대수	통계연감(경제기획원)	국토해양부 등에 의한 추계치 등

교통기능에 대응한 효과는 도로 이용자가 도로의 주행에 필요한 비용의 절약이나 주행시간의 단축에 의하여 얻어지는 직접효과에 대하여 상당히 정확한 계측을 함으로써 계량화가 가능하다. 또한 직접효과 중에는 화물훼손의 감소와 포장비의 절약, 운전자의 피로감소, 주행 쾌적성의 증대, 연도환경의 개선에 따른 교통사고 감소 등이 있을 수 있으며, 이러한 지표들은 계량화가 곤란하다. 교통사고의 감소에 있어서는 일부 계측의 시험을 행하는 경우가 있다.

직접효과로부터 파급되어 얻어지는 경제적인 효과를 간접효과라 칭하며, 계측이 곤란한 것으로서 국토이용 및 토지이용 유도효과 등이 있다. 공간기능에 대응한 효과에 있어서 현 단계에서는 계측 가능한 것이 아니지만, 방재공간의 향상, 쾌적성(amenity)의 향상, 수송·통신·공급시설 등의 수용 등이 있을 수 있다. 이상의 것 외에도 도로투자에 의한 수용증대, 고용의 확대 등의 효과가 있다. 한편, 도로정비에 의한 상승효과 외에 연도환경의 악화 등 악영향을 주는 것도 있기 때문에 환경영향평가 등에 의한 조사 및 대책을 충분히 검토하는 것도 중요하다.

〈표 2.2〉는 도로정비의 효과를 정리한 것이다.

〈표 2.2〉 도로정비의 효과

구분		계측항목	비계측 항목
직접 효과	교통기능에 의한 효과	주행경비의 절약 연료의 절약 주행시간의 단축	화물훼손의 감소와 포장비의 절약 운전자의 피로도의 경감과 주행 쾌적도의 증대 교통사고의 감소 연도환경의 개선
간접 효과	국토이용 및 토지이용의 유도 기능에 의한 효과	물가저감 효과 생산력의 확대효과	재정의 효율화
			지역개발의 유도 생활기반의 확충 토지이용의 촉진
	공간기능에 의한 효과		통풍, 채광, 녹색공간으로서 생활의 쾌적성을 향상하여 도시의 쾌적성(amenity)을 향상 방재공간으로서 도시의 안전 수송·통신·공급시설 등 각종 시설 수용, 도시활동 기반의 확보
	재정지출 효과	도로투자의 수용 창출효과	

2.2.2 교통조사

1 교통조사

도로계획에 있어서 교통조사는 양과 질의 조사가 주체이며, 현재 체계적으로 실시하고 있는 것으로는 전국 도로 교통량 조사(국토해양부)와 고속도로 교통량 조사(한국도로공사)가 있다.

교통량 조사는 도로에 있는 단면을 기준으로 하여, 그 교통량을 관측하는 단면 교통량 조사가 제일 중요하고, 도로교통 센서스의 일환으로 실시하는 일반 교통량 조사와 교통량 상시관측 조사 등이 있다.

질적인 교통조사로서는 자동차, 사람 또는 화물의 통행(trip)에 있어서 시·종점, 소요시간 등을 조사하는 'OD조사'가 있다. (그림 2.1)에 교통조사의 체계를 나타내었다.

1) 단면 교통량 조사

도로의 계획 및 설계는 법령으로 정한 「도로의 구조·시설기준에 관한 규칙」 등의 설계 기준에 따라 행해지지만, 기준적용에 대해서는 그 도로의 계획 교통량이 기본이 된다. 따라서 계획 교통량을 적절히 정하는 것이 중요하며, 그 기초가 되는 것은 도로의 현황 교통량이다.

현황 교통량 조사로서, 도로교통 센서스의 일환으로 행하여지는 일반 교통량 조사가 있다. 이것은 도로의 특정 지점에 대한 통행 대수를 계측하는 것인데, 이를 이용해서 연평균 교통량을 추정하여 시간대별 교통량, 첨두(peak)율, 차종구성, 주야율, 방향별 교통량을 구하는 것을 목적으로 하고 있다.

교통량 상시관측 조사는 전국의 일반국도 및 간선도로의 주요지점에서 교통량 관측기(traffic counter)를 이용하여 연속적으로 장기간에 걸쳐 교통량을 관측함으로 교통량의 시간적 변동을 파악하는 것인데, 1일 교통량, 시간 교통량의 연간순위, 첨두시 교통량의 비율 등을 알 수 있다.

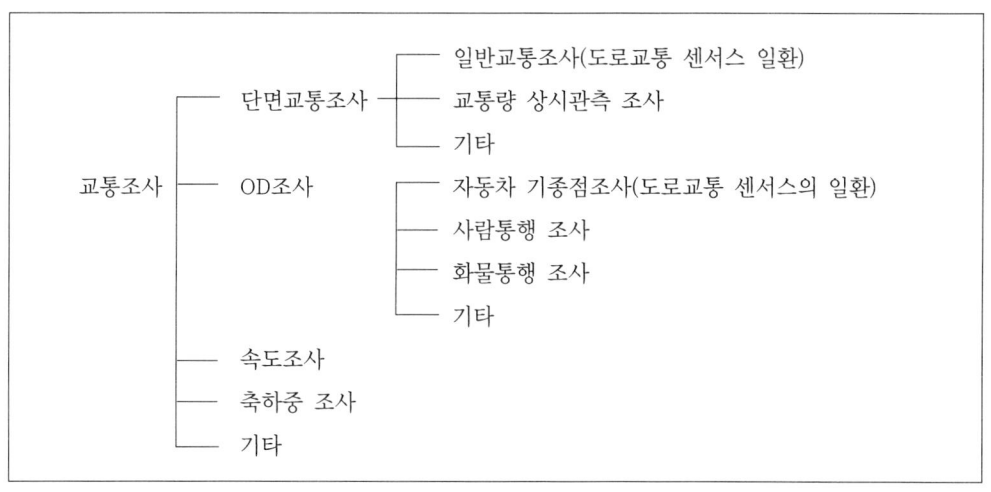

(그림 2.1) 교통조사의 종류

이 외에도 사업주체자 등이 개별적으로 교통량 조사를 행하는 경우가 있으며, 그 목적에 따라 관광지 주변에서는 휴일의 교통상황, 도시에서는 야간 교통량 등의 조사를 행한다. 또한 매월 교통량을 집계 하는 시스템을 채용하고 있으며, 전산 시스템에 의해 종류별 집계가 신속히 구해지기 때문에 상세한 분석을 행하는 경우 대단히 유효하다.

2) 시·종점별 교통량 조사

시·종점(O/D)별 교통량 조사는 출발지(origin)와 목적지(destination)별 교통조사로서 자동차, 사람, 화물통행의 출발지와 목적지, 통행목적, 이용 교통수단, 화물내용 등을 조사한다. 조사결과는 교통의 현황분석에 이용되며, 교통발생 원단위와 교통수단별 분담률의 추정 등을 통하여 장래의 교통수요 예측과 교통계획의 정책수립에 필요한 기초자료로 이용한다.

(1) 구역의 구분

시·종점 조사는 자동차 통행의 시점과 종점을 알아내는 것을 주목적으로 하므로, 조사에 앞서 대상지역을 몇 개의 구역(zone)으로 분할하여 구역간의 교통량을 조사한다. 구역의 크기는 조사대상이 되는 도로망의 밀도와 조사목적 등에 맞게 설정한다. 또 구역 설정 시에는 인구, 경제지표 등의 각종 정보도 함께 수집할 필요가 있으므로, 구역을 시, 군, 읍, 면 등의 행정구역과 일치시키는 것이 편리하다.

(2) 조사 방법

조사방법에는 길옆에서 직접 통행량을 관측하는 도로변 시·종점 조사와 통행의 주체인 사람과 자동차를 대상으로 가정 또는 사업소 등을 방문하여 조사하는 방문조사, 자동차 번호판을 기록하여 조사하는 자동차 번호판조사 등이 있다.

도로변 시·종점 조사는 이들 구역의 경계에서 구역간의 교통량을 조사하는 방법으로서, 조사대상으로 하는 통행량을 직접 파악한다는 점에서는 가장 정확한 정보가 얻어지는 조사 수단이다. 그러나 구역의 수가 많아지면 사실상 조사가 불가능하고, 또 구역 내의 통행량이 파악되지 않기 때문에 이 방법에 의한 조사만 단독으로 수행되는 일은 적다.

방문조사는 통행의 주체인 자동차의 이동상황을 조사하는 것으로서 일반적으로 추출조사로 시행된다. 조사는 어느 조사일(1일 또는 수일간)을 설정하고, 조사기간 동안 자동차의 운행상황, 시·종점 등을 조사원이 사용자를 방문하여 조사하는 것이다. 조사표 기록과 회수방법에는 조사원이 직접 조사표에 기록하는 방법과, 조사표를 배포하고 나중에 우편으로 회수하는 방법이 있다.

(3) 조사내용

조사항목은 조사 대상자 또는 자동차의 속성에 관한 것과 운행에 관한 것으로 나뉘어진다. 전자는 자동차를 대상으로 하는 경우로서 차종, 업태, 소유 형태(개인, 법인 등), 사용의 목적을 조사하며, 후자는 시·종점, 운행횟수, 출발과 도착시간, 통행목적, 경로, 수송인 수, 수송품목과 수량 등을 조사한다. 조사항목은 조사목적에 따라 설정되나, 회수율을 높이고 정확성을 기하기 위해서는 최소한의 항목으로 한정시킬 필요가 있다.

(4) 조사결과의 집계

시·종점 조사는 일반적으로 추출조사로 실시되기 때문에 이에 관한 조사결과는 확대하여 집계할 필요가 있다. 확대율은 구역별, 차종별로 자동차 등록대수와 조사대수의 비로 구해진다. 자동차 1대당 통행횟수, 통행거리 등의 원단위에 관계되는 집계항목은 확대 집계할 필요가 없다.

시·종점 조사는 도로변 시·종점 조사와 방문조사를 조합하여 실시하는 경우가 많다. 도로변 조사와 방문조사에서 시·종점 교통량에 관한 정보가 중복되는 경우에는 도로변 조사결과가 우선한다. 시·종점 조사결과는 검증선(screen line)에서 조사한 교통량을 이용하여 보정한다.

2 장래 교통량 예측

1) 개요

교통수요 예측식(모형)은 현재의 사회·경제지표와 토지이용 현황, 통행형태 그리고 교통체계와 교통량 등을 이용하여 장래의 교통량을 예측하는 모형으로서, 이들 모형으로부터 현재의 교통형태와 교통체계, 그리고 토지이용이 장래 지역사회의 통행량 변동에 미치는 영향을 알 수 있다. 또한 이를 토대로 도로 투자사업의 경제적 타당성을 검토할 수 있다. 즉 수요 예측 결과에 따라 대상투자 사업의 경제적 타당성을 검토할 수 있다. 수요예측 결과에 따라 대상 투자 사업의 실시여부가 판가름날 정도로 수요예측은 도로계획의 중요한 부분을 차지하고 있다. 실제로 예측된 교통수요는 계획 대상도로의 건설로 기대할 수 있는 여러 가지 편익의 산출에 기본 자료로 이용된다.

일반적으로 교통수요 예측 방법에는 계획 대상도로가 포괄하는 지역적 범위가 넓은 대규모의 경우에 사용되는 단계적인 수요 추정방법(예 : 4단계 추정방법 또는 종합적 체계 분석 방법)과 해당사업이 소규모이거나 영향범위가 좁을 경우에 사용되는 보다 간편한 방법(예 : 대상노선 분석방법)이 있다.

(그림 2.2)는 고속도로 건설과 같은 광역적인 투자사업의 수요예측 과정에 일반적으로 사용되는 4단계 교통수요예측 과정을 나타낸 것이다 그림에서 분포 교통량 예측과 교통수단별 교통량 예측은 순서가 서로 바뀔 수 있다.

교통수요는 일반적으로 여객 교통수요와 화물 교통수요로 구분하여 예측하는데, 예측방법은 동일하므로(자료의 조사대상만 다름) 이를 구분하지 않고 여객교통이나 화물교통에 공통적으로 적용될 수 있는 교통수요 예측방법에 대해 설명한다.

상위계획 등을 토대로 한 장래 도로망 계획에서 사업대상 노선이 선정되면, 장래 교통수요의 예측을 위해 사업대상 지역을 중심으로 구역을 나누어 구역별 인구, 지역 총생산(GRP), 토지이용, 자동차 보유 대수 등의 사회경제 지표와 도로망, 교통량 등의 도로교통 현황을 조사한다. 이 조사 자료를 토대로 현재의 시·종점표와 장래의 사회·경제지표를 예측, 전통적인 4단계 수요추정과 설정된 대안노선별 경제성 분석단계를 거쳐 최적노선이 결정된다.

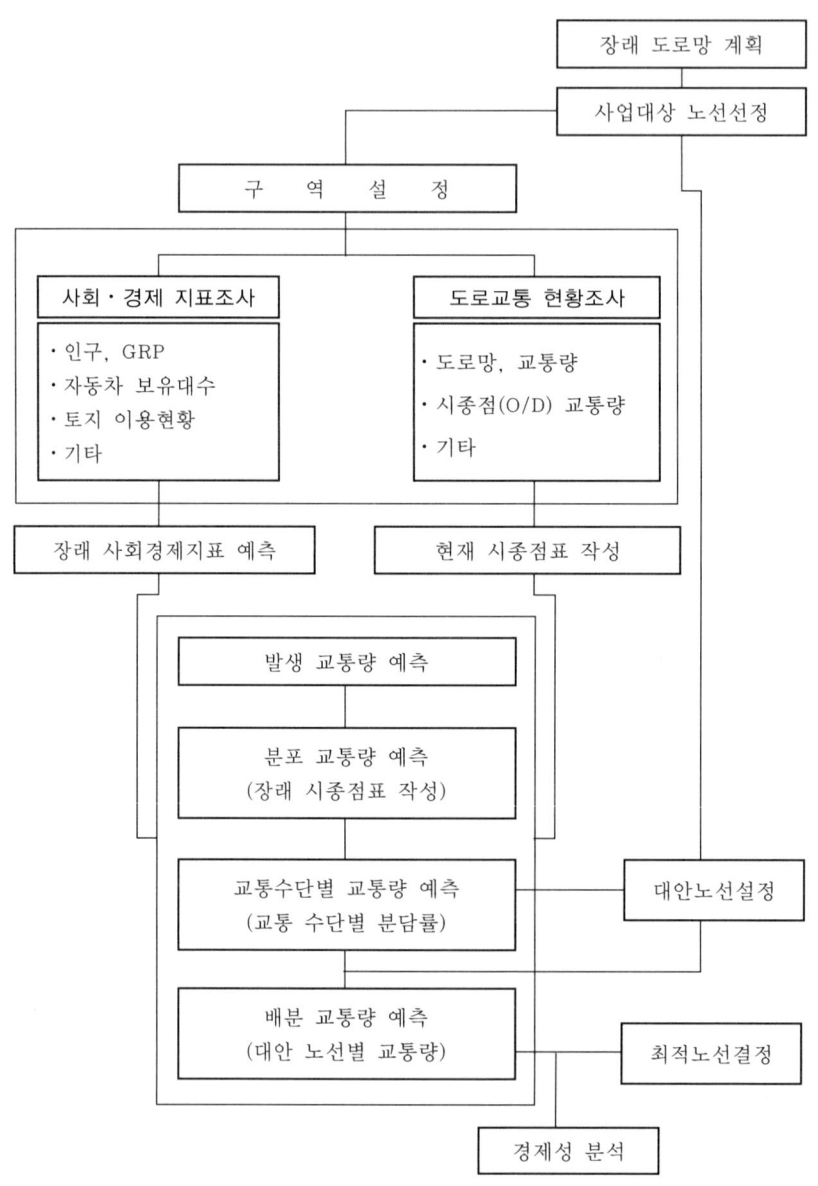

(그림 2.2) 장래 교통수요 예측과정

2) 발생 교통량 예측

발생 교통량 예측(trip generation) 단계에서는 각 구역(zone)에서 만들어지는 유출 교통량(production)과, 각 구역으로 들어오는 유입 교통량(attraction)을 구한다. 유출 교통량이 생기는 대표적인 예로는 주거지역을 들 수 있으며, 유입 교통량이 생기는 대표적인 예로는 학교, 업무지역 등을 들 수 있다.

발생 교통량을 구하는 방법에는 증가율에 의한 방법, 원단위법을 이용하는 방법, 모형식을 이용하는 방법(회귀분석법)등이 있다.

(1) 증가율에 의한 방법

이 방법은 교통발생과 밀접한 관계가 있는 인구, 자동차 보유대수외에 각종 경제지표 등의 증가율에 현재의 교통량을 곱하여 장래의 교통량을 예측하는 방법이다. 이 방법은 간단하다는 장점이 있으나 현재의 토지이용과 장래의 토지이용 성격이 크게 달라지는 구역(대규모의 개발이 이루어지는 구역 등)에는 적용하기 어렵다는 단점이 있다.

(2) 원단위에 의한 방법

용도별 토지이용 면적 또는 건설면적당, 인구당, 출하액당 발생하는 교통량을 원단위로 하여 이를 장래의 면적, 인구, 출하액 등에 곱하여 장래의 발생 교통량을 구하는 방법이다. 일반적으로 토지 용도별 면적당 원단위가 이용되는 경우가 많으나 자료수집이 어려워 적용이 쉽지 않다. 이 방법은 모형을 이용하여 구한 예측값의 타당성 또는 장래의 토지이용과 교통계획의 적합성 등을 검토하는데 쓰인다.

(3) 모형식에 의한 방법

이 방법은 발생 교통량과 그것에 영향을 미치는 요인(인구 또는 경제지표)과의 사이에 함수관계를 가정하여 중회귀 분석 등의 방법에 의해 모형식을 구하고, 이렇게 구한 모형식을 이용하여 장래 발생 교통량을 구하는 방법으로서, 가장 일반적으로 이용되고 있다.

모형식은 현재의 교통발생을 현재의 요인으로 설명하고, 여기에 장래의 지표를 대입함으로서 장래의 발생 교통량을 구하는 것이다. 모형의 형식은 크게 나누어 선형 모형과 지수형 모형이 있다.

$$\text{선형 모형} \quad T = a_0 + a_1 X_1 + \ldots\ldots + a_n X_n$$

$$\text{지수형 모형} \quad T = a_0 X_1^{a1} X \ldots\ldots \times X_n^{an}$$

여기서, T : 발생 교통량

$X_1, \ldots\ldots, X_n$: 경제 지표 등

$a_0, \ldots\ldots, a_n$: 계수

발생 교통량 모형식에 사용하는 지료로는 인구, 공업출하액, 상품판매액, 자동차 보유대수 등이 이용되는 경우가 많으나 지표의 선택시에는 그 지표 자체의 추정 가능성, 종속변수(발생 교통량)와의 인과관계 여부나 독립변수(지표)간의 상호관계를 검토할 필요가 있다. 이 때 주성분 분석방법에 의해 종속변수에 영향을 미치는 설명 변수 가운데 서로 상관이 없는 몇 개의 특정값을 지표로 선택하는 것도 하나의 방법이다.

또한, 형태가 다른 구역을 동일 모형으로 설명할 때 오차가 생길 수 있으므로 지역 격차를 반영하기 위해 지역 특성별로 모형식을 작성하거나 지역변수를 추가하는 방법도 있다.

중부고속도로 건설시 적용한 여객의 발생 교통량 예측식과 화물의 발생 교통량 예측식은 다음과 같다.

- 여객 발생 교통량 예측식
  ① 유출 교통량 예측식

$$PP_i = 2.301 + 138.8 \times POP_i + 46.8 \times GRP_i$$

  ② 유입 교통량 예측식

$$PA_i = 4.052 + 123.0 \times POP_i + 58.5 \times GRP_i$$

  여기서, PP_i : 구역 i의 여객 유출 교통량(인/일)
  PA_i : 구역 i의 여객 유입 교통량(인/일)
  POP_i : 구역 i의 인구(천명)
  GRP_i : 구역 i의 지역 총 생산량(10억원)

- 화물 발생 교통량 예측식
  ① 유출 교통량 예측식

$$FP_i = 6.882 + 19.5 \times POP_i + 3.2 \times GRP_i + 0.9 \times VEHOWN_i$$

  ② 유입 교통량 예측식

$$FA_i = 7.823 + 19.5 \times POP_i + 6.1 \times GRP_i + 0.6 \times VEHOWN_i$$

  여기서, FP_i : 구역 i의 화물 유출 교통량(톤/일)

FA_i : 구역 i의 화물 유입 교통량(톤/일)
POP_i : 구역 i의 인구(천명)
GRP_i : 구역 i의 지역 총 생산량(10억원)
$VEHOWN_i$: 구역 i의 자동차 보유 대수(대)

3) 분포 교통량 예측(시·종점간의 교통량 예측)

분포 교통량 예측(trip distribution)단계에서는 각 구역간의 교통을 예측하는 단계로서, 발생 교통량 예측단계에서 구한 교통량과 현재의 시·종점표를 바탕으로 하여 계획 목표연도의 시·종점표를 만드는 데 목적이 있다.

분포 교통량을 예측하는 방법에는 성장률 방법과 모형식을 이용하는 방법이 있다.

(1) 성장률 방법

이 방법은 예측 목표연도의 시·종점(O/D) 교통량의 유형이 현재의 통행유형과 기본적으로 크게 다르지 않다고 가정하여, 현재의 시·종점표의 각 요소에 일정한 값을 곱함으로써 장래의 시·종점표를 작성하는 방법이다. 이 때 각 요소에 배율을 곱하는 방법에는 평균 성장률법, 프라타(fratar)방법, 디트로이트(detroit) 방법 등이 있다. 어느 경우에나 각 구역간 교통량의 합은 미리 예측된 각 구역의 발생 교통량과 일치할 때까지 반복하여 계산한다.

- 다음은 일반적으로 수렴속도가 빨라서 널리 쓰이고 있는 프라타 방법이다.

$$t_{ij}^{n+1} = GP_i^n \cdot GA_i^n \cdot \frac{[P_i^n + P_j^n]}{2}$$

(2.1)

$$P_i^n = \sum_x t_x \chi^n / \sum_x (t_i x^n \cdot GA x^n)$$

(2.2)

$$P_j^n = \sum_x t_x x^n / \sum_x (t_i x^n \cdot GA x^n)$$

(2.3)

여기서, t_{ij}^{n+1} : (n+1)회째 계산할 때의 i와 j간의 통행량
GP_i^n : n회 반복 계산한 후 구역 i의 유출량의 성장율
GA_j^n : n회 반복 계산한 후 구역 j의 유입량의 성장율

P_i^n : 구역 i의 유출량 보정식
P_j^n : 구역 j의 유입량 보정식
N : 구역(zone) 수
n : 반복 횟수

(2) 모형식을 이용하는 방법
  - 중력모형(gravity model)
    가장 널리 이용되고 있는 모형으로 구역 교통량은 구역간의 교통활동에 비례하고 구역간의 거리에 반비례한다는 가정에서 출발한 것이다. 이러한 개념을 식으로 나타내면 다음과 같다.

$$t_{ij} = k(G_i A_j)^a / D_{ij}^b \tag{2.4}$$

여기서, t_{ij} : ij구역간의 총 통행량
G_i : 구역 i의 총 통행 유출량
A_j : 구역 j의 총 통행 유입량
D_{ij} : 구역 ij간의 거리
k, a, b : 상수

 - 미국 도로국(BPR)모형

$$t_{ij} = G_i A_j F_{ij} K_{ij} / \sum (A_j F_{ij} K_{ij}) \tag{2.5}$$

여기서, G_i : 구역 i의 총 통행 유출량
A_j : 구역 j의 총 통행 유입량
F_{ij} : 경험적으로 유도해 낸 i구역과 j구역간의 통행시간 계수(travel time factor)이며, 1분 단위로 주어진 구역간의 여행시간에 대응하여 통행목적별로 정해진다.
K_{ij} : i와 j 구역간의 보정계수, 지역간 특성계수라고도 하며, 구역간을 연결시키는 특성을 나타낸다. 실제로는 시·종점(O/D) 교통량의 실측값과 추정값의 차이를 K_{ij}로 하고 있다. 일반적으로 K_{ij}값은 약 0.1이다.

t_{ij}값은 반복계산을 전제로 하고 있다. 통행시간 계수(F_{ij})는 처음에는 적당한 값을 넣어서 반복계산을 한 후, 계산된 t_{ij}에 의한 통행거리 분포가 실제 분포에 가깝게 되도록 F_{ij}를 바꾸어 간다.

- 엔트로피(entropy)모형

    엔트로피 모형은 시·종점표에서의 통행분포를 확률적인 현상으로 보아 각 통행이 생기는 확률이 동시에 최대가 되로록 시·종점(O/D)분포를 구하는 방법이다. 엔트로피 모형에서 이용하는 식은 다음과 같다.

$$T = \sum_{i=1}^{n} G_i = \sum_{j=1}^{n} A_j \tag{2.6}$$

$$G_i \sum_{j=1}^{n} ij, A_j = \sum_{i=1}^{n} T_{ij} \tag{2.7}$$

$$T_{ij} = G_i P_{ij} \tag{2.8}$$

$$g_i = \frac{G_i}{T}, \quad a_j = \frac{A_j}{T} \tag{2.9}$$

여기서, T : 총 통행량
G_i : 구역 i의 총 통행 유출량
A_j : 구역 j의 총 통행 유입량
T_{ij} : 구역 i와 구역 j간의 교통량
P_{ij} : 전이 확률
g_i : 구역 i의 상대적 교통 유출력
a_j : 구역 j의 상대적 교통 유입력

식 (2.7)과 식 (2.8)로부터

$$\sum_{j=1}^{n} P_{ij} = 1 \tag{2.10}$$

식 (2.7)과 식 (2.9)로부터

$$\sum_{i=1}^{n} g_i P_{ij} = a_j \tag{2.11}$$

식 (2.10)과 식 (2.11)을 제약조건으로 하여 이것을 만족하는 P_{ij}쌍 가운데 통행의 동시

확률이 최대가 되는 P_{ij}쌍을 선택하면 T_{ij}는 식 (2.8)에 의해 구할 수 있다.
중력모형을 이용한 엔트로피 모형에서는 P_{ij}의 경험적 확률로서 $a \cdot g_i \cdot D_{ij}$를 쓰고, 이 때의 시·종점(O/D)유형 가운데 동시확률을 최대가 되게 하기 위한 P_{ij}쌍은 다음과 같다.

$$\mathcal{L} = \sum_{i=1}^{n}\sum_{j=1}^{n} g_i P_{ij} \log P_{ij} - b\sum_{i=1}^{n}\sum_{j=1}^{n} g_i P_{ij} \log P_{ij} \qquad (2.12)$$

여기에서 목적함수를 최대로 하는 P_{ij}쌍으로서 구해진다. 엔트로피 모형을 이용하는 경우에는 수렴계산이 필요 없다.

- 기회모형(opportunity model)

이 모형은 확률적인 생각에 근거한 모형이다. 출발구역에서의 발생 교통량 G_i가 도착구역 1~n에 어떻게 분포하는가에 대해서는 목적지를 찾을 확률에 의해 규정된다고 가정하고 있다.

$$T_{ij} = G_i [\exp(-L \cdot V_j - 1) - \exp(-L \cdot V_j)] \qquad (2.13)$$

여기서,　L : 각 구역에 통행이 흡수되는 확률을 표현하는 상수
　　　　　　(조사에 의한 실측 시·종점표와 모형에 의한 추정 시·종점표의 평균 통행거리가 일치하도록 반복 계산하여 구한다.)
　　　　j : 각 출발구역에서 보았을 때의 도착구역 접근성의 순위
　　　　　　(가까운 구역부터 우선적으로 통행을 분포시킴으로써 구역의 상대적 위치관계를 도입하고 있다.)
　　　　V : 목적지까지 갈 때 노선을 택할 수 있는 기회들의 합

4) 교통수단별 교통량 예측

(1) 개 요

각 구역간에 분포된 예측 교통량이 어떤 교통수단을 이용하여 통행할 것인가를 예측하는 과정이 교통수단별 예측단계이다. 교통수단별 교통량 예측단계는 다른 예측단계에 포함될 수도 있고, 독립적으로 시행될 수도 있다.

교통수단별 교통량을 예측하는 단계는 전체 4단계 중에서 놓이는 위치가 달라질 수 있고, 또 다른 예측단계에 포함될 수도 있다.

우선 첫 번째로, 발생 교통량 예측단계에서 교통수단별로 교통량을 예측하는 방법이 있는데, 이 방법을 이용하면 전체 예측과정은 세 단계로 줄어들게 된다. 두 번째로는 발생 교통량을 예측하고 난 뒤 전환곡선(diversion curve)을 이용하여 교통수단별 교통량을 구하는 방법이 있다. 세 번째로, 분포 교통량을 예측

할 때 교통수단별로 분포 교통량을 예측하는 방법이 있다. 마지막으로 여기에서 제시하는 것과 같이, 분포 교통량을 예측하고 예측된 분포 교통량을 교통수단별로 나누는 방법이 있다.

(2) 교통수단별 교통량 예측 모형

교통수단별 교통량 예측(model split)에 이용되는 모형들을 크게 나누면, 집단모형(aggregate model)과 개별형태 모형(disaggregate model)으로 나눌 수 있다. 집단모형이란 개별단위로 조사된 자료를 구역단위로 통합하고, 통합된 자료를 이용하여 교통수단별 교통량을 구한 모형이며, 개별형태 모형이랑 통행이 개인 통행자에 의해 발생된다는 기본적인 사실에 토대를 두고서 한 가구 또는 한 개인을 분석단위로 하여 교통수단별로 교통량을 예측하는 모형이다. 개별형태 모형의 대표적인 예로는 로짓(logit) 함수를 이용하는 모형과 프로빗(probit)함수를 이용하는 모형이 있다.

중부고속도로의 건설시에 이용된 교통 수단별 통행량 예측모형은 집단 모형으로서 모형의 식은 다음과 같다.

① 여객 통행의 교통 수단별 분담률 모형

$$P_{ij}k = \frac{\exp(U_{ij}k)}{\sum_{k=1}^{3}\exp(U_{ij}k)} \quad (2.14)$$

여기서,　k : 교통수단(승용차 : 1, 버스 : 2, 철도 3)
　　　　$P_{ij}k$: 구역 i에서 j까지 통행할 때 교통수단 k를 이용할 확률
　　　　$U_{ij}k$: 구역 i에서 j까지 통행할 때 교통수단 k의 효율함수

㉮ 단거리 통행

$$U_{ij} = 0.0011 \times DUM - 1.979623 \times TIME_{ij} - 0.010401 \times COST{ij}$$

여기서,　$DUM = 1$ (k=1 또는 2일 때)
　　　　　　　$= 0$ (k=3일 때)
　　　　　$R^2 = 0.914304$

② 장거리 통행

$$U_{ij}k = 2.69552 \times DUM - 0.802305 \times TIME - 0.048962 \times COST_{ij}$$

여기서, DUM=1(k=1또는 2일 때)
=0(k=3일 때)
$R^2 = 0.83967$

③ 화물통행의 교통 수단별 분담별 모형

$$P_{ij} = \frac{\exp(U_{ij}k)}{\sum_{k=1}^{2}(U_{ij}k)} \qquad (2.15)$$

여기서, k : 교통수단(1 : 철도, 2 : 트럭)
$P_{ij}k$: 구역 i에서 j까지 통행할 때 교통수단 k를 이용할 확률
$U_{ij}k$: 구역 i에서 j까지 통행할 때 교통수단 k의 효율함수

㉮ 단거리 통행

$U_{ij}k = -55.943501 \times DUM - 0.203405 \times TIME_{ij} - 0.569171 \times COST_{ij}$

여기서, DUM= 1 (k =1일 때)
= 0 (k=2일 때)
$R^2 = 0.98246$

㉯ 장거리 통행

$U_{ij} = -1.312404 \times DUM - 1.169800 \times TIME_{IJ} - 0.756064 \times COST_{ij}$

여기서, DUM= 1(k=1일 때)
=0(k=2일 때)
$R^2 = 0.97543$

5) 노선 대안별 교통량 예측(배분 교통량 예측)

계획구역 내의 각 노선별 배분 교통량을 예측(route choice)하는 방법에는 전량 배분법(all or nothing assignment), 용량제약 배분법(capacity restraint assignment), 다중경로 배분법(multipath assignment), 확률적 노선 배분법(probabilistic assignment) 등이 있으며, 그 밖에 컴퓨터를 이용하여 최적의 해를 구하는 방법이 계속 개발되고 있다.

전량 배분법은 두 구역(zone) 중심점간의 최단경로에 분포 교통량을 전부 배분하는

방법인데 배분된 교통량은 해당 도로구간의 용량에 관계없이 각 도로구간간에 누적, 부하된다. 이 배분법으로 배분할 경우 해당 구간의 용량을 고려하지 않기 때문에 해당 도로구간의 용량보다 많은 교통량이 배분되는 등의 불합리한 경우도 생길 수 있다. 용량 제약 배분은 전량 배분법의 이러한 단점을 보완한 것으로 교통량이 증가할 때 주행속도는 감소한다는 경험적인 사실에 기초하고 있다. 이 배분법은 교통량과 주행속도(즉, 주행시간)와의 관계를 이용하여 시·종점간에 여러 노선의 주행시간, 또는 비용이 균형을 이룰 때까지 배분을 계속 반복 조정하는 방법인데, 대표적인 것으로 BPR모형이 있다. 미국 도로국(BPR)에서 제안한 식에서는 자유 통행시간과 배분 교통량을 사용하여 균형 통행시간을 구하는데, 사용하는 용량제약식은 다음과 같다.

$$T = T_f [1 + 0.15(V/C)^4] \qquad (2.16)$$

여기서, T : 균형 통행시간
            T_f : 자유 통행시간
            V : 해당 노선의 배분 교통량
            C : 용량

다중경로 배분법은 시·종점을 잇는 하나의 최단경로 대신에 복수노선에 교통량을 분할하여 배분하는 방법인데, 주로 전환곡선(diversion curve)을 이용한다. 이 배분은 하나의 최단경로를 고려하는 것보다 운전자의 통행형태를 잘 반영한다고 볼 수 있으나 시·종점간의 최단경로 이외에 제2, 제3의 대안 경로를 능률적으로 결정할 수 있는 알고리즘이 개발되어 있지 않다는 것이 단점이다.

확률적 노선 배분법은 다중경로 배분법의 하나이지만, 최단경로 개념에 의한 노선선택의 최적화 원리를 떠나 확률적 또는 추계적(stochastic) 선택의 원리에 입각한 배분법으로 다이얼(dial) 모형이 대표적인 방법이다.

이 모형은 하나의 시점에서 특정 교차점에 도착하는 모든 통행을 그 교차점으로 합류되는 각 도로구간에 대해 최단경로와의 상대적 관계에 의해 확률적으로 분할해 나가는 방법으로, 통행배분을 위한 계산효율의 우수성은 인정되나 근본적으로 용량제약을 고려하지 않고 있으므로 이를 반영한 연구가 계속되고 있다.

2.2.3 기술 조사

노선선정에 있어서 기술적 또는 사회적으로 커다란 제약조건이 되는 장소가 있는데 일반적으로 기준점(control point)이라고 칭하고 있으며, 기준점에는 통과해야하는 지점과 피해야 하는 지점이 있다.

기준점의 조사는 간단하지만, 노선의 기본을 결정하는 매우 중요한 조사이다. 이러한 지점을 세부적으로 검토하지 않으면 공사착수 후 노선의 변경이 부득이하게 되어 상당한 노력과 시간이 추가로 요하게 된다.

1 자연조건

자연조건에 관한 것으로서 지형, 토질, 기상 등이 있으며, 지형상 필요한 조사로서는 도로의 터널 및 교량의 위치, 구조를 결정하는 산맥, 산괴, 계곡, 주요 하천, 호수 등이 있다. 지질, 토질조사에 관하여는 공사의 시공 또는 건설비를 좌우하는 대규모의 지반붕괴 지역이나 절벽, 연약지반 지대 등을 조사할 필요가 있다. 기상조건에 관하여는 대규모의 적설지역, 낙엽 등의 더미, 안개다발 지대의 조사가 필요하며, 도로계획에 있어서 기초가 되는 강수량, 지하수, 지진 등의 조사도 필요하다.

〈표 2.3〉은 한국도로공사에서 시행하는 실시설계의 토질조사 항목 및 빈도 기준이다.

〈표 2.3〉 실시설계 토질조사 빈도 기준(한국도로공사)

조사위치	조사항목	최소 조사 빈도	심도	비고
가) 성토부 • 일반 구간 • 연약 지반	테스트피트 오거 보링	500m 500m	1~2m 3~5m	
	오거 보링 보링	250m 100m	필요 깊이까지	
나) 절토부	테스트 피트 보링	250m 절토부 개소당 1개소 이상	1~2m 계획고하 1m, 또는 경암 1m	
다) 구조물부 • 교량부 • 터널부	보링	ABUT 및 PIER마다 1개소	경암 1m	교량의 특수성에 따라 심도 및 개소 증가
	보링 탄성파 검사	터널개소당 3개소 및 300m당 1개소 터널전연장	계획고하 2m	
라) 재료원 • 석산 • 하천골재원 • 토취장	보링	2개소 이상	필요 깊이까지	
	보링	필요시		
	보링 테스트 피트	2개소 이상 5개소 이상		

※ 주 : 1. 모든 보링은 NX 규격으로 시행(단, 교량 지역은 BTX 규격 시행)
       2. 조사빈도 및 심도는 현장여건에 따라 변경 가능

2 관련 공공사업

고속도로에 있어서는 인터체인지의 위치가 중요하며 연결도로, 주변지역의 도시 등의 연결위치 등의 조사가 필요하다. 또는 주변의 철도, 도로, 하천 등과의 교차위치 현황이나 개량계획 등의 파악이 필요하다.

도시계획 사업, 농업구조 개선사업, 토지구획정리 사업 등의 각종 사업계획의 시간적·공간적 범위도 조사할 필요가 있다.

3 환경조건

환경조건에 관하여는 사회적인 환경에 관한 것과 자연환경에 관한 것이 있다. 사회 환경에 관한 것으로서 학교, 병원, 양로원, 양호시설, 주택밀집지, 제1주거전용 및 제2주거전용 지역, 공장 등이 있으며, 자연환경 보전지역, 국립공원, 도립공원 등이 있다.

4 문화재 등

문화재로서는 국보, 보물, 문화재 등이 있으며, 기념물로서는 특별사적, 천연기념물 등의 조사를 행할 필요가 있다.

5 공공시설

공항, 대규모 철도역, 항만, 전파발신 및 수신시설, 저수지, 발전소 송전철탑 등이 있으며, 현황뿐만 아니라 개량계획 및 신설 등의 계획에 관하여도 충분한 조사를 해야 할 필요가 있다.

6 기준점의 정리

기준점은 전술한 항목을 누락되지 않도록 충분히 조사하는 것이 중요하며, 최근사항 중 고려하지 않으면 안 될 중요한 것, 대규모의 것을 노선선정에 있어서 제1차 기준점으로 하여 노선의 개략위치를 정하며 그 대처방법으로 비교대안을 선정해야 한다.

제2차 기준점은 제1차 기준점보다는 중요도가 작고 그 외에 규모 등이 작아 노선선정에 있어서 세부검토 또는 선형설계의 단계에 있어서 고려하는 것이며, 지형상, 환경상 등의 세부적인 제약조건이다.

기준점을 어떻게 할 것인가, 예를 들면 그것을 피할 것인가 혹은 부득이 통과할 것인가는 그 기준점의 중요도, 규모, 피할 장소의 비용, 장소의 대책이나 사회적 영향, 전후의 선형, 유지관리상의 문제 등을 종합적으로 판단하여 노선을 결정하게 된다. 그를 위해서는 기준점의 중요도와 규모 등을 정리해야 한다.(〈표 2.4〉 참조).

〈표 2.4〉 기준점의 종류와 내용

조건	순위 항목	1차 기준점	2차 기준점	비고
자연조건	지형	• 산맥, 산괴, 계곡 • 주요하천 교량지점	• 대절토, 대성토, 장대절토법면 • 호수, 늪지, 중소하천	• 장대 터널, 장대 교량의 위치 결정 • 터널 혹은 절취의 결정
	지질,토질	• 대규모의 화산 활동지대, 붕괴지대	• 연약지반지대, 애추지대, 단층의 방향 • 공동발생지역	
	기상	• 대규모 적설지구, 표고 및 노면결빙 예상지구 • 남향 또는 북향	• 낙엽 등의 더미 • 상습 안개지역	• 장대교량 구간은 될 수 있는 한 교각이 낮은 위치에 선택할 것 • 사전 충분한 조사 필요
관련 공공사업		• 인터체인지 위치와 설치 도로와의 관계 • 중요한 주요도로나 철도와의 교차 위치(개량, 신설사업등) • 도시계획 사업	• 인터체인지 부근의 선형,교차개소 • 농업구조 개선사업, 토지구획정리 사업	
환경조건	사회환경	• 학교, 병원, 양로원, 양호시설, 주택 밀집지	• 주거지, 공장, 공업단지 • 농업진흥지역 • 집단분묘지역	
	자연환경	• 자연환경 보전지역 • 국립공원 보전지구 • 도립공원	• 자연환경 보전지역 • 국립공원 특별지역	
문화재	문화재	• 국보, 중요문화재	• 문화재, 사찰	• 문화재 : 유형문화재와 무형문화재
	기념물	• 특별명칭, 특별사적, 특별천연기념물	• 사적, 기념물	
공공시설		• 공항, 대규모철도역, 대규모 항만, 전파수신 시설, 저수지, 대규모 발전소	• 철도,도로,항만,전파 발전소 시설, 송전선	
교통조건		• 인터체인지 설치위치	• 인터체인지 설치 위치 • 휴게시설의 설치 위치	• 본선과 상반된 위치 결정

2.3 노선선정

2.3.1 노선계획의 흐름과 방법

노선계획은 다수의 비교노선으로부터 최종적으로 하나의 계획노선을 선정하는 작업을 말하며, 도로설계의 과정 중 기본적이면서도 가장 중요한 단계이며, 일반적으로는 노선선정이라 한다.

노선계획은 노선연장 등의 계획규모, 또는 계획기관에 따라서 방법이 다르지만 일반적으로는 1/50,000 또는 1/25,000 지형도에 의한 광역적 관점으로의 노선선정을 하며, 1/50,000 지형도에 의해 노선선정을 하는 경우도 많다.

고속도로의 노선계획은 개략계획, 노선선정, 도로설계의 3단계로 분리하여 행해진다. 〈표 2.5〉는 계획단계에 있어서의 작업의 내용 및 목적에 관하여 표시하고 있다.

〈표 2.5〉 노선계획

계획의 구분	지형도의 축적	조사 및 설계 단계	내용
개략 계획	1/50,000 ~ 1/25,000	타당성 조사	• 평지부 : 사회적으로 가능하다고 생각되는 통과위치, 철도, 주요도로 등과의 교차위치, 장대교의 가교위치를 상정하여 비교노선을 포함한 노선을 기입한다. • 산지부 : 등고선을 고려하여 개략의 평면, 종단구배를 상정하여(터널, 교량의 위치를 결정할)비교노선을 포함한 노선을 기입한다.
노선 선정	1/5,000	기본설계	• 평면 : ① 1/25,000에 의한 노선을 참고하고 인터체인지 등 부대시설 위치를 고려하여 선형을 기입한다. ② 개략선형에 대하여 선형의 기본사항을 도시하고 원곡선, 클로소이드 곡선을 사용하여 선형요소를 보완한다. • 종단 : 원지반선을 중심선에 연하여 H=1/5,000, V=1/500에 기입하여 기준점을 결정하여 개략 계획선을 프리핸드로 기입한 후 정규를 이용한 수치적인 보완을 행한다. • 기타 : ① 평면과 종단선형의 조화를 검토하기 위한 문제가 되는 개소에 개략도를 그린다. ② 1/5,000에 의한 노선계획의 결과를 1/25,000도에 표시하여 전체적인 평가선형을 검토한다. ③ 지형에 따라 1/5,000에는 노선계획의 결정이 무리한 경우가 있으므로 주의한다.

계획의 구분	지형도의 축척	조사 및 설계 단계	내용
도로 설계	1/1,200	실시설계	• 평면 : 1/5,000에 의한 기본선형을 기초로 하여 조사, 상세한 기준조건을 고려하여 1/1,200용의 정규를 이용한 도해법에 의한 선형설계를 한다. • 종단 : 원지반선 H=1/1,200, V=1/200에는 중심선을 기입하여 상세한 기준점의 위치, 최소 필요한 높이를 산출하여 1/5,000에 의한 종단선형을 기본으로 평지부에 있어서는 성토를 적게 하고, 공사비를 절감할 수 있는 방향으로 종단선형을 계산한다. • 기타 : ① 지형과의 조화, 평면 종단선형과의 조합을 검토하기 위해 필요시 투시도를 그린다. ② 1/5,000지형도에 의한 노선계획이 불가능한 구간에서는 1/1,200에 의하여 소정의 작업을 행한다.

※ 주 : 1. 이상의 작업을 완료한 후 중심선 좌표계산을 행하여 노선측량을 실시한다.
2. 평면선형에 있어서 충분한 현지조사를 통한 설계를 하려면 다음과 같이 선형을 결정한다. 1/5,000도해법 1/1,000도해법 10m이내 1/1,200좌표계산 5m이내(도해를 정확히 하면 2m 이내로 된다). 형지 중심항목 0.5m~0.2m이내

2.3.2 개략계획

개략계획은 1/50,000~1/25,000의 지형도에 의한 비교노선의 계획과 노선의 계획대를 결정하기 위하여 행해지는 것이다.
앞에서 언급한 바와 같이 노선계획에 필요한 각종 조사를 시작으로 인터체인지 위치, 경유지, 지역이나 지형의 현황 등을 고려함과 동시에 기술적으로 가능하다고 생각되는 노선을 대체적으로 결정한다.

〈표 2.6〉 노선계획 작업의 순서

작업의 목적	작업에 있어서 유의 사항	기타 조사자료 또는 항목
① 설계속도에 대한 기하구조 수준에 부응하는지의 판정 ② 토공공사의 난이성을 고려하여 비교노선을 포함한 노선계획대로 결정	① 본 단계에 있어서는 경험을 축적한 기술자(선형, 지질, 구조물)에 의한 현지 조사가 필요하다. ② 기존 데이터를 될 수 있는 한 많이 수집하여 시공면부터 종합적으로 판단한다.	1/50,000 지질도 교통조사

〈표 2.6〉 노선계획 작업의 순서(계 속)

작업의 목적	작업에 있어서 유의 사항	기타 조사자료 또는 항목
① 평면 기본선형의 결정 (R과 A의 균형) ② 종단 기본선형의 결정 (R과의 균형) ③ 인터체인지의 위치 결정 ④ 비교노선 조사 ⑤ 개략사업의 산정	① 설계기준의 한계치는 최저의 기준이기 때문에 될 수 있는 한 큰 값을 사용한다. ② 하나의 설계속도를 이용하는 구간을 작게 하지 말 것. 20km 이상으로 한다. ③ 연약지반은 짧게 건넌다. ④ 토공계획을 고려한다. ⑤ 사회적 제약에 평면선형을 선행하고 종단선형을 후에 하면 균형이 나쁜 선형이 될 가능성이 있다.	①현황조사 ②토질조사(연약지반) ③지질조사(터널, 절토) ④매장문화재 조사 ⑤도시계획, 지역계획 ⑥농업개선계획 ⑦주요도로 개량계획 ⑧하천개수계획
① 중심선의 결정 ② 실시계획의 작성 (전체사업비의 산정)	① 상세하게 된 지형적 기준에 대응하여 장대법면, 터널, 장대교의 가교위치 등 국부적인 비교노선을 검토한다. ② 인터체인지 위치를 고려하여 본선 선형을 정한다. ③ 토공량의 균형을 검토	①위항의 상세조사 ②수리조사

각종의 기준점을 미리 지형도에 착색·기입하여 인터체인지 위치를 고려하고 평지부에 있어서는 학교, 병원, 주택지, 공장 등을 될 수 있는 한 빠지지 않도록 해야 하며, 철도, 주요 도로, 하천과의 교차위치 및 교차 등을 고려하여 가능한 비교노선을 선정한다. 또한 산지부에 있어서는 지형도의 등고선을 미리 색을 달리하여 높이가 잘 식별되도록 해 두며, 개략적으로 종단경사를 설정하여 터널의 위치 및 길이를 고려하고 산맥의 통과방법, 계곡의 통과위치 등을 고려하여 몇 개의 비교노선을 선정한다.

이 단계에는 선정된 설계속도에 대하여 규정된 평면선형, 종단경사를 얻을 수 있는지의 여부를 검토하고, 종단경사에 있어서도 등고선으로부터 개략의 종단계획을 행하여 평면선형과 조합하여 적절한 선형조화 여부를 검토한다. 그 결과 당초에 계획한 도로등급을 택하기 어려우면, 근본적으로 비교선을 재검토할 것인지, 도로등급을 재검토할 것인지의 여부를 검토해야 한다. 또한 비교노선의 종단계획과 연장, 장대 교량구조의 형식, 토공의 균형 등도 판명한다. 이러한 검토에 따라서 노선연장 및 주요 구조물이 분명하게 되면 기준자료 등으로부터 개략의 건설비를 산정한다.

2.3.3 노선선정

노선선정은 개량계획에 따라 선정된 비교노선을 1/5,000지형도를 이용하여 노선을 결정하는 작업을 말한다. 이 경우 지형도는 기존의 도시계획도 등을 사용하는 경우도 있지만 일반적으로는 도로계획의 목적인 항공사진 측량결과를 도면화하여 사용한다. 도면화하는 범위는 도로중심선의 우측 약 1,500~2,000m 정도로 하지만, 필요에 따라서는 더 넓게 해야 할 경우도 있다.

지형도가 준비될 수 있으면 선정된 노선계획대에 연하여 기준점의 조사가 실시된다. 조사된 기준점에 있어서는 지형도에 빠지지 않게 기입하여 산지부나 등고선의 높이가 잘 식별되도록 색깔을 달리 기입한다(20m 정도가 식별하기가 쉽다)

넓은 노선에 연하여 원, 클로소이드(clothoid) 및 직선의 자를 사용하여 평면선형을 도상에서 결정한다. 개략의 종단도(횡 1/5,000, 종 1/500)에 등고선을 활용하고 지반고를 넣으며, 도로, 철도, 하천 등의 기준점의 높이, 평면선형과의 조화, 절성토고 등의 토량 균형 등을 고려하여 종단선형을 계획하고 계획고를 넣는다.

종단선형의 검토로 문제가 있는 경우는 평면선형의 수정을 행하며 다시 한번 종단선형의 검토를 행하는 등 시행착오를 반복하여 최종노선을 결정한다. 그 단계에는 인터체인지, 휴게소(service area)에 있어서도 대규모의 면적을 필요로 하며, 장소도 한계가 있기 때문에 그것들의 적절한 위치 및 본선의 선형 등도 배려하여 노선선정을 행할 필요가 있다.

다음은 작업을 행함에 있어서 중요한 항목에 관하여 기술한다.

1 평면선형의 기본적 사항

평면선형에는 직선, 원곡선, 완화곡선(클로소이드 곡선)의 3종류가 이용되고 있으며, 이들을 조합하여 노선이 계획된다. 평면선형의 주된 조합은 다음과 같다.

1) 기본형

직선, 원곡선 및 클로소이드 곡선이 조합되어 있으며, 제일 기본적인 형으로는 원곡선의 좌우측에 같은 파라미터의 클로소이드 곡선을 설치하는 경우를 대칭형, 다른 파라미터의 클로소이드 곡선을 설치하는 경우를 비대칭형이라 한다. 또한, 기본형 중 원곡선의 길이가 '0'인 것을 특별히 凸형 클로소이드라 칭한다.

이 경우 클로소이드 곡선의 파라미터 A의 원곡선 R에 대하여 일반적으로 R이 1,500m 이하에는 $\frac{1}{3}$R 이상을 적용하는 것이 바람직하며, R이 1,500m 이상에는 $\frac{1}{5}$R 이상의 범위로 적용하면 시각적 및 경험적으로 바람직하다. 또한 파라미터 A를 곡선반경에 비례하여 크게 하여도 완화곡선장이 쓸데없이 크게 되어 그 효용도가 떨어지므로 파라미터의 크기는 1,000m 정도로 한정하는 것이 좋다.

기본형 중 도로교각이 작은 경우, 원곡선의 길이가 꽤 짧아지면 핸들조작에 필요한 시간이 짧아져 승차감 또는 안정상에 문제가 있으며, 시각적으로 볼 때도 실제의 곡선반경이나 곡선장이 실제보다 작게 보여 도로가 구부러져 있는 것처럼 보이므로 최소의 곡선장이 정해져 있다.
(그림 2.3(a))는 기본형을, (그림 2.3(b))는 凸형을 표시한다.

2) S형

2개의 반대방향으로 굴곡하는 원곡선을 클로소이드 곡선으로 접속한 것인데, 그 모양상 S형이라 칭한다. 실제의 평면곡선 중에 가장 사용 예가 많은 형이다. 그 형은 기본형을 곡률이 0인 점(클로소이드 곡선의 시점)의 반대방향에 접속한 것이다. 배향하여 접속한 클로소이드의 파라미터 A_1, A_2 와는 같은 크기의 파라미터에 의해 연결하는 것이 주행상, 선형의 조화나 노면의 편경사의 설치를 같게 하는 측면에서 바람직하다. 그러나 양방의 원곡선의 크기가 다를 경우 등의 이유에 의해 2개의 파라미터를 같게 할 수 없을 때는 작은 쪽의 파라미터에 대하여 큰 쪽의 파라미터를 2배 이하로 함이 바람직하다. (그림 2.3(c))에 S형을 표시한다.

3) 난형

2개의 동방향으로 굴곡 하는 큰 원곡선과 작은 원곡선과의 사이를 클로소이드 곡선으로 연결한 것인데, 그 형이 계란과 비슷하기 때문에 "난형"이라 부르고 있다. 그 경우에 하나의 클로소이드 곡선에 의해 난형을 만들기 위해서는 작은 원이 큰 원곡선의 내부에 완전히 포함되어져야 할 필요가 있다. 난형에 있어서 클로소이드 곡선은 그 시점(곡률 0)부터 이용되며, 곡률 $1/R_1 \sim 1/R_2$까지의 부분이 이용되는 경우도 있다. (그림 2.3(d))에 난형의 기본에 관하여 표시한다.
2개의 원을 연장하여 보면, 그것들이 상호 교차하는 경우, 접속되는 경우, 또는 이격되는 경우에는 양 원을 1개의 클로소이드 곡선으로 연결할 수 없다.
그 경우는 (그림 2.3(e))에 표시한 바와 같이, 2개의 원 사이로 적당한 보조원과 2개의 클로소이드 곡선에 의한 2중의 난형으로 접속하지 않으면 안된다.
난형의 경우에 있어서 클로소이드 곡선의 파라미터 A의 크기는 큰 원인 곡선반경의 크기에 관계없이 다음의 관계가 바람직하다.

$$A = R_1/2 - R_2, \quad R_2 = A - 2A$$

여기서, R_2 : 작은 원의 반경

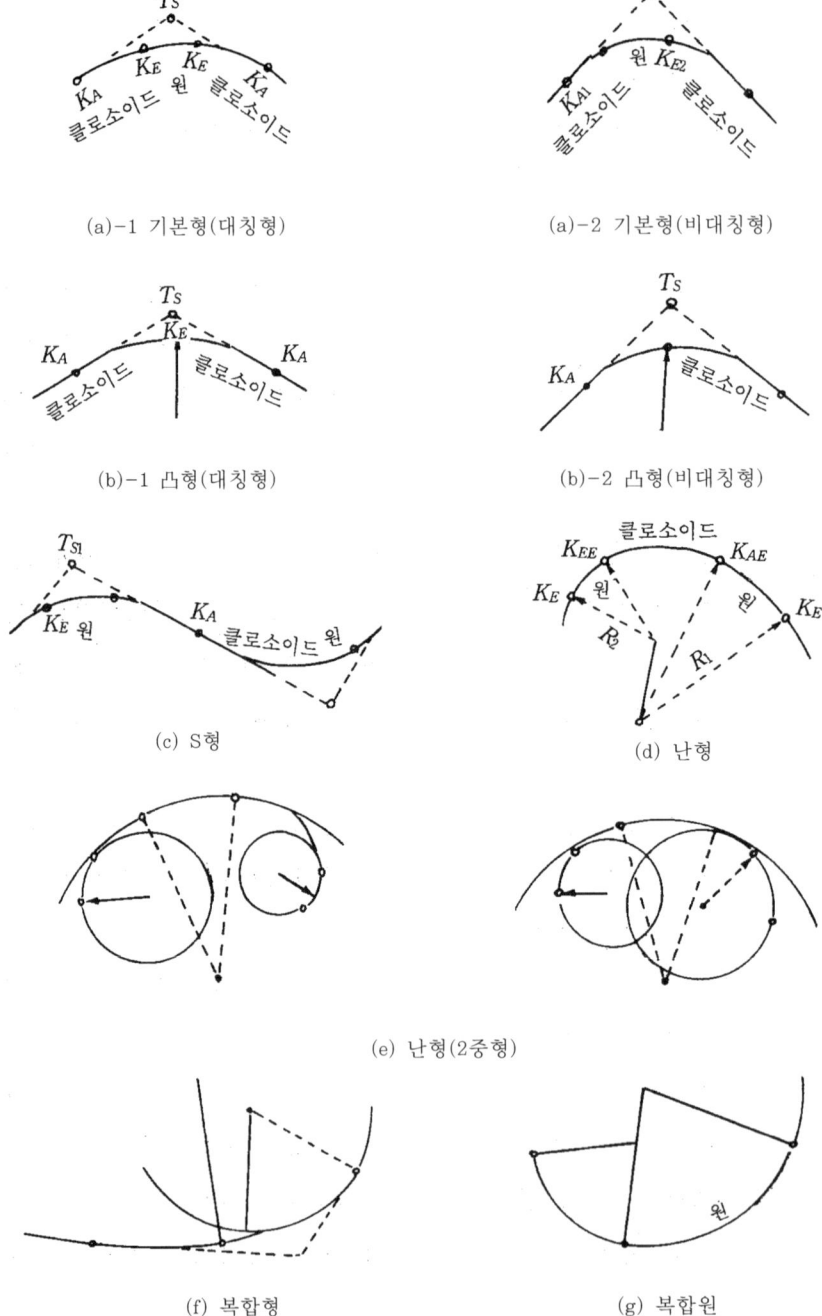

(그림 2.3) 평면선형의 조합

난형은 S형보다 쓰이는 경우는 적지만, 기준점을 피하기 위하여 이용되는 경우가 있으므로, 동방향으로 굴곡하는 2개의 원곡선 간을 직선으로 연결하기보다는 선형의 연속성을 확보하기 위하여 난형을 채용하는 경우가 비교적 많다. 그 경우 선형의 균형이 나쁘게 되기 쉽기 때문에 우선 기술한 원곡선과 클로소이드 곡선의 균형을 꾀할 필요가 있다.

4) 복합형

동방향의 2개 또는 클로소이드의 접속점 곡선을 곡률이 같은 점으로 접속하는 것을 복합형이라 한다. 클로소이드의 접속점 K_{AE1}은 곡률반경과 접선을 공유한다.

그 곡선은 지형, 지물의 제약이 있는 경우 또는 큰 원과 작은 원의 반경이 크게 다른 경우 등 하나의 클로소이드 곡선으로 연결하는 것이 바람직하지 않을 경우 등에 사용된다. 또한 인터체인지의 연결로 접속부 등 속도가 급변하는 부분에 이용되는 경우도 있지만, 일반적으로 사용되지 않는다. (그림 2.3(f))에 복합형에 관하여 표시하였다.

5) 복합원

동방향으로 굴곡하는 곡선반경을 다른 원곡선에 직접 접속한 형을 복합원이라 한다. 그 경우 시행의 안전성과 시각적인 면에서 접속한 2개의 원곡선 반경에는 제약이 있다. 일반적으로는 큰 원과 작은 원의 차가 작으면 클로소이드 곡선을 생략할 수 있다. 경우에 따라 사용되는 예도 있으며, 작은 원과 큰 원의 차이가 클 경우 1 : 15 이상의 난형으로 계획하는 것이 좋다 (그림 2.3(g))에 복합원에 관하여 표시한다.

2 평면선형 설계의 흐름

평면선형의 설계의 방법에는 다음의 수순을 거쳐 행한다.
1. 개략계획(1/50,000)에서 검토된 계획선을 참고하여 개략의 도로계획 높이를 정하고, 도로폭원, 법면높이 등을 고려하여 기준점을 통과하는 지점을 택하여, 중심선의 점을 플롯한다.
2. 기준점을 피하여 통과하는 지점을 플롯한 것을 개략의 선형으로 생각하여 프리핸드로 노선을 넣는다.
3. 프리핸드의 선형에 가깝다고 생각되는 정규를 선택하여 프리핸드의 노선에 해당하는 원곡선 반경(R)을 결정한다. 그 때 곡선반경이 기준치 이상이 되는지 검토를 병행한다.

4. 원곡선의 반경(R)에 대응하는 클로소이드 곡선의 파라미터(A)를 결정한다.
5. 클로소이드 곡선의 파라미터는, 원곡선에 대하여 일반적으로 R이 1,500m 이하에서는 A를 $\frac{1}{2}$(R) 이상으로 하는 것이 바람직하다. 또한 R이 1,500m 이상에서는 A를 $\frac{1}{3}$R 이상으로 하는 것이 바람직하다.
6. R과 A를 결정하여 원곡선의 위치를 일괄 고정하여 원곡선을 그리고, 각각의 R에 대응한 A의 크기에 의해 클로소이드 원호를 그린다.
7. R_2의 커브 정규를 이용해 이정폭 만큼 이격된 원호에 접하도록 원곡선을 그려 $R_1 - R_2, R_2 - R_3$간을 각각 결정한 클로소이드 곡선의 파라미터(A)의 클로소이드 정규를 사용하여 붙인다.
8. 그 결과 평면선형이 기준점 등을 피할 수 없는 경우, 절성토 높이가 높아지는 경우, 그 외에 선형요소의 균형이 바람직하지 못할 경우(예를 들면, 클로소이드 곡선의 길이에 대한 원곡선이 짧아지는 경우등)는 R,A를 변경하고 같은 작업을 반복하여 평면선형을 결정한다.
9. 기준점을 이격시키면 그 선형이 원활하게 되는 경우, 그렇지 않으면 기준점이 노선폭의 가운데로 수습되지 않는 경우에는 미리 클로소이드 정규와 원정규로 지형도 상에 있어서 R과 A의 조화를 찾아내도록 이격시키면서 작업을 행하면 R과 A의 조화 및 그 위치의 결정이 쉬워진다.
10. 평면선형의 작도는 한쪽으로 편중되어 결정되어지는 방법도 있지만, 일반적으로는 기준점에 가까운 원곡선과 다음의 원곡선을 결정(⑥에 의함)하며, 다음으로 그 중간에 원곡선을 넣는 쪽이 선형의 불균형이 작게 되어 원활한 선형이 된다.
11. 클로소이드 곡선과 원곡선의 A,R은 될 수 있는 한 정수가 되도록 간단하게 하지만 기준점 등의 관계로 부득이하게 정수가 될 수 없을때는 원곡선을 정수로 하는 쪽이 계산상 편리하다.

3 종단선형의 기본적 사항

종단선형은 직선의 경사구간과 종단곡선구간으로 구성된다. 종단곡선은 일반적으로 2차 포물선이 사용된다.

종단곡선을 설정하는 경우에, 설계속도에 상응하는 최소 종단곡선 반경 및 최소종단 곡선장은 시거, 시각상 및 주행상의 물리적 조건으로부터 규정되기 때문에, 규정값 이상이 되도록 하는 것이 필요하다. 또한 매끄럽고 쾌적한 선형을 확보하기 위해서는 종단곡선 반경의 표준최소보다 2배 정도 이상의 값을 확보하도록 노력하는 것이 바람직하다.

그 종단곡선 반경과 전후의 종단경사의 대수차 $|i_1 - i_2|$로부터 종단 곡선장 L이 결정되

지만 설계의 경우에 종단곡선장은 라운드의 수치(본선 설계의 경우는 약 100m 단위 정도)로 하는 것이 작업상 편리하기 때문에 종단곡선반경을 만족하는 라운드 수치가 되도록 종단곡선장을 결정한다.

종단곡선장으로부터 종단곡선 반경을 계산한 끝수는 상위 2배에서 끝내어도 작도상 혹은 실용상 지장이 없다.

4 종단선형 설계

종단선형의 설계의 흐름은 다음과 같이 행한다.

1. 종단설계에 쓰이는 도면의 종거 축적은 횡거(평면도 상의 축적과 같음)가 1/5,000 이하에서 종거는 그의 10배(1/10,000이면 1/1,000), 1/2,500 이상에는 그의 5배로 되도록 하는 것이 일반적인데, 1/5,000 평면도에 의해 평면설계한 도로 중심선에 따라서 횡 1/5,000, 종 1/500 축적의 종단도(일반적으로 측점은 100m 정도)에 원지반고를 지형도로부터 읽어 기입한다. 그 때 종단계획에 필요한 철도, 도로, 하천 등의 높이도, 지형도 혹은 실측도 등으로부터 종단도상에 명기해 두면 작업이 쉽다.

2. 종단선형 설계는 평면선형과의 관련을 항상 고려하면서 행하지 않으면 안되기 때문에 종단도의 하단에는 평면선형의 선형도(평면선형을 R과 A의 크기대로 표시한 그림)를 미리 기입해 둔다.

3. 원지반고를 기입한 종단도에 기준 및 평면선형과의 조화 등 기본적 상황을 고려하여 개략의 계획선을 프리핸드로 기입한 후 직선, 원곡선 정규를 이용하여 경사, 종단곡선의 값을 결정한다.

4. 종단경사의 값을 될 수 있는 한 정수로 하는 것이 계산상 편리하기 때문에 그 시점으로부터 순차, 적당한 측점의 높이를 정수의 경사가 되도록 계산하면서 결정한다. 또한 도면으로부터 결정한 것이기 때문에 종단도는 방안지를 사용하면 작업이 편리하다.

5. 종단곡선을 작도하는 경우에는 원곡선 정규를 이용하지만, 종단곡선 반경과 원곡선 정규의 반경의 관계는 다음의 식으로 표시된다.

$$r = \frac{R}{\frac{1}{v} / \frac{1}{h}} \cdot \frac{n}{h} = \frac{vn}{h^2} R \tag{2.17}$$

여기서,　r : 원곡선 정규에 기입한 반경(m)
　　　　 R : 종단곡선반경(m)
　　　　 1/v : 종단도의 종거의 축적

1/h : 종단도의 횡거의 축적
n : 원곡선 규정의 축적

예를 들면 횡거 1/2,500, 종거 1/500의 종단선형 설계의 경우에 1/100의 원곡선 정규를 사용하면 종단곡선 반경 R=10,000m가 되고, 원곡선 정규 r=80m를 사용하면 좋다.

6. 종단곡선과 평면선형의 조화를 꾀하기 위해서는 평면곡선 반경의 크기에 대응하여 종단곡선 반경도 크게 할 필요가 있다. 경험적인 수치로서 아래의 수치 이상이 바람직하다.

평면곡선 반경 × 10배 이상 ················· 凸형 종단곡선 반경
평면곡선 반경 × 6배 이상 ················· 凹형 종단곡선 반경

단, 凸형 종단곡선 반경에는 반경이 50,000m이상, 凹형 종단곡선 반경이 30,000m 이상이 되는 경우는 상기에 따르지 않아도 좋다.

7. 종단선형을 결정하는데 있어서 평면선형과의 균형이 잡혀 있는가를 고려해야하며 좋은 선형을 확보하기 위한 노력이 요구된다. 경제적으로 많은 액수의 공사비를 요하는 교량, 터널, 연약지반상의 성토, 높은 절성토(切盛土) 및 토공량의 균형 등에 대하여 경제성, 시공상의 문제가 없도록 도로구조를 검토한다. 문제가 있는 경우는 국부적으로 평면선형, 종단선형의 검토 또는 수정을 하며, 이 단계에서 평면 및 종단선형을 결정한다.

5 선형설계에 있어서의 유의사항

도로선형의 설계(주로 1/5,000 지형도)에서 결정되는 도로의 기본선형은 1/1,200 지형도가 선형설계의 기본이 되는 것을 염두에 두고, 신중하게 검토를 해야 한다.
이 단계에서 결정된 선형은 1/1,200 지형도의 단계에서 미수정 정도로 그치는 경우가 많다. 따라서 선형설계의 최소규격에 구애받지 않고 지형, 지물, 설계 조건 등에 대응하여 여유 있는 선형설계 값을 선택하는 것이 필요하다.
선형의 설계에 있어서 유의해야 할 사항은 다음과 같다.

1. 선형은 먼저 지형에 적합한 것이 아니면 안 된다. 특히 산지부에 있어서 지형에 부적합한 선형은 비경제적이며 운전자에게 부자연스런 느낌을 주게 된다.
2. 평면선형은 연속적으로 균형을 이루도록 하며, 급속한 변화는 피해야 한다. 긴 직선 혹은 매우 큰 원곡선의 앞에 접속하는 작은 원곡선은 선형의 조화와 사고방지 등을 고려하여 표준치 이상의 선형을 이용하는 것이 필요하다. 부득이 최소치에 가까운 선형을 이용하는 경우는 될 수 있는 한 임의의 구간에 집중시켜 이용하도록 고려해

야하며, 산발적으로 최소치의 선형이 사용되는 것은 피해야 한다. 또 최소치 등을 사용하지 않으면 안 되는 경우에는 그 전후에 중간 크기의 선형을 배치함으로써 급격한 변화를 피하도록 해야 한다.

3. 특례치를 사용하는 경우에는 그 시점이 운전자에게 쉽게 인지될 수 있는 경우(예를 들어 성토구조로 전방 시거가 매우 큰 경우등)에 한하여 이용해야 한다.
4. 평면선형과 종단선형의 조합은 항상 평면선형이 완전히 종단곡선과 겹쳐지는 것이 바람직하다. 이렇게 하면 종단곡선의 凸의 정부(crest), 凹의 저부(sag)는 평면곡선의 안에 들어 있으며 횡단경사가 첨부되어 있으므로 노면 배수상의 문제도 없고 운전자에 있어서도 시각적으로 매끈한 선형이 된다.
5. 평면선형의 S커브의 변곡점(K_A) 부근에 종단곡선의 정보(crest)가 일치하면 종단경사, 편경사가 0% 가까이 되기 때문에 노면배수 기능을 잃어 강한 비가 오면 박층의 수면의 생겨 고속주행의 자동차에 있어서 하이드로프레인 현상을 초래하게 되어 사고를 일으키기 쉬운 위험한 곳이 되므로 이러한 선형의 조합은 피해야 하며, 부득이하게 이러한 선형을 채택하는 경우에 횡단설계에 있어서 적절한 편경사를 설치하는 것이 가능한지 여부의 검토가 필요한다.
6. 평면선형의 S커브의 변곡점(K_A) 부근에 종단곡선의 저부(sag)가 일치되면 바람직하지 않다. 전술한 것과 마찬가지로 종단곡선의 정부(crest)에 비하여 더 한층 노면에 물이 고이기 쉬우므로 특히 주의를 해야 한다.
7. 같은 방향으로 굴곡하는 원곡선의 사이에 짧은 직선구간(약 1,000m이하)은 시각적으로 바람직하지 않으므로, 양단의 원곡선을 포함하는 큰 원곡선에 옮겨 놓으면 동방향에 굴곡하는 매끄러운 선형이 된다. 이것은 평면 및 종단선형에 적용된다. 터널 등의 구조에서 시각적으로 문제가 없는 경우에는 허용된다.
8. 긴 직선의 평면선형(약 2km 이상)은 단조롭게 되기 쉬우므로 기준점 등의 관계로 허용되는 경우는 큰 곡선을 사용하는 것이 바람직하다.
9. 종단경사는 주행상 완만할수록 바람직하지만 노면의 배수기능을 확보하기 위해 0.3~0.5% 이상 확보하는 것이 좋으며, 우리나라와 같이 강우 강도가 비교적 큰 나라에서는 0.5% 이상이 바람직하다.
10. 국내에서는 그 예가 없으나 근래 평범한 지형으로 기준점이 거의 없을 경우에는 수 km 이상에 걸쳐 평면선형상의 직선구간이 설치되는 경우가 있다. 이와 같은 경우 배수 확보를 위해 0.3~0.5%의 종단경사를 잡으며, 종단선형상에 있는 구간장 마다 꺾인 선으로 하지 않으면 성토높이가 높아진다. 이러한 경우의 종단경사 구간장은 대개 1km이상으로 하는 것이 바람직하다.
11. 과거의 사고율 등의 데이터로부터 보면 평면곡선 반경이 R=500m 이하가 되면 사고

율이 급격하게 증가하는 경향이 있으며, 또 종단경사가 하향 3% 이상이 되면 급격하게 증가하는 경향이 있으므로 이러한 수치보다 불리한 선형을 사용하는 경우는 신중하게 검토해야 한다. 즉, 평면선형 및 종단선형이 위의 수치 이하의 조합이 되도록 해야 한다.
12. 산지부 등에 표고차가 있는 것과 같은 지형의 경우는 최고점을 낮추고 최저점을 높이도록 노력해야 한다. 이렇게 함으로써 종단경사를 완만하게 하는 것이 가능하며, 동시에 종단설계에 여유가 생겨 지형에 익숙한 모양이 되어 경제적으로도 바람직한 계획이 된다. 최고점은 이러한 경우 짧은 터널로서 계획고를 낮추는 편이 토공량도 작아져 경제적으로 되는 경우가 있다.
13. 1/5,000 지형도에서 선정한 노선을 1/25,000~1/50,000 지형도에 기입하여 노선의 타당성에 관하여 검토하는 것이 필요하다.

6 도로구조와 선형설계

노선선정 단계에 있어서는 기본선형의 결정이 목적이나 적절한 도로구조를 선정하는 것도 도로의 좋고 나쁜 점을 결정하는 중요한 검토사항이다. 도로구조와 선형설계의 유의사항에 대하여 서술한다.

1) 터널구조의 선정

노선선정에 있어서 터널구조의 선정은 산지부에 있어서 자주 발생하는 문제이다. 도로에 있어서 터널은 건설비 및 유지관리비가 다른 구조에 비하여 매우 커지게 되는 것으로 교통 운용상의 문제가 있다. 터널은 일반 토공부와 비교하여 건설비가 4~5배로 되며, 유지관리비는 조명, 환기설비 등의 전력비가 많아지기 때문에 4~9배에 달한다. 터널은 비용이 많이 들기 때문에 그 폭원은 토공부에 비하여 좁으며, 전체가 열악한 구조로 되어 있으므로 쾌적한 운전이 불가능하게 될 뿐 아니라, 교통상의 병목구간이 되기 쉽다. 또 사고와 화재 등이 발생하면 대형사고가 되기 쉽다. 따라서 터널은 도로에 있어서 될 수 있는 한 피하는 것이 바람직하지만 터널을 피하는 것보다 그 이상으로 이점이 있는 경우에는 터널을 적극적으로 사용하는 것도 필요하다. 노선계획에 있어서 터널구조로 할 것인가, 혹은 피할 것인가의 검토가 필요해지는 것은 일반적으로 다음의 두 가지의 경우가 많다.

(1) 평면적으로 산을 우회하여 터널을 피하는 경우 : 노선연장은 길어지지만 산을 우회하여 토공으로 처리함으로써 건설비가 적게 들고 종단경사도 완만하게 되는 경우가 있다. 그 반면 노선연장이 길어짐으로써 장대 절성토 및 교통 등이 발생

되어 그만큼 비경제적이 되는 경우도 있다. 산을 우회하는 경우에는 평면곡선이 작아지므로 교통안전상의 배려가 필요하다. 이러한 점 때문에 터널로 할 경우 건설비, 유지관리비가 약간 높아져도 노선연장이 짧아지면 편익상은 유리하게 되는 장점이 있다. 이와 같은 장단점을 종합적으로 판단하여 터널이 채용되는 경우가 있다.

(2) 종단을 높게 하여 터널을 피할 경우 : 평면적으로는 대략 동일한 장소에 있어서 종단을 높여 고개 등을 대절토로 터널을 피하는 방법이 있다. 이 경우는
① 종단경사가 급해진다.
② 대절토가 된다.
③ 성토가 되지 않은 채 교량이 되거나 경우에 따라서는 고교각이 된다.
④ 토공량의 불균형으로 인하여 사토량이 많아지는 등 결점이 생기게 되는 경우가 있다.

이러한 경우 종단을 낮춰 터널을 넣으면 전술한 결점이 해소되는 이점이 생기는 경우가 있다. 터널은 많은 결점을 갖고 있으나, 그것을 피한 경우의 불이익을 상쇄시키는 경우가 많으므로 잘 검토해야 한다.

2) 터널의 위치 선정

터널을 계획하는 경우는 토질, 지질조사 등의 데이터에 의해 지질이 양호한 장소를 선택하고 경제적이며 시공상 문제가 되지 않도록 해야 한다. 또한, 터널 안 및 그 전후에 바람직한 선형이 잡힐 수 있도록 노력해야 한다. 터널갱구는 되도록 등고선과 직교하는 위치가 바람직하며, 등고선에 대하여 비스듬하게 교차하거나 평행에 가까운 모양으로 갱구를 선정하면 편압이 생기는 등 시공상 어려움이 많고, 공사비도 증대되는 경우가 있다. 또 터널연장을 짧게 하기 위하여 골짜기를 따라 중단에 갱구를 설치하는 경우가 있으나 지형상 약점이 되는 경우가 많으므로 충분히 조사하는 등 주의가 필요하다.

3) 터널의 선형

터널은 앞에서도 서술했듯이 ① 폭원이 좁고 주위가 단조로운 점, ② 터널 밖과 안의 밝기의 차이가 큰 점, ③ 차의 배기에 의해 시계가 나빠지는 점 등 교통조건으로서는 그다지 좋지 않다. 따라서, 평면 및 종단선형과 함께 될 수 있는 한 크게 하는 것이 바람직하다.

평면선형에 대해서는 원칙적으로 직선으로 해야 하며, 터널갱구 부근에 어쩔 수 없이 곡선을 넣은 경우에서도 700m 이상, 될 수 있으면 1,000m 이상의 반경을 사용하도록 노력해야 한다.

터널의 종단선형은 터널의 경사, 터널연장, 전후의 종단선형 등을 고려하고 터널 전후의 조명 부분의 건설비도 포함하며 교통안전성을 배려, 환기설비와 비용 및 전기료 등을 고려한 종합적 결정이 필요하다. 터널안의 종단경사는 시공상, 용수의 자연유하가 가능하도록 0.5% 이상을 확보할 필요가 있다.

터널의 급경사는 시공시에 있어서는 재료운반 등의 효율을 저하시키며, 공용 후의 교통용량이나 자동차의 속도차 등에 의한 사고가 증대 될 위험이 생겨난다. 또 급경사가 되면, 자동차의 배기가스에 의한 매연농도가 급격히 증가한다. 소요 환기량은 상향경사 3%에서는 평탄부에 비해 약 2개에 달한다. 따라서 터널연장이 긴 경우는 상향경사 3%, 될 수 있으면 2% 이하로 해야 한다. 종단경사를 완만하게 하는 것에 의해 터널연장이 약간 늘어나도 환기상 경제적으로 되는 경우가 있다.

하향경사는 환기의 면에서 유리하지만 시공상 및 교통안전상으로부터 역시 3% 이하로 하는 것이 바람직하다. 장대터널의 경우 고속도로에서처럼 상하차로가 분리되어 있는 경우는 양방향 모두 하향경사가 되도록 평면 및 종단선형을 계획하는 것도 고려해야 한다.

터널은 지형상 상향경사의 정상부근에 설치되는 경우가 많으나, 교통용량 저하를 피하기 위해 터널 진입 전에 주행속도가 회복될 수 있도록 완만한 경사구간을 설치하여 오르막 차로구간이 터널내에 들어가지 않도록 유의해야 한다.

터널은 2차로 정도의 단면굴착이 일반적이다. 고속도로 등과 같이 4차로의 경우는 2개의 터널이 설치되는 것이 되므로 터널 상호간의 영향을 피하기 위해 평면적으로 어느 정도의 이격거리를 확보해야 한다.

이격거리는 중심간격에서 터널 굴착 폭의 2배, 점토 등의 연약한 지질에서는 5배 정도를 목표로 하지만, 특수한 사정이 없는 한 표준적인 중심 간격은 30m로 하고 있다. 그러나 일률적으로 30m의 중심 간격을 확보하면 전후의 토공구간 등에 있어서 장대법면이나 교량이 발생하는 경우가 생기며, 이것을 피하기 위해 터널갱구를 근접시키는 것이 유리한 경우가 있으므로 충분한 지질조사를 행하여 전문가의 의견을 들어야 한다.

4) 교량구조의 산정

교량구조는 터널과 같이 주행상의 결점은 없으나 경제적인 관점에서 볼 때 피해야 한다. 노선선정에 있어서 교량구조의 선정이 문제가 되는 것은 지형적으로 골짜기

부근(큰 하천이 없는) 등의 횡단에 있어서 높은 고성토로 가능한 경우는 전후의 절토량이 증가하여도 경제적으로 될 경우가 많다. 그러나 이 경우, 전후의 절토법면의 증대나 고성토에 있어서의 횡단구조물(암거 등)의 연장이 길어져서 방재상의 이유로 단면도 크게 되므로 성토의 토압에 의해 예상 밖의 공사비가 들 수 있다. 따라서 잘 검토하여 교량이나 토공을 선정해야 한다.

5) 교량과 선형

교량 구조물은 터널과 달리 주행상의 영향은 하로교를 제외하고는 거의 없으나 선형은 설계·시공상의 난이도 및 공사비에 다소 영향을 준다. 폭이 넓은 하천이나 깊은 골짜기 등을 건너는 경우는 경간이 장대하게 되며, 동시에 고교각이 되므로 노선위치에 의해 공사비가 크게 달라진다. 일반적으로는 최단거리에서 건너는 경우가 바람직하며, 이러한 교차는 직각으로 해야 하지만 교대, 교각의 위치 등을 선정하여 약간 이동하는 것이 전체적으로 바람직한 경우가 있으므로 고려해야 한다.

경제성 및 시공성을 고려할 때 직선교가 되어야 하는 것이 바람직하다. 경사진 다리는 각도가 클수록 교량 연장 및 경간장이 길게 될 뿐 아니라 구조가 복잡하게 되어 공사비도 증가한다. 그러나 경사가 있는 사교를 무리하게 피하려 하면 곡선교, 특히 S자형의 교량이 될 경우가 많다. 반향곡선의 교량은 노면의 편경사의 비틀림 등이 생성되며, 구조적으로 더 한층 복잡하게 될 경우가 있다. 사교는 형식 및 각도에 의하지만, 일반적으로 직교에 대하여 10~25%나 공사비가 증가하며, S자교는 10% 정도 공사비가 증가한다고 보여 진다. 이러한 점 때문에 산지부에서 교장이 300m 이상, 평지부에서 500m 이상인 경우는 교량부분을 최대한 직선으로 하며, 전후의 선형의 연속성 및 교량 전후 설치부의 토지 이용 및 기준점 등을 종합적으로 검토해야 한다.

이와 같이 기본적으로 선형의 문제 뿐 아니라 급한 산지부 등에서는 야간의 중심선 이동 등에 의해 교량 연장이 짧아지거나 교량의 구조형식이 단순하게 될 경우가 있기 때문에 선형설계와 교량계획은 병행하며 나아가 전문가의 의견도 듣고, 경우에 따라서는 1/1,200지형도에 의한 상세한 검토를 통해 최종적인 선형을 확보해야 한다. 또한 급한 산지부에서는 장대법면 등의 토공계획도 마찬가지로 검토되어야 할 문제이다.

6) 도로 부속시설에서의 선형

인터체인지, 휴게소 등 도로의 부속시설이 예정되는 경우의 전후선형은 되도록 완만하게 하는 것이 필요하다. 곡선반경이 작은 경우는 시거 등이 나빠질 뿐 아니라, 곡선부의 외측에 유출입 램프를 설치하는 경우는 결국 큰 편경사가 형성되어 횡단경사차가 발생하여 주행상 위험하다. 따라서 본선의 편경사가 3% 이하가 되도록 평면선형을 잡도록 하고 있다.

또 종단경사에 대하여 유출입차의 가감속을 고려하여 되도록 완만하게 하는 편이 좋으며 2% 이하로 하는 것이 바람직하다. 종단곡선은 인터체인지 등의 시설이 먼 곳으로부터 시인될 수 있는 것이 조건이 되므로 되도록 큰 편이 좋다.

인터체인지, 휴게소 등은 넓은 면적을 필요로 하기 때문에 주변의 토지이용, 지형 등을 잘 생각하여 이러한 시설의 개략적인 검토를 병행하면서 종합적으로 판단하여 도로의 선형을 결정해야 한다. 또 이러한 시설의 안내, 유도도 중요하며, 가능한 전후 2km 이내에는 터널을 설치하지 않도록 해야 한다.

2.3.4 도로 설계

도로설계는 노선연장에 있어서 검토된 기본선형을 기초로 1/1,200 지형도를 사용하여 더 한층 높은 기준점을 조건으로 비교 검토해서 최종적인 중심선의 확정 및 실시계획의 작성(전체 사업비의 책정 등)을 행하는 작업을 말한다.

이 단계에 있어서 작업은 앞서 시술한 노선선정과 기본적으로 달라지는 것은 없으나 다음과 같은 점에 유의하여 작업을 행한다.

1. 노선선정으로 검토된 기본선형을 1/1,200 지형도에 기입한다. 더욱더 상세한 기준점을 기입하여 문제가 없는가를 판별하기 위한 작업이다.
2. 평면선형과 병행하여 종단면도(횡 1/1,200, 종 1/200, 측점 20m)를 작성한다.
3. 이러한 검토에 의하여 교량, 터널의 구조, 절성토의 높이 기준점의 조건 등에 의하여 중심선을 조금씩 수정해 가면서 최종선형을 결정해 나간다.
4. 1/5,000 지형도와 1/1,200지형도에서는 등고선의 간격 혹은 산의 습곡 등이 다르므로, 1/5,000지형도에 있어서 기본적인 평면선형, 종단선형의 수정이 필요해진다.
5. 이 단계에서 특히 중요한 지점에서는 횡단면도를 작성하여 교차 구조물, 부체도로, 절성토 법면 등을 기입한 평면도를 작성하여 문제가 없는지 확인하여 최종선형을 확정한다.
6. 노선선정의 단계로부터 예비설계로 옮긴 경우 자주 문제가 되는 것은 기준점의 하나인 공장 및 주택단지 계획, 혹은 정비 등의 계획이 새롭게 발생하는 것이다. 이것은 노선선정으로부터 예비설계까지의 1년 이상의 시간경과가 있는 것에 기인하는 경우

가 있다. 따라서 노선부근의 계획 상황파악을 매우 주의할 필요가 있으며, 여러 가지 대책(행정적인 조정도 포함하여)을 행하는 것이 중요하다.
7. 산지부 등에 있어서 지형이 복잡한 경우에는 산사태, 눈사태 대책 등의 검토를 통해 최종적인 중심선을 결정해야 한다.
8. 이 단계에서는 여러 번 반복하여 기본선형을 수정함으로써 최종선형이 결정된다. 이 과정에서 당초의 기본선형과 상당히 달라지는 경우가 많고, 사행하거나 우회하여 본래 선형인 쪽이 좋은 경우가 있으므로 검토한 선형을 축적이 작은 1/5,000 평면도에 기입하여 재검토하는 것이 필요하다.
9. 경사가 급한 지형에서는 절성토 양이 많아지거나 장대법면이 발생하는 경우가 많으므로, 상하행선의 종단선형을 분리하면 토공량이 줄어 경제적이 되고 동시에 장대 절성토 법면 등이 감소하여 시공상의 문제도 적어지는 경우가 있다.

2.4 노선의 평가

2.4.1 노선평가의 의의와 절차

노선의 평가는 계획 또는 논의되고 있는 노선의 경제적 효율성을 검토하여 투자의 당위성을 검토하는 것을 말한다. 국가의 가용재원이 한정되어 있고 대안은 다양하므로 논의되고 있는 대안들의 비용과 효과를 분석하여 투자의 최적화를 기하고 우선순위를 정할 필요가 있기 때문에 정부의 정책결정에 기준이 될 수 있는 객관적인 평가가 필요하게 된다.

노선의 평가는 일반적으로 타당성 조사를 통하여 어느 대안이 기술적으로 가능한가, 경제적, 사회적으로 어느 정도의 효율성을 갖고 있는가, 재무적으로는 채산이 맞는가를 종합적으로 검토하게 된다. 일반적으로 노선의 평가와 의사 결정과정은 (그림 2.4)와 같다.

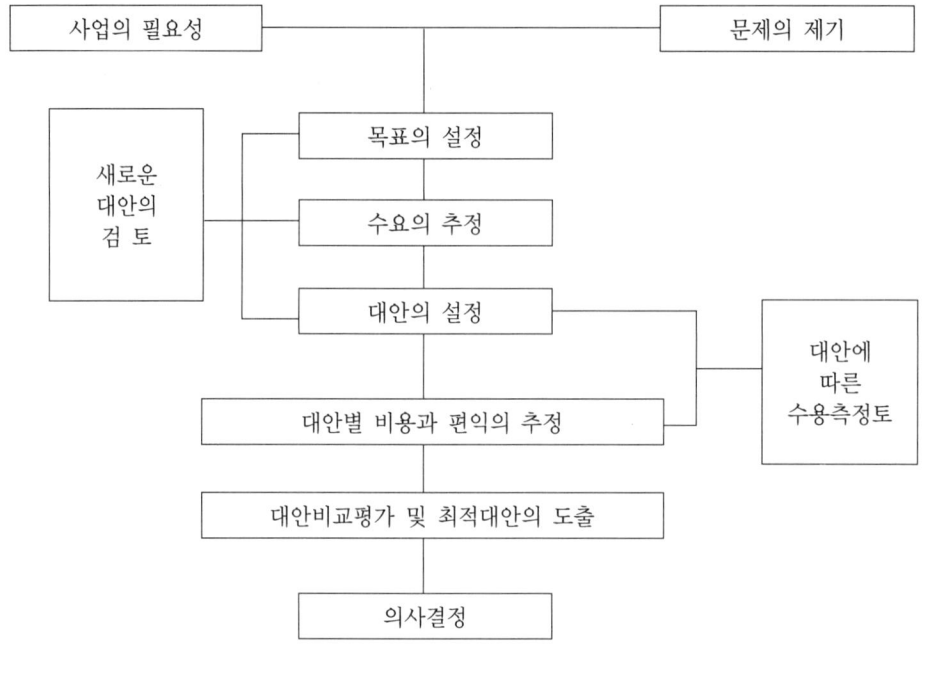

(그림 2.4) 노선의 평가과정

2.4.2 노선의 평가방법

1 건설비, 유지관리비의 비교

노선을 평가하는 방법에는 건설에 소요되는 건설비와 도로의 유지관리에 소요되는 유지관리비를 각 비교노선에 대하여 비교하는 방법이다. 유지관리비는 각 비교노선에 있어서 별로 차이가 없을 경우에 생략된다. 이 비교 방법에서는 그 노선에 의해서 얻어지는 이용자의 편익을 평가하지 않고 있지만, 일반적으로 비교연장이 짧을 경우나 노선연장의 차이가 크지 않는 경우는 건설비 및 유지관리비만의 비교로서 구별할 수 있는 경우가 많다.

개략계획에 있어서는 상세한 수량을 산출할 수 없으므로 도로구조별(토공, 교량, 터널)만의 비교나 공법에 따른 설계사례 등을 참고로 연장에 따른 공사비에 의해 전체의 사업비를 산출한다.

노선선정 및 예비설계에 있어서 정도는 다르지만 각각 횡단을 설계하여 토공수량 등을 산출하고, 장대교량 등에 대해서도 일반도를 작성하고 건설비를 적산하여 비교검토를 한다. 이 경우에 있어서 개략의 비교로서 판단할 수 있을 경우는 구조별 비교만으로 할 경우도 있다. 또한 유지관리비에 관해서는 도로구조별로 유지관리 사례를 참고로 산출되는데, 개략적인 비교의 경우는 유지관리비가 높은 구조인 터널이나 강교만을 비교하여 판단해도 된다. 이 경우에 약 20년간의 유지관리비를 산출한다.

2 비용과 편익에 의해 비교하는 방법

건설비 및 유지관리비의 비용과 동시에 그 건설에 의해서 얻어지는 제편익을 계량화하여 비교하는 방법이다.

편익은 일반적으로 현재를 기준으로 한 계획도로의 전환교통이 주행편익, 시간편익과 사고 감소 효과로서 계산된다. 그러나 고속도로의 비교노선 검토의 경우에는 계산이 복잡하므로 비교노선 위임의 한 개를 기준으로 하여 이와 같은 편익을 계산하는 편법을 쓰는 것도 많다.

사고감소 효과에 의해서 계량화하는(경제학적) 방법도 있는데, 계산 방법이 확립되어 있지 않으므로 여기서는 주행편익, 시간편익에 대하여 서술한다.

1) 주행편익, 시간편익의 계산방법:

(그림 2.5)와 같은 경우, 일반적으로 주행편익은,

$$B_c = Q_p \Delta c + \frac{1}{2} Q_t \cdot \Delta c \text{ 로 계산된다.}$$

여기서, B_c : 주행편익
Q_p : 전환 교통량(대/일)
Q_t : 유발 교통량(대/일)
Δc : $(C_n - C_a - C_h)$
C_n : 일반도로의 주행비용(원/대)
C_a : 접근도로의 주행비용(원/대)
C_h : 고속도로의 주행비용(원/대)

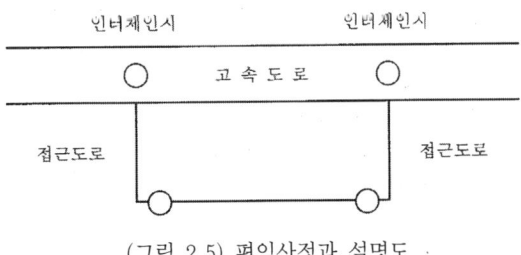

(그림 2.5) 편익산정과 설명도

또 시간의 편익은

$$B_t = Q_p \Delta T + \frac{1}{2} Q_t \cdot \Delta T \cdot C_t$$ 로 계산된다.

여기서, C_t : 시간편익 단위(원/대, 분)
ΔT : $(T_n - T_a - T_h)$
T_n : 일반도로의 주행시간
T_a : 접속도로의 주행시간
T_h : 고속도로의 주행시간

노선선정을 하는 데 있어서의 비교노선의 평가에는 다음과 같은 방법이 있다.

2) 순현재가치(Net Present Value : NPV)

순현재가치란 사업에 수반된 모든 비용과 편익을 기준연도의 현재가치(present value)로 할인하여 총 편익에서 총 비용을 제한 값을 말한다. 즉 i연도의 편익을 B_i, 비용을 C_i, 할인율을 d, 그리고 평가기간을 N년이라 하면

$$NPV = \sum_{i=1}^{N} \frac{B_i C_i}{(1+d)^i}$$

i = 1, 2, ……………………, N

으로 표현할 수 있다. 순현재가치가 정(positive)인 사업은 자본비용을 회수하고 잉여가 발생한다는 것을 의미하므로 투자타당성이 있는 것으로 판단할 수 있다. 그러나 이 지표는 상대값이 아니고 절대값이기 때문에 둘 이상의 대안을 비교할 때는 유용한 지표라 할 수 없다.

3) 편익/비용비율(benefit cost ratio : B/C)

할인된 총 편익과 총 비용의 비율을 말한다. 위와 같은 방법으로 표시하면,

$$B/C = \sum_{i=1}^{N} \frac{B_i}{(1+d)^i} / \sum_{C_i}^{N} \frac{C_i}{(1+d)^i}$$

i = 1, 2, ……………………, N

과 같고 B/C의 값이 1보다 크면 경제성이 있다고 평가되지만 비용과 편익항목의 구분 여하에 따라 비율이 다르게 나타난다. 이론적으로 반복비용(annual cost)은 비용

경우도 있다. 또한 유지관리비에 관해서는 도로구조별로 유지관리 사례를 참고로 산출되는데, 개략적인 비교의 경우는 유지관리비가 높은 구조인 터널이나 강교만을 비교하여 판단해도 된다. 이 경우에 약 20년간의 유지관리비를 산출한다.

2 비용과 편익에 의해 비교하는 방법

건설비 및 유지관리비의 비용과 동시에 그 건설에 의해서 얻어지는 제편익을 계량화하여 비교하는 방법이다.

편익은 일반적으로 현재를 기준으로 한 계획도로의 전환교통이 주행편익, 시간편익과 사고 감소 효과로서 계산된다. 그러나 고속도로의 비교노선 검토의 경우에는 계산이 복잡하므로 비교노선 위임의 한 개를 기준으로 하여 이와 같은 편익을 계산하는 편법을 쓰는 것도 많다.

사고감소 효과에 의해서 계량화하는(경제학적) 방법도 있는데, 계산 방법이 확립되어 있지 않으므로 여기서는 주행편익, 시간편익에 대하여 서술한다.

1) 주행편익, 시간편익의 계산방법:

(그림 2.5)와 같은 경우, 일반적으로 주행편익은,

$$B_c = Q_p \Delta c + \frac{1}{2} Q_t \cdot \Delta c \text{ 로 계산된다.}$$

여기서, B_c : 주행편익
Q_p : 전환 교통량(대/일)
Q_t : 유발 교통량(대/일)
Δc : $(C_n - C_a - C_h)$
C_n : 일반도로의 주행비용(원/대)
C_a : 접근도로의 주행비용(원/대)
C_h : 고속도로의 주행비용(원/대)

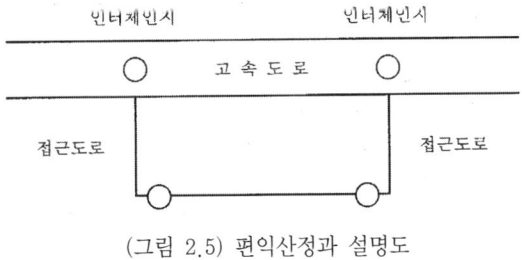

(그림 2.5) 편익산정과 설명도

또 시간의 편익은

$$B_t = Q_p \Delta T + \frac{1}{2} Q_t \cdot \Delta T \cdot C_t \text{ 로 계산된다.}$$

여기서, C_t : 시간편익 단위(원/대, 분)
         ΔT : $(T_n - T_a - T_h)$
         T_n : 일반도로의 주행시간
         T_a : 접속도로의 주행시간
         T_h : 고속도로의 주행시간

노선선정을 하는 데 있어서의 비교노선의 평가에는 다음과 같은 방법이 있다.

2) 순현재가치(Net Present Value : NPV)

순현재가치란 사업에 수반된 모든 비용과 편익을 기준연도의 현재가치(present value)로 할인하여 총 편익에서 총 비용을 제한 값을 말한다. 즉 i연도의 편익을 B_i, 비용을 C_i, 할인율을 d, 그리고 평가기간을 N년이라 하면

$$NPV = \sum_{i=1}^{N} \frac{B_i C_i}{(1+d)^i}$$

i = 1, 2, ..., N

으로 표현할 수 있다. 순현재가치가 정(positive)인 사업은 자본비용을 회수하고 잉여가 발생한다는 것을 의미하므로 투자타당성이 있는 것으로 판단할 수 있다. 그러나 이 지표는 상대값이 아니고 절대값이기 때문에 둘 이상의 대안을 비교할 때는 유용한 지표라 할 수 없다.

3) 편익/비용비율(benefit cost ratio : B/C)

할인된 총 편익과 총 비용의 비율을 말한다. 위와 같은 방법으로 표시하면,

$$B/C = \sum_{i=1}^{N} \frac{B_i}{(1+d)} / \sum_{C_i}^{N} \frac{C_i}{(1+d)^i}$$

i = 1, 2, ..., N

과 같고 B/C의 값이 1보다 크면 경제성이 있다고 평가되지만 비용과 편익항목의 구분 여하에 따라 비율이 다르게 나타난다. 이론적으로 반복비용(annual cost)은 비용

항목으로 취급되지만 i년도의 순편익(net benefit)은 편익에서 반복비용을 제한 것이라고 볼 수 있으므로 편익/비용 비율과 순편익/비용 비율(net benefit cost ratio)은 다르며, 이 같은 차이는 반복비용이 클 경우 크게 나타난다.

〈표 2.7〉 도로사업의 편익항목

편익구분	편익항목	계량화 방법	화폐가치화 방법
이용자 편익	차량 운행비 절감, 운행 시간 단축, 교통사고의 감소, 통행 안락감 증대	운행 비용(원) 운행 시간(시간) 재물 피해액(원) 부상 및 사망(인) 불가능	운행 비용 시간의 화폐가치화 재산 피해액 보상비 불가능
비이용자 편익	지역개발효과, 대기오염, 소음	소득의 증대(원) 지가의 상승(원) 오염물의 배출량 데시벨(dB)	소득 지가 지가※ 지가※

※ 주 : ※표를 한 항목은 화폐가치화 방법의 예를 제시한 것으로, 절대적이 아님

4) 자본 회수기간(Pay-Back Period : PBP)

총 편익이 총 비용을 상쇄시킬 수 있는 기간을 찾는 방법으로,

$$\sum_{i=1}^{N} \frac{B_i - C_i}{(1+d)^i} = 0$$

i = 1, 2, ..., N

에서 N을 구하면 이것이 바로 자본 회수기간이 된다. 회수기간이 짧을수록 투자의 우선순위가 높다고 볼 수 있으나 대안에 따라 편익발생이 사업 직후에 집중적으로 나타날 수도 있고 매년 평균적으로 나타날 수도 있으므로 전 평가기간에 걸친 적절한 지표는 되지 못한다.

5) 내부 수익률(Internal Rate of Return : IRR)

위의 세 가지 지표는 일정한 할인율을 먼저 선택하고 이에 따라 산정된 지표인데 비하여 내부수익률은 평가기간 동안의 총 비용과 총 편익의 같게 되는 할인율을 구하는 방법이다. 즉,

$$\sum_{i=1}^{N} \frac{B_i - C_i}{(1+d)^i} = 0$$

$$i = 1, 2, \dots\dots\dots\dots\dots\dots\dots\dots\dots, N$$

여기서, d : 내부수익률

내부수익률은 사업의 채산성을 나타냄으로 비교할 만한 대안이 없을 경우 유용한 기준이 될 수 있으나, 어느 정도의 수익률이 적절한 것인가에 대한 판단을 필요로 한다.

6) 지표의 비교

어떠한 방법을 이용하여 표시하건 간에 실제의 비용과 편익의 흐름은 같지만 분석의 목적에 따라 각 방법에 대한 지표의 유용성이 다를 수가 있다. 미래가 매우 불확실하여 장기적으로는 편익을 기대하기 어렵거나, 회수된 자본으로 여타 다른 사업에 투자할 기회가 곧 생길 것 같거나, 혹은 자금을 장기적으로 확보하기가 어려운 경우에는 간단한 자본 회수기간을 이용하는 것도 유용한 방법이 된다.

그러나 투자의 편익이 초기에 많다고 하더라도 전 사업기간 동안을 통해서는 편익이 어떻게 변하는지에 대한 정보를 주지 못하기 때문에 회수기간을 비교하는 방법은 유용성이 작다. 순현재 가치 방법 및 편익/비용비율 방법의 문제점은 특정한 할인율을 적용해야 한다는 것이며, 자본의 기회비용이 불명확한 경우에도 오차를 감수하고 이용해야 한다. 이와 같은 문제점은 비용과 편익을 서로 같게 하는 내부 수익률을 이용함으로써 감소시킬 수 있다. 예를 들어 우리나라에서는 20%의 내부 수익률을 갖는 사업은 자본의 기회비용이 이것보다 낮은 것이 확실하므로 충분히 타당성이 있다고 판단할 수 있다.

한편, 내부 수익률을 이용하는 방법도 몇 가지 단점을 내포하고 있다. 즉, 내부 수익률은 보통 투자 사업을 정확히 산정하기는 하나 투자사업의 수명이 다른 경우나 편익의 발생시기가 다른 경우들을 비교하는 데 있어서는 잘못된 결과를 가져올 수도 있다.

다음 3가지의 서로 독립적인 사업들을 비교하여 보면 위의 단점(편익/비용비의 단점도 됨)을 알 수 있다. 〈표 2.8〉에서 사업 (1)은 완전히 새로운 고속도로를 건설하는 것이고, 사업 (2)는 현 고속도로의 몇 군데 급커브길을 개선하고 새로이 포장하는 것이며, 사업 (3)은 새로운 투자를 하지 않고 많은 유지관리비를 들여 현 도로를 보수하는 것이다. 이러한 세 가지 사업에 대한 비용과 편익의 흐름은 〈표 2.8〉과 같다.

<표 2.8> 투자사업의 비용과 편익

	비용	편익									
	0	1	2	3	4	5	6	7	8	9	10
사업 (1)	100	2	10	15	20	30	35	38	38	35	15
사업 (2)	90	5	15	25	30	34	30	22	22	10	5
사업 (3)	50	2	8	12	15	20	22	18	18	8	5

※ 주 : 본 예는 H. Adler, Ecomomic Appraisal of Transport Projects를 참조한 것임.

10% 할인율을 적용하여 현재가치로 환산한 편익과 비용은 <표 2.9>와 같다.

<표 2.9> 투자사업의 경제지표

대안	비용	편익	순현재가치	편익/비용	내부수익률(%)
사업 (1)	100	126	26	1.26	15
사업 (2)	90	119	29	1.32	17
사업 (3)	50	72	22	1.43	18

사업 (3)은 가장 높은 내부 수익률(18%)과 가장 높은 비용/편익 비율(1.43)을 나타내고 있으나 가장 낮은 순 현재가치(22)를 갖고 있다. 반면 투자사업 (2)는 가장 높은 순 현재가치(29)를 갖고 있으나 다른 기준들을 사용할 때는 중간정도의 위치에 있다. 이와 같이 비용과 편익을 비교하는 방법에 따라 다른 결과를 가져올 수 있다. 사업 (3)은 내부 수익률과 편익/비용비율이 가장 높으나 순현재가치는 가장 낮다.

투자사업 (2)는 투자사업 (3)에 비해 40만큼 비용이 더 드나 편익을 10% 할인율 적용시 47(119-72)이 추가되므로 추가 투자는 정당화된다고 볼 수 있다. 반면 투자사업 (1)은 투자사업 (2)에 비해 10의 추가비용이 소요되는데, 추가편익은 7뿐이므로 투자사업 (1)은 정당화될 수 없다. 따라서 내부 수익률을 이용하는 투자사업의 결정은 위의 예에 있어서는 잘못된 결과를 가져올 수 있다. 또한 순현재가치를 근거로 투자 사업을 결정하는 것도 만약 자본의 기회에 있어서 할인율이 8% 이하인 경우에는 투자사업 (1)이 가장 높은 순현재 가치를 갖게 되고, 8~15%인 경우에는 투자사업 (2)15%이상일 경우에는 투자사업 (3)의 순현재가치가 가장 크다.

내부 수익률의 또 다른 단점은 비용과 편익을 갖게 하는 이자율이 하나 이상이 될 수 있으므로(유일한 해석이 아님)내부 수익률이 불명확한 경우가 있을 수 있다는 것인데, 실제로 도로부문에는 이러한 경우가 드물다. 이는 도로부문 사업들이 대부분 초기에 비용이 발생하고 그 차후에 편익이 발생하므로 하나의 해답을 얻을 수 있기 때문이다. 일반적으로 어떤 방법을 사용할 것인가 하는 것은 평가자에게 달려 있다. 예를 들어, 세계은행(IBRD)과 아시아개발은행(ADB)은 대부분 사업의 분석에 있어서 내부 수익률의 사용을 권장하고 있다.

그 이유는, 수많은 나라의 자본의 기회비용을 추정하는 것이 거의 불가능하고, 또 은행의 입장에서 보면 어떤 사업이 타당성이 있기만 하면 꼭 국가에서 가장 높은 우선순위를 갖는 투자 사업이어야 할 필요가 없기 때문이다.

어떤 기준을 사용하느냐의 문제는 투자사업의 성격에 따라 결정해야 할 것이다. 만일, 예산제약을 고려할 필요가 없고 할인율의 정의가 어느 정도 정확하다면 순현재가치가 가장 바람직하다. 예산상의 제약이 있어도 예산범위 내에서 여러 사업의 우선순위에 따라 그 중 몇 개 사업을 선정해야 하는 경우는 편익/비용비율과 내부 수익률을 기준으로 하는 것이 합리적이다.

즉, B/C가 1이상인 사업에서 IRR이 큰 순서로 예산범위 내에서 사업을 선정할 수 있다. 이 때 선정된 사업이 상호 배타적 사업이어서는 안 된다.

상기 3가지 기준 중 어느 것을 택하던 나머지 두 지표를 계산하는 것은 크게 어렵지 않으므로 3가지 값을 전부 산출하는 것이 편리하다.

2.4.3 투자 우선순위와 최적 투자시기의 판단

1 투자 우선순위의 결정

공공투자 사업의 궁극적인 목표는 재원을 효율적으로 이용하는 데 있다.

투자 우선순위 결정은 평가된 여러 종류의 투자 사업에 대한 평가지표(NPV, IRR 등)가 높은 순위에 따라 결정하게 된다. 그러나 교통망은 종합적인 시스템이므로 특정 도로에 대한 타당성과 그 도로와 관련된 다른 도로의 개선 여부에 따라 달라질 수도 있다. 예를 들어 A도로의 타당성은 B도로가 개선될 경우 지극히 낮으나 B도로가 개선되지 않을 경우에는 높을 수도 있다.

따라서 투자 우선순위의 설정은 타당성이 높은 사업을 확장시킨 후 평가과정을 환원 (Feed Back)시켜 다시 수요를 추정한 후 평가를 반복하는 과정을 거쳐야 한다. 이 같은 반복과정은 보통 컴퓨터를 이용한 모의실험(simulation) 모형을 이용한다.

2 최적 투자시기

경제적 타당성이 인정되고 우선순위가 높은 사업이라 하더라도, 그 사업을 연기하여 건설하는 경우 더 유리한 결과가 나타나는 경우가 많다. 일반적으로 경제성 분석은 사업을 시행하는 경우와 시행하지 않은 경우를 비교하는 것이다. 그러나 특정 사업을 예를 들어 5년이라는 시차를 둔 후에 건설하는 대안을 검토하면 당장 시작하는 것이 더 유리하다는 결과가 나올 가능성이 있을 수도 있으므로 사업 투자시기의 검토가 필요하다. 최적 투자시기를 판단하는 데는 두 가지 방법이 있다.

첫째는 사업의 시행을 1년씩 연기시켜 가며 검토하여 NPV가 최대가 되는 시기를 찾는 방법이고, 둘째는 사업시행을 1년씩 늦추어 가며 초년도 수익률(First Year Rate of Return : FYRR)이 적용 할인율을 초과하는 연도를 찾아내는 방법이다.

즉, 건설을 연기할 경우에는 건설비를 그 동안 다른 용도로 이용할 수 있으므로 기회비용에 해당하는 만큼의 건설비가 절감되며, 반면 연기된 기간 동안의 편익이 감소될 것이다. 따라서 건설을 1년씩 연기시키는 데에 따른 건설비의 절감분과 편익의 감소분을 비교하여 전자가 크면 사업을 연기하며, 후자가 크면 사업은 연기하지 않는 것이 타당하다.

건설비를 I, 할인율을 d라고 하면 사업을 1년 연기시켰을 경우 기회비용은 Id이며, 사업을 연기시킬 경우의 편익 감소분이 B라고 하면, B/d〉1이 되는 연도가 최적투자시기가 된다.

2.4.4 민감도 분석(sensitivity analysis)과 위험도 분석(risk analysis)

투자사업의 경제성 분석은 미래에 대한 예측을 근거로 하기 때문에 비용과 편익의 추적은 불가피하게 어느 정도의 오차를 내포하고 있다. 즉 공사비가 당초 예상했던 것보다 높아질 수도 있고 사업의 기간이 연장 될 수도 있으며, 예측했던 교통량이 발생하지 않을 수도 있다. 이 때 현재 또는 미래의 상황을 적절한 확률분포로 표현할 수 있을 경우를 위험도(risk)라 하며, 확률로도 나타낼 수 없는 경우를 불확실성(uncertainty)이라고 한다.

경제성 분석에 있어서는 이와 같은 주요 변수의 불확실한 여건의 변동이 분석결과에 어떠한 영향을 미치는가를 검토하는 것을 민감도 분석이라고 하고 여건의 변동을 확률적 분포로 표현하여 기대치 분석을 하는 경우를 위험도 분석이라 한다.

예를 들면 어떤 투자 사업의 건설비가 100원이라 할 때 민감도 분석은 미래상황의 불확실성을 고려하여 건설비를 80원 혹은 120원이라고 가정하고 이에 대해 다시 IRR, NPV를 산출함으로써 경제성 평가결과에 미치는 영향을 검토하는 것이고, 위험도 분석의 경우에는 건설비가 80원이 될 확률이 0.20, 90원이 될 확률이 0.25, 100원이 될 확률이 0.45, 110원이 될 확률이 0.10이라 할 때 먼저 건설비의 기대치 (80×0.20 + 90×0.25

+ 100×0.45+110×0.10 = 94.50)를 구하고, 이 94.50원에 대하여 다시 IRR, NPV를 산출하여 경제성 평가 결과에 미치는 영향을 검토하는 것이다.

민감도 및 위험도 분석의 주요 대상은 다음과 같다.
- 공사비
- 유지관리비
- 자동차 운행비
- 교통량 또는 편익
- 공사시기

이들 변수의 변화는 단독으로 또는 여러 변수의 조합으로 나타날 수도 있으므로, 민감도 분석과 위험도 분석은 사업의 특성에 따라 위의 변수의 중요성 그리고 내포된 불확실성과 위험도를 감안하여 적절한 대상에 대해 수행되어야 할 것이다.

2.4.5 경제성 평가의 한계

경제성 평가, 특히 비용편익 분석방법은 많은 비판의 대상이 되고 있으나 가장 많이 쓰이고 있는 기법이다. 이것은 현재까지 개발된 기법 중에서 이보다 더 객관성을 유지할 수 있는 좋은 방법이 없기 때문이다.

특히, 사회복지를 중시하는 선진국에서 많은 비판을 받고 있으며, 이 기법을 사용하더라도 이에 수반된 문제점과 한계를 충분히 이해하는 것이 필요할 것이다. 이미 부분적으로 설명된 것을 여기에 종합하여 정리한다.

1 경제적 효율성(efficiency)과 형평성 문제

공용사업의 관점에서 평가기준은 이윤의 극대화만을 추구하는 개인사업과는 다르다. 이 때의 분석은 물론 개인의 효용(utility)을 부분적으로 고려하지만 그밖에 사회 전체로서의 손익을 함께 고려해야 한다. 또한 사회전체의 효용은 물론 개개인의 효용의 합계는 아니다. 자원과 소득의 적정배분은 사회의 중요한 정책목표이다.

그러나 사회가 추구하는 이상적인 배분의 형태가 어떠한 것인지는 분명히 정의할 수 없는 것이 현실이다. 따라서 공공 투자사업의 분석은 개인사업의 평가보다 훨씬 힘들다. 분명한 것은 단순한 GNP의 증대가 사회복지(social welfare)는 아니며 선진국에서는 사회복지를 투자사업의 중요한 요소로 보고 있으나 개발도상국의 경우에는 GNP의 극대화를 우선적으로 강조하는 경향이 크다.

사업효과의 배분은 다음과 같은 세가지 분류로 나눌 수 있다.

1. 지역적으로 어떤 지역에 영향을 미치는가?
2. 사회적으로 어떤 계층 또는 부류에 영향을 미치는가?
3. 경제적으로 어떤 산업에 영향을 미치는가?

즉, 영향의 심도와 함께 누가 지불하고(who pay?), 누가 얻는가(who get?) 하는 질문은 형평문제에 핵심이 되는 것이다.

도로부문은 그 자체가 지니고 있는 공공성으로 인하여 특정 투자사업의 효과와 정부의 형평원칙과 관계하여 볼 때 다음과 같은 두 가지 측면에서 고려되어야 할 것이다.

첫째, 빈부의 격차를 완화하고 사회복지 시설의 평준화에 기여해야 한다는 점이다. 낙후 지역의 도로망 확충은 산업입지의 유인, 농외소득의 증대, 도시 시설물에의 접근성 향상 등에 의하여 지역개발을 촉진시키게 된다. 또한 대중교통 수단의 확대는 자동차를 소유하지 못한 저소득층의 교통 서비스의 향상을 뜻하며, 보조금, 세금해결 등이 현재 베풀어지고 있다. 특히 외국에서는 불구자, 노인 등을 위한 요금할인, 특수 서비스 시설 등이 확대되고 있다.

둘째, 이용자 또는 수혜자 부담원칙이다. 어떤 특정 시설물의 이용 또는 수혜범위가 한정되어 있다면 이용자 또는 수혜자의 부담에 의하는 것이 합리적이다. 또한 정부투자사업의 경우 그 시설(철도, 도로 등)을 이용하거나 또는 그 시설로 인하여 얻은 이익(예: 지가상승)은 사회에서 환수해야 하며, 손해를 보았을 경우(예: 공해) 이익으로 환수된 수입으로 충당하도록 계획되어야 할 것이다.

경제성 분석은 경제적 효율성만을 고려하고 있으나 같은 100원의 편익이라도 부유층에 발생할 경우와 저소득층에 발생할 경우에 그 사회적인 효용가치가 다른 것이다. 따라서 도로부문의 투자는 사회복지 구현을 위한 정책수단으로도 고려되고 있는 것이다.

2 화폐 가치화가 불가능한 항목의 제외

경제성 분석의 원칙은 모든 편익을 계량화하고 화폐가치로 환산해야 하지만, 화폐가치로 환산이 불가능한 편익에 대하여는 객관적인 측정이 어렵다. 운행비의 절감과 같이 직접 화폐가치로 나타나는 것도 있으나, 많은 편익은 적절한 시장가격이 존재하지 않기 때문에 근사치를 이용하게 되기 때문에 오차의 주요원인이 된다.

도로의 포장사업이나 고속전철사업 편익의 상당부분은 통행시간 절약에 의한 것인데, 이는 평가자의 판단에 따라 그 가치가 달라질 수 있다. 같은 시간이라도 부유층과 서민층의 가치가 다르고 기다리는 시간과 차내의 시간개념이 다르기 때문에 획일적으로 취급하는 데는 무리가 있다.

개발효과, 안락감의 증대, 환경의 변화 등도 이에 속하며, 화폐가치로 쉽게 환산할 수 있는 편익만으로 사업의 타당성이 나타나면 큰 문제는 없으나 사업에 따라 화폐단위로의 측정이 불가능한 효과(intangibles)가 더 중요한 정책목표일 수도 있다. 이럴 경우에는 비용/편익분석은 정책결정을 위한 하나의 고려사항에 지나지 않는다.

③ 부수적 간접편익

부수적 간접편익은 보통 경제성 분석에서 제외되지만 특정사업 평가를 위하여 이를 감안하려 한다면 세심한 주의가 필요하다. 왜냐하면 이 같은 효과는 직접편익으로부터 파생된 것이므로 중복계산의 위험이 있고 어느 정도가 사업의 효과인지 판별하기 힘들기 때문에 과대 또는 과소평가할 가능성이 높기 때문이다.

현재사회는 고도의 복합적 시스템을 형성하고 있으므로 일부의 요소가 달라지면 연쇄적인 변화를 가져온다. 예를 들어 도로망을 개선하면 주민들의 자동차 소유를 촉진시킬 것이다. 이것은 자동차 산업 내지는 기계공업의 생활화를 가져오고 자동차의 보급은 주민의 생활 패턴을 변화시켜 자연적으로 주민의 관광비 지출이 커지며 관광산업은 진흥되는 반면 관광 이외의 지출은 줄어들 것이다. 이는 아울러 주민의 의식과 문화수준의 변화를 가져올 수도 있으며, 이와 같은 모든 연쇄효과를 추적하는 것은 거의 불가능하다.

제 3 장 도로의 설계

3.1 개요

3.2 시설한계

3.3 도로의 횡단구성

3.4 선형설계

3.5 시거

3.6 횡단경사와 편경사

3.7 도로의 단계건설

3.1 개요

도로 설계는 일반적으로 노선계획 후에 공사시행을 위한 모든 설계를 말하지만, 본 장에서는 기하구조 및 선형에 관한 설계에 대해서 기술하였다.

도로설계를 크게 나누면 노선계획 직후에 행하는 개략적인 설계인 '기본설계'와 용지를 매수하고 공사를 발주하기 위한 '실시설계'로 대별된다.

기본설계는 항공사진 측량에 의거해서 작성된 1/5,000지형도를 사용해서 도로 중심선의 평면 및 종단선형의 설계를 시행하는 것을 말하며, 도로 중심선을 확정함과 동시에 전체 사업비를 상당한 정도로 파악하기 위해서 행하는 것이다.

실시설계는 기본설계에서 선정된 중심선에 가능한 충실하게 좌표를 계산하고 현지 측량된 성과에 따라 작성된 실측 지형 종·횡단도를 사용해서 최종적인 종·횡단설계를 행하는 작업이다. 따라서 실시설계는 세세한 부분에 걸쳐 상당한 정도가 필요하다.

예를 들면, 지형이 험준한 지역에서는 도로중심 말뚝을 설치하기 전에 실측 지형 종·횡단도를 작성하고, 종·횡단설계를 한 후 도로 중심선을 확인하여야 하며, 이 과정에서 도로 중심선의 수정이 불가피한 경우도 있다.

3.2 시설한계

3.2.1 개요

시설한계라 함은 "도로상에서 자동차 및 보행자의 교통안전을 확보하기 위하여 어느 일정 폭 및 높이 범위 내에서 장애가 될 만한 시설물을 설치하지 못하게 하는 공간확보의 한계"를 말한다. 시설한계 내에서는 교각이나 교대는 물론 조명시설, 방호 울타리, 신호기, 도로표지, 가로수, 전주 등의 제시설을 설치할 수 없다. 따라서 도로계획시 도로폭원의 구성과 높이에 따라 각종 시설의 설치계획에 대하여 충분히 검토한 후 결정하여야 한다.

3.2.2 차도부의 시설한계

일반도로의 시설한계 높이(H)는 설계기준 자동차의 높이 4.0m에 0.5m를 더한 4.5m로 한다. 그러나 실제 시공을 할 때에는 장래 포장의 덧씌우기, 겨울철의 적설, 그리고 터널에서는 추가 공간 확보의 어려움 등을 고려 시설한계 높이에 0.3m를 여분으로 취하여 4.8m이상으로 하는 것이 바람직하다. 그러나 대형자동차의 출입이 현저히 적고 해당 도로 근거리에 대형자동차가 우회할 수 있는 도로가 있을 경우 시설한계의 높이를 최소 3.0m까지 축소가 가능하다. 이러한 경우 도로 표지를 설치하여 한계높이를 낮추거나 혹은 적재높이가 높은 차량을 위한 우회도로의 이용 안내를 하여야 한다.

소형차도로의 시설한계 높이(H)는 설계기준자동차의 높이 2.8m에 주행 중 차량의 튀어 오르는 경우를 고려하여 3.0m로 하며 장래 포장 덧씌우기가 예상되거나 동절기 적설에 의한 통과높이 감소 등이 예상되는 경우 추가로 0.2m를 추가하여 3.2m이상으로 하는 것이 바람직하다.

길어깨의 바깥쪽에 표지 등의 노상시설을 설치하는 경우, 노상시설의 폭은 시설한계에서 제외한다. 즉 노상시설의 설치에 필요한 폭만큼 더 확보해야 한다. 그러나 터널 및 길이가 100m이상인 교량에는 경제성을 고려하여 턱을 설치할 수 있도록 시설한계를 정한다.

1 길어깨를 설치하는 도로

도로는 원칙적으로 양측에 길어깨를 설치하게 되어 있으나 길어깨를 설치하는 도로는 길어깨 중 외측부분에 표지 등의 노상시설을 설치할 수 있다. 이 경우 길어깨 폭에 대해서는 당해 노상시설에 필요한 폭만큼 가산하여 결정한다. 모든 노상시설은 길어깨에 설치할 수는 있으나 어디까지나 시설한계 밖에 설치되는 것이다.

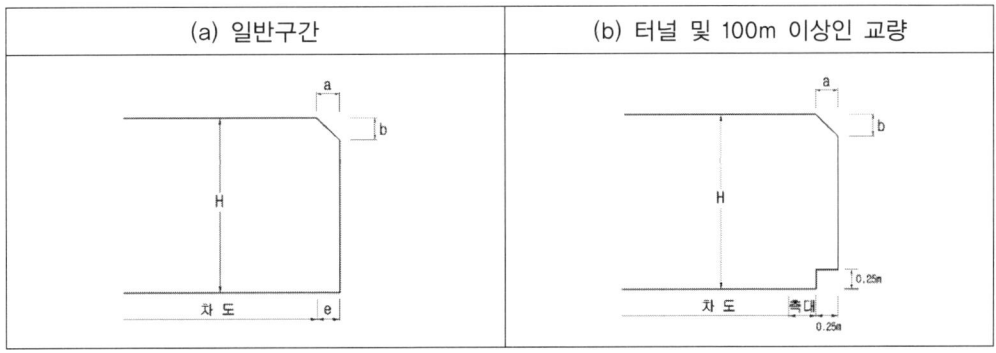

(그림 3.1) 차도부의 시설한계

그러나 길어깨를 설치하고 보도 또는 자전거도 등이 없는 터널이나 연장 100m 이상의 교량 또는 고가도로에서는 경제성을 고려하여 폭을 좁히는 경우에는 턱이 설치된 부분도 시설한계에 포함 할 수 있다.

(1) H(통과높이) : 4.5m
　　*다만 집산도로 또는 국지도로에서 지형상 부득이한 경우 :4.2m
　　*소형차도로의 경우 : 3.0m
　　*대형자동차의 교통량이 현저히 적고, 그 도로의 부근에 대형자동차가 우회할 수 있는 도로가 있는 경우 : 3.0m
　　$-\alpha$ 및 e : 차도에 접속하는 길어깨의 폭
　　$-\alpha$ 가 1m 초과하는 경우 1m로 함.
　　-(b)의 경우 e (측대)는 측대가 없는 경우 0.25m
(2) b : H에서 4.0m를 뺀 값(4.0m 미만인 경우 4.0m), 소형차도로는 2.8m를 뺀 값 (2.8m 미만인 경우 2.8m)

② 길어깨를 설치하지 않는 도로(그림 3.2)

정차대 또는 중앙 분리대가 설치되는 경우, 혹은 보도, 자전거도 또는 자전거 보행자도가 설치된 경우는 길어깨 폭을 축소하거나 생략할 수 있다. 또한, 가변차로로 일시적인 운행이 필요한 경우에는 차로에 접속하여 길어깨를 별도로 설치하지 않아도 좋다. 그러나 길어깨를 생략하는 경우에도 최소한 측대에 해당하는 폭 0.5m 정도는 확보하는 것이 바람직하다. 그리고 길어깨가 없는 도로에 있어서는 차도의 외측에 턱을 형성하고 그 폭을 0.25m로 한다.

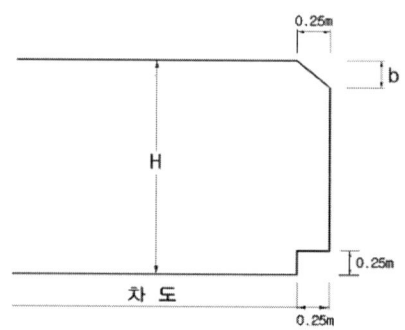

(그림 3.2) 길어깨를 설치하지 않는 도로의 시설한계

③ 차도 중에 분리대 또는 교통섬과 관계가 있는 부분

중앙 분리대 또는 교통섬을 설치하는 부분의 시설한계는 다음 (그림 3.3)에 의하지만 특히 c값에 대해서는 중앙 분리대 또는 교통섬의 폭의 측방여유를 고려할 때, 중앙 분리대 또는 교통섬의 폭이 커지는 경우에는 도로의 구조시설 기준 규격치에 관계없이 크게 잡는 것이 바람직하다.

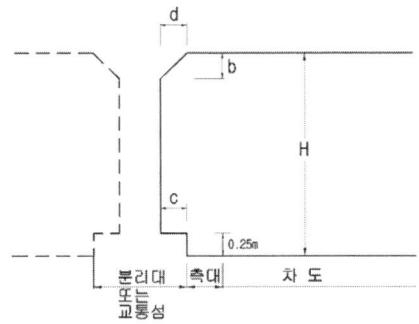

(그림 3.3) 분리대 또는 교통섬과 관계가 있는 부분의 시설한계

(그림 3.3)에서 c 및 d 값을 분리대 또는 교통섬의 유무에 따라 다음값을 취한다.
- 분리대와 관계있는 도로

구분	c	d
고속도로	0.25m이상 0.5m이하	0.75m이상 1.0m이하
도시고속도로	0.25m	0.75m
일반도로	0.25m	0.5m

- 교통섬과 관계 있는 도로
    c = 0.25m
    d = 0.5m

3.2.3 보도 및 자전거도 등의 시설한계

보도 및 자전거도의 시설한계는 차도부 시설한계에 접하여 높이 2.5m를 기준으로 한다. 다만 노상시설을 설치할 경우에는 노상시설을 설치한 폭만큼을 제외한 부분을 시설한계로 한다. 길어깨 및 노상시설을 설치하지 않는 경우(그림 3.4(b)) 차도부의 시설한계와 보도부 등의 시설한계는 0.25m만큼 겹치는 경우도 있지만 일반적으로 차도의 외측에는 측대 등을 포함한 길어깨가 설치되므로 이러한 경우는 거의 없다고 볼 수 있다.

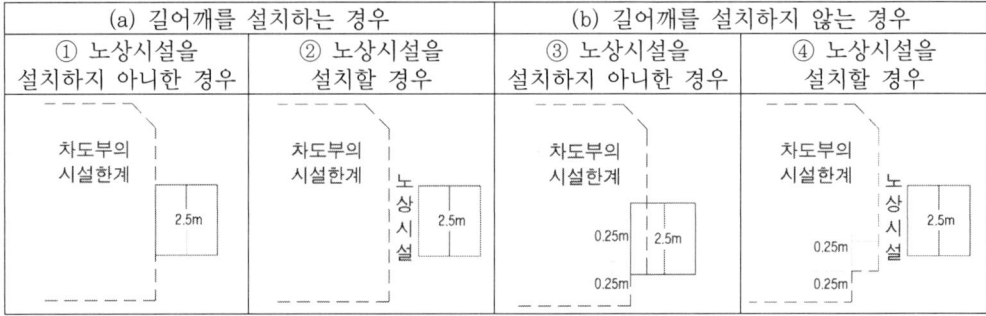

(그림 3.4) 보도 등의 시설한계

3.2.4 시설한계의 적용

(1) 고속도로와 일반도로 등 보통의 도로에서 통과높이 H는 표준이 4.5m이지만, 설계기준 자동차의 높이가 4.0m이며 동계에 적설 등에 의한 한계높이의 감소가 예상되는 경우 등을 감안하여 4.8m 이상이 바람직하다.
(2) 소형차도로에서 통과높이 H는 표준이 3.0m 이지만, 장래 포장 덧씌우기나 동계 적설에 의한 통과높이 감소를 고려하여 3.2m 이상이 바람직하다.
(3) 철도, 고속전철 등과의 시설한계는 관련기관과 협의하여 결정한다.
(4) H는 특수한 경우 4.2m 또는 3.0m까지 축소할 수 있으나, 이 경우 높이에 대한 도로표지를 명확하게 설치하여야 한다.
(5) 시설한계 윗선은 노면과 평행하게 잡는다.
(6) 시설한계 옆선은
   횡단경사가 2.0% 미만 : 수평선에 수직
   횡단경사가 2.0% 이상 : 노면에 수직

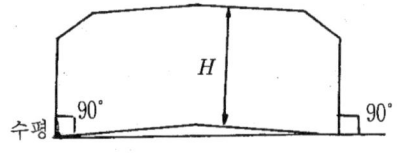
(1) 횡단경사 2%미만

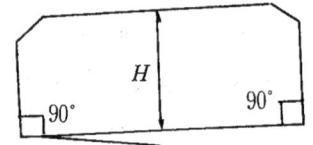
(2) 횡산경사 2% 이상

(그림 3.5) 횡단경사구간의 시설한계

3.2.5 차 높이 제한 표지판 설치

도로이용자와 도로 구조물 또는 도로 시설물을 보호하기 위해 차 높이 제한을 할 필요가 있는 장소나 지점 또는 시설물에는 차 높이 제한표지를 설치해야 한다.

「교통안전표지 설치·관리 매뉴얼(경찰청)」에서 규정하고 있는 차 높이 제한표지의 설치요령은 다음과 같다.

① 차도의 노면으로부터 상단 여유 폭이 4.7m 미만인 구조물에 설치하되, 당해 구조물 높이에서 20cm를 뺀 수치를 표시해야 한다.
② 차량진행방향의 도로 우측 또는 해당 도로구조물의 전면에 설치하는 것을 원칙으로 한다.
③ 우회로 전방에 차 높이 제한의 예고와 우회로를 함께 안내하여야 한다.

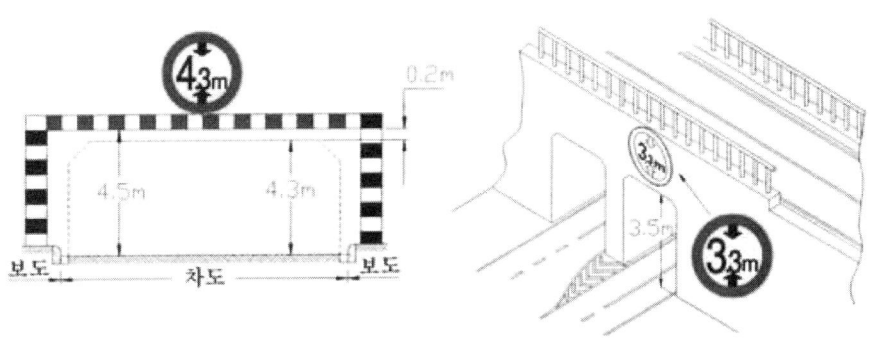

(그림 3.6) 차높이 제한 표지 설치 예

3.3 도로의 횡단구성

3.3.1 일반사항

도로의 횡단구성은 교통안전, 교통용량 및 사업비에 큰 영향을 미치기 때문에 도로설계에 있어서 횡단면의 구성요소 편성과 각 요소의 폭원은 도로의 종류, 성격 및 도로 주변 상황을 고려하여 결정하여야 한다. 도로의 횡단구성을 정하는데 있어서 특별히 고려해야 할 사항은 다음과 같다.

① 계획도로의 기능에 따라 횡단면을 구성하며 설계속도가 높고, 계획 교통량이 많은

노선에 대해서는 높은 규격의 횡단구성 요소를 갖출 것
② 계획 목표년도에 대한 교통수요와 요구되는 서비스수준에 적용할 수 있는 교통처리 능력을 가질 것
③ 교통의 안정성과 효율성을 검토하여 구성할 것
④ 교통상황을 감안하고 필요에 따라서는 자전거 및 보행자를 분리할 것
⑤ 출입제한 방식, 교차접속부의 교통처리 능력, 교통처리 방식도 연관하여 검토할 것
⑥ 인접지역의 토지이용 실태 및 계획을 충분히 감안하여 연도에 대한 양호한 생활환경 보전에 노력할 것
⑦ 도로의 횡단구성 표준화를 도모하여 도로의 유지관리, 양호한 도시경관 확보, 유연한 도로기능을 확보할 것

1 폭 구성 계획

해당 노선의 기능과 자동차 교통량, 설계속도, 보행자, 자전거 및 경운기 교통량 등 교통상황에 따라 결정해야 한다.

도로의 기하학적 구성요소 중 곡선반경, 편경사, 시거 등의 선형요소는 설계속도에 의해서 정해지며, 차로, 길어깨, 중앙 분리대와 같은 횡단구성은 일반적으로 설계속도가 높고 계획교통량이 많은 노선이 기능면에서도 중요한 노선으로 지정되므로 넓은 폭 규격의 횡단구성으로 이루어져야 한다.

2 횡단구성의 계획

넓은 폭의 횡단구성은 교통용량을 증가시키고, 자동차 통행에 있어서 쾌적성을 향상시킬 뿐만 아니라 종류가 다른 교통을 분리시킴으로써 안정성을 향상시킨다.

차도부의 횡단구성 요소의 폭을 크게 하면 자동차 통행에 있어서 쾌적성이 향상되기는 하나, 소형자동차가 동일차로 내에서 2대가 통행하려 할 경우에는 안정성에 있어서 문제가 되는 경우도 있다. 따라서 횡단구성 요소를 결정하는 데 있어서 해당노선의 기능 및 교통상황을 충분히 감안하여 교통의 안정성과 효율성을 고려해야 한다.

3 일반도로의 계획과 설계

교통의 안전과 원활한 처리를 위해서는 보행자 및 자전거 등 기타 교통에도 충분한 안전을 고려하고, 필요에 따라서 자동차 교통과 분리시킬 필요가 있다.

도시지역이나 도로주변에 자전거 이용자나 보행자가 있는 지방지역은 식수대, 보도 등

을 설치하여 자동차 교통으로부터 분리시켜 안전성이나 쾌적성 향상을 도모할 필요가 있다. 특히, 자전거 이용자가 많은 도시지역 등에서는 보도와 자전거도로를 설치하여 보행자와 자전거를 자동차와 분리시키는 것도 바람직하다. 그러나 산지부 등과 같이 보행자와 자전거 이용자가 거의 없는 경우에는 분리대를 설치할 필요 없이 혼합교통으로 처리할 수 있다. 도로의 횡단폭원은 도로의 연속성 확보가 매우 중요하다.

4 도로의 교통처리 능력과 안전성

지방지역 도로보다 도시지역 도로에서의 교차로는 교통소통 능력과 안전성이 문제가 된다. 교차로의 용량과 안전성은 교차로 이외의 구간과 조화가 이루어지는 것이 이상적이다. 따라서 일반적인 횡단구성을 검토할 경우에도 항상 교차 접속방식, 즉 출입제한 방식을 함께 고려할 필요가 있다.

5 환경보호

도로주변 상황과 장래 토지이용계획 등을 감안하여 좋은 생활환경을 유지할 필요가 있는 지역에 대해서는 식수대나 환경 시설대를 설치하여 소음, 진동, 대기오염 등의 도로교통으로 기인되는 환경요소적 악영향을 경감시킬 필요가 있다. 특히 식수대의 경우, 국토가 좁은 우리나라에서는 토지이용을 감안하여 경과지나 특수한 목적 이외에는 설치하지 않는 것이 일반적이다.

3.3.2 횡단구성 요소와 그 조합

횡단구성 요소는 다음과 같다.
① 차도
② 중앙 분리대
③ 길어깨
④ 정차대(차도의 일부)
⑤ 사선서노
⑥ 자전거 보행자도
⑦ 보도
⑧ 식수대
⑨ 측도(frontage road)
횡단면의 구성요소에 대한 조합의 예는 (그림 3.7)과 같다.

횡단구성 요소 중 정차대, 식수대, 중앙 분리대 등은 지역적인 특성이나 도시의 성격에 따라 횡단구성 요소가 달라질 수 있으며 반드시 안정성이나 주행성을 고려하여야 한다. 자전거도, 자전거 보행자도 및 보도는 각각의 교통량을 고려하여 설치하거나 최소값 이상으로 하여야 하며 차도부와 별도로 판단하여야 한다.

(a) 식수대가 없는 경우

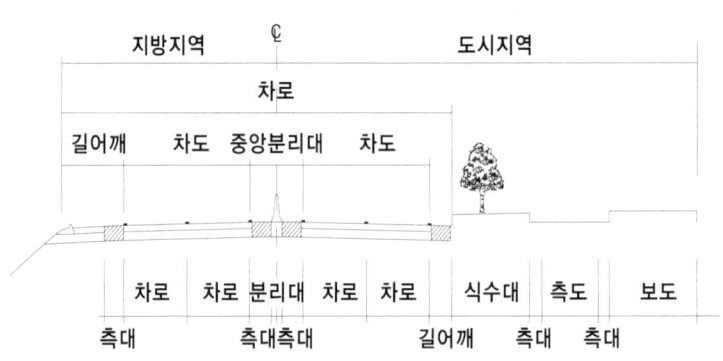

(b) 식수대가 있는 경우

(그림 3.7) 횡단구성 요소와 그 조합의 예

3.3.3 차도 및 차로

1 차도 구성

차도는 자동차의 통행을 목적으로 설치된 도로의 부분으로서 차로로 구별되고 직진차로, 회전차로, 변속차로, 오르막차로, 양보차로, 추월차로 등이 이에 포함되며 기능별로 분류하면 다음과 같다.

(1) 자동차가 안전하고 원활하게 주행할 수 있도록 설치된 띠모양의 도로부분 : 본선차로, 오르막차로, 회전차로 및 가감속차로를 포함함.
(2) 자동차의 정차, 비상주차를 위하여 설치된 도로부분 : 정차대(주차장)에 있어서 정차 및 주차의 수요를 위한 기능을 가진 부분
(3) 기타 도로부분 : 교차로, 중앙분리대 개구부, 부가차로 구간, 차로수 증감 또는 도로가 접속되는 구간

② **차로수의 결정**

교통량은 시간에 따라 변하기 때문에 도로의 상세한 설계는 첨두(peak) 특성을 고려한 시간 교통량을 기준으로 한다. 그러나 도로특성에 따라 각 시간 교통량을 추정하기는 매우 어려우므로 일반적으로 장래 연평균 일교통량(AADT)을 예측하여 차로수(부가차로는 제외함)를 결정한다.
차로수 결정은 연평균 일교통량을 첨두 시간대별, 중방향별로 보정하여 구한 설계시간 교통량과 해당도로의 차로당 교통 용량과의 관계에서 결정한다. 차로수 결정시 고려할 사항은 다음과 같다.
(1) 차도는 자동차의 교차 교행을 고려하여 교통량이 적은 경우에도 2차로 이상으로 하는 것을 원칙으로 한다. 또한, 도시지역에서 특별한 교통현상으로 대항차로를 설치하지 않고 일방향 통행으로 교통을 처리할 필요가 있는 경우 도로의 차로수는 2차로 이상으로 할 수 있다.
(2) 차로수의 결정은 원칙적으로 첨두시간 교통량과 설계서비스 수준을 고려한 설계시간 교통량에 의하여 결정한다. 그러나 도시지역에서나 기타 지역에서 특정한 목적이나 특수여건에 의해서 해당노선의 성격 및 서비스 수준 등을 감안하여 기본차로수를 4차로 이상으로 결정할 수도 있다.
(3) 지방지역의 차로수는 짝수 차로를 원칙으로 한다. 회전자동차가 존재하는 교차로 구간은 홀수차로로 설계하며, 특히 좌회전 자동차를 직진자동차에서 분리하여 수용토록 한다.
(4) 도시지역의 차로수는 그 도로의 여건에 따라 홀수 차로로 할 수 있다. 홀수 차로는 첫째, 교차로와 교차로 사이구간에서 좌회전 진입을 위한 대기차로로 사용할 수 있으며, 둘째, 좌회전 전용차로(또는 유턴, 우회전 전용차로)로 이용할 수 있고 셋째, 시간대별, 방향별로 교통량이 변할 때 가변차로로 이용할 수도 있는 장점이 있다. 따라서 도시지역에서의 차로수는 홀수차로가 효율적인 경우가 많다. 다만 국지도로와 같이 회전자동차가 적은 도로는 짝수 차로로 한다.

(5) 연결로 : 일방향도로 등은 목적에 따라 1차로로 구성할 수 있으나 왕복방향의 도로에 대해서는 2차로 이상으로 구성하며 그 차로 폭도 차로수에 따른다. 다만 2차로를 전제로 한 단계건설 계획도로에 대해서는 1차로 차로 폭으로 할 수 있으며 적정 간격에 대피소를 설치해야 한다.

3 차로 폭

차로의 폭은 자동차의 추월 또는 주행에 대하여 충분한 여유를 가질 수 있어야 한다. 그러나 극단적으로 넓은 차로 폭을 사용하면 자동차가 차로에 일렬로 주행하지 않을 가능성이 있기 때문에 교통사고를 일으키는 원인이 될 수 있다. 예를 들면, 편도 2차로 도로상에 3열로 주행할 수가 있을 것이다. 또 차로 폭은 도로의 횡단면 구성요소 중에서 교통용량이나 쾌적성 등에 대해서도 가장 큰 영향을 미친다.

차로의 폭은 차선의 중심선에서 인접한 차선의 중심선까지로 한다.

차로 폭 결정시 고려할 사항은 다음과 같다.

① 주행속도(설계속도)　　　　　　② 서비스 수준
③ 교통량 및 대형차 혼입율

설계속도가 높은 고속도로의 경우 세계 각국에 적용되고 있는 차로 폭을 살펴보면 〈표 3.1〉과 같다.

ft단위를 사용하고 있는 미국, 영국, 홍콩은 3.6m를 적용하고 있고, m단위로 사용하고 있는 대부분의 나라에서는 차로 폭의 가감 폭을 25cm단위로 하여 2.75, 3.0, 3.25, 3.75m를 적용하고 있다.

우리나라와 같이 토지 이용면이나 그 외의 비용효과와 사고율을 감안할 때 3.50m정도가 적절하다고 판단되며, 〈표 3.1〉에서 보는 바와 같이 3.5m 폭을 기준으로 하는 룩셈부르크나 프랑스와 같은 나라에서는 실제로 설계속도를 140km/h와 130km/h를 각각 적용하고 있다.

〈표 3.1〉 고속도로 차로 폭 및 설계속도

차로폭	국가 및 설계속도(km/h)
3.5m	룩셈브르크(140), 프랑스(130), 일본(120), 칠레(120), 노르웨이(120), 멕시코(110), 인도(100), 뉴질랜드(100)
12ft(3.6m)	영국(120), 미국(110), 홍콩(100), 한국(120)
3.75m	서독(140), 이탈리아(140), 덴마크(120), 핀란드(120), 스웨덴(110)

※ 주 : ( )안은 설계속도

우리나라 「도로의 구조·시설기준에 관한 규칙」에서는 차로 폭을 설계속도에 따라 〈표 3.2〉와 같이 규정하고 있다.

〈표 3.2〉 설계속도에 따른 차로폭의 최소치

도로의 구분			차로폭의 최소폭(m)		
			지방지역	도시지역	소형차도로
고속도로			3.50	3.50	3.25
일반도로	설계속도 (km/h)	80이상	3.50	3.25	3.25
		70이상	3.25	3.25	3.00
		60이상	3.25	3.00	3.00
		60미만	3.00	3.00	3.00

※ 회전차로 폭은 3m 이상을 원칙으로 하되, 필요하다고 인정되는 경우에는 2.75m 이상으로 할 수 있다.

최소 차로 폭은 자동차의 통행에 필요한 최소한의 값이며, 바람직한 값은 아니므로 도로관리자의 판단에 따라 적절하게 최소 폭을 조정하여 운용하는 것이 바람직하다.

차로의 최소 폭은 자동차의 주행시에 주행 안정성을 확보할 수 있는 폭이어야 하며, 설계기준 자동차의 폭에 좌우 안전 폭을 합한 값으로 결정된다. 최소 좌우 안전 폭은 25~50cm를 적용하며, 이 값은 설계속도가 커짐에 따라 증가한다. 고속도로의 경우 설계기준 자동차의 폭으로는 2.5m를 적용하고, 양측 여유 폭 각각 50cm를 더하여 3.5m로 한다.

「도로의 구조·시설 기준에 관한 규칙」에서는 회전차로나 설계속도 40km/h미만의 도시부 도로의 경우 최소 차로 폭을 2.75m까지 축소 할 수 있도록 하고 있다. 이는 대형 자동차의 이용이 현저히 적고 용지 이용의 제약이 있는 경우에 제한적으로 적용하는 것으로 일반적으로 3.0m 이상 확보하는 것이 바람직하다.

우리나라 고속도로의 경우 건설초기부터 차로 폭이 3.6m로 설계 및 시공되고 있으며, 도로관리의 통일성과 연계성 그리고 효율성을 높이기 위하여 표준 차로 폭을 3.6m로 하는 것이 바람직하다고 판단된다.

3.3.4 중앙 분리대

1 중앙 분리대의 기능

중앙 분리대는 자동차 전용도로나 설계속도가 높은 도로 등에서 특히 필요하며, 기타

도로에는 경제성이나 용지 문제 등을 고려할 때 반드시 필요한 것은 아니다. 그러나 4차로 이상의 일반도로에도 중앙 분리대의 기능과 교통상황, 연도상황 등으로 미루어 보아 안전하고 원활한 교통을 확보하기 위하여 필요하다고 판단될 때에는 중앙 분리대를 설치하는 것이 바람직하다.

중앙 분리대의 기능은 다음과 같다.
① 왕복 교통류를 분리함으로써 자동차의 중앙선 침범에 의한 치명적인 정면 충돌사고 방지
② 비분리 다차로 도로에 있어서 대항차로의 오인을 방지한다.
③ 필요에 따라 유턴 등을 방지하여 교통류의 혼잡을 피함으로써 안전성을 높인다.
④ 도로표지 및 교통 관제시설 등을 설치할 수 있는 장소로 제공된다.
⑤ 평면 교차로가 있는 도로에서는 폭이 충분할 때 좌회전 차로로 전용할 수가 있어 교통처리에 유리하다.
⑥ 보행자에 대한 안전섬이 됨으로써 횡단이 안전하다.
⑦ 폭이 넓은 중앙 분리대를 설치하면 야간 주행시 전조등의 불빛을 차광할 수 있다. 폭이 좁더라도 식수나 차광망을 설치하면 전조등의 불빛을 차광할 수 있다.
⑧ 도로 중심선 측의 교통저항을 감소시켜 교통용량을 증대시킨다.

2 중앙 분리대의 구성

중앙 분리대는 분리대와 측대로 구성되며 분리대의 양측에 설치되는 측대의 기능은 다음과 같다.
① 본선 포장의 바깥쪽 부분이 자동차의 통행으로 인해 파손되는 것을 막는다.
② 차도 외측을 일정폭으로 명확하게 나타내어 운전자의 시선을 유도하고, 운전에 대한 안정성을 증대시킨다.
③ 주행상 필요한 측방 여유폭의 일부를 확보하여 차도의 효율성을 높인다.

중앙 분리대 등의 분리대에 노상시설을 설치하는 경우에는 시설한계를 고려하여 결정하여야 한다. 차로를 왕복 방향별로 분리하기 위하여 노면표시를 하는 경우는 각 노면표시 사이의 간격을 30cm이상으로 하여야 한다.

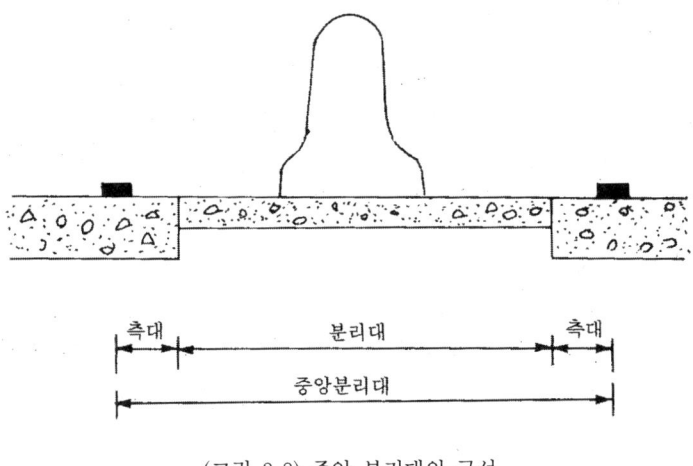

(그림 3.8) 중앙 분리대의 구성

③ 중앙 분리대의 형식과 구조

중앙 분리대는 왕복교통을 확실하게 분리해야 하기 때문에 분리대의 시설로서 방호시설을 설치하거나 연석을 설치한다. 그리고 분리대의 양측에는 측대를 설치해야 한다. 이 경우 측대의 폭은 설계속도가 80km/h 이상인 경우에는 0.5m 이상으로, 80km/h 미만인 경우에는 0.25m 이상으로 설치한다. (그림 3.9)은 우리나라 고속도로에 적용되고 있는 중앙분리대의 대표적인 형식이다.

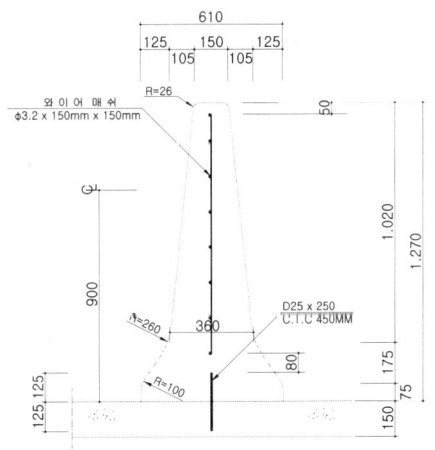

(그림 3.9) 우리나라 고속도로 중앙분리대
(단위 :mm)

4 중앙 분리대의 폭

중앙 분리대는 폭이 넓을수록 그 기능을 충분히 발휘할 수 있다. 예를 들면, 자동차가 차도를 벗어나서 중앙 분리대로 진입할 경우 중앙 분리대의 폭이 넓으면 회복할 여지가 크므로 대형 사고를 방지할 수 있고, 유지관리 작업 시 기계화 작업에도 편리하다. 그러나 우리나라와 같이 도로용지 취득이 어렵고, 용지 보상비가 클 경우 중앙 분리대 폭을 넓게만 할 수는 없다.

따라서 일반적으로 폭을 좁게 하고 차도면 보다 높게 분리대를 설치하는 것을 기본으로 하고 있다. 그러나 자동차 전용도로에서는 중앙 분리대를 차도면과 같이하여 중앙부에 분리용 방호시설을 설치하여 측대를 여유 있게 두는 형식의 분리대를 근래에 와서 많이 채용하고 있다.

형식	형태	중앙분리대 분리대(a)	중앙분리대 측방여유폭(b) (측방포함)	이용도로
콘크리트 방호벽	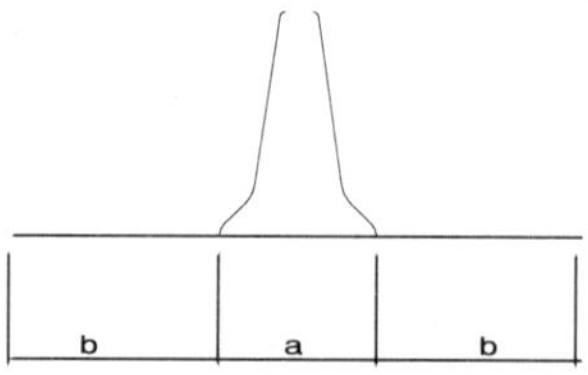	0.60	1.20 0.70 0.50	고속도로 도시고속도로 자동차전용도로
가드레일	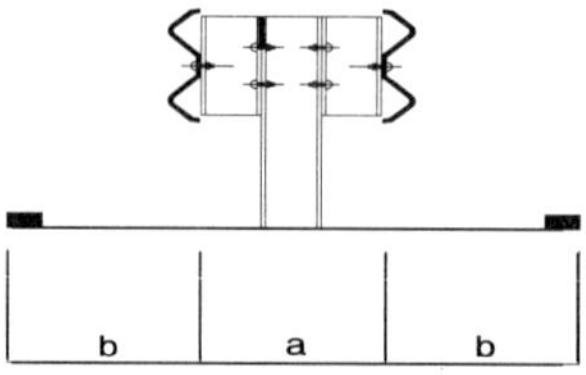	0.60	1.28 0.75 0.50	고속도로 도시고속도로 자동차전용도로
녹지대	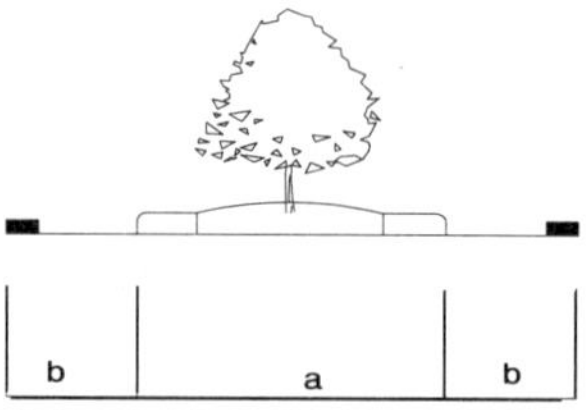	2.00 이상 1.00 이상 1.00 이상 1.00 이상	0.50 0.50 0.50 0.25	고속도로 도시고속도로 자동차 전용도로 주간선도로 이하
콘크리트 연석	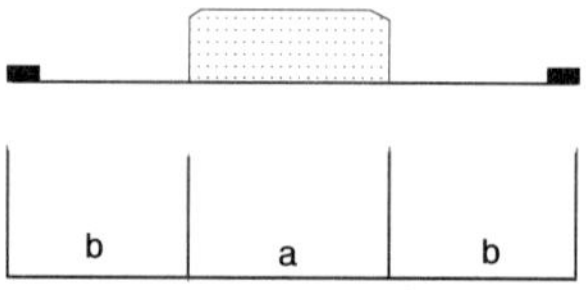	1.00 0.50 0.30	0.75 0.50 0.35	고속도로 연결로 주간선도로 보조간선도로

(그림 3.10) 분리대 시설물의 예

중앙 분리대의 표준 폭은 고속도로 3.0m, 도시고속도로 2.0m, 일반도로 1.5m 이상으로 한다. 또한 소형차도로의 경우 고속도로는 2.0m, 일반도로는 1.0m 이상으로 한다. 교차로에서 중앙 분리대 폭을 좌회전 차로로 전용할 경우 분리대의 폭을 최소한 3.0m 정도는 확보해야 한다.

〈표 3.3〉 중앙분리대의 최소폭

도로의 구분	중앙 분리대의 최소폭(m)		
	지방지역	도시지역	소형차도로
고속도로	3.0	2.0	2.0
일반도로	1.5	1.0	1.0

5 중앙 분리대 폭의 접속설치

중앙 분리대의 접속설치는 중앙 분리대의 폭이 변하거나 분리대가 확폭되는 경우에 행하게 되며, 이러한 접속설치는 상하행선이 분리된 터널과 같은 곳에서 자주 발생한다. 도로 중심선의 선형을 원활하게 보이게 하기 위하여 중앙 분리대 폭의 접속설치는 완화구간에서 하는 것이 좋다. 접속설치 구간의 길이는 원칙적으로 완화곡선 길이 ($K_A - K_E$ 사이)로 하고, 접속 설치율은 일정하게 유지시킨다.((그림 3.11) 참고)
단 중앙 분리대의 양단에 클로소이드 곡선을 쓰는 등 별도의 접속설치 방법을 고려한다.

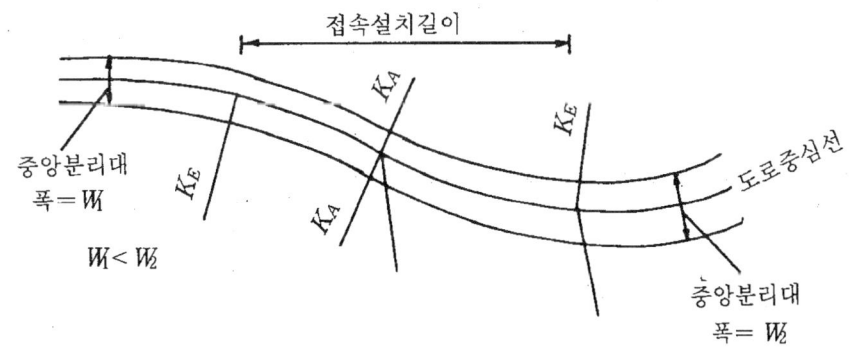

(그림 3.11) 중앙 분리대의 접속설치

3.3.5 길어깨

1 개요

길어깨(shoulder)란 유사시 정차하는 자동차 및 긴급자동차에 편의를 제공하고, 차도 포장부의 구조적 기능을 보호하기 위하여 본선 차로에 접하여 설치되는 도로 횡단구성의 일부분으로 정의할 수 있다. 길어깨(도로교통법에 의한 '갓길'을 말함)는 기능상 자동차 하중을 견딜 수 있어야 하고, 일반 도로일지라도 보행자, 자전거, 경운기 등이 쉽게 통행할 수 있도록 포장하는 것이 바람직하다. 특히 흙쌓기 구간에서는 도로 표면수의 집수를 길어깨에서 하므로 길어깨 끝에 연석을 설치하는 것이 바람직하다. 길어깨는 원칙적으로 차도면과 같은 높이로 설치하지만 보도가 없는 터널이나 장대교(100m이상) 또는 고가도로에서 턱을 두는 것이 보통이다.

길어깨의 형상은 차도 부분과 명확히 구분되고 될 수 있는 대로 편경사가 작은 것이 좋으나, 완전 주차방식을 택할 수 있는 토공 구간에서는 건설비 관계로 이 부분만은 표층을 시공하지 않고 노면배수의 수로로 쓰이는 설계를 표준으로 한다.

그러나 단계건설 구간과 길어깨 폭이 1.75m이하인 토공구간에서는 본래 수로로서 용량이 부족하고, 주행상으로도 한 단계 낮추는 것은 바람직하지 않으므로 동일한 편경사로 표층을 시공하는 것이 좋다. 구조물 구간의 중간에 끼어 있는 토공구간이 짧은 경우에는 그 접속 설치 부분에서의 통행이 불편하고 오목하게 보이므로 앞 뒤 구조물의 길어깨 형상과 조화를 이루도록 하여야 한다. 또 절토와 성토가 반복되는 구간에서의 길어깨 형상은 길어깨 선형의 연속성을 고려하여 동일 형상으로 하는 것이 바람직하다.

2 길어깨의 기능

길어깨의 기능은 크게 구조적기능, 교통기능 및 공간기능으로 나누어 생각할 수 있다.
1) 구조적 기능 : 차도부에 접속하여 보조기층, 기층 및 표층 등 본선 포장구조부를 보호
2) 교통기능

　　① 긴급 구난시 비상도로로 활용
　　① 고장차 등을 본선차도에서 대피시킴으로서 교통 혼잡을 방지하고 교통용량 증대
　　③ 자동차 운행 중 운전자가 필요시 일시 정차 가능
　　④ 측방 여유폭 확보로 교통용량 증대

3) 공간기능

① 노상시설 설치장소로 제공
② 유지보수 작업 공간 및 지하 매설물 설치 장소로 제공
③ 절토부 등에서 길어깨로 인한 시거 확보로 교통의 안정성을 증대
④ 보도가 없는 도로에서 보행자의 통행도로로 이용
⑤ 제설작업시 퇴설공간 제공
⑥ 우천시 노면 배수공간 제공

3 길어깨의 폭

1) 우측 길어깨 폭

차도 우측에 설치하는 길어깨의 폭은 사고 또는 고장 등을 일으킨 자동차가 주차할 수 있는 폭을 확보하는 것이 이상적이나 교통량에 따라서는 반드시 완전 주차할 필요는 없으며, 또 지형의 상황에 따라서 현저하게 비경제적으로 되는 경우가 있다. 이와 같은 경우에는 주행에 필요한 최소한도의 측방여유만 확보하고, 긴급주차를 위해서는 적당한 간격으로 비상 주차대를 설치할 수도 있다. 차도 우측에 설치되는 길어깨의 폭은 설계속도 및 도로구분에 따라 〈표 3.4〉의 값 이상으로 한다.

차도 우측 길어깨는 지형상 부득이한 곳에서는 0.75m까지 줄일 수 있으며, 오르막 차로 및 변속차로를 설치하는 부분과 일방향 2차로 이상의 교량, 터널, 고가도로 및 지하차도에서는 0.5m까지 축소할 수 있다. 다만 길이 1,000m 이상의 터널 또는 지하차도에서 오른쪽 길어깨를 2.0m 미만으로 하는 경우 최소 750m 마다 비상주차대를 설치하여 비상차량 및 고장차량의 대피공간을 확보하여야 한다.

〈표 3.4〉 우측 길어깨의 최소폭(m)

도로의 구분	지방지역		도시지역	소형차도로
고속도로	3.00		2.00	2.00
일반도로	설계속도 (km/h)	80이상 2.00 60이상 1.50 80미만 1.00 60미만	1.50 1.00 0.75	1.00 0.75 0.75

2) 좌측 길어깨 폭

차도가 분리된 분리도로(분리차도) 또는 일방통행 도로에서는 주행에 필요한 측방여

유를 확보하기 위해 차도의 좌측에 길어깨를 설치하여야 한다.

좌측 길어깨는 우측 길어깨와는 달리 긴급 자동차의 통행에 이용되기보다는 측방여유폭을 확보한다는 데 의미가 있으므로 우측 길어깨의 폭보다 좁은 폭으로도 이러한 효용을 다할 수 있다.

고속도로와 같은 경우 땅깎기 구간에서 L형 측구를 설치하게 되면, L형 측구의 저판폭 1.0m와 최소 측대폭 50cm를 합하여 총길어깨 폭은 1.5m가 된다 길어깨폭이 이보다 좁아지면 규정된 최소 측대폭을 확보할 수 없어서 도로 포장단이 파괴될 위험이 크다. 또 흙쌓기 구간에서는 규정된 최소 길어깨폭을 확보할 수 있지만, 양방통행이 가능한 도로구간과의 접속 등을 고려하여 좌측 길어깨의 최소폭은 1.5m를 적용하는 것이 바람직하다. 좌측 길어깨의 폭은 설계속도와 도로의 구분에 따라 〈표 3.5〉의 값 이상으로 한다.

〈표 3.5〉 좌측 길어깨의 최소폭(m)

도로의 구분			좌측 길어깨 최소폭	
			일반도로	소형차도로
고속도로			1.00	0.75
일반도로	설계속도 (km/h)	80이상	0.75	0.75
		90미만	0.50	0.50

3) 길어깨의 확폭

「도로의 구조.시설기준에 관한 규칙 해설」에서는 땅깎기 구간에 L형 측구의 저판폭도 길에깨에 포함시키도록 규정하고 있다.

그러나 L형 측구의 저판폭의 횡단경사가 일반적으로 10%로서, 길어깨의 횡단경사와 일치하지 않아 비상자동차의 주행시 안전에 문제가 있고, L형 옹벽설치로 시거가 부족한 경우가 있으므로, 땅깎기 구간의 곡선부에서는 길어깨의 폭을 넓히는 것을 신중히 검토하여야 한다. 특히 터널과 장대교의 전후 100m구간에는 고장차의 비상주차를 위한 공간확보를 위하여 길어깨를 확폭하는 것이 바람직하다.

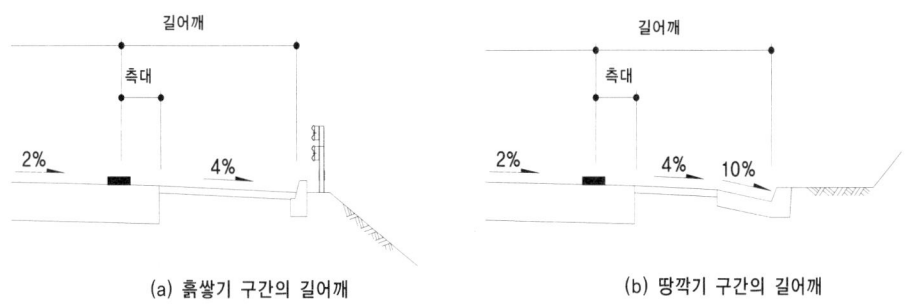

(그림 3.12) 길어깨의 예(고속도로)

4) 길어깨의 생략 또는 축소

보도 등을 설치하는 일반도로 또는 시가지 가로와 가변차로로 일시적인 운행이 필요한 경우에는 차로에 접속하여 길어깨를 별도로 설치하지 않아도 좋다. 그러나 길어깨를 생략하는 경우에도 최소한 측대에 해당하는 폭은 0.5m 정도 확보하는 것이 바람직하다. 다음 조건인 경우에는 우측 길어깨를 축소 또는 생략할 수 있다.

① 도시지역 시가지 도로 또는 가변차로 운영시 비상 정차대를 설치하는 경우

    도시지역 도로 등에서 도로의 주요 구조부를 보호하고 차도의 기능을 유지하는데 지장이 없는 경우 차도에 접속하는 길어깨를 생략 또는 축소할 수 있다.

(그림 3.13) 길어깨의 생략(예)

② 일반도로 또는 시가지 가로에 보도 등을 설치하는 경우
  일반도로에 정차대 또는 중앙분리대가 설치되는 경우, 혹은 보도, 자전거도로 또는 자전거·보행자 겸용도로가 설치된 경우는 길어깨 폭을 축소하거나 혹은 설치하지 않을 수가 있다. 길어깨가 없는 도로에 있어서는 차도의 외측에 0.25m의 턱을 형성할 수 있다.

4 길어깨 폭의 접속설치

길어깨 폭이 변하는 곳에서는 원활한 길어깨 폭의 접속설치를 위해 접속 설치율을 1/30 이하로 하는 것을 원칙으로 한다. 단 주변여건 등이 여의치 않을 경우, 최대 접속설치율로서 도서지역에서는 1/10, 지방비역에서는 1/20로 할 수 있다.

5 길어깨 측대

측대는 길어깨의 일부로서 차도에 접속되어 설치되며, 시선유도 및 측방여유의 일부로서 차도의 효용성을 높이는 것을 목적으로 하고 있다.
따라서 그 폭을 변화시키는 것은 될 수 있는 한 피하고 일정한 폭으로 하는 것이 좋다. 길어깨 측대의 기능은 중앙 분리대 측대의 기능과 동일하다.
「도로의 구조·시설기준에 관한 규칙」에서는 측대의 폭을 설계속도에 따라 〈표 3.6〉의 값 이상으로 규정하고 있다.

〈표 3.6〉 길어깨 측대의 최소폭

설계 속도(km/h)	측대의 최소폭(m)
80이상	0.50
80미만	0.25

6 보호 길어깨

보호 길어깨는 포장구조 및 노체를 보호하기 위하여 도로의 제일 바깥쪽에 설치하는 부분으로서 방호책, 도로표지 등을 설치하는 장소가 되며, 시설한계 및 유효폭원에는 포함되지 않는다. 고속도로 설계시에는 보호 길어깨의 폭으로 성토부 0.5m, 절토부 1~2m를 표준적으로 적용하고 있다.

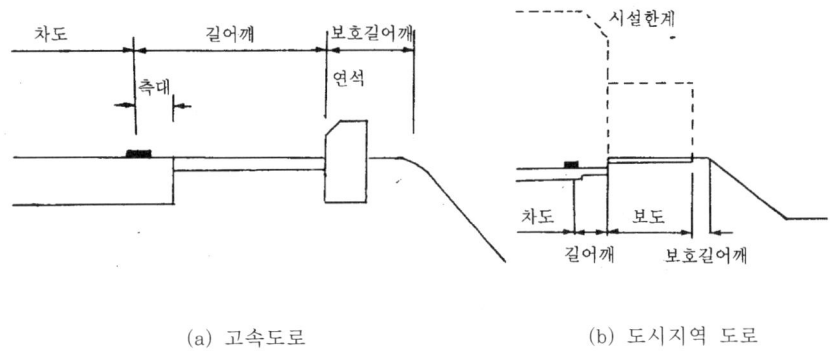

(a) 고속도로　　　　　　　　(b) 도시지역 도로

(그림 3.14) 보호 길어깨

7 길어깨 차로제

차로제어시스템(LCS ; Lane Control System)이라고도 하며, 도로의 교통량 증가로 인한 지·정체 발생시 운영책임자가 교통상황을 판단하여 가변차로를 운영함으로써 도로의 교통용량을 증대시켜 지·정체 완화효과를 가져올 수 있도록 한 단기적인 교통소통 기법이다.

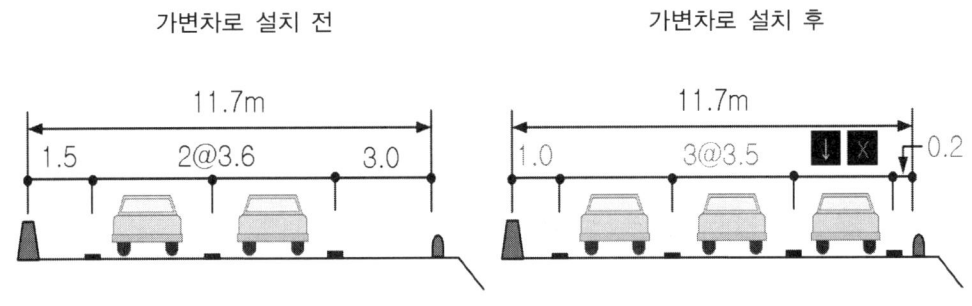

(그림 3.15) 길어깨 차로제 횡단구성 예시

길어깨 차로제는 평일 출퇴근 시간대 및 주말 여가 교통량 등 일시적 교통량 증가에 따른 고속도로 혼잡완화를 위하여 장기간이 소요되는 도로신설 및 확장사업 시행전에 단기대책으로 적용하며 설치 대상구간은 아래와 같다
① 지정체 구간으로 장래 확장계획이 없거나 장기 지연되는 경우
② 병목이 발생하는 단구간(IC~IC, IC~Jct, IC~휴게소 등)의 교통량이 과다한 경우
③ 긴급상황을 대비한 비상주차대 설치 공간이 확보되는 경우
④ 정체구간의 하류부 차로수가 증가하는 경우(2→3, 3→4차로 등)

길어깨 차로제의 운영기준은 고속도로의 경우 운영구간의 최고 15분간 평균주행속도가 70km/hr 이하시에 운영되며, 지·정체 해소시, 교통사고 등 돌발상황 발생시, 대설주의보 및 호우경보 발효시, 시정거리 250m 이하의 안개발생시는 통행을 제한 한다.

길어깨 차로제는 안전시설 설치후 길어깨를 가변차로로 변환, 차로로 활용하여 도로용량을 증대시킬 수 있으며 이를 위하여 설치되는 안전시설은 가변정보표지판(VMS), 비상주차대, 신호기, 안내표지 등이 있다.

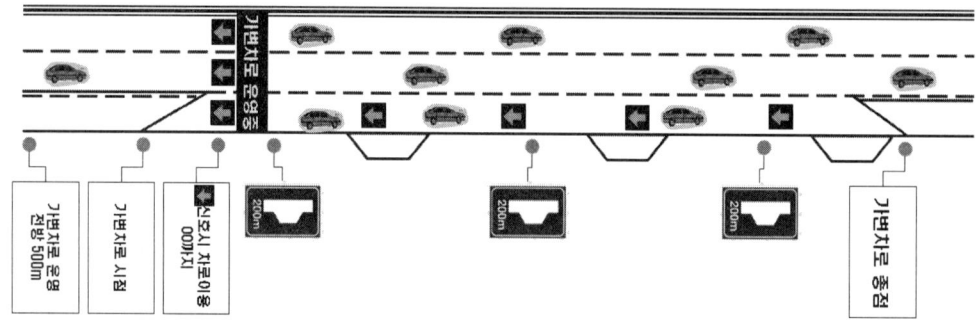

- 시점부 문형식 VMS(LCS) 설치
- 비상주차대(750m 간격) 및 LCS 신호기(500m 간격) 설치

(그림 3.16) 안전시설 설치 개요도

3.3.6 적설지역의 노측 여유폭

1 개 요

1) 적설지역

적설지역이란 최근 5년 이상의 최대 적설깊이의 평균이 50cm 이상인 지역 또는 이에 준하는 지역을 말한다. 적설지역에서는 강설시에 원활한 교통소통을 위하여 일반적으로 기계를 이용한 제설작업이 시행된다. 적설지역 도로의 횡단면 구성은 (그림 3.17)과 같다.

2) 노측 여유폭

도로의 제설은 보통 기계로 하는데, 눈이 조금 내렸을 때는 일반적으로 제설기를 이용하여 노면에 쌓인 눈을 길어깨 방향으로 제설(1차 제설)한다. 이와 같이 임시로 노면의 눈을 퇴설하기 위한 장소를 제설 여유폭이라 한다.

이렇게 퇴설된 눈을 다음에 내릴 눈에 대비하여 로터리 제설차로 측방으로 확폭제설(2차 제설)한다. 그리고 이와 같이 확폭제설에 필요한 퇴설장소를 퇴설 여유폭이라 한다. 그리고 눈이 많이 내렸을 경우에는 트럭에 실어서 퇴설장으로 운반한다(운반제설).

눈이 많은 지역에는 필요에 따라 제설 여유폭과 퇴설 여유폭을 둘 수 있으며, 이 두 가지를 합하여 노측 여유폭이라 한다.

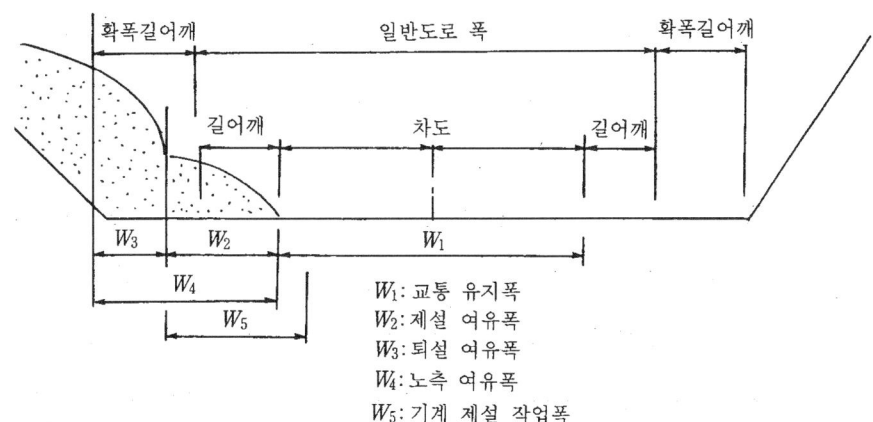

(그림 3.17) 적설지역 도로의 횡단면 구성

2 땅깎기부의 노측 여유폭

땅깎기부의 노측 여유폭을 확보하는데 고려해야 할 사항은 다음과 같다.

(1) 적설깊이의 변화가 큰 구간에서는 동일한 노측 여유폭을 사용하는 것이 바람직하기 때문에 설계 적설깊이는 대상구간 내의 최대치로 한다.
(2) 노측 여유폭을 변화시키는 경우에는 인터체인지, 휴게소, 주차장, 교량, 고가, 터널 등 도로구간이 변하는 장소를 변화점으로 하는 것이 바람직하다.
(3) 동일한 노측 여유폭으로 설계하는 구간의 길이는 2km이상으로 하는 것이 바람직하다.
(4) 노측 여유폭의 경우 길어깨폭 3.0m까지는 길어깨와 같은 포장을 하고, 3.0m를 넘는 퇴설 확폭부의 보호 길어깨부는 마운드 업, 콘크리트 실 등을 한다.
(5) 터널입구 부근에서 제설하는 경우, 기계제설한 눈이 터널 내로 유입되지 않도록 터널앞에 퇴설공간을 확보할 필요가 있다. 터널갱구 앞과 노측 여유폭은 터널입구까

지 앞쪽의 땅깎기부와 동일한 폭을 확보하는 것을 원칙으로 하지만 터널내에도 눈이 유입되거나 날리는 눈의 처리를 고려하여 지형상, 경제상 허용하는 범위에서 가능한 한 넓게 확보하는 것이 바람직하다.

(6) 길어깨의 접속을 위한 방호책의 접속율은 1/30 이하로 하여 눈이 많을 경우에 적절히 분할하여 작업이 이루어질 수 있도록 설치 제거가 가능한 구조로 한다.

③ 오르막 차로부터 노측 여유폭

겨울철 교통량이 감소하여 교통용량상 일반 차도 폭으로 자동차 통행에 지장이 없는 경우에는 오르막 차로부를 퇴설부지로 이용하는 것이 가능하다. 따라서 원칙적으로 오르막차로 설치구간에는 제설을 위한 확폭을 하지 않는다. 단, 겨울철에도 교통량이 많아서 오르막차로의 운영이 필요한 곳에는 소정의 노측 여유폭을 확보할 수 있다. 노측 여유폭은 앞 뒤 구간의 땅깎기부 전폭이 오르막 차로부(땅깎기부)의 전폭보다 넓은 경우에는 앞뒤의 폭과 같은 폭을 확보한다.

④ 흙쌓기부터의 노측 여유폭

흙쌓기부에서는 일반적으로 흙쌓기 비탈면에 제설한 눈을 퇴설시키기 때문에 퇴설확폭을 하지 않는다. 그러나 1차 제설 또는 2차 제설에 의해 눈이 날릴 위험이 있는 낮은 흙쌓기부나 비탈면이 짧은 곳에서는 퇴설부지로 비탈면에서 7.0m폭 정도의 용지를 확보한다. 또, 본선의 구조나 용지면에서 7.0m의 용지폭을 확보할 수 없는 곳에서는 주변의 상황을 감안하여 비설 방지망이나 울타리를 설치하는 것이 바람직하다.

⑤ 교량과 고가부의 노측 여유폭

1) 통행가능폭(교통확보폭)

2차 제설시에 도로 밖으로 직접 배설할 수 없는 경우(예를 들면, 고가에 인접해서 가옥이 연속하여 있는 경우, 도로나 철도가 병행하여 있는 경우, 하천에 눈을 떨어뜨릴 수 없는 경우 등) 2차 제설은 운반배설로 한다.

운반배설은 트럭을 로터리 제설차의 옆에 대기시켜서 운반하는 방법을 이용하기 때문에, 로터리 차에 의한 길옆으로의 투설과 비교하면 제설 속도가 늦어서 도로교통에 큰 장애가 된다. 또 운반배설은 로터리 차에 의한 투설과 비교하면 작업인원과 작업기계가 많이 필요하고, 적절한 시기에 작업을 시행하기가 곤란하여 퇴설기간이 길어지는 경향이 있다. 따라서 2차 제설시에 교량과 고가의 밖으로 투설 할 수 없는 곳에서는 운반배설을 고려한 폭의 검토가 필요하다.

2) 적용상의 유의점

교량과 고가부의 노측 여유폭을 확보하는 데 유의해야 할 사항은 다음과 같다.

① 교량과 고가는 공사비가 비싸기 때문에 교통량이 적은 구간(공용 개시 5년 후의 교통량이 5,000대/일 미만)과 비분리 2차로 도로에 대해서는 퇴설확폭을 실시하지 않는 것을 원칙으로 한다.

② 길옆에 쌓은 눈의 운반배설은 안전성, 경제성에서 반드시 효율이 좋은 작업은 아니므로 가능하면 교량과 고가 아래로 퇴설을 위한 측방용지를 확보해서 투설을 하는 것이 바람직하다. 투설을 위한 측방용지의 폭은 교량 또는 고가의 높이가 낮고 바람이 약한 곳에서는 7m, 그 밖의 곳에서는 교량과 고가 끝 부분에서 10m를 확보한다.

③ 적설깊이가 3.0m를 넘는 지역에서는 일설량이 커서 2차 제설시는 물론이고 1차 제설 후에도 통행가능 폭이 아주 좁기 때문에 길이가 100m이상인 장대교에서는 0.75~1.0m의 노측 여유폭을 확보한다. 또 이러한 지역에서 연도의 상황, 설빙작업 등을 검토한 후에 노측 여유폭 외에 추가로 측방용지를 확보할 수 있다.

3.3.7 환경 시설대

1 개요

환경 시설대는 교통량이 많은 도로주변 지역의 환경을 보존하기 위하여 도로 바깥쪽에 설치된다. 환경 시설대의 구성 요소에는 길어깨, 식수대, 측도, 방음벽, 보도 등이 있다.

2 환경 시설대의 설치 요건

환경 시설대는 양호한 도로교통 환경의 제공과 도로 주변지역의 양호한 생활환경 확보를 목적으로 하고 있으므로, 이러한 관점에서 환경 시설대의 설치요건을 살펴보면 다음과 같다.

① 양호한 도로교통 환경을 제공하기 위하여 4차로 이상의 도로에는 환경 시설대의 설치를 고려한다.

② 도로 주변지역이 주거를 목적으로 한 지역이어서 양호한 주거환경을 확보할 필요가 있을 경우, 환경 시설대의 설치를 고려한다.

③ 환경 시설대의 폭

고속도로의 경우 차도의 양끝에서 폭 20m정도의 환경 시설대를 설치한다. 단, 연도 건축물이 높게 지어져 있어서 차음 효과가 있거나, 도시지역으로서 용지취득이 어렵거나, 땅값이 비싸서 20m의 폭을 확보하는 것은 경제성 측면에서 불합리하다고 판단된 때에는 환경 시설대의 폭을 10m정도로 줄여서 확보할 수 있다.

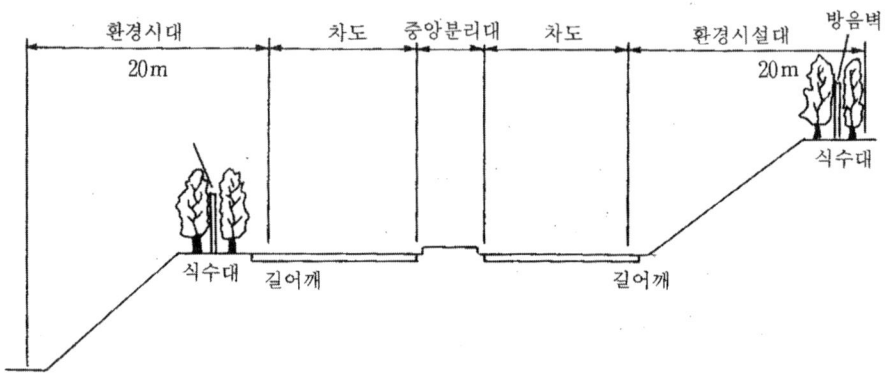

(그림 3.18) 환경 시설대가 설치된 도로의 횡단면

하천, 철도 등의 지형상황 때문에 10m 또는 20m폭의 환경 시설대를 설치하기가 매우 곤란한 경우에는 지형여건을 감안하여 필요한 폭을 적절하게 확보한다.

3.3.8 식수대

① 식수대의 기능

식수대의 기능은 양호한 도로교통 환경제공과 도로주변 지역의 쾌적한 생활환경 유지의 두 가지로 대변할 수 있다. 이들 기능의 구체적인 내용은 다음과 같다.

1) 양호한 도로교통 환경제공

　① 운전자의 시선을 유도한다.
　② 도로 이용자에게 불쾌감이나 부조화된 느낌을 차단하고 현광을 방지한다.
　③ 운전 잘못으로 길에서 벗어난 자동차의 충격을 완화시킨다.
　④ 도로 주변경관과의 조화를 도모하고, 지역전체의 미관을 향상시킨다.

2) 도로 주변지역의 쾌적한 생활환경의 유지

　① 자동차의 배출 가스, 먼지, 매연 등을 흡착, 침전시켜 대기를 정화시킨다.
　② 도로교통 소음을 경감시킨다.
　③ 자동차 교통을 시각적으로 차단한다.
　④ 노면의 복사열을 차단함과 동시에 수목에서의 수분 증발에 의해 주변 온도의 상승을 완화시킨다.

2 식수대의 폭

「도로의 구조・시설기준에 관한 규칙 해설 및 지침」 에서는 1.5m를 식수대의 표준 폭으로 제시하고 있는데, 나무의 종류와 배치 그리고 횡단면 구성요소와의 균형을 고려하여 1.0m이상, 2.0m이하의 폭으로 할 수 있도록 융통성을 부여하고 있다. 예를 들어 고속도로의 경우 연도의 양호한 생활 환경의 확보를 위해서는 다른 조치를 종합적으로 감안하여야 되기 때문에 1.5m는 충분한 폭이 되지 못한다.

그리고 도시부 또는 명승지를 통과하는 구간, 주거지가 밀집된 곳이나 장래 주거지가 밀집될 것으로 예상되는 지역을 통과하는 구간에서도 당해 구간의 구조와 교통의 상황을 고려하고 양호한 도로 교통 환경의 정비와 연도지역의 양호한 생활환경의 확보를 위해 다른 조치를 종합적으로 감안하여 필요하다고 인정되는 경우에는 1.5m를 넘는 적절한 값을 사용하도록 하고 있다.

식수대는 반드시 환경시설대의 설치요건을 만족시키지 않아도 되는 지역에도 연도의 양호한 생활환경의 확보가 필요하다고 판단되면 설치되는 경우가 있고, 식수대의 폭 역시, 다른 조치를 종합적으로 감안하여 1.5m를 넘는 적절한 폭으로 하는 것이 바람직하다.

3 도로의 녹화

1) 도로녹화와 환경보전

도로녹화는 환경보전과 도로기능의 향상을 목적으로 도로구역 내의 기존 수목을 보존하거나 새로이 식재하고 관리하는 것으로, 쾌적한 도로환경이 정비를 통하여 도로 주변의 자연환경과 생활환경을 보전하는 것을 목적으로 한다. 도로녹화는 도로경관의 향상, 연도의 생활환경 보전을 도모하기 위하여 쾌적성과 안전성의 확보 및 자연환경 보전에 투자하는 것으로, 도로의 규격과 구조, 도로교통 특성 등 도로계획에 관련되는 사항, 기상조건・연도조건・토지이용・역사문화자연 등 지역 특성에 관련되는 사항을 파악하여 녹화의 목표를 설정하여야 한다.

〈표 3.7〉 환경시설대를 포함한 식재지의 기본배치 원칙

식재지	기 본 배 치
식수대	식수대를 설치할 경우 폭원은 1.5m 이상을 표준으로 함
보도	보도 등에 가로수를 식재하고 식수공간을 설치할 경우 도로의 구분에서 정하는 폭원에 원칙적으로 1.5m 이상을 더한 값을 확보함
분리대·교통섬	분리대와 교통섬에 있어 폭원이 1.5m 이상인 경우에는 교통시거 확보에 장해가 되지 않는 범위에 식재지를 설치함
도로법면	도로법면에는 법면의 안정을 저해하지 않는 범위에 식재지를 설치하는 것이 바람직함
환경시설대	환경시설대에는 식재지로서 식수대를 확보하고 그 경우 식수대의 폭은 환경시설대의 폭원이 10m인 경우에는 3m 이상, 20m인 경우에는 7m 이상이 되도록 하는 것이 바람직함
인터체인지	인터체인지에는 교통시거 확보에 장해가 되지 않는 범위에 식재지를 설치하는 것이 바람직함
서비스 지역 주차지역	서비스 지역이나 주차지역에는 교통시거 확보에 장해가 되지 않는 범위에 식재지를 설치하는 것이 바람직함

2) 도로녹화의 기능

도로녹화에 따른 기능은 경관향상 기능과 녹음형성기능 등 여러 가지로 구분될 수 있으며 개개의 도로식재는 이들 기능 중 두 가지 이상 갖출 수 있도록 녹화기능이 복합적으로 발휘되어야 하며, 주변 환경과 조화를 통한 친화적인 도로환경이 조성되어야 한다.

〈표 3.8〉 도로녹화의 기능에 따른 배식형태

녹화기능		배 식
경관향상 기 능	장식기능	식재형식은 주변경관과 조화를 이루도록 결정하며 규칙식 배식과 자연식 배식을 주변환경과 조화되도록 나무의 높이를 조합하여 식재구성
	차폐기능	자연식 식재로 주변 환경과의 조화를 이루도록 계획하며, 중간높은나무와 지피식물을 조합하여 식재구성
	경관통합기능	규칙식 식재가 기본으로 규모가 클 경우에는 자연식 식재로 하며 높은 나무를 주축으로 단순한 식재구성
	경관조화기능	식재형식은 자연식 식재로 하고 식재구성은 낮은 나무를 주축으로 하여 중간·높은 나무를 조합하고 적절하게 지피식물을 반영

〈표 3.8〉 도로녹화의 기능에 따른 배식형태(계 속)

녹화기능		배 식
생활환경 보전기능	소음저감기능 대기정화기능	식재형식은 주변경관과 식재지의 폭에 맞도록 결정하고 식재구성은 높은나무, 중간나무와 낮은나무 등에 따라 3층 이상으로 하는 것이 바람직하며, 형상이 다른 수종도 조합하여 다층구조로 구성
녹음형성 기 능	생활환경 향상기능	식재형식은 주변경관과 식재지의 폭에 맞도록 결정하고 식재구성은 높은나무와 낮은나무로 1층, 2층 구조의 비교적 느슨한 상태로 구성
교통안전 기 능	차광기능	식재형식은 협소한 식재지에는 규칙식 식재를 일반적으로 적용하며 비교적 넓은 식재지가 확보되어 있는 경우는 자연식 식재를 채택하고, 교차점 지점 등은 상황에 따라 높은 나무 등을 조성
	시선유도기능	식재형식은 규칙식 식재가 일반적이며 식재구성은 중간나무 다음에 높은나무의 상태로 식재하여 연속성을 확보하고 동일한 규격의 나무를 동일한 간격으로 식재
	교통분리기능	식재형식은 규칙식 식재가 일반적이며 자연경관을 뛰어나게 하고자 하는 구간에 식재지의 폭이 넓을 경우에는 자연식 식재를 적용
	표식기능	주변의 식재수목이 대응되게 하는 것이 필요하며, 그 전후와 상이한 식재형식이면 큰 형상 치수의 수목을 독립수목으로 식재
	충격완화기능	식재형식은 주변경관과 식재지의 폭에 맞게 결정하며, 식재구성은 중간나무와 낮은나무의 2층 구조가 바람직하고 자동차의 주행속도가 높아지는 지점에는 대규모로 배식
자 연 환 경 보 전 기 능		식재형식은 주변 자연경관과의 조화를 고려한 자연식 식재가 바람직하며, 식재구성은 산림보전의 관점에서 마운드 식재, 중간나무와 낮은나무의 2층 구조로 구성
방 재 기 능		식재형식은 자연식 식재가 바람직하며, 식재구성은 모래나 눈이 날리는 것을 방지하는 것을 목적으로 할 경우 수림의 효과가 기대될 수 있도록 구성

3) 도로녹화와 식재조건

도로녹화의 설계는 계획의 기본이 되는 식재기반 등 식재지에 관련되는 기온, 강우량, 바람 등 기상조건을 충분히 파악하여 도로식재의 양호한 생육을 도모하기 위한 조건을 정비하는 것이 중요하며, 다음의 여러 가지 조건들을 종합적으로 감안하여 식재형태, 장소, 범위 및 수종 등을 결정하여야 한다.

<표 3.9> 도로녹화시 고려되어야 하는 식재조건

도로녹화의 조건	고려되어야 할 식재조건
지상공간에 관련된 조건	도로의 폭원구성, 포장구조, 교통안전시설, 도로점용물, 연도조건, 교통상황 등
지하공간에 관련된 조건	식재지의 규모, 유효토층의 깊이, 지하수위, 전력·통신·상하수도 등 지하매설물
지역특성에 관련된 조건	기온, 바람, 강수량, 강설 등 지역의 기상조건
유지관리에 관련된 조건	병충해 발생, 수종의 종류, 유지관리의 용이성 등

3.3.9 경관도로

경관도로는 기존도로의 경우 단순한 이동통로가 아닌 노선별, 지역별 특성을 반영한 휴식공간, 조망공간, 문화공간으로서의 새로운 도로를 구현하기 위한 테마가 있는 아름다운 도로를 조성하는 것을 목표로 정비하며, 신설도로의 경우 노선선정 단계부터 경관자원을 고려한 노선선정을 수행하여 선형계획에서부터 구조물계획, 비탈면계획, 연도시설계획까지 경관을 고려한 경관도로를 조성하는 것을 목표로 한다.

1 경관자원에 따른 경관도로의 유형

경관요소에 의한 경관의 분류는 경관자원의 특성에 따라 크게 자연경관과 인공경관으로 구분하며, 자연경관은 녹지경관과 수변경관으로, 인공경관은 역사문화경관과 생활경관으로 구분한다.

녹지경관은 산, 능선 등의 산림·계곡경관과 전원지경관 등으로 구분되며, 수변경관은 하천, 강 등의 하천경관과 호수 등의 호수경관, 그리고 바다, 섬 등의 해안경관으로 구분되고 역사문화경관은 사적지경관과 전통취락지경관, 문화경관으로 구분하며, 생활경관은 마을(주거지)경관과 위락지 경관으로 구분한다.

〈표 3.10〉 경관자원 요소에 의한 경관도로 유형

구 분		세 부 요 소
자연경관	녹지경관	• 산악지역(산림·계곡) • 전원지역
	수변경관	• 하천지역 • 호수지역 • 해안지역
인공경관	역사문화경관	• 사적지역 • 전통취락지역 • 문화지역
	생활경관	• 마을(주거)지역 • 위락지역

(그림 3.19) 산악지역의 녹지경관과 수변지역의 수변경관

2 도로특성에 따른 경관도로의 유형

도로의 성격은 도로의 규격, 지역의 특성, 주변환경, 교통의 질과 양 등에 따라 서로 다르지만 경관적 관점에서는 경관이 수려한 도로, 지역을 대표하는 도로, 도시적 이미지의 도로, 역사문화의 도로, 고풍이 있는 도로 등과 같이 지역환경과 그것을 이용하는 사람의 성격 등에 따라 파악한다.

경관이 수려한 지역의 도로나 지역을 대표하는 거리, 명승지의 도로는 해당되는 도로와 지역의 개성을 표현할 필요가 있으므로 적극적인 경관 창출을 시도한다.

도로의 경관설계를 수행할 때에는 대상도로가 가지고 있는 개성을 고려하여 그 개성을 표현하는 것에 대해서 생각하여야 하며, 도로의 성격에 따라 다음과 같이 구분할 수 있다.

〈표 3.11〉 도로의 특성에 따른 구분

지역구분	특성구분	비 고
지방지역	산악지역 도로 전원지역 도로 수변지역 도로 역사문화지역 도로 일반지역 도로	하천, 호수, 해안
도시지역	지역을 대표하는 거리 역사문화의 거리 도시의 중심거리 일반적인 거리	번화가

(그림 3.20) 지역특성을 나타내는 경관이 수려한 도로

3 경관도로의 계획

1) 노선선정의 방향

경관도로의 노선을 선정하는 것은 지역의 개성적이고 양호한 경관을 도입하여 경관도로가 지역경관을 구성하는 요소로써 지역경관과의 조화를 고려하는 것이 최우선으로, 대상노선의 경관테마를 활용한 노선계획으로 전체적으로 연속성이 있는 시퀀스 경관을 조성하여야 한다.

① 경관자원의 보전
- 원시적 자연환경 보존 지역
- 녹화복원이 힘든 지형
- 뛰어난 경관자원 보존 지역

② 경관자원의 활용
- 랜드마크가 되는 요소 고려
- 변화 있는 노선의 특성 고려
- 연도 경관자원 고려

③ 지역경관의 창출
- 노선특성을 반영한 기조경관의 구축
- 구간특성을 반영한 기조경관의 전개
- 지점특성을 반영한 기조경관의 강조와 대비

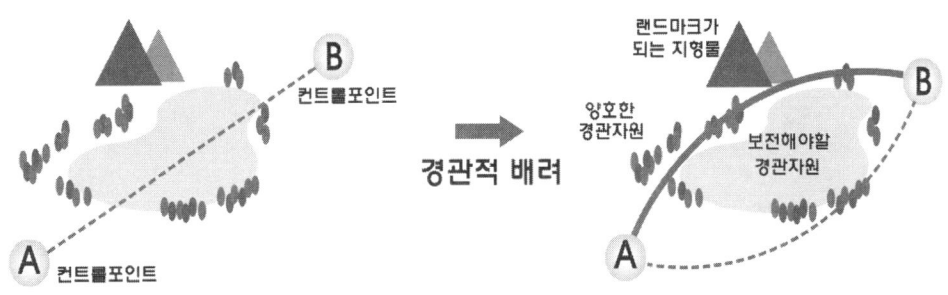

(그림 3.21) 경관을 고려한 노선선정

2) 선형계획의 방향

선형계획에서는 평면선형과 종단선형의 계획에서 조화를 이루고 횡단구성 등을 종합적으로 연계시키는 것을 고려하며, 도로주행자에 적질한 변화와 시각적 흥미를 유발시키는 도로경관이 확보되도록 한다.

① 쾌적한 주행성을 확보하는 선형계획
- 시각적 흥미를 유발시키는 경관변화를 제공
- 내부경관과 외부경관이 조화되는 연속경관의 연출을 고려
- 통과하는 지역의 지형변화를 최소화 하는 계획

② 평면선형과 종단선형계획의 조화
- 평면선형이나 종단선형을 조정하여 지형변화를 최소화 하는 선형계획
- 지형변화를 최소화 하고 녹지축을 끌어 들이는 선형계획

③ 도로특성에 따른 선형계획
- 산악지역 : 지형변화 저감, 연속경관 연출
- 전원지역 : 주변지형과 조화, 전원풍경의 도입
- 수변지역 : 전망을 고려한 휴게소, 수변생태계 고려
- 해안지역 : 연속경관, 기상변화, 조망성 고려
- 역사문화지역 : 접근성 및 인지성 향상, 역사문화적 랜드마크 설치

④ 선형의 시각적 자연스러움이 확보되는 계획
- 시각적 자연스러움 확보와 선형의 급변화 최소화, 완화곡선 삽입
- 투시형태상 도로선형이 보이지 않는 상태를 피함
- 운전자의 심리적 영향을 고려한 시각적 연속성 유지

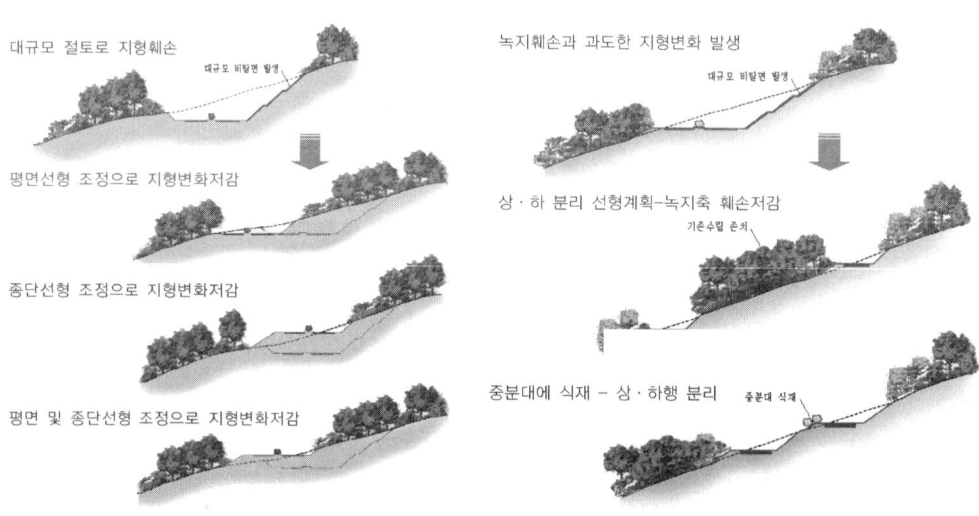

(그림 3.22) 평면선형과 종단선형의 조화

(a) 선형이 단절되어 운전자가 도로의 (b) 운전자가 도로의 선형을 알 수 있는 상태
    선형을 알 수 없는 상태

(그림 3.23) 시각적 자연스러움이 확보되는 선형계획

⑤ 연속경관이 연출되는 도로선형
- 도로를 주행하는 운전자의 시선방향에 따라 연속경관이 연출되도록 결정
- 랜드마크(landmark)가 되는 산이나 대규모 경관자원이 있을 경우 그 대상을 연속경관의 가운데로 끌어들이는 선형 계획

3.3.10 측도

1 개요

자동차의 출입이 특정지역에 국한되는 고속도로의 경우, 도로 주변의 토지 이용도를 높이기 위해 본선 차도와 평행하게 측도를 설치하는데, 외국의 경우 주로 일방통행으로 운용하여 자동차의 고속주행과 함께 토지의 이용 효율을 높이고 있다. 특히 자동차 전용도로가 도시지역을 통과할 때에는 교통의 분류와 합류의 목적으로 측도 설치를 권장하고 있다.

2 측도 설치 기준

측도는 본선의 차로수가 4차로 이상인 지방지역 또는 도시지역 도로에서 연도의 자동차 출입이 본선의 자동차 통행에 지장을 주는 경우에 설치된다. 측도는 일반적으로 선형, 경사 등이 제한된 높은 규격의 도로에서 필요로 하므로, 계획 교통량이 비교적 많은 4차로 이상의 자동차 전용도로 또는 간선도로에 필요에 따라 설치한다.

도로 주변지역에서 본선 도로로의 출입을 확보하는 방법으로는 측도 설치 이외에 다른 도로를 이용하게 하는 방법이 있을 수 있으므로 측도의 설치는 출입이 방해되는 정도와 도로 주변지역의 교통 수요등을 고려하여 설치 여부를 검토해야 한다.

③ 측도의 횡단면 구성

측도의 폭은 3.0m를 표준으로 하되 자동차의 안전과 원활한 통행이 확보될 수 있도록 폭을 넓힐 수 있다. 측도에 설치되는 길어깨는 "3.3.5 길어깨"의 기준에 따르며, 시설한계는 "3.2 시설한계"의 기준에 따른다. 접속부는 안전하고 원활한 교통이 보장되도록 적절한 접속 위치, 선형, 폭 등을 고려해야 한다.

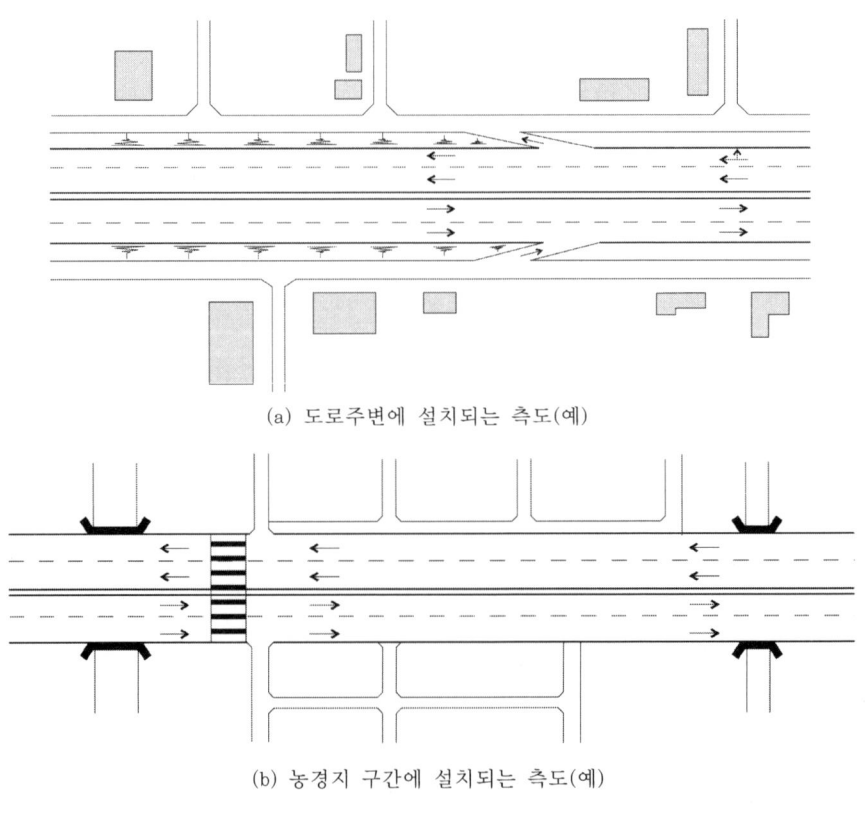

(a) 도로주변에 설치되는 측도(예)

(b) 농경지 구간에 설치되는 측도(예)

(그림 3.24) 측도설치 예

3.3.11 개구부

1 중앙 분리대 개구부

1) 설치목적

   자동차 전용도로 등에서는 보수공사와 기타 도로관리에 필요한 경우에 교통처리를 목적으로 중앙분리대에 개구부를 둔다.

2) 설치위치

   중앙 분리대 개구부의 위치선정시에는 원곡선 반경이 작은 곳을 피하여 시야가 가려지는 일이 없도록 한다.
   중앙 분리대 개구부의 설치위치는 원칙적으로 다음 각 항에 의해 결정된다.
   ① 평면곡선 반경이 600m 이상이고, 시거가 양호한 토공부에 설치한다.
   ② 터널, 인터체인지, 휴게소, 버스정류장, 장대교(연장100m 이상)의 앞뒤에는 반드시 설치한다.
   ③ 설치간격은 1.5~2km를 표준으로 한다.

3) 개구부의 치수

   중앙분리대 개구부의 치수를 구하기 위해서 가정한 사항들은 다음과 같다.
   ① 자동차는 (그림 3.25)과 같이 진행 방향의 중앙분리대측 차로 중심선에서 개구부를 지나 대향 방향의 중앙분리대측 차로 중심선으로 진행 경로를 바꾸어 진행한다.
   ② 수평 방향의 이동 속도는 1.0m/sec로 한다.
   ③ 개구부 부근에서 자동차의 속도는 〈표 3.12〉의 통과 속도와 같다.

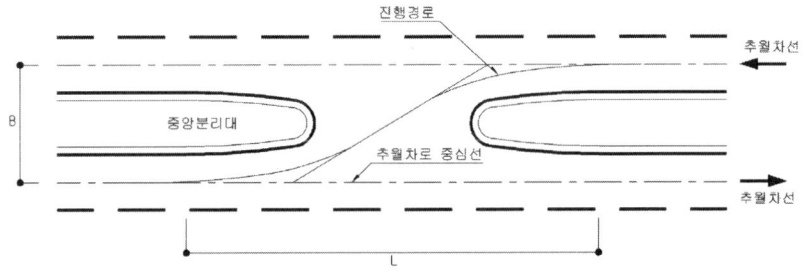

(그림 3.25) 중앙분리대 개구부 설치예

④ 중앙분리대의 폭은 3.0m이고, 차로 폭은 3.6m이다.
위와 같은 가정하에 개구부의 길이를 구하는 식은 다음과 같다.

$$L = \frac{V_P}{3.6} \cdot \frac{B}{H} \tag{3.1}$$

여기서, L : 개구부의 길이(m)
 V_P : 개구부 통과속도(km/h) (〈표 3.12〉 참조)
 B : 수평 이동거리(6.6m)
 H : 수평 이동속도(1.0m/sec)

식(3.1)을 이용하여 중앙 분리대 개구부의 치수를 구한 값은 〈표 3.12〉과 같다.

〈표 3.12〉 중앙 분리대 개구부의 치수

설계속도(km/h)	120	100	80	70이하
통과속도(km/h)	60	50	40	30
개구부 치수(m)	110	90	80	60

1 긴급용 개구부

유출입이 제한된 도로에서는 소방 활동, 병원으로의 긴급수송, 교통사고의 처리 등을 위하여 긴급히 외부와 연락을 할 수 있는 긴급용 개구부가 필요하다.

긴급용 개구부의 위치는 소방서, 병원, 경찰서 및 주변도로의 상황 등을 판단하여 긴급 활동이 원활히 이루어질 수 있는 곳을 선정하고, 설치 수는 최소한으로 제한하는 것이 바람직하다. 긴급용 개구부는 상하행선 일체로 하고, 설치위치는 원칙적으로 다음 각 항에 의해 결정한다.

1) 병원, 소방서의 위치 및 출입시설의 배치 등으로 보아 해당 긴급용 개구부를 이용하면 긴급 활동이 원활하게 이루어질 수 있는 곳
2) 시계가 양호하고 횡단 구조물을 쉽게 이용할 수 있는 곳
 긴급용 개구부는 소방 활동 및 도로관리 등을 행하는 특정 자동차가 통행하기 위한 것이므로 개구부의 구조와 규모도 특정 자동차가 이용할 수 있도록 하며, 공사비 측면에서 토공부의 절성 경계부, 기본 횡단 구조물이 있는 곳, 이밖에 안전성 측면에서 시야가 좋은 장소를 선택한다.

또, 긴 터널의 입구 부근이나 휴게시설 등에 설치되는 일반도로와의 부체도로를 긴급용 개구부로 이용하는 방안도 검토한다.

③ 제설 작업용 개구부

제설 작업용 개구부는 (그림 3.28)에 나타낸 바와 같이, 원칙적으로 관리 경계가 되는 출입시설의 앞뒤 3km이내의 상하행선 한 곳에 설치할 수 있다. 또 제설 작업용 모래 적사장 부근에 개구부를 설치하면 제설작업의 효율을 높일 수 있다.

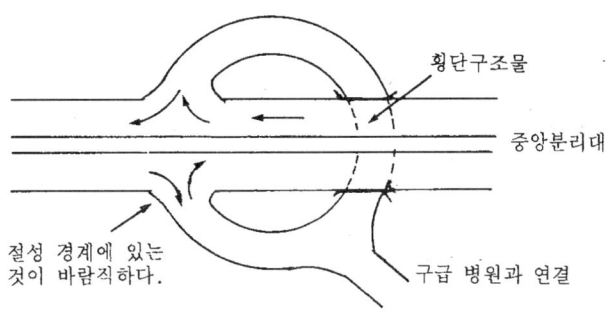

(그림 3.26) 긴급용 개구부의 설치방법

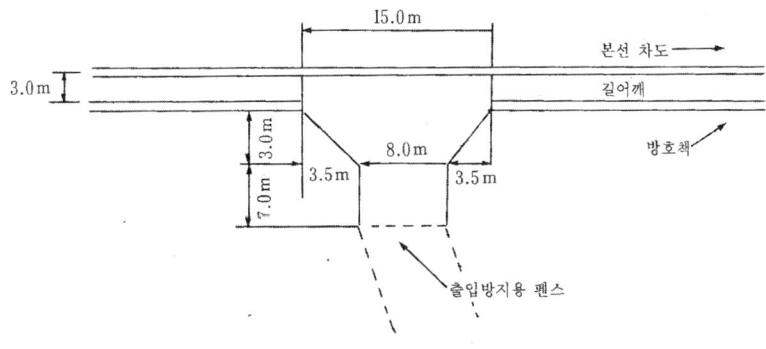

(그림 3.27) 긴급용 개구부의 형상

제설 작업용 개구부는 기존에 다른 목적으로 설치된 본선구조물을 최대한 이용 가능토록 위치를 선정하는 것이 바람직하다.(그림 3.28)
개구부의 기하구조는 평면곡선 반경 15m이상, 종단경사 6.0% 이하, 횡단 구조물의 폭은 5.0m이상으로 한다.

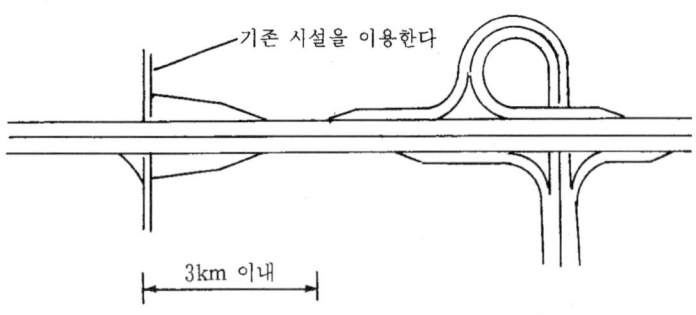

(그림 3.28) 제설 작업용 개구부의 설치위치

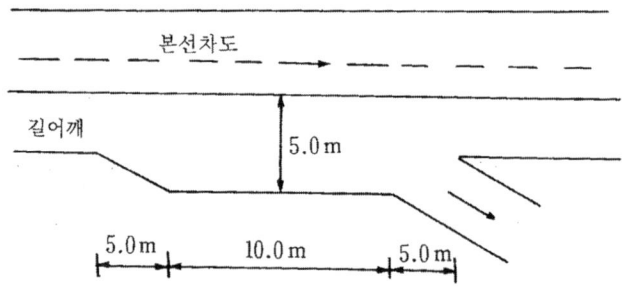

(그림 3.29) 제설 작업용 개구부의 형상

3.4 선형설계

3.4.1 선형설계 일반

도로의 선형이란 도로의 중심선이 입체적으로 그려진 선의 형태를 말하며, 평면적으로 보인 도로의 중심선 형태를 평면선형, 종단적으로 보인 도로의 중심선 형태를 종단선형이라고 한다. 선형설계란, 평면선형과 종단선형의 연계를 고려하고, 현지 지형지물에 적합하며, 적절한 크기의 선형요소를 갖는 도로중심선을 결정하는 과정이다.

이와 같은 선형설계에 있어서 고려해야만 하는 원칙적인 요건으로 다음 사항이 있다.
① 자동차 주행상 운동학적 또는 역학적으로 안정감이 있어야 한다.

② 운전자의 시각 또는 운전 심리적으로 볼 때 양호해야 한다.
③ 지질과 지형지물 등 제약 조건면에서 볼 때 시공상 및 경제적인 측면으로 타당해야 한다.
④ 주변환경과 조화를 이루도록 하여야 한다.
⑤ 연속성이 확보되어야 한다.

3.4.2 평면선형

1 평면선형의 요소

일반적으로 도로의 선형은 자동차의 안전한 주행뿐만 아니라 주행의 쾌적성도 고려하여야 한다. 이러한 관점에서 도로의 평면선형은 자동차의 주행 궤적과 비슷한 직선, 원곡선 및 완화곡선으로 구성되며, 설계요소로는 직선, 원곡선 반경, 곡선의 길이, 곡선부의 확폭 및 완화구간 등이 있다.

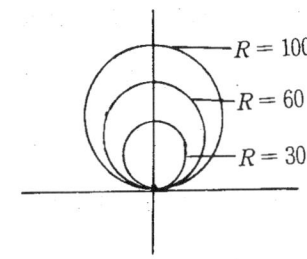
(그림 3.30) 반경이 다른 원

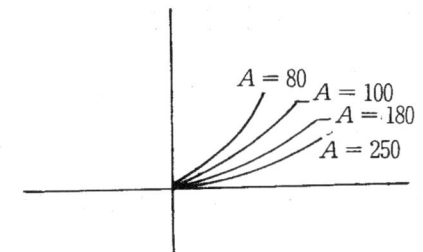
(그림 3.31) 파라미터가 다른 클로소이드 곡선

각 평면선형 요소와 핸들의 작동과의 관계는 다음과 같다.
- 직선 : 핸들의 회전을 주지 않는 선형
- 원곡선 : 핸들의 회전을 준다면 회전을 정지시킨 그대로의 주행쾌적
- 클로소이드곡선 : 핸들의 회전을 등각 속도로 회전시켰을 때의 주행쾌적

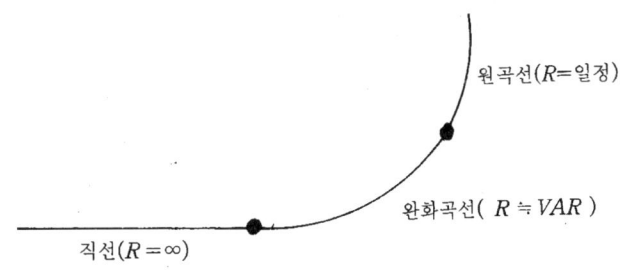
(그림 3.32) 평면선형 요소

2 직선

직선은 두 점간의 최단거리로써 설정하기 쉬운 특징이 있고, 운전자가 나아갈 방향이 명료한다. 그러나 운전자 쪽에서 본 경관은 정적이고 단조로우며, 속도를 내기 쉬워 대형사고의 원인이 될 수 있다.

이와 같이 선형으로서는 직선이 가지는 견고함과 단순함이 결점이 되기 때문에 선형 설계시 주의를 요한다.

직선의 적용은 주위의 환경이 직선으로의 형성 가능여부와 연속주행을 기대할 수 있는가 없는가에 따라서 달라진다.

일반적으로 시가지부 및 설계속도가 낮은 구간에서는 주변환경이 직선으로 형성되어져 있는 경우가 많고, 신호등에 따라 정지하는 곳도 많기 때문에 단순하게 전방의 교통상황을 인지할 수 있는 직선형의 적용이 바람직하다.

이에 반해 설계속도가 높은 지방부에서는 직선은 일반적으로 지형에 조화되기 어렵고 또 단순하기 때문에 긴 직선은 사용하지 않은 것이 좋다. 거꾸로 너무나 지나치게 짧은 직선을 도입하면 선형의 연속성을 파괴하기 때문에 좋지 않다. 따라서 직선의 적용은 지형지물 등 주변환경이 직선의 경우나 장대터널이나 교량처럼 도로구조상 직선의 편이 적당한 경우로 제한하는 것이 바람직하다.

직선 선형의 장·단점은 다음과 같다.

장점	단점
· 2점을 잇는 최단거리 선형 · 운전자가 향할 방향이 명료 · 선형설계가 용이하다. · 앞지르기 기회를 제공한다. · 시가지 도로에서 토지이용의 효율 증대	· 선형이 단조롭다. · 경관적인 측면에서 정적이다. · 과속을 유발한다. · 차간거리의 오인으로 사고유발의 위험(특히 장대터널) · 대형차와 전방차량의 속도식별 곤란 · 기복이 있는 지역에서 자연과 부조화

직선을 적용할 경우에 일반적으로 한계길이는 운전심리 면에서 설계 속도의 수치를 20배한 길이를 최대길이로 하고, 2배한 길이(m)를 최소길이로 하는 것이 하나의 기준이다. 다만, 동일방향으로 구부러진 곡선 사이에 어쩔 수 없이 직선을 도입할 경우에 직선의 최소길이는 설계속도에 따라 500~700m 이상으로 하는 것이 바람직하다. 직선 적용의 세부적인 사항은 "3.4.4 선형설계의 운용 (3)직선의 적용" 항을 참조한다.

③ 원곡선 반경

1) 개요

곡선은 직선에 비하여 기하학적 형태가 유연하기 때문에 다양한 지형변화에 대하여 순응시킬 수 있고 원활한 선형을 얻을 수 있기 때문에 그 적용 범위가 넓다. 곡선반경은 노선을 단축하고 추월시거를 충분히 확보하여 운전동작의 급격한 변화를 피하기 위해 지형조건에 따라 큰 것이 좋겠지만, 우리나라와 같이 산악지대가 많아 지역이 험준한 지역에서는 곡선반경을 충분히 크게 취하기가 곤란하기에 최소 원곡선 반경을 규정하게 된다. 최소 원곡선 반경은 도로의 곡선부를 주행하는 자동차에 가해지는 원심력 등의 횡 방향력과 타이어와 노면간의 마찰력이 상쇄된 힘이 일정한 한도를 초과하지 않도록 하고, 쾌적하게 주행할 수 있도록 하기 위해 규정된 값이다. 또 최소 원곡선 반경은 각 차로의 중심선에 적용되는 것이므로 선형을 차도 중심선에 따라 설계하는 경우에는 각 차로와 차도 중심선의 관계에 유의해야 한다.

2) 최소 원곡선 반경

자동차가 곡선부를 주행할 때에 생기는 위험은 원심력에 의하여 곡선의 바깥쪽으로 미끄러진다던가 뒤집어진다던가 하는 것이다. 여기에서 고려해야 할 요소로는 자동차의 주행속도, 도로의 곡선반경, 편경사 그리고 노면의 마찰계수 등이다.

(1) 횡방향 미끄럼을 일으키지 않기 위한 조건

(그림 3.33)와 같이 주행하는 자동차가 횡방향으로 미끄러지지 않기 위해서는 다음과 같이 힘의 평형이 이루어져야 한다.

$$Z\cos\alpha - G\sin\alpha < f(Z\sin\alpha + G\cos\alpha)$$

양변을 $\cos\alpha$ 로 나누면,

$$Z - G\tan\alpha < f(Z\tan\alpha + G)$$

$i = \tan\alpha$ 를 대입하면,

$$Z - G \cdot i < f(Z \cdot i + G) \tag{3.2}$$

여기서, G : 자동차의 무게(kg·중)
α : 경사각(°)
f : 횡방향 미끄럼 마찰계수

(횡방향 미끄럼에 대한 노면과 타이어간의 마찰계수)
i : 노면의 횡단경사(편경사)
Z : 원심력(kg)

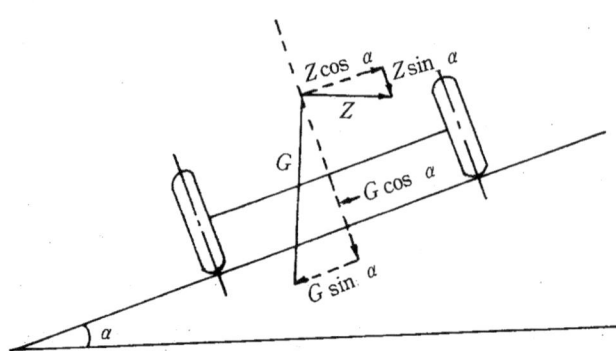

(그림 3.33) 곡선부 주행시에 작용하는 힘

곡선부에서 주행하는 자동차에 미치게 되는 원심력은 곡선반경과 주행속도와의 관계에서

$$Z = \frac{G}{g} \cdot \frac{V^2}{R} \tag{3.3}$$

여기서, g : 중력가속도($9.8 m/\sec^2$)
V : 속도(m/sec)

식 (3.3)을 식 (3.2)에 대입하면,

$$R \geq \frac{V^2}{g} \cdot \frac{1 - f_i}{f + i}$$

$f_i \fallingdotseq 0$ 이므로,

$$R \geq \frac{V^2}{g(f+i)} \tag{3.4}$$

식 (3.4)에 $V = v/3.6$, $g = 9.8 m/\sec^2$을 대입하면,

$$R \geq \frac{v^2}{127(f+i)} \tag{3.5}$$

여기서, v : 설계속도(km/h)

식(3.5)는 자동차가 미끄러지지 않기 위해 필요한 속도, 곡선반경, 편경사 그리고 횡방향 미끄럼 마찰계수의 관계식이다. 일반적으로 자동차는 뒤집어지기 전에 미끄러지므로 식(3.5)를 만족시키는 곡선반경은 자동차가 안정된 상태로 주행할 수 있는 관계식이다. 따라서 자동차가 안정된 상태로 주행할 수 있는 최소 곡선반경은 식(3.6) 로부터 구할 수 있으며,

$$R = \frac{v^2}{127(f+i)} \tag{3.6}$$

식 (3.6)에서 $(f+i)$의 값은 도로의 곡선부 주행시에 자동차 주행의 안정성과 쾌적성에 직접 관계되는 요소로서 최소 곡선반경의 값을 결정하는 중요한 요소이다.

① 최소 원곡선 반경과 최대 편경사
설계속도에 대해서 최대 편경사(i)와 횡방향 미끄럼 마찰계수(f)가 정해지면 최소 원곡선 반경을 구할 수 있다.
식 (3.6)에서 보는 바와 같이 곡선반경과 편경사는 반비례하기 때문에 최대편경사를 크게 하면 할수록 최소 곡선반경을 줄일 수 있다. 최대 편경사는 설계속도, 기상조건, 곡선반경, 지형상황 등에 따라 달리 적용해야 하며, 「도로의 구조·시설기준에 관한 규칙」 제20조에서는 도시지역도로 및 지방지역 도로중 적설 한랭지역에서는 6%, 기타지역에서는 8%를 적용토록 규정되어 있다.

② 횡방향 미끄럼 마찰계수
횡방향 미끄럼 마찰계수는 횡방향 미끄럼에 대한 노면과 타이어간의 마찰계수이며, 또한 차에 타고 있는 사람이 느끼는 횡방향 가속도는 횡방향 미끄럼 마찰계수와 중력가속도 g를 곱한 값과 같다.
횡방향 마찰계수의 설계 값은 자동차에 탄 사람의 주행 쾌적성을 고려하여 자동차 주행중에 불쾌감을 느끼지 않을 최대 횡방향 가속도와 자동차가 미끄러지지 않고 안전하게 주행할 수 있는 노면과 타이어 간의 마찰저항으로 결정된다.

(i) 쾌적성을 고려한 횡방향 미끄럼마찰 계수
쾌적성을 고려하여 횡방향 미끄럼 마찰계수의 한도를 구하려는 연구가 미국에서 수행되었는데, 이에 따르면 50km/h이하에서 f=0.6, 120km/h에서는 f=0.12가 쾌적성 측면에서 본 횡방향 미끄럼 마찰계수의 한계라고 결론짓고 있

다. 또 속도가 높아짐에 따라 f의 값을 작게 취하는 것이 바람직하다고 한다. ((그림 3.34) 참조)

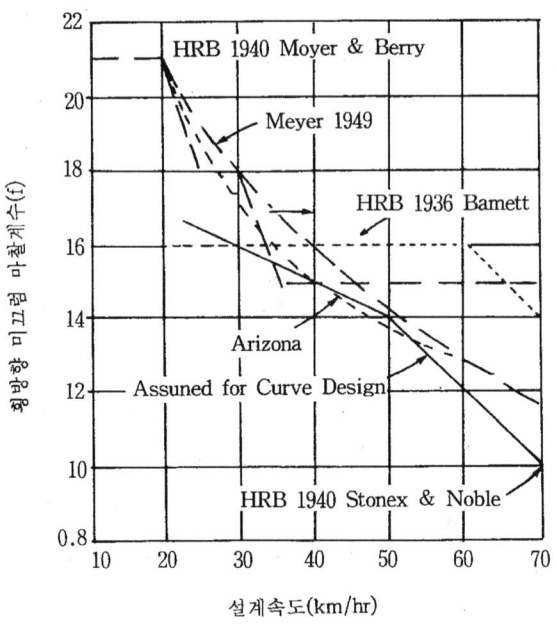

(그림 3.34) 횡방향 미끄럼 마찰계수와 속도와의 관계
(AASHTO, 고속도로)

(ii) 안전한 자동차 주행을 위한 미끄럼 마찰계수
자동차가 곡선부를 주행하고 있을 때에는 노면과 타이어간에 횡방향력이 작용하여 차바퀴의 회전 방향과 자동차의 진행 방향이 일치하지 않는다. 이 두 방향이 이루는 각을 횡방향 미끄럼 각이라 한다.
자동차가 횡방향력을 받으면서 주행하고 있는 경우 횡방향 미끄럼 각이 커짐에 따라 횡방향 미끄럼 마찰계수도 커지며, 어느 정도 이상이 되면 횡방향 미끄럼 마찰계수는 일정하게 된다. 횡방향 미끄럼 마찰계수는 노면 및 타이어 상태에 따라 변하며 종방향 마찰계수와 거의 같다.
횡방향 미끄럼 각과 횡방향 미끄럼 마찰계수의 관계는 (그림 3.35)과 같다.

(iii) 설계에 이용되는 횡방향 미끄럼 마찰계수
〈표 3.13〉은 AASHTO의 실측값을 고려하고 쾌적성을 감안하여 정한 설계속도에 따른 횡방향 마찰계수이며, (그림 3.36)은 우리나라의 횡방향 미끄럼 마찰계수와 여러 나라의 횡방향 미끄럼 마찰계수를 비교한 그림이다.

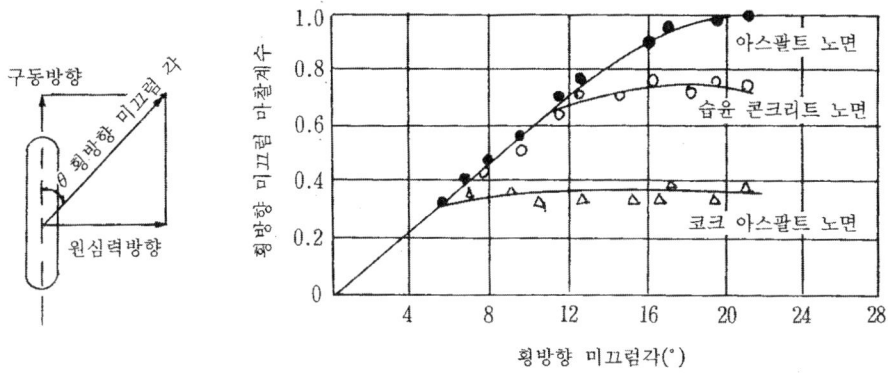

(그림 3.35) 횡방향 미끄럼각과 횡방향 미끄럼 마찰계수와 관계

(그림 3.35)에서, 횡방향 미끄럼 마찰계수는 콘크리트 포장에서 0.4~0.6, 아스팔트 포장에서 0.4~0.8이다. 노면이 얼어 있거나 눈이 덮여 있는 경우 횡방향 미끄럼 마찰계수는 0.2~0.3으로 감소한다. 따라서 쾌적성을 고려하여 정한 횡방향 미끄럼 마찰계수 0.10~0.16을 실측값과 비교해 볼 때, 일반적인 도로에서는 충분히 안전한 값이라고 할 수 있다.

〈표 3.13〉 설계에 이용되는 횡방향 미끄럼 마찰계수

설계속도(km/h)	120	100	80	70	60	50	40이하
횡방향 미끄럼 마찰계수(f)	0.10	0.11	0.12	0.13	0.14	0.15	0.16

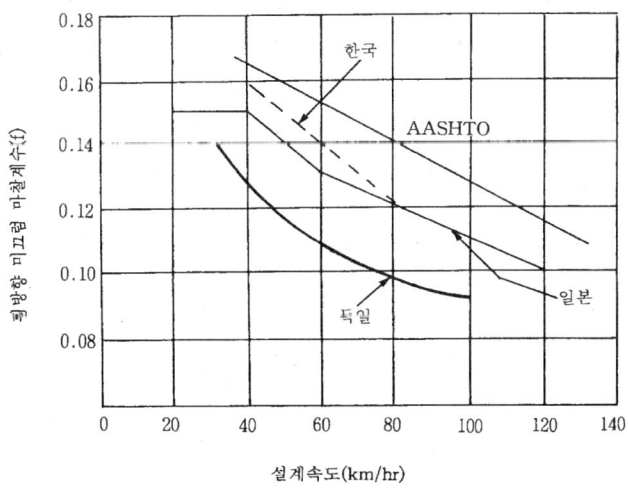

(그림 3.36) 각국의 설계속도에 따른 횡방향 미끄럼 마찰계수

(2) 최소 원곡선 반경의 산정

식 (3.6)에 설계 속도와 6.0%의 편경사(i=0.06) 및 〈표 3.13〉의 횡방향 미끄럼 마찰계수를 대입하여 구한 최소 원곡선 반경의 계산값과 이를 근거로 하여 결정한 규정값을 나타내면 〈표 3.14〉와 같다.

〈표 3.14〉 최소 원곡선 반경의 계산값과 규정값

설계속도		120	100	80	70	60	50	40	30	20
횡방향 미끄럼 마찰계수(f)		0.10	0.11	0.12	0.13	0.14	0.15	0.16	0.16	0.16
최소원곡선반경(m)	계산값	709	463	280	203	142	94	57	32	14
	규정값	710	460	280	200	140	90	60	30	15

(3) 바람직한 최소 원곡선 반경의 적용

최소 원곡선 반경의 규정 값은 설계 속도로 주행하는 경우에도 안정성과 쾌적성을 확보할 수 있는 값이기는 하지만, 평면선형은 전체 선형과의 조화, 조합 등이 나쁘지 않는 한 여유 있는 선형으로 설계하는 것이 바람직하다.

바람직한 최소 원곡선 반경을 정하는 데 고려해야 할 사항은 다음과 같다.
① 쾌적성을 충분히 확보할 것
② 적용하기 쉬운 값일 것

쾌적성은 횡방향 미끄럼 마찰계수와 관련이 있으며, 설계 속도로 주행하는 자동차에 작용하는 횡방향 미끄럼 마찰계수 f를 0.05로 적용하여 바람직한 최소 원곡선 반경을 구하였다.

〈표 3.15〉 바람직한 최소 원곡선 반경의 계산값과 규정값

설계속도(km/h)	120	100	80	70	60	50	40	30	20
계산값(m)	1,031	716	458	351	258	179	115	64	29
규정값(m)	1,000	700	450	350	250	180	120	65	30

※ 주 : 최대 편경사는 6.0%, 횡방향 미끄럼 마찰계수는 0.05

(4) 원곡선 반경의 선정시 고려사항

최소 원곡선 반경은 설계 속도에 대해서 주행의 안전성과 쾌적성을 어느 정도 확보할 수 있도록 규정한 것이지만, 실제로 최소 값에 가까운 원곡선 반경을 쓰는 경우에는 안전성에 대한 영향을 충분히 검토해야 한다.

보통의 지형에서 바람직한 원곡선 반경으로 설계하거나 최소 원곡선 반경으로 설계하더라도 공사비에 큰 차이가 생기지 않는다고 하는 것이 경험상 알려져 있다. 그러나 아주 험준한 산악 지대나 가옥이 밀집된 지대를 노선이 통과하는 경우에 바람직한 최소 원곡선 반경이상으로 설계하면 공사비가 너무 커지므로 최소원곡선 반경으로 설계하도록 한다. 그러나 이 경우에 그 구간의 교통의 안전성과 쾌적성을 충분히 검토하고, 교통운영에 큰 지장이 없을 경우에만 적용하도록 한다. 특히, 콘크리트 포장의 경우 시공상 편경사를 크게 설치하는 데 어려움이 있으므로 원곡선 반경을 크게 하는 것이 바람직하다.

원곡선 반경의 선정시에 특히 주의해야 할 점은 다음과 같다.

① 추정 교통량이 매우 많은 구간에서는 작은 반경을 가진 원곡선은 피할 것
   이와 같은 구간에서는 용량 부족이 생겨 교통 정체의 원인이 될 가능성이 있다.
② 앞 뒤 선형의 조화를 고려하여 갑자기 작은 반경의 원곡선을 쓰지 말 것
   - 앞뒤의 선형이 비교적 양호한 곳에 국부적으로 급한 곡선을 쓰는 일은 피하여야 한다.
   - 이와 같은 곳에서는 운전자가 선형의 급변에 대응할 수 없어 사고가 많이 일어나게 된다. 특히 긴 직선 구간사이에 작은 반경의 원곡선이나 작은 반경의 구 곡선으로 이루어진 S곡선을 삽입해서는 안 된다.
   - 지형이 양호한 구간에서 나쁜 구간으로 들어가는 경우에는 선형의 질이 서서히 떨어지도록 할 필요가 있다.
③ 주위의 지형, 도시화의 상황 등 도로 주변의 환경에 따라 선형 설계를 할 것
   - 주변 상황을 고려하여 원곡선 반경을 선정해야 한다. 예를 들면, 좁은 골짜기 사이를 통과할 때는 아주 작은 원곡선 반경을 적용하더라도 그러한 구간에서는 주행 속도가 자연히 억제되어 그다지 큰 문제는 없다.
④ 종단 선형과의 조화를 고려할 것
   - 종단 선형이 매우 양호한 도로 구간 사이에 반경이 작은 원곡선을 설치하는 것은 바람직하지 않으며, 반대로 종단 선형이 매우 나쁜 곳에 반경이 작은 원곡선을 연속해서 설치하는 것도 바람직하지 않다.
⑤ 시거확보의 유무를 고려할 것
   - 작은 원곡선 반경으로 선형을 설계할 때에는 시거가 충분히 확보되는지의 여부를 검토해야 한다.

4 곡선의 길이

1) 개요

자동차가 도로의 곡선부를 주행하는 경우 곡선부의 길이가 짧을수록 핸들 조작을 빨리 하지 않으면 안 되기 때문에 원심 가속도가 급변하여 주행 쾌적도가 나빠지고, 특히 고속인 경우에는 사고의 위험이 있다.

도로 교각(橋脚)이 매우 작은 경우, 운전자에게는 원곡선의 길이가 실제보다 짧게 보이고, 도로가 절곡(折曲)되어 있는 것처럼 보이므로 속도의 저하를 초래한다.

이러한 문제를 해결하기 위하여 최소 원곡선 길이를 규정할 필요가 있다.

2) 최소 곡선 길이의 계산

최소 곡선 길이는 다음과 같은 조건을 고려하여 정해진 것이다.
① 운전자가 핸들 조작에 곤란을 느끼지 않을 것
② 도로 교각(橋脚)이 작은 경우, 원곡선 반경이 실제보다 작게 보이는 착각을 일으키지 않을 정도의 길이로 할 것
   (i) 운전자가 핸들 조작에 곤란을 느끼지 않을 것
      - 경험에 의하면 핸들 조작에 곤란을 느끼지 않고 곡선부를 주행하려면 자동차가 곡선 상에서 적어도 약 6초간 주행할 수 있는 길이가 주어져야 한다고 생각되었으나, 최근에는 4초간 주행할 수 있는 곡선 길이도 무리가 없는 것을 알려지고 있다.

〈표 3.16〉 원활한 핸들 조작에 필요한 곡선 길이(설계속도로 4초간 주행)

설계속도(km/h)	120	100	80	70	60	50	40	30	20
곡선 길이(m)	133	111	89	78	67	56	44	33	22
규정 길이(m)	140	110	90	80	70	60	50	40	20

   (ii) 도로 교각이 작은 경우
      도로 교각이 작은 경우에는 원곡선의 반경이 실제보다 짧게 보이므로 도로가 급하게 절곡되어 있는 것처럼 보인다. 이러한 경향은 도로 교각이 작을수록 현저하다. 따라서 교각이 작을수록 긴 곡선부를 삽입하여 도로가 완만하게 절곡되고 있는 듯한 느낌을 갖도록 설계해야 한다. 도로 교각이 작은 곡선부에서 운전자가 곡선이라는 것을 인식하기 위해서는 (그림 3.37)에 나타

낸 외선장 $\overline{AB}$가 어느 정도 이상이어야 한다.

운전자가 착각을 일으키는 한계 도로 교각은 미국 AASHTO에서는 5°, 독일 R.A.L에서는 6° 20′, 일본에서는 7°로 하고 있으며, 우리나라에서는 5°로 규정하고 있다.

곡선길이 최소값은 도로 교각이 5° 미만인 경우 완화 곡선을 대칭형 클로소이드라고 생각하고, 외선장 N이 도로교각 5°일 때의 N값과 같아지는 길이로 한다.

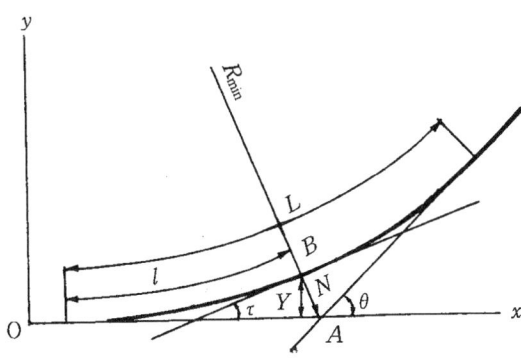

O : 클로소이드 원점
τ : 점 B에서의 접속각
B : 클로소이드 곡선 위의 임의의 점
l : 클로소이드 원점으로부터 B점까지의 곡선 길이
R : 점 B에서의 곡선 반경
θ : 교각

(그림 3.37) 도로교각의 외선장

클로소이드의 식을 풀어보면

$$l = 344 \frac{N}{\theta} \tag{3.7}$$

- 도로 교각이 5°일 때의 외선장 N_5를 구하는식은 다음과 같다.

$$N_5 = \frac{5l}{344} \tag{3.8}$$

- 최소 곡선 길이를 얻기 위해서는 N_5도 최소 값이어야 한다.

N_5의 최소 값은 l이 최소일 때, 즉 최소 완화 곡선 길이를 적용하여 구할 수

있다. 완화 곡선의 최소 길이는 설계 속도로 2초간 주행하는 거리이므로 다음 식으로 구할 수 있다.

$$l_{\min} = \frac{2V_0}{3.6} \tag{3.9}$$

- 식 (3.8)과 식(3.9)에서 N_5를 구하는 식을 유도하면 다음과 같다.

$$N_5 = \frac{5}{344} \cdot \frac{2V_0}{3.6} = \frac{8.075}{1000} V_D \tag{3.10}$$

- 따라서 도로 교각을 고려한 완화 곡선의 최소 길이 ($l_{\min}$)를 식 (3.7)과 식 (3.8)로부터 구하면 다음과 같다.

$$l_{\min} = 344 \frac{N_5}{\theta} = \frac{344}{\theta} \cdot \frac{8.075}{1000} V = \frac{2.78 V_D}{\theta} \tag{3.11}$$

- 곡선부의 최소 길이($l_{\min}$)는 완화 곡선이 서로 대칭을 이룰 때 발생하므로, 최소 길이를 구하는 식은 다음과 같다.

$$L_{\min} = 2 \cdot l_{\min} \tag{3.12}$$

식 (3.11)과 식 (3.12)로부터

$$L_{\min} = \frac{5.556 V_D}{\theta} \tag{3.13}$$

식 (3.13)를 이용하여 도로 교각에 따라 최소 곡선길이를 구한 값은 〈표 3.17〉과 같다.

〈표 3.17〉 도로 교각(θ)과 최소 곡선길이(Lmin)의 계산값

설계속도 (km/h)	120	100	80	70	60	50	40	30	20
$L_{\min}$	667/θ	556/θ	444/θ	389/θ	333/θ	278/θ	222/θ	167/θ	111/θ
$L_{\min}'$	133	111	89	78	67	56	44	33	22

※ 주 : $L_{\min}$은 θ가 2°에서 5° 사이일 때의 최소 곡선 길이
　　　$L_{\min}'$은 θ가 5° 이상일 때의 최소 곡선 길이

3) 적용상의 주의

도로 교각 5° 이상인 경우 여기에서 규정한 곡선의 최소 길이는 최소 완화구간 길이의 두 배이다. 즉 완화 곡선이 설치되어 있는 곳에서 곡선의 길이가 여기에서 규정한 곡선의 최소 길이와 같을 경우 클로소이드로만 구성된 선형이 된다.

이 경우에 운전자가 핸들 조작에 필요한 조건을 만족하고는 있지만 곡선 반경이 최소가 되는 점에서 급하게 핸들을 조작해야 하므로 바람직하지 않다. 또 편경사의 접속 설치와 시각적으로도 문제가 있다. 따라서 두 완화 곡선 사이에는 반드시 적절한 길이 이상의 원곡선을 삽입하는 것이 바람직하다.

종래의 경험으로 완화 곡선 사이에 설치되는 원곡선의 길이는 설계 속도로 주행할 수 있는 길이의 원곡선을 설치하는 것이 바람직하다. 따라서 완화곡선 사이에 설치하는 원곡선의 최소 길이는 최소 완화 곡선 길이의 세 배이다.

도로 교각 5° 미만인 경우에는 완화 곡선 사이에 설계 속도 주행 시 2초가 소요되는 길이의 원곡선을 설치하는 것이 바람직하다.

5 곡선부의 확폭

1) 개요

차로의 폭은 설계 기준 자동차의 최대 폭인 2.5m에 설계 속도에 따라 어느 정도 여유폭을 더하여 정해지는데, 자동차가 곡선부를 주행할 때에는 뒷바퀴가 앞바퀴의 안쪽을 통과하므로 직선부에서의 차로 폭보다 넓은 폭을 필요로 한다. 차로의 확폭은 원칙적으로 차로의 안쪽으로 하며, 다른 차로를 침범하지 않도록 하기 위하여 각 차로마다 확폭을 해야 한다.

확폭량은 자동차 앞면의 중심점이 항상 차로의 중심선 상에서 주행하는 것으로 가정하여 자동차의 양쪽에 직선부와 똑같은 여유폭이 있도록 정한다.

2) 확폭량의 계산

고속도로의 확폭량을 계산 시에는 설계기준 자동차를 세미트레일러 연결차로 한다. (그림 3.38)에서,

ϵ : 확폭량
R_w : 외측 원곡선 반경
B : 차의 주행 폭
b : 자동차의 폭 (대형자동차의 폭 2.5m)
R_c : 차로 중심선의 반경

이라 할 때

$B = R_w - R_i$ 이므로 $(X_1 + \frac{b}{2})^2 = R_W^2 - (a + U_f)^2$

$X_2^2 = a_s^2 + X_1^2$, $X_3^2 = X_2^2 - a_2^2 = X_1^2 + a_s^2 - a_2^2$ 이므로 자동차의 주행폭원 B는

$B = R_w - X_3 + \frac{b_2}{2} = R_W + \frac{b_2}{2} - \sqrt{(\sqrt{R_W^2 + U_f})^2 - \frac{b}{2})^2 - a_2^2 + a_s^2}$ 가 된다.

$R_c^2 = X_1^2 + (a + U_f)^2$ 와

$R_W = \sqrt{(\sqrt{R_c^2 - (a + U_f)^2} + \frac{b}{2})^2 + (a + Uf)^2}$ 의 관계를 위 식에 대입하면

$$B = \sqrt{(\sqrt{R_c^2 - (a + U_f)^2} + \frac{b}{2})^2 + (a + Uf)^2} + \frac{b_2}{2} - \sqrt{R_c^2 - (a + U_f)^2 - a_2^2 + a_s^2} \quad (3.14)$$

여기에 세미트레일러 제원 a=4.2, b=b$_2$=2.5, U$_f$=1.3, a$_2$=9.0, a$_s$=0을 대입하면

$$R = R_w + 1.25 - \sqrt{R_c^2 - 111.25}$$

$$R_w = \sqrt{(\sqrt{R_c^2 - 30.25} + 1.25)^2 + 30.25}$$

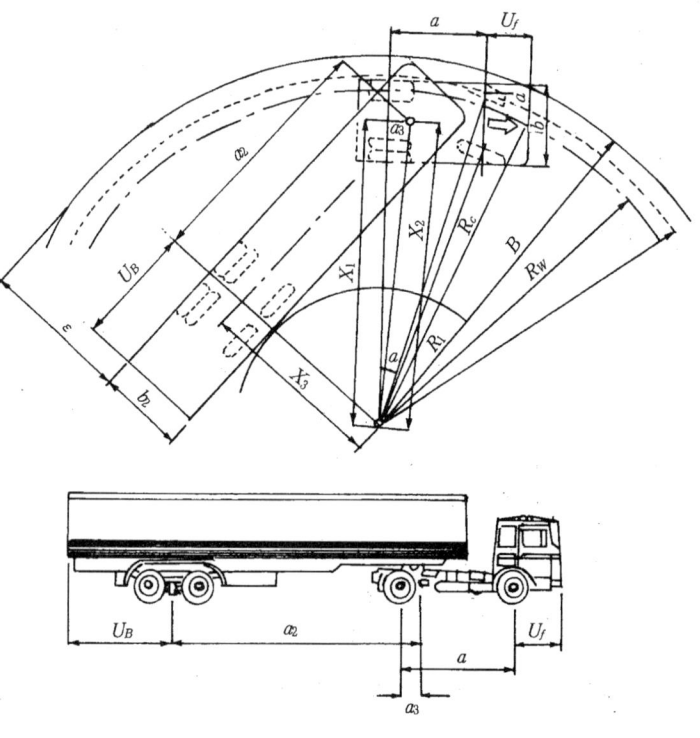

(그림 3.38) 세미트레일러 연결차의 확폭량 계산

소형차도로의 확폭량을 계산 시에는 설계기준자동차를 소형자동차로 한다.
(그림 3.38)에서

    B : 자동차의 주행폭원 R_w : 바깥쪽 곡선반지름
    Rc : 차로중심선의 반지름 R_s : 바깥쪽 앞바퀴의 회전반지름
    b : 자동차의 폭 R_i : 안쪽곡선반지름
    S : 바퀴간격 U_f : 앞내민 길이
    a : 차축간 거리 U_b : 뒤내민 길이

이라할 때

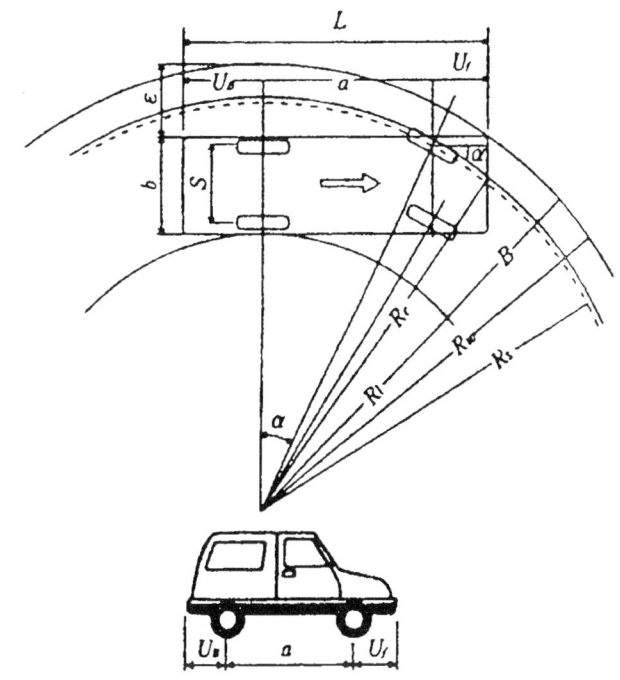

(그림 3.39) 소형자동차의 확폭량 계산

자동차의 주행폭원 B는

B= R_w − R_i 가 되므로 대형자동차의 확폭량 산정방식과 동일하게 구할 수 있다. 소형자동차의 제원인 a=3.7m, b=2.0m, U_f=1.0m를 세미트레일러의 확폭량계산식 (식 3.15)에 대입하면 다음 식과 같다.

$$B= \sqrt{(\sqrt{R_c^2-22.09}+1.0)^2+22.09}+1.0-\sqrt{R_c^2-22.09} \qquad (3.15)$$

「도로의 구조·시설기준에 관한 규칙 해설」에서는 앞바퀴와 뒷바퀴의 궤적 차이가 20cm 미만인 경우 차로의 여유폭이 이를 감당할 수 있는 것으로 가정하여 확폭량을 규정하고 있다. 즉 확폭을 해야 하는 최소 원곡선 반경은 확폭량이 0.20m이상이 되는 원곡선 반경을 기준으로 그보다 큰 원곡선 반경의 경우에는 확폭하지 않는 것으로 하였다. 그리고 차로당 최소 확폭량은 설계와 시공의 편리를 고려하여 0.25m단위로 규정하고 있다.

〈표 3.18〉 차로당 최소 확폭량

세미트레일러		대형 자동차		소형 자동차	
평면곡선반지름 (m)	최소 확폭량 (m)	평면곡선반지름 (m)	최소 확폭량 (m)	평면곡선반지름 (m)	최소 확폭량 (m)
150 이상~280 미만	0.25	110 이상~200 미만	0.25		
90 이상~150 미만	0.50	65 이상~110 미만	0.50		
65 이상~ 90 미만	0.75	45 이상~ 65 미만	0.75	45이상~55미만	0.25
50 이상~ 65 미만	1.00	35 이상~ 45 미만	1.00	25이상~45미만	0.50
40 이상~ 50 미만	1.25	25 이상~ 35 미만	1.25	15이상~25미만	0.75
35 이상~ 40 미만	1.50	20 이상~ 25 미만	1.50		
30 이상~ 35 미만	1.75	18 이상~ 20 미만	1.75		
20 이상~ 30 미만	2.00	15 이상~ 18 미만	2.00		

차로의 확폭량은 이론적으로는 차로의 중심 반경에 따라 서로 다르지만 차로의 반경을 각각 구해서 확폭량을 결정하는 수고를 덜기 위해 도로 중심선(또는 차도 중심선)에 의해서 차로의 확폭량을 구하도록 한다.

3) 적용시의 주의 사항

6차로 이상의 도로에서 대형차는 일반적으로 진행 방향의 오른쪽의 두 차로를 이용하여 통행하므로 각 방향별로 이들 두 차로만 확폭을 하도록 한다. 단, 곡선의 가장 바깥쪽의 두 차로는 〈표 3.18〉에 규정된 확폭량의 0.8배에 해당하는 폭만 확폭한다. 차로의 확폭 후에는 곡선 바깥쪽 차도측의 선형에 유의해야 한다. 차로 수가 많을 경우 곡선부의 바깥쪽 차로는 각 차로의 확폭 때문에 도로 중심선의 당초 선형과는 크게 벗어나게 되고, 완화 곡선의 접선 방향에서 빠져나가게 될 수도 있다.

이와 같은 선형은 시각적으로 바람직하지 않고 운전자가 무리하게 핸들을 조작해야 하므로 피해야 한다. 이를 피하기 위하여 선형 설계 단계에서 완화 곡선에 의한 원곡선의 이정량과 확폭량의 관계를 고려하여, 부적합한 일이 생기지 않도록 적절한 선형 요소를 사용하도록 한다.

곡선부에서 차로의 확폭으로 인한 접속 설치는 편경사의 설치와 같은 방법으로 완화 구간내에서 한다.

6 완화곡선 및 완화구간

완화곡선의 장점은 다음과 같다.
1. 곡선으로서 대단히 평활하고 아름답다.
2. 크기를 바꿈으로써 지형에 따른 적합한 곡선 선정 가능
3. 지루해지기 쉬운 운전자에 대하여 적당한 자극을 주고 쾌적한 운전이 가능하도록 도와준다.

1) 완화곡선 및 완화구간의 설치와 길이

자동차 운전의 안전을 기하기 위하여 직선부에서 곡선부, 곡선부에서 직선부 또는 다른 곡선부로 원활하게 주행할 수 있도록 그 사이에 완화구간을 설치할 필요가 있다. 여기서 완화 구간이란 편경사 접속설치 구간, 확폭을 위한 접속 설치 구간, 직선과 원곡선 사이, 또는 큰 원과 작은 원 사이 등에 곡율이 점차 변화하는 구간을 뜻한다. 특히 직선과 원곡선 사이, 또는 큰 원과 작은 원 사이의 완화구간에는 완화곡선을 설치한다.

완화 곡선의 종류에는 삼차 포물선, 램니스케이트, 클로소이드 등이 있다. 그 중에서도 클로소이드 곡선이 여러 가지 점에서 우수한 성질을 가지고 있어서 대표적인 완화 곡선으로 쓰이고 있다.

2) 완화 구간 및 완화곡선의 설치목적

완화구간 및 완화곡선의 설치 목적은 다음과 같다.
① 원활한 핸들 조작이 가능하도록 충분히 곡선반경의 변이구간을 두고, 또 원심 가속도의 변화율을 주행 쾌적도가 나빠지지 않을 정도로 억제한다.
② 편경사의 변화에 의한 노면의 회전 가속도가 주행 쾌적도를 나빠지지 않게 하는 정도로 억제한다.
③ 곡선부에서 차로의 확폭이 필요할 경우 접속설치 구간으로 이용한다.
④ 원곡선의 시작점과 끝점에서 절곡된 형상을 시각적으로 원활하게 보이도록 한다.
완화곡선의 길이를 결정하는 주 요소는 ①과 ②이며, ③의 경우는 결정된 완화곡선 구간 내에서 접속 설치하면 된다.

3) 완화곡선의 길이 산출

① 자동차의 완화주행 궤적

자동차가 직선부에서 곡선부로 주행할 때 그 회전반경이 무한대(직선)에서 차츰 일정한 반경이 되도록 핸들을 조작해야 하는데, 이와 같이 직선 주행에서 일정한 반경의 곡선부 주행으로 옮기기까지 사이에 곡선주행을 완화주행이라 하고, 이 때의 자동차 궤적을 완화주행 궤적이라 한다.

완화주행 궤적의 형상은 다음과 같다.

(그림 3.40)에서,

$$ds = R \cdot d\theta, \quad v = \frac{ds}{dt} = R\frac{d\theta}{dt}$$

$$\therefore \text{회전각 속도} = \frac{d\theta}{dt} = \frac{v}{R}$$

여기서, R : 주행 궤적 상의 임의의 지점에서의 곡선 반경
v : 주행속도
θ : 접선각(라디안)

(그림 3.41)에서 B를 회전각 가속도라 하고 v가 일정하다고 가정하면,

$$B = \frac{d}{dt}\left(\frac{d\theta}{dt}\right) = \frac{v}{b}sec^2\phi\frac{d\phi}{dt} \tag{3.16}$$

단, $R = \frac{b}{\tan\phi}$ 이다 ((그림 3.41) 참조)

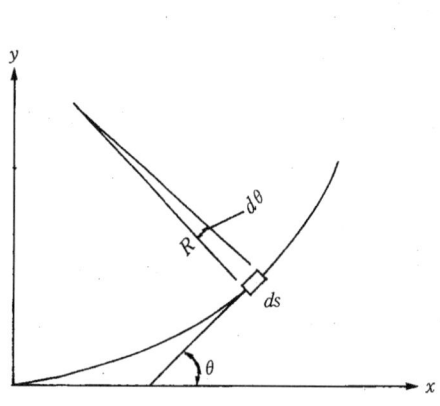

(그림 3.40) 자동차의 완화 주행

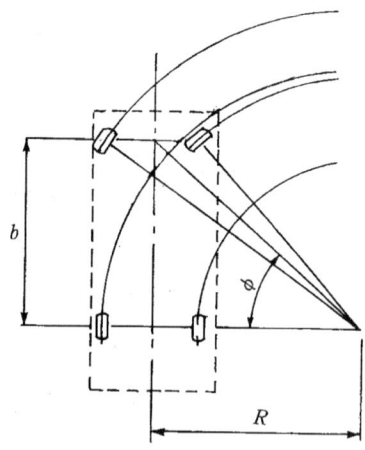

(그림 3.41) 곡선반경과 주행궤적

직선구간을 주행하다가 곡선부로 들어서는 자동차의 경우, 회전각 가속도 B가 일정하다고 가정하고 그 주행 궤적을 구해보면 다음과 같다.

식 (3.13)으로부터,

$$\frac{v}{b}sec^2\phi \frac{d\phi}{dt} = k \qquad (3.17)$$

식 (3.17)를 풀면

$$\tan\phi = \frac{kb}{v}t + C$$

t = 0 일 때 tanϕ = 0 이므로, C=0

따라서 $\frac{1}{R} = \frac{k}{v}t$

곡선의 시점에서 L만큼 떨어진 곳에서 관계식을 구해 보면,

$$t = \frac{L}{v}, \quad \frac{1}{R} = \frac{kL}{v^2} \qquad (3.18)$$

즉, RL = K ($K = \frac{v^2}{k}$ = 상수)

식 (3.18)는 클로소이드의 일반식이다. 즉, 자동차가 일정한 각 가속도로 주행하는 경우, 자동차의 완화주행 궤적은 클로소이드를 그린다는 것을 알 수 있다.

또 식 (3.17)에서 자동차의 구조상 ϕ는 0~30도 이므로 $sec^2\phi$는 거의 일정한 값이 되며, 따라서 $d\phi/dt$도 거의 일정하다.

ϕ가 핸들 회전각과 비례한다고 생각하면 자동차의 주행은 핸들의 회전각 속도가 거의 일정한 주행이라고 생각할 수 있다. 그러나 실제 자동차 주행은 그리 단순하지 않다. 완화 주행궤적에 근사한 곡선으로는 클로소이드 외에 램니스케이트, 3차 포물선 등이 있다. 이들 완화 주행 궤적에 근사한 곡선을 그림으로 나타내면 (그림 3.42)과 같다.

② 완화 곡선 및 완화 구간의 길이

완화 구간의 길이를 결정하는 방법에는

(i) 원심가속도 변화율의 허용률에 의한 방법
(ii) 핸들 조작에 필요한 최소 길이에 의한 방법
(iii) 편경사 접속설치 길이에 의한 방법이 있다.

설계속도 80km/h 이상의 도로에서는 핸들 조작의 매우 근소한 착오라도 될 수 있는 한 빨리 원상 복귀시킬 수 있는 주행시간의 길이만큼 반드시 완화곡선을 설치하여 운전자의 주행을 자연스럽게 유도할 수 있어야 하며, 80km/h미만의 도로에서는 완화곡선을 설치하지 않을 경우에 곡선부의 편경사 및 확폭을 접속 설치할 수 있도록 직선구간과 원곡선 구간을 직접 연결하는 완화구간을 두어야 한다.

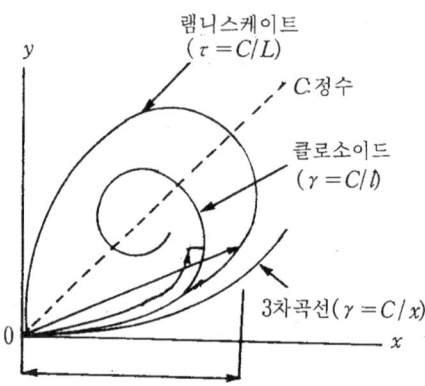

〈그림 3.42〉 완화주행 궤적에 근사한 곡선

핸들 조작에 곤란을 느끼지 않고 주행할 수 있는 곡선부의 주행시간을 「도로의 구조·시설기준에 관한 규칙 해설 및 지침」에서는 4초로 규정하고 있으며, 이는 최소 완화곡선 길이의 두 배이다. 주행시간을 2초로 하고 식(3.16)을 이용하여 최소 완화곡선 길이를 계산하면 〈표 3.19〉와 같다.

$$L = vt = \frac{V}{3.6}t = \frac{V}{1.8}(m) \tag{3.19}$$

여기서, L : 완화곡선 길이(m)
t : 주행시간(2초)
v : 주행속도(m/sec)
V : 주행속도(km/h)

〈표 3.19〉 완화곡선 및 완화구간의 최소길이

설계속도(km/h)		120	100	80	70	60	50	40	30	20
최소길이(m)	계산값	66.7	55.6	44.4	38.9	33.3	27.8	22.2	16.7	11.1
	규정값	70	60	50	40	35	30	25	20	15

4) 완화곡선의 이용

완화 곡선으로 클로소이드를 사용하는 경우에 완화 곡선의 파라미터(A)의 크기는 접속하는 완화곡선의 반경(R)에 대하여 다음과 같은 관계에 있을 때 조화가 이루어지고 시각적으로 원활한 선형이 된다고 알려져 있다.

$$R/2 \leq A \leq R \, (R \leq 1,500M의 경우)$$
$$R/3 \leq A \leq R \, (R > 1,500M의 경우)$$

위 식에서 좌반부는 시각상 클로소이드를 인식할 수 있는 최소값이며, 우반부는 안전상의 한계라고 말할 수 있다.

이 법칙이 적용되는 원곡선의 반경은 어느 범위에 들어가 있을 때이므로, 원곡선 반경 R이 작으면 파라미터 A가 원곡선 반경보다 커지고 원곡선 반경 R이 크면 파라미터 R/3보다 작게 되어 일반적으로 (그림 3.43)와 같은 곡선에 따르는 조합의 선형에 조화, 주행의 쾌적성, 경제성 등의 관점에서 권장한다.

독일의 도로 선형설계지침인 「RAS-L-1」에서는 설계속도에 따라 다음 표와 같이 클로소이드 파라미터(A)의 최소값을 규정하고 있다.

설계속도 V(km/h)	클로소이드 최소 파라미터 A_{min}(m)
40	30
50	50
60	70
70	90
80	110
90	140
100	170
120	270

5) 완화곡선의 생략

완화 곡선을 직선과 원곡선 사이에 삽입하는 경우, (그림 3.44)에 나타낸 바와 같이 직선과 원곡선을 직접 연결하는 경우에 비하여 S 만큼의 이정량이 생긴다. 이 이정량이 차로폭에 포함되는 여유폭(차로폭은 자동차의 폭에 여유폭을 더한 값임)에 비해 매우 작은 경우에는 직선과 원곡선을 직접 접속시키더라도 자동차가 완화 주행을 하는 데 아무런 지장이 없다. 이와 같이 완화 곡선을 생략해도 자동차의 주행에 지장을 주지 않는 이정량을 한계 이정량이라 한다.

이 한계 이정량은 최소 완화곡선의 길이를 적용할 경우, 0.20m정도 이내이면 주행 역학상 문제가 없는 것으로 알려져 있다.

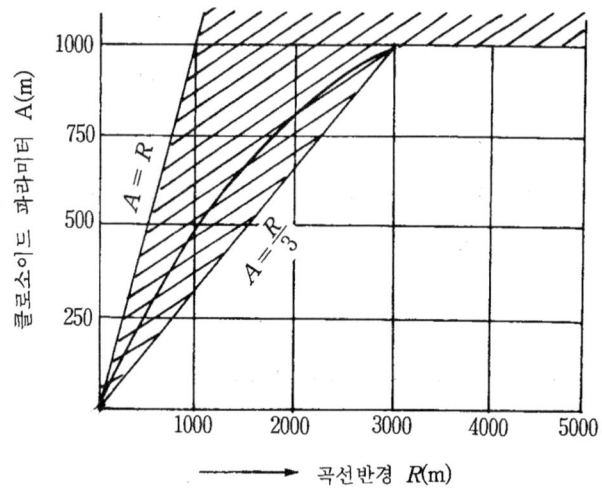

(그림 3.43) 원곡선 반경과 클로소이드의 파라미터

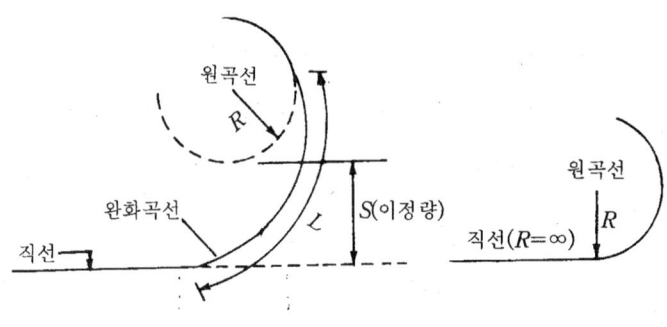

(그림 3.44) 완화곡선의 이정량

① 직선과 원곡선 사이에 삽입되는 완화 곡선

직선과 원곡선 사이에 설치되는 완화 곡선이 클로소이드라고 가정할 때, 크로소이드 특성에 의해 이정량 S와 크로소이드 길이 L 및 원곡선 반경 R과의 관계를 식 (3.20)과 같이 나타낼 수 있다.

$$S = \frac{1}{24} \cdot \frac{L^2}{R} \tag{3.20}$$

식 (3.17)에 이정량 0.20m와 완화 곡선의 최소 길이를 구하는 식 (3.19)을 대입하여 원곡선 반경 R에 대해서 정리하면 식(3.21)과 같다.

$$R = 0.064 V^2 \qquad (3.21)$$

여기서,　S　: 이정량(0.20m)
　　　　L　: 완화 구간의 길이(m),

$$L = \frac{V}{3.6} \cdot t = \frac{V}{1.8} (t = 2\sec간 \ 주행거리)$$

　　　　R　: 원곡선 반경(m)
　　　　V　: 설계속도(km/h)

식 (3.21)을 이용하여 이정량이 0.20m일 때의 원곡선 반경을 구하면 〈표 3.14〉와 같다.

경험적으로 볼 때 〈표 3.20〉의 계산 값으로 제시된 원곡선은 시각적으로 불충분하며, 실제로 계산값의 세 배 정도 값을 적용한다.

완화곡선을 생략할 수 있다는 것은 원곡선 반경이 적용값 이상 일 때 반드시 완화곡선을 생략해야 된다는 뜻은 아니며, 고속주행시 시각적으로 원활함을 확보한다는 의미에서도 될 수 있는 대로 적절한 완화곡선을 두는 것이 바람직하다.

〈표 3.20〉 완화곡선을 생략할 수 있는 원곡선 반경

설계속도 (km/h)	120	100	80	70	60	50	40	30	20
계 산 값	921.6	640.0	409.6	313.6	230.4	160.0	102.4	57.6	25.6
적 용 값	3,000	2,000	1,500	1,000	700	500	300	180	80

② 두 원곡선 사이에 설치되는 완화곡선

복합원인 경우에는 원 바로 앞에 또 원이 있어 자동차가 주행시 직선과 접속되는 경우에 비하여 조건이 완화되어 있다. 이와 같은 이유에서 같은 방향으로 굽어지는 소원(R_1)과 대원(R_2)사이에 완화 곡선을 설치하는 경우, 다음 조건들 중 어느 하나를 만족시키면 완화 곡선을 생략할 수 있다.

(i) 두 원곡선의 반경 중 작은 곡선반경(R_1)이 〈표 3.14〉의 값 이상일 때
(ii) 두 원곡선 사이에 완화 곡선을 설치했을 때 이정량이 0.1m 미만이고, 두 원곡선 반경의 비가 1.5이하 일 때 ($R_2 / R_1 \leq 1.5$)

3.4.3 종단선형

1 종단 선형의 요소

종단 선형은 같은 설계 속도를 적용하는 구간이라 할지라도 지형 조건에 따라 모든 자동차에게 동일한 주행 상태를 유지시켜 줄 수 없는 요소를 포함하고 있다.

이러한 종단 선형에는 일정한 경사구간, 즉 종단면도에서 직선이 되는 구간과 경사가 변화하는 구간, 즉 곡선이 되는 두 종류가 있다. 종단선형의 설계 요소는 종단경사, 종단곡선이 있으며, 자동차의 종류에 따라 성능 차이로 종단경사 구간에서 허용속도 이하로 주행하는 자동차를 위한 오르막 차로를 설치하여 교통 용량의 저하를 방지하여야 한다. 종단선형을 직선으로 설계할 때에는 종단경사의 기준과 종단경사 구간의 길이에 대한 기준을 적용한다. 종단선형을 곡선으로 설계하는 경우 2차 포물선으로 설계하며, 종단경사 변화비율에 대한 기준과 종단곡선의 최소길이 기준이 적용된다.

2 종단경사

1) 종단경사의 기준

   (1) 개요

   설계속도는 도로를 구성하는 다양한 기하구조와 연관되어 있다. 이는 도로를 설계할 때 하나의 설계 구간에서는 도로의 형상을 일정하게 하며, 동일한 주행상태를 유지할 수 있도록 하여야 하는 도로설계의 근본적 개념을 만족하기 위함이다. 그러나 설계속도에 다라 일정하게 정해지는 도로 기하구조 요소 중 종단경사는 종단경사 구간의 오르막 특성이 차종마다 크게 달라 모든 자동차가 설계속도로 주행할 수 있는 기하구조를 확보하는 것은 경제적인 측면에서 타당하지 않다. 따라서 종단경사의 기준 값은 경제적인 측면과 자동차의 성능을 감안하여, 자동차의 소통과 교통안전에 크게 영향을 미치지 않는 범위 내에서 결정한다.

   종단경사의 단위로는 '%'를 이용하며 종단경사의 부호는 자동차 진행방향이 오르막 구간을 지나는 경우 양의 부호를, 내리막 구간을 지나는 경우 음의 부호를 갖는 것으로 한다.

   (2) 종단경사에 의한 자동차의 주행특성

   ① 승용차

   종단경사 구간에서 승용차의 움직임은 다양하나 대부분의 승용차는 4~5% 종단경사에서도 평지와 거의 비슷한 속도로 주행할 수 있으며, 3% 종단경사에서는 거의 영향을 받지 않는다. 그러나 승용차도 오르막 경사가 증가함에 따라 속도가 점차적으로 떨어지며, 내리막 경사에서는 평지에서보다 주행속도가 커지게 된다.

② 트 럭
평지에서의 트럭의 평균 주행속도는 승용차와 거의 동일하나, 오르막 구간에서는 종단경사에 큰 영향을 받는다. 이는 승용차에 비하여 트럭의 중량당 마력비가 낮고, 잉여마력이 적기 때문이다.
오르막 경사에서 트럭이 유지할 수 있는 최대속도는 종단경사, 종단경사 길이, 자동차의 중량당 마력비, 경사구간에 진입할 때의 속도, 바람의 저항 및 운전자의 숙련도 등에 영향을 받으므로 종단경사 구간의 설계에서는 트럭이 오르막 특성을 감안하여야 한다.

③ 표준 트럭 선정
종단경사의 기준을 설정하기 위해서는 자동차의 성능에 대한 연구가 앞서야 하나, 현재 우리나라 자동차의 성능에 대한 연구결과가 없으므로 미국의 자동차 성능에 관한 연구조사 결과를 이용하고 있다.
미국 내에서 운행되고 있는 총 중량이 18,100kg(40,000 lb)인 대형트럭의 평균 중량당 마력비의 변화 추세를 살펴보면, 1949년에 6.1ps/t에서 1975년 10.3ps/t, 1985년에는 16.7ps/t으로 증가하였다. 미국 AASHTO에서는 종단경사 구간의 제한 길이를 구하는 데 기준이 되는 표준 트럭의 중량당 마력비로 트레일러의 운행을 감안하여 7.5ps/t(중량 대 마력비는 180kg/kw)를 적용하고 있다.
〈표 3.15〉는 도로용량 편람 연구조사 제2단계 최종 보고서에 제시된 자동차 제원으로서, 세미 트레일러 연결차 중량당 마력비가 미국 표준 트럭의 중량당 마력비와 거의 같다는 것을 알 수 있다. 따라서 우리나라의 종단경사 구간의 제한길이를 설치하는 데 기준이 되는 표준트럭(대형 자동차)의 중량당 마력비로는 미국 AASHTO의 기준에 따라 7.5ps/t을 적용하며, 이 트럭의 가감속 곡선 역시 미국 AASHTO에서 제시하고 있는 속도곡선을 이용하고 있다. 그러나 「자동차 안전기준에 관한 규칙(건설교통부령 967호, 92. 1. 20)」 제 10조(원동기 및 동력 전달장치)에 의하면 "자동차의 총중량 1톤당 출력이 10마력(PS) 이상일 것"으로 규정되어 있어 표준트럭 성능에 대한 추가 검토가 요구된다.

(3) 종단 경사 기준
종단경사의 기준 값은 종단경사 구간을 주행하는 자동차의 주행속도가 될 수 있는 대로 설계속도와 가까운 속도를 확보할 수 있도록 규정하는 것이 이상적이겠지만, 경제적인 측면에서 제약을 받으므로 어느 정도의 속도 저항을 허용하는 값으로 규정한다.

〈표 3.21〉 자동차 제원

(도로용량편람 연구조사 제2단계보고서)

자동차 구분	중량당 마력비 (PS/톤)	차체규격(cm)			중량(kg)			축간거리(m)	마력 (PS)
		길이	너비	높이	총중량	차중량	적재량		
승용차	68.8	434	168	144	1,366	1,084	282	250	94
소형 버스	33.6	450	165	197	2,202	1,481	721	238	74
보통 버스	18.6	1,077	245	312	12,163	9,491	3,923	559	226
소형 트럭	33.4	452	168	168	2,393	1,405	988	237	80
보통 트럭	17.8	610	202	227	6,219	3,254	2,965	331	111
대형 트럭	13.5	874	248	321	18,549	8,300	10,249	519	251
세미트레일러	7.3	1,831	261	286	45,549	13,828	31,192	-	331
풀 트레일러	8.6	1,872	261	307	36,448	14,448	22,000	-	315

※ PS는 독일어 Pferde starke의 약어로 Horse Power를 뜻함.
자동차 중량이 5,600kg이고 최대 적재량이 8,000kg이며 자동차의 출력이 155마력(HP)이면,
$155 \div [(5,600+8,000) \div 1,000] = 11.4 ps/t(=200 lb/HP)$
1kW=1.333HP, 1HP=750W, 1lb=0.4536kg, 180kg/kW = 297.63lb/HP

상향 종단경사 구간을 주행할 때는 중력의 영향에 의한 주행 저항의 증가로 필요 구동력에 부족을 가져와서 구동력과 주행 저항이 평행을 이룰 때가지 속도가 저하한다. 하향 종단경사를 주행할 때는 중력의 영향으로 가속되지만 종단경사가 어느 정도 이상이 되면 운전자의 심리적인 특성으로 인하여 감속을 하게 된다. 하향 종단경사 구간에서의 가속 비율은 각 운전자의 성격과 자동차의 제동 능력에 따라 차이가 생기므로 간단하게 산정 하기는 어렵고, 이로써 종단경사의 기준을 정하기도 어렵기 때문에 상향 종단경사 구간에서의 감속 특성으로 기준을 정한다.

〈표 3.22〉의 표준 종단경사는 승용차가 오르막 구간을 평균 주행속도로 주행할 수 있고, 중량당 마력비가 7.5ps/t인 표준트럭이 설계속도의 반 정도 속도로 주행할 수 있도록 정한 것이다((그림 3.45) 참조). 이 때 설계속도가 80km/h 이상인 경우 80km/h로 한다.

<표 3.22> 최대 종단경사의 기준치(%)

설계속도 (km/h)	고속도로		간선도로		집산도로 및 연결로		국지도로	
	평지	산지	평지	산지	평지	산지	평지	산지
120	3	4						
110	3	5						
100	3	5	3	6				
90	4	6	4	6				
80	4	6	4	7	6	9		
70			5	7	7	10		
60			5	8	7	10	7	13
50			5	8	7	10	7	14
40			6	9	7	11	7	15
30					7	12	8	16
20							8	16

한편 소형차도로의 최대 종단경사의 기준치(%)는 「도로의 구조·시설 기준에 관한 규칙」에서 규정하는 값을 기준으로 하며 그 내용은 <표 3.23>과 같다.

<표 3.23> 소형차도로의 최대 종단경사의 기준치(%)

설계속도 (km/h)	고속도로		간선도로		집산도로 및 연결로		국지도로	
	평지	산지	평지	산지	평지	산지	평지	산지
120	4	5						
110	4	6						
100	4	6	4	7				
90	6	7	6	7				
80	6	7	6	8	8	10		
70			7	8	9	11		
60			7	9	9	11	9	14
50			7	9	9	11	9	15
40			8	10	9	12	9	16
30					9	13	10	17
20							10	17

(4) 적용시의 주의 사항

일반적으로 종단경사를 제외한 다른 선형 요소는 자동차가 설계속도 이상으로 주행할 수 있도록 기준이 결정된다. 그러나 종단경사는 공사비에 미치는 영향이 크므로 오르막 성능이 낮은 차가 설계속도보다 어느 정도 낮은 속도로 주행하는 것을 허용하고 있다.

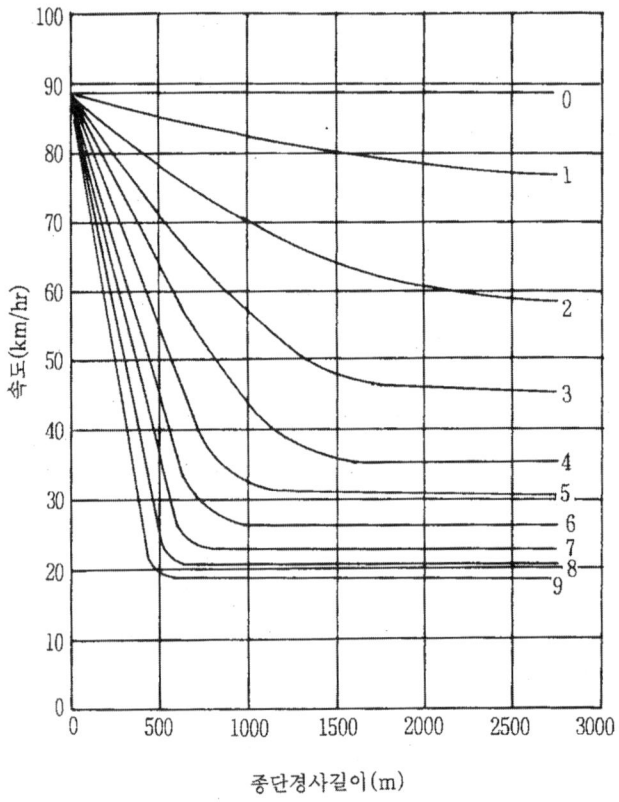

(그림 3.45) 상향종단경사와 종단경사 길이에 따른 감속곡선
(AASHTO, 180kg/kw 표준대형트럭)

종단선형의 설계 시에는 지형 등의 조건을 충분히 검토하며 하나의 설계구간에서는 모든 자동차가 해당구간의 설계속도에 근접한 속도로 주행할 수 있도록 표준 종단경사 이하로 가능한 한 완만한 종단경사를 취해야 한다. 그러나 시가지를 지나는 노선의 경우 그 도로의 교통량, 주행속도, 차종구성, 평면선형, 오르막 차로의 설치여부, 건설비 등을 종합적으로 고려하여 종단경사를 결정해야 한다. 종단경사는 될 수 있는 한 작은 것이 바람직하지만 길고 평탄한 도로에서는 배수

에 문제가 생긴다. 따라서 배수를 위하여 0.3~0.5%의 종단경사를 두는 것이 필요하다. 특히 우리나라와 같이 강우강도가 비교적 큰 경우에는 적어도 0.5%이상의 종단경사를 두는 것을 추천한다.

적설이나 동결이 예상되는 지역에서 될 수 있는 대로 급경사의 적용은 피해야 한다. 왜냐 하면 노면이 적설, 결빙 때문에 미끄러지기 쉬울 때 상향 종단경사 구간에서 발진이 아주 어렵고, 하향 종단경사 구간에서는 제동의 필요 빈도가 많아져서 미끄러지기 쉽기 때문이다. 긴 터널의 경우 자동차 배기가스의 배출과 트럭의 저속주행, 교통안전 등을 고려하여 최대 종단경사를 제한해야 한다. 독일 「RAS-L-1」에서는 터널의 길이가 짧을 경우 최대 종단경사로 4.0%를 긴 터널에서는 2.5%를 적용하도록 하고 있다.

기계 환기가 필요한 터널의 경우 자동차 매연량은 상향 종단경사 3% 부근에서 급격히 증가하는 경향이 있으므로, 최대 종단경사를 2%로 추천한다.

2) 종단경사의 제한 길이

   (1) 개요

   종단경사 구간의 길이를 제한하는 이유는 종단경사 구간에서 저속주행 자동차와 고속주행 자동차들의 주행속도의 차이가 커질 경우 지체가 발생하고 속도차이로 인한 교통마찰로 인하여 교통사고가 발생할 가능성이 높아지기 때문이다. 종단경사 구간의 제한 길이는 트럭이 종단경사 구간에 진입하여 허용된 최저속도를 유지하며 주행할 수 있는 구간까지의 길이로서, 종단경사 구간을 설계한 후 (그림 3.46)과 (그림 3.47)을 이용하여 주행속도 곡선을 그린 후 트럭의 속도가 허용 최저 속도 이하로 주행하는 구간은 트럭이 허용된 최저속도로 주행할 수 있도록 종단경사를 조정하거나 고속으로 주행하는 다른 자동차와 분리될 수 있도록 오르막 차로를 설치하여야 한다.

   (2) 종단경사 구간의 제한 길이 계산

   종단경사 구간의 제한 길이는 중량당 마력비가 7.5ps/t인 트럭의 주행속도 곡선을 그려서 트럭의 주행속도가 허용 최저 속도 이하로 떨어지기 직전의 구간 길이를 말한다. 여기서 허용 최저 속도란 다음과 같다.

   ① 설계속도가 80km/h 이상인 경우, 60km/h

   ② 설계속도가 80km/h 미만인 경우, 설계속도에서 20km/h를 뺀 속도

   (3) 적용

   오르막 구간에서 중량당 마력비가 7.5ps/t인 트럭의 최대 속도는 다음과 같다.

   ① 설계속도가 80km/h 이상인 경우, 최대속도는 80km/h로 한다.

② 설계속도가 80km/h 미만인 경우, 최대 속도는 설계속도로 한다.

트럭이 종단경사 구간으로 들어올 때의 진입속도가 80km/h라고 가정하여, (그림 3.46)를 이용하여 종단경사 구간의 제한 길이를 구하면 〈표 3.24〉와 같다. 진입속도가 80km/h가 아닐 경우에는 주행속도 곡선을 이용하여 제한 길이를 구해야 한다. 종단경사 구간의 길이가 주행속도 곡선을 이용하여 구한 제한 길이를 초과할 경우에는 종단경사를 조정하거나 고속으로 주행하는 다른 자동차와 분리될 수 있도록 오르막 차로를 설치하여야 한다.

〈표 3.24〉 진입속도가 80km/h 일 때 종단경사 구간의 제한길이

설계속도 (km/h)	종단경사 (%)	제한길이 (m)
120	3	350
100	4 5	350 220
80	5 6	220 240
70	5 6	370 290
60	6 7	390 560
50	7 8 9	310 280 250
40	8 9 10	430 300 270

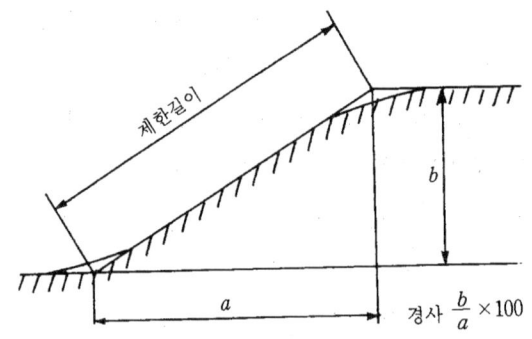

(그림 3.46) 종단경사와 제한길이

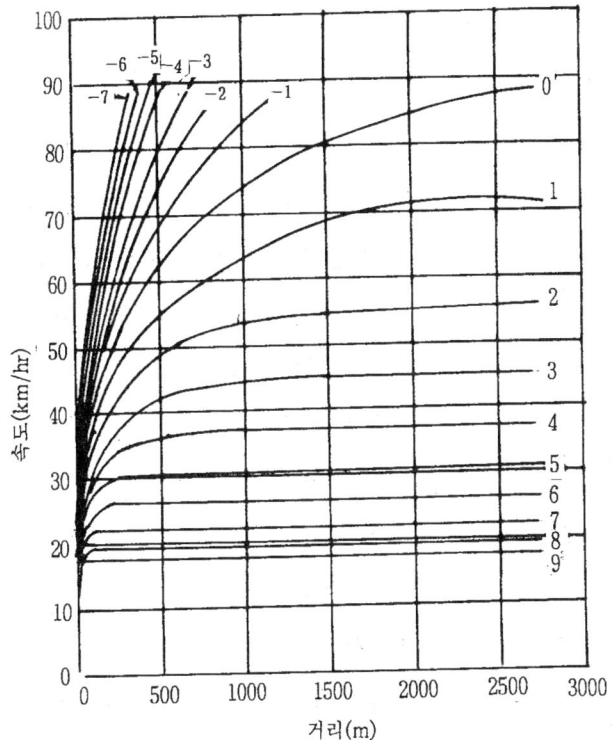

(그림 3.47) 종단경사와 종단경사 길이에 따른 가속곡선
(AASHTO, 180kg/kw 표준대형)

3 종단곡선

1) 개요

자동차가 두 개의 다른 종단경사 구간을 통과할 때는 자동차의 운동량 변화에 따른 충격을 감소시키고, 운전자의 시거를 확보할 수 있도록 종단곡선을 설치하여야 한다. 종단곡선은 일반적으로 2차 포물선이 이용되며, 충분한 범위 내에서 주행의 안전성과 쾌적성을 확보하고 도로의 배수를 원활히 할 수 있도록 설치하여야 한다. 종단곡선은 볼록형과 오목형으로 구분되며, 두 종단경사의 조합 가능한 형태는 (그림 3.48)과 같이 6가지가 있다.

① 종단곡선 반경

포물선에서 종단곡선 반경과 종단곡선 변화 비율을 구하는 식을 얻기 위해 상수 A와 포물선의 원점에서의 기울기로부터 2차 방정식을 구해 보면 다음과 같다.

$$y = \frac{1}{2A}X^2 + t_0 X \tag{3.21}$$

임의의 지점에서의 기울기 t와 곡률 1/R은 다음과 같다.

$$t = \frac{dy}{dx} = \frac{x}{A} + t_0 \tag{3.22}$$

$$\frac{1}{R} = \frac{\frac{dy^2}{dx^2}}{[1+(\frac{dy}{dx})^2]^{\frac{3}{2}}} = \frac{1}{A(1+t^2)^{\frac{3}{2}}} \tag{3.23}$$

종단곡선 반경은 곡률의 역수에 절대값을 취한 것이다. 도로 종단곡선의 기울기 t는 매우 작아서 무시할 수 있으므로, 종단곡선의 크기를 다음과 같이 곡선반경으로 규정할 수 있다.

$$\frac{X}{|t-t_0|} = |A| \cong R \tag{3.24}$$

여기서,   X : 임의의 지점
          t : X에서의 접선의 기울기
          t_0 : 원점에서의 접선의 기울기
          R : 종단곡선의 반경

따라서 종단곡선 상에 놓인 두 점의 기울기로 차로 두 점간의 거리를 나눈 값은 일정하며, 곡선반경과 같다는 것을 알 수 있다. 반대로 곡선반경을 미리 알고 있다면 양측의 기울기의 차와 곡선반경을 곱하면 곡선길이가 구해진다.
식 (3.24)에서 X를 종단곡선의 길이 L로 치환하고 접선의 기울기를 경사(%)로 나타내면 식 (3.25)은 다음과 같이 나타낼 수 있다.

$$R = \frac{X}{|t-t_0|} = \frac{100L}{I} \tag{3.25}$$

여기서,   L : 종단곡선의 길이(m)
          I : 종단곡선의 차(%)

3.4 선형설계

종단곡선의 형태의 구분	형태	적용
볼록곡선 (Crest Type)	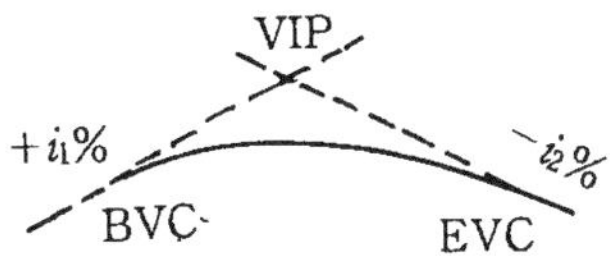 (VIP, +i_1%, -i_2%, BVC, EVC)	+i_1%에서 -i_2%로 변하는 경우에 설치되는 종단곡선
	(+i_1%, +i_2%)	+i_1%에서 +i_2%로 변하는 경우에 적용되는 종단곡선으로 단, $|i_1|>|i_2|$인 경우에 적용됨
	(-i_1%, -i_2%)	-i_1%에서 -i_2%로 변하는 경우에 설치되는 종단곡선으로 $|i_1|<|i_2|$인 경우에 적용됨.
오목곡선 (Sag Type)	(-i_1%, +i_2%)	-i_1%에서 +i_2%로 변하는 경우에 설치되는 종단곡선
	(-i_1%, -i_2%)	-i_1%에서 -i_2%로 변하는 경우에 적용되는 종단곡선으로 단, $|i_1|>|i_2|$인 경우에 적용됨
	(+i_1%, +i_2%)	+i_1%에서 +i_2%로 변하는 경우에 설치되는 종단곡선으로 $|i_1|<|i_2|$인 경우에 적용됨.

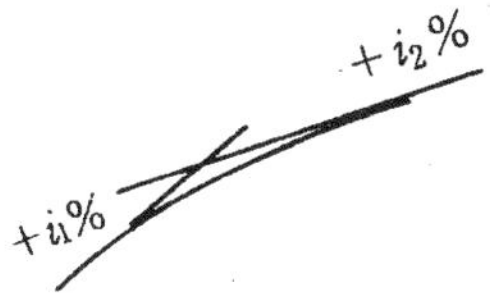

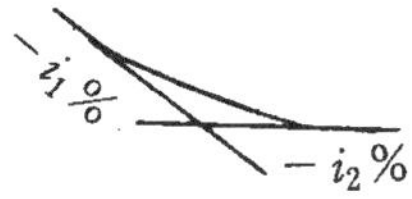

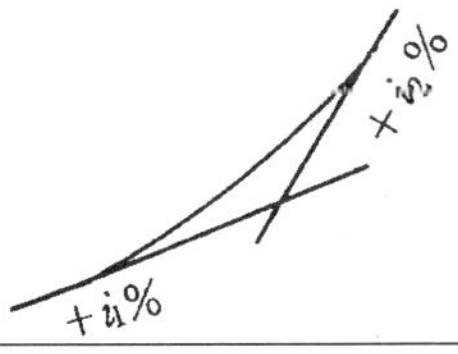

(그림 3.48) 종단곡선의 형태

※ BVC : Being Point of Vertical Curve
　EVC : Ending Point of Vertical Curve
　VIP : Vertical Intersection Point

② 종단곡선 변화비율
종단곡선 변화비율이란 종단경사가 1%변하는 데 확보하여야 할 수평거리로서, 다음과 같은 식으로 나타낼 수 있다.

$$K = \frac{L}{I} = \frac{R}{100} \tag{3.26}$$

여기서, K : 종단곡선의 변화 비율(m/%)
L : 종단곡선의 길이(m)
$I = |i_1 - i_2|$: 종단경사의 대수 차(%)
R : 종단곡선 반경(m)

2) 최소 종단곡선 변화 비율

종단곡선 변화 비율은 자동차에 미치는 충격을 완화시키고, 정지시거를 확보할 수 있도록 최소값을 규정한다.

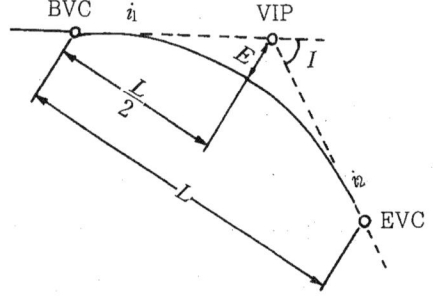

(그림 3.49) 종단곡선

(1) 충격완화에 필요한 종단곡선 길이와 변화 비율
경사가 다른 두 구간을 주행하는 자동차는 운동량 변화가 발생하게 되며, 이로 인한 충격을 완화하여 주행 쾌적성을 높일 필요가 있다. 경험적으로 주행 중에 불쾌감을 느끼게 하지 않는 종단곡선의 길이를 구하는 식은 식 (3.25)와 같다. 식 (3.27)와 식 (3.28)에서 360이라는 값은 승객이 불쾌감을 느끼지 않도록 충격 완화를 고려하여 결정한 값이다.

$$L = \frac{V^2 \cdot I}{360} \tag{3.27}$$

$$K = \frac{V^2}{360} \qquad (3.28)$$

여기서, L : 종단곡선의 길이(m)
V : 설계속도(km/h)
I : 종단경사의 차(%)
K : 종단곡선의 변화 비율(m/%)

〈표 3.25〉 충격완화에 필요한 최소 종단곡선 변화 비율과 종단곡선 반경

설계속도(km/h)	120	100	80	70	60	50	40	30	20
변화비율(m/%)	40.0	27.8	17.8	13.6	10.0	6.9	4.4	2.5	1.1
종단곡선반경(m)	4000	2780	1780	1360	1000	690	440	250	110

※주: 종단곡선반경 R=100K

(2) 시거확보에 필요한 종단곡선 변화비율

종단곡선 변화 비율의 최소 기준 결정시에 고려할 수 있는 시거로는 정지시거와 앞지르기 시거가 있지만, 정지시거만 고려하기로 한다. 정지시거를 반영하기 위해서는 종단곡선 변화 비율 이전에 종단곡선의 길이를 먼저 구해야 한다.
볼록형 종단곡선과 오목형 종단곡선의 정지시거 확보에 필요한 종단곡선 길이를 구하는 과정은 다음과 같다.
① 볼록형 종단곡선의 길이와 변화비율
볼록형 종단곡선에서 정지시거의 확보에 필요한 종단곡선 기준을 구하기 위해 다음과 같이 두 가지 경우로 구분하여 식을 구한다.
• 정지시거(S)보다 종단곡선 길이(L)가 길 경우(S<L)

$$L = \frac{IS^2}{200(\sqrt{h_e} + \sqrt{h_0})^2} = \frac{IS^2}{385} \qquad (3.29)$$

여기서, L : 종단곡선 길이(m)
I : 종단경사 차이(%)
S : 정지시거(m)
K : 종단곡선 변화비율(%/m)
h_e : 운전자의 눈 높이(1.0m)
h_o : 장애물의 높이(0.15m)

- 정지시거(S)보다 종단곡선 길이(L)가 짧을 경우(S≥L)

$$L = \frac{2S - 200(\sqrt{h_e} + \sqrt{h_0})^2}{I} = 2S - \frac{385}{I} \tag{3.30}$$

식 (3.29)과 식 (3.30)에 의해 종단곡선 길이를 계산하면, 식 (3.27)에 의한 길이가 항상 크므로 정지시거를 확보하기 위한 볼록형 종단곡선 길이는 식 (3.27)에 의한 길이로 한다. 식 (3.29)을 종단곡선 변화비율로 나타내면 다음과 같다.

$$K = \frac{S^2}{385} \tag{3.31}$$

설계속도에 따른 최소 정지시거를 확보할 수 있는 볼록형 종단곡선의 종단곡선 변화 비율과 충격완화에 필요한 값, 그리고 규정 값은 〈표 3.26〉와 같다. 볼록형 종단곡선 변화 비율의 규정 값은 시가확보를 위한 종단곡선 변화 비율에 영향을 받는다.

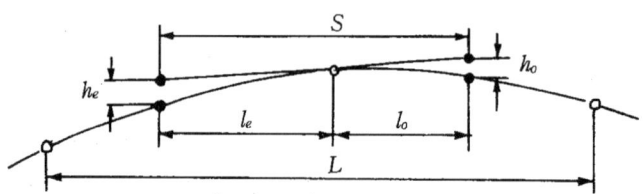

〈그림 3.50〉 종단곡선 길이가 정지시거보다 길 경우(볼록곡선)

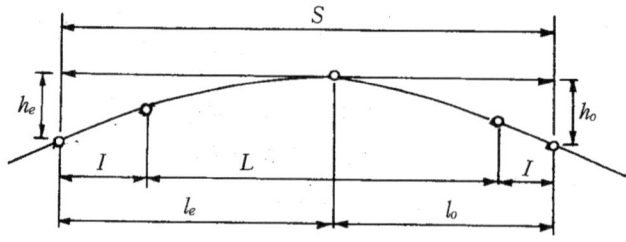

〈그림 3.51〉 종단곡선 길이가 정지시거보다 짧을 경우(볼록곡선)

〈표 3.26〉 볼록형 종단곡선의 종단곡선 변화 비율과 종단곡선 반경

설계속도(km/h)	최소정지시거(m)	최소 종단곡선 변화비율(m/%)			종단곡선 반경(m)
		충격완화	시거확보	규정값	
120	215	40.0	120.1	120	12,010
100	155	27.8	62.4	60	6,240
80	110	17.8	31.4	30	3,140
70	95	13.6	23.4	25	2,340
60	75	10.0	14.6	15	1,460
50	55	6.9	7.9	8	790
40	40	4.4	4.2	4	420
30	30	2.5	2.3	3	230

※주: 종단곡선 반경 R=100K

② 오목형 종단곡선

오목형 종단곡선의 최소길이는 전조등에 의한 시거 및 주행의 쾌적성을 확보할 수 있도록 설계되어야 한다. 전조등에 의한 시거확보 거리 산정 시 전조등의 높이 h는 0.60m, 상향각은 1°로 하여 계산한다.

- 정지시거(S)보다 종단곡선 길이(L)가 길 경우(S<L)

$$L = \frac{L^2}{200(h+Stan\alpha)} = \frac{IS^2}{120+3.5S} \quad (3.32)$$

여기서, L : 종단곡선 길이(m)
　　　　 I : 종단경사 차이(%)
　　　　 α : 상향각(1°)
　　　　 S : 정지시거(m)
　　　　 h : 전조등의 높이(0.60m)

- 정지시거(S)보다 종단곡선 길이(L)가 짧을 경우(S≥L)

$$L = \frac{2S-200(h+Stan\alpha)}{I} = 2S - \frac{120+3.5S}{I} \quad (3.33)$$

식 (3.32)과 식(3.33)에 의해 종단곡선 길이를 계산하면 식 (3.32)에 의한 길이가 항상 크므로, 오목형 종단곡선 길이는 식 (3.32)에 의한 길이로 한다.
식 (3.30)종단곡선 변화 비율로 나타내면 식 (3.34)와 같다.

$$K = \frac{S^2}{120 + 3.5S} \tag{3.34}$$

설계속도에 따른 최소 정지시거를 확보할 수 있는 오목형 종단곡선의 종단곡선 변화 비율과 충격 완화에 필요한 값 그리고 규정 값은 〈표 3.27〉과 같다.

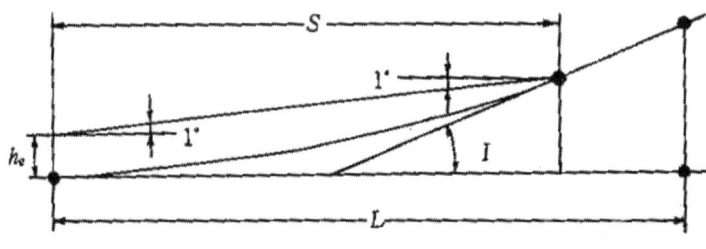

(그림 3.52) 종단곡선 길이가 정지시거보다 길 경우(오목곡선)

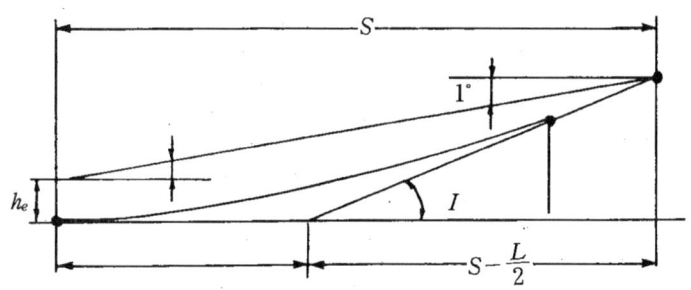

(그림 3.53) 종단곡선 길이가 정지시거보다 짧을 경우(오목곡선)

〈표 3.27〉 오목형 종단곡선의 종단곡선 변화비율과 종단곡선 반경

설계속도 (km/h)	주행속도 (km/h)	최소정지 시거 (m)	최소 종단곡선 변화비율(m/%)			종단곡선 반경(m)
			충격완화	시거확보	규정값	
120	102	215	40.0	53.0	55	5,300
100	85	155	27.8	36.3	35	3,630
80	68	110	17.8	23.9	25	2,390
70	63	95	13.6	19.9	20	1,990
60	54	75	10.0	14.7	15	1,470
50	45	55	6.9	9.7	10	970
40	36	40	4.4	6.2	6	620
30	30	30	2.5	4.0	4	400

3) 최소 종단곡선의 길이

인접하는 두 종단경사의 차가 작은 경우에 최소 종단곡선 변화비율을 적용하여 종단곡선의 길이를 구해 보면 매우 짧다. 종단곡선의 길이가 너무 짧을 경우 운전자의 눈에 비치는 도로의 선형이 원활하지 않으므로 설계속도로 3초간 주행하는 거리를 최소 종단곡선 길이로 한다.

〈표 3.28〉 최소 종단곡선 길이의 계산(설계속도로 3초간 주행거리)

설계속도(km/h)		120	100	80	70	60	50	40	30	20
최소길이 (m)	계산값	100.0	83.3	66.7	58.3	50.0	41.7	33.3	25.0	16.7
	규정값	100	85	70	60	50	40	35	25	20

4) 종단곡선의 표고 계산

종단곡선을 설치하기 위해서는 임의의 지점의 표고를 계산할 수 있어야 한다. 이 식은 종단곡선이 2차 포물선이고, 종단곡선은 아주 편평(扁平)하므로 종단곡선의 시·종점간의 거리와 수평거리는 같다고 가정하여 구할 수 있다.

(그림 3.54)에서 보는 바와 같이 종단 곡선시점 B_c 에서의 경사를 i_1, 종단곡선의 종점 E_c 에서 경사를 i_2라 하면, 종단곡선의 시·종점에서 그은 접선이 서로 만나는 교점에서 종단곡선의 중점에 내린 발의 길이 M은 다음과 같다.

$$M = L_1 \frac{L_2}{200(L_1 + L_2)} I \qquad (3.35)$$

임의의 지점 x에서, 접선과 종단곡선(그림 3.54) 종단곡선의 표고 계산간의 거리 h는 다음과 같이 계산된다.

B_c에서 P사이 :

$$h = \frac{x^2}{L_1^2} M = \frac{|i_2 - i_1| \cdot L_2}{200 L \cdot L_1} X^2 \qquad (3.36)$$

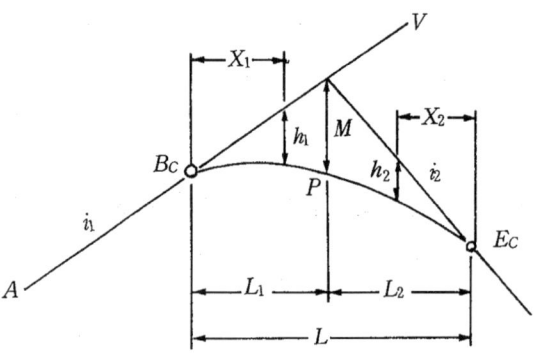

(그림 3.54) 종단곡선의 표고 계산

P에서 E_c사이 :

$$h = \frac{M(L-x)}{L_2^2} = \frac{|i_2 - i_1| \cdot L_1}{200 L \cdot L_2} (L-x)^2 \qquad (3.37)$$

여기서, x : B_c에서 임의의 지점까지의 수평거리(m)
 h : x지점에서 그은 접선과 종단곡선 간의 수직 거리(m)
 i_1 : B_c에서의 종단경사(%)
 i_2 : E_c에서의 종단경사(%)
 L_1 : 종단곡선의 길이(m)
 L_2 : 종단곡선의 길이(m)
 $L = L_1 + L_2$: 종단곡선의 길이(m)

종단곡선이 대칭일 경우 $L_1 = L_2$이므로, 식(3.35)과 식(3.36)는 다음과 같이 하나의 식으로 간단하게 나타낼 수 있다.

$$h = \frac{Mx^2}{(L/2)^2} = \frac{|i_2 - i_1|}{200L} x^2 \tag{3.38}$$

① 비대칭형 종단곡선의 표고 계산

B_c에서 P사이 :

$$E = \frac{EB_C + i_1}{100} x + \frac{(i_2 - i_1)(L_1 \cdot L_2)}{200L} \cdot \frac{x^2}{L_1^2}$$

$$= EB_c + \frac{i_1}{100} x + \frac{(i_2 - i_1)L_2}{200L \cdot L_1} x^2 \tag{3.39}$$

P에서 E_c사이 :

$$E = \frac{EE_c + i_2}{100}(L - x) + \frac{(i_2 - i_1)(L_1 \cdot L_2)}{200L} \cdot \frac{(L - x^2)}{L^2}$$

$$= EE_c - \frac{i_2}{100}(L - x) + \frac{(i_2 - i_1)L_2}{200L \cdot L_2}(L - x)^2 \tag{3.40}$$

여기서, x : B_c에서 임의의 점까지의 수평거리(m)

E : x지점에서 종단곡선의 xy좌표(m)

$L = L_1 + L_2$: 종단곡선의 길이(m)

i_1 : B_c에서의 종단경사(%)

i_2 : E_c에서의 종단경사(%)

L_1 : 종단곡선의 길이(m)

L_2 : 종단곡선의 길이(m)

EB_c : B_c(m)

EE_c : E_c지점의 표고(m)

② 대칭형 종단곡선의 표고 계산

대칭형 종단곡선은 $L_1 = L_2$ 이므로, 식 (3.38)과 식 (3.39)은 다음과 같이 하나의 식으로 나타낼 수 있다.

$$E = EA + \frac{i_1}{100} x + \frac{(i_2 - i_1)}{200L} x^2 \tag{3.41}$$

4 오르막 차로

1) 개요

오르막 구간에서 종단경사 길이가 길어지면 중량당 마력이 낮은 대형 자동차의 주행속도가 낮아지며, 대형 자동차의 속도 저하는 승용차의 주행 자유도를 떨어뜨려 교통량을 저하시킨다. 이와 같은 현상을 해소하기 위하여 종단경사가 급한 경우, 또는 종단경사 구간의 길이가 길 경우 다음과 같은 사항들을 고려하여 오르막 차로의 설치여부를 검토한다.

- 도로용량과 교통량의 관계(서비스 수준)
- 고속으로 주행하는 자동차와 저속으로 주행하는 자동차의 구성비
- 종단경사를 낮추어 설계하는 방안과 오르막 차로를 설치할 때의 경제성 비교
- 고속 주행에 따른 편의 및 쾌적성 도모와 공사비 절감에 따른 경제성
- 교통사고 감소에 따른 사고 비용 절감, 또 종단경사가 3% 이하일지라도 종단경사 구간의 길이가 매우 길면 승용차와 트럭의 속도 차가 커지므로 속도와 종단경사 곡선을 그리고 도로용량 및 경제성을 고려하여 오르막 차로의 설치가 무의미하다면, 보다 낮은 종단경사를 적용할 수 있는 경제적인 노선의 선정하도록 노선선정 단계에서 충분히 검토하고, 오르막 차로의 설치가 필요하지 않도록 종단선형을 설계해야 한다. 하지만 이를 위해서는 많은 공사비를 들여야 하므로 어느 정도 급경사를 취하더라도 오르막 차로를 설치하는 편이 경제적으로나 교통 안전상 바람직한 경우가 많다. 또 도로용량의 측면에서 오르막 차로와 정규 차로설치에 따른 경제성을 비교하여 오르막 차로 대신 정규 차로를 설치하는 방안도 검토할 필요가 있다(예, 양방향 4차로의 오르막 차로 설치와 5차로 도로의 비교)
- 일반적으로 소형차도로에서는 이용차량의 오르막 능력이 우수하여 오르막 구간에서의 서비스 수준의 저하가 미미하며 이용 차량간 속도차가 적어 원활한 주행이 예상되므로 오르막 차로를 설치하지 않는다.

2) 오르막 차로의 설계

(1) 횡단면 구성

오르막 차로는 저속으로 주행하는 자동차가 이용하는 차로이므로 차로폭은 3.0m를 원칙으로 한다. 그리고 오르막 차로와 본선 사이에 0.5m폭의 분리대를 두도록 한다.

「도로의 구조·시설 기준에 관한 규칙」 에서는 오르막 차로의 길어깨 폭을 0.5m이상으로 규정하고 있다.

고속도로의 설계시에 오르막 차로 설치 구간의 횡단면 구성은 (그림 3.55)와 같다.

(2) 오르막 차로의 설치 방법
① 오르막 차로를 주행차로에 변이구간으로 접속시키는 방법
종래 오르막차로 설치시 사용되던 방법으로 저속 자동차가 차로를 바꾸도록 유도하여 저속 자동차와 고속 자동차를 분리시키는 형태로 오르막 차로를 설치한다.

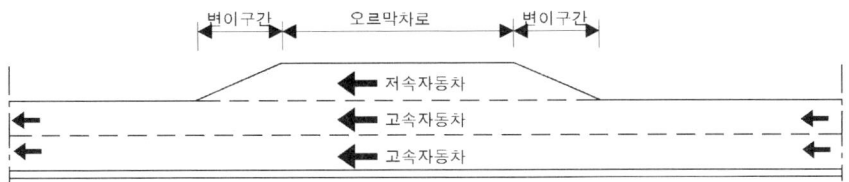

(그림 3.55) 오르막차로 설치방법 ①

② 오르막 차로를 주행차로와 독립하여 접속시키는 방법
편도 2차로 구간에서 추월차로를 2개의 고속차로로 확보한 후 주행차로를 저속차로로 이용토록 하는 방법으로, 종래 부가차로 형태의 단점을 보완한 오르막차로이다. 다만 오르막차로 시·종점부에서 변이구간의 통과에 따른 세심한 배려가 필요하다.

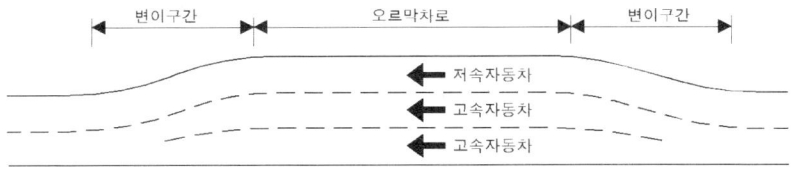

(그림 3.56) 오르막 차로의 설치방법 ②

③ 오르막 차로를 주행차로와 연속하여 접속시키며 변이구간을 늘이고 종점부 합류구간의 차선을 삭제하는 방법
저속자동차가 주행하던 차로를 그대로 이용하도록 하고 고속자동차가 변이구간을 통과하여 저속자동차를 앞지를 수 있도록 한 방법이다. 이 방법은 외측차로를 주행차로와 연속하여 접속시키는 방안으로서, 종점부 합류 구간의 차선을 삭제하고 시·종점부의 변이구간 길이 및 접속방법을 변경한 방법으로 영업소 차로 합류방식과 동일하여 운전자에 유리한 측면이 있다. 또한 저속차량의 외측차로 유

도에 따른 본선부 지정체 해소가 가능하여 도로용량증대 및 서비스 수준 개선이 기대된다. 저속차량과 고속차량간의 상충에 의한 사고위험을 감소시키기 위하여 시·종점부 변이구간은 다음의 방법으로 그 길이를 산정하여 도로의 교통 특성과 주변지역 여건에 맞도록 설치한다.

 ㉠ 시점부 변이구간의 변이율은 설계속도에 따라 1/35~1/70 사이로 한다.
 ㉡ 종점부 변이구간의 변이율은 설계속도에 따라 1/45~1/85 사이로 한다.
 ㉢ 변이구간의 변이율에 따른 도로교각 산정
 ㉣ 변이구간과 주행차로, 변이구간과 오르막 차로의 접속을 위한 평면곡선 설치

이때 오르막 차로의 접속을 위하여 평면곡선이 설치되는 구간의 기하구조 조건은 설계속도에 맞도록 하여야 하며, 차로의 접속이므로 설계속도에 상관없이 완화곡선의 설치는 고려하지 않아도 좋다.

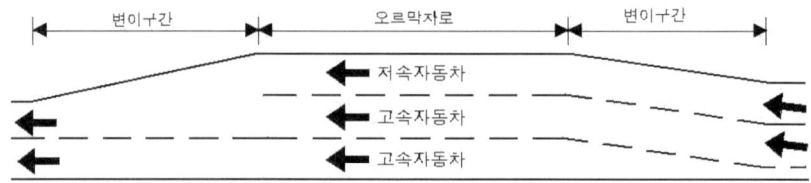

(그림 3.57) 오르막 차로 설치방법 ③

(3) 오르막 차로의 설치 필요 구간

 오르막 구간에서 중량당 마력비가 10ps/t인 표준 트럭의 주행속도가 허용 가능한 최저속도 이하로 떨어지는 구간에서는 오르막 차로의 설치여부를 검토한다.

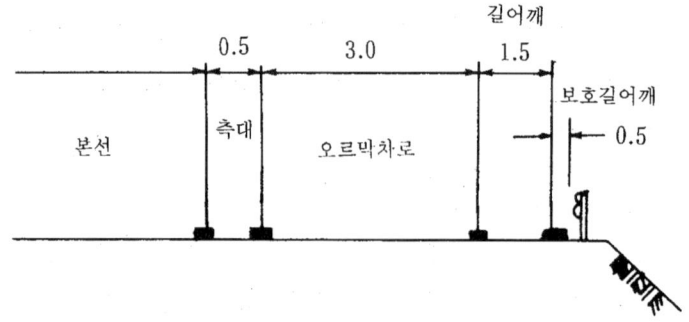

(그림 3.58) 오르막 차로 설치 구간의 횡단면 구성(단위 : m)

여기서, 허용 최저 속도란 설계속도가 80km/h이상인 경우 60km/h, 설계속도 가 80km/h 미만인 경우 설계 속도보다 20km/h 낮은 값을 말한다.

오르막 차로 설치 필요 구간을 구하기 위하여, 설계된 종단선형에서 표준 트럭의 주행속도와 종단경사 관계곡선을 그려서 허용 최저속도 이하로 떨어지는 구간을 찾아내야 한다. 그 방법으로는 컴퓨터를 이용하는 방법이 있지만, 그림을 이용해도 실용상 지장이 없는 정도의 주행속도 곡선을 그릴 수가 있다. 여기서는 그림을 사용하는 방법에 대해서 설명하기로 한다.

① 표준 트럭의 오르막 성능은 (그림 3.45)과 (그림 3.47)에 나타낸 중량당 마력비가 10ps/t인 자동차의 가·감속 곡선을 사용한다.

10ps/t의 성능을 가진 트럭을 표준트럭으로 설정하여 오르막 차로의 설치여부를 결정하였다((그림 3.60) 참조). 표준 트럭의 최고속도는 설계속도가 80km/h 이상인 경우 80km/h, 설계속도가 80km/h 미만인 경우 설계속도로 한다.

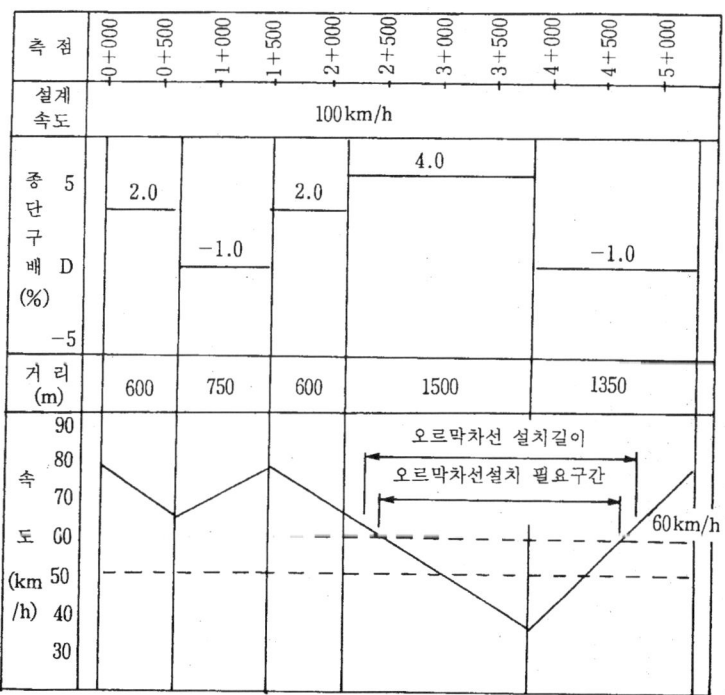

(그림 3.59) 오르막차로 설계 예

② 종단곡선은 이를 몇 구간으로 구분해서 직선 경사 구간이 연결된 것으로 간주한다. 구분의 방법과 종단경사를 취하는 방법은 다음과 같다.

길이가 200m 이상인 종단곡선으로서, 앞뒤 종단경사의 차이가 0.5% 미만인 경우에는 길이를 반으로 나누어 앞뒤 구간의 종단경사로 가정한다.

길이가 200m 이상인 종단곡선으로서, 앞뒤 종단경사의 차가 0.5% 이상인 경우에는 종단곡선을 4등분하여 양끝의 두 구간의 각각 앞뒤 종단경사로 하고, 가운데의 두 구간은 앞뒤 종단경사의 평균값으로 가정한다.

③ 오르막 차로의 설치 길이

오르막 차로의 설치 길이는 오르막 차로 설치 필요구간의 시·종점에 테이퍼를 더한 길이로 한다. 오르막 차로 설치 필요구간과 테이퍼 길이 및 시·종점 위치 선정기준은 다음과 같다.

표준 트럭의 주행속도가 허용 최저속도 이하로 떨어지는 지점에서 허용 최저속도로 회복하는 지점까지의 거리를 오르막 차로의 설치 필요구간으로 한다. 이 길이가 200m 미만인 경우에는 오르막 차로를 설치하지 않을 수 있다.

시점부 테이퍼의 길이는 최소 45m로 한다.

종점부 테이퍼의 길이는 60m 이상으로 내리막 구간에 설치함을 원칙으로 한다. 시야가 좋은 위치, 본선과 오르막 차로와의 사이의 차로변경이 원활하게 이루어질 수 있는 곳으로 한다.

고속도로에 오르막 차로를 설치하는 경우, 오르막 차로가 끝나는 지점에서 본선으로 진입하려는 저속 주행 자동차와 본선의 고속 주행 자동차간의 상충으로 인해 교통이 혼잡해질 가능성이 있으므로, 종점부의 회복 속도를 80km/h로 하는 방안과 본선의 설계속도에 따른 오르막 차로의 설치길이를 추가로 검토할 필요가 있다.

3) 오르막 차로의 편경사

오르막 차로의 최대 편경사는 4%로 하며, 본선 차도의 편경사에 따라 〈표 3.29-a〉와 같이 설치한다.

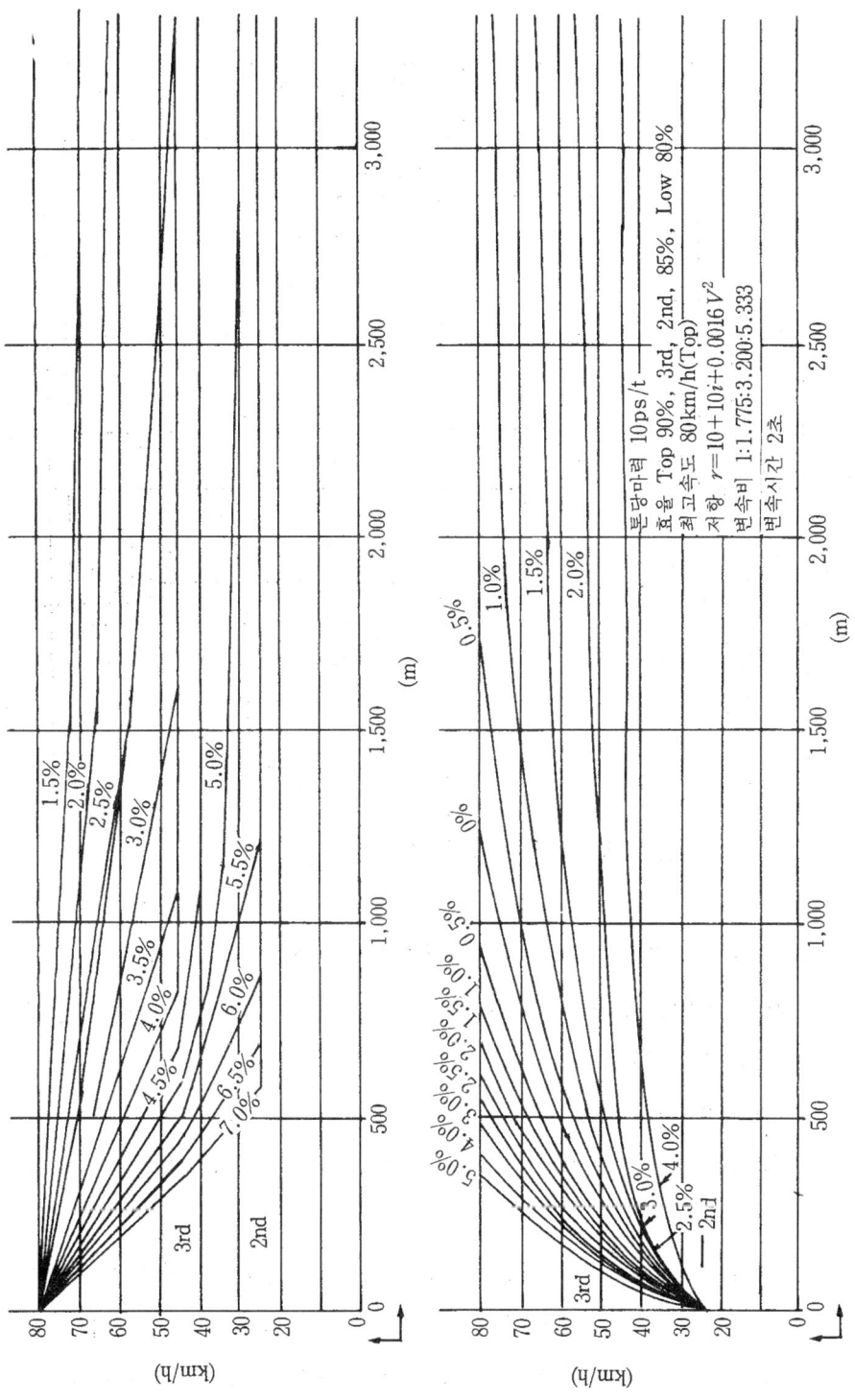

(그림 3.60) 오르막 성능 곡선(10ps/t 트럭)

〈표 3.29-a〉 오르막 차로의 편경사

본선의 편경사(%)	6	5	4	3	2
오르막 차로의 편경사(%)	4	4	4	3	2

〈표 3.29-b〉 국내외 오르막 차로 설치기준

구 분	표준트럭	트럭의 허용 최저속도 (km/hr)	종단경사 (%)	차로폭 (m)	교통량 (VPH)	대형차 교통량 (VPH)	최소 연장 (m)	서비스수준 (LOS)
도로의 구조시설기준	중량/마력 200lb/hp	-설계속도 80km/h 이상 : 60 -설계속도 80km/h 미만 : 설계속도-20km/h	5 이상 (고속도로: 3이상)	3.0			500 이상	
도로설계요령 (한국도로공사 01.12)	상동	상동	상동	3.6			500 이상	
한국도로공사 도로연구소 연구결과 기준 개선방안	150 lb/hp	속도저하 15km/h		3.5			500 이상	
도로구조령의 해설과 운용 (일본도로협회 2004)	10 PS/t (0.76W/N)	설계속도의 1/2	5이상 (고속도로 및 설계속도 100km/h 이상 : 3이상)	3.0			200 이상	
미국 (AASHTO 2001)	200 lb/hp (120kg/kW)	속도저하 15km/h		본선 폭과 동일	200 이상	20 이상		- E 또는 F -접근부보다 2단계 이상 감소
독일	370 lb/hp (6 PS/t)	-설계속도 100km/h 이상 : 70 -설계속도 100km/h 미만 : 60		본선 폭과 동일			1500 이상	
영국			2 이상	3.2	오르막경사와 설계교통량 상관표 이상			

4) 오르막 차로의 설계기준

오르막 차로에 대한 국내외 설치기준을 비교하면 〈표 3.29-b〉와 같다.
표에서 보듯이 오르막차로를 설계하는 표준트럭의 기준이 각 기준마다 상당한 차이를 보이고 있고, 자동차의 성능이 점차 향상된다는 점을 감안할 때 우리나라의 오르막차로 설계기준에 대하여도 보다 심도 있는 연구가 필요할 것으로 판단된다.

3.4.4 선형설계의 운용

1 선형설계의 기본방침

도로의 선형은 자동차가 주행할 때 충분한 안전성, 쾌적성, 경제성을 확보할 수 있도록 배려함과 동시에 선형이 지형, 지물, 경관 등의 조건에 대해서 적용성을 가지며 기술적, 경제적으로 타당하도록 설계하여야 한다.
도로의 선형이란 도로설계의 기준이 되는 기하학적인 선이 평면적, 종단적으로 그리는 형상 또는 양자가 합치한 3차원적인 선의 형상을 총괄적으로 말하는 것으로서 이들을 각각 평면선형, 종단선형, 입체선형이라고 한다.
도로의 선형은 그 도로의 골격을 형성하는 것이므로 도로의 계획, 설계, 시공의 전반을 지배하는 기준이 되는 것이기 때문에 선형이 확정된 후 실시하게 되는 도로구조(구조물, 배수시설, 토공, 포장 등) 시공의 난이 및 공사에 소요되는 비용의 경제성 등을 충분히 고려해서 종합적인 판단을 하여 설계해야 한다. 도로를 완성한 후에는 도로선형의 변경은 거의 불가능하게 되며 반영구적으로 자동차 주행을 규제하게 된다.
따라서 선형설계의 양부는 그대로 도로의 생명이라고 할 수 있는 자동차 주행의 안정성, 쾌적성 및 경제성 외에 도로의 교통용량에 지배적인 영향을 미치게 된다.
또한 도로선형이 도로 본선뿐만이 아니라 널리 도로주변의 개발, 토지이용에 대해서도 적지 않은 영향을 미치므로 주민의 이해에 관련되어 도로 계획상의 쟁점이 되기도 한다.
이와 같은 의미에서 도로의 선형은 완성 후의 도로가 발휘할 수 있는 안전성과 경제 효과의 한계를 결정하며 동시에 도로주변 개발 가능성 등을 지배하는 요인이 되는 것이다. 이 때문에 선형설계의 양부가 때때로 그 도로의 종합적인 설계 및 효용에 대한 주된 평가기준이 되므로, 선형설계시에는 그 도로가 구비해야 할 기능과 효과를 충분히 고려해서 신중한 검토가 필요하다.
선형설계시에 있어서 고려해야 할 기본적인 사항은 다음과 같다.

① 자동차의 주행 역학적인 측면에서 안전성 및 쾌적성, 운전 경비면에서 주행 경제성을 고려할 것
② 운전자의 시각 및 심리적인 측면에서 도로의 연속성이 확보될 것
③ 도로환경 및 주위 경관과의 조화를 이룰 것
④ 지형, 지물, 토지이용 계획 등의 자연조건, 사회조건에 적합할 것.
⑤ 도로건설 편익비를 고려할 때 경제적인 타당성을 가질 것.

이들 기본적인 조건을 모두 이상적인 형태로 만족시키는 데는 고도의 기술과 풍부한 경험을 필요로 하며, 경우에 따라서는 어떤 종류의 요소에는 제약이 있어 이상적인 선형을 얻기 어려운 일도 있다. 이와 같은 곳에 대해서는 교통관리시설, 노측식재 등의 보조수단을 사용해서 어느 정도 선형의 결점을 보완하는 것도 가능하므로 부득이 할 경우는 교통관리시설 등의 설치에 대해서도 종합적인 검토가 필요하다. 도면상에서의 선형설계 작업 시에 있어서는 설치기준에 정해진 최소한도의 규정에 구애됨이 없이 설계조건, 지형조건 등에 따라서 될 수 있는 대로 큰 설계값을 적정하게 쓰도록 노력하여, 종래의 선형설계의 관용적인 방법이 되었던 평면선형, 종단선형의 개별적인 검토에서 탈피하고, 오히려 양자를 종합한 입체적인 선형으로서의 양부에 대해서 충분한 검토를 가할 필요가 있다. 또한 선형을 하나 하나 소구간에 대해서 고려해야 할뿐만 아니라 전체 노선에 대하여 일련의 선형으로서의 양부에 대해서 판단해야 한다.

2 평면선형 설계

1) 평면선형의 요소

평면선형의 요소는 직선, 원곡선, 완화곡선의 3종류가 있으며, 완화 곡선으로서는 클로소이드 곡선을 주로 사용하고 있다.

과거에는 도로의 주요 선형요소로서 직선이 최선의 것으로 생각하고 곡선은 부득이 장애물을 피하려는 경우에만 적용시키는 것이라 생각되어 왔다. 직선은 현지에 설치하는 일이 가장 쉽고 최단거리로 점간을 연결할 수가 있기 때문이었다.

매우 평탄한 지형이나 도로가 통과하는 지점의 경관이 시가지에서의 가로망과 같이 안정적으로 직선형을 이루고 있는 경우는 도로의 선형으로 직선을 쓰는 것이 적합한 경우가 많다. 그러나 직선적인 도로는 운전자에게는 주행할 방향이 명료한 반면, 전방에 주의를 환기시킬 어떤 목표물이 존재하지 않으면 매우 단조로워서 운전자에게 권태감을 주는 도로가 된다. 경관적인 면에서 보더라도 정적이기 때문에 단조로워서 피로를 유발시키기 쉬우며, 운전자는 가고 있는 행선지가 어디까지인지 분명히 알고 있기 때문에 주의력이 산만해지고, 빨리 그곳에서 빠져나가려고 초조해져서 과도한

속도를 내기 쉬우며, 또한 차간거리의 계측을 잘못해서 오히려 사고 다발 구간이 되는 경우가 있다.

특히 우리나라와 같이 국토의 70%가 산지인 경우 지형변화가 격심한 지역에서는 직선은 지형에 대해서 조화되기 어렵고, 그 길이가 적정하지 않으면 일련의 선형의 연결성을 깨뜨리게 된다. 또한 긴 직선 뒤에 돌연 작은 원곡선이 삽입되어 있으면 현저하게 위험한 선형이 된다는 것은 잘 알려진 사실이다.

그렇지만 이들 직선이 이와 같은 결점을 가졌다고 해서 곧바로 평면선형 요소로부터 배제해야 된다고 생각하는 것은 적절하지 못하며, 또한 상당히 긴 구간에 걸쳐서 곡선을 설치하게 되면 운전자에게 과도한 정신적 부담을 주게 될 뿐만이 아니라 앞지르기의 가능성을 저하시켜 용량저하의 요인이 되므로 곡선의 남용을 피하고 적당한 직선의 활용을 꾀하는 것이 바람직하며 원곡선을 그 곡선반경이 될 수 있는 대로 크게 잡는 것이 좋다.

그러나 가장 중요한 것은 지형 등의 제약조건에 따라 취할 수 있는 곡선반경을 적절하게 선택하는 것인데 그 결과 최소치에 가까운 작은 곡선반경의 적용이 요구되는 경우라도 완화곡선을 크게 함으로써 때때로 선형을 원활한 것으로 만들 수가 있다. 도로의 완화 곡선으로서는 3차 포물선, 램니스케이트, 클로소이드 등의 각종 곡선이 개발되어 적용되어 왔으나 이론적으로 자동차의 완화주행에 클로소이드 곡선이 합치한다는 점, 그리고 근래에는 클로소이드 곡선도표가 정비되어 설계 계산이 간편화된 점 등의 이유로 주로 독일에서 클로소이드 곡선이 쓰이기 시작하였는바, 이 곡선이 갖는 자유도 때문에 지형 등에 대해서 매우 탄력적인 적합성을 갖고 있을 뿐 아니라, 시각적으로 원활하고 아름다운 선형을 얻을 수 있다는 데서 보조적인 완화 곡선으로서의 사용에 그치지 않고 원곡선과 클로소이드 곡선에 의한 곡선을 주체로한 선형설계가 일반적으로 널리 쓰이게 되었다.

종래 그 지형의 평탄성 때문에 직선을 주체로 한 선형설계를 택해 왔던 미국에서도 그 효용을 인식하여 곡선을 주요 선형 요소로한 설계로 전환되어 가고 있다는 것이 현 실정이다.

곡선을 주요 선형요소로 해서 설계하는 방법은 그것이 적정하게 실시된다면 지형, 지물 조건에 대한 적응에 관해서 선형설계의 자유도가 증가할 뿐만 아니라 운전자에게 적절한 자극과 리듬을 주어 안전하고 쾌적한 도로가 될 것이다. 특히 우리나라와 같이 지형이 험난하고 지물의 제약이 많은 곳에서는 매우 유효한 선형 설계를 가능하게 하는 것이다.

2) 평면선형의 설계의 일반

평면선형의 설계시에는 다음에 기술하는 사항에 따라 연속적이고 원활한 선형이 얻어질 수 있도록 노력해야 하며, 동시에 주변 경관과의 조화가 이루어지도록 하여야 한다. 평면선형 설계의 일반적 지침은 다음과 같다.

(1) 선형은 주변지형과의 조화를 이루어야 한다.

자유도가 큰 곡선을 활용해서 지형에 적합한 선형을 사용할 경우 자연 환경과의 조화를 이룰 수 있어 시각적으로 아름다운 선형이 된다.

(2) 선형은 연속적인 것이어야 한다.

긴 직선구간에 급격한 종단곡선을 설치하는 일은 피하여야 한다. 급곡선을 설정하지 않으면 안될 때에는 그 곡선을 인지하기 쉬운 위치에 둔다든지, 미리 평면곡선을 배치해서 시각적 안정을 도모해야 한다.

(3) 도로교각이 작은 경우에는 곡률이 실제보다 크게 보이는 착각을 방지하기 위하여 충분한 곡선장을 확보하여야 한다.

(4) 높은 성토가 연속되는 구간에는 곡선반경을 될 수 있는 데로 크게 하여야 한다. 절토 비탈면, 수목 등이 있어서 운전자를 시각적으로 유도하지 않으면 곡율 분간을 못해서 사고를 일으키는 일이 있다.

(5) 직선, 원곡선 및 완화곡선과의 관계

① 직선과 원곡선 사이에 삽입되는 완화곡선의 파라미터

일반적인 경우 : $R \geq A \geq \dfrac{R}{2}$

원곡선반경이 특별히 큰 경우(R〉1,500m이상) : $R \geq A \geq \dfrac{R}{3}$

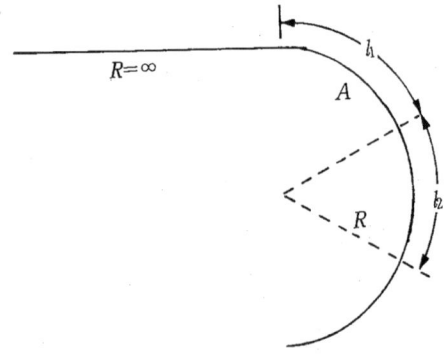

② 직선-완화곡선-원곡선-완화곡선-직선 선형구성의 경우

두 완화곡선의 파라미터를 반드시 같게 취할 필요가 없으며 지형 조건 등에 따라

서 비대칭의 곡선으로 해도 좋다.
대칭의 경우 완화곡선장과 원곡선장의 비율은 1 : 2 : 1 정도가 좋다.

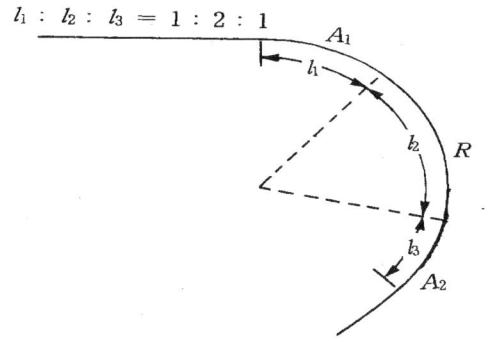

③ 완화곡선 사이에 원곡선을 없앤 선형의 경우
두 완화곡선 접속지점에서의 곡률반경은 1,000m이상으로 한다.

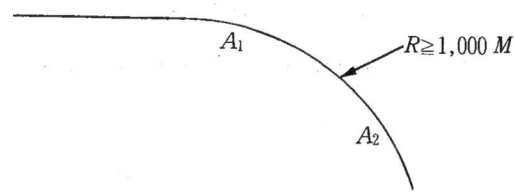

④ 두 완화곡선이 배향하여 접속되는 경우
A_1(큰 파라미터) $\geq 2A_2$(작은 파라미터)가 좋으며 가능하면 $A_1 = A_2$가 되도록 한다.

⑤ 두 곡선부가 배향하여 있는 경우 두 곡선부 사이에 직선이 있을 때

$$l < \frac{A_1 + A_2}{40}$$

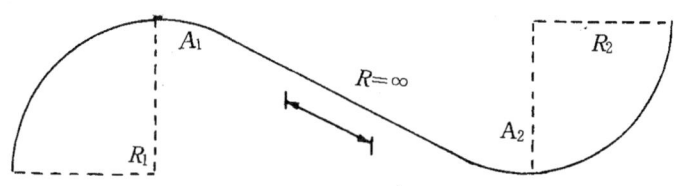

⑥ 두 원곡선을 복합시키는 선형은 될 수 있으면 피하고 중간에 완화곡선을 삽입하는 것이 좋다. 이 경우의 파라미터는

$$A \geq \frac{R_s}{2}$$

R_s : 작은 원의 곡선 반경

단, 큰 원의 곡선반경(R_L)이 작은 원의 곡선반경(R_S)의 1.5배 이하 ($R_L \leq 1.5R_s$)일 때는 두 원곡선을 복합시켜도 좋다.

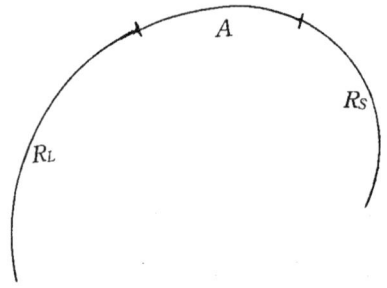

3) 직선의 적용

평면선형으로서 직선을 적용할 때에는 특히 지형과의 관계에 유의하고, 그 연장이 적당한 길이를 넘지 않는 범위에서 다음과 같은 구간에서 적용한다.
① 평탄지 및 산과 산 사이에 존재하는 넓은 골짜기
② 시가지 또는 그 근교 지대로서 가로망 등의 직선적인 구성을 이루고 있는 지역
③ 장대교량 구간
④ 터널 구간
직선은 일반적으로 융통성이 작은 기하학적 형태로 인하여 평면적으로 부조화된 선형이 되기 쉬운 결점을 갖고 있고, 더욱이 지형의 변화에 대해서 순응하기 어렵기

때문에 그 적용에는 자연히 제약을 받게 된다. 그리고 직선구간이 긴 경우 운전자는 단조로운 노면의 연속성에 권태를 느끼고 주의력을 집중하기가 어려워져서 결국에는 운전자의 지각 반응의 저하를 일으켜서 사고발생의 원인이 된다.

그렇지만 지형의 제약이 전혀 없는 평탄지나 산과 산 사이에 펼쳐져 있는 광활한 골짜기와 같이 경관의 변화가 수반되는 경우에는 직선을 적용할 수 있다. 전자의 경우에는 통상 성토 구간이 직선적으로 연속되는 형태가 되므로 도로환경의 단조로움을 피한다는 뜻에서 수목의 식재 등으로 운전자의 주의를 환기시키는 등, 배려하는 것이 좋은 설계라고 말하고 있다. 후자의 경우는 지형에 알맞은 경제적인 종단 선형을 취하는 관계로 산에서 골짜기로 향해서 상당히 급한 내리막 경사가 되고, 큰 오목구간이 되는 것이 통례이다. 이와 같은 구간에서는 내리막 경사 구간에서는 운전자의 착각 때문에 다음 오르막 경사구간이 실제 이상으로 급경사로 보인다는 점 및 선행하는 자동차의 주행상태가 한눈에 시인되기 때문에 앞지르기를 서두르는 경향이 있으며 내리막 경사에서의 탄력도 가해져서 일반적으로 규제속도를 초과하기 쉬우므로 이와 같은 구간에서는 종단선형을 적절하게 설계하여 너무 긴 내리막 경사를 두지 않도록 하여야 할 것이다.

그리고 시가지 등과 같이 토지이용의 구성단위가 직선형으로 구획되어 있는 지역에서는 그 곳을 통과하는 도로 자체도 직선으로 설계하지 않으면 도로주변의 토지 이용의 효율을 저하시키게 될 뿐만 아니라 인공적인 경과과의 부조화를 조성시키게 된다. 장대교량과 같이 건설비가 고가인 구조물이 연결되는 경우는 시공성을 고려해서 경제적으로 유리한 직선으로 하는 것이 좋다.

터널구간은 지형, 경관과의 적응관계는 고려할 필요가 없으므로 시공시의 편의, 경제성을 우선적으로 고려하고, 지질 등과의 관계에서 가능하다면 직선을 활용해야 할 것이다. 그러나 터널 내에서는 도로와의 경관이 소실되기 때문에 차간거리를 재는 가늠이 없게되는 경향이 있으므로 직선설치는 이러한 점에 대해서 충분히 유의하여 계획한다. 그리고 터널구간 전후의 곡선, 특히 출구 직후의 작은 곡선은 운전자가 예측할 수 없으므로 특히 주의를 요한다.

직선을 적용하는 경우의 일반적인 한계 길이에 대해서는 이론적으로 규명하기는 곤란하며 주로 운전자의 심리적인 부담 한계에 따라서 결정되는 것이라 생각하고 있다. 우리나라에서는 현재까지 운전자의 도로상에서의 심리반응, 시각반응에 관한 연구가 없었으나 앞으로의 중요 연구과제라 생각된다.

독일의 도로구조지침 에 의하면 직선길이의 가늠으로서 설계속도(km/h)의 값을 그대로 20배 한 길이(m)를 최소 길이로 규정하고 있다. 최소 길이는 반대방향으로 굴곡하는 곡선간에 삽입하는 직선에 적용한다.

같은 방향으로 굴곡 하는 곡선 사이에 직선을 넣는 것은 될 수 있는 대로 피하는 것이 좋지만 부득이한 경우에 그 최소치는 설계속도(km/h)의 값을 그대로 약 6배 한 길이(m)로 하고 있다.

이들 직선의 한계 길이를 설계속도별로 나타낸 것이 〈표 3.30〉이다.

〈표 3.30〉에서의 직선의 최대 길이로 규정된 길이는 설계속도로 주행하는 자동차의 주행시간으로서 약 70초 정도를 가늠으로 해서 주어진 것이다.

〈표 3.30〉 직선구간의 제한 길이

설계속도(km/h)		120	100	80	60	50	비고
최대 길이		2,400	2,000	1,600	1,200	1,000	설계속도의 20배
최소 길이	반대방향으로 굴곡하는 곡선 사이에 삽입되는 직선	240	200	160	120	100	설계속도의 2배
	같은 방향으로 굴곡하는 곡선 이이에 삽입하는 직선	720	600	480	360	300	설계속도의 6배

〈표 3.30〉은 어디까지나 경험을 바탕으로 한 일종의 가늠으로 주어진 것이므로 지형, 지물의 상황, 경관의 변화 등에 따라서 적절하게 설계자의 판단에 따라 정하는 것이 중요하다.

4) 곡선의 적용

(1) 원곡선

원곡선을 적용할 때에는 지형에 적응시키되 가능한 한 큰 곡선 반경을 쓰도록 하고 앞뒤의 선형 요소와의 상대 관계를 검토하여 일련의 선형으로서 전체적인 균형을 꾀하도록 한다. 그리고 곡선부에서는 종단경사와의 관계를 고려하여 작은 반경의 원곡선과 급경사가 겹치지 않도록 한다.

원곡선은 직선에 비해서 기하학적 형태가 유연하기 때문에 다양한 지형변화에 대해서 순응시킬 수가 있고, 원활한 선형이 얻어질 수 있기 때문에 그 적용범위는 넓다.

원곡선과 지형 조건에 따라서 가능한 한 반경을 크게 취하는 것이 바람직하지만 운전자가 직선과 원곡선을 구별조차 할 수 없을 정도로 큰 반경을 적용하는 것은 아무런 의미가 없다. 이러한 점에서 원곡선의 최대 반경은 약 10,000~15,000m 정도라고 하며, 독일에서는 이를 9,000m로 잡고 있다.

원곡선의 반경을 크게 취함과 동시에 지형, 지역의 조건에 적합한 크기의 것을 선정하는 것이 중요하다. 그러나 우리나라와 같이 산악지대가 많아 지형이 험준한 지역에서는 곡선부의 반경을 충분히 크게 취하기가 곤란하므로 때때로 최소값에 가까운 값을 취하지 않으면 안 되는 경우가 생긴다. 이러한 경우 특별한 값을 적용하는 구간이 전체 구간의 선형조화를 깨뜨리지 않도록 해야 한다. 그리고 이와 같은 작은 반경의 적용이 부득이한 구간에는 곡선 반경을 서서히 낮춰서 운전자를 특별구간으로 유도하는 선형 설계를 하도록 주의를 기울여야 한다.

곡선부의 설계 시 특히 잊어서는 안 될 것은 그 구간의 종단경사와의 관계이다. 현재 운용 중인 구간의 사고 분석 결과, 곡선 반경이 작은 곳에서 사고율이 높고, 급경사가 조합된 구간에서 사고율이 높은 것으로 판명되었다. 따라서 평면선형의 설계시 곡선반경이 작은 구간과 급경사 구간의 조합은 피해야 한다.

① 단곡선
단곡선은 일반적으로 곡선 반경으로 표시하는데 단곡선의 각 부분에 대한 명칭은 다음과 같다.

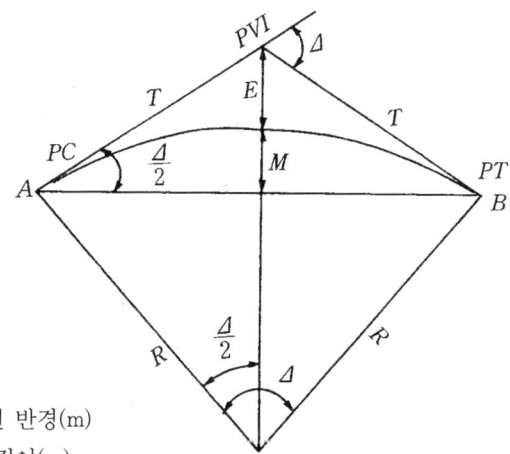

R : 원곡선 반경(m)
T : 접선 길이(m)
Δ : 교각(°)
M : 중앙종거(m)
E : 외선장(m)
BC : 곡선의시점
EC : 곡선의 종점
PVI : 접선의 교점

접선길이(T) $T = R\tan(\Delta/2)$ 현의 길이 (C) $C = 2R\sin(\Delta/2)$
외선장(E) $E = R\sec(\Delta/2) - R$ 호의 길이(L) $L = R\Delta\pi/180$

(그림 3.61) 단곡선의 각 명칭

(2) 복합곡선

복합곡선은 같은 방향으로 꺾어지는 두 개 이상의 원곡선이 서로 연결되어 있는 것을 말한다.

복합곡선은 주로 평면교차로, 입체교차로의 연결로, 혹은 지형이 험한 곳의 도로에서 자동차의 주행이 자연스럽게 이루어지게 하기 위하여 사용된다. 일반적으로 두 곡선 사이의 부자연스러운 주행을 방지하기 위하여 두 곡선간의 곡선 반경비는 1.5 : 1을 넘지 않아야 하며, 곡선의 길이가 너무 짧게 되지 않도록 해야 한다.

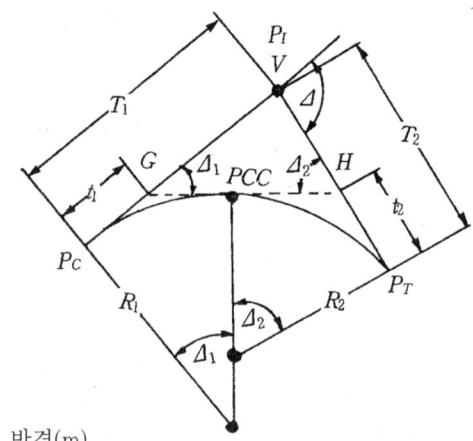

R_1, R_2 : 원곡선 반경(m)
T_1, T_2 : 복합곡선의 접선길이(m)
Δ_1, Δ_2 : 교각(°)
t_1, t_2 : 단곡선의 접선길이

(그림 3.62) 복합곡선의 각 명칭

(3) 배향곡선

배향곡선은 두 원곡선이 서로 반대 방향으로 진행하며 연결되어 있는 것을 말한다. 일반적으로 배향곡선은 많이 사용되지는 않는데, 그 이유는 도로선형이 갑자기 변하므로 운전자들이 운전에 어려움을 겪기 때문이다. 따라서 배향곡선을 사용하기보다는 두 개의 단곡선 사이에 일정한 길이의 직선을 삽입하거나 완화곡선을 삽입하여야 한다.

(4) 원곡선 반경의 조화

① 직선 구간과 원곡선의 조화

독일 「RAS-L-1」에 따르면, 직선구간과 원곡선 구간 사이를 완화곡선으로 연결할 경우, 원곡선의 최소반경은 〈표 3.31〉과 같다.

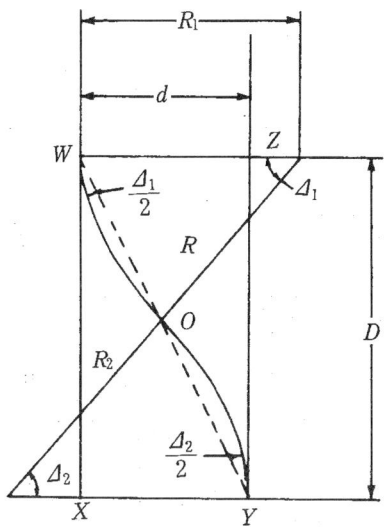

R_1, R_2 : 원곡선 반경
Δ_1, Δ_2 : 교각(°)
d : 접선간의 거리

(그림 3.63) 배향곡선의 각 명칭

〈표 3.31〉 직선과 원곡선이 완화곡선으로 연결될 때 최소 원곡선 반경(RAS-L-1)

직선의 길이 L(m)	L ≥ 600	L < 600
최소 원곡선 반경 R(m)	600	R=L

② 원곡선간의 조화

독일 「RAS-L-1」에서 제시하는 두 원곡선 간의 반경비는 (그림 3.64)와 같다. (그림 3.64)는 아주 양호, 양호, 사용가능, 피해야 함의 네 영역으로 나뉘어져 있고 독일의 도로구분에 따라 적용한 영역이 구분되어 있다. 우리나라의 자동차 전용도로의 경우는 아주 양호 또는 양호에 해당하는 기준을 추천한다.

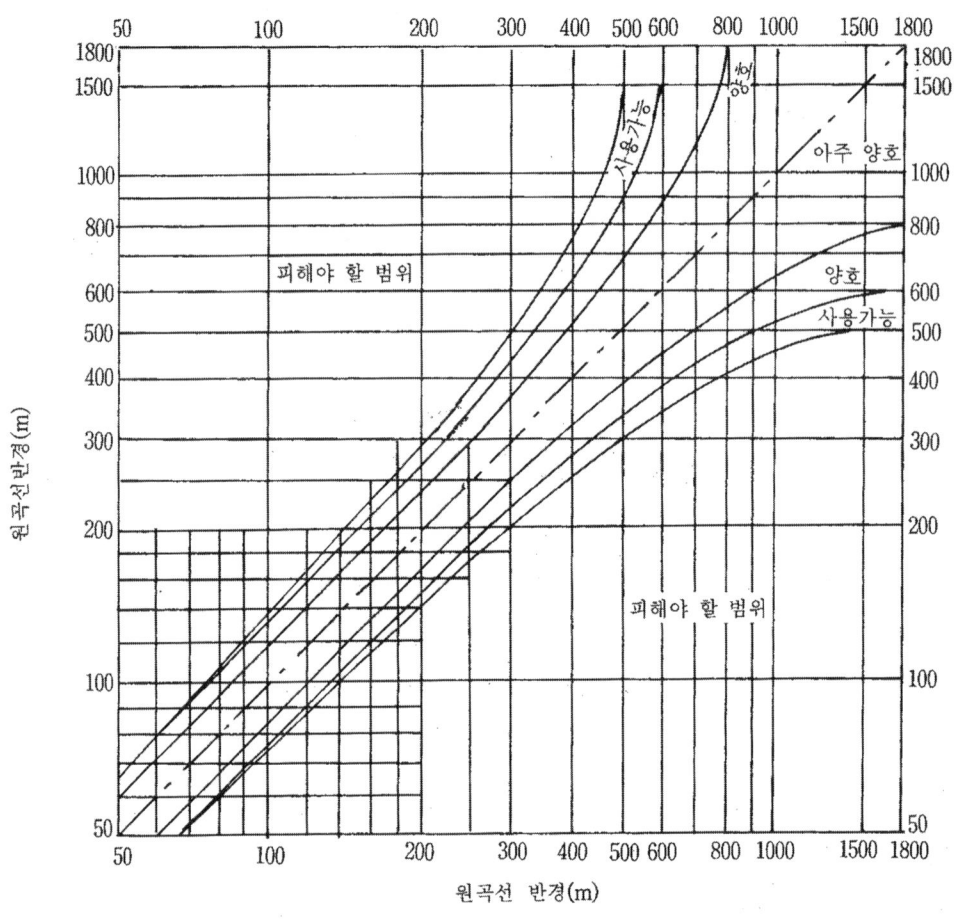

(그림 3.64) 인접한 두 원곡선 반경의 조화

(5) 완화곡선

직선과 원곡선을 접속하면 접속점에서 곡률이 무한대에서 유한한 곡률로 돌연 변화하게 되고, 급격한 원심 가속도의 변화 때문에 운전자가 불쾌하게 느낄 뿐 아니라 시각적으로도 선형이 구부러져 보여서 매끄럽지가 못한다. 따라서 곡률이 서서히 변하고 직선과 원곡선을 매끄럽게 연결할 수 있는 곡선이 필요하다. 이와 같은 곡선을 완화곡선이라 하고 옛날부터 3차 포물선이나 렘니스케이드 곡선이 사용되고 있었지만, 최근에는 자동차의 주행 특성에 맞는 클로소이드 곡선이 주로 사용되어진다. 클로소이드 곡선은 곡선길이에 비례해서 곡률이 동일하게 증대하는 곡선이기 때문에 곡선반경을 R, 곡선길이를 L로 하면 다음 등식이 성립한다.

$$R \cdot L = A^2$$

이 정수 A를 클로소이드의 파라미터라고 하고 A는 길이의 단위를 가진다. 예를 들면 원의 반경이 원의 크기를 나타내는 것처럼 클로소이드의 크기를 표시하는 정수이다.

클로소이드 곡선의 크기, 즉 파라미터(A)의 최소치는 운전자가 받는 원심가속도의 변화율에 따라 결정되고 이 변화율이 크게 되면 운전하기 어렵게 되며, 주행시에 불쾌감을 유발하게 된다.

원심가속도의 변화율은 P, 주행속도를 V, 클로소이드 곡선의 길이를 L, 원곡선의 반경을 R, 클로소이드 파라미터를 A로 하면, 다음식이 성립된다.

$-$원심가속도 $= \dfrac{V^2}{R}$

$-$원화곡선의 주행시간 $= \dfrac{L}{V}$

$-$원심가속도 변화율 $P = (\dfrac{V^2}{R})/(\dfrac{L}{V}) = \dfrac{V^3}{R \cdot L} = \dfrac{V^3}{A^2}$

이 P를 철도에서는 $0.16 \sim 0.30 m/S^3$으로 하고 있지만, 도로의 경우는 허용치를 $0.5 \sim 0.75 m/S^3$로 하며, 이 값을 적용하여 허용되는 최소 파라미터를 구하면, 설계속도에 따른 크로소이드 파라미터(A)의 최소 값을 구할 수 있다.

〈표 3.32〉 클로소이드 파라미터(A)의 최소 값

설계속도(km/h)	120	100	80	60	50	40	비고
클로소이드 파라미터(A) 최소 값	230	170	120	80	0	45	$P = 0.75 m/\sec$ 적용

한편, 시각적으로 매끄러운 선형으로 하는 관점에서는 접속하는 원곡선 반경의 크기와 밸런스가 필요하고 클로소이드의 파라미터 A는 다음 식의 범위 내로 하는 것이 바람직하다.

$\dfrac{1}{2}R \le A \le R$(일반적인 경우), $\dfrac{1}{3}R \le A \le R$ (R$\ge$ 1,500인 경우)

다만, 클로소이드의 파라미터 A의 크기 상한은 실용성을 고려해서 1,000m이하로 하는 것이 바람직하다.

(4) 평면선형의 설계방법

평면선형의 설계란 기본설계시 선정된 기본선형에 근거를 두고 정밀도가 높은 1/1,200지형도에 지형지물에 대한 선형의 적합, 기준점에 대한 대책 등을 기본적으로 검토하고 도로 중심선을 최종 결정하는 작업으로서 그 순서와 방법은 다음과 같다.

① 1/5,000지형도의 기본선형을 기초로 하고 항공사진을 도면화 한 1/1,200지형도 상에 원곡선 정규와 클로소이드 정규를 사용해서, 도해법으로 선형을 기입한다.

② 이 중심선에 대응하는 개략 종단면도를 작성하고, 절토, 성토, 교량, 터널 및 수로 등을 기입해서, 개략적인 평면도를 작성한다.

③ 평면도 상에서 철도 등의 시설과의 교차방법이나 대체도로 등의 설치방법이 타당한가 기준점의 저촉의 유무를 검사하고 필요하면 선형의 수정을 가하며 도해법에 따른 최종적인 중심선을 결정한다. 또 이 작업에 선행하여 험준한 지형에서 항공사진을 도면화한 지형도가 실제 지형과 오차가 지나치게 클 것이라고 우려되는 경우에는 현지에서 실제 측량을 시행하여 지형도를 수정해야 한다.

④ 중심선을 최종 결정하기 위해 좌표 계산을 한다. 계산의 방법은 도해법과 마찬가지로 기준점에 가까운 두 개의 원곡선((그림 3.65) 참조) R_1, R_3을 고정된 것으로 하고 그 사이에 끼워진 원곡선 R_2의 중심점 좌표를 구한 후, 이어서 원과 클로소이드 곡선의 접속점인 주요점(K_A, K_E 등)의 좌표를 단위 클로소이드 표를 이용해서 구한다. 그리고 최후에 이들 좌표에 근거해서 주요점을 전술한 1/1,200지형도로 구상한다. 이것을 곡선자로 연결해서 도상의 도로 중심선을 결정한다.

평면선형 설계시에 사용되는 기하학적인 요소는 크게 직선과 곡선으로 극복할 수 있으며 기본적으로 직선과 곡선을 조합시켜 설계하게 되며 그 조합을 크게 나누면 (그림 3.65)과 같다.

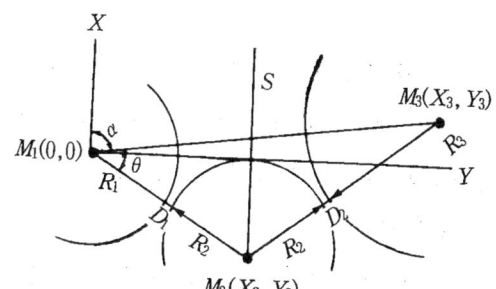

S : M_1, M_3 사이의 거리
D_1 : M_1, M_3 원주사이의 거리
D_2 : M_2, M_3 원주사이의 거리
d : 방위각
θ : M_1 중심각

(그림 3.65) S형 경우에 원의 각 요소

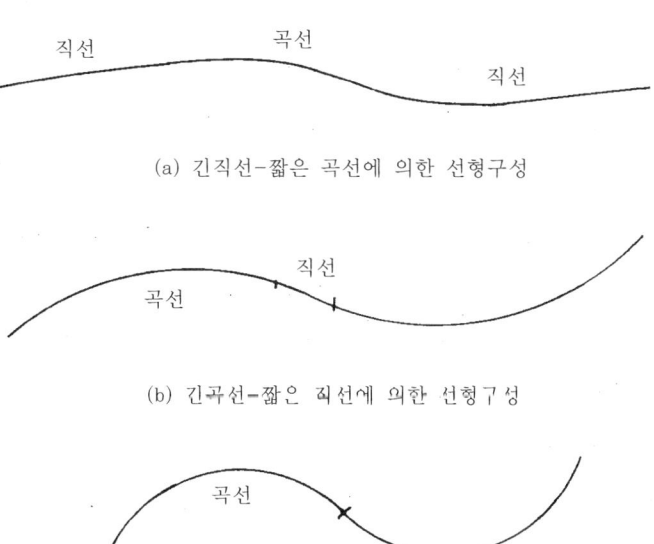

(a) 긴직선-짧은 곡선에 의한 선형구성

(b) 긴곡선-짧은 직선에 의한 선형구성

(c) 연속적인 곡선에 의한 선형구성

(그림 3.66) 선형구성의 종류

(그림 3.66)는 긴 직선-짧은 곡선형의 선형설계로 예로부터의 전통적인 설계 방

법이다. 즉 (그림 3.66(a))와 같이 기본이 되는 도로축을 직선으로 먼저 설정하고 이를 원곡선으로 연결할 때 생기는 선형이다.

이에 반해서 연속적인 곡선형에 의한 선형 설계는 (그림 3.66(b))와 같이 먼저 기본이 되는 원곡선을 가능한 범위 내에서 완만한 반경으로 설정하고, 이들 원곡선 사이를 적절한 클로소이드 곡선으로 연결하여 연속적인 곡선으로 만드는 선형 설계 방법이다. 이 설계방법은 산이나 골짜기가 많은 지방부의 선형설계에 특히 알맞은 방법이다. 따라서 도시 내 또는 평지와 같이 주위의 환경이 주로 직선으로 구성되어 있는 지역에서는 직선을 주요 선형요소로 이용하는 선형설계 방법을 우선적으로 고려하여야 한다.

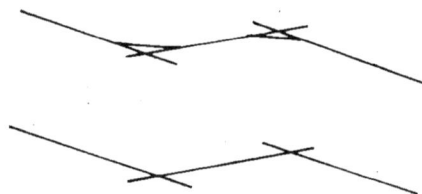

(a) 먼저 직선을 설정하고 원곡선 연결

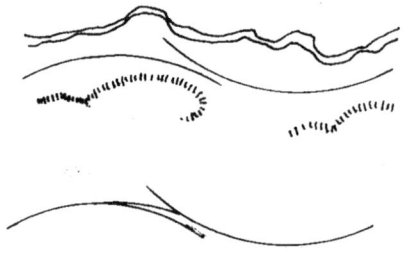

(b) 먼저 곡선을 설정하고 완화곡선 연결

(그림 3.67) 평면 선형 설정 방법

3 종단선형의 설계

1) 일반 종단선형설계

종단선형 설계시에는 다음에 기술하는 일반방침에 따라서 건설비에 따른 경제성을 고려하면서 안전하고 쾌적한 자동차의 주행성을 고려하여야 하며, 평면선형과의 관련에 있어서 시각적으로 연속적이면서 원활한 선형으로 설계하여야 한다.

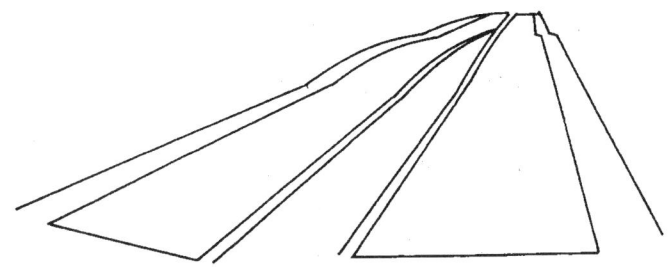

(a) 짧은 돌출 – 평탄한 지형에서 소교량 전후의 성토량을 절감시킬 경우

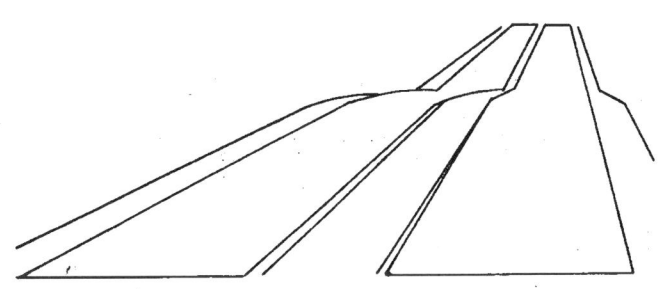

(b) 중간이 푹 패어 보이지 않은 선형(계란모형)

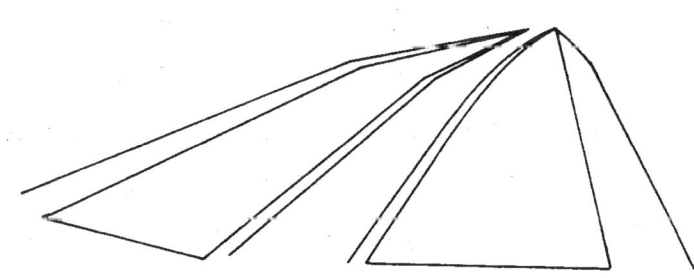

(c) 중간의 짧은 절곡 – 볼록부의 종단선형이 부족할 경우

(그림 3.68) 종단선형의 부조화

종단경사의 선정에 있어서 제일 먼저 고려하여야 할 사항은 지형조건이며, 자동차의 오르막 성능, 도로용량 등에 대해서 추가로 검토하여야 한다. 즉 종단선형의 설계는 자동차의 성능을 고려하는 것이 특히 필요한데, 종단경사를 어떻게 취할 것인가에 따라 자동차의 주행속도는 크게 달라지며, 따라서 도로용량도 영향을 받는다.

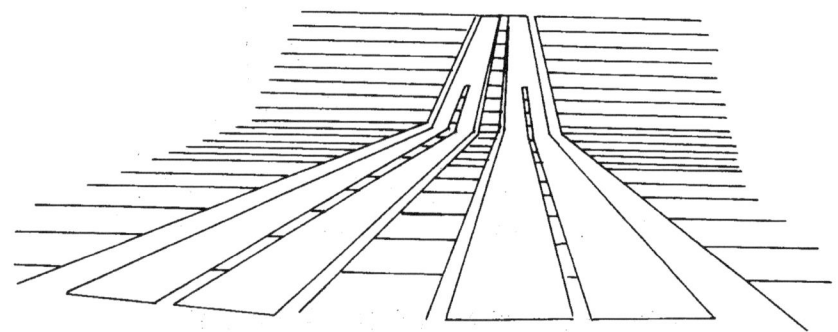

(a) 종단곡선장 210m, 종단곡선 반경 4,200m

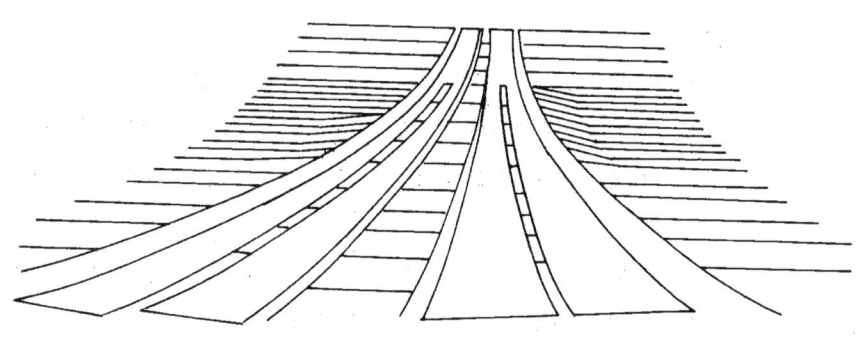

(b) 종단곡선장 900m, 종단곡선 반경 18,000m

(그림 3.69) 오목부에서의 종단곡선(2% 하향경사에서 3%의 상향경사로 변화하는 구간)

통상 내리막 경사는 사고로 연결되기 쉽고 오르막 경사는 자동차 특히 트럭의 속도 저하가 현저해져서 원활한 교통을 저해하게 되며 도로용량도 현저하게 떨어진다. 이 때문에 교통량이 많은 구간에 급한 오르막 경사가 있는 곳에는 오르막 차로를 설치할 필요가 생긴다.

다음은 종단선형 설계의 일반방침을 대략적으로 설명한 것이다.
① 선형은 지형에 적합하고 원활한 것이어야 한다.
  • 또한 짧은 거리에서 많은 요철을 반복하는 선형은 좋지 못하다.

② 앞쪽과 뒤끝만이 보이고 중간이 폭 패어 보이지 않는 선형은 피해야 한다.
- 이와 같은 선형은 평면선형이 비교적 직선인 경우에 생기는 것이 보통인데 일련의 선형이 중단되어 시각적으로 불쾌할 뿐 아니라 푹 팬 정도가 작다고 하더라도 운전자는 추월을 어려움을 느끼게 된다.

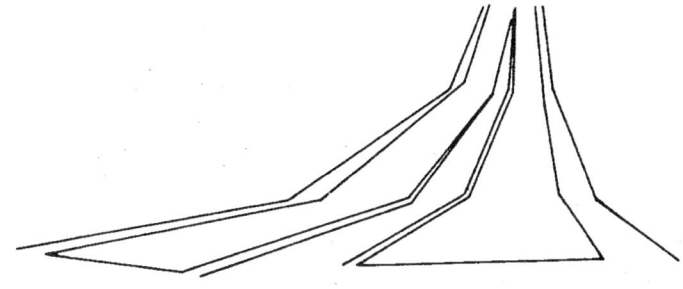

(그림 3.70) 오목부에서의 짧은 직선의 삽입

- 이를 계량하는 데는 평면선형을 변경하던가 다소의 공사비 증가를 감수하더라도 종단 선형을 수정해야만 할 것이다.
③ 오르막 경사 앞에 내리막 경사를 설치하는 경우
- 경사를 너무 급하게 그리고 길게 두어서 트럭 등이 과도한 속도를 내게 되어 위험하게 되지 않도록 주의하고 오목 부분에 삽입하는 종단곡선은 충분히 길게 잡아 시각적으로 원활한 선형을 얻을 수 있도록 힘써야 한다.
- 그리고 내리막 급경사가 계속되는 구간에 곡선반경이 작은 곡선이 있는 경우는 이 구간의 편경사를 규정 값보다 크게 하는 것도 생각할 필요가 있다.
④ 같은 방향으로 굴곡하는 두 종단곡선 사이에 짧은 직선경사구간을 두는 것은 피하여야 한다. 특히 오목형 종단곡선의 경우에는 이 선형전체가 보이기 쉬우므로 주의하지 않으면 안 된다.
- 이를 개량하는 데는 두 종단곡선을 포괄하는 큰 종단곡선을 설치할 필요가 있다.
⑤ 연장이 긴 연속된 구간에는 오르막 경사가 끝나는 정상부근에서 경사를 비교적 완만하게 하는 편이 좋다.
⑥ 경사변화가 작은 때의 종단곡선은 될 수 있는 대로 크게 취해야 할 것이다.
⑦ 오르막 경사가 크고 또 오르막 길이가 긴 경우에는 트럭의 속도저하, 교통량 등을 감안해서 필요에 따라 오르막 차로의 설치를 고려해야 할 것이다. 이 경우에 경사를 낮춰서 오르막 차로를 설치하지 않는 경우와의 도로용량 및 경제성 비교를 해야 한다.
⑧ 종단경사는 완만할수록 좋겠지만 노면의 배수를 고려할 때 최소 0.3%~0.5%의

경사로 함이 좋다.
⑨ 종단선형의 양부는 평면선형과의 관련으로 결정되는 수가 많으므로 평면 선형과의 관계를 고려하고 입체적인 선형으로서 양호한 것이 되도록 힘쓰지 않으면 안된다.
⑩ 장대터널에서는 환기 설비가 필요하게 되는데 환기 설비의 비용을 절감시키는데는 터널 내의 오르막 경사를 완만하게 하여 자동차의 톱 기어 주행을 가능토록 해서 배기 가스량을 최소로 할 필요가 있다. 이를 위하여 장대터널에는 최대 오르막 경사를 2.0%로 하고 특별한 경우에도 3%를 넘지 않도록 하는 것이 좋다. 그러나 지형상 특별한 사유로 더 급한 오르막 경사를 적용한 경우는 자동차의 배기가스 배제에 지장이 없도록 충분한 환기설비를 하여야 한다.

2) 종단선형의 설계방법

종단선형 설계의 순서는 평면선형의 설계의 경우와 마찬가지로 먼저 지형의 변화에 따른 요철에 맞추어서 기준점이나 절·성토의 균형 등의 조건을 하여 종단경사를 설정하고 이들을 연결하는 직선형 상의 기본형이 정해지면 종단경사의 변화점에 종단곡선을 적절한 길이로 삽입시킨다.

그렇게 해서 이들 일련의 작업을 시행착오적으로 반복하여 자동차의 주행조건과 건설비의 관계를 조정해서 종단선형이 최종적으로 정해진다.

따라서 이 과정에서 문제가 되는 것은 주어진 지형조건 등의 제약을 바탕으로 하여 어느 정도의 종단경사를 취하는 것이 적당할 것인가 하는 문제와 자동차 주행에 지장이 없는 종단 곡선장의 선정 등 두 가지 점이다.

한편, 종단 곡선장(혹은 종단곡선 변화비율)은 자동차의 주행에 대해서 충격완화에 필요한 최소한의 길이로 하여 역학적으로 계산되며, 경우에 따라서는 정지시거 확보에 필요한 최소 길이로서 규정되고 있다.

이와 같이 정해진 최소의 종단 곡선장이나 종단곡선 변화 비율은 자동차의 주행역학상 요구를 만족하는 것이라 해도 도로의 시각적인 연속성이나 운전자에 대한 심리적인 쾌적성이 확보되지 않을 수 있기 때문에 이에 대해서도 고려해야 한다.

인간의 시각은 본래 경사 그 자체를 인지하기에는 그다지 민감하지는 않으나 경사차의 인식은 매우 민감한 특성이 있다.

따라서 종단 곡선장이 너무 짧으면 도로가 부자연스럽게 절곡되어 있는 것처럼 보여 운전자에 대해서 원활하게 흘러가는 것 같은 인상을 주지 못한다.

이것은 규격이 낮은 도로에서는 그다지 큰 문제가 되지 않지만 고속도로와 같이 운전자의 시선이 먼 곳에 집중되고 있는 경우는 시각적인 부자연스러움이 운전자의 지각 반응에 영향을 주게 되어 주행 상의 안전성 문제가 결여될 가능성이 있다.

긴 직선-짧은 곡선형의 평면선형을 가진 도로는 종단곡선도 일반적으로 긴 직선-짧은 곡선형이 된다. 따라서 작은 종단곡선을 채택함에 있어서 종단곡선을 기계적으로 설계기준이 허용하는 한 짧게 하는 것은 좋지 않다.

왜냐하면 설계기준에서 정해진 종단 곡선장(혹은 종단곡선 변화 비율)의 값은 전술한 바와 같이 자동차의 주행 역학상의 요구를 최소한도로 만족하도록 정해진 것으로서 그 이상의 안전성과 운전자의 시각 및 심리의 양면에서의 연속성, 쾌적성을 확보할 수 없는 경우가 있으므로 시각적 원활성을 얻기 위해서는 기준치 이상의 크기를 취할 필요가 있다. 통상, 평면선형의 경우는 지형의 제약이나 장애물 때문에 어느 크기의 곡선 이상을 설정할 수 없는 경우가 때때로 생기지만, 종단선형의 경우는 약간의 토공량 증가나 구조물 비용의 추가에 의해서 종단곡선을 크게 확보할 수 있는 경우가 많다.

이와 같이 종단곡선을 될 수 있는 대로 길게 잡는다는 것은 설계, 시공의 양면에서 어려운 일이긴 하지만 완성된 도로의 지형에 잘 어울리고 연속적으로 흐르는 듯한 인상을 주어 쾌적한 주행이 보장된다. 그러나 종단곡선의 길이가 필요 이상으로 길어지면 그 구간에서 종단경사가 너무 완만하여 배수에 문제가 생기는 경우가 있으므로 주의해야 한다.

종단선형의 설계는 이와 같은 설계수법을 택하는 것이 필요하지만 이를 다시 발전시켜 가면 평면선형 설계의 경우와 마찬가지로 종단적으로도 연속된 곡선에 의한 설계가 될 수가 있는 것이다. 이와 같이 새로운 설계수법에서는 먼저 지형에 맞춰서 원곡선 정규로 종단곡선을 설정하고 인접하는 종단곡선끼리 접하게 하거나 접선을 삽입하여 연결해 가는 것이다.

때로는 두 종단곡선을 포괄하는 하나의 종단곡선으로 치환하는 수도 있다.

4 평면선형과 종단선형의 조화

1) 개요

평면선형과 종단선형의 조합은 자동차의 운동역학적 요구뿐만 아니라, 운전자의 시각적, 심리적 요구 등을 충분히 고려하여 설계해야 한다.

도로의 선형설계는 노선계획으로 시작해서 평면선형 설계, 종단선형 설계 순이며, 마지막으로 도로 환경과 조화를 이룬 평면선형과 종단선형의 결합(입체선형)으로 완료된다. 따라서 평면선형과 종단선형의 조합은 실제로 도로를 주행하는 운전자의 시각으로 고찰하지 않으면 안되므로 투시도의 이용이 필요하며, 시간을 포함한 4차원으로 생각할 필요가 있다.

선형의 조합 문제는 도로의 선형 설계의 최종 단계이며, 자동차의 물리적 요구를 만족시키는 것은 물론 주행하는 운전자의 심리적, 생리적인 요소를 좌우하는 시각적인 문제가 특히 중요하게 된다. 그러나 시각적, 심리적인 문제는 정량화하기 어렵고, 또 운전자의 개인 차이 등으로 설계에 반영시키기 어렵다. 특히 경제성과도 관련이 있으므로 여기에도 그 도로가 목표로 하는 설계수준에 맞게 하는 것이 중요하다.

시각적인 문제는 도로의 선형설계에 있어서 가장 뒤떨어진 분야로서 최근 외국에서는 도로환경과 운전자의 심리적, 생리적 관계에 관한 연구를 진행하고 있는 실정이다. 평면선형과 종단선형의 조합 문제는 도로의 시각 환경과의 조화라는 관점에서 각각의 도로의 선형 설계 시에 항상 고려되어야 한다. 또 여기에서 설명하는 사항도 현재까지의 경험을 바탕으로 한 일반적인 설계 방침이며, 하나하나의 문제의 해결은 설계자의 판단이 가장 중요하다.

2) 선형조합의 일반방침

(1) 선형의 시각적 연속성을 확보할 것

평면선형과 종단선형의 대응이 완전하게 되어 시각적 연속성이 확보된 선형은 운전자의 눈으로 보아서 시각적으로 아름다운 선형이다. 따라서 이와 같은 선형을 설계하기 위해서는 먼저 평면선형과 종단선형의 대응을 충분히 고려할 필요가 있다. 구체적으로는 평면선형과 종단선형을 겹쳐서 원곡선 부분에서 종단곡선을 포용 하는 듯한 설계로 하는 것이 바람직하다.

평면선형과 종단선형을 중첩시키는 경우에는 (그림 3.71(a))와 같이 1 : 1로 대응시켜야 하며, 평면곡선이 종단곡선보다 긴 경우에는 종단곡선을 포함하는 위치여야 한다.

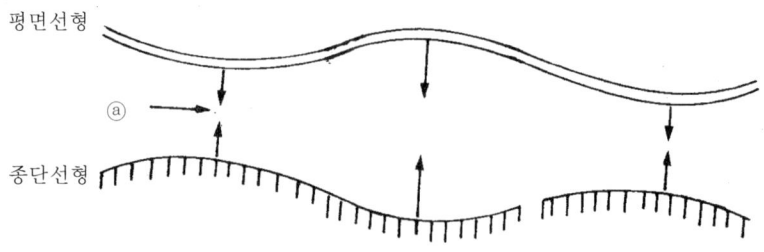

(a) 평면선형과 종단선형이 대응하고 있는 경우

(그림 3.71) 평면선형과 종단선형의 대응

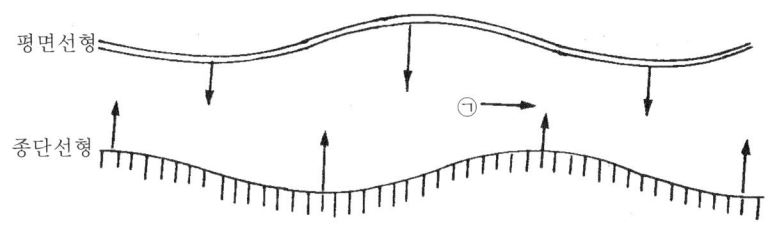

(b) 평면선형과 종단선형의 위상이 어긋나 있는 경우

(그림 3.71) 평면선형과 종단선형의 대응 (계속)

(그림 3.71(b))와 같이 평면선형과 종단선형이 1 : 1로 대응하고 있지 않으면, 종단곡선의 꼭지점에서 평면곡선이 시작되어 운전자의 시선을 원활하게 유도하지 못하며, 또 종단적으로도 오목부의 바닥 부근에서는 배수 문제와 도로가 뒤틀려 보이는 등의 시각적인 문제가 생긴다. 또한 하나의 평면곡선에 몇 군데의 종단곡선이 있으면 운전자에게는 도로가 꺾여져 보이는 수가 있다. 이들은 어느 것이나 평면곡선과 대응이 부적당할 때 발생하는 현상이다.
(그림 3.71(a))는 볼록부에 이르기 전에 평면선형의 진행방향을 알 수 없다. (그림 3.71(b))는 볼록부에서 시선 유도가 되지 않는다.

(2) 선형의 시각적, 심리적 균형을 확보할 것

평면곡선과 종단곡선은 그 크기에 균형이 잡혀 있지 않으면 공사비 면에서 낭비를 초래할 뿐만 아니라 선형이 작은 쪽이 필요 이상으로 강조되어 보여서 시각적인 균형도 잃게 된다. 그러니 양자가 균형을 이루는 구체적인 수치는 아직 명확하게 제시되어 있지 않다.

(3) 도로 환경과의 조화를 고려할 것

평면곡선과 종단곡선의 조합이 아무리 좋다 해도 그 선형이 통과하는 지역의 환경과 조화를 이루지 못하면 도로를 주행하는 운전자에게는 안전하고 쾌적한 도로라고 할 수 없다. 이와 같은 경우에는 방호책, 식재, 땅깎기 비탈면 등으로 도로 환경을 개선하는 방안을 고려해야 한다.
식재에 의해 시각 환경을 개량하는 보기는 (그림 3.72)~(그림 3.77)과 같다. 평면선형과 종단선형의 조합 예는 (그림 3.78)와 같다.

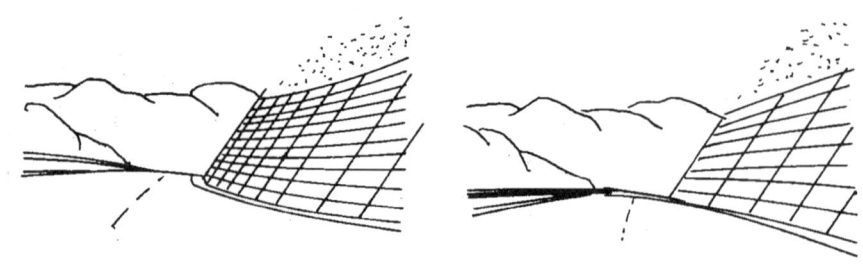

ⓐ 정점에 이르기까지 평면선형의　　　㉠ 정점의 선형의 시각적 유도가 되고
　진행방향을 미리 앞에서 알 수 있다.　　　있지 않다.

(그림 3.72) 볼록부의 시선 유도

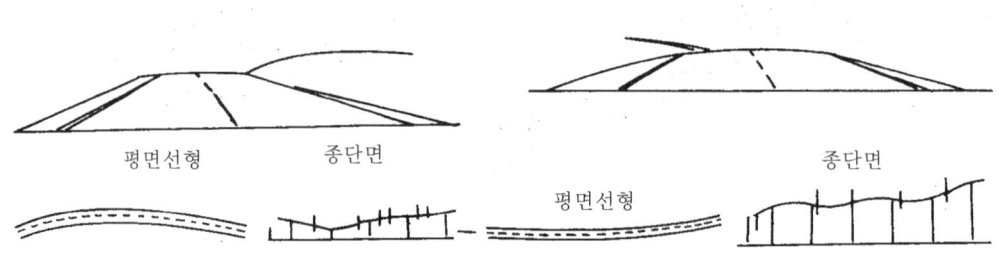

(그림 3.73) 중간의 보이지 않는 선형(계단모양)

우측 도로변의 식재는 고속도로 주행하는 운전자의 불안감을 없애주고 시선을 유도한다.

(그림 3.74) 하향경사에서 좌로 굽은 곡선에서의 식재

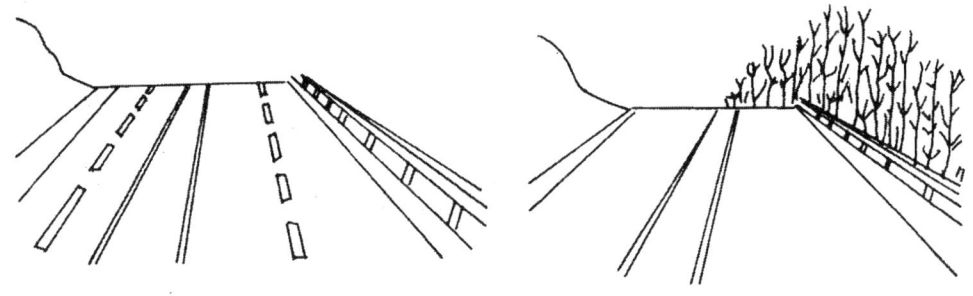

(중앙분리대 및 노측의 식재는 도로의 선형을 운전자에게 미리 알려준다.)

(그림 3.75) 직선부 혹은 곡선부의 변곡접 부근에 블록부(凸)가 있을 때의 식재

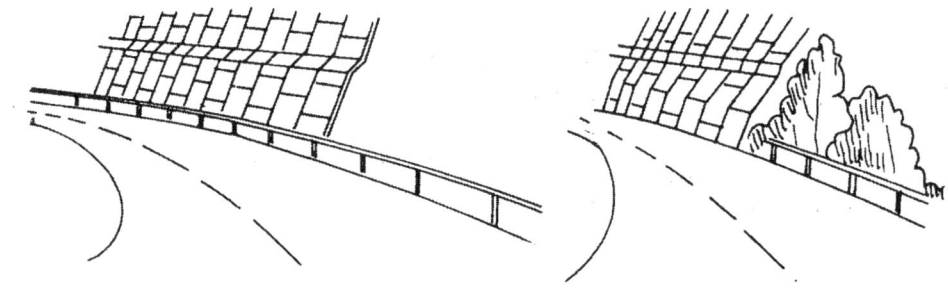

(비탈면의 진행방향에 식재를 하면 끝 부분에 가려서 선형자체를 좋게 하는 시각적인 효과가 있다.)
(비탈면의 진행방향에 식재를 하면 끝 부분에 가려서 선형자체를 좋게 하는 시각적인 효과가 있다.)

(그림 3.76) 비탈면의 진행방향에 대한 처리로서의 식재

(변화가 적은 평지를 통과하는 도로는 중앙분리대나 노측의 식재 등으로 먼 곳에서부터 인터체인지를 알 수 있도록 하는 것이 효과적이다.)

(그림 3.77) 평지의 식재

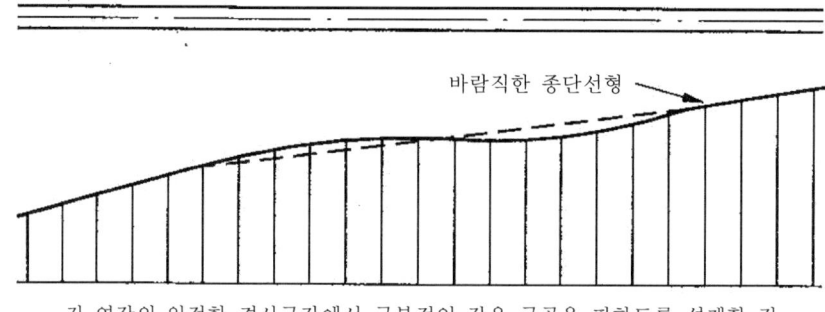

긴 연장의 일정한 경사구간에서 국부적인 작은 굴곡을 피하도록 설계할 것

(a) 직선부에서 종단선형

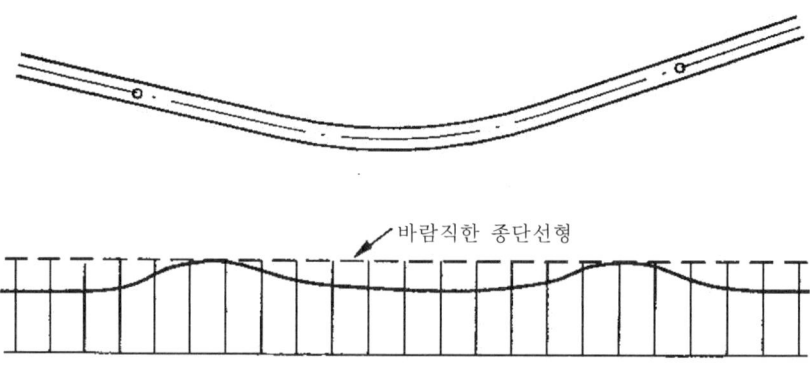

짧은 구간의 언덕모양의 굴곡을 피하고 긴 구간에 걸쳐 일정한 종단경사로 할 것

(b) 곡선부에서 종단선형

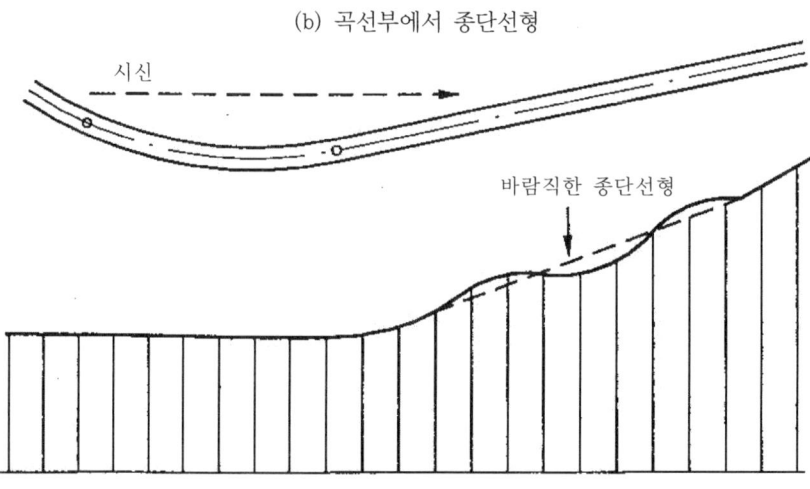

긴 직선 경사구간 상의 굴곡은 멀리 떨어진 곳에서 보이지 않는다.

(c) 종단상 상의 굴곡

(그림 3.78) 평면선형과 종단선형의 조합 예

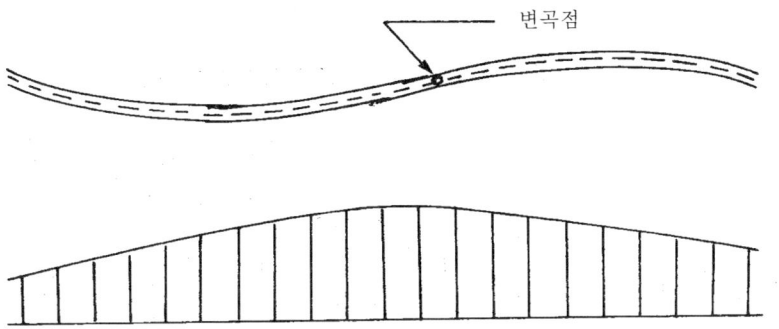

곡선 사시의 직선 구간이 너무 짧거나, 곡지점에서 반향곡선이 생기지 않도록 할 것

(d) 두 평면곡선 사이의 짧은 직선 구간이 종단선형의 꼭지점과 일치

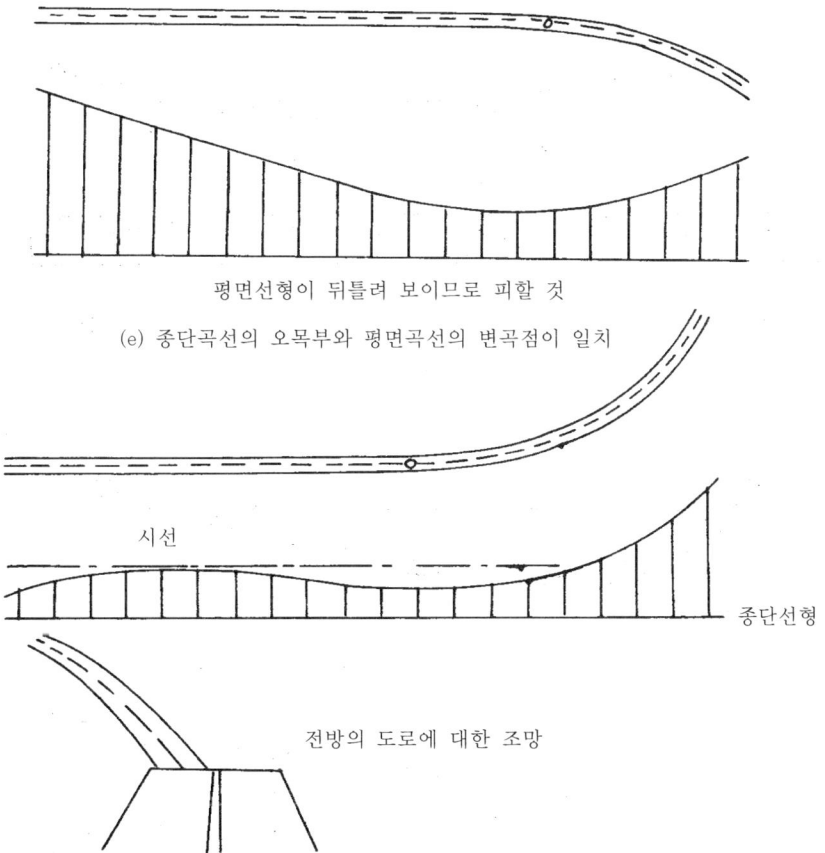

평면선형이 뒤틀려 보이므로 피할 것

(e) 종단곡선의 오목부와 평면곡선의 변곡점이 일치

언덕등에 의하여 도로의 일부가 보이지 않아서 도로가 불연속된 것처럼 보임

(f) 불연속 효과

(그림 3.78) 평면선형과 종단선형의 조합 예(계속)

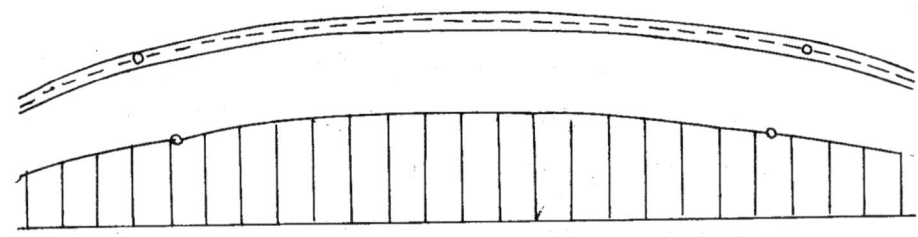

(g) 평면곡선과 종단곡선이 같은 방향으로 대응하는 경우 시각적 효과가 양호함

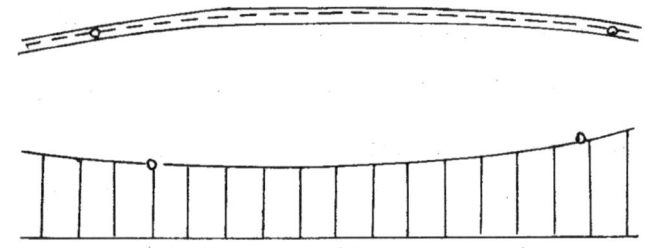

(h) 평면곡선과 종단곡선이 다른 방향으로 대응하는 경우 시각적 효과가 양호함

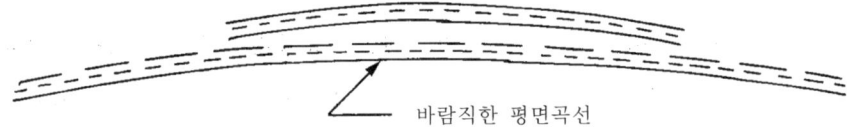

바람직한 평면곡선

(i) 교각이 매우 작을 때, 곡선반경을 크게 하면 시거가 양호해짐

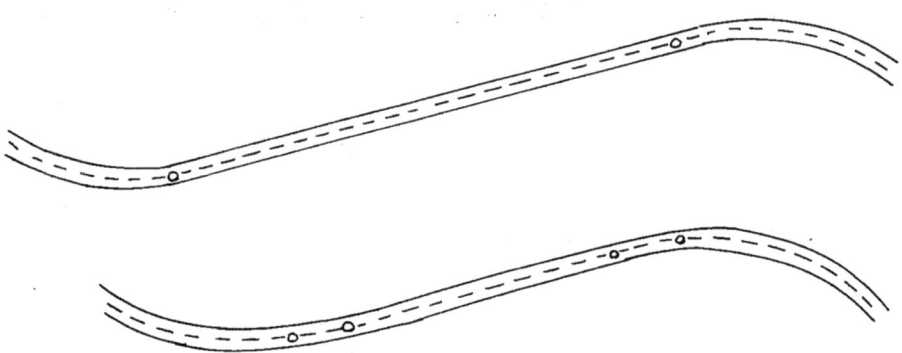

긴 직선부를 짧은 곡선으로 연결한 선형(위)은 원활하지 못하므로, 직선부와 곡선부 사이에 완화곡선을 설치하고, 큰 반경의 곡선을 적용(아래)하여 원활하게 선형을 설계한다.

(j) 평면선형이 조화를 이룰 것

(그림 3.78) 평면선형과 종단선형의 조합 예(계속)

3) 선형과 사고 예

우리나라 고속도로가 최초로 공용된 이후 20년 이상이 경과하였지만 고속도로 상에서 사고를 통계적으로 세밀하게 분석할 수 있는 자료의 축적은 아직 충분하지 못하다. 사고 분석조사 중에서 1972년부터 1976년 사이의 사고 데이터를 근거로 실시한 일본의 도메이고속도로 도쿄 키께나찌 사이의 분석 결과를 이용 선형과 사고의 관계에 대하여 조사한 자료를 소개한다. (그림 3.79)~(그림 3.81)에 표시한 것은 원곡선 반경, 클로소이드, 파라미터 및 종단경사와 사고율(건/억대·km)을 나타내며, 반경이 커지면 사고율은 낮아지고 직선부근에서 다시 높아지는 경향을 나타내었다.

우측, 좌측 곡선에 의한 차이는 거의 없었고 사고율이 최저가 되는 것은 곡선반경에서 2000~3000m인 경우에, 또한 클로소이드 파라미터에서는 750~1000m인 경우 (약 30건/억대·km) 이다.

종단경사에 대해서는 (그림 3.81)를 보면 알 수 있듯이 상향경사, 하향경사가 모두 커지면 사고율이 높아짐을 알 수 있다. 그러나 그 변화는 상향경사와 하향경사에 따라 크게 달라서 상향경사의 경우는 사고율이 30→40건(건/억대·km)으로 증가 한 것에 비해 하향경사의 경우는 30→90건(건/억대·km)으로 증가하였고, 특히 3%이상인 경우의 사고율이 높았다.

사고율이 높기 때문에 선형설계에서 작은 곡선 반경과 3%이상의 종단경사를 사용할 수 없다고는 말할 수 없지만 사고율이 높은 선형을 피하도록 가능한 한 노력을 기울여야 하며, 부득이한 경우에는 각종 교통관리 시설로 그 결함을 보완하도록 노력해야 한다. 또한 자료의 축적이 증가하면 그러한 보조 수단의 효과도 숫자로 표시될 수 있을 만큼 실적이 늘고 선형과 사고에 대한 분석을 더욱 세밀하게 실시하여 보다 좋은 선형설계를 할 수 있게 될 것으로 판단된다.

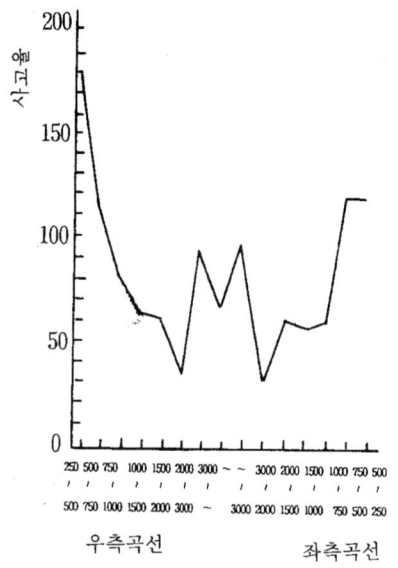

(그림 3.79) 원곡선반경별 사고율

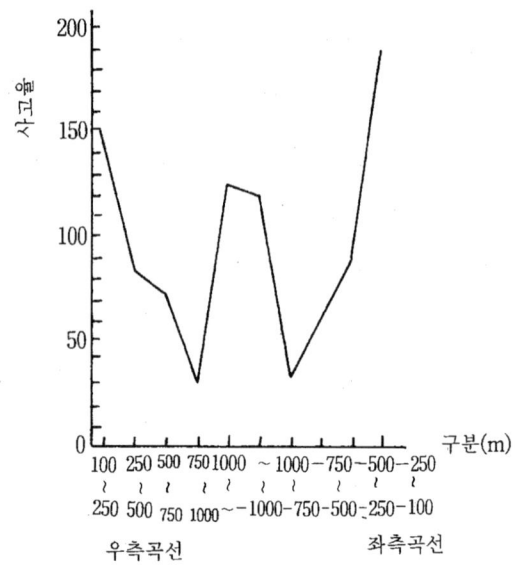

(그림 3.80) 클로소이드 파라미터별 사고율

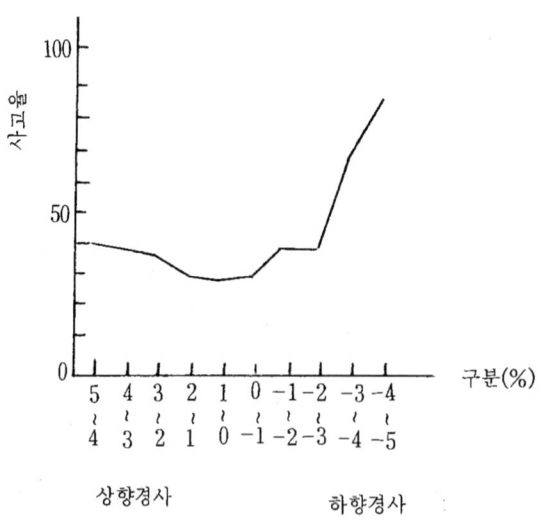

(그림 3.81) 종단경사별 사고율

3.4.5 도로 선형설계 일관성 검토

「도로의 구조·시설 기준에 관한 규칙 해설」에서는 도로 기하구조 등 설계의 적정성을 검토하기 위한 설계의 일관성 평가 방법 등을 소개하였다.

여기서 설계의 일관성이란 운전자들이 전방의 도로에 대해 기대하는 조건이나 운전자들이 기꺼이 받아들일 것으로 생각되는 도로조건을 감안하여 이에 조화를 이루는 도로조건을 정립함으로써 나타나는 바람직한 상태로 정의할 수 있으며, 운전자들의 기대심리를 확인해줌으로써 운전자들이 신속하고 정확하게 판단하게 하도록 하는 기능이라 하였다.

주요한 도로선형의 설계일관성 검토 방법은 다음과 같다.

1) Ball-Bank Indicator

미국에서는 1930년대 Stonex 와 Noble, Moyer와 Berry, 그리고 연방도로청에 근무하던 Barnett 등의 연구 성과에 의해 평면곡선에서 원심력에 대항하기 위해 운전자에게 필요한 횡방향 마찰계수 값의 존재 범위를 개략적으로 찾아냈다. 그 방법으로는 도로의 설계속도개념을 설정하여 설계속도별 최소곡선반지름을 정립해야 했는데 최소곡선반지름을 정립하기 위해서 횡 방향 마찰계수의 최대 값을 결정하였다. 이를 위해 Ball-Bank Indicator를 사용했고 이 값은 현재도 AASHTO Green Book에 설정근거로 제시되어 있으며 설계속도가 20-110 km/h의 범위를 가질 때 마찰계수는 0.21-0.10으로 설정되어야 한다는 것이었다.

2) 10 mile/hour rule

1970년대 들어서 J. Leisch를 필두로 하여 종전의 설계속도개념의 모순점을 제기하며 이를 개선할 것을 주장하는 사람들이 나타났다. Leisch는 설계속도를 사용했을 때, 특히 90 km/h 이하 속도에서 운전자들은 직선과 곡선의 반복적 선형조합 때문에 계속해서 속도를 바꾸어야 하며 이는 결국 설계속도의 기본가정인 균등한 속도의 확보라는 문제를 해결하지 못한다는 한계점을 지적하면서 소위 10 mile/h 원칙에 의한 속도종단곡선 분석기법을 제시하였다. 그의 주장은 상당한 설득력을 가지게 되어 현재까지도 설계일관성분석의 주류를 이루게 되었고, 다음의 세 가지로 요약할 수 있는 10 mile/h 원칙은 향후 안전성검토의 기준이 되었다.

① 가능하면 설계속도의 감소는 피하되, 불가피할 경우 10 mile/h를 초과하지 않을 것
② 자동차의 잠재적 속도는 10 mile/h 이내에서만 변할 것
③ 트럭의 속도는 자동차의 속도보다 10 mile/h 이내에서 낮게 나타날 것

3) 평면곡선부 주행속도 반영 설계

설계속도개념에 강한 반박을 가한 또 다른 한 사람은 호주의 ARRB(Australian Road Research Board)의 J. McLean이었다. 그는 1974년 ARRB Proceeding에서 평면곡선에서의 운전자행태분석연구를 통해 종전에 사용되던 설계속도개념의 속도-횡방향마찰계수 관계곡선보다는 속도-곡선반지름 관계식이 보다 현실적이고, 설계속도와 주행속도는 별개의 문제라고 주장했다. 그는 또한 설계속도 대신 주행속도를 산정해서 설계에 반영해야 하며, 주행속도는 평면곡선의 설계조건에 따라 경험적으로 산정할 수 있다고 주장하였다.

4) 운전부담량

설계일관성의 분야에서 독특한 또 한사람은 미국의 C. Messer 이다. 그는 FHWA의 연구를 수행하면서 운전자의 운전 부담량을 통해 설계일관성분석이 가능할 것으로 판단했다. 운전 부담량은 운전자에게 부과되는 과제의 난이도와 빈도에 따라 달라지며 부담량의 수준과 운전자에게 미치는 영향은 운전자의 기대심리 및 능력에 따라 달라진다고 생각했다. 설계가 불합리한 도로는 운전자의 기대심리를 위배하게 되며 이는 곧 운전자에게 많은 부담을 주게 된다. Messer는 운전 부담량 산정모형을 개발했는데, 이 모형은 운전자들이 주행정보를 주로 도로선형에서 얻으며 도로의 선형이 복잡할수록 운전 부담량이 높아지게 되고 운전자가 전혀 예측하지 않은 도로조건이 나타나면 그 양이 극도로 높아진다고 보았다. 그러나 Messer의 모형은 도로 상태에 대해 운전자에 의한 주관적 평가에 기초하기 때문에 운전 부담량을 객관적으로 측정하기 어려운 한계점을 지니고 있다.

이후 Shafer 등은 도로 기하구조에 기초한 운전 부담량 산정모형을 개발하였다. 이 모형에서는 운전 부담량이 커질수록 운전자가 눈을 뜨고 있는 시간이 길어지고 정신적 작업 부하량이 커질 것이라는 가정 하에, 정상상태와 비교한 운전자의 눈 깜박임 횟수와 눈을 감지 못하고 뜨고 있는 지속시간을 측정하여 이를 곡률도의 함수로 나타내었다.

$$WL = 0.193 + 0.016D$$

여기서, WL = 곡선의 평균 운전부담량
D = 곡률도(degree of curvature)

5) 곡률변화율

Lamm 등은 도로 구간에서 나타나는 곡률도를 통해 85th-%tile 주행속도를 예측하여 곡선부의 설계일관성을 평가하는 방법을 제시하였다. 이때 사용된 방법은 두 가지인데, 첫째는 연속한 도로의 인접한 두 구간의 예측주행속도를 비교하는 방법과 둘째로 해당구간의 예측주행속도와 설계속도를 비교하는 방법이 있다.

$$V_{85} = 34.7 - 1.005 D_C + 2.081 L_W + 0.174 S_W + 0.004 AADT$$

여기서, V_{85} = 85th-%tile 예측 주행속도(85th-%tile operating speed)
           D_C = 곡률도(Degree of curve)
           L_W = 차로 폭
           S_W = 길어깨 폭

〈표 3.33〉 설계안전 기준 (R. Lamm 등)

구분	설계안전도		
	양호	보통	불량
I	$\|V_{85_i} - V_{85_{i+1}}\|$ $\leq$ 10km/h	10km/h < $\|V_{85_i} - V_{85_{i+1}}\|$ $\leq$ 20km/h	20km/h < $\|V_{85_i} - V_{85_{i+1}}\|$
II	$\|V_{85} - V_d\|$ $\leq$ 10km/h	10km/h < $\|V_{85} - V_d\|$ $\leq$ 20km/h	20km/h < $\|V_{85} - V_d\|$

6) 시거-최대안전주행속도

설계일관성을 다룬 국내의 대표적 연구로는 최재성(1998)의 도로선형에 대한 설계일관성 평가모형의 개발을 들 수 있다. 또한 설계일관성을 측정하고 평가하는 방법론을 제시한 이승준, 이동민, 최재성(1999, 2000)에 의한 연구는 TRB 및 EASTS에 발표되었고 이후 국내외에서 설계일관성에 시거모형을 다룬 많은 후속연구가 진행되었다.

시거-최대안전주행속도 모형은 개념적으로 도로 기하구조에 의해 제공하는 시거를 최소정지시거와 동일하게 적용하여 이때 나타나는 최대안전주행속도를 산정한다. 각 도로 구간은 각기 다른 기하구조 조건을 가지기 때문에 이에 상응하는 최대안전주행속도 역시 각 도로구간마다 상이한 값을 가지게 되며, 설계일관성 평가는 산출된 최대안전주행속도와 설계속도를 비교하여 결정한다. 이 때 최대안전주행속도가 설계속도보다 낮은 구간이 발생하게 되면 설계일관성이 결여되고 해당구간은 안전적으로 문제가 있는 구간으로 인식된다.

$$SD_H = MSSD = t \cdot V_H + \frac{V_H^2}{2g(f \pm G)}$$

$$\therefore V_H = -g(f \pm G)t + \sqrt{[g(f \pm G)t]^2 + 2g(f \pm G)SD_H}$$

여기서, SD_H = 평면곡선구간에서의 최소시거(m)

$MSSD$ = 최소정지시거(m)

V_H = 평면곡선에서의 최대안전주행속도(m/s)

t = 인지반응시간(2.5초)

g = 중력가속도(9.8m/s^2)

f = 노면마찰계수

G = 종단경사(%)

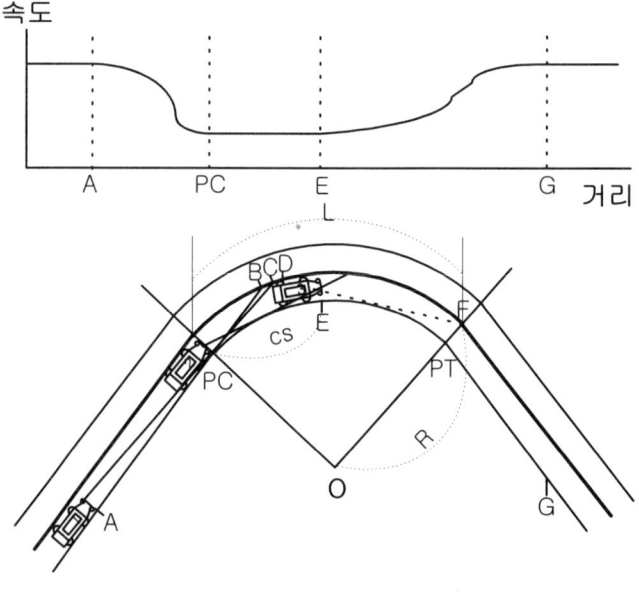

(그림 3.82) 평면곡선부에서 시거와 최대안전주행속도 산출 개념도

3.5 시거

3.5.1 개 요

시거란 운전자가 자동차 진행방향에 있는 장애물 또는 위험 요소를 인지하고 제동을 걸어 정지하거나, 또는 장애물을 피해서 주행할 수 있는 길이를 말하는 것으로서 주행상의 안전과 쾌적성 확보에 매우 중요한 요소이다. 시거는 차로중심을 따라 측정한다. 시거에는 정지시거, 피주시거 및 앞지르기 시거가 있으며, 이 중 정지시거가 기하구조 설계의 주요 요인이 된다.

정지시거는 전방에 고장 난 차 등의 장애물이 있는 경우 이를 인지하고 제동을 걸어서 정지하기 위해 필요한 길이이다. 피주시거는 동일 차로상에 장애물이 있는 경우에 인접 차로로 피하려 할 때 필요한 거리로서 일반적으로 정지시거가 확보되어 있으면 충분하다. 앞지르기 시거는 저속으로 주행하는 차를 안전하게 앞지르는데 필요한 거리이다. 정지시거의 규정은 당연히 모든 도로를 대상으로 한 것이나 왕복 2차로 도로(편도 1차로)에서는 적정한 앞지르기 동작이 가능토록 하기 위하여 정지시거 외에 앞지르기 시거를 확보하여야 한다. 이 경우 일반적으로는 앞지르기 시거가 정지시거보다 크지만 산정 조건이 다르기 때문에 앞지르기 시거가 확보되더라도 정지시거가 확보되지 않는 경우가 생기므로 양 시거의 조건이 만족되도록 설계하여야 한다.

시거를 계산할 때에는 운전자의 눈 높이와 장애물 높이의 관계를 명확히 해야 하며 시통성을 고려해야 한다. 정지시거를 구하는 조건으로는 운전자가 주행중에 전방을 주시하는 위치를 진행차로의 중심선상으로 하고 눈의 높이는 도로 표면으로부터 1.0m, 장애물의 위치는 동일차로의 중심선 상으로 하고, 장애물의 높이는 현실적인 위험도를 감안하여 0.15m로 한다. 앞지르기 시거를 구하는 조건으로는 운전자의 높이를 1.0m로 하고 장애물의 높이를 1.2m(대향 자동차의 높이)로 한다.

3.4.2 정지시거

1 제동 정지거리

정지시거는 제동정지거리로서 구해지며 제동 정지거리는 크게 세 가지 시간요소를 고려하여 구할 수 있다.

① 위험요소를 판단하는 시간(판단시간) 1.5sec
② 운전자가 반응하는 시간(반응시간) 1.0sec

③ 제동장치를 작동시킨 후 자동차가 정지하는 데 필요한 시간(제동시간)

운전자가 판단하고 반응하는 데 소요되는 시간에 자동차가 주행하는 거리를 l_1이라 하고 제동장치를 작동시킨 후 자동차가 정지하는 데 필요한 거리를 l_2라 하면 제동 정지거리(정지시거) D를 구하는 식은 다음과 같다.

$$l_1 = \frac{Vt}{3.6}$$

$$l_2 = \frac{1}{2gf} \cdot \frac{V^2}{3.6^2}$$

$$D = l_1 + l_2 = \frac{Vt}{3.6} + \frac{1}{2gf} \cdot \frac{V^2}{3.6^2} = 0.694V + \frac{V^2}{254f} \tag{3.42}$$

여기서, D : 정지시거(m)
V : 주행속도(km/h)
t : (판단시간 + 반응시간)(2.5초)
g : 중력 가속도($9.8 m/\sec^2$)
f : 타이어와 노면의 종방향 미끄럼 마찰계수

1) 속 도(V)

일반적으로 속도는 주행속도를 의미하나 우리나라 자동차의 주행 특성 및 교통량 특성을 도로설계에 반영하고 자동차 주행시 안전성을 높이기 위하여 설계속도와 주행속도가 같은 것으로 가정하고 정지시거를 계산한다.

2) 판단시간과 반응시간(t)

운전자가 장애물을 발견한 후 제동시킬 것인가를 판단하고 브레이크를 밟을 때까지의 시간이다. 미국 AASHTO에서는 판단시간으로 1.5초, 반응시간으로 1.0를 적용하고 있으며, 이 시간에 속도의 변화는 없는 것으로 가정하여 정지시거를 계산하고 있으며 이 반응시간 동안에 있어서 자동차는 주행속도 그대로 유지하는 것으로 본다.

3) 종방향 미끄럼 마찰계수(f)

종방향 미끄럼 마찰계수는 타이어의 재질과 마모상태 등의 타이어 조건, 포장의 종류와 노면상태 등의 노면조건, 그리고 제동시의 속도와 제동방법 등의 제동조건에 따라 달라진다. (그림 3.83)에서 보는 바와 같이 종방향 마찰계수는 속도가 작아짐에 따라, 제동 후 자동차의 속도변화에 따라 변하지만 이를 일정하다고 가정하여 정지시거를 구한다.

- 타이어의 조건
    ① 타이어의 재질
    ② 타이어 나선줄의 형식과 깊이
    ③ 내압 및 접지압
    ④ 타이어에 걸리는 축하중
    ⑤ 타이어의 크기
    ⑥ 타이어의 마모 상태

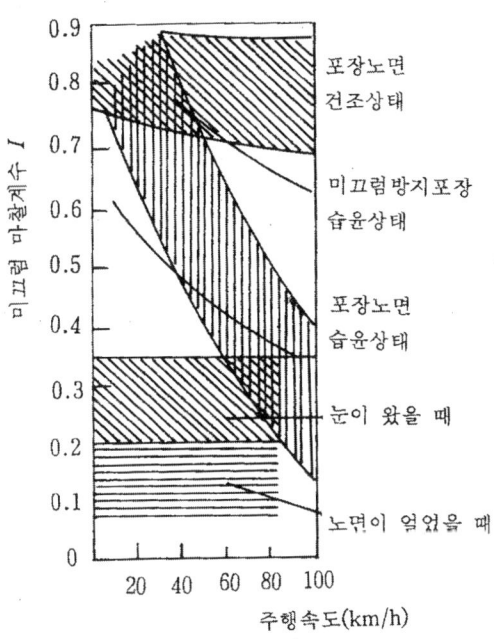

(그림 3.83) 노면상태와 종방향 미끄럼 마찰계수

- 노면 조건
    ① 노면 포장의 종류
    ② 결합재의 성질, 종류, 양 및 그 상태
    ③ 사용골재의 성질과 종류
    ④ 노면의 거칠기(요철)

⑤ 노면의 상태(건습, 결빙 및 적설, 청결상태 등)
⑥ 노면상의 노화와 마모상태
⑦ 계절에 의한 변화
⑧ 노면온도
- 제동 조건
① 제동시의 조건 ② 제동방법

2 정지시거의 계산

정지시거의 계산에서 종방향 미끄럼 마찰계수는 노면이 젖어 있는 상태의 값을 적용한다. 따라서 노면이 건조한 상태일 때는 안전하게 정지할 수 있다. 반대로 노면이 눈으로 덮여 있는 경우에는 종방향 마찰계수가 0.1~0.2로 되어 위험한 상태가 된다. 그와 같은 경우에 자동차의 주행속도는 노면이 건조한 상태일 때보다 낮아지므로 안전한 주행이 가능하다는 것은 경험적으로 알려져 있다.

1) 노면이 젖어 있을 때의 정지시거

〈표 3.34〉에서는 비가 오거나 눈이 녹아서 도로노면이 젖어 있을 때(습윤상태)를 가정해서 제동 정지거리를 구하였다. 속도는 설계속도를 취하고 있고, 판단 반응 시간은 2.5초를 취하고 있다.

식 (3.40)을 이용하여 정지시거를 계산하면 〈표 3.34〉와 같다.

〈표 3.34〉 시거의 계산(습윤상태)

설계속도(km/h)	120	100	80	70	60	50	40	30	20
종방향 미끄럼 마찰계수(f)	0.28	0.29	0.30	0.31	0.32	0.33	0.34	0.44	0.44
정지시거(m)	285.8	205.2	139.5	110.8	85.9	63.6	44.8	28.9	17.5

2) 눈이 왔을 때의 정지시거

노면이 눈으로 덮여 있거나 얼어 있는 경우, 자동차는 설계속도에 훨씬 못 미치는 속도로 주행하며, 미끄럼 마찰계수는 0.1~0.2까지 떨어진다. 따라서 노면이 얼었을 때 종방향 미끄럼 마찰계수로 0.15를 적용한다. 설계속도에 따라 실제 주행속도를 고려하고, 판단 반응시간을 2.5초로 하여 제동 정지시거를 계산한 값은 〈표 3.35〉와 같다.

동결 노면에서 급브레이크를 밟는 경우 자동차가 미끄러지기 때문에 정지시거를 확보하는 것도 중요하지만, 그것만으로는 부족하므로 노선의 선정 시에 동결방지 대책을 고려하여야 한다.

〈표 3.35〉 시거의 계산(눈이 왔을 때)

설계속도(km/h)		80이상	70	60	50	40	30	20
주행속도(km/h)		60	60	50	40	30	20	20
정지시거(m)	계산값	131.1	117.6	100.3	69.8	44.4	24.4	24.4
	규정값	140	110	85	65	45	30	20

※ 주 : 1. f값은 스노우 타이어, 체인 등을 사용할 때의 값임
     2. 정지시거 규정 값은 「도로의 구조, 시설 기준에 관한 규칙 해설 및 지침」에서 제시한 값임

3) 종단경사에 따른 제동정지시거

제동정지 거리는 종단경사에 따라 변하는데, 상향경사 구간에서는 제동 정지거리가 줄어들고, 하향경사 구간에서는 제동정지 거리가 늘어난다. 식(3.1)을 변형하여 제동정지시거를 구하는 데 종단경사의 영향을 반영한 식은 다음과 같다.

$$D = \frac{Vt}{3.6} + \frac{1}{2g(f \pm i/100)} \cdot \frac{V^2}{(3.6)^2} = 0.694V + \frac{V^2}{254(f \pm i/100)} \qquad (3.43)$$

여기서,   D   : 정지시거(m)
            V   : 속도(km/h)
            g   : 중력 가속도($9.8 m/\sec^2$)
            i   : 종단경사(%)
            t   : 판단시간 + 반응시간(2.5초)
            f   : 타이어와 노면의 종방향 미끄럼 마찰계수

각 설계속도별 최대경사에 대한 정지시거의 증감량을 알아보면, 상향 종단경사 구간에서의 제동 정지거리는 정지시거 기준값 보다 5%~17% 작으므로 안전하지만, 하향 종단경사 구간의 제동 정지거리는 정지시거 기준값 보다 5%~17% 크므로 주의해야 한다. 그러나 판단 반응시간과 종방향 마찰계수에 여유가 있으므로 하향 종단경사의 영향을 감소시킬 수 있고 도로 설계시에 최대 종단경사로 설계하는 경우는 드물 것으로 생각되어 종단경사의 영향은 반영하지 않는다.

⟨표 3.36⟩ 최대 종단경사에 따른 제동정지 거리

설계속도(km/h)	120	100	80	70	60	50	40	30	20
최대종단경사(%)	4	6	9	10	13	14	15	16	16
오르막	195	140	95	85	65	50	35	30	20
내리막	235	180	130	115	95	70	45	35	20

※ 주 : 오르막은 상향경사의 최대종단경사를 뜻하며 내리막은 하향경사의 최대종단을 뜻함

3 정지시거의 규정

「도로의 구조·시설 기준에 관한 규칙」(제23조)에서 정지시거의 기준은 운전자에게 미치는 영향을 고려하여 충분한 안전값을 취하고자 노면 습윤상태에서 속도를 주행속도로 하여 ⟨표 3.37⟩과 같이 규정하고 있다.

⟨표 3.37⟩ 설계속도에 따른 정지시거의 기준

설계속도(km/h)	주행속도(km/hr)	f	정지시거(m)
120	102	0.29	215
100	85	0.30	155
80	68	0.31	110
70	63	0.32	95
60	54	0.33	75
50	45	0.36	55
40	36	0.40	40
30	30	0.44	30
20	20	0.44	20

3.5.3 앞지르기 시거

1 개 요

왕복 2차로 도로에서는 일부의 저속 자동차 때문에 많은 자동차가 그 뒤를 낮은 속도로 따르지 않을 수 없는 경우가 생기는데, 교통량이 많지 않고 앞지르기에 필요한 시거가 확보되어 있으면 많은 자동차가 저속주행을 감수하지 않아도 된다.

이를 위하여 「도로의 구조·시설기준에 관한 규칙」에서는 왕복 2차로 도로에서 도로를 주행하는 자동차에게 앞지르기 할 수 있는 기회를 주기 위하여 충분한 시거(앞지르기 시거)가 확보되는 구간을 두도록 규정하고 있다.

앞지르기 시거는 저속주행 자동차를 앞지르기 하기 위하여 필요한 거리로서 도로의 중심선상 눈 높이 1.0m에서 대향차가 주행하는 차로의 중심선 상에 있는 높이 1.2m의 물체 정점(대향 차)을 바라볼 수 있는 거리이다. 미국 AASHTO에서는 운전자의 눈높이를 3ft(1.07m), 대향 차의 높이를 4.25ft(1.30m)로 가정하여 앞지르기 시거를 구하고 있다.

앞지르기 시거의 계산조건과 규준치가 정상시거의 경우와 다르기 때문에 왕복 2차로 도로에서는 두 조건이 모두 만족되도록 해야 한다.

앞지르기 시거에는 대향 차로로의 차체 이행부터 앞지르기 완료까지의 고속으로 주행하는 차의 주행거리와 그 사이에 대향 자동차가 주행한 거리의 합으로 나타내어지는 전 앞지르기 시거와, 대향 차로 상에서 앞지르기를 당하는 차에 바짝 뒤따를 때를 앞지르기의 시점으로 하여 산정 하는 최소 필요 앞지르기 시거의 두 가지를 고려할 수 있다. 이를 그림으로 나타낸 것이 (그림 3.84)이다.

앞지르기 시거는 다음과 같은 가정 아래에서 계산한다.
① 앞지르기 당하는 차는 등속으로 주행한다.
② 앞지르기를 하기 전에 앞지르기를 하는 차의 속도는 앞지르기 당하는 차의 속도와 같다.

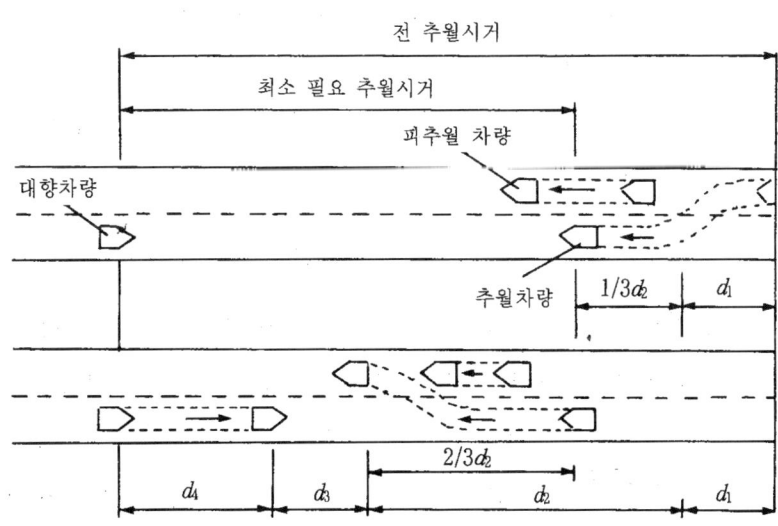

(그림 3.84) 앞지르기 시거

③ 앞지르기할 때에는 최대 가속도로 가속하고 설계속도로 주행한다.
④ 대항 자동차는 설계속도로 주행하는 것으로 가정하고, 앞지르기가 완료된 경우 대항 차와 앞지르기하는 차 사이에는 적절한 여유 거리가 있으며 서로 엇갈려 지나간다.

2 앞지르기 단계

앞지르기 시거는 전방의 안전을 확인한 후 앞지르기 동작을 시작하여 앞지르기를 완료할 때까지에 필요한 거리로 구성된다. 앞지르기 동작은 크게 4단계로 구성되며 해당 동작을 마치는 데 필요한 거리의 계산은 다음과 같다.

① 앞지르기를 하려는 차가 앞지르기가 가능하다고 판단하여 가속하면서 대항차로로 이행하기 직전까지 주행하는 거리를 d_1이라하고, 앞지르기 당하는 차의 속도를 V_0 (km/h), 가속도를 $a(m/\sec^2)$, 가속시간을 t_1(초)라 하면,

$$d_1 = \frac{V_0}{3.6}t_1 + \frac{a}{2}t_1^2 \tag{3.44}$$

실측 자료(미국 AASHTO 자료)를 토대로 가속시간 t_1은 2.6~4.5초로 하고 앞 지르기 당하는 차의 속도는 〈표 3.38〉에서와 같이 가정한다.

② 앞지르기를 시작하면서부터 앞지르기를 완료할 때까지 앞지르기를 하는 차가 대항 차로를 주행하는 거리를 d_2라 하고, 앞지르기 하는 차의 속도를 V(km/h), 앞지르기 완료할 때까지의 시간을 t_2(초)라 하면,

$$d_2 = \frac{V}{3.6}t_2 \tag{3.45}$$

앞지르기 완료까지의 시간 t_2는 주행속도에 따라 다른데 미국 AASHTO의 자료를 토대로 하여 7.6~11.4초를 적용한다. 그리고 앞지르기하는 차의 속도(V)의 설계속도로 가정한다.

③ 앞지르기 완료시에 앞지르기를 마친 차와 대항 차와의 차간 거리를 d_3라 하면 차간 거리 d_3는 15~80m를 적용한다.

④ 앞지르기를 하는 자동차가 앞지르기를 완료할 때까지 대항 자동차가 주행하는 거리를 d_4라 하면 d_4 계산시에 앞지르기 하는 자동차가 완전히 대향 차로로 이동하고 나서부터 앞지르기를 완료할때까지 주행하는 시간을 고려하면 그 시간은 일반적으로 t_2의 $\frac{2}{3}$이다. 대향차의 속도를 앞지르기 하는 차의 속도와 같게 V를 취하면, d_4는

다음과 같다.

$$d_4 = \frac{2}{3}d_2 = \frac{2}{3} \cdot \frac{Vt^2}{3.6} \tag{3.46}$$

2) 앞지르기 시거의 계산 값

전 앞지르기 시거(D_t)는 위의 d_1, d_2, d_3 및 d_4의 합으로 보고, 최소 필요한 앞지르기 시거(D_m)는 $d_1, d_2, d_3, \frac{2}{3}d_2$의 합으로 보면 된다.

V는 설계속도로 가정한다. V_0는 설계속도 80~60km/h에서는 15km/h 낮은 값, 40km/h이하에서는 10km/h 낮은 값을 취하여 앞지르기 시거를 계산하면 〈표 3.38〉과 같다.

〈표 3.38〉 앞지르기 시거의 계산값

V (km/h)	V_0 (km/h)	d_t			d_t		d_3	d_4	d_t	D_m
		a	t_1	d_t	t_2	d_t				
100	85	0.66	4.5	112.9	11.4	316.7	80	211.1	721	502
80	65	0.65	4.2	81.6	10.4	231.1	60	154.1	527	368
70	55	0.64	4.0	66.2	10.0	194.4	50	129.6	440	309
60	45	0.63	3.7	50.6	9.5	158.3	40	105.6	354	251
50	37.5	0.62	3.4	39.0	9.0	125.0	30	83.3	277	197
40	30	0.61	3.1	28.8	8.5	94.4	25	63.0	211	151
30	20	0.60	2.9	18.6	8.0	66.7	20	44.4	150	109
20	10	0.60	2.7	9.7	7.6	7.6	15	28.1	95	71

※ 주: 1. D_t : $d_1 + d_2 + d_3 + d_4$: 전 앞지르기 시거

    2. D_m : $\frac{2}{3}d_2 + d_3 + d_4$: 최소 필요 앞지르기 시거

    3. V : 앞지르기 하는 자동차의 속도

    4. V_o : 앞지르기 당하는 자동차의 속도

참고로, 독일 도로설계지침 「RAS-L-1」에서는 앞지르기 시거를 〈표 3. 39〉와 같이 규정하고 있다.

<표 3.39> 앞지르기 시거(독일 RAS-L-1)

설계속도(km/h)	100	90	80	70	60
앞지르기 시거(m)	650	575	500	450	400

3 앞지르기 시거확보 구간의 비율

도로를 설계하는 경우 앞지르기 시거는 매우 길기 때문에 이를 전구간에 확보한다는 것은 매우 곤란하며 비경제적이다. 따라서 운전자의 주행 쾌적성과 경제성을 만족할 수 있을 정도로 앞지르기 가능 구간의 길이와 빈도를 제공할 필요가 있다.

일본 도로구조령의 해설 및 운용 에서는 왕복 2차로 도로에서 1분동안 주행하는 사이에 최저 1회, 부득이한 경우에도 3분 동안 주행하는 동안에 1회는 앞지르기 가능구간을 확보하는 것이 바람직하며, 전체 구간에 대한 앞지르기 가능구간을 확보하는 것이 바람직하다고 제시하고 있다. 이를 전체 구간에 대한 앞지르기 가능구간의 비율로 바꾸어 보면, 표준으로 30% 이상, 부득이한 경우에도 10% 이상 앞지르기 가능구간을 확보하도록 하고 있다.

<표 3.40> 앞지르기 시거 확보 구간 비율(일본)

설계속도(km/h)	1분간 주행거리(m)	추월거리(m)	시거 확보 구간 비율(%)	
			1분에 1회	1분에 3회
80	1330	550	41	14
60	1000	350	35	12
50	830	250	30	10
40	670	200	30	10
30	500	150		

참고로, 독일 도로설계지침 「RAS-L-1」에서는 설계속도가 60km/h 이하이거나, 공용개시 초년도의 교통량이 승용차 환산대수로 1,000대/일 이하일 때에는 설계를 할 때에 앞지르기 시거를 확보할 필요가 없다고 되어 있다. 또 최소 앞지르기 시거 이상의 시거를 확보해야 할 구간의 비율은 <표 3.41>의 최소값 이상으로 할 것을 권장하고 있다. 독일은 우리나라에 비해 지형이 평탄하므로 독일 기준을 우리나라에 그대로 적용하기는 어렵다.

<표 3.41> 앞지르기 시거구간 확보율의 최소값(독일 RAS-L-1)

설계속도(km/h)	공용개시 초년도의 승용차 환산 일교통량(대/일)		
	1,000~2,000	2,000~3,000	3,000이상
100	1/3	1/3	1/2
80	1/4	1/3	1/2
60	1/4	1/3	1/3

우리나라의 2차로 도로 설계 시에 앞지르기 시거확보 구간의 확보비율은 일본의 기준을 그대로 받아들여서, 전체도로 구간에서 앞지르기 시거확보 구간의 비율은 표준으로 30%이상, 최소한 10%이상 확보하도록 한다.

하나의 노선에 대해서 앞지르기 시거가 확보되어 있지 않은 구간이 한 곳에 집중되어 있는 것은 바람직하지 못하므로, 앞지르기 시거가 확보된 구간이 노선 전체에 골고루 분포되도록 해야 한다.

4 앞지르기 시거의 기준

1) 왕복 2차로 도로에서는 정지시거 이외에도 도로의 설계속도에 따라 〈표 3.42〉의 표준 앞지르기 시거 이상의 값을 갖는 구간을 도로의 효율이 충분히 발휘될 수 있도록 하기 위하여 적당한 간격으로 확보한다. 단, 지형 등의 특별한 이유로 부득이한 경우에는 최소 앞지르기 시거의 값까지 축소하여 확보한다.

<표 3.42> 앞지르기 시거

설계속도(km/h)		100	80	70	60	50	40	30	20
앞지르기시거(m)	표준	700	540	480	400	350	280	200	150
	최소	500	350	300	250	200	150	100	700

2) 전체 도로구간에서 앞지르기 시거확보 구간의 비율은 표준으로 30% 이상, 최소한 10% 이상 확보하도록 하며 한 곳에 몰려 있지 않도록 해야 한다.

3.5.4 시거의 확보

1 개 요

시거는 계획노선의 평면 및 종단선형, 횡단면 구성이 결정되면 당연히 노선의 각 부분에서 확보되어 있는지의 여부가 결정된다. 즉, 평면선형과 종단선형이 양호하면 도로변에 시선유도를 방해하는 장애물이 있다 하더라도 전방의 시야는 좋아져 시거가 충분히 확보되지만, 반대로 선형이 나쁘고 도로변에 장애물이 있는 경우에는 시거가 확보되지 못하여 위험한 상태가 된다.

종단선형을 설계할 때 볼록(凸)형 종단곡선에서는 전방의 대상물이 노면에 가려질 것인지의 여부, 그리고 오목(凹)형 종단곡선에서는 운전자의 시선이 시설한계의 상한선을 침범하는지의 여부의 문제가 되는데, 이들은 어느 것이나 각 설계속도에 따른 시거가 시설한계 내에서 확보되도록 최소 종단곡선 변화비율이 정해져 있으므로, 이 규정을 적용하면 시거의 대해서는 문제가 없다.

평면선형의 기준 값들은 시거와 무관하게 규정된 값들이므로 측방의 장애물까지의 시선확보 폭과의 관계에 따라서는 충분한 시거가 취해지지 않는 경우가 생긴다.

따라서 계획단계에서 시거가 부족하지 않도록 시거가 필요한 한계 평면곡선 반경을 알아 둘 필요가 있다. 부득이하게 한계 평면곡선 반경 이하를 쓰는 경우, 그 부분만 시거를 검토하면 되기 때문에 합리적이고 능률적인 설계가 가능해진다.

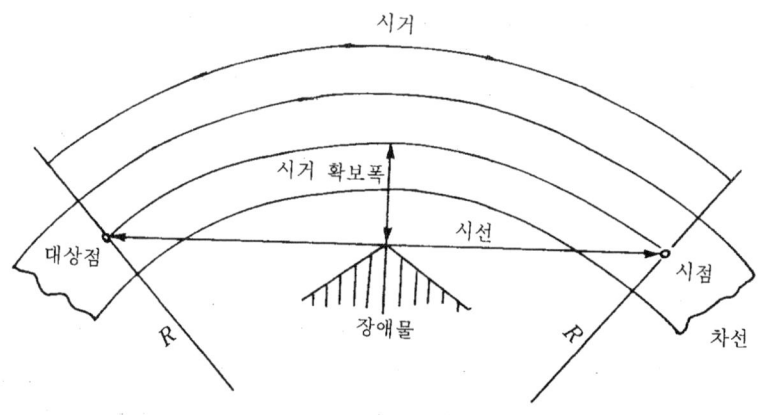

(그림 3.85) 시거 확보 폭

2 시거확보 폭 계산식

1) 시선과 대상물이 모두 동일한 원곡선 내에 있고, 평지부에 있는 경우 차로의 중심선에서 연직인 장애물까지의 시거확보 폭은 (그림 3.85) 및 식(3.47)에 의하여 구해진다.

$$M = R[1 - \cos(\frac{D}{2R})] = \frac{D^2}{8R}(1 - \frac{D^2}{78R^2} + \cdots\cdots) \doteq \frac{D^2}{8R} \quad (3.47)$$

여기서,   M : 시거 확보 폭(m)
          D : 시거(m)
          R : 원곡선 반경(m)

식 (3.41)에 의하여 확보해야 할 시거와 평면곡선 반경이 정해지면 시거확보를 위하여 필요로 하는 시거확보 폭이 구해진다. 이를 그래프로 나타낸 것이 (그림 3.86)이다. 따라서 설계속도 또는 시거와 평면곡선 반경에서 필요한 시거확보 폭이 구해지며, 그 지점의 수목과 방호벽 등을 고려한 횡단면 구성과 비교함으로써 표준단면을 그대로 채택해도 되는지 시거확보를 위한 조치가 필요한지의 판단이 가능해진다.

땅깎기 비탈면 등 장애물이 연직이 아닌 경우, 필요한 시거 확보폭은 평면선형과 함께 종단선형을 고려하여 구해야 한다.

2) 시선이 평면적으로는 원곡선 내, 종단적으로는 직선경사 내에 있는 경우 필요한 시거확보 폭은 식 (3.41)을 수정한 식 (3.42)로 구해진다.

$$M = \frac{D^2}{8R} + \frac{i^2(h_e h_0)^2}{2000 D^2} R - \frac{i(h_e - h_0)}{200} \quad (3.48)$$

여기서,   D : 시거(m)
          R : 평면곡선 반경(m)
          i : 종단경사(%)
          h_e : 눈높이(1.0m)
          h_0 : 장애물의 높이   정지시거 : 0.15m
                                                   앞지르기 시거 : 1.20m

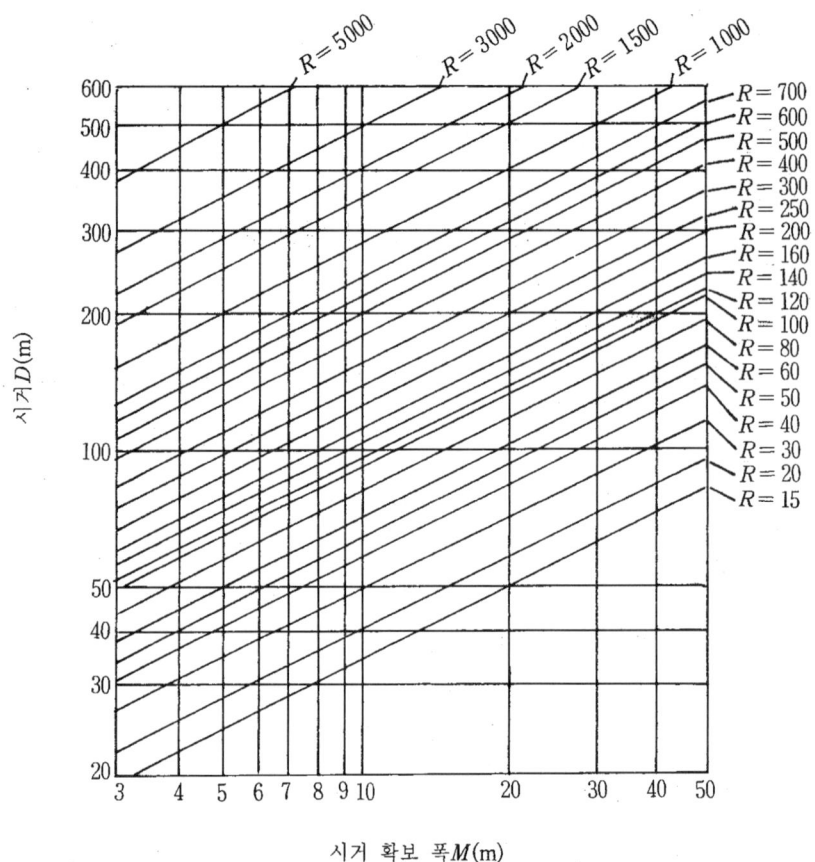

(그림 3.86) 원곡선반경과 시거확보 폭의 관계

3) 시선이 평면적으로는 원곡선 내, 종단적으로는 종단곡선 내에 있는 경우 시거확보 폭은 식 (3.47)과 식 (3.48)를 수정하여 다음 식으로 구해진다.

$$M = \frac{D^2}{8R} \cdot \frac{K-iR}{K} + \frac{i^2(h_e - h_0)^2}{2D^2} \cdot \frac{RK}{K-iR} - \frac{i(h_e - h_0)}{2} \tag{3.49}$$

여기서, K = 종단곡선 반경   오목형 : K > 0
                            볼록형 : K < 0

4) 기타

시선이 위와 같은 경우 이외에 평면적으로는 클로소이드와 직선에 걸치는 경우, 종단적으로는 종단곡선과 직선경사에 걸치는 경우, 또는 이들의 조합된 경우에는 앞의 식들을 참고로 함과 동시에 실제의 시선을 그림으로 그려서 필요한 시거확보 폭을 구한다.

③ 시거확보 원곡선 반경의 계산 예(우리나라 고속도로 표준 횡단면)

선형을 설계할 때 시거를 검토할 필요가 없는 원곡선 반경을 알아두는 것이 유용하다. 시거확보 원곡선 반경은 여러 가지 상황에 따라 달라질 수 있지만 대표적인 예로 다음 조건을 가진 도로에 대해 검토해 보기로 한다.

① 차로 폭이 3.6m인 4차로 도로
② 중앙분리대의 폭이 3.0m
③ 우측 길어깨의 폭이 3.0m인 경우와 4.0m인 경우
④ 평지구간

여기서 길어깨의 폭이 3.0m인 경우는 L형 측구의 저판폭을 포함하여 최소 길어깨 폭 기준에 따른 것이며, 길어깨의 폭이 4.0m인 경우는 L형 측구의 저판폭 만큼 길어깨 폭을 확폭 했을 경우이다.

〈표 3.43〉에서는 진행방향의 좌측에 설치된 중앙 분리대를 장애물로 생각했을 경우와 진행방향의 우측에 놓인 옹벽형 측구를 장애물로 가정했을 때의 정지시거가 확보되는 원곡선 반경을 구한 값을 제시하고 있다. 이 때 땅깎기 구간에 설치하는 옹벽형 측구의 높이는 노면에서 0.3m로 가정한다.

6차로 또는 8차로 도로의 경우 〈표 3.43〉에서 추월차로는 진행방향의 가장 왼쪽 차로에 해당되며, 주행차로는 진행방향의 가장 오른쪽 차로에 해당된다.

〈표 3.43〉 정지시거 확보에 필요한 원곡선 반경

설계속도(km/h)			120	100	80	70	60	50	40	시거 확보폭
정지시거 기준 값			215	155	110	95	75	55	40	
장애물	중앙분리대	주행차로	837	435	219	163	102	55	29	6.9
		추월차로	1,751	910	458	342	213	115	61	3.3
	3.0m길어깨폭	주행차로	825	429	216	161	100	54	29	7.0
		추월차로	545	283	143	106	66	36	19	10.6
	4.0m길어깨폭	주행차로	722	375	189	141	88	47	25	8.0
		추월차로	498	259	130	97	61	33	17	11.6

차도가 분리된 도로(분리차도)에서 좌측 길어깨의 폭이 1.5m인 경우 〈표 3.43〉의 중앙 분리대의 기준을 적용하면 된다.

시거확보 폭을 구하기 위한 횡단면 예는 (그림 3.87), (그림 3.88)와 같다.

(그림 3.87)은 주행차로에서 주행하는 자동차의 운전자가 시야를 가리는 장애물이 중앙 분리대일 경우의 시거확보 폭의 예이다. (그림 3.88)는 주행차로에서 주행하는 자동차 운전자의 시거확보 폭의 예이다.

(그림 3.88)는 주행차로에서 주행하는 자동차의 운전자의 시야를 가리는 장애물이 땅깎기 비탈면일 경우의 시거확보 폭의 예이다.

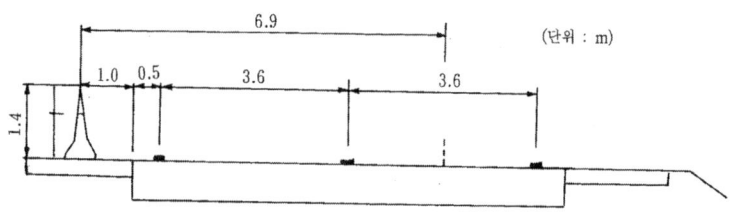

(그림 3.87) 주행차로 기준 중앙 분리대 쪽의 시거확보 폭

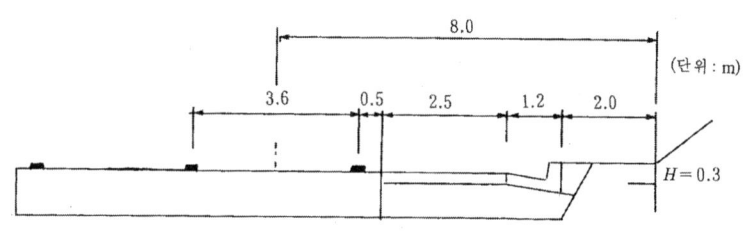

(그림 3.88) 주행차로 기준 길어깨 쪽의 시거확보 폭

〈표 3.43〉의 정지시거 확보 원곡선 반경은 식 (3.41)을 이용하여 구하였다. 〈표 3.43〉에서 보는 바와 같이, 중앙 분리대를 장애물로 가정하여 정지시거 확보 조건을 만족시킬 경우 다른 조건도 모두 만족시킨다.

$$R = \frac{D^2}{8M} \tag{3.50}$$

여기서, R : 원곡선 반경(m)
D : 정지시거(m)
M : 장애물과 도로 중심선과의 거리(m)

4 시거확보의 방법

정지시거 확보폭이 식(3.47), 식(3.48), 식(3.49)에서 구한 값보다 작은 경우에는 다음의 시거 확보 방법을 이용한다. 선형의 수정 또는 확폭이 지형 조건상 무리일 경우에는 도로 안전표지를 설치하여 운전자의 주의를 환기시키는 방법도 있지만, 이러한 경우에는 새로운 선형의 검토가 바람직하다.

1) 원곡선 반경의 조정과 종단경사의 완화

　설계된 선형이 정지시거 조건을 만족시키는지의 여부는 〈표 3.35〉를 이용하여 개략적으로 검토할 수 있다. 도로의 선형이 〈표 3.35〉에서 다룰 수 있는 일반적인 조건에서 벗어나는 경우 식 (3.49)을 이용하여 시거확보 폭을 구하며, 계산된 시거확보 폭이 실제 설계된 선형을 만드는 시거 확보폭보다 클 경우 평면곡선 반경을 크게 조정하거나 종단경사를 완화시켜야 한다. 이러한 선형 수정이 불가능하거나 비경제적일 경우에는 길어깨를 확폭하거나 중앙분리대를 확폭하여 시거를 확보한다.

2) 길어깨 또는 중앙 분리대 확폭

　토공부에서 우측을 확폭하여 시거를 확보할 경우(진행 방향에서 볼 때, 우로 굽은 도로) 방호벽, 땅깎기 비탈면의 옹벽형 측구 등의 장애물을 후퇴시키고 그에 따라 우측 길어깨를 확폭한다. 좌측에 중앙분리대가 설치되어 있는 경우에는 중앙분리대를 확폭하고 길어깨가 설치되어 있는 경우(분리차도, 일방 통행도로)에는 토공부의 우측과 마찬가지로 확폭을 실시한다. 교량, 고가, 터널 구간에서의 시거의 부족은 원칙적으로 피하여야 하나 부득이한 경우에는 장애물을 후퇴시켜서 좌측 또는 우측 길어깨를 확폭한다.

3.6 횡단경사와 편경사

3.6.1 표준 횡단경사

1 개요

도로 노면의 횡단경사는 노면 위의 우수를 측구 등으로 배수시키기 위하여 필요하며, 횡단면 형상은 노면 배수에 충분하고 자동차의 안전주행에 지장이 없어야 한다.

배수를 고려해 볼 때, 노면에 물이 고이지 않도록 하기 위하여 일정 한도 내에서 횡단경사가 크면 클수록 유리하지만 자동차의 주행상의 안전 및 쾌적성을 고려할 때는 경사가 작은 것이 바람직하다.

직선 구간에서 차도의 횡단경사가 2.0% 이상이 되면 자동차의 핸들이 한쪽으로 쏠리는 느낌이 들고, 결빙된 노면이나 습기가 있는 노면에서는 옆으로 미끄러질 우려가 있으며, 급제동시에는 건조한 노면에서도 횡방향으로 미끄러질 우려가 있다.

또 2차로 도로에서는 앞지르기를 할 때에 횡단방향이 상반되는 대향차로를 주행할 수 있기 때문에 앞지르기를 할 때에 횡단방향의 경사가 급격히 변화되며, 이로 인해 고속일수록, 또 중심이 높은 자동차일수록 핸들조작이 위험하게 될 경우가 있다.

2 횡단경사의 종류

횡단경사의 종류에는 직선경사와 곡선경사 그리고 두 경사가 조합된 경사가 있다. 직선경사는 포장의 기계화 시공에 적합하고 편경사의 접속설치가 용이하므로 널리 쓰이고 있다. 곡선경사 및 곡선과 직선이 조합된 경사는 경사가 바깥쪽 차로에서 커지므로 배수에 유리하고 도로 폭이 넓은 도로에 적합하지만, 기계화 시공이 어렵다는 단점 때문에 적용이 곤란하다. 따라서 폭이 넓은 도로에서는 (그림 3.89)과 같이 두 종류의 직선경사를 조합하여 시공하는 것이 유리하다.

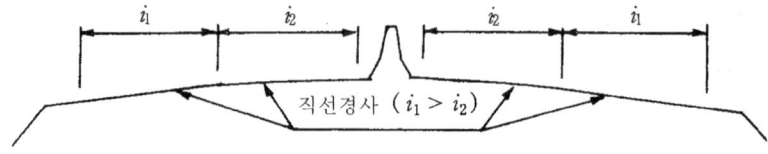

(그림 3.89) 직선경사의 조합

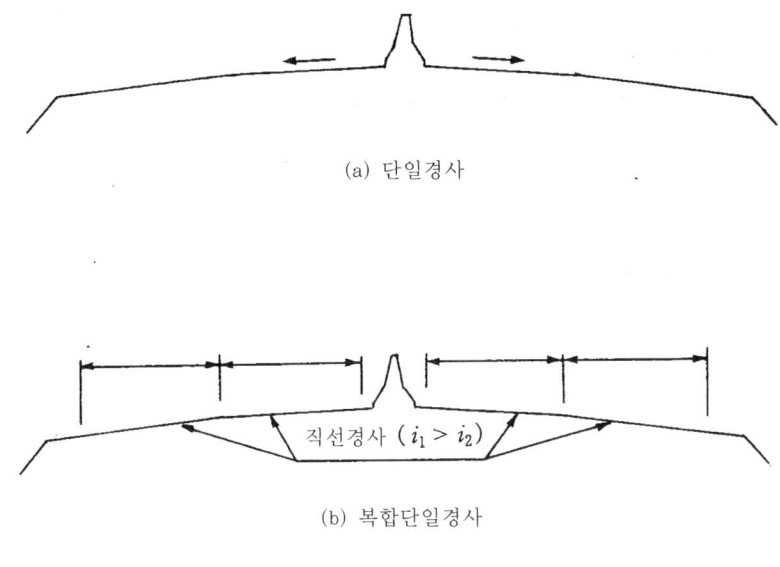

(그림 3.90) 분리도로의 횡단경사

폭이 넓은 도로의 경우에는 (그림 3.90)와 같이 두 종류의 단면을 고려할 수 있다. (그림 3.90(a))는 가장 일반적인 단면으로서 설계와 시공이 용이하고 배수공도 (b)에 비하여 간단하다. (그림 3.90(b))는 강우 시에 노면의 유로연장이 단축되어 융설시 노면의 결빙을 최소할 수 있으며, 노면의 높은 점과 낮은 점의 고저 차이가 작으므로 편경사의 설치가 용이하다.

그러나 중앙 분리대에 도로방향에 배수구를 설치할 필요가 있으며, 교차로에서의 접속 설치가 매우 어렵다. 따라서(그림 3.90(b))는 비와 눈이 많이 내리는 지역이나 편도 3차로 이상의 도로에서 세부적인 검토를 통하여 적용 여부를 선택하도록 한다.

3 도로 포장부의 횡단경사

횡단경사의 값을 결정함에 있어서는 도로의 폭, 통행 자동차의 종류, 기상, 도로의 선형, 종단경사 및 노면의 종류 등을 고려해야 한다. 「도로의 구조·시설기준에 관한 규칙」에서는 도로 포장부(차도, 길어깨의 측대, 중앙 분리대의 측대) 횡단경사의 표준값으로 배수에 가장 영향이 큰 노면의 종류와 차로 수에 따라 〈표 3.44〉과 같이 규정하고 있다.

우리나라 도로설계 시에는 일반적으로 표준 횡단경사로 2.0%를 적용하고 있다.

최근에 고속도로의 경우 편도 4차로의 도로가 건설됨에 따라 우리나라처럼 강우강도가 큰 경우에는 표준 횡단경사를 상향하는 방안의 검토가 필요한 것으로 판단된다.

〈표 3.44〉 도로의 표준 횡단경사

노면의 종류	표준횡단구배(%)	
	편도 1차로	편도 2차로
일반 포장도로	1.5	2.0
간이 포장도로	2.0	4.0
비포장도로	3.0~6.0	

4 길어깨의 횡단경사

길어깨(측대 제외)에는 배수의 목적으로 충분한 경사를 두어야 하나 자동차 주행 시 위험을 느끼지 않도록 해야 한다.

편경사가 설치된 곳에서 곡선의 바깥쪽 길어깨(측대 제외)에는 차도면과 동일한 경사를 설치하는 것이 자동차의 운전 조작상 바람직하나, 강수 시 배수를 고려하여 (그림 3.91)와 같이 차도의 편경사와 반대로 경사를 설치하는 수가 있다. 이 경우 주행상의 안전율을 고려하여 차도 포장면과의 경사의 대수 차를 7.0%이하로 한다.

5 다차로 도로의 횡단경사 설치 방법

다차로 도로의 경우 횡단경사의 설치는 강우에 대한 배수를 위하여 노측으로 단일경사 또는 중앙 분리대측과 노측으로 양분하는 복합경사로 구성하는 방법이 있다. 양분하여 횡단을 구성하게 되면 도로중앙과 노측부의 높이 차를 줄일 수 있으며, 집중강우에 대하여 배수시켜야 할 우수량을 분산시킬 수 있어 그 효율성은 증대하게 되나 시공 시 번잡함을 피할 수 없다.

「도로의 구조·시설 기준에 관한 규칙 해설 및 지침」에서는 "다차로 도로의 횡단경사의 설치는 이상과 같은 경우를 감안하여 4차로의 경우 단일 경사 적용을 원칙으로 하고 6차로의 경우 단일경사 및 복합경사 적용을 함께 고려하여 장·단점을 비교 검토하여 적용하도록 하며, 8차로 이상의 경우에는 복합경사 적용을 원칙으로 한다."라고 규정되어 있다. 우리나라 8차로 고속도로(경인고속도로, 서울외곽순환고속도로)에서는 단일 경사를 적용하여 설계하였다.

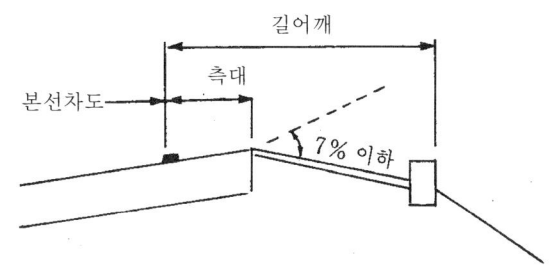

(그림 3.91) 길어깨의 횡단경사

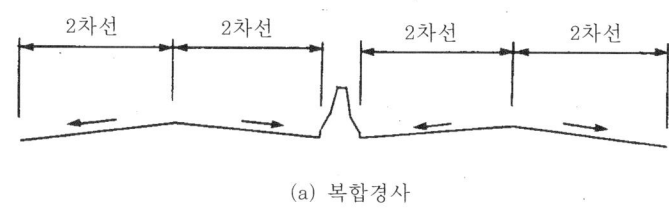

(a) 복합경사

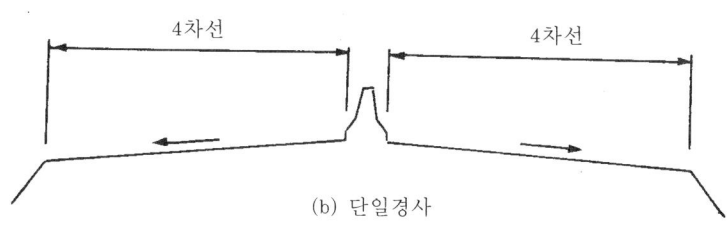

(b) 단일경사

(그림 3.92) 횡단경사 설치방법(8차로 도로의 경우)

3.6.2 곡선부의 편경사

1 개요

도로의 곡선부를 주행하는 자동차는 원심력을 받게 되는데 노면에 편경사를 설치함으로써 횡단방향으로 안정된 주행을 유지할 수 있다.

(그림 3.93)에서 g_i는 중력 가속도의 노면에 수직방향 성분이므로 차내의 사람에게는 불쾌감을 주는 것이 아니지만 g_f는 차내의 사람을 횡방향으로 밀어내는 힘이 되어 인체에 불쾌감을 주게 된다. 따라서 이 g_f를 감소시키기 위해서 편경사는 될 수 있는 대로 크게 취하는 것이 필요하겠지만 설계속도보다 훨씬 느린 속도로 주행하는 자동차는 편

경사 때문에 생기는 곡선부의 안쪽으로 향하는 힘에 대항하기 위해서 부자연스러운 핸들 조작을 강요당하게 될 뿐만 아니라 제동 시에 횡방향으로 미끄러지게 되며, 또 결빙 시의 발진 등을 고려하면 너무 큰 값의 편경사는 불합리하다. 따라서 상기 양자를 모두 어느 정도 만족할 수 있는 값을 선택해야 할 것이다.

$$\frac{V^2}{R} \leq g_f + g_i \tag{3.51}$$

여기서, V : 속도($m/\sec^2$)
R : 곡선 반경(m)
g : 중력가속도($9.8m/\sec^2$)
f : 마찰계수
I : 편경사(i/100 = tan a)
G : 자동차의 총 중량(kg · 중)
Z : 원심력($g \cdot m/\sec^2$)

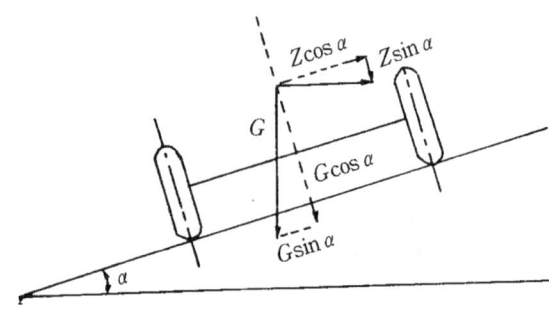

(그림 3.93) 곡선부에서 자동차의 주행과 편경사

2 편경사 설치의 기준점

곡선부에서는 곡선 반경의 크기에 다라 편경사도 변한다.

설치의 기준점을 취하는 방법에는 (그림 3.94)에서 보는 바와 같이 차도 중심선을 기준으로 하는 방법과, 차도단을 기준으로 하는 방법이 있다. 차도 중심선을 편경사 설치 기준점으로 삼는 경우의 장·단점과 적용대상은 다음과 같다.

① 포장 끝의 단차를 줄여서 측방여유를 확보하는 데 유리하다.
② 중앙 분리대의 시공성과 미관이 불량하다.
③ 중앙 분리대의 폭이 넓은 분리도로 또는 2차로 도로에 적용한다.

포장 끝을 편경사 설치 기준점으로 삼는 경우의 장·단점과 적용대상은 다음과 같다.
① 포장 끝의 단차가 커서 측방여유를 확보하는 데 불리하다.
② 중앙 분리대의 시공성과 미관이 양호하고 편경사의 설치가 용이하다.
③ 분리도로의 경우 중앙 분리대의 폭이 좁은 도로에 적합하다. 4차로 이상 또는 평면 선형이 분리된 도로(분리차로)에 주로 적용된다.

고속도로의 경우, 설계 시에는 최대 편경사를 6.0%로 제한하고 있어서 단차가 커질 우려가 적고 4차로 이상의 다차로로 건설되는 경우가 일반적이며, 편경사 설치가 용이하다는 점을 고려하여 분리도로의 경우 각 차도의 안쪽 가장자리(중앙 분리대의 양 끝)를 편경사 설치의 기준점으로 삼는 것을 원칙으로 하고 있다.

평면선형이 분리된 분리차도 또는 인터체인지의 일 방향 연결로의 경우, 차도의 바깥쪽 가장자리를 편경사 설치의 기준점으로 삼는 것을 원칙으로 하고 있다.

3 곡선부의 최대 편경사

도로와 곡선부를 주행하는 자동차는 원심력을 받게 되는데 노면의 편경사와 노면과 타이어간의 마찰에 의해서 횡단방향으로도 안정된 주행을 유지할 수 있다.

식(3.52)에서 g_i는 중력 가속도의 노면에 수직방향 성분이므로 차내의 사람에게는 불쾌감을 주는 것이 아니지만 g_f는 차내의 사람을 횡방향으로 밀어내는 힘이 되어 인체에 불쾌감을 주게 된다.

따라서 이 g_f를 감소시키기 위해서 편경사는 될 수 있는 대로 크게 취하는 것이 필요하겠지만 설계속도보다 훨씬 느린 속도로 주행하는 자동차는 편경사 때문에 생기는 곡선부의 내측으로 향하는 힘에 대항하기 위해서 부자연스러운 핸들조작을 강요당하게 될 뿐 아니라 제동시에 횡방향으로 미끄러지게 되며, 또 결빙시에 발진 등을 고려하면 너무 큰 값의 편경사를 붙일 수는 없다. 이상과 같은 점에서나 공사의 시공성과 완성후의 유지관리 측면에서 편경사의 최대치는 8%를 넘지 않는 것이 좋다.

그러나 우리나라 하절기의 다우 다습한 기상 조건하에서는 우수에 의한 미끄러짐이 원인이 되는 사고도 예상되며, 또 한편으로 한냉지역에서는 노면동결의 영향도 고려할 필요가 있으므로, 지방지역 도로에 대해서는 동절기의 빙설이 그다지 문제가 되지 않는 지역에만 최대편경사 값을 8%로 하고 적설한냉의 정도가 격심한 지역은 6%를 최대 편경사 값으로 한다.

구분	회전축	
	도로중심선	포장끝
비분리도로 (중앙 분리대가 없을 경우)	(그림)	(그림)
	차도중심선	중앙 분리대의 양 끝
분리도로 (중앙 분리대가 있는 경우)	(그림)	(그림)

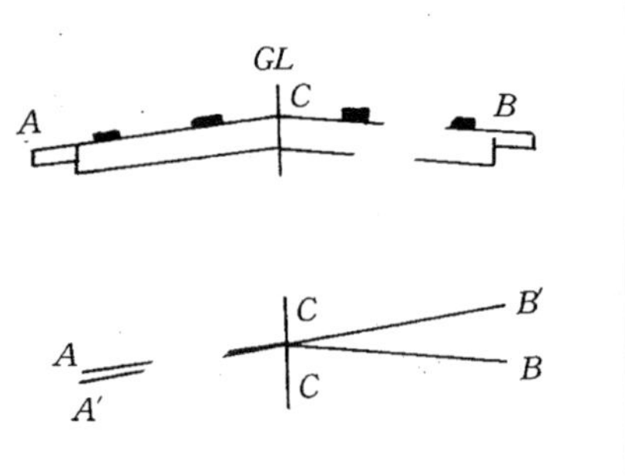

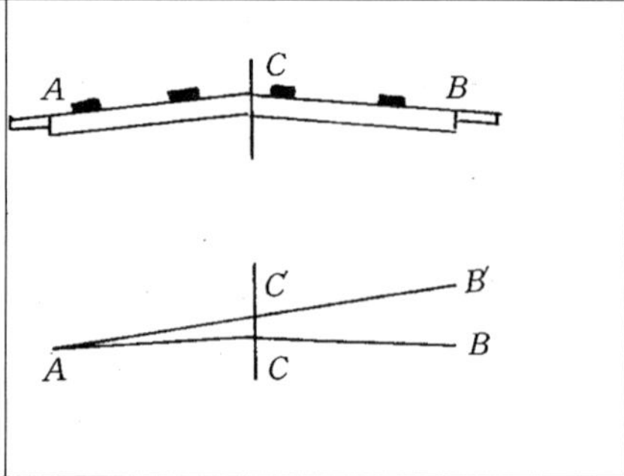

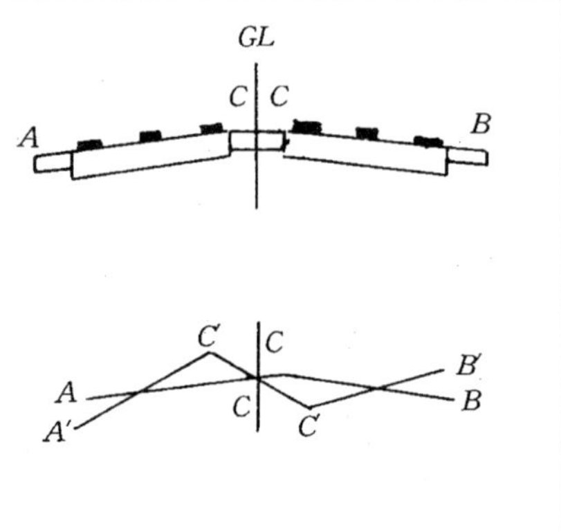

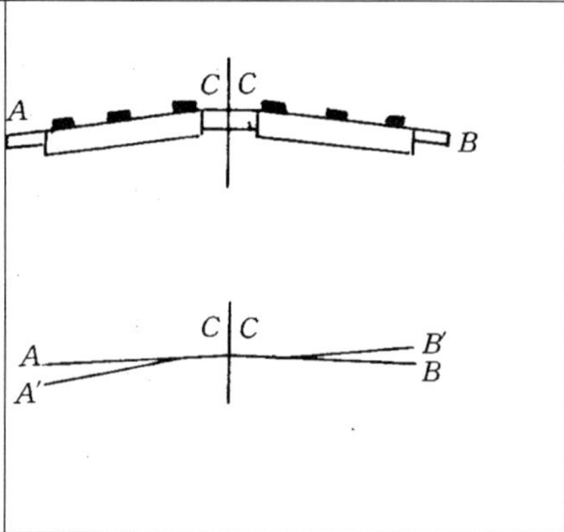

※ 주 : ABC는 직선부의 표준 횡단경사

(그림 3.94) 편경사 설치의 기준점 위치

$$\frac{V^2}{R} = g(f+i) = g_f + g_i \tag{3.52}$$

〈표 3.45〉 편경사의 최대값

구분		편경사의 최대값(%)
지방 지역	적설한냉지역	6
	기타지역	8
도시지역		6

〈표 3.46〉 최대 편경사(AASHTO)

최대편경사(×)	적요
12	빙설이 없는 지역에서의 최대치
10	빙설을 고려치 아니한 최대치
8	빙설이 있는 지역의 최대치
6	시가지에서의 최대치

한편, 도시지역에서는 교차도로의 밀도가 높고 신호등에 의한 정차가 많다는 점, 연도 이용상 부적당하다는 점 등의 이유로 편경사는 지방지역 도로와 같이 크게 붙이기가 곤란하다. 특히 면 교차부에서 이 경향이 심하게 나타날 뿐만 아니라 역편경사가 설치된 구간에서 회전을 하여야 하므로 노면에 편경사의 접속설치가 불편하게 되는 일이 많다. 따라서 도시지역 도로에서는 편경사의 최대값을 6%로 하고 또한 연도에 영향 등으로 부득이한 경우에는 편경사를 붙이지 아니할 수 있다.

〈표 3.47〉 최대 편경사(일본)

구분	도로가 있는 지역		최대편경사(%)	참고
제1종	적설 한랭지역	극심한 지역	6	도시부의 자동차 전용도로
제2종		기타 지역	8	지방부의 자동차 전용도로
제3종	적설지역이 아닌 지역		10	지방부 도로
	제4종		6	도시부의 일반 도로

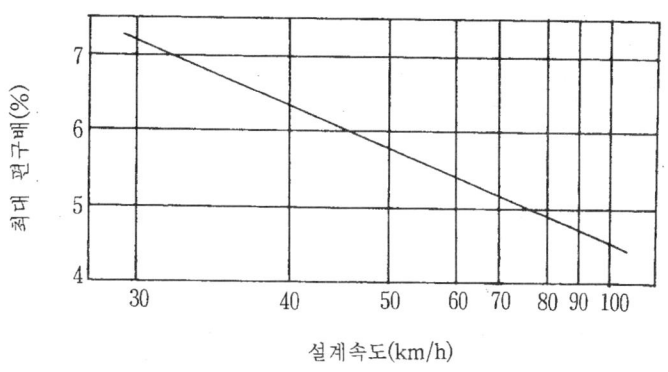

(그림 3.95) 최대 편경사(독일)

4 편경사와 곡선반경

1) 개요

최대 편경사와 최소 곡선반경이 정해지면 각종 곡선반경에 대해서 어느 정도의 편경사를 적용할 것인지의 문제가 생긴다. 여기서는 설계속도에 따른 곡선반경에 대해서 적용해야 할 편경사를 규정한다.

2) 곡선반경과 편경사의 관계

곡선부를 주행하는 자동차의 미끄럼에 대한 안전 한계에 대해서는 다음 식으로 나타낼 수 있다.

$$V^2 = 127R(i+f) \tag{3.53}$$

$$i+f = \frac{V^2}{127R} \tag{3.54}$$

여기서, i : (편경사/100)(%)
f : 노면의 횡방향 미끄럼 마찰계수
V : 자동차의 속도(km/h)
R : 곡선반경(m)

식 (3.54)의 우변은 곡선부를 주행하는 자동차가 받는 원심 가속도를 중력 가속도의 단위로 나타낸 것이다. 어떤 설계속도에 대해서 곡선반경이 설정되면 이 원심 가속도 자체는 이 식으로 용이하게 산정 된다. 따라서 이 속도에 대항해서 작용하는 (i+f)값중에서 i와 f의 값을 각각 얼마만큼의 비율로 취하는 것이 타당할 것인지의 문제가 생긴다. 식(3.54)에 따라, 곡선 반경(R)과 (i+f)와의 관계를 각 설계속도에 따라 도시하면 다음 (그림 3.96)과 같다.

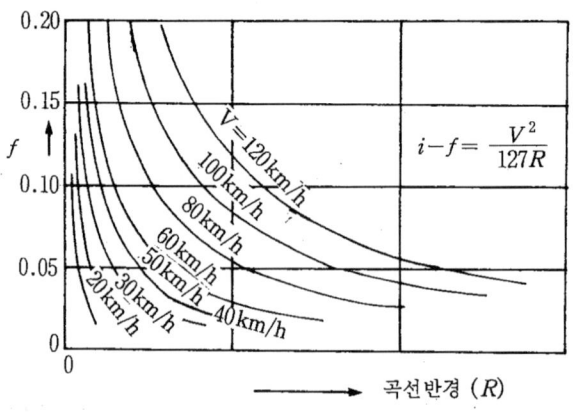

(그림 3.96) (i+f)와 곡선반경(R)의 관계도

(그림 3.96)에서 알 수 있는 바와 같이 어느 곡선반경에 대해서 편경사의 값을 정하

면 횡방향 미끄럼 마찰계수, 즉 운전자가 느끼는 횡방향의 가속도를 알 수가 있다. (그림 3.96)에서 곡선반경이 작아짐에 따라 (i+f)의 값은 급격히 증가하고 있다. 또, 설계속도가 높아지면 (i+f)의 값이 커지며, 곡선반경이 작을 경우 속도증가에 대한 (i+f) 값의 증가량이 커짐을 알 수 있다.

이 점으로 볼 때 곡선반경이 작은 경우에는 약간의 속도 증가로 쾌적성에 큰 영향이 있게 되며, 곡선반경이 큰 경우에는 쾌적성을 저해하지 않는 속도의 범위가 넓어져 간다는 것을 알 수가 있다.

3) 편경사와 횡방향 미끄럼 마찰계수의 배분

(i+f)의 값과 곡률(1/R)은 비례한다. 따라서 곡률에 대응하는 (i+f)의 값에서 곡률과 편경사의 관계를 정하는 것이 용이하다. 곡률에 대응하는 (i+f)를 어떻게 배분할 것인가에 대해서는 다음 그림에 나타낸 바와 같이 4가지 방법이 있다.

(그림 3.96)에서,
- ㉠은 편경사를 곡률에 비례하여 증가시켜서 곡률의 최대값(최소곡선반경)에서 최대 편경사를 잡는 방법
- ㉡은 설계속도로 주행하는 경우 운전자에게 횡방향의 힘이 전혀 미치지 않도록 원심력을 모두 편경사로 상쇄시키고, 편경사가 최대값에 도달한 후에는 원심력의 증가분을 모두 f로 받게 하는 방법
- ㉢은 두 번째와 마찬가지 방법을 주행속도로 주행하는 경우에 적용하는 방법
- ㉣은 첫 번째와 세 번째의 중간을 곡선으로 연결해서 편경사를 구하는 방법

첫 번째에서는 (그림 3.97(b))에 나타낸 바와 같이 횡방향 미끄럼 마찰계수도 곡률에 비례하며, 곡률과 운전자가 느끼는 횡력의 관계로 보아 편경사의 결정방법으로서는 자연스러운 방법이라고 생각된다. 그러나 앞에서 기술한 바와 같이 곡률에 따라 실제의 주행속도에 차이가 있다는 사실을 감안하면 곡률이 비교적 큰 경우에 안전성과 쾌적성의 면에서 보아 편경사를 좀 더 크게 잡는 것이 바람직하다.

두 번째 방법에서는 편경사가 최대치에 도달하기까지 비교적 곡선반경이 큰 경우, 설계속도로 주행하는 자동차에는 횡력이 작용하지 않도록 하여 첫 번째 방법의 결함을 제거해서 쾌적성을 감안한 경우이다. 그러나 실제의 주행속도는 자동차에 따라 상당한 차이가 있으며, 또 교통의 혼잡에도 큰 영향을 받는바 주행속도는 〈표 3.40〉에 나타낸 바와 같이 설계속도의 70%~90%라는 점을 감안할 때, 설계속도로 주행하는 자동차는 극히 한정된 수로서 기타 대부분의 자동차는 필요 이상으로 붙여진 편경사 때문에 부자연스러운 주행을 강요당하게 된다. 또 곡률이 커질 때 편경사의 값

이 일정하게 되면 f의 값은 급격하게 증가되므로 편경사의 설치 방법으로는 부적당하다고 판단된다.

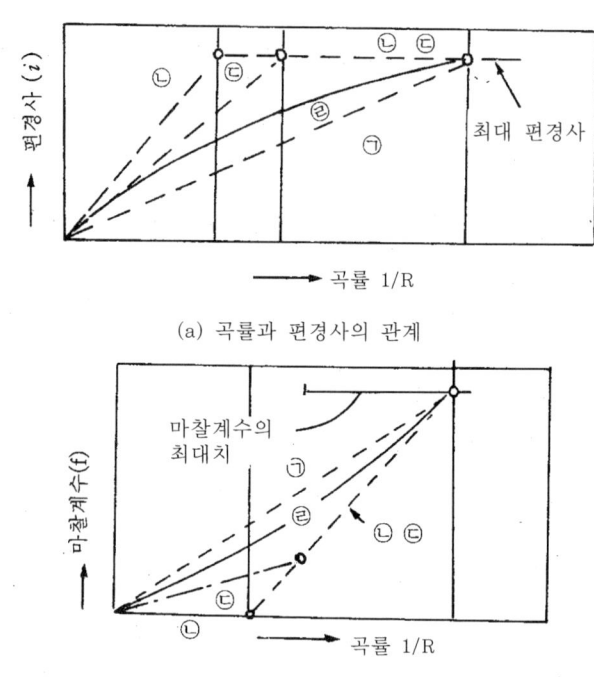

(a) 곡률과 편경사의 관계

(b) 곡률과 마찰계수 관계(설계속도 적용시)

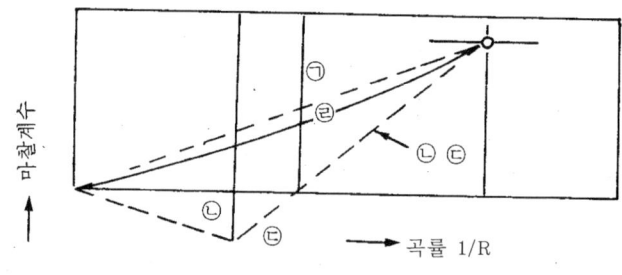

(c) 곡률과 마찰계수 관계(주행속도 적용시)

〈그림 3.97〉 곡률과 편경사의 관계

과거의 조사 자료에 따르면 설계속도에 따른 평균 주행속도는 〈표3.48〉과 같이 나타나고 있다.

〈표 3.48〉 설계속도와 주행속도의 관계

(단위 : km/h)

설계속도	120	100	80	70	60	50	40	30	20
주행속도	81	74	64	58	52	45	37	28	19

세 번째 방법은 두 번째와 같은 취지를 주행속도에 적용하고 있는 것으로서, 첫 번째 방법만큼 극단적인 결함은 보이지 않는다. 실제로 곡선반경이 큰 경우에는 이 방법에 의한 편경사의 값이 바람직한 값이라고 생각된다. 그러나 최대 편경사에 달하고 나서부터 f는 급속히 증가하여 두 번째와 똑같은 형태가 되기 때문에 바람직하다고 할 수는 없다. 특히 설계속도가 60km/h이하인 경우는 f가 급격히 변화하게 된다.

네 번째 방법은 곡선반경의 대소에 따라 주행속도의 차이가 생긴다는 경향을 중시하여 곡률이 작은 경우에는 세번째 방법에 의거 주행속도에 대응하는 횡력을 편경사가 받도록 하여 곡률이 크게 됨에 따라 서서히 최대 편경사에 가까운 곡선적인 편경사를 설정하는 것으로서, 두번째와 세번째 방법의 결함을 제거시켜 요구하는 조건이 만족되고 있다.

4) 적용 편경사

전항에 설명한 바와 같이 표준치의 산정은 (그림 3.98)에 나타낸 방법에 의한다. 〈표 3.48〉에 나타낸 주행속도로 주행할 때, 최대 편경사를 주면 운전자에게 횡력이 작용하지 않게(f=0)하는 곡선반경 R_a를 구할 수 있다.

$$R_a = \frac{V_a^2}{127 i_{\max}} \tag{3.55}$$

여기서, R_a : 주행속도 적용시 최소 곡선반경
$i_{\max}$: 최대 편경사
V_a : 주행속도

다음에 1/R=1/R_a이 될 때 $i = i_{\max}$이 되는 점 B와 1/$R_{\min}$이 되는 D를 취한다. 다시 OB의 중점 A와 BD의 중점 C를 연결하는 직선을 그었을 때, 곡선의 O-E부분은 0에서 직선 OB에, E에서는 직선 AC에 접하는 2차 포물선이며, 곡선 E-D부분은 E에서 직선 AC에 D에서는 직선 BD에 각각 접하는 2차 포물선이 된다. 점 E 및 D의 좌표를 각각 (x_1, y_1), (x_2, y_2)라 하면 $x_1 = 1/R_{\min}$, $y_2 = i_{\max} = $ 8% 또는 6%이다.

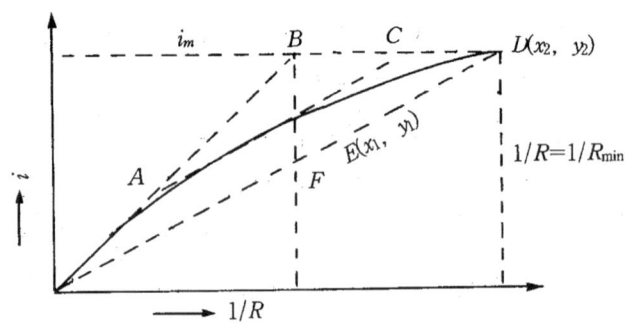

(그림 3.98) 편경사를 구하는 그림

전술한 조건으로

$$y_1 = \frac{y_2}{2}(1 + \frac{x_1}{x_2})$$

이 되며, 포물선 OE, ED의 방정식은 다음과 같다.

$$\text{OE} : i = \frac{y_2}{2x_1}(\frac{1}{x_2} - \frac{1}{x_1})(\frac{1}{R})^2 + \frac{y_2}{x_1}(\frac{1}{R}) \tag{3.56}$$

$$\text{ED} : i = \frac{y_2}{2x_2} \cdot \frac{1}{x_1 - x_2}(\frac{1}{R} - x_2)^2 + y_2 \tag{3.57}$$

이 식에서 주어진 i에 대응하는 곡선반경 R을 구하면, 1/R에 관한 2차 방정식이 된다. 이로부터 근을 구하면 다음과 같다.

$$\frac{1}{R} = \frac{-B + \sqrt{B^2 - 4AC}}{2A} \tag{3.58}$$

단, 포물선 OE의 경우 $(i > y_1)$

$$A = \frac{y_2}{2x_1}(\frac{1}{x_2} - \frac{1}{x_1}), \ B = \frac{y_2}{x_1}, \ C = -i$$

포물선 ED의 경우 $(i < y_1)$

$$A = \frac{y_2}{2x_1} \cdot \frac{1}{x_1 - x_2}, \quad B = \frac{y_2}{x_1 - x_2}, \quad C = \frac{x_2 \cdot y_2}{2} \cdot \frac{1}{x_1 - x_2} + y_2 - i$$

이상과 같은 방법에 따라 자동차 주행상의 안전과 최소한의 쾌적성을 확보하기 위하여 곡선부에서는 편경사를 적용하게 되며 최대 편경사를 6%로 설정하여 설계속도별로 구한 곡선반경과 편경사의 관계는 (그림 3.99)과 같고, 이 그림을 토대로 최대 편경사 6%를 기준으로 하여 편경사 설치기준을 구한 것은 〈표 3.49〉와 같다.

〈표 3.49〉 편경사와 설계속도에 따른 곡선반경

편경사(%)	설계속도(km/h)					
	120	100	80	60	50	40
6	710~860	460~620	280~400	140~210	90~130	60~80
5	860~1070	620~800	400~550	210~310	130~190	80~125
4	1070~1400	800~1090	550~770	310~470	190~340	125~215
3	1400~1990	1090~1590	770~1140	470~730	340~530	215~350
2	1990~7500	1590~5000	1140~3400	730~2000	530~1300	350~800
표준경사	7500이상	5000이상	3400이상	2000이상	1300이상	800이상

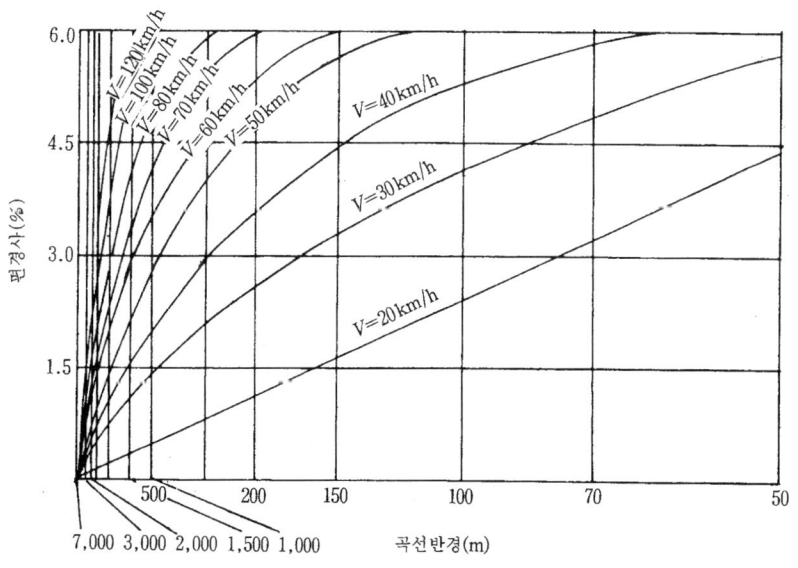

(그림 3.99) 설계속도별 원곡선 반경에 따른 편경사

5) 적용시의 주의사항

   (1) 도시지역 도로의 편경사

   곡선부의 자동차 주행을 고려할 때 안전성의 면에서 도로에 편경사를 설치하는 것이 바람직 하지만 도시지역 도로에서는 연도의 상황, 교차점이나 가로수와의 상호관계, 배수 등의 문제가 있어 때때로 편경사를 설치할 수 없는 경우가 많다. 그러나 도시지역에서의 편경사는 여러 가지 문제점은 있지만 입체교차 구간이라든가 한쪽에 건물이 없는 등의 경우에는 편경사를 설치해야 한다.

   도시지역의 특례로서 횡방향 미끄럼 마찰계수 0.15까지는 편경사를 생략할 수 있고 횡방향 미끄럼 마찰계수가 0.15를 넘을 경우에는 식 (3.59)을 이용하여 구한 편경사를 설치할 수 있다. 식 (3.59)을 이용하여 구한 도시지역 편경사와 곡선반경의 관계는 〈표 3.50〉과 같다.

$$i = \frac{V^2}{127R} - 0.15 \qquad (3.59)$$

〈표 3.50〉 도시지역 도로의 곡선반경의 특례 값(f=0.15)

편경사	설계속도(km/h)				
	60	50	40	30	20
6			60~62	30~34	15
5	-	100~104	63~64	35~36	16
4	150~159	105~109	65~69	37~39	17
3	160~164	110~114	70~73	40~41	18
2	165~169	115~119	74~75	42	19
1.5	170~219	120~149	76~99	43~54	20~24
표준경사	220이상	150이상	100이상	55이상	25이상

   (2) 측대의 편경사

   중앙 분리대 중 분리대를 제외한 측대 부분과 길어깨의 측대 부분에는 원칙적으로 차도의 동일한 편경사를 설치하도록 한다.

   원곡선 반경이 커지면 원심력에 대해서 노면과 타이어의 마찰력만으로 충분히 저항할 수 있으므로 불필요한 노면의 비틀림을 없애기 위해서 편경사를 생략할 수 있다. 그러나 될 수 있는 한 편경사를 설치하는 것이 자동차의 운행역학상 바람직하다. 즉 편경사의 최소치로서 노면배수 등을 고려한 직선부에서 사용하는 표준 횡단경사 값인 1.5%~2.0%로 적용하는 것이 바람직하다.

6) 편경사의 생략

편경사를 생략하는 곡선부에서 운전자가 쾌적성을 잃지 않도록 원심력의 크기를 억제할 필요가 있다. 이 때 작용하는 마찰계수의 값을 f = 0.035로 가정하여 편경사를 생략할 수 있는 최소 원곡선 반경을 구한다.

독일의 RAL은 f= 0.04, 미국 AASHTO는 f=0.026~0.028의 값을 사용하고 있다.

$$R_e = \frac{V^2}{127(i_m + f)}$$

여기서, R_e : 편경사를 생략할 수 있는 최소 원곡선 반경(m)
V : 설계속도(km/h)
i_m : 표준 횡단경사/100(=-0.20 또는 -0.015)
f : 횡방향 미끄럼 마찰계수(0.035)

〈표 3.51〉 편경사를 생략할 수 있는 최소 원곡선 반경(계산 값)

설계속도(km/h)		120	100	80	70	60	50	40	30	20
표준횡단경사 (%)	2.0	7,559	5,249	3,360	2,572	1,890	1,312	840	472	210
	1.5	5,669	3,937	2,520	1,929	1,417	984	630	354	157

3.6.3 편경사의 접속설치

1 개요

전술한 바와 같이 원곡선 구간의 편경사의 값은 곡선반경에 따라 설치되며, 편경사를 필요로 하지 않는 구간에서는 표준 횡단경사로 횡단면을 설계한다.

이 때 각 구간의 편경사를 정한 후에 각각의 구간을 원활하게 연결해서 연속시키는 작업이 편경사의 접속설치이다. 편경사의 접속설치율 또는 접속설치 비율이란 편경사 설치의 기준점에 대한 측대 바깥지점의 상대적인 오르내림 비율을 말하는 것으로서, 접속설치율은 식 (3.60)을 이용하여 구할 수 있다.

$$q = \frac{B\Delta_i}{(100L_s)} \tag{3.60}$$

여기서, q : 접속 설치율(m/m)
　　　　L_s : 접속설치 길이(m)
　　　　B : 기준선에서 차도 측대 끝 지점까지의 폭(m)
　　　　Δ_i : 접속설치 구간의 시점과 종점간의 편경사 차이(%)

일반적으로 원곡선의 앞뒤에는 완화곡선이 삽입되므로 접속설치는 완화곡선의 전 구간에 걸쳐서 하는 것이 바람직하다.

2 최대 접속설치율

편경사의 변화는 차도면을 횡단면 설계의 기준점 주위로 회전해서 얻어진다. 따라서 편경사의 접속설치라 함은 도로 진행방향에 대하여 차도면을 어떻게 비틀리게 하느냐의 문제이다.

차도의 최대 접속 설치율은 도로 또는 차도 중심선(회전의 기준점)에 대한 차도 끝의 상대적인 상승 또는 하강속도(차도 끝의 상대경사)가 급격하게 되어 미관상 불량하게 되지 않도록 규정되어 있다. 이 때문에 미관상 최저한으로 필요로 하는 상대경사를 선정하고 이를 최대 접속 설치율로 해서 완화구간 길이가 이 규정의 접속설치율이 지켜지도록 그 길이를 택할 필요가 있다.

1) 각 국의 최대 접속 설치율

〈표 3.52〉는 우리나라와 외국에서 채택하고 있는 최대 편경사 접속설치율이며, 〈표 3.53〉은 국내에 설치된 편경사 접속설치율의 예를 나타낸 것이다. 우리나라와 일본의 최대 접속 설치율은 미국의 4차로 도로에서의 최대 접속설치율 기준과 거의 동일하게 규정되어 있다.

〈표 3.52〉에서 우리나라의 값은 「도로의 구조·시설기준에 관한 규칙 해설 및 지침」에 제시된 값이고, 미국의 4차로 도로의 최대 접속설치율은 차로수에 따라 〈표 3.54〉에 제시된 보정계수를 적용한 것이다. 그리고 독일은 최대 접속설치율을 기준점에서 차도 끝까지의 거리에 따라 규정하고 있으며, 제시된 값은 4차로 이상의 도로에 대한 값이다.

<표 3.52> 편경사의 최대 접속설치율의 각국 규정치

설계속도 (km/h)	AASHTO(미국)		RAS-L-1 (독일)	도로구조령 (일본)	우리나라
	2차로	4차로			
120	–	–	–	1/200	1/200
110	1/250	1/190	1/125	–	–
100	1/225	1/170	1/125	1/175	1/175
80	1/200	1/150	1/100	1/150	1/150
70	–	–	1/63	/	1/135
60	1/175	1/130	1/63	1/125	1/125
50	1/150	1/110	1/50	1/115	1/115
기준점	차도중심		없음	없음	없음

<표 3.53> 편경사 접속 설치율의 국내 고속도로 설치 예

노선명	본선차로수	본선설계속도(km/h)				비고
		120	100	60	40	
중부 고속도로	4	1/250	1/200	1/150	1/150	연결로의 차로수는 2차로 기준
서해안 고속도로	6	1/250	1/200	1/125	1/100	
경부 고속도로 (수원-청원)	6	–	1/130	1/175	1/150	
	8	–	1/125	1/175	1/500	
서울 외곽순환 고속도로	8	–	1/130	1/125	1/100	

2) 접속설치율 보정

본서에서는 미국AASHTO에서 제시하는 바와 같이 차로수에 따라 편경사 접속설치 길이를 보정하는 개념을 도입하기로 한다. 미국 AASHTO의 차로수에 따른 접속설치 길이의 보정계수와 본서에서 채택한 접속설치 길이 보정계수는 <표 3.54>와 같다. <표 3.54>의 보정계수를 적용하여 구한 차로 수와 설계속도에 따른 접속설치율은 <표 3.55>와 같다.

〈표 3.54〉 차로수에 따른 접속설치 길이의 보정(AASHTO)

구분	회전 기준점	기준 차로수	차선수	보정계수
AASHTO(미국)	차도 중심선	양방향 2차로	양방향 2차로	1.0
			양방향 3차로	1.2
			양방향 4차로	1.5
			양방향 6차로	2.0
적용기준	중앙분리대 양끝	편도 2차로	편도 2차로 이하	1.0
			편도 3차로	1.3
			편도 4차로 이상	1.5

〈표 3.55〉 보정된 최대 접속설치율

편도 차로수	접속설치 길이보정	접속설치율 보정계수	설계속도(km/h)						
			120	100	80	70	60	50	40
2	1.0	1.00	1/200	1/175	1/150	1/135	1/125	1/115	1/100
3	1.3	1.13	1/180	1/155	1/130	1/120	1/110	1/100	1/90
4	1.5	1.33	1/150	1/130	1/110	1/110	1/90	1/85	1/75

(1) 기준식(편도 2차로)

$$L_s = \frac{B\Delta_i}{(100qb)} \tag{3.61}$$

여기서, L_s : 편경사 접속설치 길이(m)
　　　　B : 기준선(회전축)에서 차도 가장자리까지의 폭(m)
　　　　Δ_i : 편경사 차이(%)
　　　　qb : 편경사의 기준 접속설치율(m/m)

(2) 편도 3차로

$$1.33L_s = \frac{1.5B\Delta_i}{100q_3}, \quad q_3 = \frac{9}{8}qb = 1.125qb \tag{3.62}$$

(3) 편도 4차로

$$1.5 L_s = \frac{2.0B\Delta_i}{100q_\Delta}, \quad q_4 = \frac{4}{3} = qb = 1.33qb \tag{3.63}$$

③ 최소 접속설치율

편경사의 접속설치율은 될 수 있는 대로 완만한 것이 바람직하지만 접속설치율이 너무 완만하여 횡단경사가 수평에 가까운 구간이 길어지면 빗물이 고이고, 특히 고속주행이 예상되는 도로에서는 물보라 때문에 정상적인 주행이 저해되므로, 경사가 작아지는 구간에서는 배수에 필요한 경사를 확보하지 않으면 안 된다. 또한 최근에 경부고속도로 일부 구간이 8차로로 확장되는 등 4차로 이상의 도로에서는 특히 편경사에 따른 배수가 문제가 된다. 이와 같은 구간은 직선에서 곡선으로 이행하는 경우, 혹은 배향곡선의 변곡점 부근에서 심각한 배수의 문제가 생길 수 있다.

최근 시각적으로 원활한 선형을 확보하기 위하여 큰 완화곡선을 사용하는 빈도가 많아졌는데, 이러한 곳에서는 횡단경사가 너무 완만하게 되는 경우가 생기게 된다. 이와 같은 문제를 피하기 위해 편경사가 표준 횡단경사 이하인 구간의 길이에 제한을 두는 것이 바람직하다.

1) 최소 접속설치율 기준

독일 「RAS-L-1」에서는 횡단경사가 0%가 되는 편경사 접속설치율을 다음 식의 값 이상으로 하도록 규정하고 있다. 그리고 이 값이 〈표 3.44〉의 최대값을 넘을 때에는 계산된 값 대신 최대값을 이용하도록 규정하고 있다.

$$q_{\min} = \frac{B}{1,000} \tag{3.64}$$

여기서, B : 기준선에서 차도 가장자리까지의 거리(m)

일본 「도로 구조령의 해설과 운용」에서는 2차로 도로일 경우 1/285~1/350의 최소 편경사 접속 설치율을 확보하도록 권장하고 있고, 차로 수에 따라 접속설치 길이에 대한 보정계수를 제시하고 있다.

「도로의 구조·시설기준에 관한 규칙 해설 및 지침」에서는 왕복 2차로 도로의 도로중심 또는 분리도로의 편측 2차로의 차도중심을 편경사 설치의 기준점으로 하는 경우 일반 변화구간(횡단경사가 -2.0%에서 +2.0%로 변하는 구간)에서는 접속설치율을 1,250~1,500으로 할 것을 권장하고 있다. 그리고 기준점에서 차도 가장자리까지의 거리가 멀어질 경우 제시된 길이에 각 〈표 3.56〉의 보정계수를 곱한 길이를 취하도록 하고 있다.

〈표 3.56〉 편경사 접속설치의 길이 보정

회전축에서 차도 가장자리까지의 차로수	1.5차로	2.0차로	3.0차로
접속 설치 길이 보정계수	1.2	1.5	2.0

2) 적용

2차로 도로의 최소 접속설치율을 1,250으로 하고 〈표 3.56〉의 보정계수를 적용하여 최소 접속설치율과 일반 변화구간의 길이를 구하면 〈표 3.57〉과 같다.
〈표 3.57〉에서 거리란 기준점에서 차도 가장자리까지의 거리를 말하며, 일반 변화구간이란 곡선 바깥쪽의 횡단경사가 -2%에서 +2%까지 변하는 구간을 말한다.

〈표 3.57〉 편경사의 최소 접속설치율과 일반 변화구간 길이

구분 거리	접속 설치 길이 보정률	접속 설치율 보정계수	최소 접속 설치율(m/m)	일반변화 구간 최대길이(m)
1.0차로(4.6)	1.0	1.00	1/250	46
1.5차로(6.4)	1.2	1.25	1/200	51
2.0차로(8.2)	1.5	1.33	1/190	62
3.0차로(11.8)	2.0	1.50	1/170	80

※ 주 : 3차로 거리 11.8m(33.6+20.5, 1차로 폭 3.6m와 0.5m)

4 접속설치 위치

횡단경사의 접속설치 구간은 평면곡선과 엄밀하게 대응시킬 필요는 없다. 실제의 포장 시공성을 고려할 때 불필요한 착오를 피하기 위하여 5m 단위의 정수가 되는 측점을 적극적으로 취해야 할 것이다.
또 편경사의 접속설치는 구조물 구간으로부터 될 수 있는 대로 떨어지도록 하는 것이 바람직하다. 구조물은 일반적으로 배수공의 간격이 넓기 때문에 배수불량이 되기 쉽다는 점, 열용량의 관계로 동절기에 동결하기 쉽다는 점, 시공이 잘못 되었을 때 수정하기 어렵다는 점 등이 주된 이유이다. 편경사의 접속설치 위치를 어디까지 이행할 것인가는 일반적으로 평면곡선 반경 무한대인 점에서 완화곡선 길이의 10%까지라고 하지만

가장 크게 취하고자 하는 경우에는 편경사를 생략할 수 있는 지점까지로 할 수가 있다.

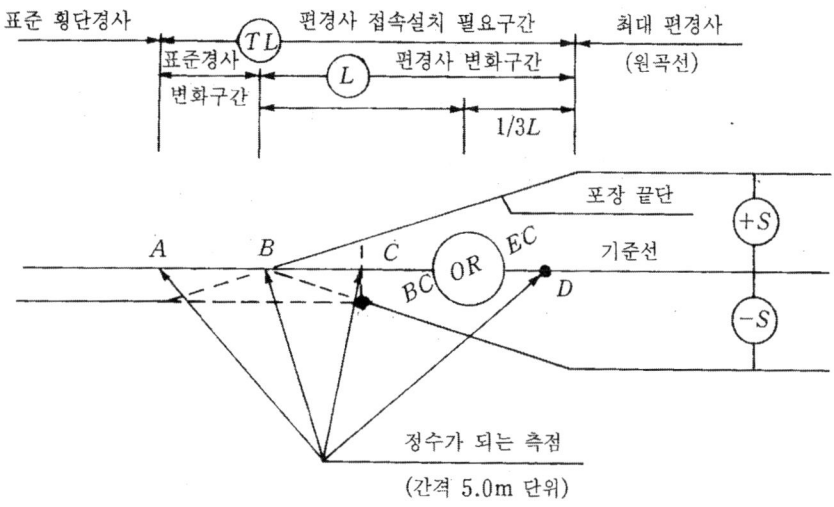

A : 곡선외측 편경사 접속시점 B : 곡선외측 편경사가 수평인 지점
C : 곡선내측 편경사 접속시점 D : 최대 편경사 시점

(그림 3.100) 완화곡선을 생략한 원곡선부의 편경사 접속설치

5 각종 접속설치 방법

1) 완화곡선을 생략한 원곡선부((그림 3.101)참조)

평면선형 설계시에 완화곡선을 생략하고 직선부에서 곧장 원곡선으로 설계하는 경우, 편경사의 접속설치 지점을 구하는 순서는 다음과 같다.

① TL(편경사 접속설치 필요구간) 및 L(편경사 변화구간)을 구한다.

② BC(또는 EC)를 전후로 각각 $\frac{2}{3}L$, $\frac{1}{3}L$ 거리 떨어진 B, D를 구한다.

③ D에서 TL거리 떨어진 A점을 구한다.

④ A에서 D까지 편경사를 접속시킨다.

2) 완화곡선을 설치한 곡선부((그림 3.102)참조)

완화곡선 길이와 TL(편경사 접속설치 필요구간의 길이), (TL)' (배수를 고려한 편경사 접속설치 최소길이)를 비교하여 다음과 같이 설치한다.

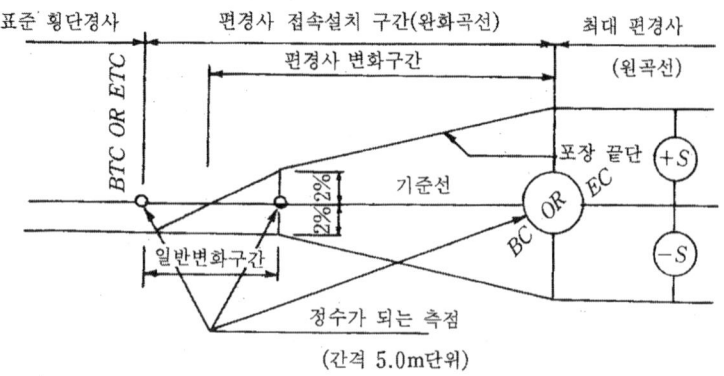

(a) 완화곡선 길이 $\geq T_L'$

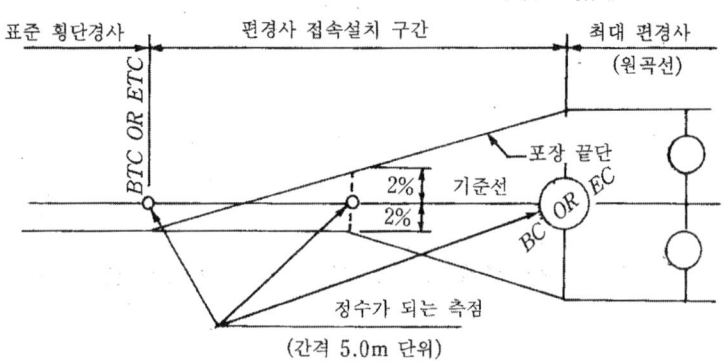

(b) T_L' > 완화곡선 길이 $\geq T_L$

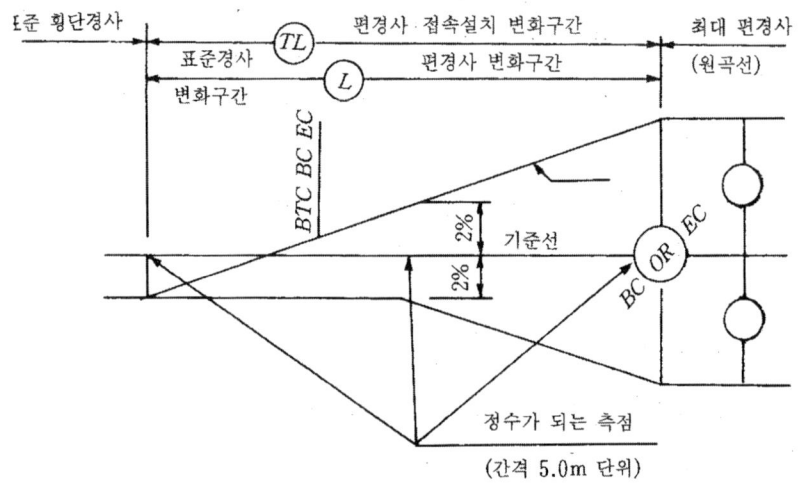

(c) 완화곡선 길이 < T_L (단, 부득이한 경우)

〈그림 3.101〉 완화곡선 구간의 편경사 접속설치

3.6 횡단경사와 편경사

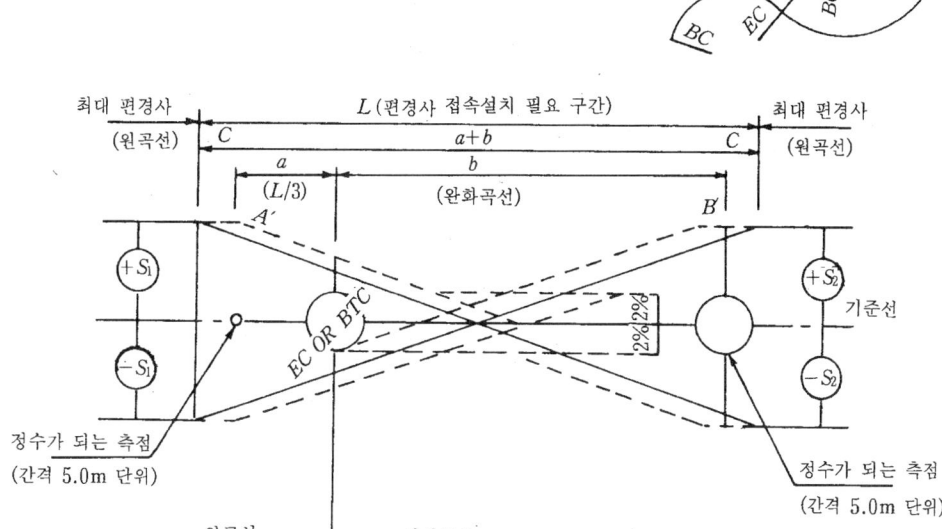

a : 단곡선 편경사 변화구간(L)의 ⅓값 (m)
b : 완화곡선 길이(m)
c : $[L-(a+b)] \div 2$
S_1, S_2 : 두 곡선에서의 최대 편경사 값(%)
L : 편경사 변화구간 길이(m)
B : 편경사 설치 기준점에서 차도 가장자리까지 거리(m)
q : 차로 수에 따른 편경사 접속설치율(m/m)

$$L = (S_1 + S_2) \div 100 \times B \div q$$

〈그림 3.102〉 단곡선과 완화곡선의 배향

(a) (TL)' ≤ 완화곡선 길이
  ① BTC에서 1/250로 편경사를 접속시켜서 +2%가 되는 지점 A를 구한다.
  ② A에서 최대 편경사 지점 BC(또는 EC)까지 편경사를 접속시킨다.
(b) TL ≤ 완화곡선 길이 〈 (TL)'
  BTC 지점에서 BC지점까지 편경사를 접속시킨다.
(c) 완화곡선 길이 〈 TL
  ① BC또는 EC에서 TL지점 A를 구한다.
  ② A에서 D까지 편경사를 접속시킨다.

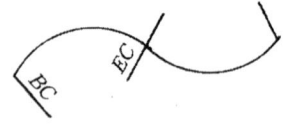

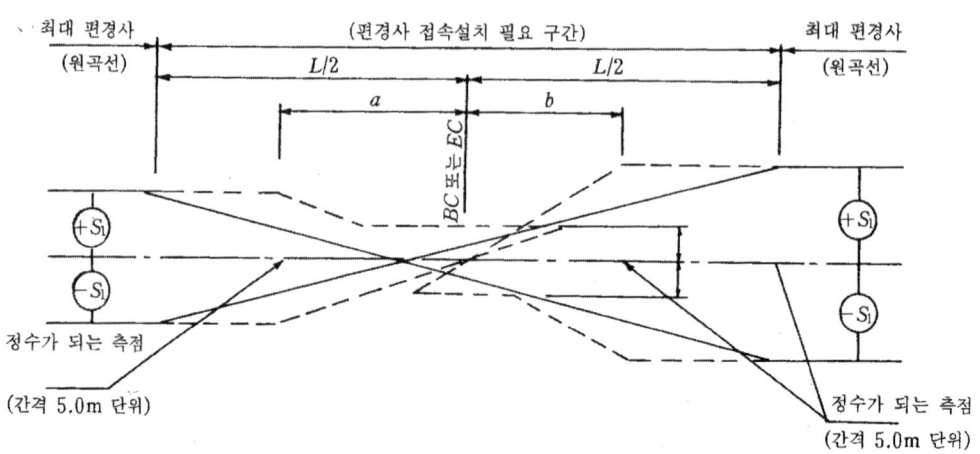

a : 단곡선(R_1) 편경사 변화구간(L)의 ⅓값
b : 단곡선(R_2) 편경사 변화구간(L)의 ⅓값
L : 편경사 변화구간 길이
B : 편경사 설치 기준점에서 차도 가장자리까지의 거리(m)
q : 차로 수에 따른 편경사 접속설치율(M/M)
L : $(S_1 + S_2) \div 1$

〈그림 3.103〉 단곡선과 단곡선의 배향

3) 복합적인 경우(〈그림 3.102〉참조)

  (a) 단곡선과 완화곡선의 배향

    ① a + b 〉 L 인 경우, EC또는 BTC에서 a거리 떨어진 A'에서 BC까지 편경사를 접속 설치한다.

    ② a + b 〈 L 인 경우, EC 또는 BTC에서 (a+c)거리 떨어진 A에서 BC에서 c거리 떨어진 지점 C까지 편경사를 접속 설치한다.

  (b) 단곡선과 단곡선의 배향(〈그림 3.103〉참조)

    ① a + b 〉 L 인 경우, EC 또는 BC에서 a거리 떨어진 A'에서 b거리 떨어진 B'

까지 편경사를 접속 설치한다.
② a + b < L 인 경우, EC 또는 BC에서 양측으로 각각 L/2거리 떨어진 A에서 B까지 편경사를 접속 설치한다.

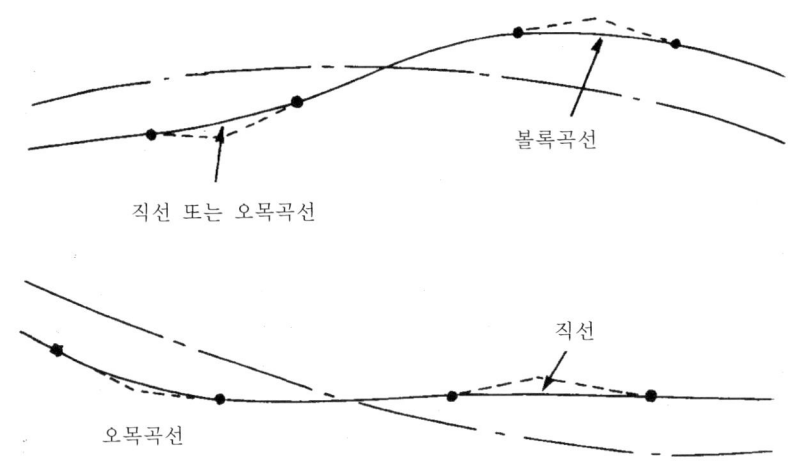

(그림 3.104) 종단곡선 구간의 차도 끝부분의 접속설치 방법

6 편경사 접속설치 설계시의 주의사항

종단곡선 구간에서 횡단경사의 접속설치를 실시할 때에는 차도 끝의 오르내림의 완화에 유의한다.

설계방법으로는 그림을 이용한 도식법이 가장 간단하다. 이 방법은 종 1/10, 횡 1/200 정도의 축척을 써서 차도 끝선의 종단도를 그리고, 접속설치를 원활하게 수정하는 것이다. 이 경우 여기에서 규정하는 완충 종단곡선을 최소로 해서 적절하게 큰 곡선을 쓰고 경우에 따라서는 직신에 의하여 원활하게 하는 것이 바람직하다.

3.6.4 길어깨의 횡단경사

1 개요

길어깨의 경사는 빗물을 될 수 있는 대로 빨리 길 밖으로 배수시키는 것과 절토구간 등에서 길어깨로부터 빗물이 차도에 흘러오는 것을 방지하기 위하여 원칙적으로 외측으로 처지는 경사로 한다. 이 때 차도의 횡단경사와 길어깨 경사의 차이는 교통안전을 고려하여 결정해야 하며, 차도와 길어깨의 경사의 대수차는 일반적으로 7% 이내로 한다.

2 길어깨 횡단경사

1) 토공구간에서 폭이 1.8m 이상인 길어깨

우리나라 고속도로의 경우, 본선차도의 편경사와 길어깨의 편경사의 관계는 (그림 3.105)와 같다.

2) 교량과 고가 구간 및 폭 1.8m 미만의 길어깨

교량과 고가 구간 그리고 폭 1.8m 미만의 길어깨에서는 길어깨의 경사를 차도와 다른 경사로 시공하는 데 어려움이 많고, 또 길어깨의 경사를 변화시킴으로써 배수 등에서 얻는 이점이 적으므로 원칙적으로 차도의 횡단경사와 동일한 경사로 한다.

3) 교량, 고가 사이의 토공구간의 길어깨

교량, 고가사이의 토공구간에서 토공구간의 평면선형이 곡선이고 구간의 길이가 100m 미만인 경우, 또는 500m 이상을 단위로 한 구간에 있어서 구조물 길이가 대략 60% 이상인 경우(예를 들면, 교량 250m+토공 200m+교량 200m)에는 차도의 횡단경사와 동일한 경사를 길어깨에 적용할 수 있다.

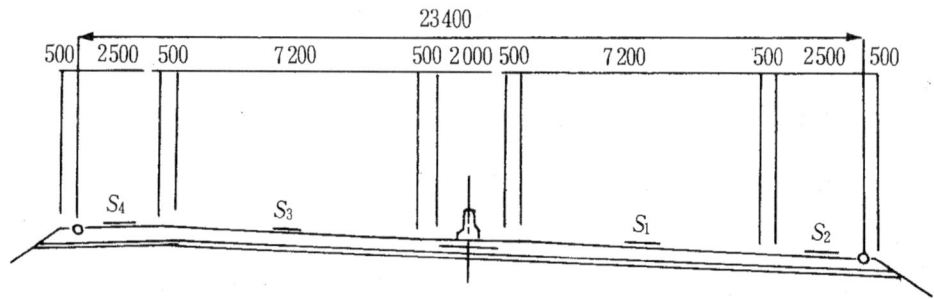

본선차도(S_1)	길어깨(S_2)	본선차도(S_3)	길어깨(S_4)
-2	-4	-2	-4
-3	-4	+2	-4
-4	-4	+3	-4
-5	-5	+4	-3
-6	-6	+5	-2
		+6	-1

(그림 3.105) 본선과 길어깨 편경사 기준(우리나라 고속도로)

3 길어깨 횡단경사의 접속설치

길어깨 횡단경사의 접속설치는 (그림 3.106)에 나타낸 바와 같이 길어깨 측대의 바깥쪽 끝에서 한다. 즉, 측대는 본선차도와 동일한 경사로 한다.

토공구간과 교량, 고가 구간의 접속설치 구간을 설정하는 방법은 포장설계와 관련이 있으나 일반적으로 교량 또는 고가와 토공구간의 접속점을 시점으로 하고 토공구간 내에 설정한다.

길어깨 횡단경사의 접속설치는 길어깨 폭을 접속설치하는 구간 전체에 걸쳐서 원활하게 접속시킨다. 이 때 길어깨의 접속설치율은 1/150 이하로 하는 것을 권장한다.

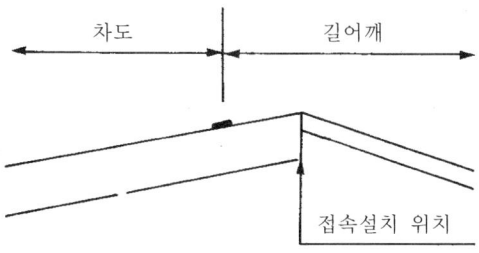

(그림 3.106) 길어깨의 접속설치 위치

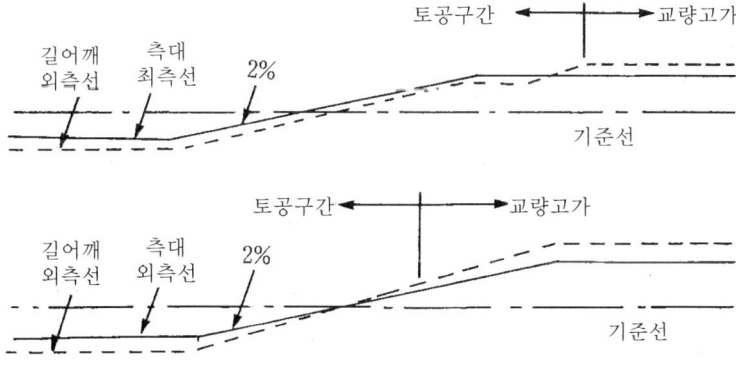

(그림 3.107) 토공과 교량, 고가구간 길어깨의 횡단경사 접속설치

3.7 도로의 단계건설

3.7.1 일반사항

단계건설이란 초기투자를 절약할 목적으로 계획 목표연도의 교통수요에 대비하여 계획도로 전체를 한꺼번에 완성하지 않고 단계적으로 건설하는 것을 말하며 단계건설의 종류는
1) 종방향 단계건설(도로의 구간별 개통 등)
2) 횡방향 단계건설로 대별되며, 일반적으로 단계건설이라 함은 횡방향 단계건설을 의미한다.

3.7.2 단계건설의 성립조건

단계건설이 성립되기 위해서는 사회적, 경제적 및 기술적 조건을 충족시킬 필요가 있다.
1) 장래에 있어서의 최종계획이 있고, 투자의 분할이 가능할 것
2) 수요가 점차 증가할 것
3) 단계건설이 경제적일 것(단계건설의 편익비 > 완성공사의 편익비)

$$C > S_1 + S_2 \frac{1}{(1+i)^n} \tag{3.65}$$

여기서, C : 완성공사의 공사비
S_1 : 단계건설의 경우 당초 시공분의 공사비
S_2 : 단계건설의 경우 추가 시공분의 공사비
i : 이자
n : 추가 공사까지의 연수

단계 건설에 따른 장·단점은 〈표 3.58〉과 같다.

〈표 3.58〉 단계건설의 장·단점 비교

장점	단점
· 비용 편익비(B/C)가 동시 건설시에 비하여 크므로 투자효과가 크다. · 도로망이 우선 개통되므로 전시효과가 있다. · 유지관리비 절감 등의 비용절감을 가져온다.	· 편익이 낮다(속도저항, 전환교통량이 적음) · 교통사고가 잦거나 교통사고 발생요인을 제공한다.(BOTTLE NECK 형상 등) · 초기용지 취득으로 토지사용이 비효율적이다. · 구조물의 개수, 법면처리 등 2중 투자가 된다.

3.7.3 횡방향 단계건설

1 4차로 전체 2차로

4차로 전체 2차로 횡방향 단계건설은
① 편측을 당초에 건설하여 2차로로 운영하는 방식
② 중앙부를 당초에 건설하여 2차로로 운용하는 방식이 있다.

후자의 방법은 포장의 단계건설을 제외하고 실제로 사용은 곤란하며 비경제적인 경우가 많다.

2 6차로 전체 4차로

6차로 도로의 단계건설에는 다음과 같은 방식이 있다.
① 토공완성 6차로, 포장 내측 4차로 시공((그림 3.109(a)) 참조)
② 토공완성 6차로, 포장 외측 4차로 시공((그림 3.109(b)) 참조)
③ 토공, 포장과 함께 잠정 4차로 시공((그림 3.109(c)) 참조)

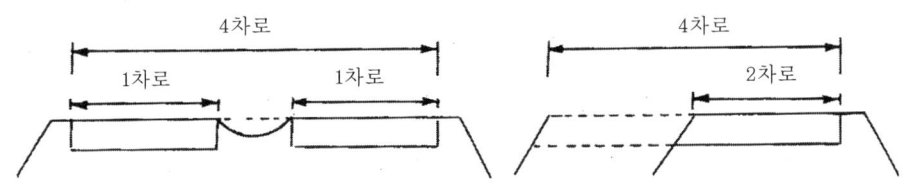

(a) 편측을 당초에 건설하여 2차선으로 운영

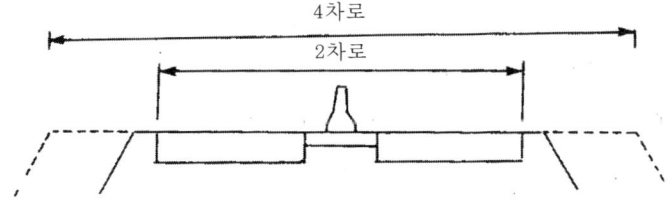

(b) 중앙부를 당초에 건설하여 2차선으로 운영

(그림 3.108) 횡방향 단계건설(4차로 전제 2차로)

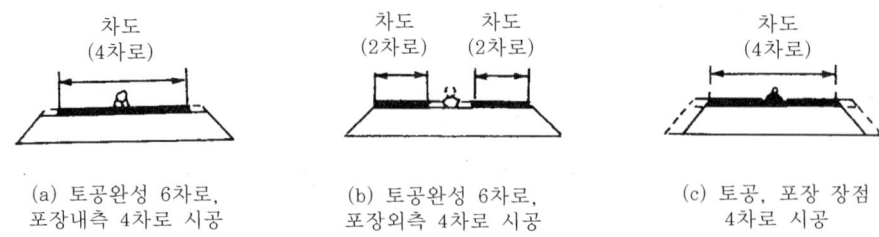

(그림 3.109) 횡방향 단계건설(6차로 전제 4차로)

장래 6차로 시공을 계획하는 도로는, 도시주변에서 비교적 교통량이 많고, 도로의 규격도 높기 때문에, 단계건설의 방식을 선택하는데 있어서도, 장래의 추가시공에 있어서 특히 교통운용·처리 및 장래 시공성과 도로주변의 생활환경에 미치는 영향을 고려해야 한다.

따라서 초기투자는 많이 들지만, 상기 ②의 방식이 많이 채택되며 ①의 방식은 초기 투자율은 낮게 되지만, 장래 시공이 양측으로 되어 시공하기 어렵기 때문에, 적용율은 매우 낮다. ③의 방식은 초기투자비는 매우 낮지만 장래 시공이 어렵고 추가 시공 시에 도로 주변 환경에 미치는 영향이 크기 때문에 채택된 예는 거의 없다.

③ 기타 단계건설

기타 단계건설로는 시설규모의 단계건설로 인터체인지, 포장 및 휴게시설 등의 단계건설이 있다.

3.7.4 단계건설 계획시 유의사항

① 단계건설에 적합한 지형 및 도로구조를 택한다.

① 초기 건설비가 적을 것
② 2차 시공시 재시공이 적을 것
③ 2차 시공을 위해 교통소통에 지장을 주지 않는 구조를 택할 것

② 추가 건설 부분을 고려한 적정한 건설계획을 수립하여야 한다.

2차 시공 시 교통처리 대책 등

③ 경제성 확보를 위하여 최적 투자시기와 편익 산정에 유의하여야 한다.

④ 교통안전, 도로용량 증대에 따른 적정 교통운영 계획을 수립하여야 한다.
① 횡단폭원 구성
② 부가차로 및 오르막 차로의 설치
③ 완성시의 설계속도 등을 최종 건설에 맞게 적절히 계획

3.7.5 단계건설 설계 및 시공 시 유의사항

1 횡단 구성

① 설계속도는 완성 시의 설계속도로 한다.
② 차로폭 및 길어깨폭 등은 측방여유를 감안하여 여유 있게 계획한다.
③ 횡단경사는 1차 시공 공용에 준한다.
④ 2차 건설시 용이한 구조로 한다.
⑤ 오르막 차로, 가·감속 차로 등도 최종계획에 따른다.

2 토공부

① 1차 시공이 용이한 방향으로 한다.
② 2차 시공 시 공용부분의 교통장애가 일어나지 않게 한다.
③ 연약지반이나 경사가 예상되는 구간은 전폭으로 시공한다.
④ 대절취면은 2차 시공성을 고려하여 가능하면 전폭으로 시공한다.

3 구조물

① 2차 시공이 용이한 형식을 선택한다.
② 구조물이 적은 쪽을 1차 시공 구간으로 한다.
③ 확장측 측구는 토사측구나 재활용 가능한 재료(PRE-CAST 등)를 사용한다.
④ 교량의 하부공은 가능한 한 전폭 시공하고 상부공은 접속부만 시공한다.
⑤ 박스 및 파이프는 가능한 한 전장 시공한다.
⑥ 터널은 분리 시공한다.

4 인터체인지

① 1차 시공은 평면 교차로를 검토한다.
② 전체를 설계하여 1차 시공분만 시행한다.
③ 추후 시공 연결로 등의 계획을 검토한다.

5 휴게시설

배치시 확장을 고려하고, 계획 변경에 유의한다.

6 기타

① 용지의 취득은 전폭을 원칙으로 한다.
② 교통운영은 장차 완성시를 고려하여 운영한다.

3.7.6 단계건설의 적용

단계건설은 한정된 예산의 효율적인 집행차원에서 다음 사항을 충분히 고려하여야 한다.
① 추가 시공을 위한 정확한 교통예측과 경제성 검토가 필요하다(동시 시공 여부를 충분히 검토)
② 설계는 전체를 일괄 시행하고 시공만을 단계건설로 한다.
③ 추가 시공시 1차 공사분이 활용되지 않는 부분을 배려한 계획, 설계 및 시공이 이루어져야 한다.
④ 횡방향 단계건설 시에는 최종 폭원에 따른 설계기준을 적용하여야 한다.
⑤ 2차 시공 시 교통운용 계획을 충분히 고려하여 계획하여야 한다.

제 4 장 평면교차로

4.1 기본요소

4.2 평면교차의 형태

4.3 평면교차로의 계획기준

4.4 평면 교차로의 설계

4.5 도류화 설계

4.6 평면교차로의 시거

4.7 안전시설 등

4.8 교차로 설계 예

4.9 신호교차로 설계 예

4.1 기본요소

4.1.1 개요

교차로(Intersection)란 2개 이상의 도로가 교차 또는 접속되는 공간 및 그 내부의 교통시설을 말하는 것으로 교차로의 기하구조, 운영방법 등에 따라 운전자가 통행노선을 변경하는 의사결정 지점이 된다. 따라서 교차로는 정상적인 교통의 진행뿐만 아니라 횡단, 회전 등이 발생으로 도로의 다른 부분보다 복잡한 운행이 되어 사고 및 교통정체가 일어나기 쉬우므로 특히 신중을 기하여야 한다.

전국 교통사고의 약 60%가 교차로 및 그 부분에서 발생하며 교통정체의 대부분이 교차로 부근에서 일어나고 있다. 따라서 교통을 안전하고 원활하게 처리하기 위하여 어떻게 교차로를 적절히 계획·설계하고 운용할 것인가 하는 것은 매우 중요한 과제이다. 특히, 평면교차로의 경우 기존도로에 새로운 도로가 접속되어 자연발생적으로 형성되는 경우가 많아 정형화된 설계방법이 있는 것이 아니므로 기본요소와 기본원칙에 최대한 충실하며 주변여건을 고려하여 설계를 하여야 한다. 흔히 교차로의 문제를 교차로 자체만의 문제로 파악하는 경우가 많으나 그 파급 효과는 관련노선 전체의 교통여건에 중요한 영향을 미치게 된다. 즉, 도로의 안전성, 효율성, 운행비용, 용량 등은 교차로의 계획, 설계 및 운영에 의해 지배되므로 교차로의 양부(良否)는 해당도로 뿐만 아니라 가로망 전체에 커다란 영향을 미치게 된다.

일반적으로 교차로는 교차 또는 접속되는 공간 및 시설에 따라 평면교차(At-Grade Intersections), 분리교차(Grade Separations Without Ramps), 입체교차(Grade separations & Interchanges)로 구분되며 본 장에서는 평면교차에 대해 언급하기로 한다.

4.1.2 기본요소

교차로 설계시는 교차로를 이용하는 모든 교통류(보행자, 자동차, 자전거 등)의 잠재적인 상충(충돌)을 줄임으로써 시설을 편리하고 안전하게 이용토록 계획하여야 하며, 이를 위한 기본적 요소의 구성은 다음과 같다.

1) 인전요소

　① 주행 습관
　② 판단 능력

③ 운전자의 기대치
④ 반응시간
⑤ 자동차 주행경로에 순응 정도
⑥ 보행자의 특성

2) 교통류의 요소

① 용량
② 회전 교통량
③ 자동차의 제원
④ 자동차의 흐름(교차, 분·합류, 차로변경 등)
⑤ 자동차의 속도
⑥ 대중 교통 수단과의 연결
⑦ 교통사고 기록

3) 기하구조 요소

① 교차도로의 기하구조 특성
② 종단선형   ③ 시거
④ 교차각   ⑤ 상충지역
⑥ 속도변화 구간   ⑦ 교통관제 시설
⑧ 조명시설   ⑨ 안전시설

4) 경제적 요소

① 공사비 및 주변토지 보상비
② 지체 및 우회에 따른 연료소모비

5) 환경 요소

① 주변 토지이용 현황 등의 사회·경제적 환경요소
② 소음, 공해 등의 생활환경 요소

4.2 평면교차의 형태

4.2.1 평면교차의 형태

평면교차는 교차하는 갈래의 수, 교차각 및 교차위치에 따라 구분된다. 여기서, 갈래라 함은 교차로의 중심을 기준으로 뻗어 나간 도로의 방향을 말한다.

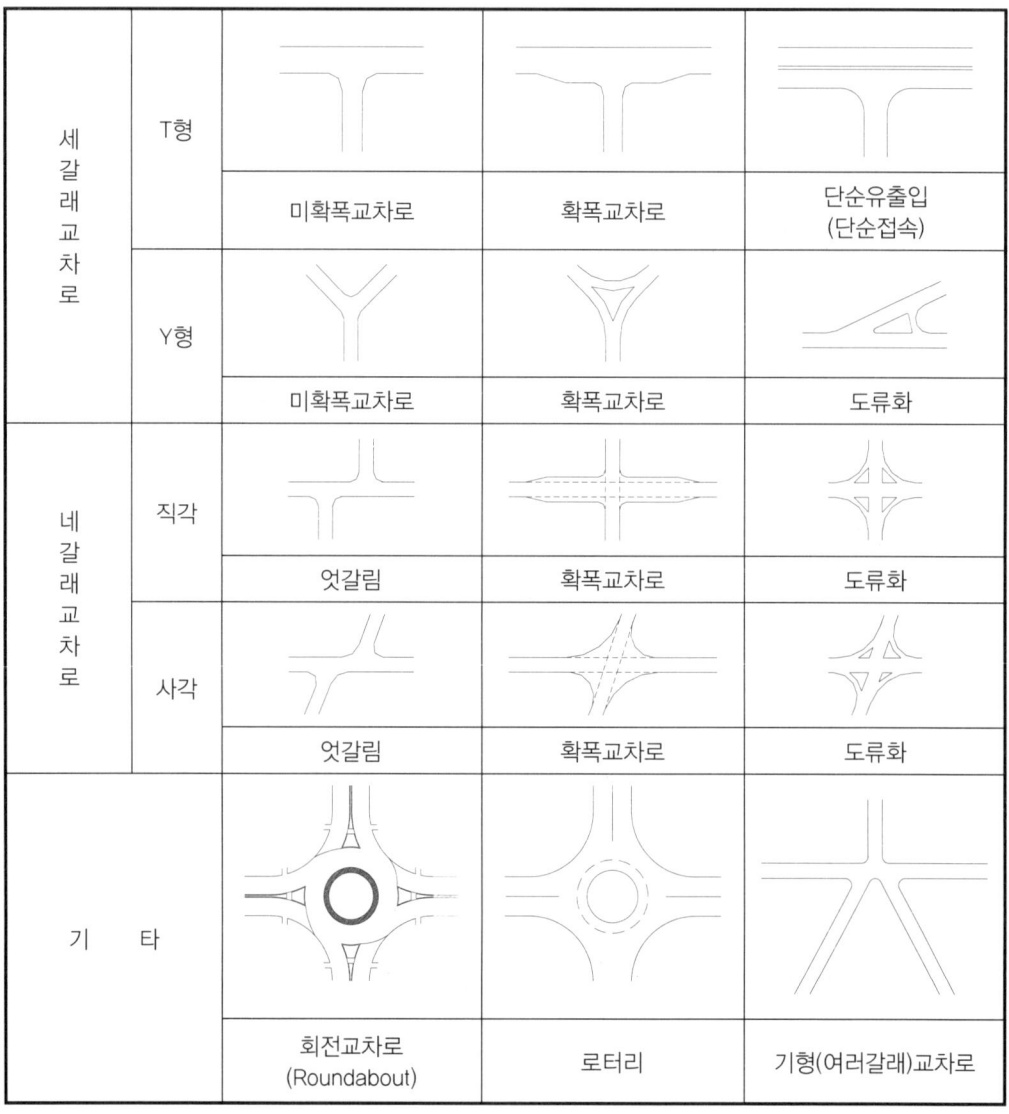

(그림 4.1) 평면교차의 형태

4.2.2 교차로의 상충

1 개요

교차로를 설계할 때는 교차각의 합리적인 처리, 시거, 종단경사 등 기하구조적인 관점이 주요사항이 되지만, 실제로는 상충을 효과적으로 처리하는 것이 핵심이 되므로 교차로를 여러 부분으로 나누어 각 부분에 대해 상세히 고려하는 것이 필요하다. 여기서 상충(Conflict)이란 둘 이상의 도로 사용자가 동일한 도로공간을 사용하려 할 때 발생되는 교통류의 교차, 합류 또는 분류를 말한다.

바람직한 교차로 설계의 핵심은 교차로 내에서 발생하는 교차지점의 상충, 합류 및 분류 지점의 상충, 보행자와의 상충을 효율적이고 안전하게 처리할 수 있도록 하는 것이다. 즉, 상충의 형태, 상충이 포함되는 교통량, 상충이 발생하는 위치 및 시기 그리고 상충 교통류의 평균속도 등을 상세히 분석하여 상충의 면적과 횟수를 최소화시키며, 위치 및 시기를 조정하여 운전자들로 하여금 한 지점에서 되도록 단순한 의사결정 과정을 거치도록 하는 것이다.

2 교차갈래와 상충의 관계

교차로에 유입하는 도로의 수가 많아지면 교차로 내의 교차, 합류, 분류하는 교통류의 수가 기하급수적으로 증가되어 교차로에서의 교통처리가 매우 복잡하게 될 뿐만 아니라 사고위험 등이 급격히 증대된다. 즉, 네갈래 교차로에서는 32개의 상충이 발생하지만 다섯갈래 교차로에서는 상충 횟수가 79개로, 여섯갈래 교차로에서는 172개로 그 상충 횟수가 기하급수적으로 증가되므로 단순히 1개의 갈래수(도로수)가 늘어난 것으로만 생각할 수 없다.

또한 다섯 갈래 이상의 평면교차는 이러한 상충의 문제뿐만 아니라 교차각이 작아지고, 시거가 불량하게 되며, 통행권의 분할로 인하여 교통 관제가 어려워 안전성 및 용량에 문제를 일으키는 경우가 많다. 따라서 네갈래의 교차와 비교할 때 여러 문제점을 내표하고 있으므로 평면교차의 갈래 수는 네갈래 이하가 되도록 하여야 하며 이 원칙을 준수하지 못할 경우에는 안전성과 교통용량을 검토 분석하여 안전하고 교통 혼잡을 일으키지 않도록 교통 규제를 하거나 교차로를 개선하여야 한다.

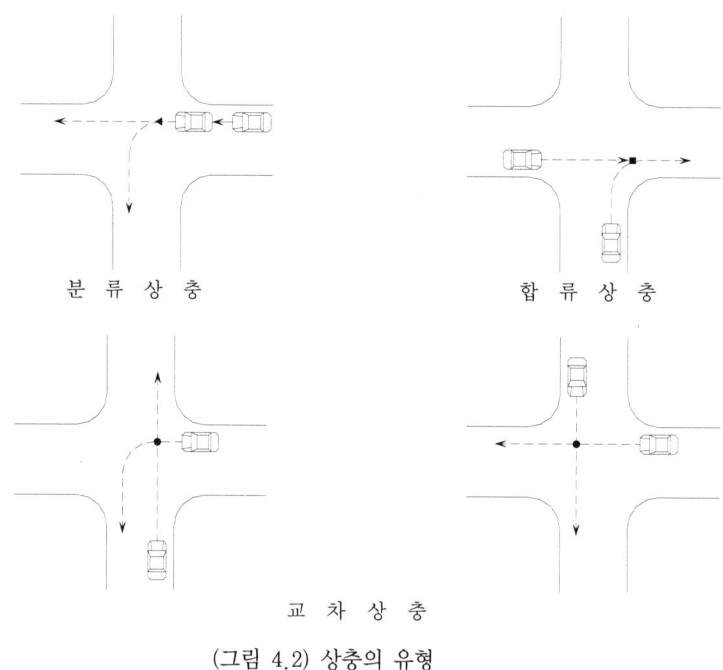

(그림 4.2) 상충의 유형

③ 교통운영과 상충의 관계

교차로에서의 상충은 단순히 교차하는 도로의 수(갈래의 수)뿐만 아니라 교통운영방법에 따라서도 큰 변화를 일으키게 된다. 예를 들어 네갈래 교차로의 경우 좌회전을 모두 금지시키면 상충의 수가 32개에서 12개로 줄어들게 되며, 일방통행제를 하게 되면 5개의 상충만 발생하게 된다. 따라서 교차로에서는 상충의 효율적인 처리를 위해 교통운영에 대하여 항상 고려하여야 한다.

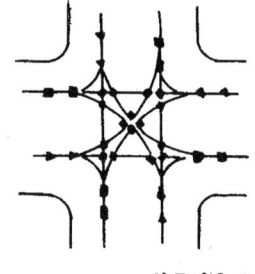

▲ 분류상충 8
■ 합류상충 8
● 교차상충 16

(그림 4.3) 네갈래 교차로의 상충

〈표 4.1〉 교차로별 상충의 수

갈래수	교차	합류	분류	계
3	3	3	3	9
4	16	8	8	32
5	49	15	15	79
6	124	24	24	172

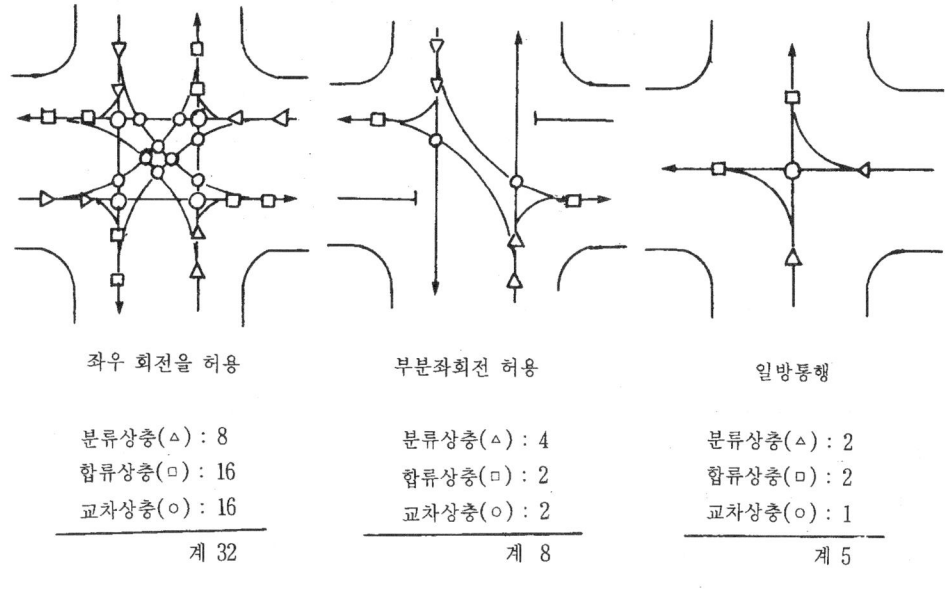

〈그림 4.4〉 교통운영과 상충의 관계

4.3 평면교차로의 계획기준

4.3.1 기본적 고려사항

1 기본적 고려요소

교차로를 계획 할 때 기본이 되는 사항은 교차로의 인지성, 조망성, 이해성과 통행성으로 요약 될 수 있다. 교차로의 인지성은 교차로를 진입하는 자동차의 운전자가 전방에 교차로의 존재를 인지하고 차로의 선택, 가감속 등의 조치를 취하는 것을 말하며, 조망성은 양보의 의무를 가진 자동차가 통행 우선권을 가진 도로 이용자를 적절히 볼 수 있는 것을 말한다. 또한, 이해성은 모든 도로 이용자가 좌·우회전을 할 수 있는 것을 말하며, 통행성은 교차로의 형태가 자동차의 동역학적 특성, 주행 궤적에 의한 기하학적 요구와 일치되는 것을 말한다.

교차로의 인지성은 교차로 전방의 충분한 시거확보와 주변과의 차별성 등에 의해 확보되며 야간의 경우 조명시설이 확보되는 것이 바람직하다. 또한, 볼록형 곡선이나 작은 곡선부에 위치한 교차로에서는 분리대의 연장, 양보표지의 반복, 적절한 예고표지, 보조 신호기 등에 의해 개선할 수 있다.

조망성은 실 주행속도에 따른 시거가 확보되며 직각에 가까운 교차각을 이루고 교차로 내의 교통안전 시설이 운전자 및 보행자의 시거에 제약되지 않도록 설치하는 것이 중요하다. 만일 이들이 충분히 확보되지 않았다면 교차로 내의 시거확보를 위한 조치와 높은 실 주행속도를 완화시킬 수 있는 방안이 강구되어야 한다.

이해성의 확보를 위하여는 자연스러운 진로변경, 교통시설의 설치형태와 교통소통을 위한 유도로의 설치, 적절한 통행 우선권의 부여, 유도시설의 시각적 효과의 확보 등이 검토되어야 한다. 그러나 만일 교통유도나 소통조절이 일부라도 도로 이용자가 충분히 이해하는데 미비하다면 속도제한, 신호시설과 같은 조치를 취하여야 한다.

통행성은 적합한 주행궤적이 고려되어 합리적인 폭원으로 구성 되었으면 만족시킬 수 있다. 그러나 차로가 지나치게 넓게 되었거나, 교통섬 등의 면적이 너무 좁은 경우, 실질적인 주행속도 등이 고려되지 않은 경우에는 제약을 받을 수 있다.

2 교차로의 안전성

만일 교차로의 모든 기본적인 요구사항들을 동시에 만족시키기 곤란한 경우에는 교통의 안전성이 우선되어야 한다. 이를 위해서 지방부 도로에서는 속도제한과 신호시설 등이 특히 중요하며, 도시부 지역에서는 노인, 어린이, 장애자, 자전거 이용자 등의 취약한 도로 이용자를 위한 안전조치가 충분히 보장되어야 한다.

특히, 이러한 취약한 도로 이용자들은 반응과 행동의 예측이 매우 어렵기 때문에 지속적이고 세심한 주의력이 필요하다. 또한, 이들은 자동차와의 충돌시 일방적으로 피해를 입는 집단임을 고려하면 안전을 위해서 대단히 중요한 요소가 됨을 알 수 있다.

교차로 계획시의 교통안전을 위한 주요사항을 요약하면 다음과 같다.

① 도로이용자에게 동시에 2개 이상의 결정을 요구해서는 안된다.
② 도시부의 교차로는 설계를 통하여 낮은 속도의 통행을 유도하여야 한다.
③ 양보 의무를 갖는 이용자에게는 교통안전 시설로써 양보 의무를 분명히 전달해야 한다.
④ 교차로 전방과 교차로 내에서 충분한 시거가 확보되어야 한다.
⑤ 보행자는 횡단의 안전성이 보장되어야 하며, 운전자와 명확한 시선의 접촉이 보장되어야 한다.
⑥ 도시부 교차로에서는 조명시설을 설치하도록 한다.

3 교차로의 용량

교차로의 용량은 교통관제방법, 차로의 운용방법, 폭원구성 등에 따라 다르며 용량 이상의 교통량이 교차로에 도착하면 교통 정체가 발생한다. 따라서 평면교차를 계획하는 경우 교차로가 어느 정도의 교통량을 처리할 수 있는지, 교차로의 교통량이 얼마나 도착할 것인가를 파악하는 것이 중요하다. 즉, 신호교차로에서 교통정체를 일으키지 않기 위해서는 교차로에 도착하는 교통량(교통수요) 이상의 용량을 갖는 교차로를 설계하여야 하며, 용량을 증대시키는 것은 교통정체에 대한 대책의 기본이 된다.

그러나 용량을 증대시키는 것에는 한계가 있다. 그 하나는 도로 용지의 제약 때문에 확보할 수 있는 도로의 폭에 한계가 있다는 점이고, 다른 하나는 교차로에서 교차되는 도로상의 교통량을 번갈아 가면서 처리해야 하기 때문이다. 한쪽 방향 도로의 자동차가 진행하고 있는 동안에 다른 방향 도로의 자동차는 운행이 불가능하므로 교차가 없는 단부로(midblock)에 비하여 교차로의 용량은 적어지는 것이다. 그러므로 교차로를 계획할 때에는 현실적인 제약 조건 아래에서 어떻게 용량을 증대시킬 것인가 하는 것을 다양한 관점에서 검토하여 가급적 큰 용량을 유지하도록 교차로 계획을 수립하여야 한다.

4.3.2 교통관제

교차로의 계획, 설계는 그 교차로의 교통운영과 교통관제 방법에 따라서 달라지는 경우가 많으므로 계획, 설계시는 교통관제 방법에 대한 고려가 필요하다. 낮은 상대속도를 유지하는 교차로의 경우 많은 교통관제 방법이 필요하지 않은 반면, 높은 상대속도를 갖는 교차로에서의 자동차 움직임은 교통신호가 일시정지 표지, 양보표지 등의 교통관제를 하지 않으면 매우 위험하게 되므로 이러한 교통안전 시설에 의해 자동차의 주행경로를 전환시키거나 차단하여야 한다. 일반적으로 교차로의 교통관제 방법에는 교통신호기, 일시정지표지, 양보표지 등을 이용하게 되나 우리나라의 경우 일시정지 표지의 사용이 매우 미미한 실정이다.

1 신호 교차로

고속으로 주행하는 자동차에 대하여 신호제어를 하면 추돌사고가 증가하며 그 피해도 커지므로 교통관제에 주의를 하여야 한다. 80km/h보다 높은 설계속도로 건설되는 도로는 주로 장거리 교통을 위한 것으로 접근성보다는 이동성이 중요시되므로, 시간단축과 주행 쾌적성을 유지하기 위하여는 본선의 교통을 방해하지 않도록 신호제어에 신중을 기하여야 한다. 즉, 자동차 전용도로와 80km/h 이상의 속도로 설계되는 도로에 대해서는 신호제어를 이용한 교통관제를 사용하는 것은 가급적 피하여야 하며, 설계속도가 높을수록 제한속도 조정 등을 이용한 운영방법을 병용하여 신호제어 방법을 고려하되 단계건설에 의한 입체교차 방법을 함께 고려하여야 한다.

2 일시정지 및 양보표지

고속으로 진입하는 자동차에 대하여 일시정지로 규제한다는 것은 많은 경우에 운전자의 예측을 곤란하게 함으로써 교통의 혼란을 일으키고 사고발생의 우려가 크다. 따라서 설계속도 60km/h이상 도로의 직진교통에 대해서는 일시정지 표지를 하지 않는 것으로 한다. 일시정지나 양보 표지가 설치된 교차로에서 용량은 크게 두 가지의 요소의 의해서 영향을 받는다. 하나는 일시정지나 양보 표지가 설치되어 있지 않은 도로(주도로)의 교통량이고, 다른 하나는 일시정지나 양보 표지가 설치된 도로(부도로)상의 운전자가 교차하여 진행하거나 회전하기 위해 안전하다고 판단되는 주도로상의 차두간격의 분포와 크기이다.

상기 방법을 이용하여 주도로의 교통에 대해서 관제를 하지 않고 부도로에 일시정지 표지나 양보 표지를 설치하는 경우 부도로의 용량은 다음의 표와 같다.

〈표 4.2〉 일시정지나 양보표지 교차로의 용량

부도로 교통 관제 방법	사용된 값(초)		주도로의 양방향 교통량(대/시)				
	Ta	Tb	800	1000	1200	1400	1600
			부도로의 용량(승용차/시)				
일시정지	8	5	200	140	100	75	45
	7	5	250	190	140	110	80
	6	5	315	250	200	160	125
양보	7	3	350	250	185	135	95
	6	3	c	335	225	200	150
	5	3	c	440	360	290	235

※주 : a. 부도로의 첫 번째 운전자가 안전하다고 받아들이는 최소 차두간격(초)
　　　b. 주도로의 차두간격이 클 때 두 번째 운전자가 통행하는 데 필요한 시간(초)
　　　c. 이 경우에는 부도로의 용량이 주도로의 반을 초과하여 현실성이 없으므로 생략함

일반적으로 일시정지 표지를 설치하는 한계 교통량은 도로의 폭, 좌우회전 교통량이나

기타의 조건에 따라서 크게 달라지며, 교차하는 교통량이 약 1,000대/시 이하이면 교통량이 적은 쪽을 일시정지시킴으로써 통과할 수 있겠지만 교통량이 많아지면 대기 시간도 증가하고 운전자의 초조감이 커져 사고 요인이 된다. 따라서 규격이 높은 도로에 대해서는 일시정지 표지와 임계 교통량을 용량 한계보다 작게 설정해 설계할 필요가 있다.

3 회전 교통

교차로에서는 좌·우회전 자동차가 직진자동차의 통행을 방해하지 않도록 하는 것이 교통안전과 교통용량의 양면에서 중요하다. 특히 고속이 될수록 회전 자동차로 인한 사고는 많아지며, 또한 사고피해도 크게 되므로 직진차로를 침범하지 않고 회전할 수 있도록 함이 중요하다.

교차로에서 좌·우회전시의 자동차통행 방법에는 차로전폭을 사용하던가 차로의 좌측을 사용한다던가 하는 등, 몇 가지 방법이 있지만 통행방법은 교차하는 도로의 규격, 설계자동차 및 교통운영방법을 고려하여 정하여야 한다.

4.3.3 설치위치 및 간격

1 평면선형을 고려한 설치위치

교차로는 곡선부에 설치하지 않는 것을 원칙으로 한다. 다만 지형 상황 등으로 부득이하게 곡선부에 설치하는 경우에는 곡선부의 바깥쪽에 접속하여야 한다. 즉, 곡선부 안쪽으로 접속하게 되면 교차각이 작아지며 운전자가 교차로를 인지하기 어려워 사고의 위험성이 크게 되므로 곡선부의 바깥쪽이 안쪽보다 유리하다.

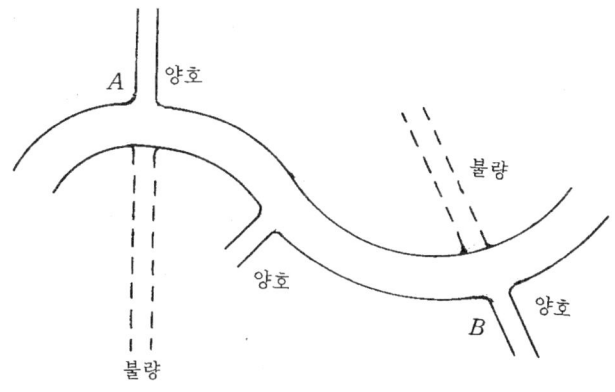

(그림 4.5) 평면선형을 고려한 설치

2 종단선형을 고려한 설치위치

평면교차로의 종단선형상 설치 위치도 가능한 급경사 구간 및 종단 곡선구간에는 설치하지 않도록 하여야 한다. 급경사 구간의 경우 정지 및 출발시 문제가 발생되며, 볼록형 종단곡선 구간의 경우 시계불량 등으로 인하여 위험하며, 오목형 종단곡선의 구간은 배수 문제가 발생되기 쉽다. 그러나 지형상황 등으로 부득이한 경우에는 볼록형 종단곡선부에 설치하는 것보다는 오목형 종단곡선부에 설치하는 것이 사고위험 등에 유리하다.

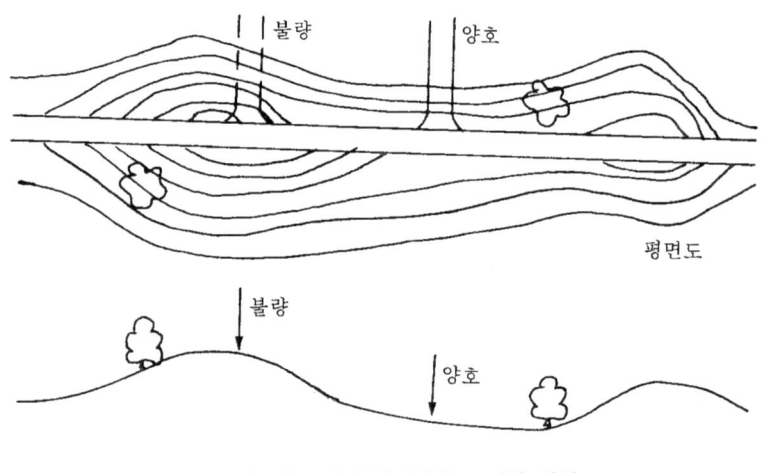

(그림 4.6) 종단선형을 고려한 설치

3 평면교차간의 간격

평면교차의 간격을 결정하기 위해서는 도로 기능상의 구분, 설계속도, 차로수 및 회전차로의 접속 형태 등이 고려되어져야 하며 인접 교차로와의 간격이 불충분해서 원활한 교통운용을 기대할 수 없는 경우에는 일방통행, 출입금지 등의 규제와 그것에 적합한 교차로 개선사업을 실시함으로써 혼란을 피해야 한다. 특히 신호교차 직전, 직후의 좌회전은 교통의 안전과 교통용량면에서 가장 좋지 못하므로 이와 같은 좌회전교통은 일방통행 처리 또는 분리대 설치 등으로 그 영향을 최소화시켜야 한다.

일반적으로 평면교차의 간격은 교통량의 적절한 처리를 위하여 되도록 크게 확보해야 하며 그 간격을 결정하는데 있어서는 다음과 같은 사항을 고려해야 한다.

(1) 교차로 사이에 어느 정도의 차로변경이 생길 것인가, 또 이를 안전하게 처리할 수 있도록 하기 위해서는 어느 정도의 거리가 필요할 것인가.
(2) 교차로에서의 대기자동차 행렬이 다른 교차로를 침범하는 일이 없도록 하기 위해서

는 어느 정도로 서로 떨어져 있으면 좋을 것인가.
(3) 특히 고속으로 통과하는 자동차가 있는 경우에는 어느 한 접근로에 관해서만 주의를 집중함으로써 자동차의 안전을 보다 증진시킬 수 없을까?

다음 표는 평면교차 간격의 표준 하한치로 제시된 값이며 가로망 구성 등을 위한 일반적인 값이다. 그러나 시가지 가로망 구성 등에서 지나치게 긴 교차로 간격(Super Block)의 발생은 주행속도를 너무 높게 하여 사고의 위험이 높고 신호 연동화 등에 문제가 있는 점을 고려하여야 한다.

〈표 4.3〉 바람직한 교차로 간격의 표준 하한치

교차로 간격 \ 오로부분	도시지역	지방지역
비신호 교차로 상호간격	V×5.0	V×6.0
비신호 교차로와 신호 교차로간의 간격	V×7.0	V×9.0
신호 교차로 상호간격	V×9.0	V×12.0

주 : V는 설계속도(km/h)의 값

4.3.4 차로계획

1 교차로의 확폭

교차로에서는 좌우회전 자동차가 직진차의 통행을 방해하지 않도록 하는 것이 교통안전과 교통소통의 양면에서 중요하다. 특히, 고속이 될수록 회전자동차로 인한 사고는 많아지며, 또한 사고피해도 크게 되므로 직진차로를 침범하지 않게 회전할 수 있도록 함이 중요하다. 이와 같이 좌우회전 자동차가 본선에서 주행하는 직진 교통량에 미치는 저해효과를 감소하기 위해서는 교차로에서 좌우회전 차로를 확보하기 위한 확폭이 요구된다. 즉, 교차로에서의 차로수는 교차로로 접근하는 도로의 차로수보다 많아야 한다.

확폭된 부분은 좌회전을 직진과 분리수용하기 위해 (그림 4.7(a))와 같이 운영할 수도 있고 우회전 교통량이 많아 직진 교통량에 미치는 영향이 클 때는 (그림 4.7(b))와 같이 우회전 전용차로로 운영할 수 있다. 이때 확폭이 요구되는 길이는 좌·우회전 교통량에 따라 다르나 속도변화와 차로 변경에 충분히 대응할 수 있는 길이로 5초간의 주행거리를 기준으로 하며 그 길이는 아래 표와 같다.

〈표 4.4〉 설계속도에 의한 교차로 확폭길이

설계속도(km/h)	20	30	40	50	60	70
확폭길이(m)	30	45	55	70	85	100

2 차로의 설치

교차로에서는 한쪽 방향 도로의 자동차가 진행하고 있는 동안에 다른 방향 도로의 자동차는 운행이 불가능하며, 대기 자동차의 정지 후 출발로 인하여 발생되는 손실들을 고려하면 도로의 일반구간에 비하여 그 용량이 매우 작아지게 된다.

예를 들어 동일한 교통량을 갖는 2개의 도로가 교차하여 발생되는 네갈래 교차로를 생각해 보자. 이 경우 회전교통류, 일반구간과 황색 신호시간 등에 의한 영향을 무시한다고 가정하면 교차로에서 단로부와 동일한 교통처리를 하기 위해서는 소요 차로수가 2배로 증가하게 된다. 즉, 한쪽 방향 도로의 자동차가 진행하고 있는 동안 다른 방향 도로의 자동차는 대기를 하여야 하며, 대기한 자동차는 다음 대기 전까지 일시에 진행하기 위해 일반구간과 동일한 교통처리 능력을 갖도록 하는 것은 곤란하므로 그 영향을 최소화시키는 것이 필요하다.

또한, 유출부의 병목으로 인하여 직진 자동차나 회전 자동차가 교차로 내에서 정지하면 후속의 진행 자동차를 방해하게 된다. 그 결과로 교차로의 교통처리 능력이 저하되고 교통정체가 생기거나 교통사고가 발생하게 된다. 따라서 유출부(교차로 후방)의 차로수는 유입부(교차로 전방)의 차로수 보다 크거나 같아야 한다.

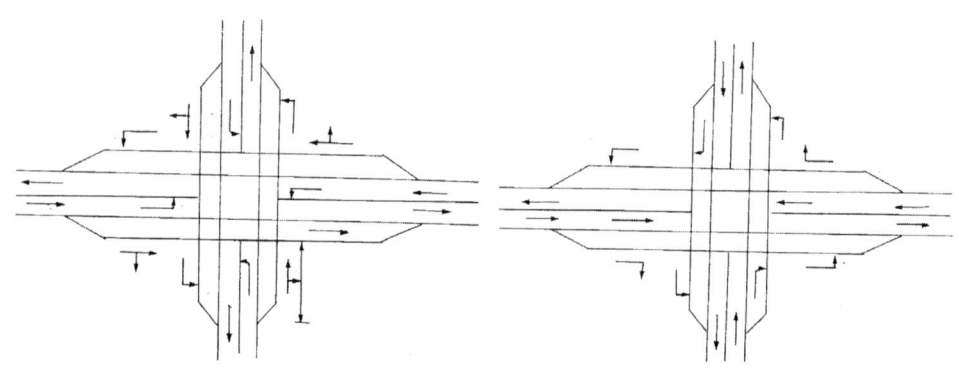

　　(a) 좌회전 차로를 위한 확폭　　　　(b) 우회전차로를 위한 차로

(그림 4.7) 교차로의 확폭 및 차로 증설

즉, 교차로 유입부의 직진 교통이 3차로라면 직진방향 유출부에서는 3개 이상의 차로수가 필요하다. 만일 2개의 좌회전 차로를 설치할 필요가 있는 경우 좌회전 방향의 유출부는 2차로 이상이 필요하고 그 와 같은 차로수가 없으면 2차로의 좌회전 차로를 설치하여서는 안된다.

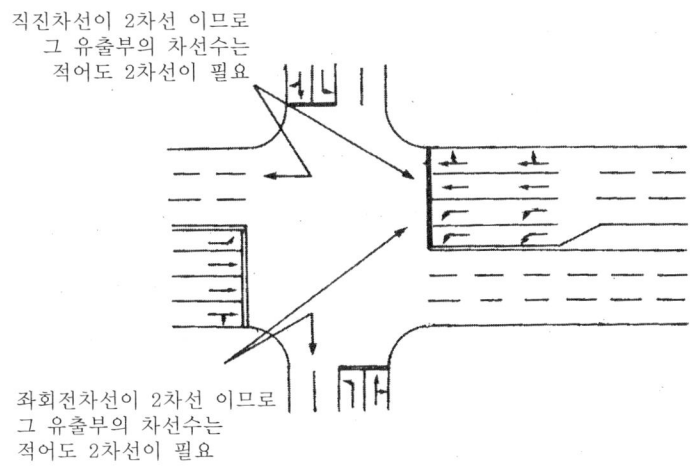

(그림 4.8) 차로의 설치

4.4 평면 교차로의 설계

4.4.1 설계절차

1 개요

교차로의 설계시 일반도로구간과의 근본적인 차이점 대부분이 기존의 교차도로에 접속되어 신설되는 도로뿐만 아니라 기존도로에도 지대한 영향을 미친다는 점이다. 즉, 기존의 소통과 안전에 큰 문제가 없던 도로도 교차로가 신설됨으로 인하여 교차지점에서 용량이 매우 낮아지게 되며, 기존도로의 기하구조 조건의 변경 등으로 사고의 위험성이 매우 증대된다는 것이다.

새로운 교차로의 설계뿐만 아니라 기존 교차로의 설계 단계로는 준비작업, 기본설계, 상세설계, 분석 및 검증의 단계를 이루는데, 이는 일반 도로구간의 설계에서 시행하는 것보다 분석 및 검증의 단계가 추가로 필요하게 되는 것을 의미한다.

준비 작업에서는 계획·설계의 기본방침을 세우기 위하여 각종 자료의 수집과 현장조사를 근거로 문제점을 분석하여 기본방향을 수립한다. 기본설계 단계에서는 계획·설계를 기본방침에 입각하여 비교 대안을 선정하여 비교분석함으로써 최적안에 대한 교통관제의 방법과 교통처리능력을 검토하여 기하구조상 주요 요소의 수치를 결정하며 설계의 개요(Outline)를 도출하는 작업을 한다. 상세설계는 설계에 필요한 모든 요소들을 포함하는 설계의 마무리 작업이 된다.

이렇게 설계된 교차로는 건설 완료전 도류로 등에 대해 임시시설물 설치 등을 통한 그 효과를 검증하고 문제점을 도출하여 최적의 설계가 되도록 보완하는 분석 및 검증 단계 후 건설하는 것이 가장 이상적인 방법이라 할 수 있다.

2 준비작업

1) 자료수집 및 조사

교차로를 설계할 때는 해당 교차로의 문제점을 확실히 파악하기 위하여 필요한 자료를 수집하는 일이 매우 중요하다. 이들 자료는 교차로의 현황도, 교통량, 사고자료, 교통관제와 교통규제의 상황, 교차로 주변의 토지이용 현황(특히, 자동차의 출입이 있는 시설의 위치) 등이 있다. 여기서 주의해야 할 것은 설계하고자 하는 교차로의 부근에만 관심을 둘 것이 아니라 교차로를 중심으로 하여 가급적이면 광범위한 자료와 데이터를 수집·검토할 필요가 있다는 것이다.

실제에 있어서는 지체가 심하든지 사고가 많다든가 자신의 경험이나 이용자에게서 들은 불만을 토대로 곧바로 설계에 착수하는 경우가 많으나 이러한 문제점이 어떠한 원인으로 인하여 나타나고 있는가를 확실히 밝히기 위해서는 수집한 자료와 데이터를 기준으로 검토·분석하는 것이 필요하다. 즉, 이 단계에서 중요한 것은 현지조사를 통하여 현장의 상황을 충분히 관찰하는 일이다. 수집한 자료와 데이터로는 알지 못했던 사실이 현장에서의 관찰과 수집한 자료 데이터와 비교·검토함으로써 문제의 원인을 보다 명확하게 구체화 할 수 있다.

2) 문제점 분석

교차로 설계에 있어서 첫 번째로 중요한 요점은 설계하고자 하는 교차로의 문제점과 그 원인을 명확히 하는 것이다. 이 사항을 해결하지 않은 상태로 설계한다면 그것은 효과적인 설계가 될 수 없을 뿐만 아니라 기존 문제점이 해소되지 않은 채로 남아있고 오히려 이용자에게 혼선만 초래할 수도 있다.

〈표 4.5〉 교차로의 설계흐름도

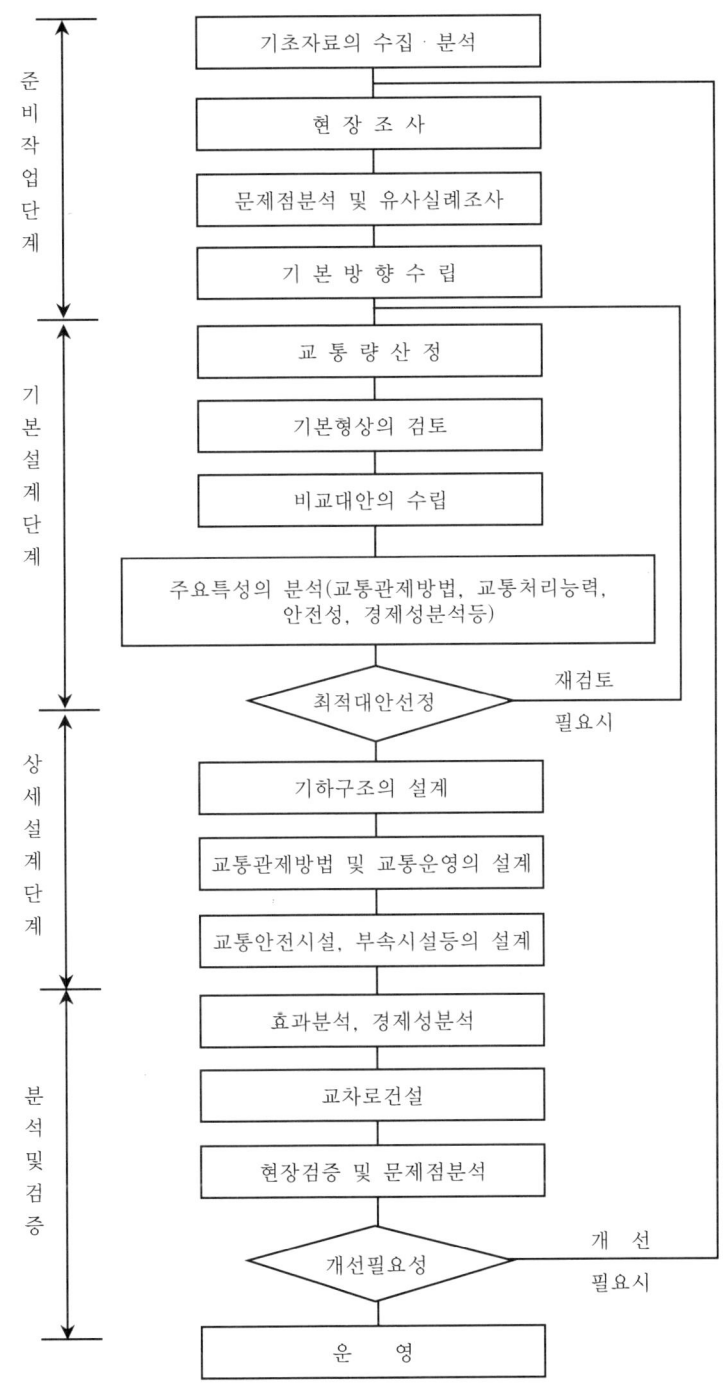

3) 주요 조사사항

① 도로 및 연도 현황 조사
- 주변 가로망의 형태, 인접교차로 현황, 주변의 대규모 교통유발시설, 공공시설의 분포 등 교차로뿐만 아니라 주변 전체에 대한 현황조사
- 지형·지물 및 각 진입로에 대한 설계속도, 폭원구성, 선형 등 기하구조와 설계상의 특별한 고려사항
- 포장, 배수, 횡단경사, 표지판, 신호등, 노면표시, 식재상황 등 부속 시설물의 현황조사

② 교통량 조사
- 방향별, 차종별, 시간대별 교통량(주변 교차로 현황을 동시조사)
- 버스, 택시 등의 이용자 현황과 운영실태

③ 교통운영 및 교통특성 조사
- 신호등, 일시정지, 양보표지 등의 교통관제와 회전금지, 진입금지 등의 교통규제 상황
- 자동차의 정지위치, 교차로 통과 속도, 주행궤적, 사고위험 등의 교통특성 조사
- 보행자, 자전거 통행특성 및 교통취약자(어린이, 노약자, 장애자 등)

④ 교통사고 조사
- 최근 3년간의 교통사고를 정도별, 유형별, 위치별, 차종별로 조사(사고일시, 기상상태 포함)
- 신설의 경우 유사형태 교차로의 교통사고 기록 조사

4) 기본 방향의 수립

교차로의 계획 설계시 주요 관심은 항상 교통혼잡의 완화, 사고발생의 예방, 이용자의 편리성 확보로 압축된다. 물론 이들 모두를 만족시키는 것이 최종 목표이지만, 만일 모두를 동시에 만족시키지 못한다면 어떤 것에 우선 순위를 둘 것이며 그 순위에 다른 보완대책을 어떻게 수립할 것인가에 대해 유념하는 것이 기본방향의 수립이 된다.

3 기본설계

1) 교통용량과 설계교통량의 추정

교통정체의 완화 혹은 해소를 주목적으로 하는 교차로의 설계에서는 교통용량과 교통수요를 추정하고 개선설계안이 교통수요상의 교통량을 처리할 수 있는지 검토해 두어야 한다. 교차로 정체의 교통처리능력 즉, 교통용량은 교차로에서 각 유입부의

교통용량으로부터 추정할 수 있다. 교통용량은 계산에 의하여 추정하는 방법과 교차로에서의 실제 관측을 통하여 얻은 값으로 구하는 방법이 있다.

계산에 의하여 추정한 값은 주어진 도로 및 교통조건하에서의 평균적인 값이라고 생각하면 좋을 것이다. 일반적으로 실제로 측정한 값과 계산에 의한 값은 같지 않다. 실제의 교차로에서는 계산으로 나타낼 수 없는 요인이 존재하며 그것은 교차로에 있어서 다양한 차이를 나타내기 때문이다. 그러므로, 계산에 쓰이는 교통용량의 값은 그 교차로의 실태를 충실히 반영한다는 의미에서 실측에 의해 구한 값을 사용하는 것이 중요하다.

다음으로 교차로의 각 유입부 교통용량을 기준으로 볼 때 교차로에 도착하는 교통수요상의 교통량(설계에 사용할 때는 설계교통량이라 칭함)을 처리할 수 있는지 검토하여야 한다. 이 설계교통량은 보통 오전 및 오후 첨두(peak)시간대(교통수요가 많은 시간대)를 채택하여 설정한다. 설계교통량은 일반적으로 교차로의 접근로별, 방향별(직진, 좌회전, 우회전), 차종별 교통량을 조사하여 추정하게 된다.

이때 신호를 2회이상 대기하는 자동차행렬이 생기는 유입부에서 측정된 교통량은 교통수요를 바르게 나타내고 있지 않음에 유의할 필요가 있다. 유입부에서 교통용량의 값은 교통량으로 측정할 수 있는 최대의 값이므로 교통용량 이상의 자동차가 도착한 경우에는 교통수요가 실제로 측정한 교통량보다 많다는 것을 의미한다. 따라서 설계교통량은 그 초과분(신호 2회이상 대기하는 자동차행렬을 형성하는 자동차대수)을 가산한 값으로 설정하여야 할 것이다.

2) 형상의 검토

① 교차각

설계시 교차로 개선의 기본적인 사고는 「가능한 한 교차로를 단순하고 명확하게 한다」는 것이다. 즉, 단순한 십자형이나 T자형에 가깝게 되도록 하는 것이 기본이다. 즉, 교차하는 도로의 교차각은 직각에 가깝게 하여야 하며 이러한 토대 위에 자동차가 일정하고 안정된 주행상태로 교차로를 통과할 수 있도록 교차로 주변 및 교차로 내부의 기하구조나 노면표시 등을 명확하게 설계하는 것이 중요하나.

이와 같은 단순화의 논리는 교차로의 형태나 기하구조뿐만이 아니라 교통운용에 있어서도 마찬가지이다. 신호에 의해 교차로의 교통처리나 교통규제를 가하는 경우에도 가능한한 단순하고 명확하게 되도록 노력하는 것이 중요하며, 불필요하게 복잡한 교통운용은 피해야 할 것이다.

교차로의 단순화·명료화는 운전자, 보행자 등의 도로이용자가 알아보기 쉽게 하고, 교차로 설계의 의도가 쉽게 해석되도록 하기 위해서도 중요한 것이다. 도로이용자 입장에서 알아보기 어려운 교차로는 교통류를 안전하고 원활하게 처리할 수가 없고, 대개의 경우에 문제가 발생한다. 교차로를 알아보기 쉽게 설계·운용하는데 있어서 단순화·명료화라는 기본 사고는 가장 중요하며, 이를 형상화하는 가장 기본적인 방법이 교차하는 도로의 교차각을 직각에 가깝도록 하는 것이다.

② 교차면적

교차로의 형태가 복잡하거나 면적이 필요 이상으로 넓으면 교차로 내에서의 주행자동차들이 분산되므로 교차로 내에서 자동차의 주행위치가 불안전하게 되어 교통사고의 위험성이 증대한다. 또한, 넓은 교차로는 정지선간 거리가 길어지기 때문에 신호가 바뀔 때 교차로에 유입한 자동차가 교차로를 완전히 벗어나기까지의 기간이 길어지게 되어 교차로의 교통처리 능력이 저하되는 것이다.

유입부 도로가 네갈래 이상 있는 다갈래교차, X형이나 T형과 같이 비스듬히 교차하는 예각교차, 엇갈림교차, 굴절교차 등 변형교차하는 경우는 일반적으로 교차로 면적이 넓어지기 쉽다. 이러한 경우에는 교차로의 형태를 적절하게 하는데 초점을 맞출 필요가 있다.

교차로의 형태가 복잡하면 교차로에서의 교통운영방법 또한 복잡해지기 쉽다. 그 결과로서 교차로에서 지체증대 혹은 교통처리능력의 저하가 초래되기 쉽다. 그러므로 복잡한 형태의 교차로를 개선할 때에는 형태의 적정화와 동시에 교통규제와 교통제어에 대한 평가를 통하여 교통운영의 단순화도 고려하는 것이 중요하다.

교차로의 면적을 적정하게 하는 방법은 각 교차로의 형태에 따라 다르나, 정지선간 거리를 가능한 한 짧게 하는 것과 교차로 내에서 자동차의 흐름을 명확히 하는 것을 원칙으로 하고 있다. 즉, 교차로의 면적은 자동차가 정지선 사이를 주행하는데 소요되는 시간이 가능한 짧게 되도록 할 필요가 있다.

이를 위해 필요이상으로 면적이 넓은 교차로에서는 정지선 혹은 횡단보도의 위치를 가급적 교차로의 중심에 가깝게 할 필요가 있다. 중심에 가깝게 하는 경우의 교차로에서는 횡단보도의 위치가 도로의 연석선의 연장선에서 약 자동차 1대의 길이만큼 바깥쪽으로 후퇴한 위치이면 좋다.

이것은 우회전하는 자동차가 횡단보행자를 위하여 대기하는 공간을 제공하는 것과 우회전 자동차가 많은 교차로의 경우 직진자동차에 영향을 적게 주는 의미가 있다. 그러나, 이 후퇴하는 거리는 대상 교차로의 유입부 차로수나 우회전 교통량에 따라 다르게 된다. 시야가 나쁜 교차로에서는 이 후퇴거리를 원칙에 따라서 크게 하면 오히려 시야를 더욱 나쁘게 하므로 주의할 필요가 있다.

③ 비교 대안의 작성

문제점과 그 원인이 명확해 지면 이에 대한 대책을 검토하여 개선안을 작성하게 된다. 개선안을 작성함에 있어서는 한가지의 안을 작성하는 것이 아니라 가능한 안을 가급적 많이 작성하여 실제의 교차로 조건하에서 어느 안이 실제적이고 실행 가능하지 충분히 검토하는 것이 필요하다.

즉, 어떤 문제에 대하여 어느 대책에 유효하다고 해도 그 대책을 실시함으로써 새로운 문제가 생기는 경우가 있으므로 이러한 경우에 대비하며 최적의 설계안 작성을 위해서는 여러개의 비교대안을 작성하여 검토하여야만 한다.

예컨대, 교통정체를 해소하기 위해서는 제1안이 바람직하나 이 경우 교통사고의 위험성이 높고, 교통안전에 좋은 안의 경우는 교통소통을 원활히 하는데 문제가 될 수 있는 경우가 있을 수 있다. 따라서 개선안을 작성함에 있어서는 그 대안을 시행함으로써 나타날 영향에도 관심을 가지고 그 악영향을 최소화하도록 하는 검토가 필요하다. 이러한 검토의 효과로 작성된 비교대안이 설계의 기본이 된다.

④ 최적 대안의 선정

여러 개의 비교대안 중 최적 대안을 선정하는 일이 단순한 것 만은 아니다. 왜냐하면 최적안을 선정할 때 교통소통, 교통안전, 이용자의 편리성, 경제성 측면을 모두 고려한 주요 특성을 분석하여 결정하게 되지만 이들 중 한가지라도 소홀하게 되면 비교대안의 작성과정부터 다시 시행하여야 하기 때문이다. 즉, 최적 대안은 지금까지 언급한 모든 내용을 면밀히 재검토하여 선정하여야 하며 상세설계시 예상되는 문제점도 동시에 분석하여야 한다.

특히, 주변 교차로와의 관계에도 유념하여야 하는데, 이는 만일 해당 평면 교차로를 개선하여 교통정체를 해소한다 하더라도 인근 교차로에서 정체가 발생하면 노선 전체로 볼 때 정체의 발생 장소만 이동하는 결과만 가져오게 되므로 실질적으로는 개선의 효과가 없게 되기 때문이다.

4 상세설계

교차로의 상세설계는 도류화에 의한 기하구조 설계, 시거확보, 신호현시 등의 교통운영 및 교통관제, 기타 교통안전시설 등을 설계하는 것으로 각각의 구체적인 방법은 다음 절에서 상세하게 언급할 것이며, 본 절에서는 설계 기본원칙, 기하구조기준 등의 가장 기초적인 사항에 대하여만 간략히 기술하기로 한다.

5 분석 및 검증

교차로의 신설 또는 개선을 시행한 후에는 이전 문제점의 개선정도와 새로운 문제점을 검토하는 것이 필수적이다. 이를 위해서는 건설 완료후에도 계속적인 조사가 필요하며 교통정체의 해소(완화), 교통사고의 감소를 목적으로 한 개선인 경우에 필요한 기본적인 검토 사항은 다음과 같다.
① 교통량, 교통용량
② 대기행렬의 길이(첨두시의 최대 또는 평균)
③ 교차로 통과에 필요한 시간(첨두시의 주행시간)
④ 사고발생 상황(언제, 어디서, 어떠한 사고가 있는지에 대한 조사)
⑤ 교통특성의 변화 등

교통정체와 관련하여 효과 평가에 필요한 조사의 실시 시기는 개선 직후와 약간의 시간이 경과한 후(기준으로는 3개월 후와 6개월 후의 2회)가 바람직하다. 교통사고와 관련해서는 적어도 6개월, 통상 1년이 경과한 후의 조사 결과가 아니면 효과 평가를 할 수 없다. 또, 그후에도 계속하여 자료를 수집하는 것이 중요하며 이러한 자료를 가지고 효과평가를 충분히 할 수 있는 것이다.

결론적으로 교차로는 1회의 개선으로 모든 문제가 해결되는 일은 거의 없다고 할 수 있으며, 개선 후의 효과 평가를 통하여 남겨진 문제 혹은 새로 발생한 문제를 명확히 하고 개선하는 작업을 계속적으로 실천해 가는 노력이 필요하다.

4.4.2 설계의 기본원칙

교차로 설계에 있어서의 기본적인 사고방식은 앞서 서술한 바와 같이 교차로의 형태나 운용방법을 가능한 한 단순하고 명확하게 하는 것이며, 기본 목표는 사람이나 자동차가 교차로를 안전하고 편리하게 이용하게 하면서 자동차나 자전거, 보행자 또는 교통시설 간의 상충을 최소화시키는 것으로 교차로 이용자의 운행특성과 일반적인 흐름에 가급적 부합되도록 하는 것이 좋다.

1 다섯갈래 이상의 다갈래 교차로는 설치하지 말아야 한다

교차로의 상충 횟수는 교차로의 갈래가 증가하면서 급격히 늘어난다. 예를 들면 네갈래 교차로의 경우 32개의 상충이 발생하지만 여섯갈래 교차로의 상충 횟수는 172개에 이른다.

또한 다섯갈래 이상의 도로가 만나는 교차로에서는 서로 교차하는 교통류의 종류가 많아지고 복잡해지므로 교통용량상으로도 교통안전상으로도 바람직하지 않다. 이 때는 교차로에 접속되는 좁은 도로는 교차로 앞의 다른 도로에 접속시키거나 유출만의 일방통행으로 하는 등 가급적 네갈래 교차로 하는 방법을 검토함으로써 다갈래 교차를 해소토록 하는 것이 중요하다.

2 교차각은 직각에 가깝게 되도록 한다.

서로 교차하는 교통류는 직각으로 교차토록 하는 것이 두 교통류의 상대속도 차를 최소화하게 되고 시야가 넓어져 가장 좋다. 즉, 교차각이 작은 경우의 교차로(Y형이나 X형의 교차로)는 상충이 크게 발생되므로 가능한 한 직각에 가까운 각도 약 75° 이상으로 교차하도록 개선하여 T자형이나 십자형으로 설계하여야 한다.

3 엇갈림 교차, 굴절교차 등의 변형교차는 피해야 한다.

교차로 내에서 상충을 겪게 되는 운전자의 입장에서 보면 상충 1회에 많은 집중력과 판단력이 소요되므로 한 주행 경로에서 여러 번의 상충이 발생하지 않도록 해야 한다. 또한, 상충의 위치가 근접해 있으면 위험성이 증가하고 자동차혼잡이 가중되므로 상충지점을 분리시켜야 한다. 또한, 같은 지점에서 서로 다른 상충이 발생하는 것은 절대 억제해야 한다.
따라서 엇갈림교차, 굴절교차 등의 변형·변칙 교차는 교통류가 복잡하게 움직이게 되어 바람직하지 않으므로 앞서와 같이 T형이나 십자형이 되도록 설계하여야 한다.

4 교통류의 주종관계를 명확히 한다.

현장의 교통상황을 충분히 관찰하여 주교통류와 부교통류를 구분하여 교통류의 주종관계를 명확히 하는 것이 필요하다. 즉, 주교통류를 우선적으로 처리하여 효율성과 안전성을 증대시켜야 하며 이에 따라 각 교통류에 할당하는 차로배분이나 신호현시의 조합방안이 결정된다.

5 교차로의 면적은 가능한 한 최소가 되도록 한다.

너무 넓은 교차로는 교차로 내에서 교통류가 분산되므로 교통안전상 바람직하지 않다. 또 교차로를 통과하는 시간 즉, 교차로에 유입한 자동차가 교차로를 완전히 벗어나는데 소요되는 시간이 증대하여 교차로의 교통용량도 저하된다.

그러므로, 지나치게 넓은 교차로에 대해서는 정지선의 위치와 교차로 내에서 자동차의 흐름을 유도하는 것 등을 충분히 검토하여 교차로의 면적이 적절하게 되도록 하는 것이 중요하다.

6 서로 다른 교통류는 분리한다.

좌회전 자동차가 교차로의 접근도로상에 정지하고 있으면 후속하는 직진자동차의 주행을 방해하며 교통용량이 저하되거나 교통사고를 유발하게 된다. 우회전 자동차도 횡단보행자의 존재에 의하여 좌회전 자동차의 경우와 같은 현상을 유발하게 된다.
이와 같이 좌·우회전 자동차로 인한 악영향이 발생하지 않도록 하는 것이 중요하며, 좌회전 차로와 우회전 차로를 설치하기 위한 노력이 필요하다.

7 자동차의 유도로를 명확히 한다.

좌회전과 우회전 자동차의 주행이 일정하고 안정된 궤적을 갖게 하기 위하여 도류로를 설치하는 것이 중요하다. 교차로가 클 경우의 좌회전 도류로는 「교통섬」을 설치함으로써 타 교통류와 분리한다. 좌회전 도류로는 필요에 따라서 유도표시(Marking)를 교차로 내에 위치하도록 한다.
이와 같이 교통류를 분리하여 도류화 할 경우에 설치하는 교통섬은 가능한 크게 하되 개소 수는 적게 하는 것이 필요하다. 작은 교통섬을 여러개 설치하는 것은 오히려 교통류를 복잡하게 하여 혼란이 발생되기 쉬우므로 피해야 한다.

8 교차로의 기하구조와 교통관제방법 사이의 조화를 이루도록 한다.

좌회전 차로와 좌회전 표시의 위치, 좌회전 차로의 길이와 신호주기의 관계 등 교차로의 기하구조와 교통관제방법이 조화된 설계가 아니면 각각의 효과가 크지 않을 뿐 아니라 안전을 저해하는 결과가 발생한다. 교차로의 설계시는 이 양자가 조화된 설계를 하기 위하여 충분히 주의하여야 한다.

9 각종 교통안전시설의 설계에 유의한다.

입체 횡단시설, 장애물 표시 등의 각종 교통 안전시설을 설치 혹은 개선함으로써 큰 효과가 있는 경우가 있으므로, 이들 안전시설을 적절한 장소에 적절한 개수만큼 설치하도록 충분히 검토하는 것이 필요하다.

4.4.3 평면교차의 선형

평면교차는 자동차, 보행자 및 시설물이 복잡하게 얽혀 있는 지점으로 교통사고의 위험성이 높고 교통 운영 상태가 나빠질 우려가 많은 곳이다. 따라서 도로의 선형은 되도록 직선을 유지하도록 하여 일단 교차로에 진입한 운전자나 보행자들이 최소한의 시간을 가지고 교차로를 신속하고 안전하게 통과하는 것이 중요하다. 특히 예각으로 교차하는 도로는 회전부에 많은 면적이 소모되고, 운전자의 시거확보를 어렵게 하며, 교통사고 위험성이 높다. 따라서 계획시 교차로의 형태에 상관없이 서로 교차하는 도로는 직각에 가깝도록 설계하여야 한다.

1 예각교차

예각교차의 교차로는 직각교차에 비하여 정지선간 거리가 길고 교차로 면적이 넓어지기 쉽다. 이에 따라 자동차가 교차로 내부를 고속으로 통과하기 쉽게 되어 좌·우회전 자동차와 횡단보행자 사이에 사고가 발생하기 쉽다. 또한 이러한 교차로는 시거도 나쁘게 되며 교통처리 능력에도 문제가 있게 된다.

교차로의 개선은 통상 부도로를 대상으로 한다. 이러한 경우에도 교차로에 너무 근접한 장소에서 도로를 구부려서는 안된다. 굴곡부가 교차로에서 너무 가까우면 주도로로부터 좌·우회전 자동차가 부도로의 대향차로를 침범하기 쉽고 시거도 나쁘게 되므로 부도로에 정지하고 있는 자동차와 충돌하는 일이 생겨 대단히 위험하다. 그러므로 부도로의 유입부에서 선형을 개선할 경우 현지의 지형과 자동차의 주행궤적 등을 충분히 고려할 필요가 있다.

1) 세갈래 교차로

T형 교차로는 직각 교차로와 함께 상당히 안전한 평면 교차로의 유형으로 볼 수 있으나 Y형 교차로는 매우 심각한 측면 충돌 교통사고가 발생할 가능성이 크다.
그 이유는 운전자들이 교차로의 통행권을 분명히 깨닫지 못하고 주행하기 때문이며 이러한 문제점 다음의 그림과 같이 해결할 수 있다.

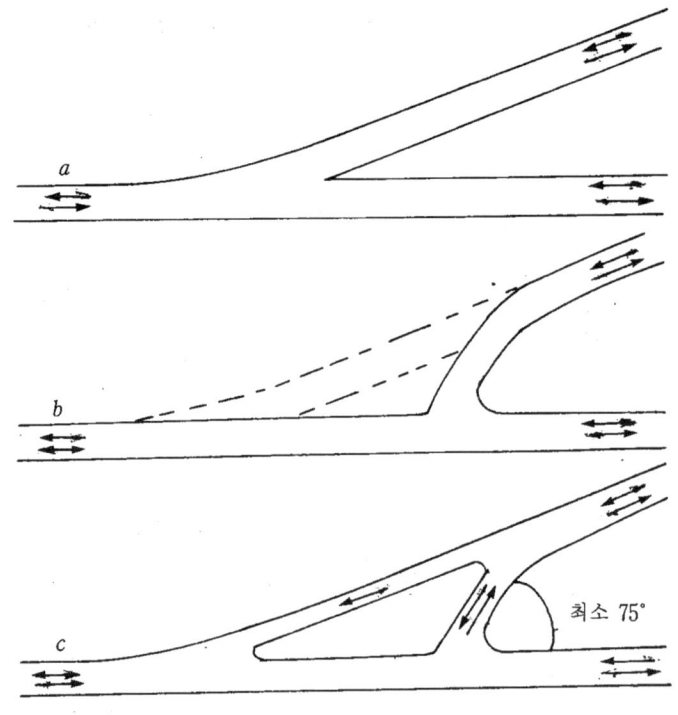

(그림 4.9) Y형 교차로

2) 네갈래 교차로

(그림 4.10)에서 A와 B의 경우 예각 교차를 직각교차로 바꾸는 것은 바람직하지만 이로 인해 부도로 자동차의 주행 속도가 높아져서 주도로의 주행속도와 대등하게 되면 교통사고 발생의 원인이 되므로 주의해야 한다.

C와 D는 주도로와 교차하는 부도로를 교차부에서 분리시키는 방법으로서, 주도로에서 부도로방향으로 좌회전 교통이 많은 경우에 C형식은 중앙부에서 좌회전이 병합되므로 D형식이 좋은 설계이다. 또한, 부도로방향으로 주도로로의 좌회전 교통이 많은 경우에 D형식은 중앙부에서 좌회전이 병합되므로 C형식이 좋은 설계가 된다. 주↔부 방향의 좌회전 교통이 많은 경우에는 주도로의 영향을 감소하기 위해서는 D 방식의 설계가 좋다. 다만 교차부의 간격이 짧을 때에는 분리대를 설치하여 직진 또는 좌회전 교통을 차단하는 방안이 검토되어야 한다.

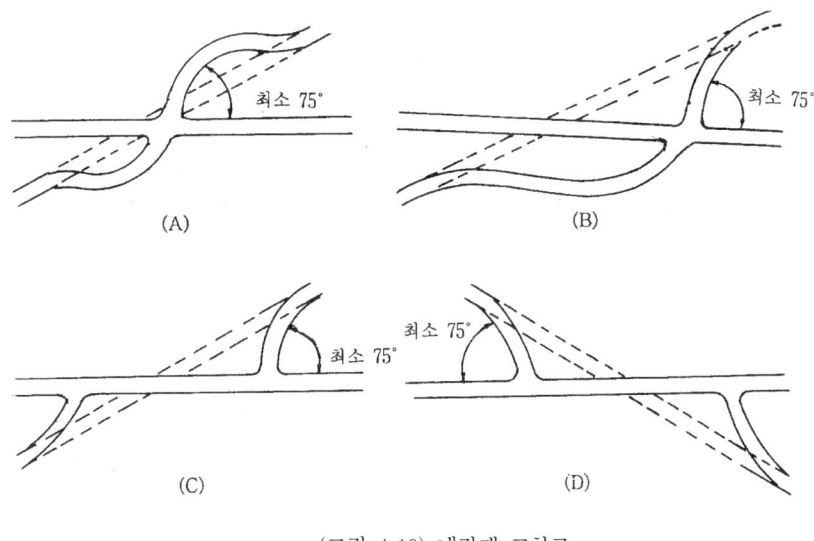

(그림 4.10) 네갈래 교차로

2 변형교차·변칙교차

엇갈림교차나 굴절교차와 같은 변형교차로에서는 교통류가 복잡하게 교차하기 쉬우므로 교통처리 및 교통안전 측면에서 바람직한 형상이 아니며, 또한 교통량이 많은 주도로가 직각으로 굽은 변칙교차(예로서 신설된 도로가 기존의 교차로에 접속되는 경우와 같은 형태의 교차로에서 볼 수 있음)에 있어서도 교통처리나 안전상 문제가 많은 교차로가 되기 쉽다.

따라서 이와 같은 교차로는 가능한 한 교차로의 형상을 변경할 필요가 있다.

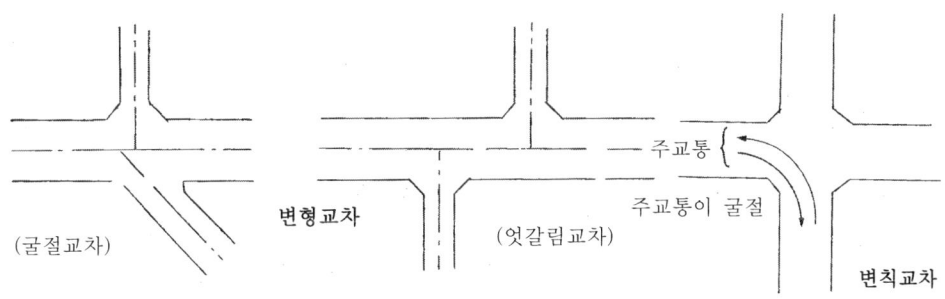

(그림 4.11) 변형교차 및 변칙교차의 예

1) 엇갈림 교차로

엇갈림 교차로는 교차로의 구조를 변경하여 십자형 교차로로 개선하는 것이 바람직하다. 구조상의 변경이 불가능 할 경우에는 교통규제를 실시하고 신호현시를 개선함으로써 T자형이나 십자형과 같은 교통류가 되도록 하는 방법을 고려하여야 한다.

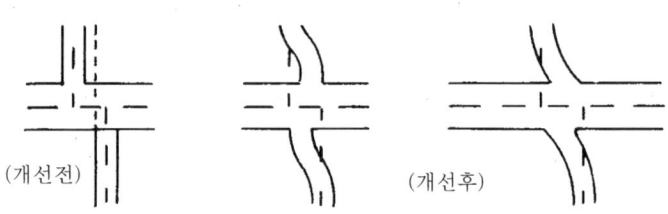

(a) 도로선형의 변경

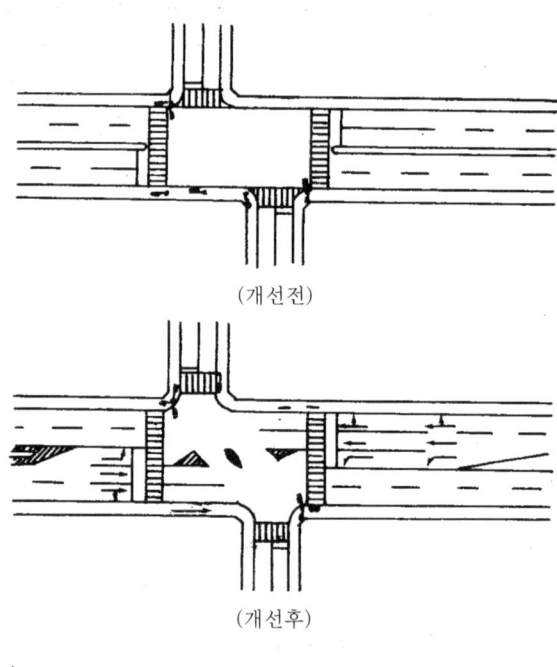

(b) 신호현시의 변경

(그림 4.12) 엇갈림 교차로

2) 변칙교차로에서는 주교통의 진행방향이 명확히 되게 한다

주교통이 좌회전이나 우회전으로 되어 있는 변칙교차로는 교차로의 교통처리 능력

이 저하되기 쉽다. 또, 운전자의 판단 잘못으로 인한 교통사고도 발생하기 쉽다. 이러한 교차로는 원칙적으로 주 교통이 이용하고 있는 도로의 선형을 개선하는 것이 교통처리상으로도 바람직하다.

선형개선이 불가능한 경우는 주교통방향의 교통량에 맞추어 교차로 부근에서 차로수를 증가시키는 방안과 녹색신호 시간의 배분을 고려하는 것이 필요하다.

특히, 주교통이 좌회전하는 경우는 교차로 전방의 충분한 거리에 진행방향이 명확히 인지되도록 하는 표지를 설치하여 이용자가 당황하지 않게 하는 것이 필요하다.

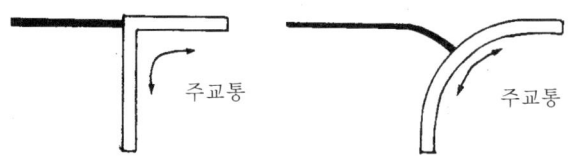

(그림 4.13) 도로선형의 개선

③ 평면 교차로의 최소 곡선 반경

일반 도로구간의 곡선반경 설계에서 중요한 사항은 자동차의 궤적이지만 교차로내 곡선반경을 정하기 위해서는 보행자의 영향, 교통섬의 기능, 교통관제시설, 도로폭 등을 복합적으로 고려해야 한다.

교차로 전방에서는 주행하고 있는 도로라는 것이 분명히 인식되는 경우를 제외하고는 운전자가 접근로에서 주행속도를 떨어뜨리는 것이 보통이고 접근로의 설계조건을 교차로에 그대로 적용한다는 것이 반드시 적합하지는 않으며, 또한 비경제적인 경우도 있을 것으로 생각된다. 따라서 일반적인 도로구간에서 교차로 접속부분의 곡선반경에 대해서는 일반적인 도로구간에서 규정한 값보다 완화하는 것으로 하였다.

〈표 4.6〉 곡선부 평면교차의 최소곡선 반경

설계속도(km/h)	최소 곡선 반경(m)
60	60
50	40
40	30
30	15
20	15

4 종단선형

교차로 부근에서는 항상 시거가 충분히 확보되도록 해야 하며 정지선에서 정지하고 있는 자동차의 안전을 위해 종단경사는 최대한의 기준을 초과하지 않아야 한다. 일반적으로 종단경사가 3%를 넘게 되면 제동거리를 포함하여 도로설계에서 고려되었던 기준 값들이 현저히 달라지게 되나 운전자들은 이러한 상황을 피부로 느끼지 못하므로 위험을 내포하는 경우가 많다.

따라서 교차로에서는 종단경사를 3%이내에서 유지하는 것이 바람직하며, 지형상황, 공사비 등으로 인해 개선이 곤란한 경우에도 종단경사는 6%를 넘지 않도록 하되 종단경사의 증가와 관련된 제반 설계기준이 조정되어야 한다.

또한, 교차로에서의 종단경사 변화는 주도로를 그대로 두고 접속도로를 조정하는 것이 바람직하나 속도가 그다지 높지 않을 경우 교차하는 두 도로의 횡단경사를 모두 평면으로 조정하여 교차시킬 수도 있다. 이때 교차로에서의 배수가 중요하며 정상적인 횡단경사에서 평면으로 변화하는 과정이 점진적으로 수행되어야 한다.

4.5 도류화 설계

4.5.1 개요

1 목적

① 두 개 이상의 자동차 경로가 교차하지 않도록 통행 경로를 제공한다.
② 자동차가 합류, 분류 및 교차하는 위치와 각도를 조정한다.
③ 교차로 면적을 줄임으로써 자동차간의 상충면적을 줄인다.
④ 자동차가 진행해야 할 경로를 명확히 제공한다.
⑤ 주된 이동류에게 통행우선권을 제공한다.
⑥ 보행자 안전지대를 설치하기 위한 장소를 제공한다.
⑦ 분리된 회전차로는 회전자동차의 대기장소를 제공한다.
⑧ 교통통제설비를 잘 보이는 곳에 설치하기 위한 장소를 제공한다.
⑨ 어떤 이동류의 진행을 금지 또는 지정된 방향으로 통제한다.
⑩ 자동차의 속도를 원하는 정도로 통제한다.

2 설계원칙

도류화된 교차로 설계는 통상 설계차종, 교차 도로의 횡단면, 예상 교통량 및 용량, 보행자 수, 자동차 속도, 버스정류장 위치, 교통통제 설비의 종류와 위치 등의 요소에 의해서 지배되며, 도로부지나 지형과 같은 물리적인 요소에 의해서 경제적으로 타당성 있는 도류화의 범위가 결정된다.

교차로를 도류화시킬 때는 기본적인 원칙을 따라야 하나 그렇다고 다른 여건을 감안한 전체적인 설계특성을 무시하면서 이를 적용시켜서는 안된다. 또한, 독특한 조건하에 설계원칙이 적용될 때는 이를 수정할 수도 있으나 그 때는 이에 따른 결과를 충분히 예상할 수 있어야 한다. 이와 같은 설계원칙을 무시하면 위험성을 내포한 설계가 되기 쉽다.

평면 교차로에서의 도류화를 위한 일반적인 설계 원칙은 다음과 같다.

① 운전자는 한 번에 한 가지 이상의 의사 결정을 하지 않도록 해야 한다.
② 90˚ 이상 회전하거나 갑작스럽고 급격한 배향곡선(reverse curve)등의 부자연스런 경로를 피해야 한다.
③ 운전자가 적절한 시인성 및 시계를 가지도록 해야 한다. 시인성이 나쁜 장애물이 없어야 하며 교통섬은 눈에 잘 띄도록 해야 한다. 따라서 교통섬 외곽 연석의 종류에 따라 적절한 조명시설을 해야 한다. 특히 회전자동차의 대기장소는 직진교통으로부터 잘 보이는 곳에 위치해야 한다.
④ 필수적 교통통제설비의 위치는 도류화의 일부분으로서 이를 고려하여 교통섬을 설계해야 한다.
⑤ 횡단 또는 상충점을 분리시킬 것인지, 혹은 설계를 단순화하고 운전자의 혼돈을 막기 위해서 밀집시킬 것인지를 결정하기 위해서는 엄밀한 분석이 필요하다. 필요 이상의 교통섬을 설치하는 것은 피해야 하며, 원칙적으로 도류화가 필요하다 하더라도 좁은 면적에서는 이를 피해야 한다.
⑥ 교통섬은 운행경로를 편리하고 자연스럽게 만들 수 있도록 배치해야 한다.
⑦ 곡선부는 적절한 곡선반경과 폭을 가져야 한다.
⑧ 속도와 경로를 점진적으로 변화시킬 수 있도록 접근로 단의 처리를 잘해야 한다.

4.5.2 도류화 시행방법

1 금지된 방향의 진로를 막는다.

교통섬, 분리대, 접속각의 조정 및 작은 곡선의 모퉁이 처리 등을 이용하여 불법 좌회전이나 바람직하지 않은 통행을 제한 또는 금지시킴으로써 교통안전과 교통소통의 원활화를 도모한다. 이런 방법이 주로 적용되는 것은 위계기능의 차이가 많이 나는 도로의 접속(연결로 포함), 다갈래 교차로의 효율적인 운영, 일방통행로 등의 처리에 많이 이용되며 그 구체적인 방법은 다음과 같다.

① 분리대를 설치하여 주도로와 부도로간의 좌회전을 금지시켜, 불법 좌회전에 의한 교통사고와 교통혼잡을 예방한다.
② 접속도로의 접속각 조정과 접속부에 작은 곡선을 설치하여 우회전만 가능토록 함으로써 불법 좌회전을 예방한다.
③ 분리대 부분의 도류화의 접속도로의 조정으로 정상적인 통행은 방해하지 않고 위험한 불법 회전을 예방한다.
④ 교통섬을 설치하여 인접 교차로의 통행에 지장을 주지 않도록 바람직하지 않은 횡단과 좌회전을 금지시킨다.

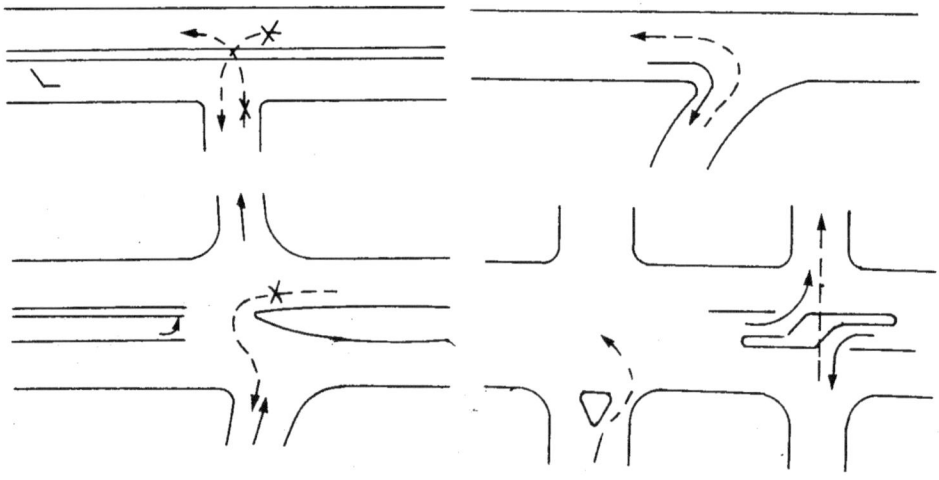

(그림 4.14) 금지된 방향의 진로를 막는 예

2 주행 경로를 명확히 한다.

교차로의 형태 및 기하구조, 접근로의 선형, 교통섬, 노면표시 등을 복합적으로 활용하여 자동차의 주행경로를 명확히 하여야 한다. 이는 서로 다른 교통류를 분리하며 안전성과 용량 증대를 도모한다.

여기서 좋은 자동차 경로란 운전자의 기대치와 관계되는 것으로 회전하려는 자동차의 운전자는 차로 변경을 예상하며, 직진자동차의 운전자는 직진차로로 계속 주행하는 것을 기대하에 되며 어느 누구도 갑작스러운 차로 변경을 예상하지 않는 경로를 말한다. 따라서 주행경로를 자연스럽게 유도하는 도류화는 운전자의 기대치를 보완하는 것이 된다.

별도의 회전차로는 회전하려는 운전자에게 명확하게 시선유도가 되도록 하여야 하며 직진하려는 운전자가 진입하도록 하여서는 안된다. 또한 모든 교통류를 도류화시키기 위하여 지나치게 많은 교통섬을 사용하는 것으로 잘못 해석되어서는 안된다. 특히, 명확한 주행경로는 회전 교통량이 많은 곳, 주도로의 방향이 굽은 곳, 사각 교차로, 다갈래 교차로 등과 같이 통행특성이나 기하구조가 독특한 교차로에서 매우 중요하다.

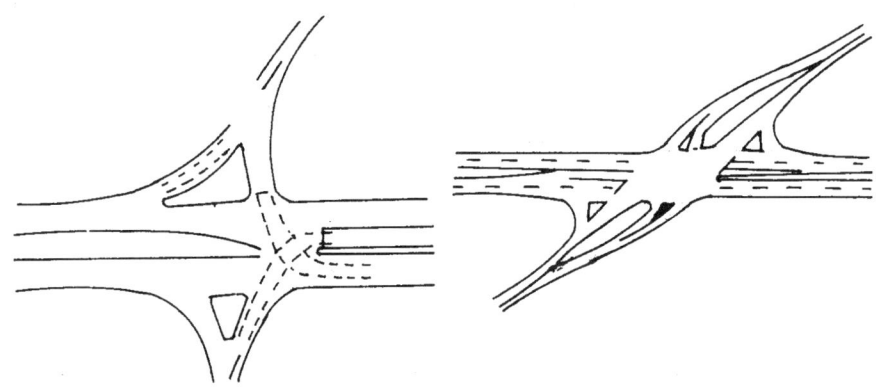

(그림 4.15) 주행경로를 명확히 한 예

① 직진 자동차가 잘못하여 좌회전 차로로 진입하는 것을 최소화하도록 하며, 접근로의 선형, 도류시설물, 차로도색 등이 잘 조화되어 적절한 자동차 경로를 나타내도록 한다.
② 자동차가 잘못 진입하기 쉬우며(일방통행 등) 많은 교통량을 처리해야 되는 곳에서는 교통섬을 이용하여 자동차의 통행경로를 적절하게 정하여 주도록 한다.

③ 바람직한 자동차 속도를 유지하도록 한다.

바람직한 자동차 속도를 유지하도록 하는 것은 많은 교통량을 원활히 처리하고 높은 속도를 유지하도록 선형을 좋게 하는 것 뿐만 아니라 경우에 따라서는 높은 속도를 완화시키는 것을 말한다. 이렇게 바람직한 속도를 유지토록 하는 것은 교차로의 위치와 형식뿐만 아니라 교통관제도 중요한 요소 중의 하나가 된다.

일반적으로 많은 교통량과 높은 속도를 유지하여야 하는 주도로와 주도로에서 회전하는 이동류는 높은 속도를 유지하는 것이 바람직하며, 일시정지로 제어되는 부도로와 보행자 통행이 많은 교차로에서는 낮은 속도를 유지토록 하는 것이 바람직하다.

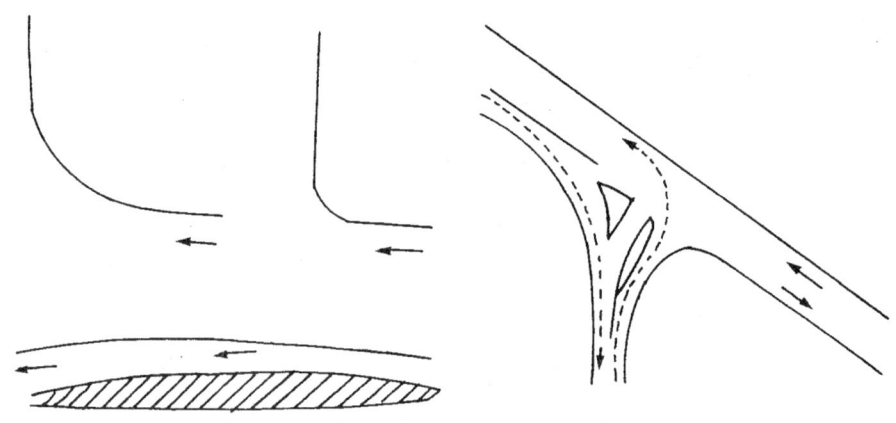

〈그림 4.16〉 바람직한 자동차속도를 유지하는 예

① 선형과 도류화에 의한 감속을 유도시켜 낮은 속도로 일시정지 표지까지 접근시킴으로써 일시정지를 하지 않는 주도로 상으로 안전하게 좌회전하도록 하며, 주도로 상에서 접속도로는 높은 속도로 우회전하도록 한다.
② 접근로 및 좌회전 테이퍼의 설계는 안전하고 쾌적한 감속을 할 수 있고 운전자의 기대치에도 부응하도록 하여야 한다. 길고 완만한 접근로의 테이퍼는 좋으나 좌회전테이퍼는 회전자동차의 유도와 직진자동차의 혼돈을 방지하기 위하여 너무 길지 않아야 한다.
③ 보행자와의 상충이 많은 곳에서는 우회전 속도를 줄이도록 회전부 작은 모서리를 사용하며, 많은 교통을 처리해야 하는 곳은 높은 속도를 유지할 수 있도록 큰 곡선반경을 사용하는 것이 좋다.

4 가능한한 상충지점은 분리한다.

회전차로의 설치, 교통섬의 설치, 접근로의 조정과 같은 도류화 기법은 모두 상충지점을 분리하기 위한 것으로, 이는 상충에 대해 운전자가 차례대로 인지하고 반응할 수 있도록 한다. 상충지점의 분리는 시간적 요소와 인지, 반응경로 등의 주행특성에 초점이 주어져야 하므로 상충의 분리를 위한 설계시는 속도에 대해 매우 민감하다. 특히 지방부 교차로에서 고규격 도류화의 안전 문제는 상충지점 사이의 불충분한 거리(그리고 시간) 때문으로 추정할 수 있다.
① 별도의 좌회전 차로는 회전하기 위하여 감속하는 분류자동차와 관계된 추돌상충과 교차로 내의 교차상충을 분리한다.
② 고규격의 우회전 도류로는 분류상충과 교차로 내에서 다른 회전 자동차와의 교차 상충으로부터 우회전 상충을 분리시키며, 분리대는 정면충돌 상충으로부터 분리한다.
③ 접근로와 교차로를 접근관리(출입통제)하여 적절한 간격을 유지하는 것은 가로망을 따라 상충지점을 분리한다.

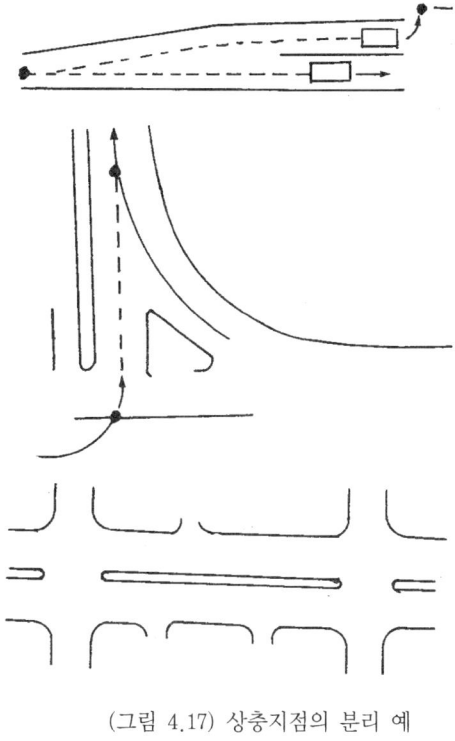

(그림 4.17) 상충지점의 분리 예

5 교통류는 직각으로 교차하고 예각으로 합류토록 한다.

교통류의 교차와 합류는 접근로의 기하구조, 교통관제, 주행속도 등을 반영하여야 하며, 실질적인 상충의 가능성과 심각한 상충을 모두 최소화시킬 수 있어야만 한다. 도류화 및 선형설계는 교차하는 자동차의 흐름을 가능한 직각에 가깝게 되도록 하며, 합류되는 곳에서는 합류되는 도로의 선형이 작은 각을 이루도록 한다. 이는 상충의 면적과 교차시간을 줄이고 상대속도를 최소화시키며 교차 교통류의 상대속도와 상대위치에 대한 판단을 쉽게 하도록 하는 것이다.

① 그림에서 보는 바와 같이 직각으로 교차하는 거리(d_r)는 사각으로 교차하는 거리

(d_s)보다 짧게 되어 직각교차는 교차로의 상충에 노출되는 시간과 거리를 최소화시킨다.

② 예각 교차로는 접근로에 접근하는 운전자의 가시각을 방해하며 어색하게 만든다. 특히 아래의 그림과 같은 경우는 운전자의 가시선이 자동차 내부에서도 방해를 받게 되어 더욱 나쁜 경우가 된다.

③ 예각으로 합류되는 도로를 권장하는데 이는 합류각이 작아지면 충격 에너지가 적어지므로 치명적인 사고와 상충이 줄어들고 짧은 차두간격을 이용할 수 있어 교통소통에도 유리하기 때문이다.

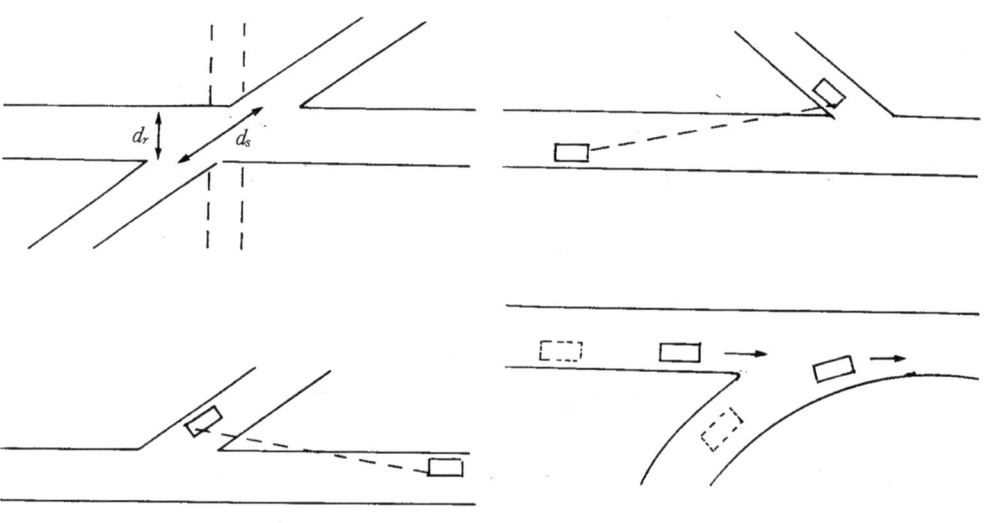

(그림 4.18) 교통류의 교차 예

6 주교통을 우선적으로 처리하여야 한다.

높은 우선순위를 갖는 주교통은 높은 도로용량이 필요 할 뿐만 아니라 운전자의 기대치가 높게 되므로 교차로의 기하구조와 교통관제는 주교통을 우선적으로 처리하여야 하며, 접근로의 모양과 기하구조는 주교통을 명확히 하여야 한다. 특히, 노선의 굽은 교차로, 회전교통이 많은 곳, 다갈래 교차로와 같이 비정상적인 특성을 갖는 교차로에서 중요하다. 또한 적절한 기하구조의 변경과 도류화는 교통운영을 보완하는데 매우 효과적이다.

① 주교통측의 선형을 변경시킴으로써 적은 교통량의 방향을 종으로 하여 회전교통을 처리한다.

② 모든 접근로를 완전히 도류화하며 주도로상의 직진 교통을 우선 처리한다. 좌회전

차로를 분리시키고 우회전 도류로를 설치하여 직진자동차를 포함한 상충을 최소화함으로써 모든 접근도로에서의 교차로 모습을 통행 우선권과 일치시킨다.
③ 교차로 접근로의 차로배치는 직진교통과 회전교통의 비율에 따라 설치한다. 좌회전 교통량이 매우 많은 경우에는 2차로의 좌회전차로를 설치한다.

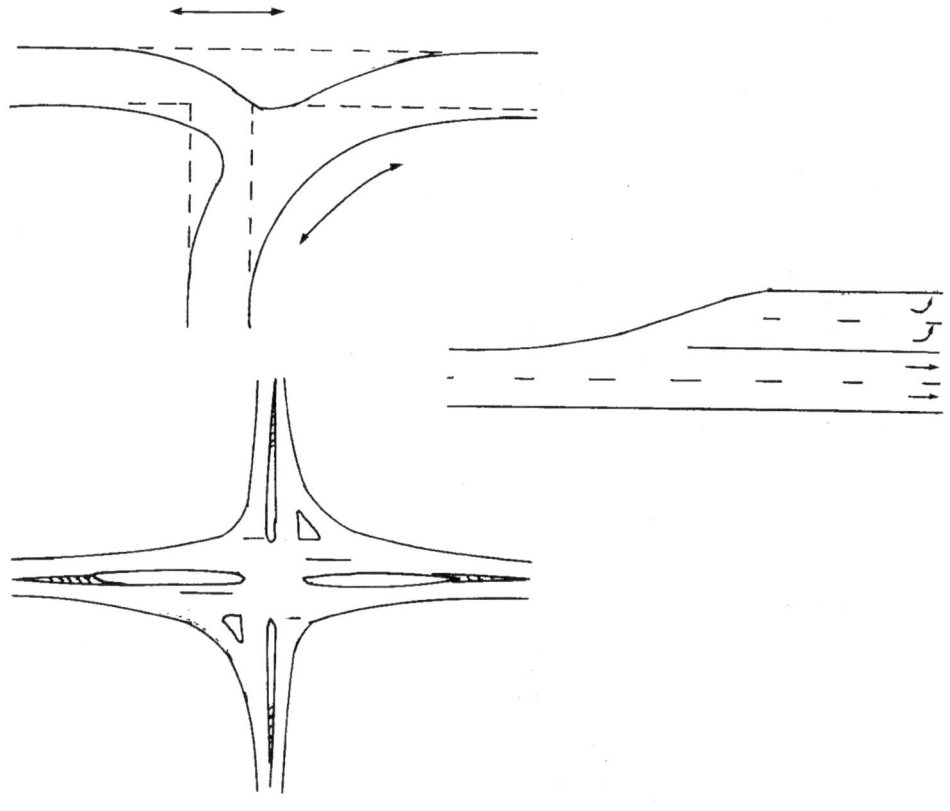

(그림 4.19) 주교통을 우선적으로 처리한 예

7 기하구조와 교통관제 방법이 조화를 이루도록 한다.

교차로의 기하구조와 교통관제는 매우 밀접한 관계가 있다. 적절한 도류화 설계는 교통관제에 대해 운전자의 인지를 보강 할 뿐만 아니라 계획된 교통관제 아래서 교차로 운영을 최적화하는데 중요하며 신호기, 표지판, 정지선 및 교통관제 노면표시 등의 실질적인 위치에 직접적인 영향을 준다. 실제로 신호 교차로에서 교통섬의 위치와 차로배치는 모든 접근로에서 신호등 표시를 볼 수 있도록 하여야 하며, 정지제어도 접근하는 교차로 설계시 정지의 필요성을 증진시키고 교차하는 도로의 양측으로 시거선이 확보되어야만 한다.
① 신호교차로에서 분리된 좌회전 차로의 사용은 신호주기에 변동을 줌으로써 그 효과를 크게 증진시킨다. 이는 시간대별로 변화하는 교통패턴을 반영시켜 운영을 쉽게 하며, 대향차로의 좌회전을 안전하게 하는데도 유리하다.

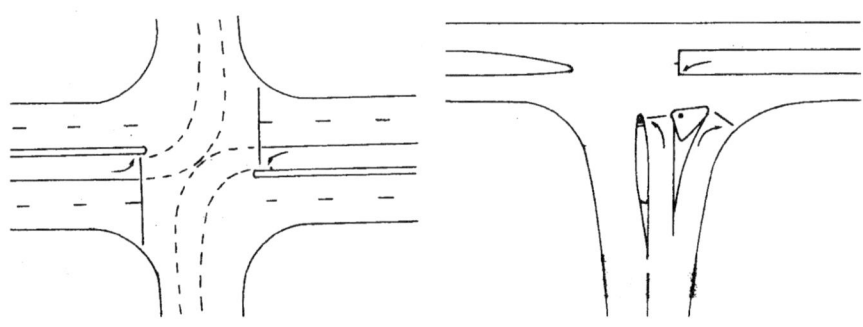

(그림 4.20) 기하구조와 교통관계

② 교통섬은 정지표지나 양보표지를 위한 적합한 장소를 제공할 뿐만 아니라 정지선에 위치한 운전자의 시거내에 대기하는 자동차들로 인하여 생기는 불필요한 지체를 없앤다.

8 서로 다른 교통류는 분리한다.

동일한 교통류 내에서 교통사고의 가장 큰 요인이 되는 것은 자동차간의 속도차이로서 그 발생 빈도로 보아 교차로에서 가장 중요하다. 모든 회전자동차들은 주행의 안전성과 쾌적성을 위하여 감속을 하게 된다. 특히 좌회전 자동차는 신호를 지키거나 대향차로의 차두간격이 충분하게 될 때를 기다리기 위하여 감속해야만 한다.

따라서 높은 속도를 갖는 직진자동차와 회전을 위해 감속 및 정지를 하는 교통류를 분리함으로써 추돌 상충을 줄여 교차로의 안전성을 향상시키고, 통과자동차가 전방의 회전자동차에 의해 방해를 받지 않고 진행할 수 있으므로 교차로의 용량을 증대시킬 수 있다.

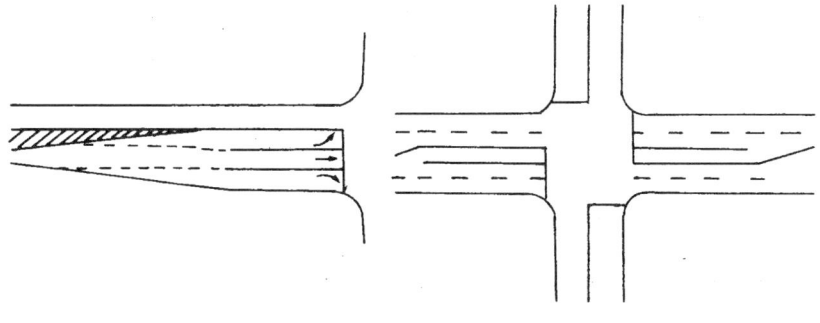

(그림 4.21) 교통류 분리

① 높은 속도를 갖는 지방부에서는 고속 추돌사고의 잠재성을 줄이기 위하여 좌·우회전 차로를 설치함으로써 직진(통과)자동차와 감속자동차를 분리시켜야 한다.
② 낮은 속도의 지방부 도로나 도시부 가로에서의 좌회전 차로는 직진자동차와 대기자동차를 분리시킴으로써 직진자동차와 충돌없이 좌회전 교통류가 좌회전 신호를 기다리거나 대향차로의 차두간격을 선택할 수 있도록 한다.

9 비자동차 이용자를 위한 대피 장소를 제공한다.

보행자, 자전거 이용자 등의 비자동차 이용자는 자동차와의 상충에 매우 취약하며 치명적이므로 이들을 위한 대피장소 등의 시설물은 대단히 중요한 시설물이 된다.

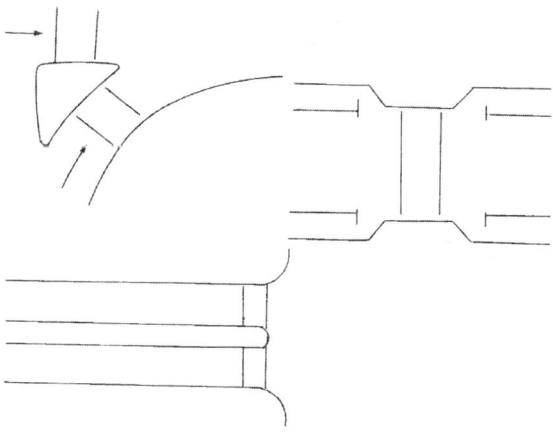

(그림 4.22) 비자동차 이용자를 위한 대피장소

교통섬, 분리대 등의 도류시설물은 자동차통행에 방해를 주지 않으며 상충에 취약한 비자동차 이용자의 노출을 최소화 할 수 있으므로 이들을 위한 최대의 시설물이다.

① 큰 곡선반경을 가지며 도류화되지 않은 우회전의 경우 교차로면적이 증대되고 보행자가 상충에 크게 노출된다. 돌출된 교통섬은 보행자의 피난장소를 제공하며 횡단을 위해 자동차와의 상충되는 노출시간을 최대로 줄인다.

② 넓은 간선도로의 돌출된 중앙분리대 도류시설은 횡단 보행자에게 중간 피난처를 제공하며 횡단을 매우 쉽게 한다. 또한 상충에 대한 총 노출시간을 줄이며, 보행자가 한 번에 한 방향의 교통에만 집중할 수 있도록 한다. 특히 일반인보다 횡단에 많은 시간이 소요되는 노인과 장애자에 매우 중요하다.

③ 도로 일반구간에 설치된 횡단보도의 돌출된 보도는 횡단 시간을 단축시켜 보행횡단을 촉진시키며 병렬주차 자동차를 보호한다. (이러한 특별한 일반구간에서의 처리는 단지 낮은 속도의 가로에만 적용해야 하며, 횡단 보행자를 운전자에게 경고하는 것이 중요하다).

4.5.3 도류로

1 개요

도류로의 설계에는 그 교차로의 형상, 교차각, 속도, 교통량 등을 고려하여 적절한 반경, 폭, 합류각, 위치 등을 결정하는 것이 중요하다. 독립된 도류로를 설치하는 것은 방향이나 속도가 다른 교통류를 분리함으로써 교통류의 혼란을 감소시키는 효과를 가지며, 또한 반경이나 합류각을 조정할 수 있으므로 가장 안전하게 자동차를 통과시킬 수 있게 된다. 좌회전 차로와 같이 교통섬으로 분리되지 아니한 도류로의 경우에도 중앙분리대의 형상 및 개구부 치수를 도류로에 따라서 설계함으로써 교통의 흐름을 조절하여 위험한 경로를 통과하지 않게 할 수가 있다. 즉, 어느 도류로에 대해서나 그곳을 통과하는 자동차의 속도, 교통량, 교통관제 조건, 보행자 등의 각종 조건을 충분히 고려하여 도류로를 결정하지 않으면 안된다.

도류로의 형태를 결정하는 요소로서는 이용할 수 있는 용지폭, 교차로의 형태, 설계자동차, 설계속도 등이 고려된다. 도시지역에서는 자동차의 주행속도가 일반적으로 그다지 높지 않고 도로로 이용 가능한 토지가 제안되어 있는 경우가 많으며, 교통량도 많으므로 일반적으로 용지 및 교통량에 의해 도류로의 형태가 결정되며, 지방 지역에서는 자동차의 속도가 높고 용지의 취득이 비교적 용이하므로 도류로의 형태를 속도에 맞추어서 설계하는 일이 많다.

도류로의 배치는 교통이 원활하게 흘러가도록 설계해야 할 것인 바, 특히 도시지역서는 다른 제약 조건을 종합적으로 충분히 판단하여 결정해야 한다.

교차로의 크기를 좁게 하기 위해서나, 합리적으로 교통류를 유도하기 위해서도 도류로는 될 수 있는 대로 집중시키는 것이 좋다. 즉, 도류로의 배치는 교통량, 규제방법, 보행자 등을 고려하여 소통에 지장이 없도록 해야 한다.

② 도류로의 곡선반경

좌회전 도류로는 자동차가 매우 낮은 속도로 회전을 하게 되며 대향차로를 일부 이용하게 되므로 교차각, 차도의 폭원 등에 따라 곡선반경이 자연스럽게 결정된다. 일반적으로 교차각이 90°에 가까울 경우 15~30m정도의 곡선반경으로 설계하면 무리가 없다. 곡선반경을 지나치게 크게 하거나, 작게 하여 대기하고 있는 자동차와 접촉하는 것을 피하도록 하는 것이 중요하며 운전자의 주행궤적을 명확하게 하기 위해서는 유도차로를 함께 설치하는 것이 바람직하다.

우회전 도류로는 교차로가 위치하는 지역, 교차각, 도로의 기능 등에 따라 다른 곡선반경을 사용하게 된다. 도시지역과 같이 용지 및 주변 지장물 등에 의해 영향을 크게 받는 지역에서는 단순한 모서리 완화를 시행하게 되며 이 경우도 설계기준 자동차의 최소 회전반경 이상의 곡선을 설치하여야 한다.

지방지역의 우회전 도류로의 경우 비교적 용지 등의 제약조건이 적으므로 곡선반경을 크게 잡는 것이 좋다. 그러나 이 경우 회전하는 자동차가 대부분 본선보다 낮은 속도로 주행하는 점을 고려하면 본선의 설계속도에서 10~20km/h 정도 감한 값을 설계속도로 하여 곡선 반경을 취하며 된다.

독일의 경우는 하급도로에서 상급도로로 우회전하는 경우는 최소 곡선반경을 8m로 하며, 상급도로에서 하급도로로 진입하는 경우 교차각이 90°이하면 최소 곡선반경을 12m로, 둔각인 경우는 8m로 하고 있으며, 삼각형의 교통섬을 설치하여 도류로를 설치하는 경우는 그 최소 값을 20~25m로 하고 있다.

③ 도류로의 폭

교통량에 비해서 도류로의 폭을 지나치게 넓게 하면 교통류는 어지럽게 되고 그 운영이 어려워진다. 따라서 도류로는 적정하게 해야 하며 용지에 여유가 있다고 해서 무턱대고 도류로를 만든다던가 쓸데없이 넓게 만든다던지 하는 것은 좋지 않다. 또한 도류로의 결정시 설계자동차의 제원을 충분히 고려해야 한다. 예를 들면 좌회전 전용 2차로 도류로를 세미트레일러 기준으로 설계하는 경우 소형자동차 3대 또는 4대가 나란히 통행하

〈표 4.7〉 도류로의 폭

곡선반경(m)	설계기준 차량의 조합				
	S	T	P	T+P	P+P
6	9.5	6.0		9.0	
7	9.5	6.0	3.5	9.0	
8	9.5	6.0	3.5	9.0	
9	9.5	6.0	3.0	9.0	8.0
10	9.5	6.0	3.0	9.0	8.0
11	9.5	6.0	3.0	9.0	8.0
12	9.5	6.0	3.0	9.0	8.0
13	9.5	6.0	3.0	9.0	8.0
14	9.5	6.0	3.0	9.0	8.0
15	8.5	6.0	3.0	9.0	8.0
16	8.0	5.5	3.0	8.5	8.0
17	7.5	5.5	3.0	8.5	8.0
18	7.0	5.5	3.0	8.5	8.0
19	6.5	5.0	3.0	8.5	8.0
20	6.5	5.0	3.0	8.5	8.0
21	6.5	5.0	3.0	8.5	
22	6.0	5.0	3.0	8.5	
23	6.0	5.0	3.0	8.5	
24	5.5	4.5	3.0	7.5	6.0
25	5.5	4.5	3.0	7.5	6.0
26	5.5	4.5	3.0	7.5	6.0
27	5.5	4.5	3.0	7.5	6.0
28	5.5	4.5	3.0	7.5	6.0
29	5.5	4.5	3.0	7.5	6.0
30	5.5	4.5	3.0	7.5	6.0
31	5.0	4.0	3.0	7.5	6.0
32	5.0	4.0	3.0	7.5	6.0
34	5.0	4.0	3.0	7.5	6.0
36	5.0	4.0	3.0	7.5	6.0
38	4.5	4.0	3.0	7.0	6.0
40	4.5	4.0	3.0	7.0	6.0
50	4.5	4.0	3.0	7.0	6.0
55	4.0	4.0	3.0	6.5	6.0
60	4.0	4.0	3.0	6.5	6.0
70	4.0	4.0	3.0	6.5	6.0
80	4.0	4.0	3.0	6.5	6.0
90	4.0	4.0	3.0	6.5	6.0
100	4.0	4.0	3.0	6.5	6.0
110	3.5	3.5	3.0	6.5	6.0
120	3.5	3.5	3.0	6.5	6.0
130	3.5	3.5	3.0	6.5	6.0
140	3.5	3.5	3.0	6.5	6.0
150	3.5	3.5	3.0	6.5	6.0

※ 주: S=세미트레일러, T=대형자동차, P=소형자동차

여 오히려 교통에 지장을 초래하는 경우가 있으므로 이 경우는 도류로의 폭을 좁게 함이 바람직하다. 즉, 도류로의 폭은 설계자동차, 곡선반경, 도류로의 회전각에 따라 결정한다. 다음의 표는 도류로의 차로 폭이며 도류로가 교통섬 등으로 분리되어 있는 경우는 양측에 포장을 실시하여 0.5m정도의 여유폭을 확보하는 것이 좋다. 이 여유폭은 길어깨, 측구 또는 도류로의 셋백(Set Back)에 포함해도 되며 확폭의 접속설치는 원칙적으로 내측으로 한다.

4 접속 곡선의 설치

도류로의 접속설치 곡선은 클로소이드(Clothoid)곡선 또는 원곡선으로 하며 접속 원곡선의 곡선반경은 도류로 내측반경의 3~4배가 되도록 한다. 원곡선을 접속 곡선으로 설치하는 경우, 일반적으로 3개의 원곡선을 조합하여 사용하며 그 순서와 도식은 다음과 같다.

① 외측 차로에서 차로 폭원만큼(W) 이격된 $\overline{AP}$ 와 $\overline{A'P}$ 를 그린다.
② 외측원의 반경 R_O를 결정한다(도류로의 곡선반경 참조).
③ 접근로의 폭 W, 표에서 얻어진 도류로의 폭원, 확폭된 $(R_i = R_o - \epsilon)$로 도류로의 폭원을 결정한다.
④ 내측원의 반경 R_i를 결정한다. 내측원의 반경은 외측원의 반경에서 도류로 폭을 감한 값이다.
⑤ R_O와 R_i의 동심원의 중심을 0점으로 한다.
⑥ R_i에 접하고 $\overline{AP}$ 에 평행한 직선 $\overline{A'P}$ 를 그린다.
⑦ R_i에 약 3~4배 정도 되는 완화곡선 R_t를 결정한다
⑧ $f = \dfrac{\Delta}{n-1}$ 에 의해 f를 구하고 $\overline{DQ}$, $\overline{D'Q}$ 에 평행하면서 f만큼 떨어진 직선 $\overline{MN}$ 을 그어 내측원과의 교차지점을 각각 B 및 B'라고 한다.
⑨ $\overline{AE} = \overline{M'N} = (n-1)\overline{BF}$ 가 되도록 A, A'점을 정한다.
⑩ A점 및 B점이 각각 완화곡선 R_t의 접점이 된다.

이들 가 지점을 계산으로 구하면 다음과 같다.

$$R_t = nR_i$$

$$\overline{EP} = (R_i + \Delta)\cot\frac{\theta}{2}$$

$$AE = \sqrt{2(R_t - R_i)\Delta - \Delta^2}$$

$$\therefore [\overline{AE}^2 + (R_t - R_i - \Delta)^2 = (n-1)R_i^2]$$

$$\overline{FB} = \frac{1}{n-1}\overline{AE}$$

$$\therefore [\overline{FB} : \overline{AE} = f : \Delta = R_i(n-1)R_i = 1 : n-1)$$

$$\overline{EF} = \Delta + f = \Delta + \frac{1}{n-1}\Delta = \frac{n}{\Delta-1}\Delta$$

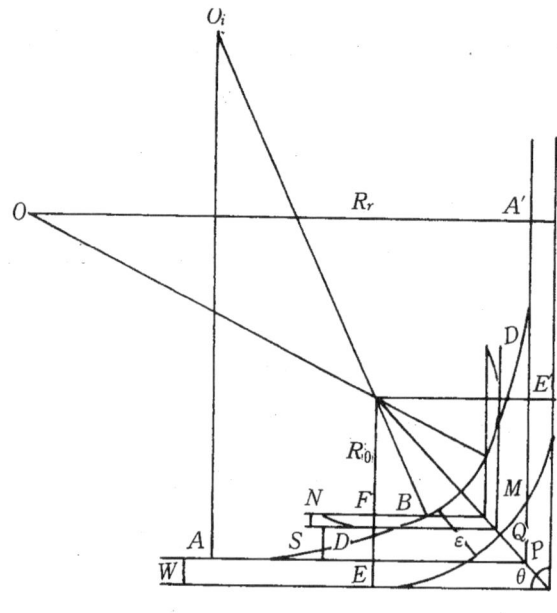

(그림 4.23) 도류로 폭

4.5.4 좌회전 차로

1 개요

교차로에서 좌회전 자동차가 대향자동차에 의해 정지하고 있으면 후속차는 좌회전 대기자동차를 피해 진로를 변경해야만 하고 이에 따라 교차로의 처리능력이 저하되어 교통정체가 발생하거나 교통사고가 유발되는 문제가 생긴다. 이러한 좌회전 자동차의 영향을 제거하기 위해 기본적인 접근방식은 좌회전 자동차와 직진자동차를 분리하는 것이며, 구체적으로 좌회전차로를 설치하는 것이다. 즉, 좌회전차로는 직진차로와는 독립적으로 설치해야 하며 좌회전 차로에 들어가기 위한 충분한 시간적 여유를 확보해 주어야 한다. 다음은 좌회전차로의 효과에 관한 내용이다.

① 좌회전 교통류를 다른 교통류와 분리시킴으로써 평면교차로의 운영에 중요한 역할

을 하는 좌회전 교통류의 영향을 최소화시킬 수 있다.

② 좌회전 자동차가 대기할 수 있는 공간을 확보함으로써 교통신호 운영의 적정화를 꾀할 수 있게 한다.
③ 좌회전 교통류의 감속을 원만하게 하여, 추돌사고를 줄인다.

2 설치 원리

1) 직진자동차가 그대로 좌회전차로에 진입하지 않도록 한다.

교차로를 직진하여 통과하는 자동차가 내측차로(중앙측의 차로)로 주행하여 접근했을 때 그대로 좌회전 차로로 진입하도록 좌회전차로를 설치하여서는 안된다. 이와 같이 좌회전 차로를 설치하게 되면 직진자동차에게 차로변경을 강요하는 것이 되어 인접차로는 좌회전차로 본래의 목적인 좌회전 자동차와 직진자동차의 분리 기능을 갖지 못하므로 좌회전차로를 설치한 의미가 없어지고 만다.

따라서 좌회전차로는 직진자동차가 그대로 좌회전차로에 진입하지 않도록 하는 형태로 설치되어야 한다. 즉, 좌회전 차로는 다른 차로와 독립된 부가차로로 설치하여야 한다.

이를 위한 기본은 직진자동차가 차로변경을 하는 일이 없이 교차로를 통과하고 동시에 좌회전자동차는 차로변경을 통해 좌회전차로에 진입하도록 설계하는 것이다.

다만 좌회전교통이 주교통류이고 직진교통이 부교통류인 교차로에서 2차로 이상의 좌회전차로를 설치할 필요가 있는 경우에는 좌회전 차로를 상기에 기술한 바와 같이 설계하는 것은 비현실적이다. 이러한 경우에는 교차로 전방의 충분한 거리에서 차로마다 방향을 표시하는 노면표시 및 안내 표지판을 설치하여 운전자에게 어느 차로가 어느 방향으로 가는지를 사전에 안내하는 것이 중요하다.

2) 도로폭을 최대한 유효하게 이용한다.

좌회전차로를 설치하는 경우에는 먼저 기존의 도로폭을 가급적 유효하게 이용하여 좌회진차로의 폭을 확보하는 것이 중요하나.
① 차로의 중앙선을 변경하고 차로폭을 축소
교차로 유입부의 중앙선을 좌측으로 옮기고 좌회전차로의 폭을 확보한다. 이때에는 유입부의 차로폭을 축소하는 것이 되지만 아울러 유출부의 차로폭을 축소하는 것도 검토하면서 필요한 좌회전 차로의 폭을 확보하도록 한다.

중앙선을 좌측으로 옮겨서 좌회전차로를 설치할 경우에는 그림에서 보는바와 같은 사선(Zebra)표시부분의 설계가 불가피하다. 이 표시는 좌회전자동차를 차로 변경시켜 좌회전차로로 유도함으로써 직진자동차를 차로변경 없이 직진자동차로 유도하는 기능을 가지고 있다.

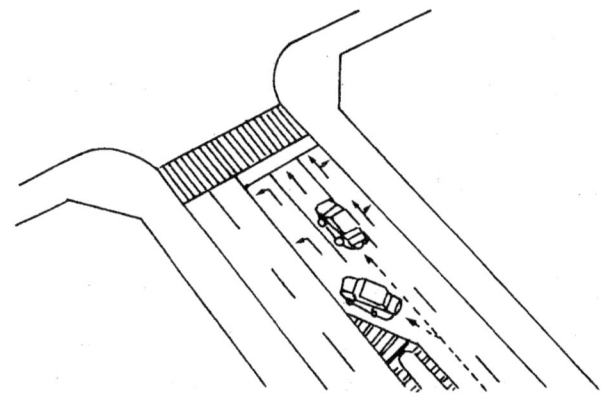

(그림 4.24) 좌회전차로의 설치

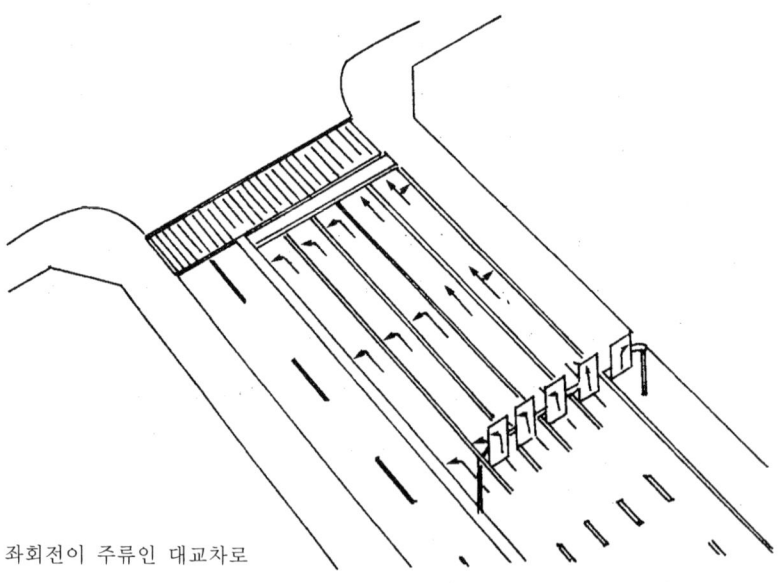

좌회전이 주류인 대교차로

(그림 4.25) 차로 통행 방법 예시

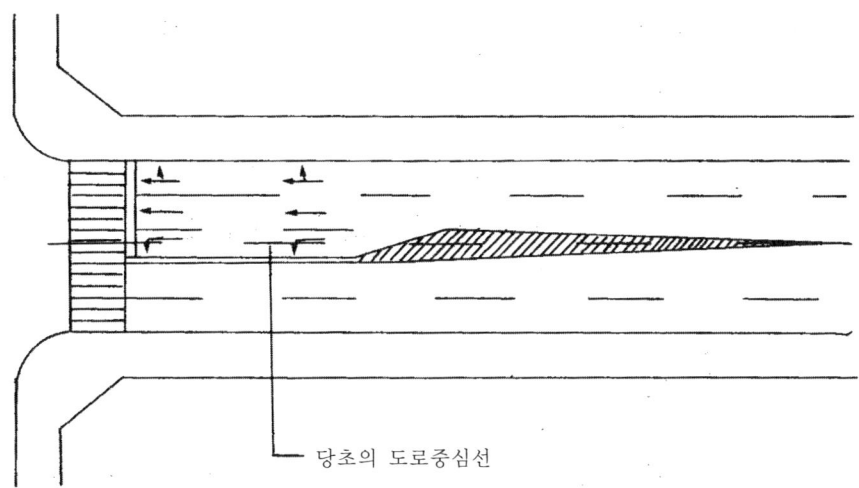

(그림 4.26) 차로 중앙선의 변경

② 중앙분리대의 제거

중앙분리대에 좌회전차로의 필요폭에 해당하는 폭이 있을 경우에는 중앙분리대를 제거하여 좌회전차로의 폭을 확보한다.

중앙분리대를 제거하는 것만으로는 좌회전차로의 폭을 확보하지 못하는 경우에는 중앙분리대의 제거와 차로폭의 축소를 병행함으로써 좌회전차로의 폭을 확보한다. 이와같이 하여 좌회전차로를 설치하는 경우에는 좌회전자동차와 직진자동차를 명확하게 분리하기 위하여 그림에서 나타낸 사선(Zebra)표시를 설치하는 것이 필요하다.

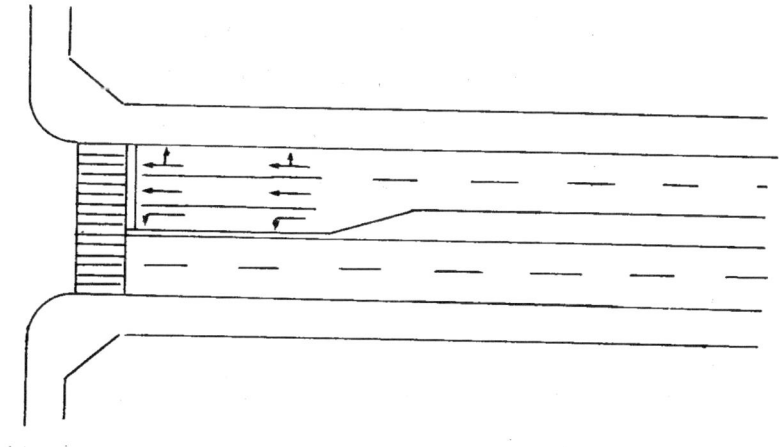

(그림 4.27) 중앙분리대의 제거

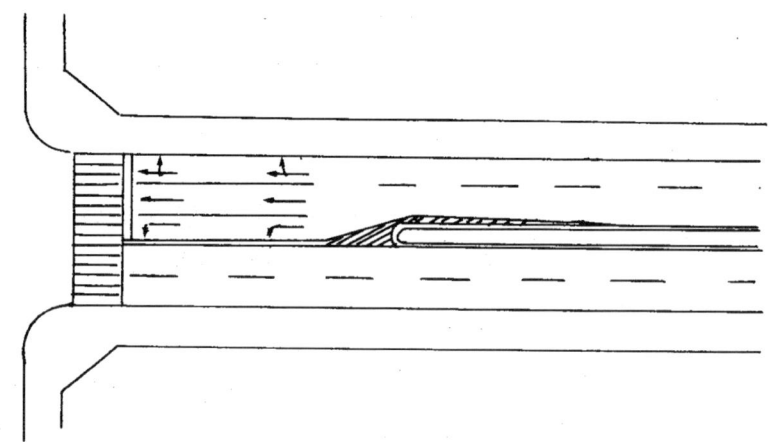

(그림 4.28) 중앙분리대의 제거와 차로폭의 축소

③ 정차대의 여유

정차대의 폭은 통상 좌회전차로의 필요 폭보다 좁아서 정차대의 폭을 제거하는 것만으로 좌회전차로를 확보할 수는 없지만 차로폭을 최대한 축소하여도 좌회전차로의 폭이 확보되지 못할 때에는 정차대를 제거함으로써 좌회전차로의 폭이 확보 가능케 되는 경우도 있다.

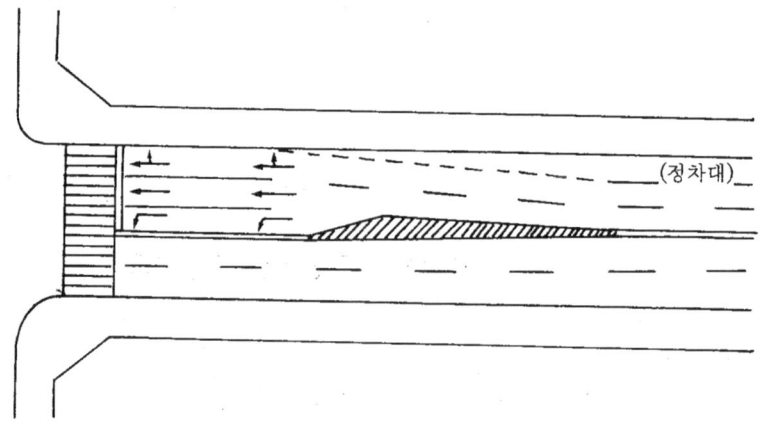

(그림 4.29) 정차대의 제거

3) 파행적으로 진행하기 쉬운 차로배치를 하지 않도록 한다.

교차로내를 자동차가 통과할 때에는 자연스러운 주행궤적을 가지고 통과할 수 있도록 차로를 배치하는 일이 중요하다. 다음의 (그림 4.30)에서 T형 교차로 내에는 파행적으로 진행하지 않을 수 없는 문제가 생긴다. 이러한 경우에는 직진자동차가 파행적으로 진행하지 않도록 하는 차로배치가 중요하다.

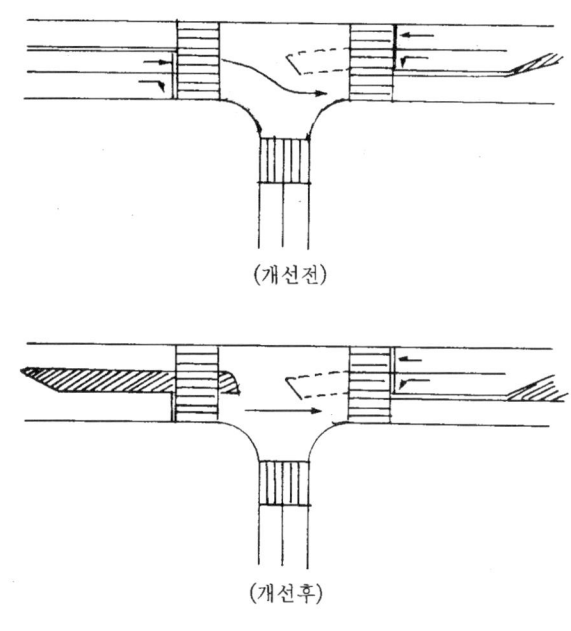

(그림 4.30) 파행적인 진행금지

③ 좌회전 차로의 설치

교차로에서 안전한 주행을 확보하기 위해서는 확폭, 도류화 등을 실시하므로 일반적으로 도로의 일반구간에 비하여 전체 폭이 넓다. 단 차로 폭을 규정폭보다 줄임으로써 될 수 있는 대로 전체 폭의 증가를 적게 하여 효율적인 교차로 운용을 생각할 수도 있다. 직진차로에 대해서는 원칙적으로 접속 유입부의 차로 폭과 같은 폭으로 하지만 되도록 교차로에서의 전체 폭의 증가를 억제하기 위하여 부가차로를 설치하는 경우는 3.0m까지 축소해도 된다.

우회전, 좌회전 차로의 폭은 3m를 표준으로 하지만 좌회전 차로는 대기차로의 성격을 가지고 있고 자동차의 주행속도도 낮으므로 대형 자동차의 구성비가 작을 경우에는 2.75m까지 축소할 수 있다.

좌회전 차로의 설계요소로는 접근로 테이퍼, 차로 테이퍼, 유출 테이퍼, 좌회전 차로의 길이 및 폭원 등이 있으며 그 구성은 다음과 같다.

1) 좌회전 차로의 길이

좌회전 차로 산정은 좌회전 차로 설계요소 중 가장 중요한 요소로서 그 길이의 산정기초는 감속 및 제동을 할 수 있는 길이와 자동차의 대기공간이 확보되도록 하는 것이다. 특히 속도가 높은 도로에서의 감속과 제동을 위한 거리가 짧게 되면 갑작스러운 제동으로 인한 후속자동차에의 영향이 커지게 되고 직진차로부에서 감속을 시행하게 되므로 직진자동차에 영향을 주게 된다는 점을 명심하여야 한다.

이러한 감속 및 제동을 위한 거리는 일반적으로 종단선형에 의한 영향이 없는 경우 3초정도의 주행거리를 보며 그 값은 다음과 같다.

〈표 4.8〉 감속을 위한 거리

설계속도(km/h)	20	30	50	60	70	80
거리(m)	20	25	45	50	60	70

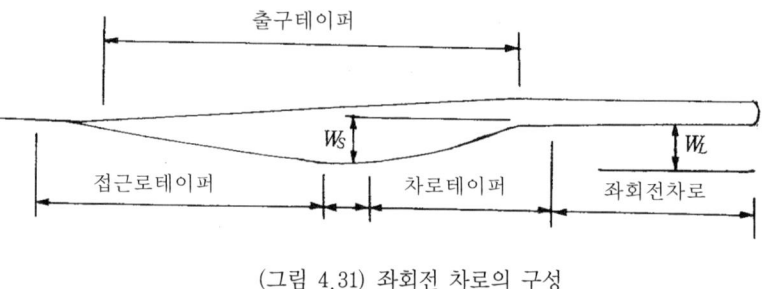

(그림 4.31) 좌회전 차로의 구성

그러나 시가지 등과 같이 교차로 간격이 짧고 용지에 제한이 있는 경우에 감속 및 제동을 위한 모든 값을 적용한다는 것은 비경제적이 될 수도 있으므로 이 값은 바람직한 값으로만 하기로 한다.

한편 대기자동차를 위한 길이는 감속을 위한 길이보다 더 중요한 문제로서 만일 이 값이 작으면 대기자동차로 인한 직진자동차의 방해로 교통사고의 위험증대와 함께 해당 교차로는 물론 노선 전체의 교통정체의 요인이 된다.

좌회전 차로의 대기자동차를 위한 길이는 비신호 교차로의 경우 첨두시간 평균 2분간 도착하는 좌회전 교통량을 기준으로 하며 그 값이 1대 미만의 경우에도 최소 2대의 승용차가 대기할 공간은 확보되어야 한다. 신호 교차로의 경우에는 이론적으로 신호 1주기당 도착하는 좌회전 자동차 수가 필요하나 교통량의 변화, 정체시의 대기 자동차 등을 고려하면 그 2배에 해당하는 길이가 되도록 하여야 한다.

2) 접근로 테이퍼

좌회전 차로를 설치하기 위한 접근로 테이퍼는 교차로에 접근하는 교통류를 자연스럽게 우측 방향으로 유도하여 직진 자동차들이 원만한 진행을 하도록 하며, 좌회전 차로를 설치할 수 있는 공간을 확보하기 위한 것이다. 따라서 접근로 테이퍼의 설치는 선형의 문제로 보는 것이 타당하며 가장 바람직한 방법은 자연스러운 선형을 유지하도록 하는 것이다.

그러나 일반적으로 교차로 부근에서는 좌회전 차로를 설치하기 위하여 도로의 폭을 조정하는 경우가 많으므로 이를 지나치게 길게 하면 운전자에게 혼선을 초래하는 경우가 있으므로 주의를 하여야 한다. 또한 선형상의 문제로서 볼록 곡선부에서 운전자가 좌회전 차로를 인식하지 못하는 경우에 특히 주의를 하여야 한다. 즉, 볼록형 종단곡선부에서 접근로 테이퍼가 설치되는 경우 그 시점을 종단곡선부의 시점으로 이동하여 운전자가 전방에 교차로가 있는 것을 사전에 인지하고 자연스러운 운행을 하도록 하는 것이 교통안전에 매우 중요하다.

미국의 AASHTO에서는 참고문헌(MUTCD)을 인용 70km/h이상의 설계속도를 갖는 도로에서는 테이퍼의 길이를 설계속도(V)와 변화폭(W)에 0.6배한 값(L=0.6·V·W)을 추천하며 60km/h이하의 설계속도를 갖는 도로에서는 L=W·V_2/155의 값을 추천하고 있다.

〈표 4.9〉 3m 폭을 갖는 경우의 테이퍼 길이

설계속도(km/h)	20	30	50	60	70	80
거리(m)	10	20	50	70	130	150

국내의 경우 상기의 값을 사용하는 것이 바람직하다고 사료되나 지형, 용지 등의 여건으로 부득이 상기 값에 의한 길이보다 작은 값으로 설계해야 할 경우에도 변화폭에 대한 길이를 지방부의 경우 10배, 도시지역의 경우 5배보다 길게 하여야 한다. 또한, 상기의 길이로 테이퍼를 설치할 경우에도 모서리 부분은 자동차의 주행이 원활히 되도록 반드시 곡선으로 처리하여야 한다.

3) 차로 테이퍼

차로 테이퍼는 좌회전 교통류를 직진 차로에서 좌회전 차로로 유도하는 기능을 갖는다. 이 테이퍼의 설계에는 좌회전 자동차가 좌회전 차로로 진입할 때 갑작스러운 차로변경이나 무리한 감속을 유발하지 않도록 해야 하며 테이퍼가 너무 완만하여 운전자들이 직진 차로와 혼동하지 않도록 하는 점이 충분히 고려되어야 한다.

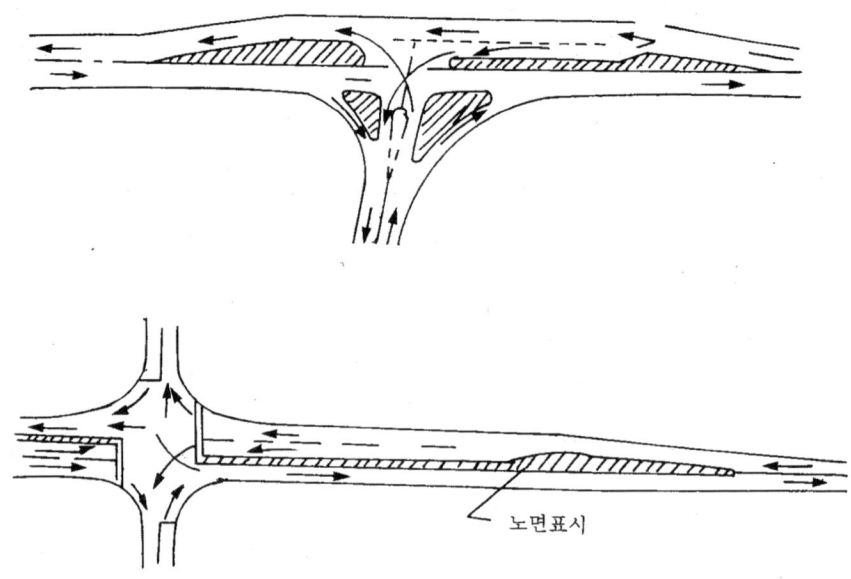

〈그림 4.32〉 좌회전 전용차로의 설치

접근로의 테이퍼와 차로 테이퍼가 충분히 설치되면 좌회전 차로는 완전히 테이퍼 부분에 의해 보호될 수 있으나 공간의 제약을 받는 지역에서는 접근로의 테이퍼와 좌회전 차로의 테이퍼가 서로 겹쳐져서 충분히 좌회전 차로를 보호하지 못하게 된다. 차로 테이퍼의 설치 길이는 변화폭에 대한 길이를 지방부의 경우 8배, 도시지역의 경우 4배 이상이 되도록 하여야 하며 접근로 테이퍼 및 좌회전 차로와 연결되는 모서리 부분은 곡선으로 처리하여 원활한 자동차 주행이 되도록 하여야 한다.

4.5.5 우회전 차로 및 변속차로

[1] 우회전 차로

우회전 차로는 좌회전 차로와 같이 우회전 자동차가 있기만 하면 설치하는 것이 아니고 우회전 자동차에 의한 영향이 크게 발생하는 경우에 주로 설치한다. 즉, 우회전 차로의 경우 가급적 설치하는 것이 교통소통과 교통안전의 측면에서 유리하나 우회전의 경우 적색신호 시에도 비보호 우회전이 가능하며, 시가지에서 좌회전 차로와 우회전차로를 모두 설치함으로 인하여 발생되는 용지확보의 곤란 등으로 다소의 융통성을 부여하는 것이다.

따라서 우회전 차로는 우회전 교통량이 많아 직진 교통에 지장을 초래한다고 판단되는 경우에 설치하며 일반적으로 다음과 같은 조건을 만족시키게 되면 우회전 차로를 설치하여야 한다.

1) 주교통류가 회전교통이 되어 우회전교통량이 상당히 많은 경우

주로 간선도로가 교차로에서 직각으로 굽은 경우에 볼 수 있으며, 이 경우는 단순한 우회전 차로의 설치뿐만 아니라 교차로 전체의 개선 등이 함께 고려되는 것이 바람직하다.

2) 우회전자동차의 속도가 높을 경우

지방지역에서 간선도로가 교차로에 접속된 경우에 주로 볼 수 있으며, 이 경우 교차로에서 안전하게 우회전시키기 위하여 자동차를 감속시킬 필요가 있으며 이를 위해 감속차로 기능을 담당할 우회전 차로를 설치하는 것이 바람직하다.

3) 우회전자동차 및 보행자가 많은 경우

4) 교차각이 120° 이상의 예각교차로서 우회전교통이 많을 경우

5) 우회전 차로는 다음과 같은 효과를 갖는다.

① 교통용량을 증대시킨다.
② 보행자 안전을 증대시킨다.
③ 정지선을 전진시킬 수가 있다.
④ 직진교통류의 혼란이 감소된다.
⑤ 예각의 우회전을 용이하게 한다.

2 가감속 차로

접근로에서 자동차 주행속도가 매우 높을 경우 감속자동차가 평면교차로의 정지선에 도달하기 전에 편안히 감속할 수 있도록 감속차로를 설치하는 것이 바람직하다. 감속차로는 감속 교통량이 많고 적은 것보다는 감속 교통량의 속도변화를 충분히 고려하여 설치해야 하며, 감속차로를 설치함으로써 본선 상에서의 감속을 방지하여 교통사고를 감소시키게 된다.

설계속도가 낮은 도로로부터 설계속도가 높은 도로로 연결되는 지점의 평면교차로에서는 운전자들에게 충분한 가속시간을 마련해 주기 위해서 가속차로를 설치한다.

도시지역 및 지방지역에 대한 가감속 차로의 길이는 다음의 표에 따라 결정한다. 다만, 표의 값들은 비교적 낮은 설계수준을 고려하여 산정된 값들이므로 교통량이나 설계속도의 변화에 따라 제시된 값들을 조정하여 사용할 것을 추천한다.

〈표 4.10〉 가감속차로의 길이

(단위: m)

구분	설계속도 (km/h)	감속차로 길이			가속차로 길이		
		정지까지	20km/h까지	40km/h까지	정지로부터	30km/h부터	40km/h부터
		(a=2.5m/sec²)			(a=1.0m/sec²)		
지방지역	80	60	50	30	140	120	80
	60	40	30	20	100	80	–
	50	30	20	–	60	50	–
	40	20	10	–	40	20	–
	30	10	–	–	20	–	–
		(a=3.0m/sec²)			(a=1.5m/sec²)		
도시지역	80	45	40	25	90	80	50
	60	30	20		65	55	25
	50	20	15	10	40	30	–
	40	15	10	–	25	15	–
	30	10	–	–	10	–	–

3 테이퍼

테이퍼(Taper)는 회전차로 또는 변속차로를 설치하는 경우에 나란히 이웃하는 2개의 차로를 변이구간에 걸쳐서 연결하여 접속하는 부분을 말한다. 자동차 주행상으로 볼 때 회전차로 및 교차각을 규정하는 테이퍼를 크게 하면 그만큼 많은 용지를 소요하게 된다. 테이퍼 설치를 위한 적정한 길이로는 설계속도(V) 60km/h 이하의 경우는 설치길이를 $W \cdot V^2/155$값을, 설계속도(V) 70km/h이상의 경우는 설치길이를 $0.6W \cdot V$로 추천되고 있다. 여기서 W는 차로폭(m)이며 V는 설계속도(km/h)의 값이다.

그러나 이 경우는 최소치로 하는 경우 과다한 용지가 소요되므로 이 값을 최소값으로 하는 것은 다소 무리가 있다고 판단되어 설계속도 50km/h이하의 경우 그 비율을 1/8, 설계속도 60km/h~80km/h의 경우는 1/15의 접속비율로 산정한 값 이상으로 설치토록 한다. 다만 도시지역 등에서 용지제약, 지장물 등으로 인하여 부득이한 경우는 그 설치비율을 1/4로 할 수 있도록 하였다.

4.5.6 도류시설물

1 개요

교차로의 설계에 있어서 가장 중요한 일은 교차로의 내부 및 부근에서 어떻게 자동차들을 원활하고 안전하게 주행시킬 것인가 하는 것이다. 즉, 교통류의 조절이 교통의 안전과 소통을 양호하게 하는 핵심 사항이 되는 것이다. 이러한 교통류를 조절하는 것은 회전 및 변속차로의 설치와 함께 교차로의 구조를 개선하기 위한 도류시설물을 설치하는 것이다.

교차로에서는 교통류끼리 교차하게 되므로 교차로의 면적을 작게 하여 주행위치를 명확히 하는 등 될 수 있는 한 지체가 없는 교차방법으로 할 필요가 있으며 이를 위해서는 도류시설물에 의해 제한된 경로로만 교통이 통행하도록 하는 것을 말한다.

도류시설물이란 교차로 내부의 경계를 명확히 하기 위하여 설치하는 시설물을 말하는 것으로, 그 기능과 목적을 유지하기 위하여 일정한 틀에 박힌 형태로 되어 있는 것이 아니라 교차로 및 주변의 여건에 따라 여러 가지 형태로 나타난다.

즉 도류시설물은 그 설치목적과 사용되는 재질 등에 따라 교통섬, 도류대, 분리대, 대피섬 등으로 나뉘며 그들의 대표적인 명칭으로 단순히 교통섬이라 부르기도 한다.

일반적으로 교통섬이라 함은 우회전 차로와 직진 차로에 의해 분리되어 포장면 상단으로 연석 등에 의해 돌출되어 설치된 시설물을 말하며, 포장면에 직접 페인트 등으로 도색을 한 것은 도류대라 한다. 분리대는 교통류를 방향별로 분리시키거나 부적절한 회전 등의 통행을 막기 위하여 도로의 중앙부 또는 회전 우각부에 설치되는 시설물을 말한다. 대피섬은 횡단보도 등과 연계하여 보행자, 자전거 등이 자동차와 분리되어 안전하게 대피할 수 있도록 교차로 내에 설치된 시설물을 말한다. 또한 유도차로라 함은 자동차의 주행경로를 명확하게 하고 교통류를 자연스럽게 유도하기 위한 보조 차로(차로표시)를 말한다.

2 목적

도류시설물을 설치하는 그 근본적인 목적은 교차로 내에서 주행경로를 명확히 하여 주행의 쾌적성과 소통의 원활을 도모하여 운행비용을 절감하는 것, 교차로의 면적을 최소화하여 교통안전을 도모하며 건설비용을 최소화하는 것, 보행자의 안전과 편리성을 도모하는 것 등이다. 이들 설치 목적을 상세하게 구분하면 다음과 같다.

① 상충의 분리 및 상충각의 조정
② 교차로 면적의 감소로 상충면적 및 포장면적의 축소

③ 불필요한 통행의 규제와 적절한 교차로 이용법 제시
④ 교통흐름의 정비에 의한 교통사고 및 교통혼잡 예방
⑤ 정지선 위치의 전진 등으로 통과시간 단축 및 교차로 용량증대
⑥ 보행자의 안전을 위한 장소 및 관련 시설물의 설치장소 제공
⑦ 회전 및 교차되는 자동차의 안전 및 대기를 위한 장소제공
⑧ 대향차로의 오인, 무단횡단, 불법회전 방지 등에 의한 안전성 향상

이러한 도류시설물의 설치 목적에 따라 그 기능을 요약하면 도류, 분리, 장소제공의 기능으로 나눌 수 있다. 즉, 교통류에 대한 지시와 통제를 통하여 자동차의 주행경로를 분명하게 설정하여 주는 도류화 기능, 교통의 흐름을 방향별로 분리하여 위험한 교통흐름을 억제하는 분리의 기능, 보행자의 안전을 위한 대피장소 및 관련시설을 설치하기 위한 장소제공의 기능으로 대별할 수 있다. 이러한 목적과 기능을 만족시키기 위하여 다음 사항을 고려하여 설계를 하여야 한다.
① 알맞은 도류 시설물의 형식
② 적절한 크기와 모양
③ 인접한 차로나 횡단보도와 연계된 위치
④ 도류시설물 자체의 각 설계요소

3 형식선정

도류시설물(교통섬 등)의 형태와 크기는 교차로 규모, 주변상황, 교통운영 방법 등의 현지여건과 설치목적 등에 따라 여러 가지로 나타난다. 이러한 도류시설물의 가장 일반적인 형태는 우회전 차로의 설치에 의해 주로 나타나는 삼각형의 모양과 교통류의 주행경로를 유도하기 위한 긴 모양의 것이다.

도류로를 설계할 때는 우선 개략적인 도류로의 형태를 손으로 스케치하여 정한 후, 교통섬 등의 도류시설물을 스케치하여 전체적인 형태에 무리가 없다고 판단되면 세부적인 상세 치수를 넣어 작도하여 그 치수를 결정하게 된다.

이때 교통류를 유도하는 일에 너무 치중한 나머지 작은 도류대나 교통섬을 너무 많이 설치하는 수가 있다. 그러나 운전자는 주행하면서 전방의 상황을 판단하기 때문에 교차로내에 작은 교통섬이나 도류대를 잡다하게 설치하는 것은 오히려 운전자의 판단을 흐리게 하는 결과를 낳는다. 또한, 교통섬 본래의 역할인 교차로 내에 교통류를 안전하게 하고 횡단보행자의 대기장소를 제공하는 측면에서 작은 교통섬을 많이 설치하는 것은 바람직하지 않다.

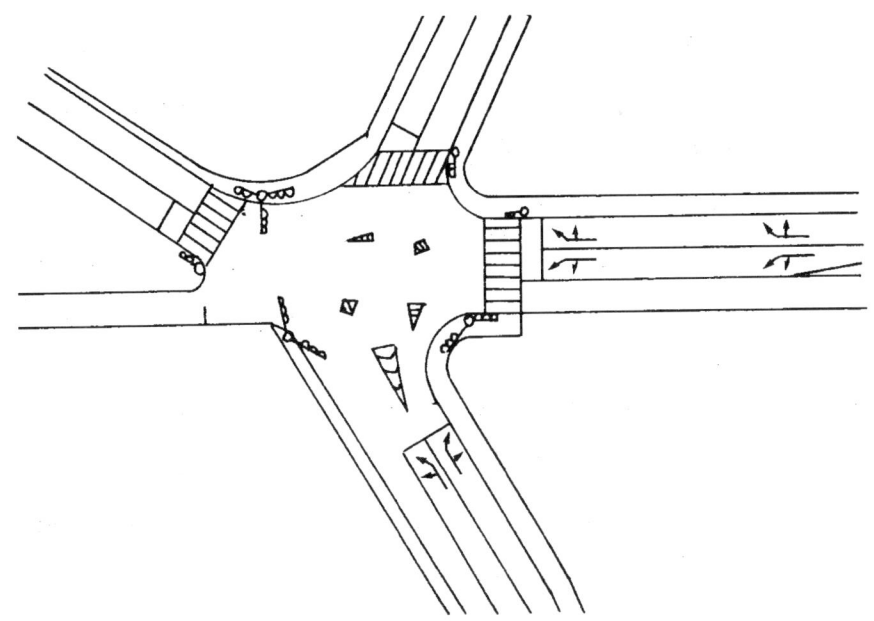

(그림 4.33) 작은 도류대가 너무 많이 위치하여 좋지 않은 예

일반적으로 보행자의 안전을 위해서는 교통섬이 바람직하다고 할 수 있으나 교통섬과 도류대의 선택을 일률적으로 결정할 수 없다. 즉, 보행자의 통행이 많고 통과 및 회전교통이 많으며, 속도가 낮고 운전자들이 시설물에 의해 제약을 많이 받는 시가화된 지역에서는 자동차속도의 제한과 보행자의 안전을 위하여 교통섬이 유리하다고 판단되나, 지방지역에서 교통섬을 사용하게 되면 오히려 불합리한 점이 발생되는 경우가 있다. 또한, 교통섬을 설치하기 전에 잠정적으로 도류대를 설치하여 자동차의 주행궤적이 안정된 후에 교통섬으로 바꾸는 방안도 생각할 수 있다. 이는 교차로의 설계시 도면상 평면적 (2차원)으로 보게 되어 교통섬과 도류대의 차이를 크게 느끼게 못하지만, 실제로 주행하는 운전자는 주변상황과 함께 입체적(3차원)으로 판단하게 되므로 설계도와 다르게 느끼는 경우가 있기 때문이다.

따라서 교통섬을 설치하기 전에 도류대와 함께 모래주머니, 차로유도시설, 교통콘 등을 이용하여 교통섬의 모양 및 크기에 변화를 주어가며 관찰 후 최적의 선택을 하는 것이 바람직하다. 이는 도류시설의 효율성과 안전성을 증가시키는 것은 물론 운전자의 행동에 의해 증명됨으로써 신뢰성은 물론 쉽게 수정할 수 있는 이점이 있고, 만일 더 확실한 교통통제가 필요하다면 연석에 의한 교통섬 건설에 확신을 가질 수 있기 때문이다. 그러나 이것이 처음부터 개략적인 설계를 시행하여도 무방하다는 의미는 아니며 최적의 설계를 위한 추가적인 보완 사항임을 명심하여야 한다.

한편 교통섬을 설치할 때에는 자동차의 주행궤적에 맞추어 설계를 하여야 한다. 즉, 대형자동차의 통행이 많은 경우에는 대형자동차의 주행궤적에 맞추어 설계하는 것이 필요하다. 이때 우회전 도류로 등과 같이 곡선반경이 작은 구간에서는 도류로 폭이 넓어지기 쉽고 그렇게 되면 소형차 두 대가 옆으로 나란히 진행하는 경우가 생겨 위험하게 된다.

이와 같은 경우에는 사선표시(Zebra marking)를 사용하여 폭을 좁게 하면 사선표시 부분은 대형자동차가 주행할 때에 침범할 수 있는 여유부분이 되며 소형자동차가 주행할 때에는 2개 자동차가 나란히 진행하는 것을 억제하는 역할을 한다.

또한, 연석을 쌓아올려 교통섬을 설치하는 경우는 교통섬에 자동차가 충돌하는 것을 피하기 위해 셋백(setback)과 노즈-오프셋(nose-offset)에 의해 교통섬의 형태를 결정하여야 한다.

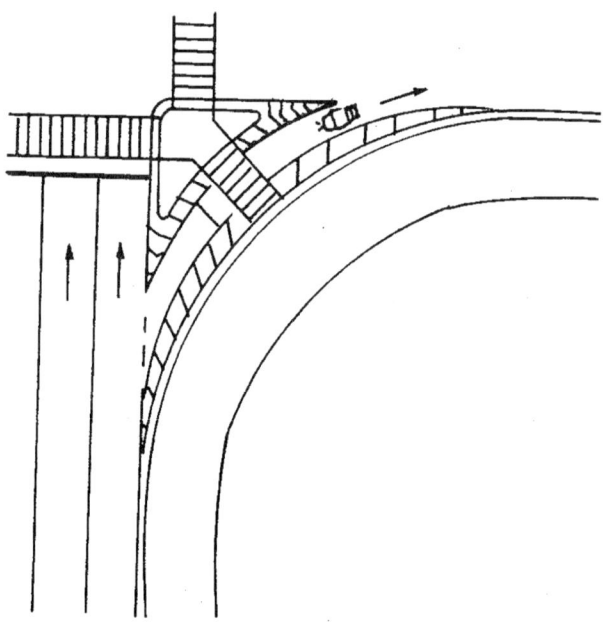

(그림 4.34) 교통섬과 사선(Zebra)표시

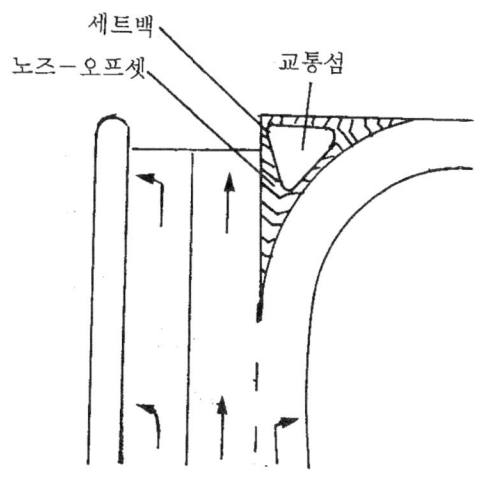

(그림 4.35) 교통섬의 형태 변경

4 크기와 명칭

교통섬은 운전자의 시선을 끌기에 충분한 크기이어야 한다. 지나치게 작은 교통섬과 분리대는 운전자에게 불필요한 존재로 인식될 뿐만 아니라 야간이나 기상조건이 나쁜 경우에는 교통섬에 충돌할 위험성이 있어 오히려 위험하다. 따라서 교통섬이나 분리대가 필요하다고 판단되는데도 불구하고 폭 등이 최소 규정치를 만족하지 못할 경우에는 노면 표시를 사용하는 것이 좋다.

일반적으로 교통섬의 최소크기는 보행자의 대피장소에 필요하다고 인정되는 $9m^2$이상이 되어야 한다. 용지폭원 등의 제약으로 부득이한 경우에도 도시부는 $5m^2$ 이상, 지방부는 $7m^2$ 이상의 면적이 확보되어야 한다.

교통섬의 정확한 제원을 산정하기 위해서는 우선 본선과 도류로가 분기되어 각각의 차로에서 일정간격(직거리)을 유지하는 지점을 선정하는 것이 가장 중요하다. 일반적으로 이 지점을 노즈(Nose), 차로와의 수직 거리를 오프셋(Offset)이라 하며, 차로와 평행하게 이격된 거리를 세트백(Set Back)이라 하고 이렇게 구성된 삼각형 모양의 모서리 부분은 선단이라 한다.

이러한 교통섬의 구성을 위한 각각의 최소값은 해당도로의 기능, 해당 교차로가 위치하는 지역, 본선의 설계속도, 교통섬의 크기에 따라 그 최소값에 차이가 있으며, 각각의 최소값은 다음과 같다.

〈표 4.11〉 선단의 최소곡선반경

(단위 : m)

R_i	R_o	R_n
0.5~1.0	0.5	0.5~1.50

〈표 4.12〉 노즈오프셋 및 세트백의 최소값

(단위 : m)

구분 \ 설계속도	80km/h	60km/h	50~40km/h
S_1, S_2	1.00	0.75	0.50
O_1	1.50	1.00	0.50
O_2	1.00	0.75	0.50

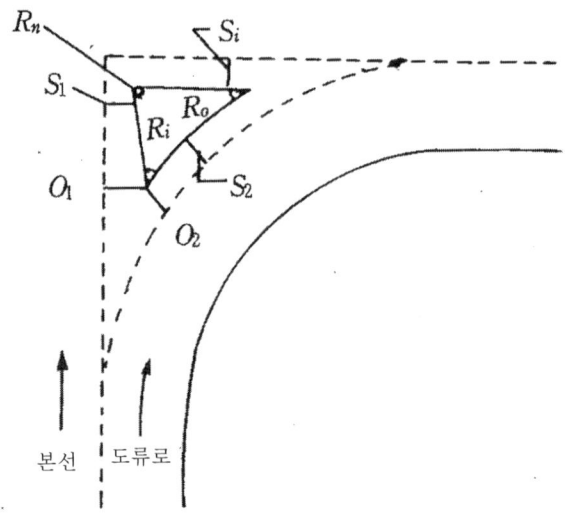

(그림 4.36) 교통섬의 구성

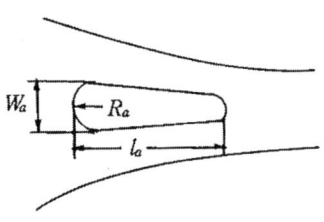
(a) 교통류를 분리하는 경우

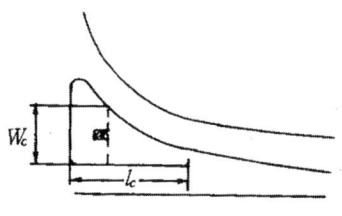
(c) 시설물이 있는 곳

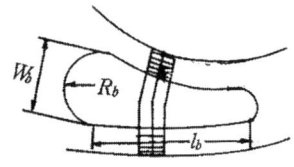
(b) 대피섬을 겸용하는 경우

(d) 테이퍼를 붙이지 않을 경우

(그림 4.37) 분리대의 형태

한편 분리대와 같이 정방형으로 긴 형태로 구성된 경우는 상기의 경우와 다소 특성을 갖게 되며 그 형태와 각 제원의 최소값은 다음과 같다.

〈표 4.13〉 각 제원의 최소값

(단위 : m)

구분	기호	도시지역	지방지역
(a)	W_a l_a R_a	1.0 0.0 0.0	1.5 5.0 0.5
(b)	W_a l_b R_b 면적	4.6 4.0 2.5 5.0m^2	2.0 5.0 0.5 7.0m^2
(c)	W_c l_c	(D+1.0) 0.0	(D+1.0) 5.0
(d)	테이퍼를 붙이지 않은 분리대폭 W_d	1.0	1.5

5 연석의 설치

교통섬을 차로와 분리시키기 위해서는 일반적으로 연석을 많이 사용하는데 연석은 시선유도와 함께 그것이 둘러싸고 있는 보도, 길어깨, 교통섬, 분리대를 자동차의 충돌, 접촉이나 우수에 의한 파손으로부터 방호하는 목적으로 설치되는 것이다.

이러한 의미에서 우각부에서도 일반도로 구간과 다를 것은 없지만 우각부에서는 교통밀도가 높고 회전주행 자동차에 의한 충돌접촉의 위험성이 높다는 점과 보행자가 모이는 곳이라는 점에 주의하여 연석을 설치할 필요가 있다.

연석을 높게 설치하는 것은 이로 인하여 자동차가 충돌할 때에 차도로부터 뛰어 넘어오는 것을 방지한다고 하는 물리적인 의미 외에 차도단을 시각적으로 명시하는 목적도 갖고 있다.

따라서 폭주자동차를 막는 목적으로는 높을수록 좋겠지만 너무 높게 되면 자동차문을 열고 닫는 데에도 불편하고 보행자에게도 위험하다. 그러나 너무 낮으면 보행자에게 주는 안전감이 좋지 않고 자동차가 쉽게 타고 넘기 때문에 설치 의미가 없어진다.

이와 같은 점을 감안하여 연석의 높이는 교통섬 및 횡단보도의 접속부에서 12cm~15cm, 기타에 대해서도 15cm정도를 표준으로 함이 적당할 것이다.

6 유도차로

교차로 내에서 좌회전 차로의 주행 위치와 대기 위치를 명확히 하는 경우나 교통류가 교차로 내에서 굴곡하는 등 변형인 경우에 유도차로에 의해 자동차를 유도한다. 대체로 좌회전 자동차는 교통의 원활한 소통과 안전에 큰 영향을 주며 특히 대향 직진자동차와 교차하므로 자동차 상호간의 안전이 가장 큰 문제 중의 하나이다.

이러한 문제를 해결하려면 좌회전 자동차의 궤적에 따라 그 주행위치를 명시하고 좌회전 자동차에게 대향 직진자동차가 통과할 때 대기할 위치를 명시해 둘 필요가 있다. 이를 위하여 교차로 내에 유도차로를 설치하여 좌회전 자동차의 주행 및 대기위치를 명확히 한다.

또한 교차로 내에 교통류가 굴곡하는 경우에도 유도차로에 의해 주행방향을 명시한다. 그러나 이와 같은 경우에도 너무 많은 유도차로가 설치되어 있으면 통과교통의 혼란을 야기시키는 경우가 생기므로 유도차로의 위치는 최소한으로 하여야 하며 교차로 상에서 주행하는 자동차를 방해하지 않도록 배려하는 것이 필요하다.

또한 유도차로는 교통류가 굴곡하는 등 변칙적인 주행궤적이 되어 타 교통류가 종단하는 곳에 표시하므로 다른 노면표시(marking)에 비해 지워지기가 쉽기 때문에 유지 관리에 충분히 유의해야 한다.

4.5 도류화 설계 **365**

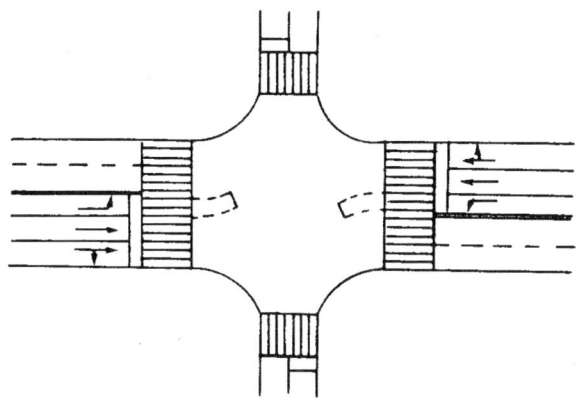

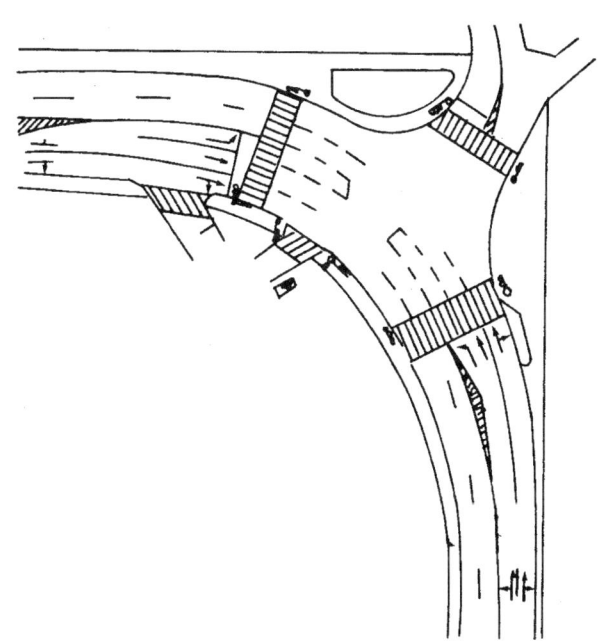

(그림 4.38) 교통류가 굽은 경우의 유도차로 설치 예

4.6 평면교차로의 시거

4.6.1 개요

만일 운전자가 전방에 있는 교차로의 존재를 인지하지 못하거나 교차로의 교통관제 방법에 대하여 인식하지 못한다면 운전자는 주변상황에 대해 대처하지 못함으로 인하여 사고의 위험이 매우 높게 될 뿐만 아니라 급제동 등에 의해 주행의 불쾌감을 느끼게 될 것이다.

특히 교차로에서는 분류, 합류, 횡단 및 보행자와의 상충이 매우 복잡하게 나타날 뿐만 아니라 운전자의 의사결정 지점이 되므로, 운전자에게 사전에 충분한 정보를 제공함으로써 주변상황에 자연스럽게 대처토록 하는 것이 교통소통과 쾌적성 확보는 물론 교통안전에도 매우 중요하다.

따라서 교차로에서는 도로의 일반구간에서 반드시 확보되어야 하는 최소한의 정지시거는 물론 운전자가 의사결정 및 주변상황에 대하여 인지하고 판단할 동안 주행하는데 필요한 시거가 추가로 필요하게 된다. 즉, 운전자가 감지하기 어려운 정보나 예상치 못했던 환경의 인지, 잠재적 위험성의 인지, 적절한 속도와 주행경로의 선택, 선택한 경로의 대처에 필요한 시거가 필요하게 된다. 이러한 시거를 판단시거(Decision Sight Distance)라 하기도 하나 이를 정지시거와 분리하여 별도로 구분하는 것은 다소 무리가 있으므로 본 규정에서는 정지시거와 판단시거를 합쳐 평면교차로의 시거로 하였다.

평면교차로의 시거산정은 정지시거의 산정과 다소 다른 개념이 포함된다. 이는 일반도로구간의 정지시거의 경우 통상적인 운행특성이 아닌 돌발적인 사태에 대비하기 위한 거리이므로 운전자의 주행 쾌적성보다는 도로건설의 경제성에 주안점을 주게 되나 교차로에서는 반복적인 정지상태가 되므로 이를 고려하여 산정하여야 한다.

또한, 교차로에 진입한 자동차는 교차하는 도로에서의 자동차진입과 회전하는 방향의 도로상황 및 교통상황도 매우 중요하다. 즉, 교차도로를 횡단하거나 회전하는 경우 모퉁이 지역의 건물, 담장, 나무 등으로 인한 시거의 제약이 있다면 운전자는 다음 상황을 예측하지 못하게 되므로 매우 위험한 상황이 발생할 수 있다.

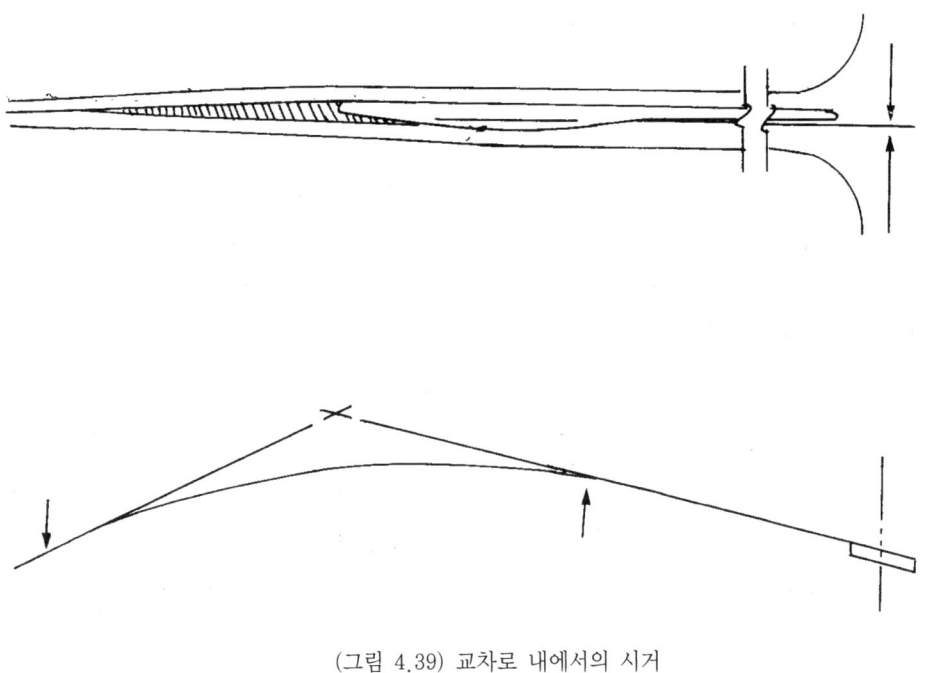

(그림 4.39) 교차로 내에서의 시거

따라서 교차로 내에 진입한 자동차는 교차도로의 상황을 인지하는데 필요한 시거를 필요로 하게 되며, 이는 일반적인 시거를 말할 때 사용되는 도로 중심선을 말하는 것이 아니라 교차하는 도로를 인지할 수 있는 범위가 되어 이를 교차로의 시계(視界) 또는 가시 삼각형(Sight Triangle)이라 부르기도 하나 본 규정에서는 이를 교차로 내에서 시거로 하였다.

이상에서 언급한 바와 같이 자동차가 교차로를 안전하고 신속하게 통과하기 위해서는 교차로 전방 상당한 거리에서 교차로의 존재, 교통처리 신호등을 명확하게 인지할 수 있어야 한다. 특히 급한 평면곡선이나 종단곡선의 정점부에 교차로를 설치하게 되면 예상치 못한 위험요소 등에 의해 매우 위험한 상황이 발생될 수 있으므로 이러한 경우는 피하여야 한다.

즉 비록 교차로 전방에서는 필요 시거가 확보된다 하더라도 복잡한 운행 특성을 갖는 교차로 기하구조적으로 발생되는 물리적 특성을 추가하게 되면 예상치 못한 위험과 교통소통에 지장을 초래할 뿐만 아니라 교차로내 및 통과 후의 상황에 대해 예측하지 못하게 되므로 급한 평면 곡선구간이나 오르막 정점구간 등은 피하여야 한다.

4.6.2 평면교차로의 시거

1 신호교차로의 시거

평면교차로의 교통관제 방법으로 가장 일반적인 신호교차로의 경우, 교차로의 전방에서 신호가 인지될 수 있는 최소거리가 확보되어야 한다. 이 최소 시거는 운전자가 신호를 보고 나서부터 브레이크를 밟을 때까지 주행하는 거리와 브레이크를 밟아서 정지선 전방에서 정지하기까지 주행하는 거리를 합친 것이다.

신호를 보고 브레이크를 밟을 때까지의 시간에는 브레이크를 밟을 것인지의 여부를 판단하는 시간과 브레이크를 밟아야 한다고 판단하고 나서부터 반응하기까지의 시간이 포함되어 있다. 이 반응시간에 대해서 충분한 조사자료는 없지만 미국의 AASHTO설계기준에서는 10초로 잡고 있다.

따라서 신호를 인지하고 나서 정지하기까지의 주행거리(최소시거)는 설계속도 V (km/h), 감속도 a (m/sec^2), 반응시간을 t (sec)라 하면 다음과 같이 나타난다.

$$S = \left(\frac{1}{3.6}\right)(V)(t) + \left(\frac{1}{2a}\right)\left(\frac{V}{3.6}\right)^2 \tag{4.1}$$

〈표 4.14〉 신호교차로의 최소시거

설계속도(km/h)	최소시거(m)		비 고 (정지시거)
	지방지역 (t=10sec, a=2.0m/sec^2)	도시지역 (t=6sec, a=3.0m/sec^2)	
20	65	45	20
30	100	65	30
40	145	90	40
50	190	120	55
60	240	150	75
70	290	180	95
80	350	220	110

2 신호 없는 교차로의 시거

교차로가 신호로써 통제되지 않는 경우는 교차도로의 주도로, 부도로를 명확히 하고 부도로에는 교차로 전방에 일시정지 표지를 설치하는 것이 안전하다.

이 일시정지 표지 교차로에서도 운전자가 인지하고 나서부터 불쾌감을 느끼지 않을 정도로 브레이크를 밟아 교차로 전방에 정지할 수 있는 거리에서 운전자가 일시정지 표지를 볼 수 있어야 하는 것은 신호교차로의 경우와 마찬가지이다. 다만 이 경우는 신호의 경우와 달리 판단하기 위한 시간은 불필요하므로 일시정지 표지를 확인한 후 바로 브레이크를 밟기 시작한다고 생각해도 무방할 것이다.

일시정지 표지를 인지한 운전자가 브레이크를 밟기까지의 시간은 운전자에 따라 다르겠지만 AASHTO에서는 2초로 잡고 있으며 본서에서도 이를 받아들이기로 한다. 불쾌감을 주지 않을 정도의 감속도는 $a = 2.0 m/\sec^2$으로 하고 식 (4.1)에 $t = 2$초, $a = 2.0 m/\sec^2$을 대입하여 각 설계속도에 대응하는 최소 시거를 산정한 결과는 다음의 표와 같다.

〈표 4.15〉 신호 없는 교차로의 최소시거

설계속도(km/h)	20	30	40	50	60
최 소 시 거(m)	20	35	55	80	105

한편 주도로에 대하여 운전자는 항상 교차로의 존재를 염두에 두지 않고 주행할 수 있을 것이므로 교차로가 있다 하더라도 일반도로 구간과 마찬가지로 생각하게 되므로 본선 설계에서 규정하고 있는 제동거리가 확보되고 있으면 충분하나, 이 경우 주도로가 부도로보다 일반적으로 주행속도가 높고 운전자가 교차로 상황에 대하여 충분한 인지가 필요할 것으로 판단되어 상기의 값과 동일하게 적용토록 한다.

3 기타 교차로의 시거

기타 도로에 대해서도 원칙적으로 일시정지 표지로써 제어되는 경우에 필요한 시거를 취하도록 하는 것이 바람직하지만 도로 혹은 모든 교차로에 대해서 이를 규정한다는 것은 불가능하다. 또한 교통량이 매우 적은 경우는 공사비와의 관계도 종합적으로 생각하며 도로의 경제성에서 볼 때에도 도로의 일반구간에서 규정하고 있는 시거가 확보되면 되는 것으로 한다.

4.6.3 교차로 내에서의 시거

1 시거산정

신호교차로에서는 전자동차가 신호에 따라서 주행하므로 교통은 원활하게 처리된다. 따라서 신호교차로 내에서는 운전자의 시거가 큰 문제가 되지 않지만 신호교차로의 경우 야간 점멸신호의 경우도 있으므로 부도로측은 일단정지가 행하여지는 것으로 하여 설계해야 할 것이다.

신호등이 없는 교차로에서는 교차도로의 주종관계를 명확히 하여 부도로를 주행하여 온 자동차는 원칙적으로 교차로 앞에서 일단 정지시키는 것이 바람직하며 일단정지 자동차가 안전하게 교차로를 통과하기 위해서는 교차로 전체가 정지선의 위치에서 충분히 확인되지 않으면 안된다. 이 때 필요한 거리는 정지선의 위치, 도로의 폭, 설계속도, 교차각, 설계자동차의 길이 등에 대한 함수가 된다.

(그림 4.40)에서 자동차 B는 교차 주도로를 횡단하기 전에 일단 정지하였다고 한다. B 자동차가 좌우를 보다 안전을 확인하고 나서 주행을 시작하게 되면 B가 주도로를 횡단하여 B'의 위치에 올 때까지 A가 A'의 위치까지 오도록 A의 위치를 구하여 $\overline{AB}$가 필요한 최소의 투시선이 되고 $\overline{AB}$의 내측에서는 장애물이 없도록 하는 것이 필요하므로 (그림 4.40)에서 가로의 모서리 $\overline{PQ}$선으로 끊도록 해야 한다.

d : 주도로상의 자동차 A의 주행거리
W : 주도로의 차로 끝으로부터 다른 쪽 차로 끝까지의 거리
D : 주도로의 차로 끝으로부터 부도로의 정지선까지의 거리
S' : 부도로상의 자동차 B의 주행거리
S : 투시 삼각형 한 면의 길이 ($= S' - L - l$)
L : 자동차 B의 자동차길이
l : 자동차 B의 차두로부터 운전자 눈의 위치까지의 거리
b : 부도로의 도로경계로부터 자동차 B까지의 거리
W : 자동차 B의 자동차폭
e : 자동차 B의 전단으로부터 운전자 눈의 위치까지의 거리
θ : 주도로와 부도로의 교차각

단, A의 주행거리 d를 구하면

$$d = \frac{V}{3.6}(T+t)$$

여기서, V : 주도로의 설계속도(km/h)
T : 자동차가 주도로를 확인하고 나서부터 출발할 때까지의 시간(초)
t : 거리 S'의 주행시간(초)

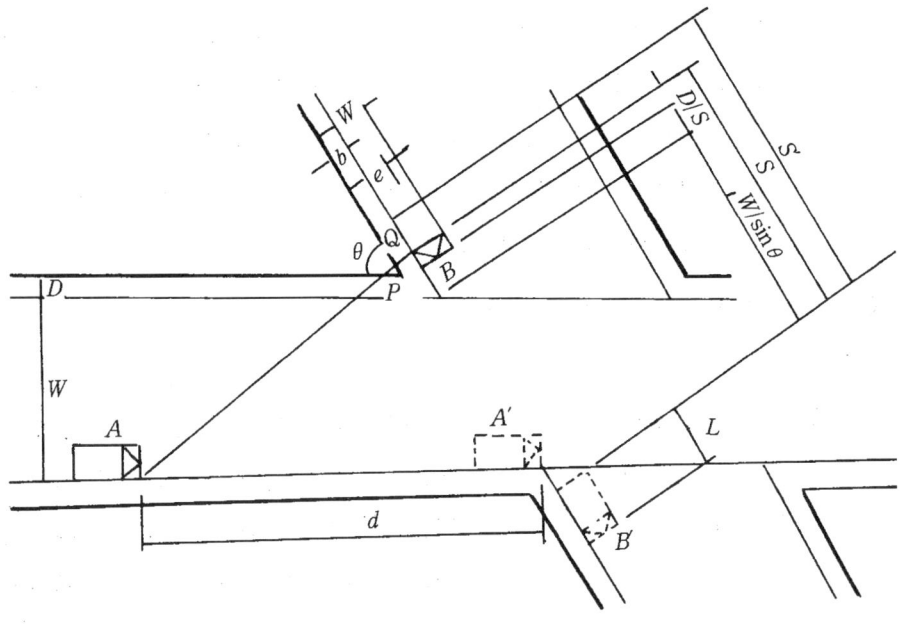

〈그림 4.40〉 교차로 내에서의 시거

시간 T는 반응시간으로서 AASHTO에서는 2.5초로 잡고 있다. 또, t는 자동차 B가 가속하면서 거리 S를 주행하는 시간이며 가속도의 값이 주어지면 t는 구해진다.
〈그림 4.40〉에 의거, 거리는

$$S' = (W+D)\operatorname{cosec}\theta + W\cot\theta + L$$

$$S = (W+D)\operatorname{cosec}\theta + W\cot\theta + L 로 나타난다.$$

② 교차로 내의 시거 확보

교차로에서는 사고 방지를 위하여 시거를 충분히 확보하는 것이 매우 중요하다. 교차로 및 그 부근에서 시거 확보를 방해하는 것으로는 식재, 가로수, 도로 점용물, 도로 부속시설 등이 있다. 시거를 충분히 확보하지 못하면 대형자동차, 보행자, 신호등 및 표지가 잘 보이지 않아 교통사고 발생의 원인이 된다. 따라서 교차로와 그 부근에서는 시거 확보를 위하여 주의할 필요가 있다.

식재나 가로수를 설치하는 경우에는 나무의 높이와 폭을 고려하여 수목을 선정함은 물론 식수의 설치와 간격에 대해서 충분히 검토할 필요가 있다(그림 4.41 참조). 또한 운전자가 어린이까지도 충분히 식별할 수 있도록 하기 위하여 교통섬이나 교차로 부근의 중앙분리대에 설치하는 식재는 나무 높이가 60cm이하의 작은 나무로 한다. 식수 후에도 나무가 성장함에 따라 가로수가 신호등이나 표지판의 시인성을 떨어뜨리는 경우에는 가지치기와 같은 일상적인 유지관리를 할 필요가 있다.

교차로와 그 부근에는 전봇대나 광고물과 같은 도로 점용물, 도로 표지나 조명시설과 같은 도로 부속시설이 많으면 운전자 입장에서는 정보 과다가 되기 쉽다. 이러한 도로 점용물은 가능한 한 설치를 억제하여 시거나 시인성을 확보할 필요가 있다. 교차로 부근의 표지 또는 시거확보의 측면에서 바람직하지 않으므로 난립을 피하고 합리적으로 간소화하여야 한다. 현지의 제약 조건으로 인하여 도로 형태를 개선하기 어려워 시거확보가 곤란한 경우에는 시거부족을 보완하기 위하여 표지나 반사경과 같은 제반 보조시설의 설치를 검토해야 한다.

교차로 및 부근에서 시거확보를 방해하는 요인은 다음과 같다.
① 중앙분리대의 식재(간격이 조밀하고 나무 높이가 너무 높다)
② 보도의 간판(난립하여 보행자가 사각지점에 있게 된다)
③ 보도의 가로수(간격이 조밀하여 보행자가 사각지점에 있게 된다)
④ 모서리 부분의 전봇대

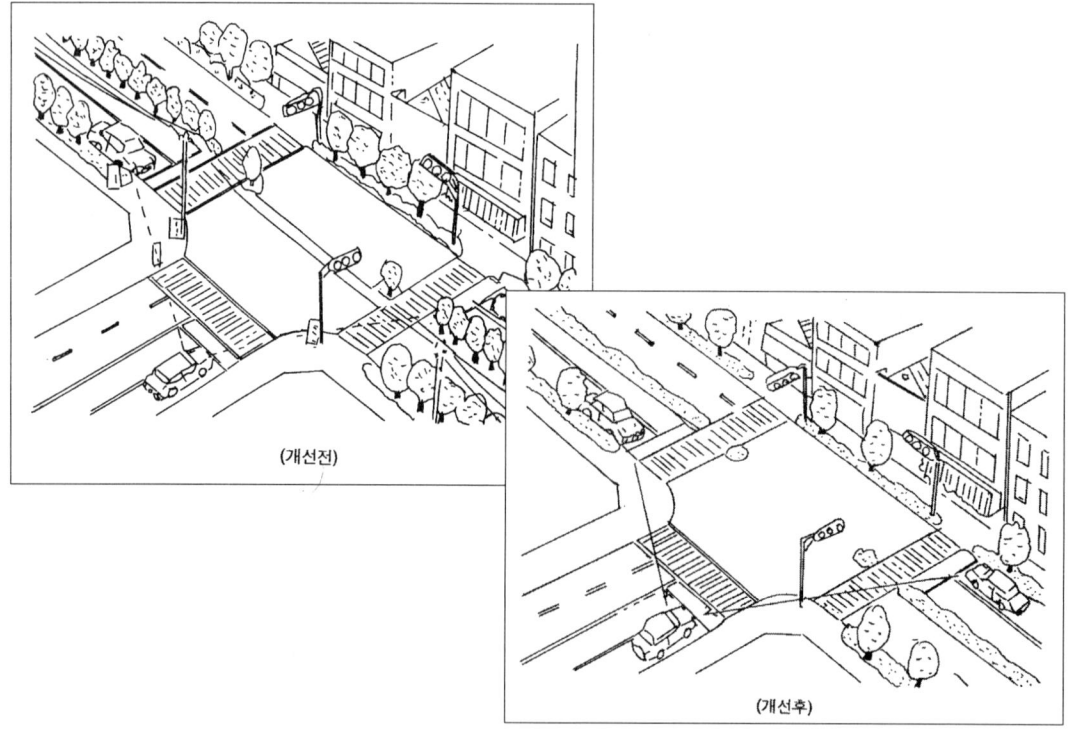

(그림 4.41) 시거의 확보

4.6.4 회전교차로

1 일반사항

1) 회전교차로의 정의

회전교차로는 평면교차로의 일종으로 교차로 중앙에 원형 교통섬을 두고 교차로를 통과하는 자동차가 이 원형 교통섬을 우회하도록 하는 교차로 형식이다. 원래 미국에서 유래하여 로터리라고 불렀으며, 우리나라에서도 채택되었었으나 늘어나는 교통량을 감당하지 못하는 등 여러 가지 문제점으로 인하여 미국에서는 물론 우리나라에서도 대부분이 폐기되었다. 그 후 70년대 초 영국에서 로터리의 설계 및 운영방식을 바꿔 그 단점을 해결하고 이름을 회전교차로(Roundabout)라고 바꾸었으며, 현재 유럽에서는 물론 호주와 미국 등 세계 여러 나라에서 적극적으로 설치되고 있다. 특히 미국에서는 오랫동안 유럽식 회전교차로의 성과를 분석하고 그 효과를 인정하여 90년대 초부터 중앙정부 차원에서 보급하고 있다.

회전교차로는 일반적인 교차로에 비하여 상충지점 수가 적고, 저속으로 운영되며 운전자의 의사결정 사항이 간단하다. 또한 신호교차로에 비하여 유지관리의 부담이 적으며, 잘 설계된 회전교차로는 주변으로의 접근성이 높고 사고 발생율이 낮으며 지체시간이 감소되어 연료소모와 배기가스를 줄이는 등 많은 장점을 보이는 것으로 나타났다.

그러나 회전교차로는 어떤 경우에도 적합한 것은 아니다. 회전교차로를 일반 교차로 방식으로 선정하려면 자동차교통량, 자전거 및 보행교통량, 가용 면적, 주행속도, 지형 등의 요소를 고려하여 최적의 교차로 형태라는 분석 결과를 기초로 결정되어야 한다.

2) 회전교차로의 운영원리

자동차가 회전교차로에 진입하려면 교차로 내부에서 회전중인 자동차에게 양보한다. 즉 교차로 내부에 여유 차두시간 간격이 생길 때에만 진입하여야 하며 그렇지 못할 경우 진입부에서 대기하며 기회를 기다려야 한다. 그렇기 때문에 교통량이 많은 경우에도 교차로 외부에 대기행렬이 생길 수는 있어도 내부에서 정체가 발생하지 않는다. 통상적으로 이러한 회전교차로 진입부에서의 대기시간은 일반적인 교차로에서의 신호대기시간보다 적어 일반적인 교차로에 비하여 유리하다.

일반적인 회전교차로의 운영원리는 다음과 같다.

① 모든 자동차는 중앙교통섬을 반시계 방향으로 회전하여 교차로를 통과한다.
② 모든 진입로에서 진입자동차는 내부 회전자동차에게 통행권을 양보한다. 즉, 진입자동차에 대하여 회전자동차가 통행우선권을 가진다.
③ 회전차로 내에서는 저속 운행하도록 회전차로의 반지름을 일정 규모 이하로 설계하

며, 이를 위해 진입부에서 충분히 감속한다.

이러한 원리에 따라 운영되므로 회전교차로는 다음과 같은 기하구조 특성을 갖게 된다.

① 교차로 크기의 제한

회전교차로는 설계기준자동차를 수용할 수 있는 규모이며, 자동차가 안전하게 회전하여 통과할 수 있는 속도를 가지도록 회전반지름을 제한한다.

② 진입부에서 감속 유도

진입부에서 감속이 가능하도록 돌출된 분리교통섬을 설치하고, 교통섬 연석부를 곡선 처리하여 진입각도를 접근도로와 달리하여 자동차가 서행하도록 한다.

③ 용량 증대

접근로가 1차로일지라도 진입부를 넓혀 1차로를 더 추가하고 회전차로를 2차로로 하면, 상당한 용량을 처리할 수 있고 진입부에서 자동차 대기공간이 추가되어 혼잡이 적어지는 등의 효과가 있다.

2 회전교차로의 구성요소

전형적인 회전교차로의 기하구조 구성은 (그림 4.42)와 같으며 이들 구성요소에 대한 용어의 정의는 다음과 같다.

- 접근로 : 회전교차로로 접속되는 단일차로 또는 차로의 집합체
- 진출로 : 자동차가 회전교차로에서 회전을 마치고 진출하는 차로
- 회전차로 : 회전교차로 내부의 회전부 차로
- 회전차로폭 : 회전차로의 폭으로 중앙교통섬의 외곽에서 회전차로 외경까지의 너비
- 진입각 : 양보지점에서 연장된 직선이 회전차로와 만나서 이루는 각
- 진입곡선 : 회전차로 내로의 진입을 유도하도록 우측 연석이 이루는 곡선
- 진입로폭 : 내접원과 접하는 지점에서의 진입로의 넓이
- 진출곡선 : 회전차로의 진출을 유도하도록 우측 연석이 이루는 곡선
- 진출로폭 : 내접원과 접하는 지점에서의 진출로의 넓이
- 내접원 직경 : 상기 내접원의 지름으로 내접원이 대부분 회전차로의 외곽선으로 이루어지므로 회전차로 외경이라고도 한다.
- 중앙교통섬 : 회전차로로 둘러 쌓인 회전교차로의 중앙부분 교통섬

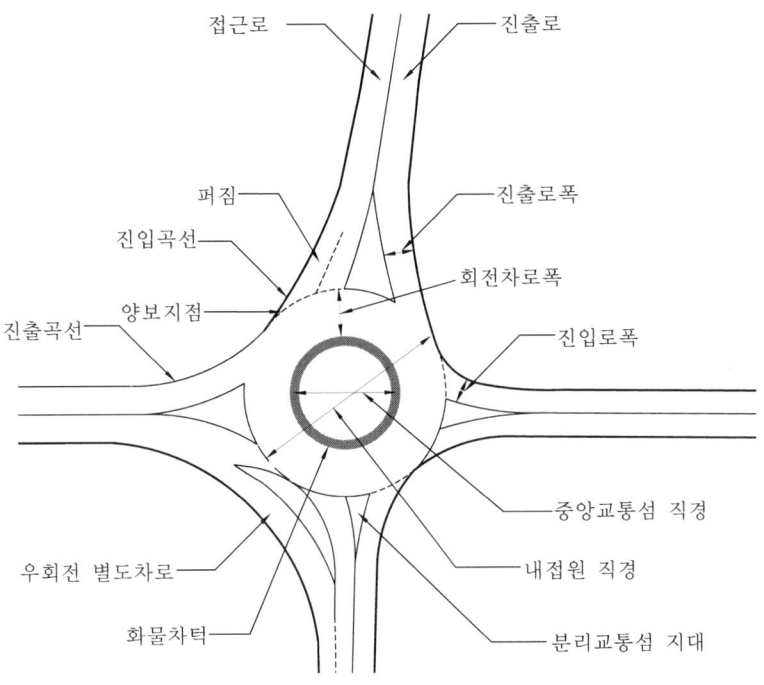

(그림 4.42) 회전교차로 설계요소

○ 중앙교통섬 직경 : 중앙에 설치된 원형 교통섬의 직경
○ 분리교통섬 : 진입자동차의 진입방향을 유도하기 위해 진입로와 진출로 사이에 만든 삼각형 모양의 돌출된 교통섬. 그 시작점을 시작단부(nose)라 한다.
○ 분리교통섬지대 : 분리교통섬과 그 주변의 안전지대 및 구조물 일체
○ 퍼짐(flare) : 용량 증가를 위해 회전교차로 진입부의 폭을 넓혀, 한 차로를 더 확보하는 것
○ 양보지점 : 진입로에서 회전차로로 진입하는 지점. 이 지점에서 진입자동차는 회전차로를 주행하고 있는 자동차에게 양보해야 한다.
○ 우회전 별도차로 : 회전교차로에서 우회전만을 위해 별도로 만든 차로
○ 화물차턱 : 통행이 불가능하도록 만들어진 중앙교통섬과 회전차로 사이에 대형자동차가 밟고 지나갈 수 있도록 차로면 보다 약간 높게, 포장 재료를 바꾸어 설치한 부분이며 적용여부는 회전교차로 유형과 용지 여건, 대형차 혼입율에 따라 선택적으로 결정한다.
○ 경고노면 : 지장물이 있음을 경고하거나 보행자의 주의를 환기시키기 위

해 노면을 요철로 처리한 것
- 회전반지름(deflection radius) : 회전교차로의 진출입부, 회전부에서 자동차의 이동경로의 변화(deflection)에 의하여 형성되는 곡선반지름이다. 이 경로를 회전(선회)경로라 하며 자동차는 이 회전경로를 따라 자신에 맞는 속도로 진입, 회전 및 진출하게 된다.
- 양보에 의한 진입 : 회전교차로에서 진입 행태를 규정하는 말. 진입부에서는 반드시 회전자동차에게 양보한다.
- 연석돌출부(curb bulb) : 연석을 차로쪽으로 확장시켜 차로폭을 줄인 부분
- 진입, 또는 진출 회전반지름 : 설계기준자동차가 교차로 곡선부를 통과할 때, 자동차의 앞바퀴가 지나가는 궤적 중 바깥쪽(큰 쪽) 곡선반지름

3 회전교차로의 특징

회전교차로에서의 지체시간은 신호대기시간보다 적다. 특히 4차로 이하의 네갈래 교차로를 4현시 신호로 운영하는 것에 비하여 지체시간이 낮다. 또한 상충점이 적고 접근로와 회전차로 내에서 자동차가 저속으로 운행되어 사고의 위험이 적고 자동차와 보행자 모두에게 안전하다. 어떤 방향이든 회전교통류 진행을 금지할 필요가 없고 모든 방향으로의 접근이 가능하다.

1) 안전성 향상

회전교차로는 다음의 이유로 일반적인 교차로보다 안전성이 높다.
① 일반 평면교차로보다 자동차간 혹은 자동차와 보행자간의 상충 횟수가 적다.
② 교차로 진입부와 교차로 내에서 감속 운행하게 된다.
③ 교차로를 통과할 때 대부분의 운전자가 비슷한 속도로 주행한다.

왕복 2차로 도로가 교차할 때 일반적인 교차로는 이동류를 방향별로 분리하므로 네갈래인 경우 32회의 상충이 일어나는 반면, 회전교차로는 진출입 자동차와 회전자동차간에 8회의 상충만 발생한다. 상충의 성격에서도 차이가 나는데, 회전교차로 상에서의 상충은 분기와 합류에 의하여 각각 4회 발생한다. 반면, 일반적인 교차로는 심각한 사고로 이어질 수 있는 교차형 상충이 16회 발생한다. 이에 반하여 회전교차로는 자동차간 상충회수가 적고 교차형 상충이 없어 충돌 가능성이 줄뿐만 아니라 심각한 사고발생 위험이 현저히 감소하게 된다.
자동차뿐 아니라 자동차와 보행자간의 상충 횟수도 일반적인 교차로에 비하여 줄어들

게 된다.

회전교차로의 안전성이 높은 핵심적인 이유는 감속 운행이다. 저속에서는 자동차의 통제가 쉬워 사고를 피할 수 있으며 사고가 나도 그 피해가 작아진다. 회전교차로에 진입할 때는 양보에 의하므로 일단 정지할 수 있을 정도로 속도를 줄여야 하며 내부에서는 원형교통섬을 우회하여야 하므로 최대 40km/h 이상의 속도를 내기가 어렵다. 또한 접근로에서 감속 후 회전차로를 통과하기까지 대부분 비슷한 속도로 주행하게 되므로 대형사고는 거의 발생할 수 없다.

회전교차로가 연속적으로 설치될 경우 전구간에서 고속주행은 불가능해진다. 이 때문에 근래 선진국에서 활발하게 도입하고 있는 주거지 교통 평온화 사업에는 회전교차로가 필수적으로 포함된다.

2) 지체 감소

신호교차로는 교통량에 상관없이 일정한 신호대기시간이 발생하므로 교통량이 일정량 이하일 경우 회전교차로가 유리하다.

회전교차로의 지체감소 효과를 신호교차로와 비교해 보면, 교통량이 증가할수록 그리고 좌회전 자동차비율이 증가할수록 지체시간 감소효과가 증가하는 것으로 나타난다. 특히 좌회전 교통량이 많은 교차로일수록 회전교차로가 신호교차로에 비하여 운영면에서 훨씬 효율적이다.

3) 기타

회전교차로가 전통적인 교차로에 비하여 우월할 수 있는 또 한가지 이유는 특수한 기하구조에서도 다양하게 변형하여 설치가 가능하다는 것이다. 접근로가 갈라지거나 비스듬하게 교차하는 경우 서로 가깝게 인접한 교차로 및 Y자형 교차로 등에도 설치할 수 있다.

회전교차로는 서로 가깝게 인접한 교차로를 하나의 교차로로 묶어 설계할 수 있어, 기존에 인접한 교차로가 갖던 운영상의 한계를 극복할 수 있다. 어떠한 경우이든 해당 교차로의 특수한 기하구조 조건이 무엇이며 어떤 방법으로 그 조건에 부합할 수 있는지에 대한 검토가 선행되어야 한다.

마지막으로 회전교차로는 회전 교통류에 대한 제한이 없어 모든 방향으로의 접근이 가능하며 교차로 주변의 토지이용도를 높여준다.

교차로 규모, 회전차로의 수 및 주변의 토지이용, 도로 기능에 따라 회전교차로를 다음과 같은 6가지 기본유형으로 분류한다.

- 초소형 회전교차로
- 도시지역 1차로 회전교차로
- 지방지역 1차로 회전교차로
- 도시지역 소형 회전교차로
- 도시지역 2차로 회전교차로
- 지방지역 2차로 회전교차로

여기서 도로변의 점진적 개발에 따라 원래 지방지역 도로였으나 시가화 되어 도시지역 도로의 통행 특성을 갖는 도로가 생길 수 있으며, 이러한 경우 고속 주행이 이루어지면서도 보행자 통행 등 도시지역 도로의 통행 특성이 공존하게 된다. 이러한 가능성이 있는 회전교차로는 도시지역 형태로 설계하되 고속 접근 자동차의 감속을 효율적으로 유도할 수 있는 설계방식을 결합하여 설계한다.

4 회전교차로의 기본 유형

1) 초소형 회전교차로

초소형 회전교차로는 평균 주행속도가 50km/h 미만인 도시지역에서 소형 회전교차로를 설치할 공간이 부족할 경우 설치할 수 있다. 기존 네갈래 교차로를 회전교차로로 전환시킬 경우 기존 교차로 포장 면적을 크게 벗어나지 않기 때문에 저렴한 비용으로 건설할 수 있다.

초소형 회전교차로는 교차로 공간이 부족할 때 유리하다. 회전반지름이 적어 자동차의 속도가 매우 낮고 횡단 거리도 짧아 보행자에게 친숙하다. 이 교차로는 승용차가 중앙교통섬을 침범하지 않도록 설계하고, 대형자동차가 통과할 경우를 대비해 중앙교통섬을 자동차가 밟고 지날 수 있도록 '사면 돋움'으로 처리하는 것이 좋다. 중앙교통섬이 작아 교차로 내에서 직선에 가깝게 통과하게 되므로, 중앙교통섬 주위에서 감속 조치가 필요하다. 초소형 회전교차로의 용량은 도시지역 소형 회전교차로와 유사하다.

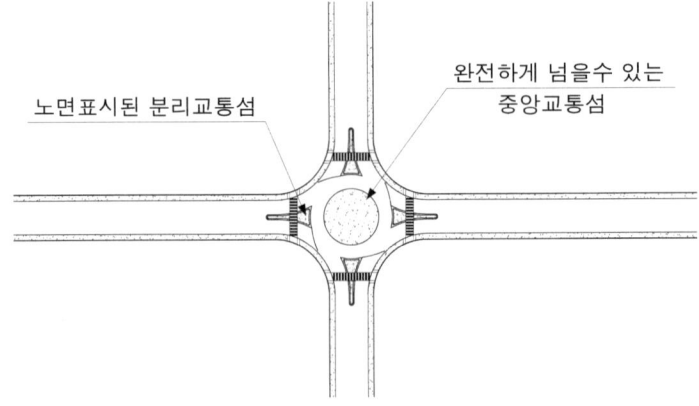

(그림 4.43) 초소형 회전교차로

2) 도시지역 소형 회전교차로

도시지역 소형 회전교차로 또한 보행자 및 자전거의 원활한 통행이 가능한 교차로이다. 교차로 크기는 소형화물차나 버스의 통행이 가능한 규모이므로 대형 화물차의 통행이 많은 지방지역 간선도로에는 부적합하다. 모든 접근로가 편도 1차로이고 중앙교통섬과 직각방향으로 만난다. 그러면서도 효율적 회전교차로를 위한 조건을 모두 만족시켜야 한다.

도시지역 소형 회전교차로의 또다른 근본적인 목표는 보행자가 안전하고 효과적으로 교차로를 이용할 수 있게 하는 것이다. 따라서 용량이 심각하게 문제가 되지 않는 곳에만 이 유형이 권장된다. 보행자 대피소로 사용되는 돌출된 분리교통섬과 차륜이 오르지 못하는 중앙교통섬을 설계해야 하며, 대개의 경우 대형차를 무사히 통과시키기 위한 화물차턱을 설치한다.

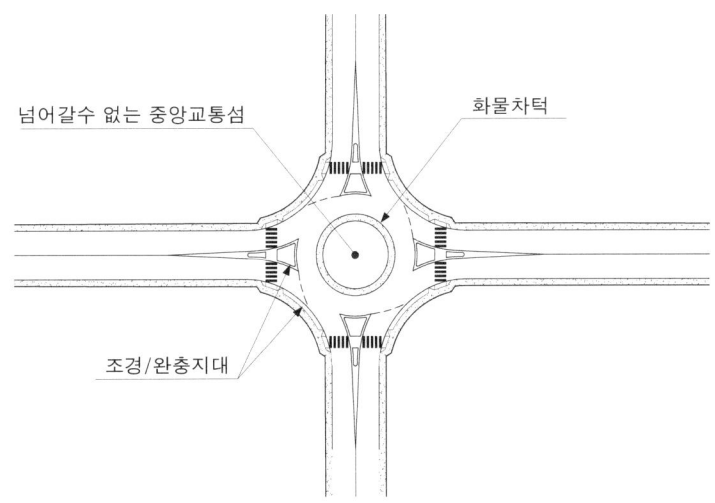

(그림 4.44) 도시지역 소형 회전교차로

3) 도시지역 1차로 회전교차로

도시지역 1차로 회전교차로는 모든 진입·진출로와 회전차로가 1차로로 된 교차로이다. 도시지역 소형 회전교차로와 다른 점은 내접원 직경이 더 크고 진입·진출로가 내접원에 더 큰 반지름으로 접하며, 이로 인해 용량이 증가하고 진입·진출 및 회전교통류의 속도도 다소 높아진다. 또한 진입자동차와 회전자동차의 속도가 일정하게 유지되도록 설계한다.

기하구조의 특징으로는 돌출된 분리교통섬, 차륜이 침범하지 못하도록 하는 중앙교통섬, 그리고 좌회전하는 대형 화물차가 있을 경우를 제외하고서는 가능하면 화물차턱은 두지 않는 것이다. 만약 화물차 턱을 설치할 경우, 가능한 한 버스가 이를 올라타지 않도록 설계한다.

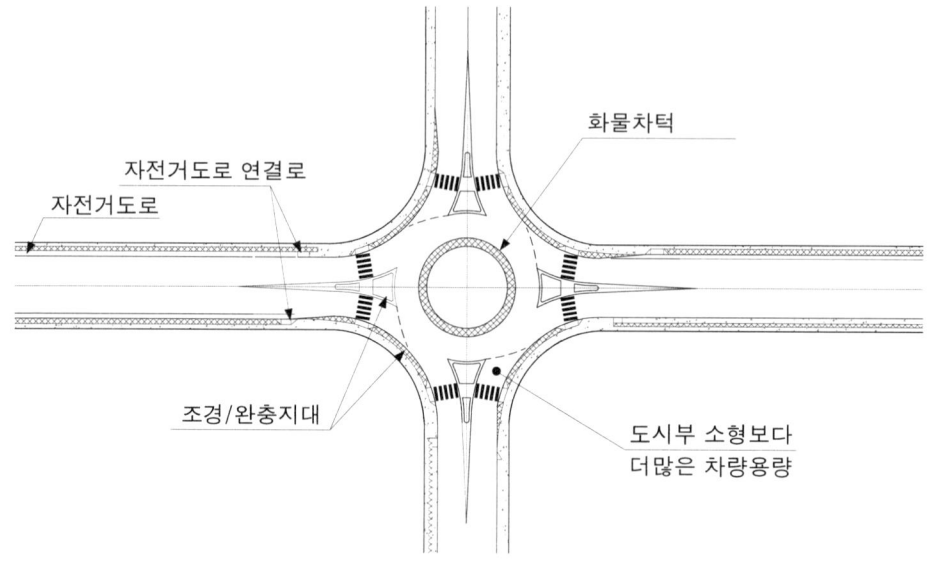

(그림 4.45) 도시지역 1차로 회전교차로

4) 도시지역 2차로 회전교차로

도시지역 2차로 회전교차로는 하나의 접근로만이라도 2차로로 되어 있을 경우로 1차로 접근로가 진입부에서만 2차로로 넓혀진 경우도 포함된다. 따라서 교차로 내에서 두 대의 자동차가 나란히 주행할 수 있도록 넓은 회전차로가 필요하다. 진입부, 회전차로 및 진출부에서의 자동차 속도는 도시지역 1차로 회전교차로와 유사하며 진입 시부터 진출 시까지 속도에 일관성이 있도록 해야 한다. 분리교통섬은 돌출시켜 설치하고 중앙교통섬은 자동차가 침범하지 못하도록 단차를 두어야 하며, 적절한 속도로 감속시키기 위해 진입차로에 수평곡률을 두기도 한다.

회전교차로를 따라 자전거도로를 설치할 수 있다. 조경시설 등으로 보도와 자전거 도로를 확실하게 구분해 지정된 경로로 통행하도록 유도한다.

현재의 용량을 반영하여 1차로 회전교차로로 계획하였으나 장래 교통량 증가로 인해 처리 용량에 한계가 예상되는 경우, 2차로로의 확장을 대비해 교차로 내부 면적과 차로 폭원에 대한 여유를 두는 것이 좋다.

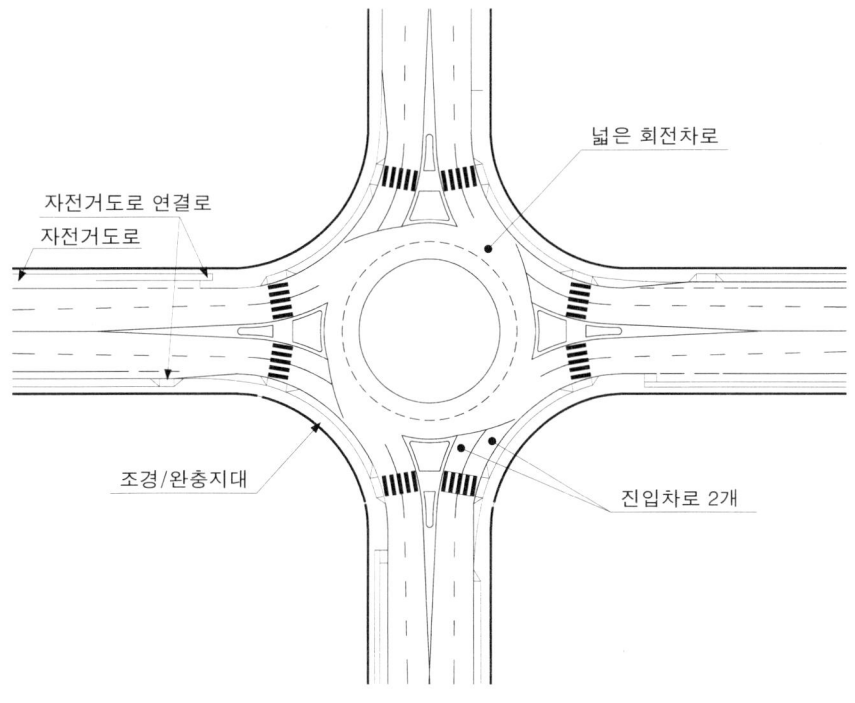

(그림 4.46) 도시지역 2차로 회전교차로

5) 지방지역 1차로 회전교차로

지방지역 1차로 회전교차로에서는 일반적으로 접근 속도가 높아 미리 기하구조나 교통제어기법을 통해 적절히 감속시켜 교차로에 진입하도록 한다. 지방지역 회전교차로는 다소 높은 속도로 진입하고 회전하여 진출하도록 도시지역보다 중앙교통섬 직경이 더 크다. 그리고 이것은 보행자가 많지 않다는 것을 전제로 한다.

향후 시가지로의 개발이 예상되는 지역의 지방지역 회전교차로는 설계속도를 낮추고 보행자 처리를 고려하여 설계하도록 한다. 그러나 개발 전에는 안전한 감속을 유도하기 위해, 접근로와 진입부에 안전조치를 한다. 이러한 안전조치로는 돌출된 분리교통섬의 연장, 단차가 있는 중앙교통섬, 그리고 진입차로에 적절한 수평곡률 설치를 고려할 수 있다. 횡단보도는 노면표시를 하지 않더라도, 보행자의 횡단이 가능한 지점의 지정과 분리교통섬에 보행자 대피소 설치 등의 조치가 필요하다.

세미트레일러와 같은 대형차가 통행하는 지역의 회전교차로는 화물차 턱을 설치한다.

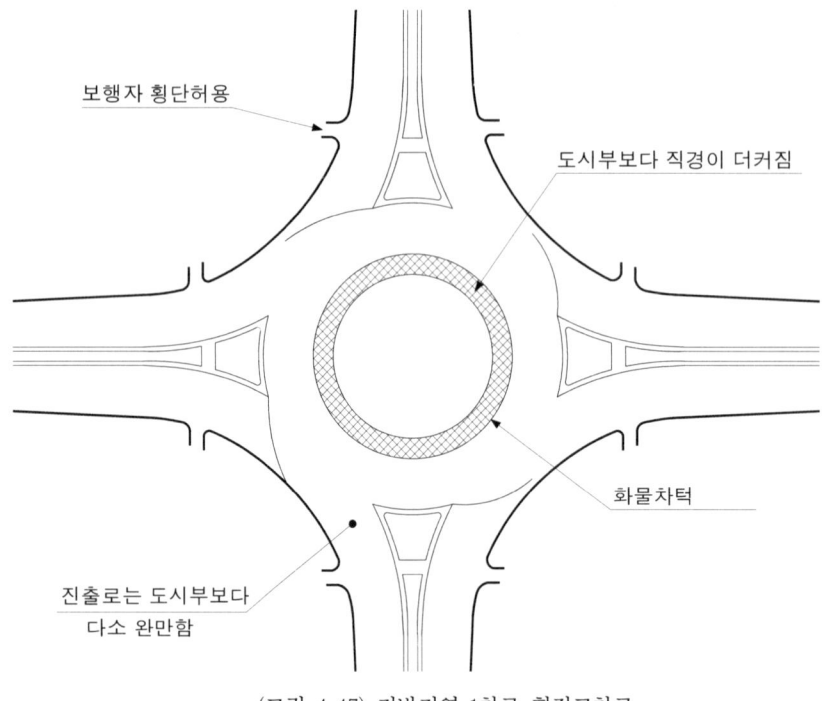

(그림 4.47) 지방지역 1차로 회전교차로

6) 지방지역 2차로 회전교차로

지방지역 2차로 회전교차로는 한 개 이상의 접근로가 2차로이거나 진입부에서 1차로가 2차로로 넓혀진다는 점에서 차이가 날 뿐, 속도 측면에서는 지방지역 1차로 회전교차로와 유사한 특성을 가진다. 또한 기하구조는 도시지역 2차로 회전교차로와 유사하나, 더 높은 속도, 더 큰 내접원 직경, 기타 접근부 안전조치 등 추가적인 설계 요소를 고려하도록 한다.

현재의 용량을 반영하여 1차로 회전교차로로 계획하였으나 장래 교통량 증가로 인해 처리 용량에 한계가 예상되는 경우, 당장은 1차로로 설계·운영하도록 하나, 2차로로의 확장을 대비해 폭원, 교차로 내부 공간에 대한 여유를 두는 것이 좋다.

7) 회전교차로 유형별 설계요소 비교

이상 6가지 기본유형 회전교차로의 설계요소별 특징을 비교하여 제시하면 〈표 4.16〉과 같다.

4.6 평면교차로의 시거

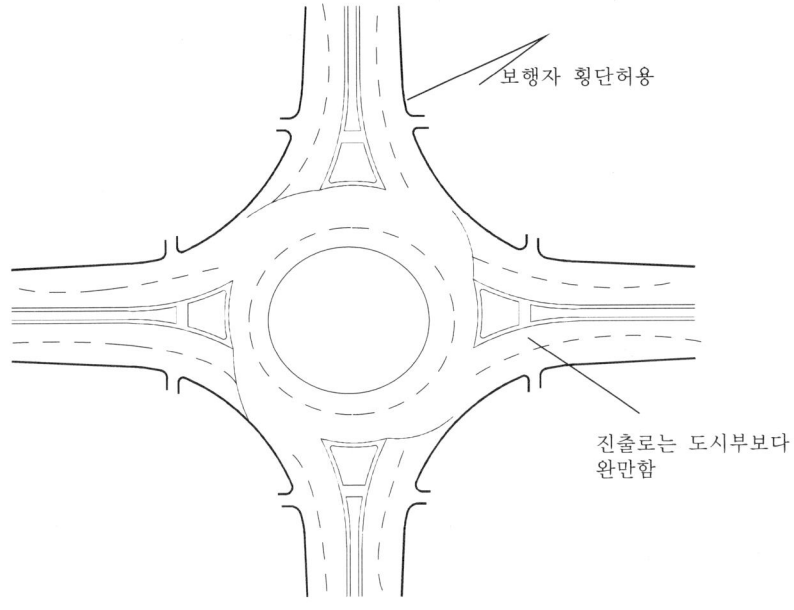

(그림 4.48) 지방지역 2차로 회전교차로

〈표 4.16〉 회전교차로 유형별 설계요소 비교

구분	설계 요소	초소형	도시지역 소형	도시지역 1차로	도시지역 2차로	지방지역 1차로	지방지역 2차로
일반사항	차로수	1	1	1	2	1	2
	최대 일교통량 (대/일) (1)	12,000	15,000	20,000	40,000	20,000	40,000
	분리 교통섬	노면표시 가능한 돌출	돌출	돌출	돌출	돌출/연장	돌출/연장
	설계기준자동차	소형화물차	소형화물차/버스	대형차	대형차	세미 트레일러	세미 트레일러
회전부	회전차로 설계속도(km/h)	16~19	16~20	20~25	23~30	23~30	25~35
	내접원 직경(m)	13~25	25~30	30~40(2)	45~55	30~40(2)	55~60
	중앙교통섬 직경(m)	2~17	13~22	18~32	25~37	23~32	35~42

구분	설계 요소	초소형	도시지역 소형	도시지역 1차로	도시지역 2차로	지방지역 1차로	지방지역 2차로
회전부	회전차로 폭(m)	4~6	4~6	4~6	9~10	4~6	9~10
진입부	진입부 최대 설계속도(km/h)	25	25	35	40	40	50
	진입부 반지름(m)	8~14	8~30	11~30	30~61	12~37	39~80
	진입부 차로폭(m)	4~5	4~5	4~5	7.5~8.5	4~5	7.5~8.5

주1 : 네갈래 회전교차로에 적용한 예이며 각 진입부가 90도로 연결된 상황을 가정함
주2 : 초소형은 집산도로에 설치하며, 도시지역 소형회전교차로는 간선도로에 설치는 부적합함
    (1) 최대 일교통량은 네갈래 회전교차로에 대한 방향별 일교통량을 모두 합한 것
    (2) 2차로 회전교차로로 확대 예정일 경우, 2차로 회전교차로의 직경을 사용

5 회전교차로 설치를 위한 여건

신설도로의 경우 4차로 이하 도로에서는 회전교차로가 좋은 대안이 될 수 있어 대안으로써 면밀히 비교 검토할 필요가 있다. 그러나 기존 교차로를 회전교차로로 개조할 경우, 회전교차로를 어떤 목적으로 설치하는지에 대한 명확한 목표 설정이 필요하다. 즉 기존 교차로에 지체가 심각하여 비효율적으로 운영된다든지, 교차로 사고가 많이 발생하여 안전조치가 필요하다든지 혹은 교차로의 구조개선이 필요하다든지 하는 등의 문제를 명확하게 인식하고 이의 해결대안으로써 회전교차로의 설치를 고려하여야 한다. 회전교차로는 많은 장점을 갖고 있는 교차로이지만 교통량, 교통운영, 지형, 지역여건 등의 요소를 종합하여 최적의 교차로 형태라는 결론하에 교차로 방식으로 선정하여야 한다.

1) 회전교차로 설치가 권장되는 경우

- 교차로의 신호제어나 정지에 의한 교통 지체가 심각한 경우
- 교차로에서 하나 이상의 접근로에 좌회전 교통량이 많은 경우
- 특히 주도로와 부도로가 만나는 경우, 주도로에서의 회전 교통량이 많은 경우
- 교차로에서 직진이나 회전자동차에 의한 사고가 빈발할 경우
- 장래 교통량 증가가 예상되고 교통류 운영 패턴이 불확실한 경우
- 각 접근로별 통행우선권 부여가 어렵거나 바람직하지 않은 경우

- Y자 또는 T자형 교차로, 기타 교차로 형태가 특이한 경우

2) 회전교차로 설치여건에 대한 검토가 필요한 경우

다음의 경우는 설계시 기하구조 변경이나 운영방법의 개선등을 통해 해당 문제를 제거하여야만 회전교차로를 설치할 수 있다.
- 접근로중 하나라도 제한속도가 70km/h 이상인 도로
- 접근로의 종단경사가 4%를 초과하는 경우
- 접근로별 교통량 배분의 불균형이 심할 때, 즉, 1~2개 접근로에 교통량이 심하게 편중되어 있는 경우
- 주도로와 부도로가 접속되는 교차로에서, 회전교차로로 인해 주도로에 극심한 정체가 예상되는 경우
- 보행량(특히 어린이나 노약자)이나 자전거통행량이 지나치게 많은 경우
- 시야 확보가 어려운 경우
- 하류부의 자동차신호, 보행신호, 철도건널목 신호에 의하여 집중된 자동차가 회전 교차로에 대기행렬로 연장될 가능성이 있는 경우
- 철로가 회전교차로를 통과하는 경우
- 접근로가 여섯갈래 이상인 경우
- 긴급자동차의 우선 통과가 보장되어야 하는 경우 (예, 소방서 인접 교차로)

3) 회전교차로 설치가 금지되는 경우
- 최대로 확보 가능한 교차로 용지 내에서 각 설계요소(회전반지름, 직경, 도로폭, 경사도 등)를 설계기준에 충족시킬 수 없는 경우
- 첨두시 가변차로가 운영되는 경우
- 신호연동이 잘 이루어지고 있는 구간 내에서의 설치시 연동효과를 감소시킬 수 있는 경우
- 신호시간 개선에 의하여 소통과 안전문제를 충분히 해결할 수 있는 경우

4.7 안전시설 등

4.7.1 도로교통 안전시설

교차로 부근에 위치하는 교통안전시설은 신호등, 안전표지, 시선유도 표지, 조명시설, 횡단시설, 충격방지시설 등 그 종류가 다양하다. 이들은 교통사고를 방지하는 역할을 할 뿐만 아니라 교통류를 원활히 처리하는 기능도 있어 교차로를 설계할 때에는 필요에 따라서 적절한 교통안전시설을 설치하거나 개선하는 것이 중요하다.

1 신호등

신호등의 설치 위치를 결정할 때에는 신호등을 다른 방향에서 접근하는 자동차들을 위한 신호등으로 오인하는 일이 없도록 하며, 교차로 유입부에서 충분히 인식할 수 있도록 해야 한다.

신호등은 다음의 (그림 4.49)에 나타낸 바와 같이 교차로 유출부의 우측에 설치하는 것을 원칙으로 하며, 편도 2차로 이상의 도로에서는 시인성을 높이기 위하여 유출부의 좌측에 신호등을 증설할 필요가 있다. 또, 교차로의 유입부 부근이 급커브이거나 상향 경사로 되어 있어 시인성이 떨어질 염려가 있는 경우에는 필요에 따라서 추가적인 신호등 또는 주의표지를 설치한다. 보행자용 신호등은 횡단보도 가장자리에 보행자와 마주보도록 설치한다.

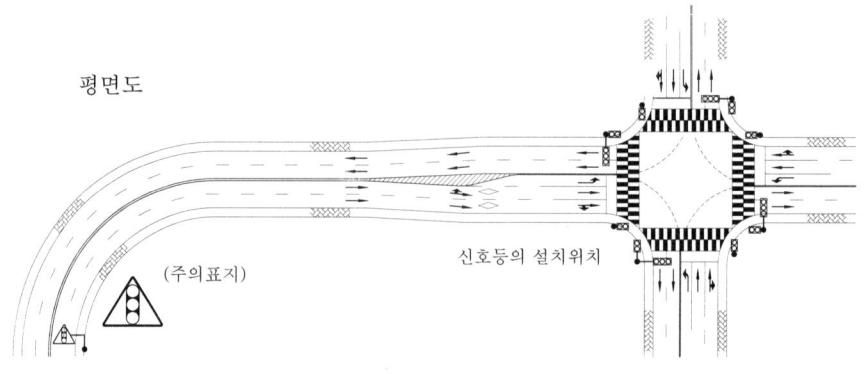

(그림 4.49) 신호등의 설치 위치

2 안전표지

지시표지나 규제표지와 같은 도로표지를 설치할 때에는 교차로에 도달하기 전에 충분한 거리에서 그 표시 내용을 알 수 있도록 설치 장소와 설치 방법에 주의를 기울인다. 또한 도로 표지를 설치할 때에는 사전에 운전자가 그 교차로의 통행방법을 알 수 있도록 하기 위하여 경우에 따라서 표시 내용을 사전에 예고하는 표지를 설치할 필요가 있다. 이를 통하여 교차로 바로 앞에서 행선지에 대한 혼란을 가져오거나 무리한 차로 변경을 하지 않도록 해야 한다. 특히 주교통류가 좌회전하는 교차로나 좌우회전 전용차로가 부가차로로 되어 있지 않은 교차로에 설치되는 도로표지는 어느 차로에서도 잘 보이도록 한다.

3 도로조명

야간에는 교통안전과 교통 소통을 높이기 위하여 신호등의 시인성을 확보하고 가로수의 그림자에 의한 영향이 없도록 도로 조명을 설치한다. 신호교차로인 경우에는 원칙적으로 도로조명을 설치하며, 일반교차로인 경우에는 필요에 따라 부수적인 조명을 설치할 필요가 있다. 일반적으로 야간에는 도로 상의 보행자가 잘 보이지 않으므로 보도와 횡단보도상의 보행자를 발견하는 비율은 자동차의 전조등 앞에서보다 도로조명 아래에서 더 높다고 평가되고 있다. 따라서 교차로에서 조명은 좌우회전 자동차 가운데 유출부의 횡단보도와 같은 곳에서 진로를 변경하고자 하는 자동차나 보행자를 운전자가 시인할 수 있는 곳에 설치하는 것이 바람직하다.

도로 조명 때문에 신호등이 잘 보이지 않게 되거나 가로수, 간판 등의 그림자가 횡단보도를 덮는 일이 없도록 주의해야 한다.

4 입체 횡단시설

횡단 육교, 횡단 지하보도와 같은 입체 횡단시설은 보행자와 자동차를 입체적으로 분리시켜 보행자의 안전을 확보하고, 신호 운용시 보행자의 횡단 시간을 고려할 필요가 없게 하고 신호 처리상 항상 우회전이 가능하게 하여 교차로의 교통 저리 능력을 향상시킬 수 있다.

그러나 폭이 좁은 도로나 교통량이 비교적 적은 도로에 함부로 입체 횡단시설을 설치하면 보행자가 무리하게 차로를 횡단하는 일이 잦아 오히려 위험하다. 또, 자전거 이용대책으로 자전거 횡단대를 설치해야 하는 경우가 있다.

이러한 교차로에서는 자전거 횡단대를 이용한 보행자의 횡단이나 자전거 횡단대를 위한 신호 현시의 제약 때문에 교통 처리 능력이 향상되지 못하거나, 상시 좌회전 가능이라는 교통 규제의 도입이 어려울 수 있기 때문에 입체 횡단시설의 설치 효과가 소멸되는 수가 있다.

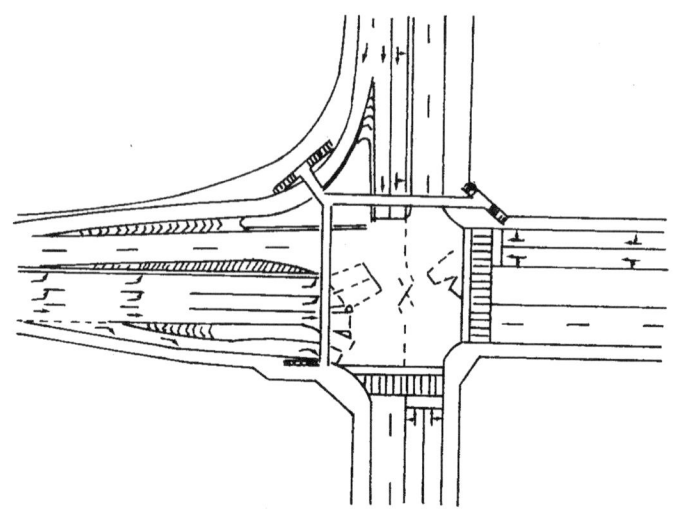

(그림 4.50) 횡단육교 설치로 좌회전이 가능한 예

따라서 입체 횡단시설을 설치할 때에는 현장과 그 부근의 도로, 보행자, 자동차 운행의 상황을 충분히 파악하여 보행자의 편리성, 노약자, 신체장애자, 자전거 이용자에 대한 대책 등을 검토해야 한다.

5 방호책

교차로에서는 보행자를 보호하기 위해 방호책 설치와 같은 교통안전 대책이 필요하다. 도시지역의 교차로와 같이 교통량이나 보행자가 많은 경우에는 횡단보도 이외의 보도에 방호책이나 식수대를 설치하여 보행자를 보호하고 보행자가 횡단보도 이외에서 횡단하는 것을 막는 것이 중요하다. 또, 교차로 곡선부의 방호책 등은 자동차가 차도 밖으로 벗어나는 것을 방지하거나 운전자의 시선유도 효과를 높이는 역할도 한다.

보행자의 신호 대기를 위한 대기공간의 모서리부분 보도경계 형태와 방호울타리 등의 설치방법에 있어서는 보행자의 보호를 충분히 배려하지 않으면 안된다.

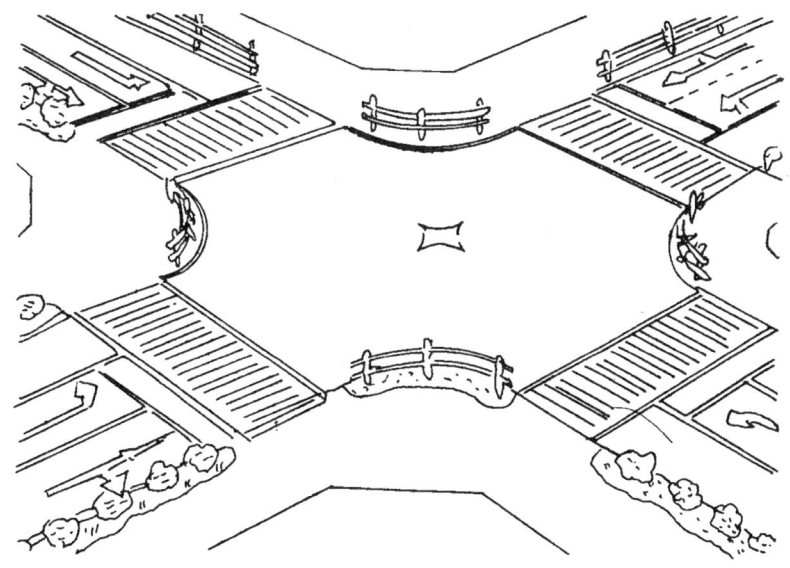

(그림 4.51) 교차로에 방호책과 식수대를 설치한 예

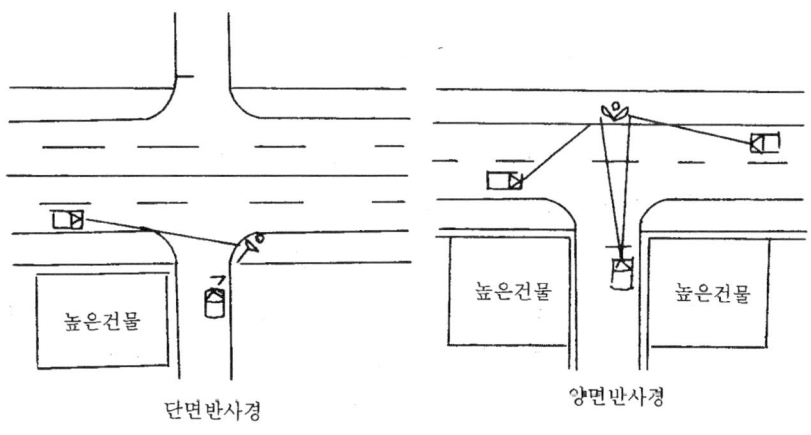

(그림 4.52) 반사경의 설치 예

6 도로 반사경

신호교차로가 아닌 교차로나 좁은 가로끼리 교차하는 모서리에서 시거가 충분히 확보되지 못하거나 연도의 구조물 등에 의해 시거가 충분하지 못할 경우에는 좁은 가로 측에서 더 넓은 도로의 교통 상황을 알 수 있도록 도로 반사경(curve mirror)을 설치하면 시거를 확보하는데 유효하다.

반사경의 설치 위치는 자동차나 보행자의 운행에 지장을 주지 않는 장소이어야 하는데, 반사경을 통하여 느끼는 거리감과 실제 거리와는 상당히 다르다는 특성을 고려할 필요가 있으며, 정기적인 반사경의 유지 관리도 중요하다.

7 충격 방지 시설

자동차와 교차로 내 구조물이 충돌하는 것을 방지하기 위하여 장애물 표시등이나 시선 유도표지, 표시병을 필요에 따라 설치한다.

장애물 표시등은 도로 분류부, 중앙분리대, 교각 등 도로 구조물의 존재를 운전자에게 황색 점멸등과 같은 경고등을 통하여 경고함으로써 충돌이나 접촉사고를 방지할 목적으로 설치하는데, 비스듬한 방향에서도 알아볼 수 있도록 설치해야 한다.

시선유도표지는 도로 선형을 명확히 하기 위하여 도로변, 중앙분리대, 교통섬 등에 따라 설치한다.

표시병은 교차로 내부나 유출부에 존재하는 안전지대나 통행 장애물의 시인이 어려운 경우 그 전면에 설치하는 시선유도표지와 함께 사용하거나 분리대를 설치할 폭이 없을 때 간이 중앙분리대로 사용한다. 다만, 설치 시에는 이륜차의 미끄럼 사고를 방지하기 위하여 높이가 낮은 구조로 하는 등의 배려가 필요하다.

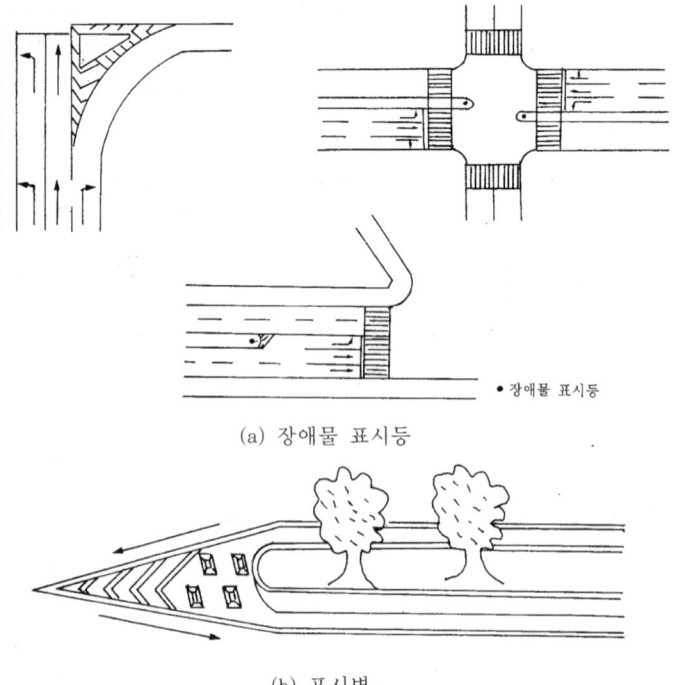

(a) 장애물 표시등

(b) 표시병

(그림 4.53) 장애물 표시등, 시선 유도표시, 표시병을 사용한 충돌 방지 예

8 교차로 내의 시거 확보

교차로에서는 사고 방지를 위하여 시거를 충분히 확보하는 것이 매우 중요하다. 교차로 및 그 부근에서 시거확보를 방해하는 것으로는 식재, 가로수, 도로 점용물, 도로 부속시설 등이 있다. 시거를 충분히 확보하지 못하면 대형차량, 보행자, 신호등 및 표지가 잘 보이지 않아 교통사고 발생의 원인이 된다. 따라서 교차로와 그 부근에서는 시거 확보를 위하여 주의할 필요가 있다.

식재나 가로수를 설치하는 경우에는 나무의 높이와 폭을 고려하여 수목을 선정함은 물론 식수의 설치와 간격에 대해서 충분히 검토할 필요가 있다. 또한 운전자가 어린아이까지도 충분히 식별할 수 있도록 하기 위하여 교통섬이나 교차로 부근의 중앙분리대에 설치하는 식재는 나무 높이가 60cm 이하의 작은 나무로 하며, 식수 후에도 나무가 성장함에 따라 가로수가 신호등이나 표지판의 시인성을 떨어뜨리는 경우에는 가지치기와 같은 일상적인 유지관리를 지속적으로 하여야 한다.

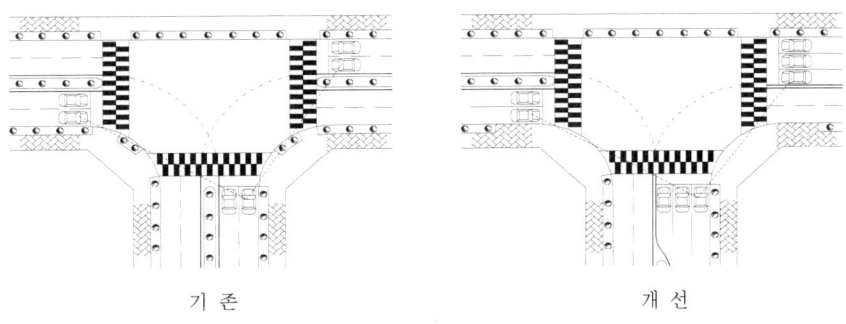

(그림 4.54) 시거의 확보

4.7.2 정지선, 횡단보도 등

1 정지선

정지선은 교차로의 좌우회전 자동차가 주행하는 데 지장을 주지 않는 위치에 설치하고, 원칙적으로 차로 중심선에 대하여 직각으로 설치한다. 정지선은 자동차의 어떤 부분이라도 그 선을 넘어서 정지해서는 안 된다는 것을 나타내는 표시로 신호교차로의 유입부, 횡단보도 직전, 일시정지 규제를 하는 경우 등에 설치한다.

정지선의 설치 위치가 부적절하면 준수율이 낮아질 뿐만 아니라 교통사고 발생의 원인이 되므로 설치 시에 있어서는 교통 여건을 충분히 검토한 후 정지선의 위치를 결정할 필요가 있다.

횡단보도가 없고 신호로 제어되는 교차로의 경우 교차로 내에서 좌·우회전하는 자동차의 진행을 방해하지 않는 범위 내에서 가능한 한 전방으로 정지선을 전진시켜 교차유역을 축소할 필요가 있다. 이때 정지선의 위치는 설계 기준 자동차의 주행궤적에 따라 정해진다.

횡단보도가 차로와 직각이 아닌 경우에도 정지선은 차로에 직각으로 설치(a)하는 것이 원칙이나, 각도가 완만한 경우에는 횡단보도에 평행하게 설치하기도 한다. 다차로 도로에서 횡단보도가 비스듬하게 설치되었을 때 정지선을 차로에 어느 정도 비스듬히 설치(c)하는 경우도 있으나, 차로마다 정지선을 불연속적으로 설치하는 것(d)은 좋지 않다. 횡단보도도 신호등도 설치되어 있지 않은 교차로에 일시정지 규제를 하는 경우에는 좌·우 확인이 가능한 위치에, 또한 교차로의 교통이 방해받지 않는 위치에 설치하지 않으면 안된다.

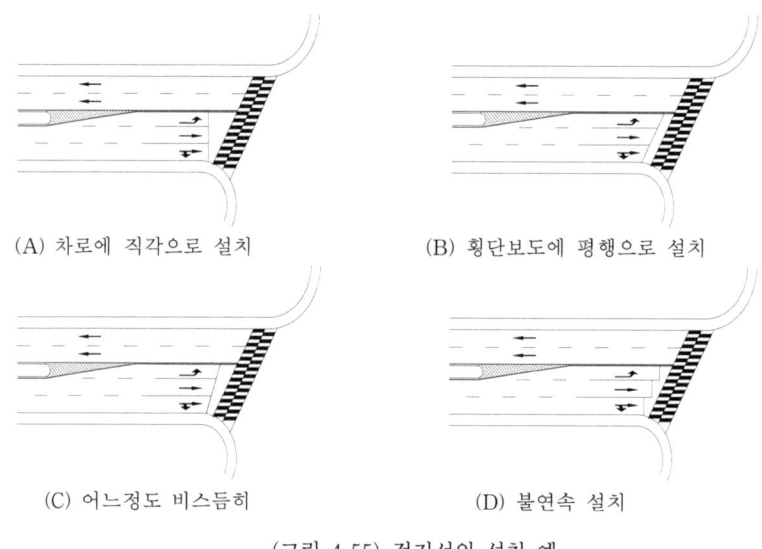

(A) 차로에 직각으로 설치   (B) 횡단보도에 평행으로 설치

(C) 어느정도 비스듬히   (D) 불연속 설치

〈그림 4.55〉 정지선의 설치 예

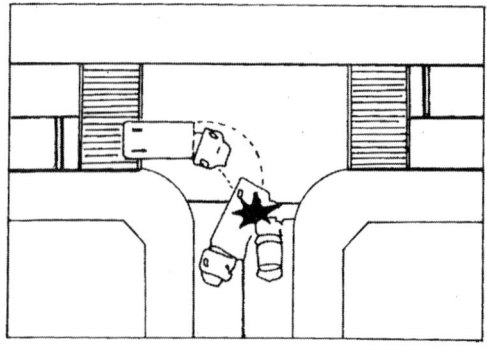

〈그림 4.56〉 대형자동차의 회전시에 지장이 되는 정지선의 설치 예

2 보도 및 횡단보도

1) 개요

교차로 부근은 다른 곳보다 보행자도 많고 상점 등 보행자가 모이는 시설이 많은 것이 통례이므로 보도가 좁으면 혼란이 생기고 위험성도 높다. 따라서 적어도 도로의 유효폭, 즉 식수대나 시설대를 제외한 실제 보행자의 보행에만 사용되는 폭보다 좁아서는 안된다는 것을 원칙으로 하고 보행자가 많은 경우에는 다시 폭을 넓혀야 할 것이다. 요즈음에는 교차로에 입체횡단시설을 설치하는 일이 많아졌는데, 단계건설을 위한 여유를 보도내에 확보하는 경우에는 보도폭에 상당한 여유가 필요하므로 입체횡단시설을 설치할 계획이 있는 경우에는 이를 고려하여 보도폭을 정해둘 필요가 있다.

2) 횡단보도의 폭

횡단보도의 폭은 보행자 교통량의 함수로 생각하는 것이 합리적이지만 최소한의 보도폭 확보만으로는 긴급한 경우에 위험하고 또, 주행중의 자동차가 전방에서 횡단보도의 존재를 인지할 수 있도록 하기 위해서도 어느 정도의 폭이 필요하므로 최소치를 4.0m로 한다.

보행자가 많은 경우에는 이를 적당히 증가시켜야 하는데 필요한 폭을 계산으로 구한다는 것은 여러 가지 복잡한 요소가 있고 한마디로 설명하기 어려운 점이 있으므로 도로의 상황에 따라서 실제적으로 정하는 것이 좋다. 또, 특별한 경우에는 2.0m로 하는데 이는 폭 6~8m정도와 같이 좁은 도로의 경우에 적용하기 위한 것이다.

3) 횡단보도의 위치

횡단보도의 위치는 교차로의 상황, 자동차 및 보행자의 교통량 등을 종합적으로 고려하여 차도횡단 거리가 가능한 한 짧고 교자면적도 가능한 좁아지도록 정해야 한다.

교차로에서 횡단보도의 위치결정에 대해서는 고려해야 할 요소가 대단히 많으며, 교차로의 형태, 교차도로의 폭과 교차각, 보도의 유무와 폭, 우각절단부의 유무와 그 크기 등이 상이하므로 결정방법을 일률적으로 정한다는 것은 불가능하다.

(그림 4.49(a))와 같이 교차로에 우각부가 있는 경우 횡단보도의 위치로서는 A, B의 양자가 고려된다.

A의 위치는 차도의 횡단이라는 점에서는 문제는 없겠지만 우각부가 길면 횡단하기 위하여 보행자는 많이 우회하지 않으면 안되게 된다. 특히 예각교차 경우에는 그림 (b)와 같이 이런 상태가 매우 심해져서 횡단보도 이외의 횡단을 유발하기 쉽다. 보행자의 심리를 무시한 계획은 반드시 무리가 생겨서 사고의 원인이 된다. 이와 같은 경우에는 (c)

와 같이 안전섬을 설치하여 처리함이 바람직하다.

횡단보도를 정지선이라는 견지에서 생각하면, 일반적으로 교차점의 면적이 작을수록 시간손실이 적고 자동차의 주행궤적도 고정되므로 B에 가까운 편이 A에 가까운 편보다 좋을 것이다.

그러나, 본선이 충분히 넓어서 좌우회전차로가 전용으로 확보될 때에는 B에 가까운 위치의 편이 좋겠지만 본선의 폭이 불충분한 경우에는 교차로 면적이 작게 되어 버리기 때문에 보행자의 횡단을 기다리는 회전자동차가 직진자동차를 방해하여 혼란을 초래하게 한다.

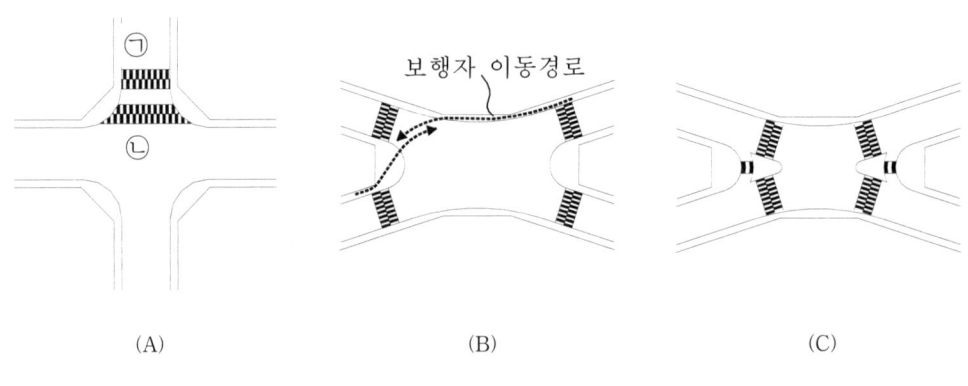

(그림 4.57) 횡단보도와 교통섬의 관계

4) 기타 고려사항

① 횡단보도는 될 수 있는 한 차도에 직각으로 설치하는 것이 바람직하다.

횡단보도를 짧은 거리로 하면 신호현시의 시간단축에 연계되어 결과적으로 교차로의 교통처리능력을 향상시킬 수도 있다. 또, 보행자의 안전성이 높아진다. 이를 위해서는 (그림 4.58(a))에 나타낸 바와 같이 횡단보도를 차도에 대하여 직각으로 설치하는 것이 좋다.

(그림 4.58(b))와 같이 설치하면 횡단보행자의 동선은 자연스러운 흐름이 아니라 우회하는 것이 되어 횡단보도 이외에서의 횡단을 유발한다. 이로 인하여 교통안전상 문제와 교차로 면적이 증대로 인한 교통처리능력의 저하와 같은 문제가 발생한다. 이와 같은 경우에는 (그림 4.58(c))에 나타낸 바와 같은 형태로 조절해 보는 것도 대책의 하나로 생각된다.

② 교통안전 대책으로서 횡단보도는 운전자가 식별하기 쉬운 위치에 설치한다.

횡단보도(그림 4.59(a))에 나타낸 바와 같이 입체도로의 교각이나 횡단육교 등 구조물의 영향을 받는 곳과 같은 위치에 설치하면 횡단보도 상의 보행자가 좌·우회전 자동차의 운전자로부터 잘 보이지 않게 된다.

이와 같은 경우에는 그 상황에 맞추어서 (그림 4.59(b))에서와 같이 횡단보도를 식별하기 쉬운 위치에 이전하는 것이 교통안전상 유리다.

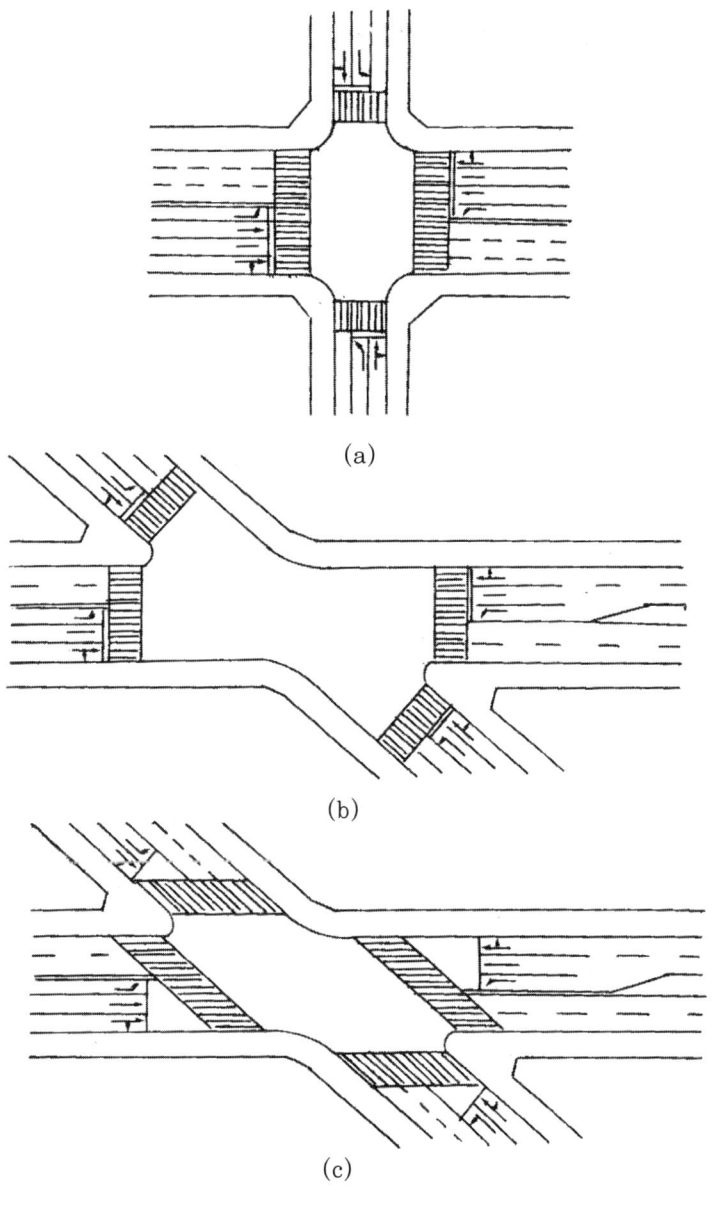

(그림 4.58) 횡단보도 설치 예

396 제 4 장 평면교차로

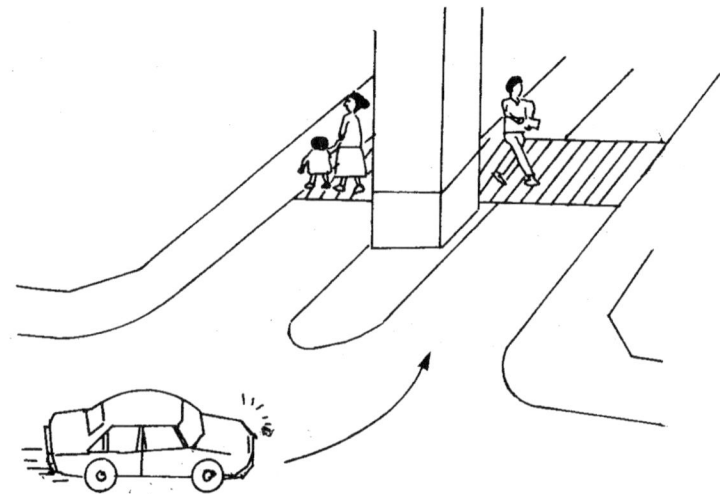

교각의 영향으로 보행자의 존재가 불명확

(a) : 개선전

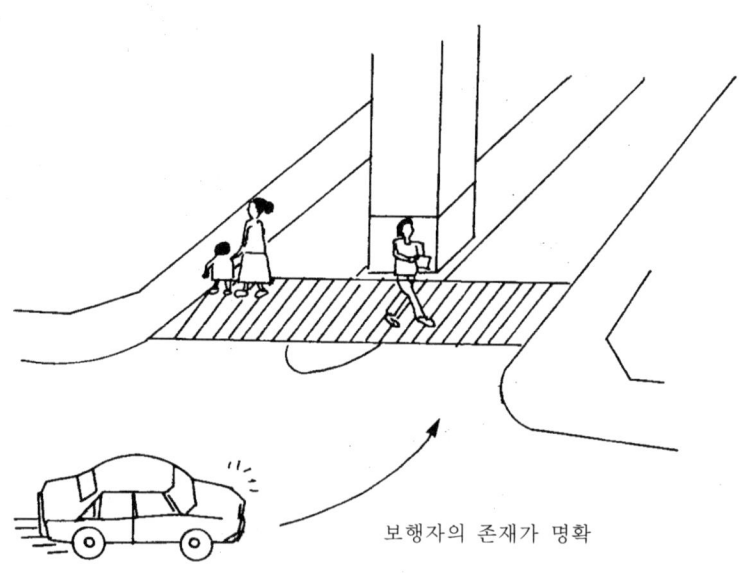

보행자의 존재가 명확

(b) : 개선전

(그림 4.59) 횡단보도의 안전을 고려

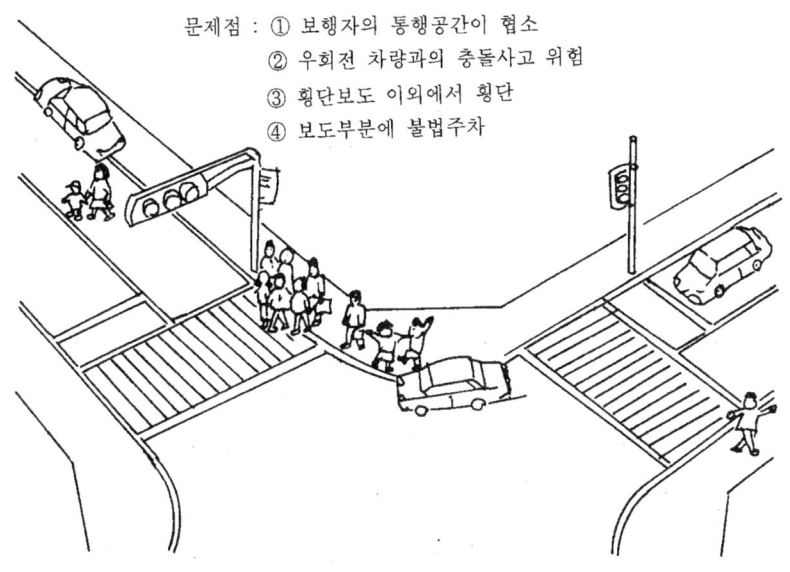

< 개 선 전 >

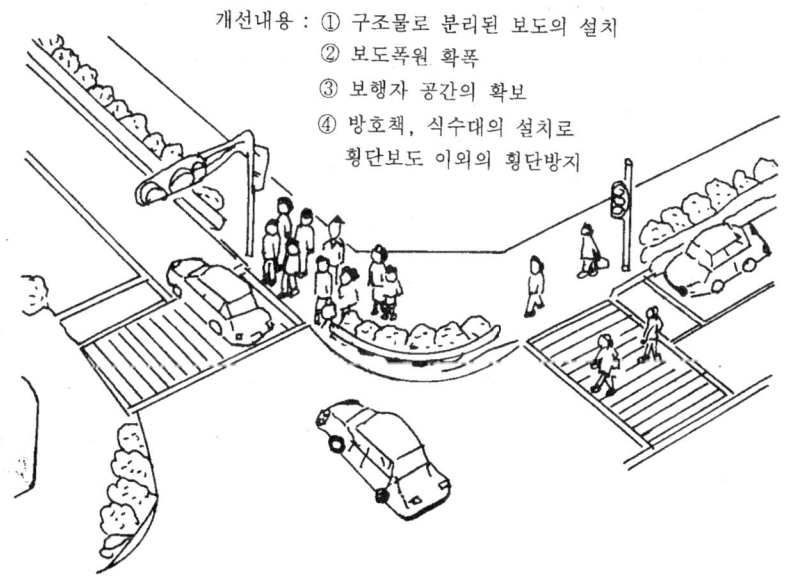

< 개 선 후 >

(그림 4.60) 횡단보도설치의 개선

③ 교차로 주변에 차도와 물리적으로 분리된 보도를 설치하는 것은 보행자 안전 대책으로서 효과적인 방법이다.

연석이나 방호책 등의 공작물을 이용하여 보도를 설치함으로써 보행자와 자동차를 분리하여 보행자의 안전성을 확보하는 것은 특히 중요하다.

또 횡단보도 부근의 보도에는 횡단대기 보행자들의 대기공간(space)이 있어야 한다. 이 대기공간이 불충분하면 보행자가 차로로 나와서 대기하게 되므로 위험하다. 대기공간의 검토에 있어서는 교차로 교통량이 어느 정도인지, 1회의 적신호로 대기하는 보행자 수는 어느 정도인지를 감안해서 모서리 부분 등을 이용한 대기공간을 확보토록 한다.

4.7.3 교통운영

여러 개의 도로가 교차하는 교차로의 설계에 있어서 도로구조의 개선만으로 그 효과가 생기지 않을 경우에는 일방통행, 좌회전금지 등과 같이 교통운영 방법을 재검토하여야 한다. 이 때에는 교차로 개선과 병행하여 반드시 교통통제와 신호기의 검토가 필요하다.

1 교통통제

도로구조의 개선이 제반조건으로 제약을 받는 경우에는 그 교차로에서 통행제한을 목적으로 하는 교통규제를 고려해 보는 것이 필요하다. 개선 대상이 되는 교차로 주변의 출입자동차를 제어함으로써 주도로의 소통을 증대시키는 것이다. 교차로에서 교통처리에 대한 개선을 하더라도 주변의 작은 접속도로 등에서의 출입자동차로 인하여 대상교차로에 유입 혹은 유출하는 교통류가 방해를 받아 개선의 효과가 상실되는 경우 다음 그림 4.61(a)와 같이 일방통행 규제를 행함으로써 유출입하는 자동차들의 영향을 없애는 것이 가능하게 된다.

특히 다갈래 교차로에서는 교차로의 교통처리 능력과 안전성을 높이기 위하여 가능하다면 교차로 유입부의 통행규제(좌회전금지, 일방통행 등)가 필요하다. 즉 교차하는 교통류의 수를 적게 하는 것이 교차로의 교통처리 능력과 안전성을 높이는 것이 된다. 다음 그림에서 나타낸 교차 형태에서는 2개의 부도로를 일방통행으로 하면 적어도 1개의 신호현시를 줄일 수 있다. 그 결과 감소한 신호 시간만큼 타방향의 현시시간을 늘리는 것이 가능하게 된다. 또 교통류의 교차수가 적어짐으로써 교차로 통과 자동차들의 안전성도 증대된다.

그러나 교통통제는 그 대상이 되는 방향의 자동차들에 대하여 그때까지 이용하던 도로를 이용 불가능하게 하거나 불필요한 우회가 동반하게 되므로 교통통제를 실시하기 전에는 그와 같은 자동차들에 대하여 대체 도로를 주변에 충분히 공급할 필요가 있다. 즉 교통통제의 도입에 있어서는 「실시는 어디까지나 신중치」라는 마음가짐이 필요하다. 이 때문에 교통규제의 실시를 고려하는 경우에는 규제로 인하여 발생하는 우회자동차 등에 대하여 철저한 사전 영향조사가 필요하다.

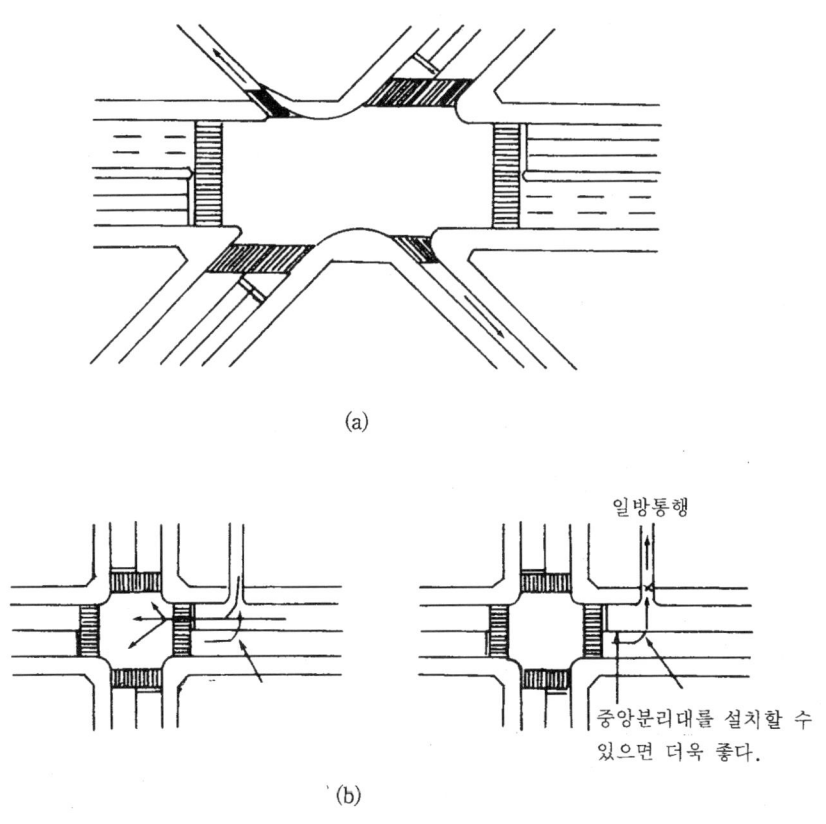

(그림 4.61) 통행규제의 예

2 신호주기

신호주기(Cycle)의 설정에 있어서 주기가 너무 길어지지 않도록 한다. 신호주기가 길면 다음과 같은 점에서 불리하다.
① 보행자를 포함, 자동차의 신호대기 시간이 길어져서 짜증을 유발한다.
② 좌회전 교통의 처리량이 저하되는 수가 있다.

계산상으로는 상당히 긴 신호주기가 유리하게 되는 경우가 있으나 실용적으로는 150초 정도가 최대라고 생각해도 좋다.

③ 신호현시

신호현시의 조합에 있어서는 교통류의 연속성을 확보하고 운전자가 알기 쉽도록 배려한다. 신호제어를 구상함에 있어서는 신호현시의 순서를 정할 필요가 있다. 현시의 조합을 결정할 때에는 서로 교차하지 않고 비슷한 교통량을 갖는 교통류를 조합하여 하나의 현시로 하는 것이 중요하다.

본래 한 현시로 처리 가능한 교통류가 도중에서 단절되는 것과 같은 현시를 설정한다면 같은 교통류내에서 출발·정지하는 것이 2회이상 반복되는 것이 된다.

그 결과 출발·정지에 따른 손실(loss)이 커지고 운전자에게 불필요한 혼란을 주게 되어 교통안전 측면에서도 문제가 생긴다. 그러므로 신호현시를 구상할 때에는 교통류의 연속성을 확보하는 것이 중요하다.

4.8 교차로 설계 예

무엇보다도 교차로에서는 운전자에게 자연스런 통행경로를 인도해 줌으로써 운전행위를 단순화시키는 것이 도류화의 근본 목적이다. 그러나 교차로 어떤 형태의 도류화만이 적합하다는 것은 아니며 최종적인 설계는 운전자, 자동차 및 도로여건에 따라 결정되어야 한다.

따라서 운전자가 어떤 교차로의 도류화에 잘 적응하기 위해서는 연석이나 노면표시로 도류화를 실시하기 전에 교통콘(traffic cone)이나 모래주머니로 임시 교통섬을 설치하여 확인하는 등의 지속적인 노력이 필요하다.

4.8.1 세 갈래 교차로

① T형 교차로

다음 그림에 나타낸 개선 전의 교차로는 모서리의 곡선반경이 크기 때문에 C유입부의 횡단보도와 정지선의 위치가 교차로의 중심으로부터 떨어져 있다. 그 결과로서 좌회전

자동차의 속도가 높게 되어 B도로의 횡단보행자에 대한 안전상의 문제가 있었다. 또, 교차로 내의 자동차유도 표시가 없으므로 교차로에서 주행자동차의 위치가 불안정하게 되어 있었다. 이 교차로 설계의 주요 핵심 사항은 다음과 같다.

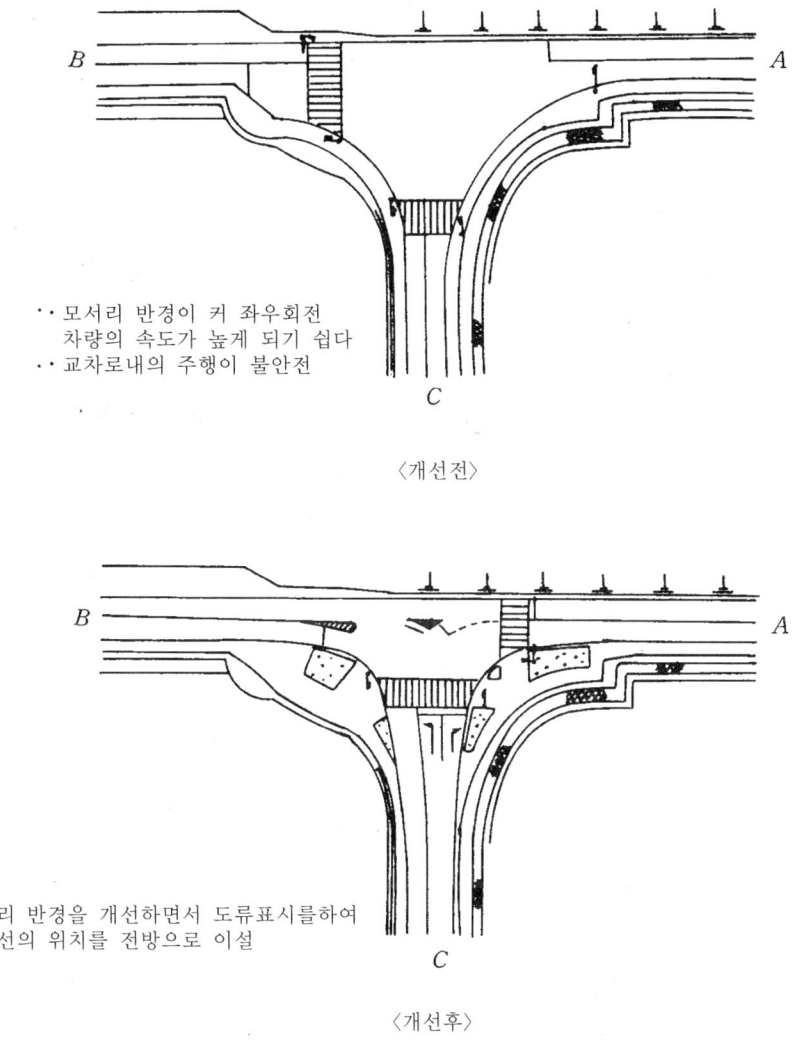

(그림 4.62) 교차로의 개선 예

① 모서리의 곡선반경을 작게 하여 C유입부의 횡단보도와 정지선 위치를 교차로의 중심방향으로 붙인 것
② 동시에 C유입부에 좌회전 전용차로를 설치한 것

③ B유입부의 차도를 확대하고 유도표시를 하여 정지선을 중심방향으로 이동시킨 것
④ 횡단보행자의 동선을 고려하여 B유입부에 있는 횡단보도를 A유입부로 이동한 것 등을 들 수 있다.

이 결과 개선 후 (그림 4.62)에서 보는 바와 같이 단순한 T형 교차로가 되는 동시에 횡단보행 거리가 크게 짧아졌다.

② 예각교차로(Y형 교차로 설계)

1) 교차각 개선

예각교차의 교차로는 직각교차에 비하여 정지선간 거리가 길고 교차로 면적이 넓어지기 쉽다. 이에 따라 자동차가 교차로 내부를 고속으로 통과하기 쉽게 되어 좌·우회전 자동차와 횡단보행자 사이에 사고가 발생하기 쉽다. 또 이러한 교차로는 시거도 나쁘고 교통처리 능력에도 문제가 있게 된다.

교차로의 개선은 통상 부도로를 대상으로 한다. 이러한 경우에도 교차로에 너무 근접한 장소에서 도로를 구부려서는 안된다. 굴곡부가 교차로에서 대향차로를 침범하기 쉽고 시거도 나쁘게 되므로 부도로에 정지하고 있는 자동차와 충돌하는 일이 생겨 대단히 위험하다.

그러므로 부도로의 교차로 유입부에서 선형을 개선할 경우 현지의 지형과 자동차의 주행궤적 등을 충분히 배려할 필요가 있다. (그림 4.63)은 예각 교차로의 교차각을 개선한 예를 나타낸 것이다.

2) Y형 교차로

(그림 4.64)에 나타낸 교차로는 2개의 도로가 예각으로 교차하고 있어서 정지선간 거리가 매우 길기 때문에 신호가 바뀔 때 교차로에 진입한 자동차가 교차로를 벗어나는데 걸리는 시간이 길어지게 된다.

동시에 교차로 통과시의 자동차속도가 높아지게 되어 있어서 추돌이나 좌회전 자동차와 직진 자동차 사이의 사고 위험성이 높고 교차로 내의 자동차유도표시(marking)도 없으므로 교차로 내에서의 교통류가 불안정하게 되어 있었다.

이 교차로의 설계는 (그림 4.64)과 같이 하였으며 그 주요 핵심 사항은 다음과 같다.
① A유입부의 정지선을 전방으로 이동시켜서 정지선간 거리를 짧게 함과 동시에 좌회전 전용차로를 설치할 수 있어서 신호현시를 3현시로 한다.
② 교통섬을 설치함으로써 B와 C유입부의 정지선을 전방으로 이동시킨다.
③ C유입부의 교차각을 개선함으로써 각 도로의 주종관계를 명확히 하였다. 동시에

교차로 내에 도류표시를 하여 교차로의 면적을 개선 후 그림에서 보듯이 대폭 축소하는 것이 가능하게 된 것이다.

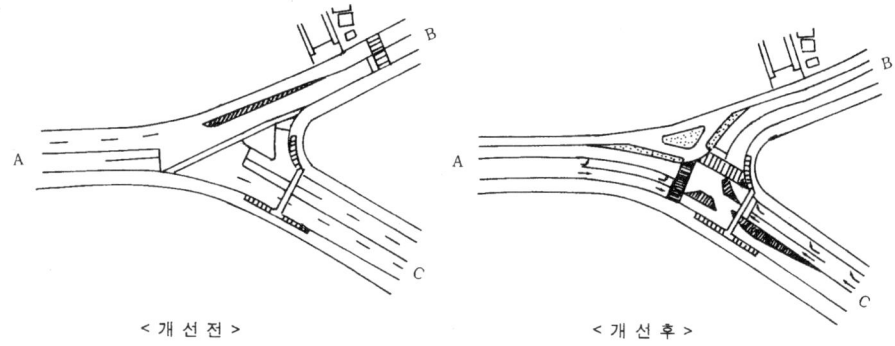

(그림 4.63) 예각 교차로

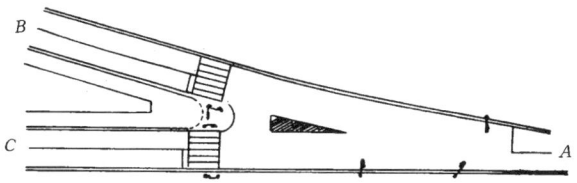

- 정지선간 거리가 길어, 교차로의 면적이 넓게 되어있다.
- 교차로내 주행이 불안전

〈개선전〉

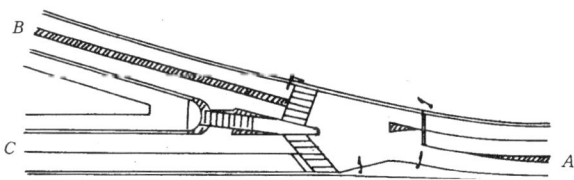

- 교통섬을 설치하여 정지선을 이설
- 주행거리를 길게하여 교통류의 주종관계를 명확히

〈개선후〉

(그림 4.64) Y형 교차로의 설계 예

4.8.2 다갈래 교차로의 개선

다갈래 교차로라 함은 다섯갈래 이상의 도로가 평면으로 만나는 것을 말한다.
다갈래 교차로의 설계와 교통운용은 세갈래(T형)나 네갈래(십자형)에 비하여 매우 복잡해져서 교통정체나 교통사고의 측면에서 흔히 문제를 야기시키는 것으로 알려져 있다.

1 선형의 개선

기존의 다갈래 교차로를 네갈래 이하의 교차로로 하는 것은 교차로를 근본적으로 개선하는 것이다. 이러한 개선은 하나 이상의 도로를 그 교차로 부분에서 폐쇄하고 교차로 이외의 도로구간에 접속시키는 것이 된다.
(그림 4.65)에 나타낸 바와 같이 기존 교차로에는 간선도로에 3개이상의 도로가 접속되어 다섯갈래 교차로로 되어 있었다. 더구나 간선도로 자체도 굽어 있어서 원활한 자동차 소통 및 안전상 문제가 있었다.
이는 간선도로의 굴곡을 개선함과 동시에 다섯갈래 교차를 세갈래 교차로 변경하여 교통의 흐름을 단순화하였다. 그 결과, 이 교차로의 신호현시도 (그림 4.65)에서와 같이 크게 단순화되었다.
이와 같이 구조상으로 개선하는 경우에는 다음과 같은 점을 주의할 필요가 있다.
① 폐지된 도로를 이용하는 자동차들이 다른 경로를 통하여 목적하는 방향으로 갈 수 있도록 할 것.
② 부가로 접속 위치를 교차로 외부로 변경할 경우에는 그 부가로에 출입하는 자동차가 교차로에 악영향을 미치지 않는 위치로 이설하는 동시에 필요한 교통규제에 대한 검토를 할 것.

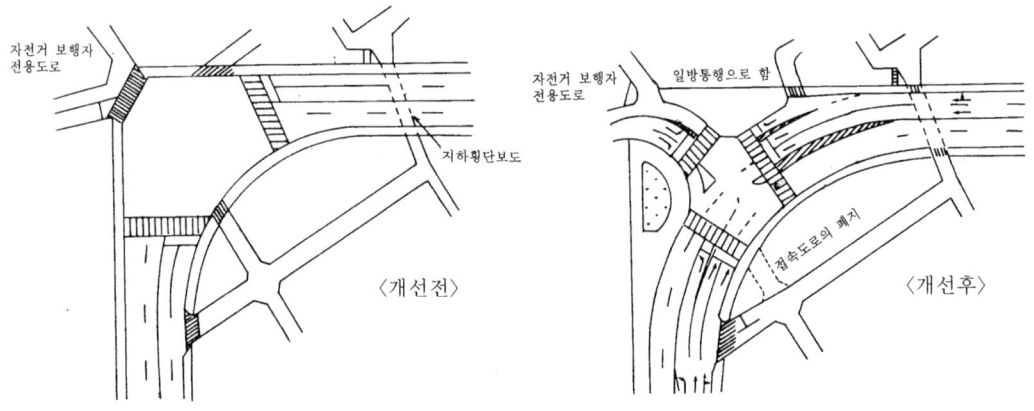

(그림 4.65) 도로선형 개선

2 교차로 분할

신설도로를 기존도로에 그대로 접속시키면 교차로가 매우 크게 되기 쉽다. 그 결과 (그림 4.66)에서 보는 바와 같은 다갈래 교차로가 되면 지체와 사고의 문제가 발생하기 쉬운 것이다.

(그림 4.66)은 기존의 교차로에 신설도로가 연결된 예를 나타낸 것이다. 이 교차로는 면적이 매우 큰 여섯갈래 교차로 되어 있으며 교차로 내에 도류표시도 없어서 많은 문제가 있었다.

다음은 먼저 교차로를 2개로 분할하면서 동시에 교통섬을 설치하고 노면표시를 하여 2개의 네갈래 교차로로 변경한 것이다. 이러한 개선에서는 개선 후의 교통처리에 대해 세밀한 대응이 필요하다. 예컨대, 2개 교차로간 거리가 짧으므로 교통류를 연속적으로 처리하는 현시의 설정이 필요하다.

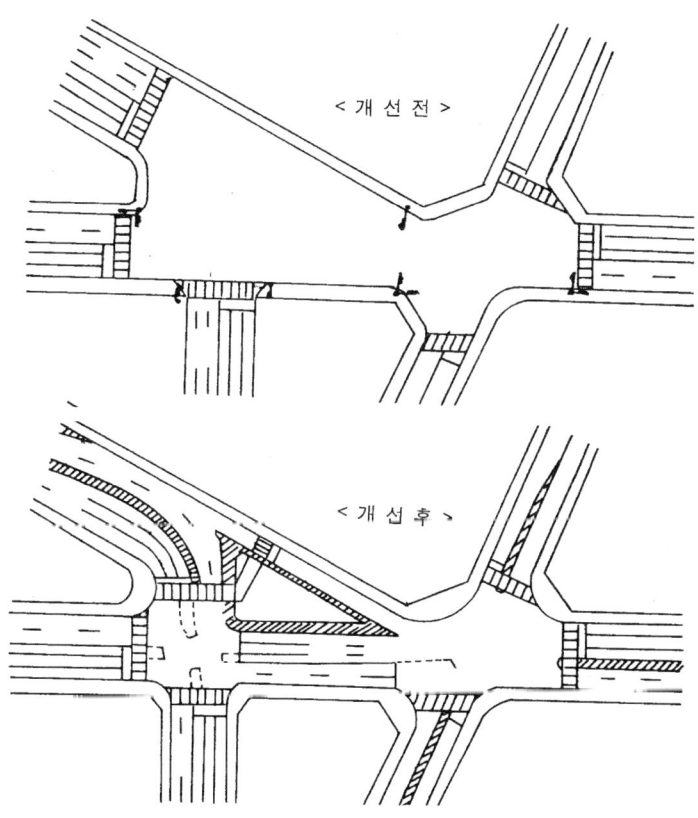

(그림 4.66) 교차로의 분할

4.9 신호교차로 설계 예

본 장에서 언급하는 신호교차로는 평면교차로의 주요 구간에 위치하여 교통 표지나 노면표시 등의 비교적 소극적 교통관제 시설이 교통류의 이동을 안전하고 효율적으로 처리하지 못하는 지점에서 교통류에 대한 도로 통행우선권(right of way)을 보다 분명하게 제시하기 위해 설치된 교통관계시설(신호등)에 의해 통제되는 교차로를 말한다. 본 장에서는 이러한 신호 교차로에 설치 운영되는 신호등과 관련된 가장 기본적인 상항에 대하여 그 개념과 설치운영 방법에 대하여 간단히 기술키로 한다.

4.9.1 신호등 운영의 특성 및 기본용어 정의

적절하게 설치 운영되는 교통신호등은 자동차와 보행자의 통제에 매우 효과적인 시설물이 될 수 있지만, 신호등에 의해 교통류가 도로 통행권에 제약을 받게 되므로 신호등의 설치 및 운영 시는 교통공학적 사항을 면밀히 검토하여 시행하여야 한다.

신호운영의 주요 특성
- 질서 있게 교통류를 이동시킨다.
- 직각 충돌 및 보행자충돌과 같은 종류의 사고가 감소한다.
- 교차로의 용량이 증대된다.
- 교통량이 많은 도로를 횡단해야 하는 자동차나 보행자를 횡단시킬 수 있다.
- 인접교차로를 연동시켜 일정한 속도로 긴 구간을 연속진행시킬 수 있다.
- 통행우선권을 부여받으므로 안심하고 교차로를 통과할 수 있다.
- 첨두시간이 아닌 경우는 교차로 지체와 연료소모가 필요 이상으로 커질 수 있다.
- 추돌사고와 같은 유형의 사고가 증가한다.
- 부적절한 곳에 설치되었을 경우, 불필요한 지체가 생기며 이로 인해 신호등을 기피하게 된다.

기본용어
- 주기(Cycle) : 신호등의 등화가 완전히 한번 바뀌는 것 또는 완전히 한번 바뀌는데 소요되는 시간
- 현시(phase) : 한 주기 중에서 동시에 진행하는 교통류에 할당된 신호
- 신호간격(interval) : 한 현시의 길이 또는 한 진행 방향을 위한 시간길이, 다시 말하면 주기 중에서 신호가 변하지 않는 몇 개의 구간으로 분할한 것 중 어느 한 구간.

또 이러한 구간으로 분할하는 것을 시간분할이라 한다.
- 옵셋(offset) : 어떤 기준 시간으로부터 녹색 등화가 켜질 때까지의 시간차를 초 또는 주기의 배분율로 나타낸 값
- 연속 진행(progression) : 신호 체계의 계획 속도에 따라 자동차군을 진행시킬 때 인접 신호등에서도 정지하지 않게 하는 시간 관계
- 진행대(through band) : 연속 진행식 체계에서 실제 연속 시행할 수 있는 첫 자동차와 맨 끝 자동차 간의 시간대. 이 폭을 진행대 폭(band width)이라 한다.

4.9.2 신호등 설치 기준

① 자동차교통량 : 평일의 교통량이 아래 기준을 초과하는 시간이 8시간 이상일 때(연속적 8시간이 아니라도 가함) 신호기를 설치한다.

접근로 차로수		주도로 교통량(양방향) (vph)	부도로 교통량(교통량이 많은쪽) (vph)
주도로	부도로		
1	1	500	150
2이상	1	600	150
2이상	2이상	600	200
1	2이상	500	200

② 보행자 교통량 : 평일의 교통량이 아래 기준을 초과하는 시간이 8시간 이상일 때 신호기를 설치한다.

차량 교통량(양방향)(vph)	횡단 보행자(양방향, 자전거 포함)(명/시간)
600	150

③ 통학로 : 학교앞 300m 이내에 신호등이 없고 통학시간에 자동차 통행시간 간격이 1분 이내인 경우에 신호기를 설치한다.
④ 사고기록 : 교통사고가 연간 5회이상 발생한 장소로, 신호등의 설치로 사고를 방지할 수 있다고 인정되는 경우에 신호기를 설치한다.
⑤ 신호연동 : 신호등의 설치간격이 300m이상으로 인접 신호등과의 연동 효과를 기대할 수 없을 때 중간지점에 신호기를 설치한다.
⑥ 교차로 통과 대기시간

1일중 교통이 가장 빈번한 8시간동안 아래 기준을 초과하는 교차로로서 교차로 통과 대기시간이 너무 긴 경우에 신호기를 설치한다.

주도로 교통량(양방향)(vph)	부도로 교통량(교통량이 많은쪽)(vph)
900	100

⑦ 어린이 보호구역

어린이 보호구역내 초등학교 또는 유치원의 주 출입문과 가장 가까운 거리에 위치한 횡단보도에 신호기를 설치한다.

4.9.3 신호시간 산정 과정

신호 시간을 구하는 계산 과정은 (그림 4.67)과 같다.

1) 교통수요 추정

신호기를 신설하거나 현재의 신호 시간을 검토하고 개선하기 위해서는 그 교차로의 교통량을 알아야 한다. 교통량 조사는 주중 어느 날의 12시간을 관측하는 것이 바람직하며, 각 접근로의 방향별 자동차 교통량과 횡단 보행자 수를 15분 단위로 조사한다. 가능하면 첨두시간의 차종별 조사도 함께 하여 차종별 구성비를 정확히 파악한다.

신호 시간 설계에 사용되는 설계 교통량은 대형차를 승용차 대수로 환산하여 구하고 이를 4배 한다. 예를 들어, 첨두 15분 교통량이 80대이며, 이 중에서 20대는 대형차이고 대형차의 승용차 환산계수가 1.8이라면, 설계 교통량은 $[60 + (20 \times 1.8)] \times 4 = 384$ t승용차/시이다.

각 차종별 승용차 환산계수는 다음 표와 같다.

차종구분		승용차환산계수
승용차	승용차, 지프	1.0
소형버스	봉고, 25인 미만의 승합차	1.2
대형버스	25인승 이상의 승합차	1.8
소형트럭	2.5톤 미만의 화물차	1.2
대형트럭	2.5톤 이상의 화물차, 특수차[1]	2.0

주 : 1) 특수차(트레일러, 건설중기등)의 승용차 환산계수는 2.5
자료 : 「도로용량편람」, 1992, 건설교통부」 p372

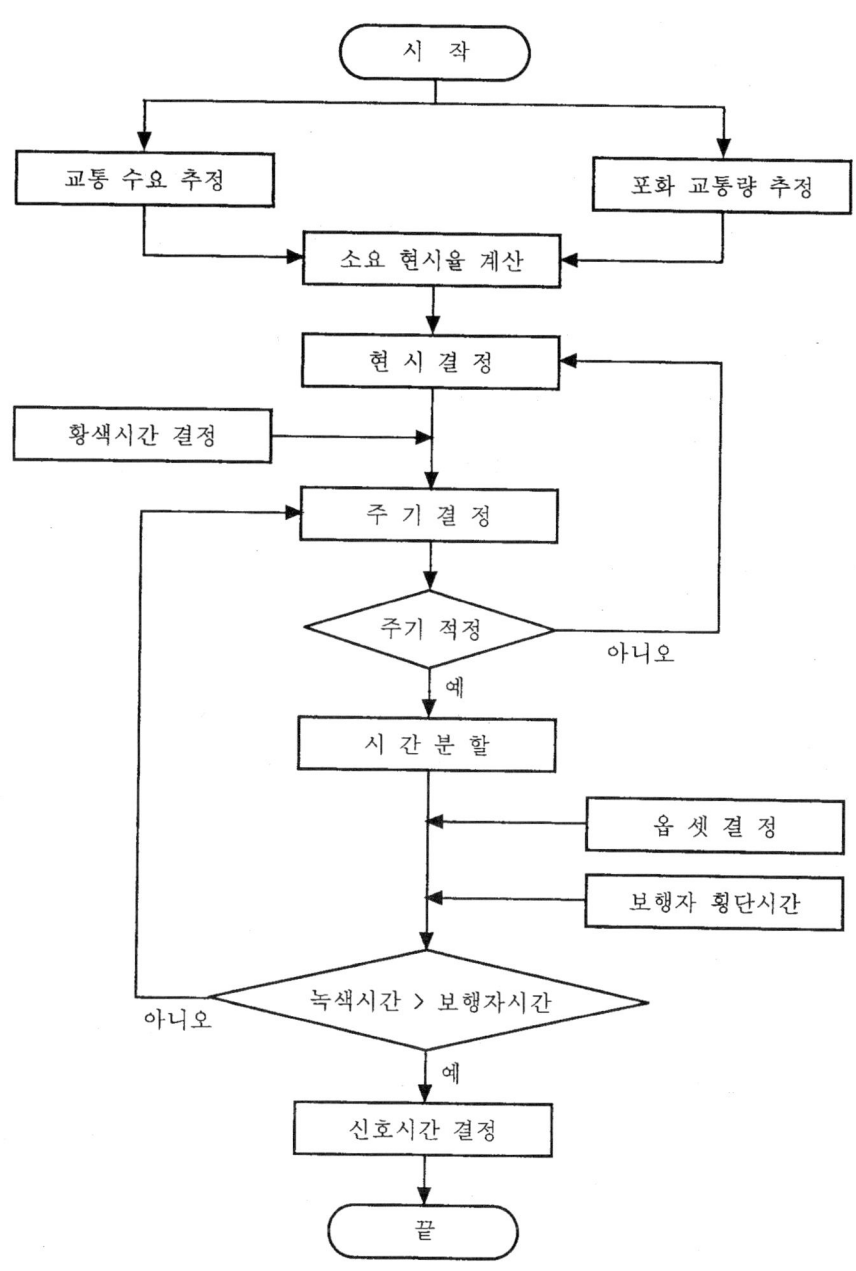

(그림 4.67) 신호시간 계산과정

또한 설계교통량은 교통 수요를 의미하므로 도착자동차의 교통량을 뜻한다. 다시 말하면 교차로를 통과하는 자동차대수를 말하는 것이 아니며 이 교통량은 진행 방향별, 차종별로 관측하여야 한다.

2) 포화교통량 추정

교차로 접근로에서 각 방향별 이동류의 포화교통량은 최소 방출 차두간격을 조사하여 구하거나 기본 포화교통류율에 각종 보정계수를 적용하여 결정한다.

$$S = S_o \cdot N \cdot f_w \cdot f_g \cdot f_{HV} \cdot f_{LT} \cdot f_{RT} \cdot f_{bb} \cdot f_p$$

여기서, S : 포화교통류율(vphg)
S_o : 기본 포화교통류율(2,200pcphpl)
N : 분석 대상 이동류의 차로수
f_w : 차로폭 보정계수
f_g : 경사 보정계수
f_{HV} : 중차량 보정계수
f_{LT} : 좌회전 보정계수
f_{RT} : 우회전 보정계수
f_{bb} : 버스정류장 방해 보정계수
f_p : 주차보정계수

① 기본 포화 교통율(ideal saturation flow rate : S_o)

포화 교통류율은 조사지점마다 각각의 조건이 상이하기 때문에 일정하지 않다. 따라서 분석에 사용할 포화 교통류율을 직접 현장에서 조사하는 것이 바람직하지만 이상적인 상황에서의 기본 포화 교통류율에 현장의 각종 조건을 감안하여 보정계수를 적용하여 계산함으로써 주어진 조건에 대한 포화교통류율을 산정하는 것이 가능하다. 기본 포화교통류율은 이상적인 조건을 갖는 지점에서의 포화교통류율로써 포화교통류율 산정의 기본 계수가 되며 실지 조건에 맞는 포화교통류율은 이 기본 포화교통류율에 각종 보정계수를 적용하여 산정한다. 본 장에서는 이상적인 조건하에서의 기본 포화 교통류율은 2,200pcphpl을 적용한다.

② 차로폭 보정계수(f_w)

이동류의 포화교통류율은 각 차로 폭에 의해 변화하게 된다. 즉, 차로의 폭이 충분하여 차로 진행방향의 교통류가 아무런 지장이 없으면 기본 포화교통류율로 자동차의 통과가 가능하지만 차로의 폭이 좁을 경우 옆 차로 또는 옆 이동류의 교통류에 의해 자동차의 진행에 대해 방해를 받거나 심리적인 위축감을 느끼게 되므로 포화 교통류율이 줄어드는 영향을 받는다. 반대로 차로의 폭이 지나치게 넓어 정지선에서 2개의 차로로 이용되는 경우 자동차의 통과율이 커지지만 자동차 상호간의 상충이 증가하고 안전성의 문제가 발생할 수 있다.

이러한 차로의 폭에 의한 포화교통류율의 영향을 기본 포화교통류율에 대한 증감비율을 나타내는 방법은 기본 포화 교통류율에 차로폭 보정계수를 곱하게 된다.

차로 폭 보정계수는 다음 표와 같으며 이동류내의 차로폭이 각 차로별로 다를 때는 차로 폭 보정계수를 각 각 적용한다.

차로폭	2.6m이하	2.7m~2.9m	3.0m~3.4m	3.5m이상
차로폭 보정계수	0.88	0.94	1.00	1.00

차로 폭의 적용은 각 차로를 반올림하여 10cm단위로 조사하여 위의 표에서 제시하는 보정계수를 사용한다. 차로 폭의 조사는 노면에 표시된 차로의 사이와 차로표시의 한쪽(대략 10~20cm 정도)을 포함한다. 가장 우측 차로의 경우 연석쪽 차로표시가 없는 경우가 많으므로 측구를 제외한 포장면까지 차로 폭을 측정한다.

③ 경사 보정계수(f_g)

신호교차로 접근부의 경사도 포화 교통류율을 변화시키는 것으로 알려져 있다. 접근부 정지선의 진행방향으로 상향경사인 경우 자동차의 통과율은 지연을 많이 받아 포화 교통류율을 떨어뜨리며, 하향 경사인 경우는 평지와 같이 자동차의 교차로 통과율이 일정하게 나타나고 있다. 교차로의 경사를 측정할 때 교차로 접근부 근처에서 조사한 경사의 평균값을 사용한다.

경 사	-6%이하	-3%	0%	+3%	+6%이상
경사 보정계수	1.00	1.00	1.00	0.96	0.93

※ 주 : 경사의 중간값은 보간법을 사용한다.

④ 중차량 보정계수(f_{HV})

기본 포화 교통류율은 소형차(승용차)를 기준으로 하지만 실지 교통류는 각종 자동차가 혼입되어 있어 이를 중차량 보정계수로 보정하여 포화 교통류율을 실교통량 단위로 산정한다. 즉, 중차량 보정계수는 실교통량으로 조사된 교통량을 직접 이용하기 위하여 포화 교통류율을 보정하는 보정계수이다.

중차량 보정계수는 각 차종의 승용차 환산계수를 기본 개념으로 하여 다음의 관계식에 의하여 산정한다.

$$f_{HV} = \frac{100}{100 + \sum_i P_i(E_i - 1)}$$

여기서, f_{HV} : 중차량 보정계수
P_i : 차종 i의 실교통량에 대한 혼입비율(%)
E_i : 차종 i의 승용차 환산계수(PCE)

승용차 환산계수는 앞서 설명한 표를 이용한다.

⑤ 좌회전 보정계수(f_{LT})
신호교차로의 기본 포화 교통류율은 직진 승용차 교통류를 대상으로 결정되었으므로 좌회전 교통류에서의 포화 교통류율의 차이를 좌회전 보정계수로서 보정한다. 교차로에서의 좌회전 포화 교통류율은 좌회전 기하구조 형태, 곡선반경의 영향 등에 의해 감소되는 것으로 알려져 있다. 즉, 회전하는 이동류 사이의 상충발생 가능성도 높아 직진 이동류에 비해 운전상의 더 많은 주의를 기울여야 하기 때문에 이의 영향으로 포화 교통류율이 감소하는 것이다.

가. 보호 좌회전
본 장에서는 전용 좌회전 1개 차로, 전용 좌회전 2개 차로, 직진과 좌회전의 공용 1개 차로의 경우와 전용 좌회전 1개 차로 및 직진과 좌회전 공용 1개 차로로 좌회전이 실시되는 경우로 구분하여 좌회전 보정계수를 적용하도록 한다. 전용 좌회전 차로는 직진과 좌회전이 동시신호로 운영되는 교차로에서 나타나고 있다.
전용현시가 있는 보호 좌회전 보정계수는 다음 표와 같다.

구 분	좌회전 보정계수
전용 1개 차로	1.00
전용 2개 차로	0.95
공용 1개 차로	1.00
공용 2개 차로	0.98

※주 : 3개 차로 이상의 좌회전의 보정계수는 전체의 대해 0.91

나. 비보호 좌회전
비보호 좌회전을 포함하는 교차로에서 좌회전 보정계수는 비보호 좌회전 차로그룹별로 일련의 계산을 사용하여 계산하여야 한다. 이러한 수식들은 대향 교통량(V_o)과 임계 차간시간(critical gap)에 따른 비보호 좌회전 교통량(V_L), 직진포화 교통량, 좌회전 용량 등의 상호작용에 의해 산출되어 진다.

비보호 좌회전의 직진환산계수는 다음의 표와 같다.

〈표 4.17〉 비보호 좌회전의 직진환산계수(E_{LE} : 직진 2차로)※

V_p g/C	200	400	600	800	1000	1200	1400	1600	1800	2000
0.3	1.9	3.4	6.1	11.3	21.1	39.5	74.5	—	—	—
0.4	1.7	2.5	3.9	6.1	9.7	15.4	24.5	39.5	63.6	—
0.5	1.5	2.1	3.0	4.3	6.1	8.8	12.8	18.6	27.1	39.5
0.6	1.4	1.8	2.5	3.4	4.5	6.1	8.3	11.3	15.4	21.1
0.7	1.4	1.7	2.9	2.8	3.7	4.7	6.1	8.0	10.4	13.5

※ 대향차로가 편도 2차로인 교차로(비보호 좌회전 전용차로가 있는 경우) V_o는 대향 직진교통량

〈표 4.18〉 비보호 좌회전의 직진환산계수(E_{LE} : 직진 3차로)※

V_o b/C	200	400	600	800	1000	1200	1400	1600	1800	2000
0.3	2.3	4.9	10.1	23.8	53.2	—	—	—	—	—
0.4	1.9	3.3	5.9	10.7	19.5	35.5	65.2	—	—	—
0.5	1.7	2.6	4.1	6.7	10.7	17.3	27.9	45.3	73.6	—
0.6	1.6	2.2	3.3	4.9	7.20	10.7	15.9	23.8	35.5	53.2
0.7	1.5	2.0	2.8	3.9	5.4	7.6	10.7	15.0	21.2	29.9

※ 대향차로가 편도 2차로인 교차로(비보호 좌회전 전용차로가 있는 경우) V_o는 대향 직진교통량자료 : 「도로용량편람, 1992, 건설교통부」 p375

비보호 좌회전 보정계수를 결정하는 공식에 사용되는 변수와 산정과정은 다음과 같다.
- 좌회전 보정계수(f_{LT})를 결정하는 공식에 사용되는 변수

 C : 신호주기(초)
 g : 유효녹색시간(초)
 N : 당해 접근로의 차로수(전용 좌회전 차로는 제외)
 V_T : 접근 총 교통량
 V_L : 실제 좌회전 교통량
 E_{LE} : 직진환산계수($V_L \geq D_L$인 전용차로에서)
 E_{LS} : 공용차로에서 직진환산계수($V_L < D_L$인 공용차로에서)
 S_L : 실제 좌회전 용량(전용차로 또는 $V_L \geq D_L$인 공용차로에서)
 D_L : 실제 좌회전 용량
 S_{TH} : 공용차로에서 직진포화교통량

D_{TH} : 공용차로에서 직진용량
−비보호 좌회전 보정계수

I. 전용차로
1. 직진환산계수 (E_{LE}) : 〈표 4-17〉, 〈표 4-17〉 2. 좌회전 포화 교통량 : $S_L + 2,200 \cdot f_W \cdot f_g / E_{LE}$ 3. 좌회전 용량 : $D_L = S_L \cdot g/C = 2,200g \cdot f_W \cdot f_g / (E_{LE} \cdot C)$ 4. 비보호좌회전 보정계수 $f_{LT} = S_L / (2,200 \cdot f_w \cdot f_g) = 1/E_{LE}$

II. 공용차로

1. 직진환산계수(E_{LE})
  가. 좌회전 용량(D_L)과 좌회전 교통량(V_L)과 비교
    ① 〈표 4-16〉, 〈표 4-17〉에서 직진환산계수 산출
    ② $D_L = 2,200_g \cdot f_w \cdot f_g / (E_{LE} \cdot C)$
    ③ D_L과 V_L 비교
  나. $V_L \geq D_L$
    $S_{TH} = 0$, $D_{TH} = 0$, $f_{LT} = 0$
  다. $V_L < D_L$
    ① $V_T / V_L > 4,400 \cdot (N-1) / [(D_L + V_L) \cdot C] + 1$이면
      $E_{LS} = [4,400 \cdot g - 3,600(V_T / V_L - 1) / [N \cdot C \cdot (D_L + V_L) - 3,600(N-1)]$
    ② $V_T / V_L \leq 4,400g \cdot (N-1) / [(D_L + V_L) \cdot C] + 1$이면
      $E_{LS} = 4,400g / (D_L + V_L) \cdot C$
2. 직진포화교통량 : $S_{TH} = 2,200 \cdot f_W \cdot f_g \cdot f_{HV} - V_L \cdot E_{LS} \cdot C/g$
3. 직진용량 : $D_{TH} = 2,200 \cdot f_W \cdot f_g \cdot f_{HV} \cdot g/C - V_L \cdot E_{LS}$
4. 비보호 좌회전 보정계수 : $f_{LT} = S_{TH} / (2,200 \cdot f_W \cdot f_g \cdot f_{HV})$

※ 자료 : 「도로용량편람, 1992, 건설교통부」 p377∼378

⑥ 우회전 보정계수(f_{RT})

    신호교차로에서 우회전 이동류는 복잡한 교통상충이 발생하는 지점으로 분석에 세심한 배려가 요구된다. 즉, 우회전 이동류는 일부 우회전 전용차로 지점도 있지만 대부분 맨 우측차로에서 직진과 공용차로로 이용되며 우회전을 위한 보조신호등이 교차로 부근에 설치되어 있는 경우도 있으나 특별한 신호의 제약이 없이 접근로의 녹색신호나 적색신호 시 임의로 우회전하는 경우가 많다. 그리고 우회전 자동차는 우회전한 후의 횡단보도에 의해 통행의 제약을 받으며, 차도부 역시 비정상적으로 활용되는 경우가 많으므로 이러한 복잡한 교통상황 등을 고려하여 용량산정에 세심한 주의가 필요하다. 먼저 전용 우회전의 포화 교통류율은 직진의 신호운영과 관계없으며, 이 차로에서는 직진 할 수 없으므로 우회전 보정계수(f_{RT})는 0.0이다. 그러나 이 차로 자체의 용량은 다음의 표에 제시된 포화 교통류율(S_{RT})로부터 계산할 수 있다. 그리고 공용 우회전차로의 용량분석의 우회전에 의해 방해를 받는 직진의 용량분석은 위해 다음의 절차를 따라 수행한다.

첫째, 우회전 자동차의 차두시간은 우회전 곡선반경과 교차도로의 차로수에 영향을 받는다. 이 경우 우회전 자동차만으로 구성된 교통류의 용량(전용 우회전의 포화 교통류율(S_{RT})은 다음 표와 같으며 우회전 곡선반경이 생략된 부분은 보간법으로 구하도록 한다.(S_{RT}의 정의)

〈표 4.19〉 전용 우회전 포화 교통류율(S_{RT})

우회전 곡선반경(m)	교 차 도 로 차 로 수							
	1차로	2차로	3차로	4차로	5차로	6차로	7차로	8차로
6이하	1,250	1,425	1,525	1,600	1,655	1,700	1,740	1,775
8	1,320	1,495	1,600	1,670	1,725	1,775	1,810	1,845
10	1,380	1,555	1,655	1,725	1,785	1,830	1,870	1,900
12	1,425	1,600	1,700	1,775	1,830	1,875	1,915	1,950
14	1,465	1,640	1,740	1,810	1,870	1,915	1,955	1,985
16	1,495	1,670	1,775	1,845	1,900	1,950	1,985	2,020
18	1,525	1,700	1,805	1,875	1,930	1,980	2,015	2,050
20이상	1,555	1,725	1,830	1,900	1,960	2,005	2,045	2,075

※ 자료 : 「도로용량편람, 1992, 건설교통부」 p381

둘째, 우회전하는 자동차는 우회전 방향의 횡단보도 신호시간에 의해 우회전 흐름이 제한을 받는다. 본 장에서는 이 관계를 횡단보도 신호시간(g_P)중에서 이용이 불가능한 비율(f_P)을 곱하여 직진 신호시간(g)에서 제외하는 것으로 한다. 즉, 우회전 활동이 가능한 신호시간(g')은 다음과 같다.

$$g' = g - f_p \cdot g_p$$

여기서, g' : 녹색 신호시간중 우회전 가능 시간
 g : 녹색 신호시간
 g_p : 횡단보도 신호시간
 f_p : 횡단보도 신호시간중 우회전이 이용할 수 없는 비율로서 횡단보도 보행자수에 의해 영향을 받는다.

〈표 4.20〉 우회전이 이용할 수 없는 횡단보도 신호시간 비율(f_P)

구분	소	중		대	
1시간 보행량	500이하	500~1,000	1,000~2,000	2,000~3,000	3,000이상
f_P	0.3	0.6	0.8	0.9	1.0

※ 자료 : 「도로용량편람, 1992, 건설교통부」 p382

셋째, 우회전 차로에서 적신호시 우회전 활동(RTOR)을 고려하기 위하여 우회전 수요 교통량(V_R)중에서 직진신호시 우회전 교통량(V_R')을 산정하고 용량분석에 이용한다. V_R과 V_R'는 다음의 관계식을 이용한다.

$$V_R' = V_R \cdot \frac{녹색신호시간중의\ 가용\ 신호시간}{우회전이\ 가능한\ 총\ 신호시간}$$

$$= V_R \cdot \frac{g - f_p \cdot g_p}{C - (g_c + f_p \cdot g_p)}$$

여기서, V_R : 우회전 교통량(수요 교통량)
          V_R' : 분석에 이용될 녹색신호(또는 직진신호)시의 우회전 교통량
          g_C : 우회전이 불가능한 신호시간

〈표 4.21〉 우회전이 불가능한 신호(g_C)

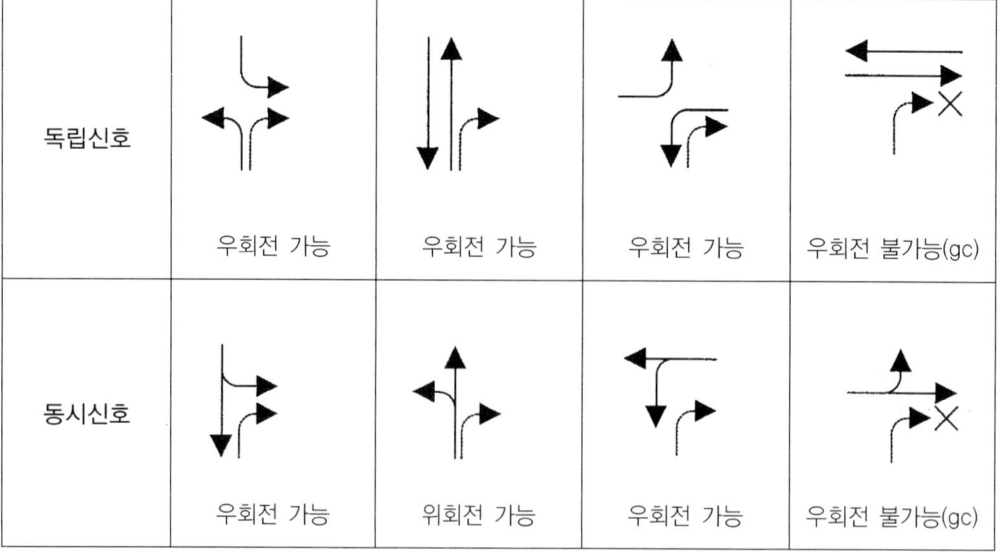

※자료: 「도로용량편람,1992, 건설교통부」 P383

여기서, 우회전이 불가능한 신호시간(g_c)은 교차도로의 직진 신호시간과 같이 우회전이 불가능한 시간을 의미한다. 가령 신호 현시가 다음과 같을 때 g_C는 다음의 신호 현시 시간이 해당된다.

넷째, 전용 우회전을 가정한 우회전 이용류의 용량(D_R)은 다음의 관계식으로 산정한다.

$$D_R = S_{RT} \cdot F \cdot \frac{g - f_p \cdot g_p}{C}$$

여기서, $F = f_W \cdot f_g \cdot f_{HV} \cdot f_p \cdot f_{bb}$

지금까지 언급한 기본관계를 이용하여 전용 및 공용 우회전 차로에서 우회전 보정계수는 다음과 같이 구한다.

여기서, S_{RT} : 전용 우회전 포화교통류율
f_P : 우회전이 이용할 수 없는 횡단보도 신호시간 비율
C : 신호주기
g : 녹색 신호시간
g_P : 횡단보도 신호시간
g_C : 우회전이 불가능한 신호시간
V_R : 우회전 수요 교통량
V_{TH} : 접근부의 직진 수요 교통량
V_L : 접근부의 좌회전 수요 교통량
E_L : 좌회전의 직진환산계수
　　보호좌회전 ··· 1.0
　　비보호좌회전 ·· 3N
E_{RT} : 우회전의 환산계수
N : 접근부의 편도 차로수(단, 전용 보호좌회전의 경우에는 차로수에서 전용차로는 제외하고 V_L을 무시하여도 됨

⑦ 버스정류장 방해 보정계수(f_{bb})

본 장에서는 버스정류장에서 버스정차에 따른 자동차의 진행에 대한 방해를 버스정류장 방해 보정계수(fbb)로 규정하여 기본 포화 교통류율을 보정하며, 정차버스 대수, 버스 정차시간, 승·하차 활동, 버스정류장의 위치 등에 따라 영향을 받게 된다. 그리고 버스정류장 방해 보정계수는 버스의 정차활동이 일어나는 차로에 대해서만 적용하며 시간당 버스정차대수가 10대 이하인 경우는 보정계수를 적용하지 않는다.

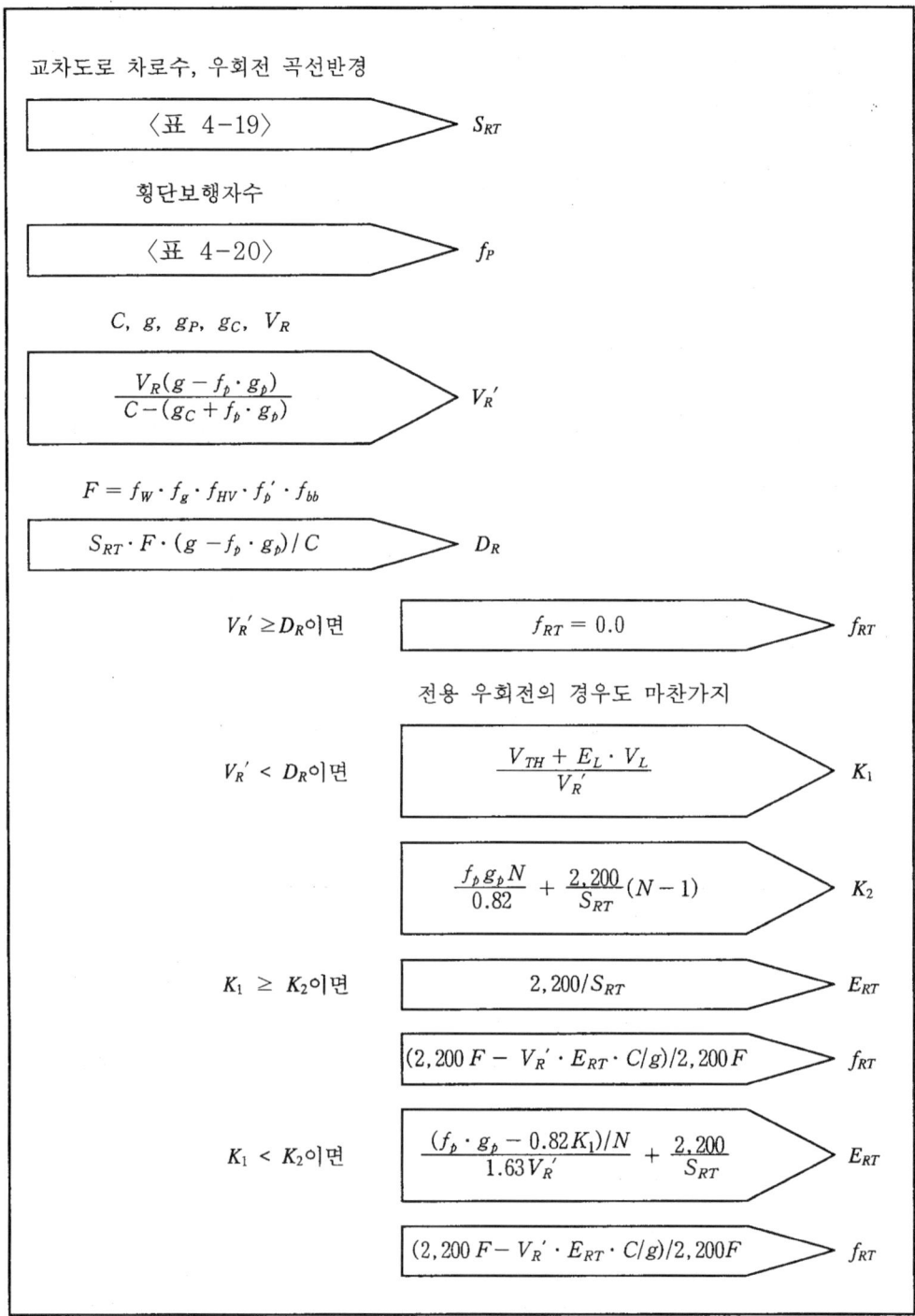

※ 자료 : 「도로용량편람, 1992, 건설교통부」 p386

((f_{bb}=1.00) 버스정류장 방해 보정계수는 다음〈표 4.22〉와 같다.

버스정류장의 위치는 교차로 정지선에서 버스정류장까지의 거리(m)를 말하며 거리가 75m 이상인 경우에는 버스정류장 방해계수를 적용하지 않는다. 그리고 승·하차 활동의 대·소 구분시, 버스 1대당 평균 승·하차인수를 조사하여 적용하는 것이 바람직하나 분석가의 판단에 따라 사용하여도 무방하다.

〈표 4.22〉 버스정류장 방해 보정계수(f_{bb})

시간당 버스정차대수	버스정류장이 주행차로에 설치된 경우				버스정차대가 설치된 경우(우회전 전용차로에 버스정류장이 설치된 경우도 포함)
	버스정류장 위치	승·하차활동			
		소	중	대	
10~30	30m이하 30~50m 50~75m	0.94 0.97 0.99	0.91 0.96 0.98	0.87 0.94 0.97	0.99
30~50	30m이하 30~50m 50~75m	0.88 0.94 0.98	0.83 0.91 0.97	0.74 0.87 0.95	0.98
50~100	30m이하 30~50m 50~75m	0.77 0.89 0.95	0.68 0.84 0.94	0.52 0.76 0.90	0.97
100~150	30m이하 30~50m 50~75m	0.62 0.81 0.92	0.46 0.73 0.89	0.20 0.60 0.84	0.95
150~200	30m이하 30~50m 50~75m	0.47 0.73 0.89	0.25 0.62 0.85	— 0.44 0.78	0.92
200~250	30m이하 30~50m 50~75m	0.32 0.66 0.86	— 0.52 0.81	— 0.28 0.71	0.90
250~300	30m이하 30~50m 50~75m	— 0.58 0.83	— 0.41 0.76	— — 0.65	0.88
300~350	30m이하 30~50m 50~75m	— 0.51 0.80	— 0.30 0.72	— — 0.59	0.86
350이상	30m이하 30~50m 50~75m	— 0.43 0.77	— 0.20 0.68	— — 0.52	0.84

※ 주 : 대-버스 이용 인원 많음. 시장, 백화점, 버스터미널, 주요 전철역에 의한 환승지점 등
　　　 중-버스 이용 인원 중간. 일반적인 업무지구, 상업지구, 전철역 주변 등
　　　 소-버스 이용 적음. 일반적인 주택지역, 기타
　　 자료 : 「도로용량편람」, 1992, 건설교통부」 p388

⑧ 주차 보정계수(f_P)

신호교차로 주변에 주차가 있는 경우 주차 활동에 의해 자동차의 정상적인 통행은 방해를 받게 되고 포화 교통류율은 감소되게 된다. 본 편람에서는 이러한 주차 활동에 의한 포화 교통류율의 감소를 주차보정계수로써 보정하게 된다.

〈표 4.23〉 주차보정계수(f_P)

시간당 주차대수	주차불허지역	주차허용지역				
		0대	10대	20대	30대	40대
f_P	1.00	0.90	0.85	0.80	0.75	0.70

※자료 : 「도로용량편람, 1992, 건설교통부」 p389

3) 황색신호 시간 결정

녹색신호 다음에 오는 황색신호의 목적은 신호를 보고 오는 자동차에게 곧 정지신호가 온다는 것을 예고하여 미리 대비하게 하는 것이다. 이 시간은 교차로에 접근하는 자동차가 안전하게 정지하거나, 정지할 수 없다고 판단될 때 교차로를 완전히 빠져 나가는 데 필요한 시간이어야 한다.

황색신호시간을 계산하는 공식은 다음과 같다. 「도로용량편람, 1992, 건설교통부」 p483

$$Y = t + \frac{v}{2a} + \frac{(w+l)}{v}$$

여기서, Y : 황색신호시간(초)
t : 지각 반응시간(보통 1.0초)
v : 교차로 진입자동차의 접근속도(m/sec)
a : 진입자동차의 임계 감속도(보통 4.5m/sec^2)
w : 교차로 횡단 길이(m)
l : 자동차의 길이(보통 4~5m)

여기서 a는 임계 감속도로서 정상적인 속도로 교차로에 진입하려고 하는 자동차가 앞에 다른 자동차가 없는 상태에서 황색신호가 나타날 때 그대로 진행할 것인지 아니면 정지할 것인지를 결정하는 기준이 된다. 운전자가 황색신호를 본 후 정지하려고 할 때, 이 값보다 큰 감속도가 요구되면 진행을 하고 이보다 작은 감속도로 정지할 수 있으면 정지하는 경계 값이다.

매우 넓고 복잡한 교차로에서는 6초 이상의 황색신호가 필요할 경우도 있으나 그렇게 되면 교차도로에서 신호변경을 기다리는 운전자가 녹색신호가 나오기 전에 출발하는 경향이 있다. 이와 같은 경우에는 4~5초 정도의 황색신호를 준 후에 1~2초 정도의 전방향 적색신호(all-red interval)를 주어 교차 도로의 자동차가 출발하기 전에 교차로 내의 교통을 효과적으로 완전히 정리할 수 있다.

예를 들어 통과도로의 폭이 20m이고 접근속도는 60km/h, 임계감속도는 4.5n/sec2이라고 할 때

$$Y = 1.0 + \frac{\frac{60}{3.6}}{2 \times 4.5} + \frac{(20+5)}{\frac{60}{3.6}} = 4.4 \text{ 초}$$

4) 소요현시율 계산

각 이동류에 대한 소요 현시율을 구한다. 소요 현시율은 설계시간 동안의 실제 도착 교통량(v, 설계 교통량)을 포화 교통량(s)으로 나눈 값이다. 이와 같은 값들을 각 이동류에 대한 교통량 비(flow ratio)라고 하며 v/s로 나타낸다.

5) 현시의 결정

신호교차로를 효율적으로 운영하기 위한 현시의 수는 접근로의 수와 교차로 형태뿐만 아니라 교통류의 방향과 차종별 구성에 따라 결정된다.

가장 기본적인 현시는 두 개로 교차하는 두 도로에 교대로 통행권을 부여하는 것이다. 좌회전 교통량이 많거나 보행자 교통량이 많은 교차로, 또는 접근로가 4개 이상인 교차로는 자동차간 또는 자동차와 보행자 간의 상충을 줄이기 위해 3개 이상의 현시를 사용한다. 현시의 수가 많아지면 주기가 길어져 지체가 커지고 황색시간으로 인한 소거 손실시간(clearance lost time)이 커지므로 바람직하지 않다.

상충되지 않는 교통류를 순서대로 진행시킬 때 한 현시 내에서 현시율이 가장 큰 이동류(critical movement)들의 현시율의 합이 가장 작은 것이 좋다. 다시 말하면 교통량비를 말하는 현시율의 합이 가장 작으면 모든 이동류를 한 번씩 진행시키는데 소요되는 시간인 주기가 가장 짧아진다. 그러므로 최적현시를 구하기 위해서는 앞에서 구한 현시의 조합을 만들어 비교해야 한다.

4지 교차로에서 가능한 현시조합은 표〈4.24〉와 같다.

〈표 4.24〉 현시의 조합

현시안	현시1	현시2	현시3	현시4	현시5
1	↰←	↑↓	↱↑	← →	-
2	←↑	←↲	↱↓	↑↠	-
3	↰←	↑↓	↑↠	←↲	-
4	↰←	←↑	↑↓	↑↠	← →

6) 주기의 결정

신호시간 조절계획의 주된 목적은 교차로와 도로 구간 내에서 지체와 혼잡을 최소화하며 모든 도로 이용자의 안전을 도모하기 위한 것이다.

일반적으로 짧은 주기는 정지해 있는 자동차의 지체를 줄여주므로 더 좋다고 할 수 있으나, 교통량이 많아질수록 주기는 길어져야 한다. 따라서 교통량에 따라 적절 주기가 결정이 되나, 어떤 주어진 교통량에서 적정 주기보다 짧은 주기는 이보다 긴 주기보다 더 큰 지체를 유발한다. 주기는 보통 30~120초 사이에 있으며 교통량이 매우 많은 경우에는 140초까지 사용하기도 한다.

교차하는 도로 갈래 수가 많거나 현시 수가 증가하면 적정 주기는 길어진다. 또한 교통량이 많으면 이를 처리하기 위한 녹색시간이 길어지므로 주기가 길어진다. 긴 주기는 단위 시간당 황색시간으로 인한 손실시간이 적어지기 때문에 이용할 수 있는 녹색시간의 비율이 커지므로 용량이 커진다.

일반적으로 주기의 길이는 90초 이하에서 5초 단위로, 90초 이상의 주기에서는 10초 단위로 나타내며, 통상 120초보다 큰 주기는 잘 사용하지 않는다.

신호시간을 계산할 때 중요한 것은 첨두시간 내의 교통량 변동을 고려해야 한다는 점이다. 교통량 변동은 첨두시간 내의 첨두 15분 교통량의 변동을 말한다. 첨두시간계수(peak hour factor : PHF)는 교차로에 진입하는 첨두 1시간 교통량을 첨두 15분 교통량의 4배로 나눈 값이다.

$$\text{PHF} = \frac{\text{첨두 한 시간 교통량}}{4 \times \text{첨두 15분 교통량}}$$

서울의 도심 교차로에서는 이 값이 0.9이상을 나타내며, 보통 도시지역 교차에서는 0.85~0.9 사이의 값을 가진다. 따라서 만약 PHF가 0.9이고 첨두 한 시간 교통량을 N이라고 할 때, 첨두 15분 교통량은 $\frac{N}{4 \times 0.9}$ 이다.

신호 주기를 결정하는 방법에는 주 차로 방법, 웹스터(Webster) 방법, 도로용량 편람의 방법이 있다. 주 차로란 각 현시에서 교통량 대 용량비(v/c ratio)가 가장 큰 차로를 말한다.

가. 주 차로 방법

그린쉴드(Greenshields)의 방법으로 관측한 방출 차두간격을 이용하여 신호주기를 계산하는 방법을 예시하기 위하여 4지 교차로 2현시 신호(좌회전금지)에서 N_1, N_2, T_1, Y_2의 값을 다음과 같이 정의한다.

N_1 : 주 도로 접근로에서 주 차로의 시간당 교통량
　　　(critical lane volume, pcphpl).
N_2 : 교차 도로 접근로에서 주 차로의 시간당 교통량(pcphpl)
Y_1 : 주 도로 접근로의 황색시간(초)
Y_2 : 교차 도로 접근로의 황색시간(초)
$C_{\min}$: 최소 신호주기(초)
pcphpl : passenger car per hour per lane

첨두 15분 교통량에서 한 주기당 도착하는 교통량(n)을 구하고 이들을 모두 통과시키기 위한 주기당 소요 녹색시간을 그린쉴드(Greenshields)공식으로 구하면 다음과 같다.(우리나라 여건에 맞는 공식은 $\sum[1.6n + 2.6]$ 이다. 「도로교통 운영개선 실무서, 1993. 10, 한국건설기술연구원」 p212

$$G = \frac{\frac{N_1}{\text{PHF}}}{\frac{3600}{C}} \times 1.6 + 2.6 + \frac{\frac{N_2}{\text{PHF}}}{\frac{3600}{C}} \times 1.6 + 2.6$$

$$= \frac{1.6\,C}{3600\,\text{PHF}}(N_1 + N_2) + 2(2.6)$$

이 값은 주기에서 총 황색시간의 길이를 뺀 값과 같다. 즉,

$$G = C - (Y_1 + Y_2) = \frac{1.6C}{3600 \, PHF}(N_1 + N_2) + 2(2.6)$$

$$C\left[1 - \frac{1.6(N_1 + N_2)}{3600 PHF}\right] = (Y_1 + Y_2) + 2(2.6)$$

그러므로 최소 신호주기는 다음과 같다.

$$C_{\min} = \frac{Y_1 + Y_2 + 2(2.6)}{1 - \dfrac{1.6(N_1 + N_2)}{3600 PHF}}$$

만약 두 도로에 좌회전 현시가 추가되면, 이들의 주 차로 교통량(critical lane movement)을 N_3, N_4라 하고 황색시간을 Y_3, Y_4라 한다면 앞의 최소 신호 주기를 구하는 식은 다음과 같이 된다.

$$C_{\min} = \frac{Y_1 + Y_2 + Y_3 + Y_4 + 4(2.6)}{1 - \dfrac{1.6(N_1 + N_2) + 1.7(N_3 + N_4)}{3600 PHF}}$$

여기서, 1.7이라는 값은 좌회전 자동차의 방출 차두시간이다.

이와 같이 하여 구한 신호 주기는 첨두 도착 교통량을 처리할 수 있는 용량을 제공하므로 교차로를 포화상태 아래로 운영할 수 있다.

나. 웹스터(Webster) 방법

웹스터(Webster)는 지체를 최소로 하는 신호 주기를 구하기 위하여 다음과 같은 공식을 만들었다.

$$C_o = \frac{1.5L + 5}{1 - \sum_{i=1}^{n} y_i}$$

여기서, C_o : 지체를 최소로 하는 최적 신호 주기(초)
  L : 주기당 총 발생 손실시간으로, 신호주기에서 총 유효녹색시간을 뺀값($=nl+R$)
  n : 현시 수
  l : 한 현시당 평균 손실시간
  R : 한 주기당 총 전전신호 시간(초)
  y_i : i현시 때 주 이동류의 교통량비(v/s)

이 방법은 임계v/c비(교차로 전체의 v/c비)가 0.90~0.95인 경우에 해당된다. 만약 임계 v/c비가 1.0이면 논리적으로 $C_o = L/(1-\sum Y_i)$ 이다.

다. 도로용량편람 방법

임계 이동류 분석 방법에 의한 신호운영 결정은 간편하며, 용량과 많은 관계를 갖는 신호결정 방식으로 다음과 같은 식으로 신호주기를 결정한다.(「도로용량편람, 1992, 건설교통부」 p481)

$$X_c = \sum_i (v/s)_{ci} \cdot [C/(C-L)]$$

여기서, X_c : 교차로 임계 v/s비
  $\sum (v/s)_{ci}$: 임계 이동류(c_i) v/s의 합
  C : 신호 주기(초)
  L : 신호 주기당 총 손실시간(초)

따라서

$$C = \frac{L \cdot X_c}{X_c - \sum_i (v/s)_{ci}}$$

이 식은 신호교차로가 운영되는 용량 상태를 나타내는 임계 $v/c(X_c)$, 손실시간의 합 (L), v/s의 합 등을 결정하고 신호 주기를 계산하는 식이다.

7) 최소 보행자 녹색시간(G_p)계산

최소 녹색시간을 구할 때 고려해야 될 사항이 보행자 신호이다. 자동차신호와 보행자신호가 함께 켜질 때 자동차신호는 보행자신호보다 길어야 한다. 보행자 신호의 최소 녹색시간은 다음과 같다.

$$G_p = (4 \sim 7초) + \frac{횡단도로폭}{1.0}$$

이 식에서 4~7초는 첫 보행자와 마지막 보행자의 출발 시각 차이(보행자 통행량에 따라 달라짐) 등의 이유로 추가되는 시간이며, 1.0은 보행자의 평균 보행속도인 1.0m/sec를 의미한다.

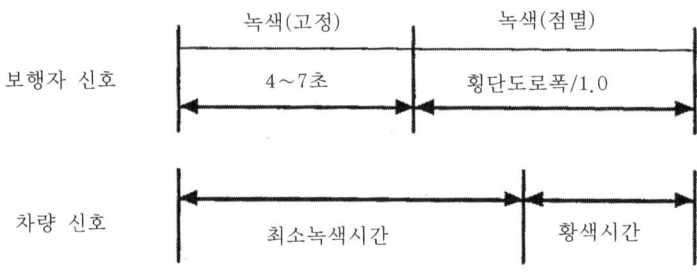

(그림 4.68) 보행자 및 차량 주기 비율

8) 주기의 분할

주기의 현시 분할(split)은 각 현시의 주 이동류 교통량이나 주 차로 교통량에 비례하여 분할해서는 안된다. 예를 들어 어느 현시의 주 이동류 교통량이 다른 현시의 주 이동류 교통량에 비해 훨씬 많다 하더라도 그 이동류가 이용하는 차로수가 다른 이동류의 차로수에 비해 훨씬 많다면 긴 녹색시간이 필요없을 수도 있기 때문이다. 마찬가지로 각 현시의 주 차로 교통량이 같다 하더라도, 포화교통량이 적은 주 차로 교통에 더 많은 녹색시간을 할당해야 하는 것이 당연하다. 따라서 한 주기 내에서 각 현시당 녹색시간은 주 차로의 현시율에 비례해서 할당하면 된다. 이와 같은 개념은 각 현시의 주 차로(또는 주 이동류)가 동등한 서비스 수준을 갖도록 하는 데 근거를 둔 것이다.

녹색시간을 할당할 때 교통량이나 도착형태 이외에도 보행자 횡단이나 교차로의 구조적 제약 사항 등을 함께 고려해야 할 필요가 있다.

4.8.4 신호시간 산정 예

1) 주어진 조건

- 교차로명 : 인주사거리
- 경사 : 0%
- 신호운영현황 : 무신호로 운영
- 기타
  - 주도로가 북측 접근로에서 서측접근로로 굽은 도로임. 따라서 회전 교통량이 직진교통량에 비해 많음.
  - 횡단보다는 서측 접근로에만 설치되어 있음.
- (가정) : 포화교통류율은 차로당 2,200승용차/시
  - 지각반응시간 1.0초
  - 교차로 접근속도 60km/h
  - 진입자동차의 임계 감속도(4.5m/sec^2)
  - 자동차 길이 5m

① 교통 수요

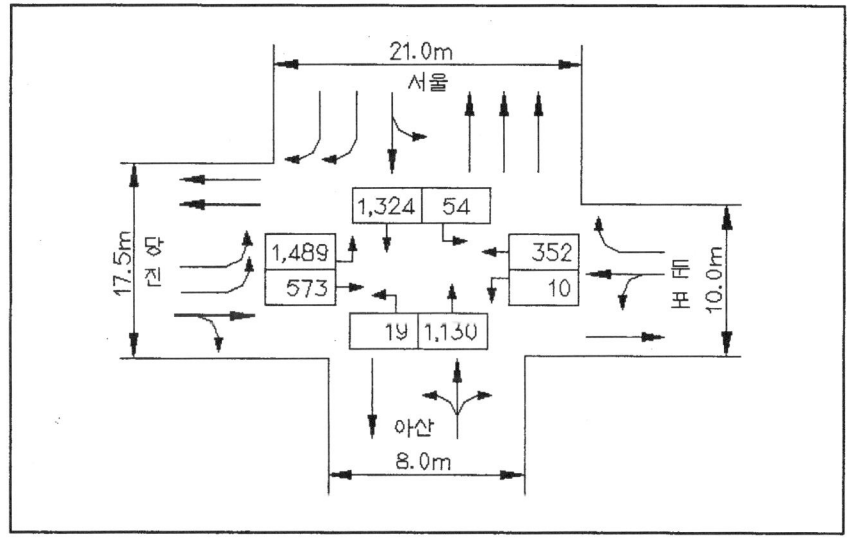

(그림 4.69) 교통수요예측(예)

2) 신호시간 산정

• 포화교통량(s)

i	1	2	3	4	5	6	7	8
Si(pcphgpl)	2,000	100	1,800	400	5,400		2,200	

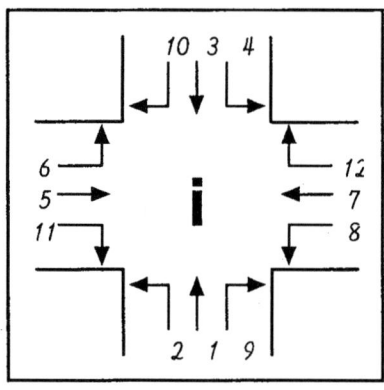

〈그림 4.70〉 신호시간 산정(예)

• 황색신호시간 결정
  - 동측 접근로

$$y = 1.0 + \frac{\frac{60}{3.6}}{2 \times 4.5} + \frac{(21.0 + 5)}{\frac{60}{3.6}} = 4.4 \, 초$$

  - 서측 접근로

$$y = 1.0 + \frac{\frac{60}{3.6}}{2 \times 4.5} + \frac{(8.0 + 5)}{\frac{60}{3.6}} = 3.6 \, 초$$

  - 남측 접근로

$$y = 1.0 + \frac{\frac{60}{3.6}}{2 \times 4.5} + \frac{(10.0 + 5)}{\frac{60}{3.6}} = 3.8 \, 초$$

  - 북측접근로

$$y = 1.0 + \frac{\frac{60}{3.6}}{2 \times 4.5} + \frac{(17.5 + 5)}{\frac{60}{3.6}} = 4.2 초$$

계산결과 3.6초에서 4.4초사이의 값을 보이지만, 일반적으로 신호시간은 정수로 나타내므로 4초를 적용하기로 한다.

〈표 4.25〉 소요 현시율

i	1	2	3	4	5	6	7	8
V_i(pcu/h)	1,130	19	1,324	54	2,062		362	
S_i(pcphgpl)	2,000	100	1,800	400	5,400		2,200	
(V/S)$_i$	0.565	0.190	0.736	0.135	0.382		0.165	

현시안	$\phi 1$	$\phi 2$	$\phi 3$	$\phi 4$	현시율합
1	0.135 / 0.19	0.56 / 0.73	0.3	0.1	1.473
2	0.54	0.62	0.3	0.1	1.720

- 현시율 합이 작은 현시안 1채택.
- 주기결정
  - 현시안 표에서 임계이동류의 현시율 합이 1.0이상의 값을 가지게 되므로 앞 장에서 언급한 공식을 적용하는 것은 불가능하다.
  - 따라서 신호교차로 분석 Program인 TRANSYT-7F를 이용하여 반복 작업을 통해 현시 분할과 지체도를 산정하였다.
- 최소 보행자 녹색시간(G_P)
  - 서측 접근로

$$G_p = 7 + \frac{17.5}{1.0} \fallingdotseq 25\,초$$

• 교차로 분석결과
  - TRANYT-7F를 이용한 교차로 최적현시 및 이때의 교차로 지체는 다음과 같다.

〈표 4.26〉 교차로 최적현시

구분	현시				주기(초)
	$\phi 1$	$\phi 2$	$\phi 3$	$\phi 4$	
현황	↳→	↓↑	↗→	←↓	210
	12(4)	97(4)	61(4)	24(4)	

<PERFORMANCE WITH OPTIMAL SETTINGS>

NODE NO.	LINK NO.	FLOW (vph)	SAT FLOW (vphg)	DEGREE OF SAT (%)	TOTAL TRAVEL (veh-km)	TRAVEL TIME TOTAL (veh-h)	TRAVEL TIME AVG (sec/v)	DELAY UNIFORM	DELAY RANDOM (veh-h)	AVERAGE TOTAL	AVERAGE DELAY (sec/veh)	UNIFORM STOPS (vph;%)	MAX BACK (veh/lk)	QUEUE EST. CAP. (veh/lk)	FUEL CONSUM (lit)	EFFECT. GREEN (sec)	LINK NO.
1	101	1130	2000	119*	.00	178.51	568.7	25.04	153.48	178.51	568.7	1130.0(100%)	100 >	0	518.54	100	101
1	102	19	100	266*	.00	126.28	23925.9	1.24	125.04	126.28	23925.9	19.0(100%)	2 >	0	350.47	15	102
1	103	1324	1800	154*	.00	906.40	2464.5	40.89	865.51	906.40	2464.5	1324.0(100%)	117 >	0	2540.53	100	103
1	104	54	400	189*	.00	95.50	6366.7	3.01	92.49	95.50	6366.7	54.0(100%)	6 >	0	265.89	15	104
1	105	573	5400P	125*	.00	128.97	810.3	13.86	115.11	128.97	810.3	573.0(100%)	241 >	0	369.54	64	105
1	106	1489	105S	125*	.00	335.15	810.3	36.03	299.12	335.15	810.3	1489.0(100%)	105	105S	960.29	64	106
1	107	352	2200P	128*	.00	97.62	998.3	12.54	85.08	97.62	998.3	352.0(100%)	42 >	0	277.99	27	107
1	108	10	107S	128*	.00	2.77	998.3	.36	2.42	2.77	998.3	10.0(100%)	107	107S	7.90	27	108
1	109	36	100	60	.00	.34	33.9	.19	.15	.34	33.9	21.3(59%)	1 >	0	1.39	100F	109
1	110	1956	3600	54	.00	.00	.0	.00	.00	.00	.0	.0(0%)	0	0	.00	210	110
1	111	19	600	8	.00	.14	27.2	.14	.00	.14	27.2	11.5(60%)	1 >	0	.64	15F	111
1	112	391	1800	42	.00	3.46	31.9	3.44	.03	3.46	31.9	236.0(60%)	14 >	0	14.54	108	112
1 :		7353	MAX = 266*		.00	1875.15		136.73	1738.41	1875.15		918.1	5219.8(71%)		5307.71	DI = 1402.2	

신호 최적화 결과 주기 210초, 접근지체 918초/대로 분석되었다. 따라서 현재의 분석결과로 신호운영을 할 경우 서비스 수준은 F로 나타나게 된다.

본 교차로의 지체 감소 및 소통개선을 위해 다음과 같이 2개의 대안을 설정하였다.

3) 신호운영 개선 예

① 대안 설정
- 대안 1 : 3개의 접근로의 좌회전을 금지하였을 경우
  - 전방향 좌회전 금지로 불필요한 지체 억제
    · 교통량이 적은 접근로의 좌회전을 금지하고, 이전 교차로에서 좌회전 교통량 우회처리
    · 북측접근로의 우회전 전용 1개 차로를 직진 우회전 공유차로로 변경하여 부족한 직진용량 확보
  - 교차로 차로운영
    · 동측 접근로의 우회전 전용 1개 차로를 직진 우회전 공유차로로 변경하여 부족한 직진 용량 확보

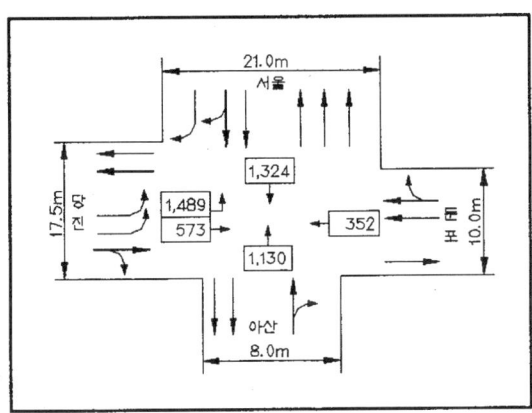

(그림 4.69) 교통수요예측(예)

- 대안2 : 남측접근로 1개차로를 추가 확보하였을 경우(2차로→4차로)
  - 1개차로인 남측접근로의 교차로용량 부족으로 인한 지체 해소
    · 남측접근로(2차로)의 1개차로를 추가로 설치하여 우회전 및 직진용량 확보(4차로)
  - 전방향 좌회전 금지로 불필요한 지체 억제
    · 교통량이 적은 접근로의 좌회전을 금지하고, 이전 교차로에서 좌회전 교통량 우회처리
    · 북측접근로의 우회전전요 1개차로를 직진 우회전 공유차로로 변경하여 부족한 직진용량 확보
    · 동측접근로의 우회전전용 1개차로를 직진 우회전 공유차로로 변경하여 부족한 직진용량 확보

- 교차로 차로운영

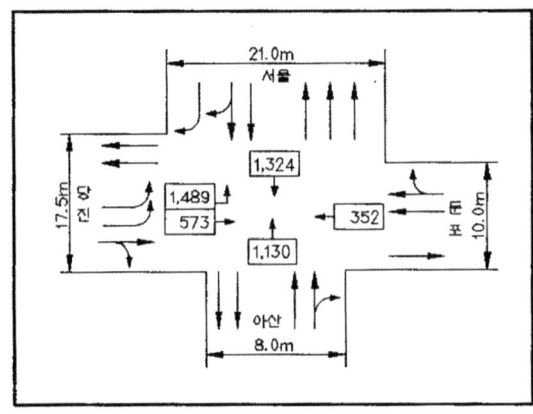

(그림 4.70) 교통수요예측(예)

② 대안별 최적 현시 및 지체도 비교
• TRANSYT-7F를 이용하여 각 대안별 최적현시를 구한 결과는 다음과 같다.

〈표 4.27〉 각 대안별 최적현시

구분	현시(Phase)				주기(초)
	$\phi1$	$\phi2$	$\phi3$	$\phi4$	
현황	↰	↓↑	↱	↵	210
	12(4)	97(4)	61(4)	24(4)	
대안1	↓↑	↱	← →	—	130
	61(4)	47(4)	10(4)	—	
대안2	↓↑	↱	← →	—	100
	41(4)	39(4)	8(4)	—	

〈표 4.28〉 대안별 지체도 비교

구분	현황	대안1	대안2
평균 접근지체(초/대)	918	133	40

4) 결론

인주사거리 교차로를 예로 들어 현황 유지시, 회전 규제시(대안1), 접근로 추가확보 및 회전 규제시(대안2)에 대해 신호시간 결정 및 지체도 분석을 하였다.

분석결과 대안2의 경우 평균 접근지체가 40초/대로 가장 개선효과가 높은 것으로 분석되었다.

앞의 대안별 분석결과에서 보는 바와 같이, 단순 신호최적화를 통한 교차로 개선보다는 회전규제를 통한 현시 개선시 개선효과는 커지며 회전차로 확보 등 기하구조 개선과 병행할 때 개선효과는 더욱 증대하는 것으로 나타났다.

따라서 교차로 개선시 단순한 신호현시 최적화만으로는 개선효과가 미미할 경우, 회전규제를 통한 현시개선을 고려해 볼 수 있으며, 이 때 회전교통류의 우회처리가 불가능할 경우, 회전차로 확보 등 기하구조를 개선함으로써 이동류의 마찰을 최소화하여 교차로의 소통능력을 향상시키는 것이 바람직할 것으로 판단된다.

참고문헌

1. 교통안전시설 시설관리편람, 1994, 경찰청
2. 도로용량편람, 1992, 건설교통부
3. 도로교통 운영개선 실무서, 1993, 한국건설기술연구원
4. 교통공학원론(상), 1995, 도철웅
5. Traffic Engineering, 1990, William R. McShane, Roger P. Roess

제 5 장 입체교차로

5.1 개요

5.3 인터체인지의 형식

5.4 분기점의 설계

5.5 인터체인지의 기하구조 설계

5.6 연결로와 접속도로의 교차

5.1 개요

AASHTO에서는 "입체교차로란 1개 이상의 입체 분리시설을 갖추어 2개 이상의 도로 간 교통류 흐름을 각기 다른 층에서 교차하며 소통시키도록 하는 도로의 체계"로 정의하고 있다. 입체교차 시설에는 연결로가 없이 단순히 고가 또는 지하차도 형식으로 교차되는 단순 입체교차 시설과 연결로를 통하여 교차도로간에 자동차통행이 가능한 인터체인지가 있다.

단순 입체교차는 완전 출입제한으로 운용되는 도로가 타도로와 교차할 때, 또는 불완전 출입제한으로 운용되는 도로가 그다지 중요하지 않은 도로와 교차할 때, 지형상의 제약 등으로 인해 연결로 없이 입체 교차되는 경우로서, 자동차의 유출입이 발생하지 않으므로 본 장에서는 언급하지 않는다. 본 장은 자동차 전용도로와 상당히 상위 규격의 도로로 건설하거나 개량할 때 당해 도로구간에 포함되어 있는 입체교차 시설의 계획과 설계에 관하여 기술한다.

완전 출입을 제한하는 자동차 전용도로와 타도로와의 교차는 모두 입체교차로 설계해야 한다. 불완전 출입제한하는 도로와 타도로와의 교차는 입체교차를 원칙으로 하나, 교통량이 적고 불완전 출입제한하는 도로의 고속주행이 중단되는 일이 없으며, 교통의 안전이 보장되는 경우는 평면교차로 계획할 수도 있다.

입체 교차로 해야 하는 교차점이라 하더라도 교통량 및 교통의 안전면에서 당분간은 평면교차로 할 수 있으며, 이 때 장래 입체화에 필요한 용지확보 등을 충분히 고려해야 한다. 입체교차 시설은 교차 접속하는 도로의 종류, 동선 처리방법 및 연결로의 처리방법에 따라 구분할 수 있다.

1 교차 접속하는 도로의 종류에 따른 구분

입체교차 시설(인터체인지)은 접속하는 도로의 종별 및 이용형태에 따라 구분할 수 있는데, 고속도로가 서로 교차 접속하는 곳의 입체교차 시설은 분기점 인터체인지(이하 인터체인지라 함)로 구분된다. 분기점도 인터체인지의 일종이지만 높은 설계기준을 적용하여 설계하고, 또 높은 등급의 도로가 교차하므로 일반적인 인터체인지와 구분된다. 미국의 AASHTO에서는 System Interchange(분기점)와 Service Interchange(인터체인지)도 구분한다.

분기점은 높은 교통 서비스 수준으로 설계할 필요가 있으므로 완전 입체교차 형식으로 설계하고, 인터체인지는 일반적으로 영업소를 설치해야 하므로 영업소의 설치에 적합한 형식과 기준을 적용하여 설계한다.

「도로의 구조·시설 기준에 관한 규칙 해설」에서는 도심지에서의 입체교차 시설을 "교차로 입체교차"로 따로 구분하여 설명하고 있다.

2 동선 처리방법에 따른 구분

분합류를 행하는 자동차의 동선을 어떻게 처리하는가에 따라 입체교차 형식을 구분해 보면, 자동차의 동선이 서로 교차하지 않고 분합류가 행해질 수 있는 완전 입체교차 형식, 자동차의 동선이 일부 교차하는 불완전 입체교차 형식, 자동차가 엇갈림 구간을 지나서 목적하는 방향으로 나아갈 수 있는 엇갈림 형식이 있다.

5.2 인터체인지 설치계획과 설계

5.2.1 개요

인터체인지의 위치를 계획할 때에는 출입시설의 배치기준과 여러 가지 조사를 통해 개략적인 설치지역을 선정하며, 이렇게 선정된 지역의 세부적인 조사를 통해 적절한 설치위치를 결정하고, 교통안전과 교통용량, 그리고 경제성 평가 등을 거쳐서 출입시설의 형식을 결정하게 된다.

인터체인지의 설계계획은 도로 본선계획과 동시에 행해지며, 출입시설의 위치가 정해지면 개략적인 도로 노선이 정해진다고 말할 수 있다. 따라서 인터체인지의 적합한 배치(개략적인 설치지점 선정)와 위치선정(세부적인 설치지점 선정)의 여부에 따라서 도로의 효용이 크게 좌우된다.

인터체인지를 계획할 때에는 해당 출입시설 전후 구간을 포함해서 교통처리에 대한 종합적인 검토를 한 다음 입체교차로 할 것인지의 여부와 그 구조를 결정해야 한다. 인터체인지의 위치선정 시에는 도로 주변지역의 토지이용 현황, 장래 토지이용계획, 지역개발계획 등을 신중히 고려해야 한다. 특히, 고속도로 및 도시 고속도로의 경우에는 인터체인지 계획이 도로 전체의 효용에 큰 영향을 미치므로 주의해야 한다.

노선선정과 병행하여 인터체인지를 설치해야 하는 지역 또는 개략적인 위치를 정하고, 다음에 이것을 상세히 검토하여 구체적인 접속위치를 결정한다. 이때 처음에 세웠던 개략적인 배치계획을 수정하고, 출입시설의 추가설치와 재배치를 검토한다.

인터체인지의 최종적인 위치가 결정되기 전에 출입시설의 형식을 검토하는 단계를 거치에 되며, 또한 기술적인 부분의 검토와 건설비의 검토를 거치는 동안 인터체인지의 위치가 바뀔 수도 있다. 인터체인지의 설치위치와 실제로 설치 가능한 형식이 선정되면, 기하구조를 설계하게 된다.

입체교차는 교차하는 교통의 상호 영향을 제거하고 보다 원활한 자동차소통을 위하여 설치하는 것이므로, 입체교차를 설치할 경우에는 구조상의 요소뿐만 아니라 입체교차 및 그 전후 구간 전반에 걸쳐 교통처리를 종합적으로 검토하는 것이 중요하다. 예를 들면, 입체교차 근처에 교통량이 많은 도로와의 평면교차가 있는 경우에는 입체교차 그 자체의 기능이 저하되며, 경우에 따라서는 역효과를 초래하는 경우도 있으므로 주의해야 한다.

입체교차의 구조를 결정할 때에는 입체교차 부분에서 예상되는 방향별 교통량과 속도를 되도록 정확히 파악하는 것이 중요하다. 이에 의거하여 입체화해야 할 동선과 평면교차를 허용해도 되는 동선의 결정, 연결로의 형식과 위치, 각 차도의 기하구조 등의 문제를 해결할 수 있다.

〈표 5.1〉 인터체인지 계획 순서

구분		자료	검토내용	성과도면
계획	배치 계획	1/50,000지형도, 교통조사(시·종점 조사)자료, 경제조사, 입지조사, 기타	개략적인 설치 위치	1/50,000
	위치 선정	1/50,000 또는 1/25,000지형도, 1/50,000지질도, 주변도로 현황도, 도시계획도, 기타 토지용 계획을 나타내는 도면, 교통조사 자료	본선의 노선선정과 관련된 개략계획, 설치계획에 대한 추가 또는 삭제에 관한 검토, 개략적인 출입 교통량의 추정 및 교통량 배분 계획	1/25,000 1/50,000
	형식 결정	앞단계 자료, 지질, 토질, 기상, 문화재 조사자료, 상세한 시·종점 해석자료, 필요시 1/1,200지형도	접속도로의 결정, 구체적인 설치위치의 수정, 출입시설 이용 교통량의 상세한 추정, 인터체인지 형식검토 및 개략적인 공사비 판단	1/5,000 1/1,200
설계	기본 설계	1/1,200지형도 및 계획단계에서 사용한 것보다 더 상세한 자료	기본선형 결정, 시설배치계획, 공사비의 판단, 접속도로의 정비계획, 용지경계 결정	1/1,200 평면도 및 종단면도
	실시 설계	1/1,200지형도 및 계획 단계에서 사용한 것보다 더 상세한 지도	토공, 배수, 구조물, 포장, 교통 관리 시설, 조경, 건축시설 등의 설계	1/1,200 지형도 및 상세도

5.2.2. 입체교차의 계획 기준

1 교통량과 입체교차의 관계

출입을 완전히 제한하는 고속도로에 대해서는 그 기능상 교차부에서 정지 또는 감속할 필요가 없도록 전 구간 입체시설로 계획하여야 한다.

주 간선 도로에서 부득이 평면교차를 허용하는 경우에는 신호기를 설치하지 않고도 본선의 교통류가 교차하는 교통에 의해 방해받는 일이 없이 교차부의 처리가 가능한지의 여부가 판단 기준이 된다.

본선 교통을 방해하지 않고 횡단할 수 있는 교통, 즉 신호 없이 일단 정지한 다음 본선의 차두간격의 틈을 기다렸다가 횡단할 수 있는 교통은, 이 경우 횡단하는 도로상에서의 대기시간을 짧게 하여 원활한 자동차 흐름을 유지하도록 본선의 중앙분리대 폭을 충분히 넓게 잡아두는 것이 바람직하다. 횡단 또는 회전하는 교통량이 본선의 교통량보다 많은 경우에는 적절한 운용이 기대되기 어려우므로 입체교차로 해야 한다.

교차하는 도로의 교통량이 신호교차로의 교통용량을 초과하는 경우에는 입체교차로 설계해야 한다.

그림 7-1은 네 갈래 교차도로의 단로부와 신호 교차점에서의 용량 관계를 나타낸 것으로, 영역 A, B, C, D는 다음과 같이 해석할 수 있다. 단, P_2, P_1은 정지했던 차가 전부 움직이기까지의 시간적인 지체 및 가속에 소요되는 시간 손실 등을 고려, 유입부 용량의 90%로 한다.

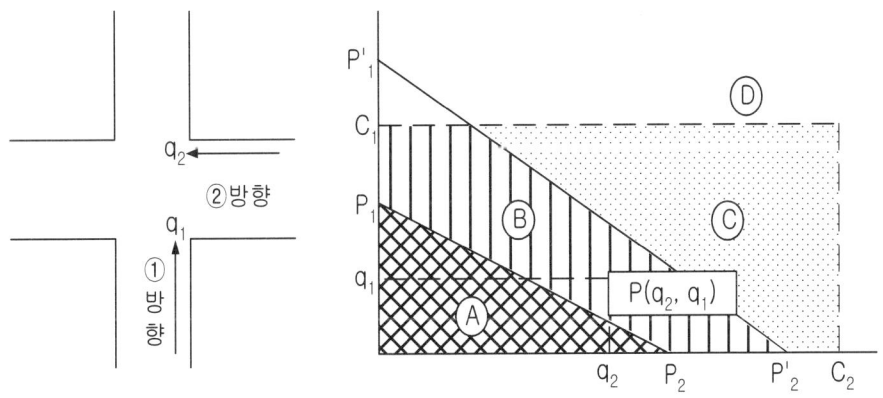

(그림 5.1) 네 갈래 교차로의 용량관계

q_1, q_2 : ①, ② 방향의 설계 교통량(대/시)
C_1, C_2 : ①, ② 방향의 단로부 용량(대/시)

P_1, P_2 : ①, ② 방향의 회전 차로를 부가하지 않은 경우의 녹색 1시간당 유입부
  용량(대/녹색시간)
P_1', P_2' : ①, ② 방향의 회전 차로를 부가한 경우의 녹색 1시간당 유입부
  용량(대/녹색시간)

영역A

  ①, ② 양방향 모두 회전 차로의 부가 없이 신호 처리할 수 있는 영역으로서 다음 직선에 둘러싸인 범위

$$x = 0, y = 0, \frac{x}{P_2} + \frac{y}{P_1} = 1$$

단, $x \leq C_2, y \leq C_1$

영역B

  회전 차로를 부가하여 신호 처리할 수 있는 영역으로서 다음 직선에 둘러싸인 범위

$$x = 0, y = 0, \frac{x}{P_2} + \frac{y}{P_1} = 1, \frac{x}{P'_2} + \frac{y}{P'_1} = 1$$

단, $x \leq C_2, y \leq C_1$

영역C

  입체교차 또는 직진 부가차로가 아니면 처리되지 않는 영역으로서 다음 직선에 둘러싸인 범위에서 영역 A, B를 제외한 영역

$$x = 0, \ x = C_2, 0 \leq y \leq C_1$$

영역D

  교통 처리 능력을 초과하므로 단로부의 확폭 또는 추가 도로계획을 필요로 하는 영역으로 제1사분면 내 A, B, C를 제외한 영역

어떤 교차로에서 ①, ② 방향의 교통량이 q1, q2인 경우, 점 P(q2, q1)가 영역 B 안에 있으면 회전 차로를 부가함으로써 평면 신호처리가 가능하며, 점 P가 영역 C 안에 있으면 직진 부가차로 설치 또는 입체교차 처리가 필요하게 된다.
교통량에 의한 교차 형식의 검토 예는 다음과 같다.

  [조 건]
① 방향 : 4차로, 설계 기준 교통량 44,000대/일, 좌회전 10%, 우회전 20%
② 방향 : 4차로, 설계 기준 교통량 36,000대/일, 좌회전 20%, 우회전 20%
 - 대형차 혼입률 : 양방향 공히 20%, 시간계수(K) : 양방향 공히 10%

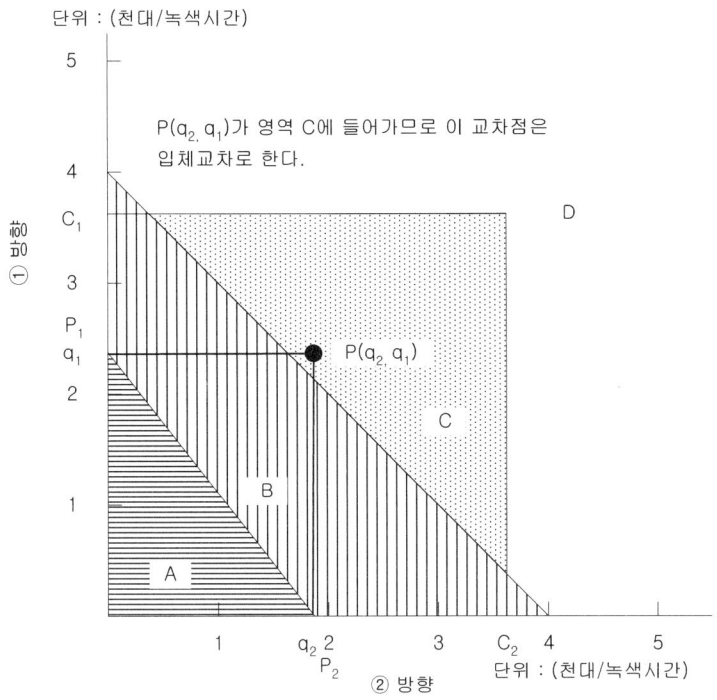

(그림 5.2) 교차 형식 검토의 예

[시간 교통량]

   (시간계수)(한쪽방향)

q_1 = 44,000 × 0.1 ÷ 2 = 2,200대/시
q_2 = 36,000 × 0.1 ÷ 2 = 1,800대/시

[단로부 용량]

  (차로)(대/시)(한쪽방향)

C_1 = 4 × 1,800 ÷ 2 = 3,600대/시
C_2 = 4 × 1,800 ÷ 2 = 3,600대/시

[좌·우회전 차로가 없을 때의 교차로 용량]

  (용량) (좌회전) (우회전) (대형차)

P_1 = (3,600 × 0.910 × 0.905) × 0.850 × 0.9 = 2,268 ≒ 2,300대/녹색시간
P_2 = (3,600 × 0.820 × 0.905) × 0.850 × 0.9 = 2,043 ≒ 2,000대/녹색시간

[좌·우회전 차로의 설치 시 교차로 용량]

좌회전은 직진 차가 많기 때문에 1 신호주기당 2대의 통행으로 하고 1 신호주기를 80초로 가정하여 계산한다.

　　　　(직진)(우회전)　　(좌회전)
P'_1 = (1,800×2+600)×0.9+(7,200÷80×80/36) = 3,980 ≒ 4,000대/녹색시간
※ 주기 80초 (36+4+36+4)로 가정
　　　　(직진)(우회전)　　(좌회전)
P'_2 = (1,800×2+600)×0.9+(7,200÷80×80/36) = 3,980 ≒ 4,000대/녹색시간

$P(q_2, q_1)$가 영역 C에 들어가기 때문에 (그림 7-2 참조) 이 교차로는 입체교차로 한다.

2 국도의 등급과 서비스수준에 따른 교차형식 선정

국도의 기능, 역할 및 교차도로의 등급, 교통량, 서비스수준 등을 고려하여 교차방식 (평면교차, 단순입체교차, 불완전입체교차, 완전입체교차 등)을 적정하게 선정할 수 있다.

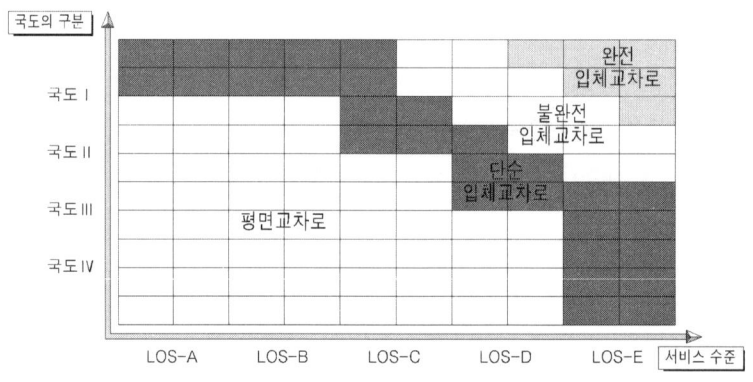

(그림 5.3) 교차방식의 결정에 대한 개념도

3 계획교통량과 단계건설

입체교차화의 필요성 여부에 대한 판단은 해당 교차로에 접속되는 도로의 계획 교통량에 대해서 계획수준에 적합한 서비스 수준이 확보될 것인지의 여부에 따르는 것이 원칙이다. 계획목표년도에 도달하여 입체교차화의 필요성이 예상될 때에는 초기 시공 시에 입체교차화 한다는 것은 경제적인 관점에서 부적합하므로, 어느 시기에 가서 입체교차화 할 것인가는 평면교차의 한계와 함께 고려하는 것이 바람직하다.

교차로의 추정 교통량으로 판단할 때, 단계적으로 건설할 경우에도 입체교차에 필요한 용지는 당초부터 매수하거나 도시계획 또는 기타 계획에 포함시켜서 권리의 규제를 해 두어야 한다. 입체교차를 건설하는 시기는 교차점의 교통량이 신호 처리에 의한 교통용량을 초과할 것으로 추정되는 시기 및 초기 투자와 유지관리공사의 경제적 판단에 의거, 결정해야 한다.

5.2.3. 인터체인지의 설계

1 개요

출입시설의 설계방법은 도로설계와 유사하지만, 제약 조건이 엄격하고 복잡하다는 차이가 있다.

출입시설은 각 경우마다 입지조건과 교통조건 등이 다르기 때문에 설계자의 판단이 매우 중요하다. 설계자는 선형에만 의존하지 않고, 또 단편적인 측면에 너무 구애받지 말고, 전체적인 계획 측면에서 판단하여 설계해야 한다. 이를 위해서는 단순 선형설계, 교통 기술적인 지식뿐만 아니라 구조물, 지질, 포장 등 도로 전반에 관한 지식 및 경험이 많은 해당분야 전문가의 의견을 충분히 듣는 것이 바람직하다.

설계자의 작은 배려가 상당히 큰 비용절감을 가져오는 경우도 많지만, 반면에 너무 비용절감에만 얽매이면 교통안전 확보와 시설이용에 어려움이 생길 수 있으므로 주의해야 한다.

2 설계순서

출입시설의 기본계획이 정해져서 설계를 시작하는 초기에는 1/1,000정도의 지형도를 기조로 하여 노해법(圖解法)에 의한 선형계획을 행하고, 이것에 의해 개략실계를 한다. 이 때, 개략적인 종단계획도 동시에 행한다.

이렇게 작성되는 평면도에서 대체적인 용지범위, 교통처리 방법, 대체도로 등에 관한 비교적 정도 높은 내용을 알 수 있다. 또, 개략적인 공사비도 판단할 수 있다.

출입시설에서 몇 가지 대안으로 비교설계를 할 경우, 처음부터 너무 상세하게 하지 말고 도해법으로 개략적인 설계를 하여 용지비, 공사비 등을 산정하여 비교 검토하는 것이 좋다.

개략설계에 의해서 평면선형과 종단선형의 기본요소가 정해지고 나서 좌표계산을 하고 기본설계로 들어간다. 기본설계에서는 앞의 개략설계 단계에서 도해법으로 정한 선형요소에 가능한 한 근접하게 설계함과 동시에, 도로계획의 전체적인 측면을 고려하여 도로 중심선에 수학적인 좌표를 부여하는 것이다.

그 결과 연결로의 중심선은 본선과 부체도로 등과의 상대위치가 좌표로 표현되어 연결로 접속단 등의 상세평면도가 계획되고, 종단선형도 각각의 상대적 관계로부터 계산 가능하여 보다 정확한 결과를 얻을 수 있다. 이것이 기본설계의 중심이며, 그 결과 얻어지는 도면은 거의 완성도에 가깝게 된다.

세부 설계도 작성 전에 중심선 측량을 하여 현지에 중심 말뚝을 설치하고, 이것을 기초로 하여 각 측점에서 횡단측량을 실시하고, 또 구조물이 설치될 곳에서는 세부측량을 실시한다. 이렇게 얻어지는 도면을 바탕으로 하여 공사를 목적으로 한 실시설계도면을 작성하게 된다.

실시설계도면은 일반적인 토공공사의 도면이기 때문에, 출입시설의 독특하고 세밀한 교통처리 대책보다는 출입시설 부근의 배수 계통도, 구조물 설계도에 중점을 두며, 이것은 추후 유지관리에 큰 영향을 미치므로 세밀한 설계가 필요하다.

연석, 분리대, 교통섬, 그 밖의 각종 시설은 교통공학적인 측면을 고려하여 설계하고 조명, 표지, 노면표시, 방호책, 교통관리시설, 통신시설, 조경, 건축 등의 설계와 조화를 꾀하며, 각각의 기능을 최대한으로 발휘할 수 있도록 하는 것이 중요하다. 또, 건축시설과 교통관리시설, 표지와 조명 등 토공설계와 구조물 설계에 영향을 주는 것에 대해서는 기본계획을 면밀히 검토해야 한다.

출입시설 설계의 어느 단계에서든지 출입시설의 완성된 모습을 항상 생각하면서 설계를 진행해 나감으로써, 설계의 일관된 흐름을 지켜나가야 한다.

출입시설의 설계순서는 (그림 5.4)와 같다.

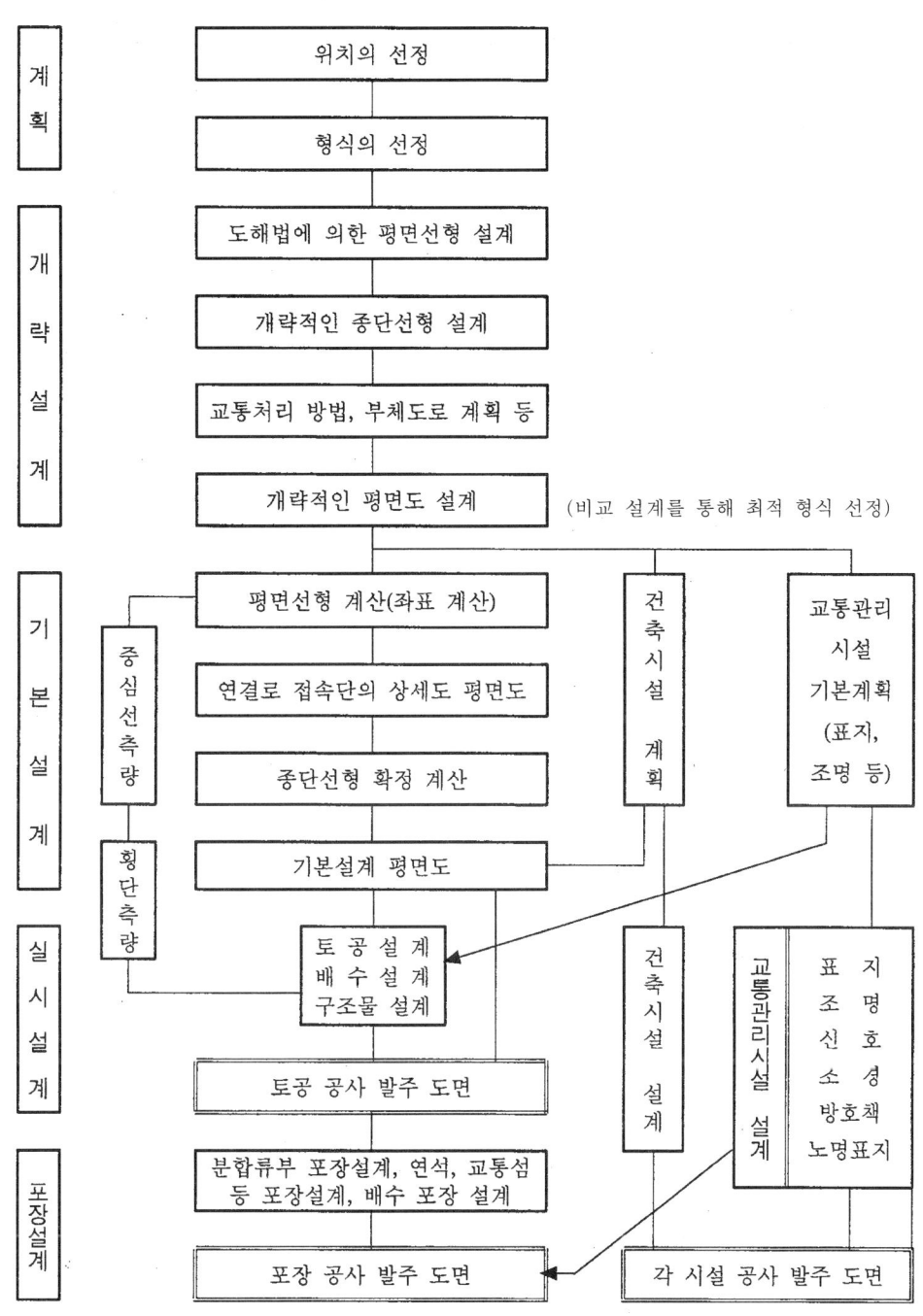

(그림 5.4) 출입시설 설계 흐름도

5.2.4 인터체인지의 배치계획

1 배치기준

인터체인지의 배치는 교통조건, 사회경제 조건, 자연조건, 국토 종합개발 계획 및 지역 개발 계획 등을 종합적으로 감안하여 계획하고, 다음과 같은 사항을 고려해야 한다.
1. 국도 등 주요 도로와 교차하거나 가까운 지점
2. 인구가 3만명 이상인 도시 부근이나 출입시설의 세력권 인구가 5만~15만명 정도가 되도록 배치
3. 항만, 비행장, 유통시설 또는 관광지 등 중요한 지역을 통과하는 주요 도로와 교차하거나 가까운 지점
4. 출입시설의 출입 교통량이 30,000대/일 이하가 되도록 배치
5. 출입 시설간의 간격이 최소 2km, 최대 30km가 되도록 배치
6. 고속도로 본선과 출입 시설의 편익/비용 비가 최대가 되도록 배치

1) 교통조건

　　출입이 제한된 고속도로에서의 자동차 출입은 출입시설에서만 허용되므로 출입시설은 고속도로 기능면에서 볼 때 본질적인 부분이라고 말할 수 있다. 따라서 출입시설은 자동차 교통 수요가 도로망에 합리적으로 배분되어 사회·경제적으로 최대의 효과를 거두도록 배치해야 한다.
　　출입시설의 배치계획에서는, 우선 개략적으로 출입시설을 배치한 후 세부적인 내용을 검토하여 최적의 위치를 선정하는 방법을 택한다. 즉, 최초 단계에서는 앞에서 언급한 기준에 따라 주요도로와 교차하는 곳 또는 도시 주변지역에 출입시설을 배치하고, 인접 출입시설과의 관계, 접속도로 및 도시계획과의 관련성 그리고 효율성을 경제성과 공용성 양면에서 검토하여 계획을 결정해야 한다.

2) 도시인구에 따른 설치수

　　도시인구에 따른 설치수는 대략 〈표 5.2〉와 같다.

〈표 5.2〉 도시인구에 따른 출입시설의 표준 설치수

도시인구(명)	1노선당 출입시설의 표준 설치수
100,000미만	1
100,000~300,000	1~2
300,000~500,000	2~3
500,000이상	3

3) 중요 지점을 통하는 지점

항만, 비행장, 관광단지 등 중요 지점을 통과하는 곳에서 세력권 인구에 따른 설치 기준과 관계없이 출입시설을 설치할 수 있다.

4) 교통량 기준

출입시설의 출입 교통량 및 방향에 따라서는 1개의 출입시설로 교통처리를 하지 않고 여러 개의 출입시설을 설치하는 것이 바람직할 수도 있으므로, 출입시설의 교통용량과 함께 접속도로의 교통용량과 기하구조도 검토하여 출입시설을 배치한다. 출입시설의 위치는 출입 교통량이 30,000대/일 이하가 되도록 배치한다.

5) 출입시설간의 간격

출입시설의 간격은 인터체인지 감속차로의 시점부터 다음 인터체인지 가속차로 시점간으로 한다.

출입시설간의 최소간격인 2km는 계획 교통량의 처리, 도로 안전표지판의 설치 등의 교통 운영에 필요한 거리이며, 최대 간격 30km는 도로의 유지관리에 필요한 거리이다. 출입시설의 경험에 의한 표준간격의 범위는 〈표 5.3〉과 같다. 이 인터체인지의 간격은 이용차량의 이정에 필요한 거리와 표지판의 설치간격 등이 고려된 것이며 부득이 이를 지키지 못할 경우에는 Wearing거리, 표지판의 보완, 변속차선의 연장 등으로 보완한다.

출입시설의 간격이 20km를 넘는 지역에서는 앞으로의 지역 개발 가능성을 고려하여 예상되는 개발조건에 해당하는 기준을 적용한다.

*AASHTO의 경우에는 도시지역 1.5km, 지방지역은 3.0km로 하고 있으며 도시지역 1.5km 미만의 경우에는 집산로를 설치하도록 되어있다.

〈표 5.3〉 출입시설간의 표준 간격의 범위

지역	표준간격(km)
대도시 도시고속도로	2~5
대도시 주변 주요 공업지대	5~10
소도시가 점재하고 있는 평야지대	15~25
지방 촌락, 산간지	20~30

6) 경제성

고속도로의 총 편익은 출입시설 수의 증가에 따라 증가되나 출입시설당 수익은 어느 점을 정점으로 하여 감소하는 경향이 있으므로, 총 편익/비용 비가 최대가 될 수 있도록 출입시설의 위치와 출입시설의 설치수를 결정한다.

인터체인지의 경제적인 최적배치란 투자에 대해 최대의 편익을 가져오게 하는 배치를 의미한다.

2 인터체인지 배치계획에 필요한 조사

출입시설의 계획과 설계시에는 반드시 교통조사를 필요로 하므로, 각 단계에서 필요로 하는 적절한 교통조사를 실시해야 한다. 또한, 출입시설의 위치를 결정할 때에는 교통조건, 사회·문화조건, 자연조건, 국토종합계획과 지역개발계획 등의 관련 계획을 고려해야 한다.

1) 교통조사

(1) 출입시설의 계획에 필요한 교통조사는 크게 두 단계로 나눌 수 있다.

첫째 단계는 계획 단계에서 필요로 하는 것으로서 이 때에는 하나의 출입시설의 세력권을 한두 개의 구역으로 대별한 시·종점(O/D) 조사자료를 바탕으로 교통량을 산정하는 것이 작업량과 비용 측면에서 타당하다.

둘째 단계는 출입시설의 설계에 이용되는 것으로서, 정확한 출입시설의 이용 교통량을 필요로 하므로 구역이 세분된 시·종점 (O/D)별 교통량 자료가 필요하다.

교통조사의 구체적인 내용과 조사 방법은 「제2장 노선계획」 "2.2 교통조사" 항을 참조하기 바란다.

(2) 계산된 교통량은 교통량도(交通量圖)나 출입시설간 교통 삼각표(三角表)로 나타내

어, 출입시설의 설치 효과를 검토한다. 이와 같이 구한 교통량은 여러 가지 가정 아래에서 얻어진 결과이므로 실제와 맞는지를 종합적으로 판단해야 한다.

2) 입지조사

(1) 교통조건

교통조건의 조사목적은 출입시설의 위치와 연결로 접속지점이 그 지역의 도로망에 적합한가를 알아보는 것이며, 그 지역 도로망의 현황과 교통량이 주된 조사항목이다. 특히 고속도로에 출입시설이 설치될 경우 그 지역 도로망에 배분된 교통배분을 크게 변화시킬 가능성이 있고, 기존의 도로에 큰 부담을 줄 수도 있으므로 새로운 도로를 접속도로로 계획하는 것이 좋을 경우도 많다.

또 그 지역의 도시계획, 지역계획을 조사하여 장래 지역 교통의 상태를 파악해야 할 뿐만 아니라 토지이용의 장래 상황을 조사하는 것도 중요하다. 예를 들어, 장래 공업지역 또는 농공단지가 조성될 장소는 당연히 많은 교통량이 발생할 것이므로, 이와 같은 곳 부근에 출입시설을 설치하고, 반대로 장래 주거지역으로 계획되어 있는 지역을 통과하는 도로는 접속도로로 사용하지 않아야 한다.

지역계획이나 기타 개발자료는 교통량 추정시의 유발 교통량이나 신장률의 추정에 기초가 되는 중요한 자료이다. 특히, 계획의 초기단계에서 중요한 경제적 입지조건 검토를 위해서는 이들 자료를 기초로 시읍면별 인구, 자동차 보유대수 등을 고려하여 출입시설을 결정해야 한다.

(2) 사회문화 조건

사회문화 조건의 조사에는 용지관계 조사와 매장 문화재에 관한 조사가 있다. 입체교차 시설은 $35,000 \sim 150,000 m^2$ 정도나 되는 넓은 용지를 필요로 하며, 그 보상비가 건설비에서 차지하는 비율도 높다. 이와 같이 용지관계 조사는 건설비 측면뿐만 아니라 적절한 출입시설의 형식 선정에도 중요한 역할을 한다. 특히, 출입시설 예정지 주변의 토지가격은 급격하게 상승하므로 이 점을 충분히 고려해서 계획을 수립해야 한다.

매장 문화재의 조사도 매우 중요한데, 문화재 보호법에 지정되어 있는 특별 사적이나 명승지뿐만 아니라 매장 문화재도 중요도에 따라 그 조치사항이 달라지겠지만, 그것들이 도로구역 내에 들지 않도록 변경시키거나 이미 발굴하여 학술조사를 실시하는 등의 조치를 해야 할 필요가 있다. 이러한 조치에는 문화재 관리법에 의한 문화유적 지표조사와 이 조사에 따른 문화유적 발굴조사가 있다.

특히, 이와 같은 조사는 기간이 많이 걸리므로 가급적 빠른 시기에 조사에 착수하도록 한다.

(3) 자연조건

자연조건 조사에는 지형, 지질, 배수, 수리, 기상에 관한 조사가 있다. 일반적으로 출입시설의 위치 선정에는 1/5,000정도의 지형도나 현지답사만으로도 충분하지만 연약지반이 예상되는 곳은 위치 선정시에도 개략적으로 토질조사를 실시할 필요가 있다. 형식결정 단계에서는 보다 상세한 토질조사, 수리, 배수관계 조사가 필요하다. 특히, 한랭지역에서는 기상 조건의 조사가 중요하다.

(4) 국토종합개발계획 및 지역개발계획

노선을 계획할 때에는 균형 있는 국토발전을 위하여 국토종합개발계획의 내용을 반영하여야 하며, 국부적으로 노선이 지나는 지역의 개발계획을 검토하여 지역발전을 촉진할 수 있도록 노선을 계획해야 한다.

특히, 계획노선이 지나는 곳 주변에 주거단지, 공업단지 등이 계획되어 있는 경우, 계획도로가 이들 지역과 쉽게 연계될 수 있도록 노선을 바꾸거나 출입시설의 설치 위치 등을 고려해야 한다.

도시지역 주변에서 인터체인지 접속은 장래 도시발전을 감안하여 도시에 근접된 위치보다는 1~2km 정도 이격된 위치를 선정하는 것이 필요하다.

5.2.5 인터체인지의 위치 선정

1 접속도로의 조건

접속도로의 선택은 인터체인지의 교통특성 및 지역특성에 따라 선택의 중점이 달라진다. 예를 들면, 지방의 주요 간선도로와 연결하여 교통의 분산을 목적으로 할 경우에는 간선도로와 직결하여 도중에 가로적 성격의 도로가 개재되지 않도록 해야 한다.

간선도로와의 직결이 불가능할 경우에는 그 구간을 출입제한한 자동차 전용도로와 직결시키는 등의 방법도 필요하게 된다. 그러나 도시부 인터체인지의 경우 교통이 혼잡한 시가 중심지에 있는 도로에 직결시키는 것보다 시가 주변의 도로를 선택하는 편이 좋을 경우가 있다. 왜냐하면 시가 중심부의 교통체증을 감소시킬 뿐만 아니라 도시 주변의 교통 서비스 향상에도 기여할 수 있기 때문이다. 접속도로의 선택에 있어서는 다음 사항을 고려해야 한다.

1. 인터체인지 출입교통량에 대하여 충분한 교통용량을 가져야 한다.
2. 시가지·공장지대·항만·관광지 등의 주요 교통 발생원과 단거리, 단시간에 연결되어야 한다.
3. 인터체인지 출입 교통량이 그 지역 도로망에 적절하게 배분되어 기준 도로망에 과중한 부담을 주지 않아야 한다.

2 인터체인지와 다른 시설과의 간격

1) 개요

출입시설과 다른 시설과의 최소거리를 규정하는 데 고려해야 할 가장 중요한 요소는 교통 운용에 필요한 거리확보 문제이다. 교통운영에 필요한 거리는 다음의 두 가지 요소로부터 결정된다.
1. 엇갈림에 필요한 거리
2. 안내표지에 의하여 교통을 유도할 수 있는 거리

이들 두 가지 요소를 고려하여 인터체인지와 다른 시설과의 최소 표준간격과 최소 특례간격을 결정하게 된다.

2) 최소 표준 간격

출입시설, 휴게소, 간이주차장 등 이용 교통량이 많은 시설과 출입시설간의 거리는 교통안전을 고려하여 최소 표준간격을 5km로 하고, 버스정류장의 경우 시설을 이용하는 자동차가 노선버스뿐이고, 버스 운전자가 주변 지형에 익숙하다는 점을 감안하여 최소 표준간격을 4km로 하였다.

3) 최소 특례 간격

인터체인지의 경우, 바로 앞에 있는 인터체인지 등의 유입 연결로 합류부와 다음 인터체인지의 유출 연결로 분류부와의 사이에는 엇갈림 구간이 생기게 된다.
엇갈림에 필요한 구간 길이는 교통량에 따라 달라지지만, 최소한 200m, 가능하면 가속차로와 감속차로를 합한 길이가 필요하다. 여기에 연결로의 길이를 더하면 인터체인지 중심간의 거리로 최소한 1km가 필요하다. 그러나 도로 이용자에게 적절한 정보를 제공하기 위하여 인터체인지의 2km 전방에서부터 각종 예고 표지판을 설치한다는 것을 고려할 때, 지방부에서는 3km의 최소간격이 필요하다. 그러나 현실 여건상 3km의 최소거리를 유지할 수 없는 경우도 있으므로 최소간격의 특례 값을 2km로 하였다.

터널의 경우, 터널 내에는 표지판 설치가 불가능하고, 터널 출구 직후에는 시거가 충분히 회복되지 않는 경우가 많기 때문에 터널 출구에서 출입시설까지는 최소 특례 간격을 2km로 한다.

출입시설과 기타 시설(휴게소, 간이 주차장, 버스 정류장)과의 거리도 터널의 경우와 마찬가지로 예고표지 설치를 고려하여 최소 간격의 특례 값을 2km로 한다.

지방부에서 출입시설간의 거리가 3km이하인 경우에는 표지를 설치하여 교통에 혼란이 일어나지 않도록 해야 한다. 출입시설간의 거리가 1km 이하인 경우에는 집산로(集散路)를 설치하여 하나의 입체교차 시설만 설치하는 안을 검토하도록 한다.

인터체인지의 경우 필요한 거리를 확보하기 위해 인터체인지의 접속도로를 변경하지 못하더라도 인터체인지의 연결로 위치를 변화시키는 것만으로도 어느 정도의 효과를 얻을 수 있다.

〈표 5.4〉 인터체인지와 다른 시설과의 최소간격

구분	표준(km)	특례(km)
출입시설, 휴게소, 간이주차장	5	2
버스정류장, 터널	4	2

4) 터널과 인터체인지간 최소 이격거리

터널 출구에서 인터체인지 변이구간의 시점까지는 일방향 2차로, 설계속도 100km/h일 경우 480m 이상 이격하는 것이 바람직하며, 설계속도, 차로 수, 조명, 교통량 등을 감안하여 이격 거리를 충분히 확보하도록 한다. 이때 소요 이격 거리는 다음과 같이 산정한다.

$$L = l_1 + l_2 + l_3 = \frac{Vt_1}{3.6} + \frac{Vt_2}{3.6} + \frac{Vt_3(n-1)}{3.6}$$

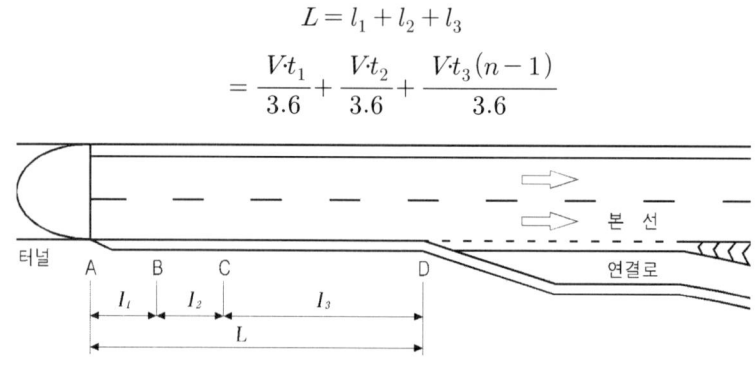

〈그림 5.5〉 터널 출구에서 연결로 변이구간까지의 길이

여기서, L : 소요 이격 거리(m), l_1 : 조도 순응 거리(m)

l_2 : 인지 반응 거리(m), $\quad l_3$: 차로 변경 거리(m)
V : 설계속도(km/시), $\quad t_1$: 조도 순응 시간(3초)
t_2 : 인지 반응 시간(4초), $\quad t_3$: 차로 변경 시간(차로당 10초)
n : 차로 수

부득이하게 터널과 인터체인지의 간격 확보가 어려운 곳에서는 운전자가 터널 출구에 근접하여 유출 연결로가 있다는 사실을 인지할 수 있도록 도로안내표지, 전광표지판, 노면표시 등의 충분한 교통안전 시설을 설치하도록 하고, 관계기관과의 협의를 통해 터널 내의 제한적 진로변경 허용 여부를 검토한다.

또한 이러한 경우에는 터널 내 선형, 시거, 조명, 길어깨폭, 터널의 시설한계, 환기 등을 종합적으로 고려한다.

그밖에 터널 입구와 인터체인지 변이구간 시점까지 거리는 차량 유입 시 예기치 못한 상황으로 가속차로 및 테이퍼 구간에서 유입되지 못하였을 경우 차량의 안전한 정지 및 대기 공간이 확보될 수 있는 거리만 확보토록 한다. 이때 소요 이격거리는 다음과 같이 정한다.

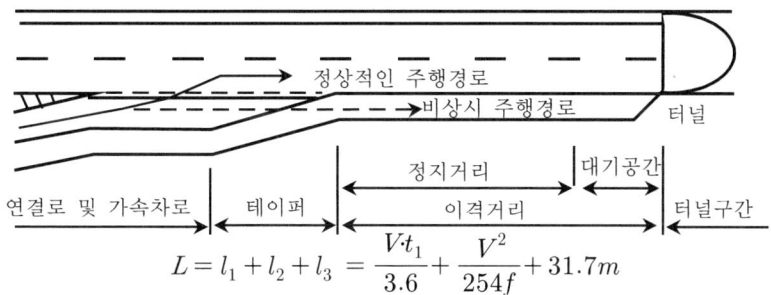

$$L = l_1 + l_2 + l_3 = \frac{Vt_1}{3.6} + \frac{V^2}{254f} + 31.7m$$

(그림 5.6) 연결로 변이구간에서 터널 입구까지의 길이

여기서, L : 소요 이격거리(m), $\quad l_1$: 인지반응거리(m)
l_2 : 제동거리(m),
l_3 : 대기 공간(세미트레일러 1대 + 1m(여유공간)+대형 사통차 1대
 + 1m(여유공간) = [13.0+1.0] + [16.7+1.0] = 31.7m)
V : 설계속도에서 20km/h 를 뺀 값(km/h)
t_1 : 인지반응시간(4초), $\quad f$: 마찰계수

5) 인터체인지 간의 최소 간격 미달 시 본선 간격 증대방안

입체교차 설계 시 인터체인지 간의 최소 간격을 유지하여 설계하는 것이 바람직하나, 부득이한 경우에 대해서는 다음의 경우와 같이 연결로 접속 형식을 취하여 유입 연결로와 유출 연결로 사이에서 발생하는 엇갈림 및 교통 혼잡을 최소화할 수 있다.

특히, 신설 도로 설계 시 기존 도로로 인해 교차로 간 간격이 설계 시 요구되는 최소 간격에 미달되는 경우가 종종 발생하게 되므로 이때 적절한 접속 방안의 검토가 필요하다.

「독일, RAL-K-2, 1976」에서는 인터체인지 간의 최소 간격 미달 시 교차로 간 최소 간격을 표 5.5와 같이 제시하고 있으며, 교차로 간 거리가 이 조건에 미달 시 (그림 5.7)의 연결로 접속 방안으로 설계하고 있다.

〈표 5.5〉 교차로 간 최소 간격의 예(독일)

교차형태	최소간격 L_{erf}(m)
	예고표지(문형표지)가 1개일 때
인터체인지(IC)	600 + L_E + L_A

주) L_E : 유입 연결로 접속부 길이(가속차로 1차로 : 250m, 2차로 500m)
　L_A : 유출 연결로 접속부 길이(감속차로 1차로 : 250m, 2차로 500m)

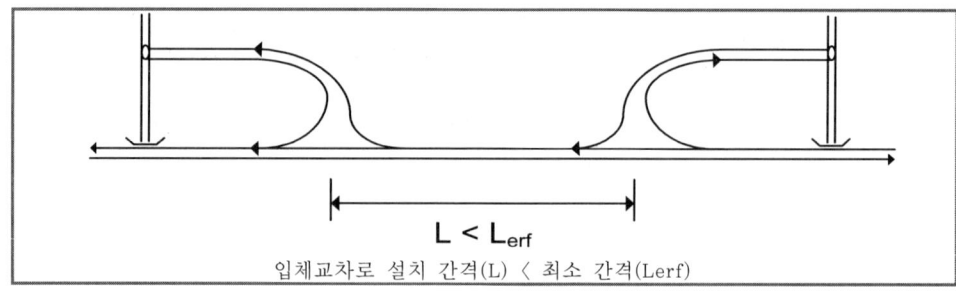

입체교차로 설치 간격(L) 〈 최소 간격(Lerf)

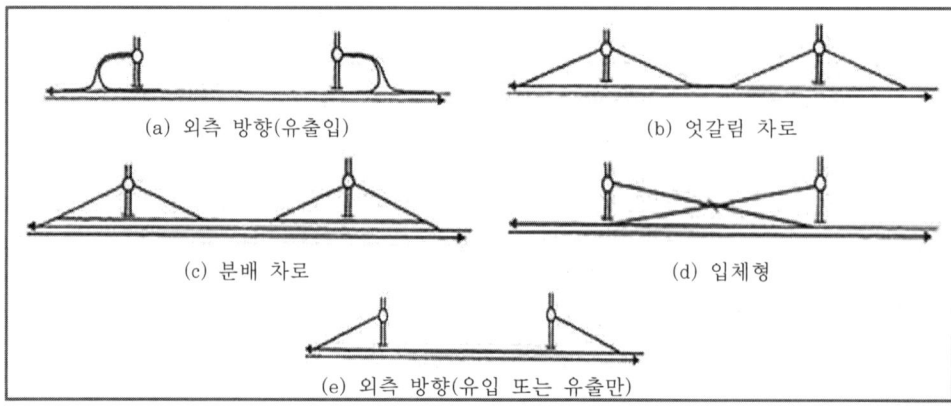

(a) 외측 방향(유출입)　　(b) 엇갈림 차로
(c) 분배 차로　　(d) 입체형
(e) 외측 방향(유입 또는 유출만)

(그림 5.7) 연결로 최소 간격 미달에 따른 접속 형식(독일)

6) 인터체인지 구간에서 본선의 선형

인터체인지는 본선을 주행하는 운전자가 먼 거리에서도 식별할 수 있어야 하고, 자동차가 안전하고 원활하게 출입할 수 있는 구조로 설계되어야 한다. 이를 위해 인터체인지 구간에서의 본선의 선형은, 본선의 설계속도에 따라 〈표 5.6〉의 조건을 충족시켜야 한다.

〈표 5.6〉 인터체인지 구간의 본선 선형

본선 설계속도(km/h)			120	100	80	70	60
최소원곡선 반경(m)		표준	2,000	1,600	1,100	800	700
		특례	1,000	700	450	350	250
종단곡선변화비율(m/%)	볼록형(凸)	표준	300	140	70	60	40
		특례	150	80	40	35	20
	오목형(凹)	표준	160	120	80	60	40
		특례	110	75	40	30	20
최대종단경사(%)		표준	2.0	2.0	3.0	3.0	4.5
		특례	2.0	3.0	4.0	4.0	5.5

지형, 지물, 경제성 등의 조건 혹은 특별한 기술적인 이유 때문에 선형 기준을 만족시키지 못한 때에는 안전을 고려한 후에 특례 값까지 적용할 수 있다.

(1) 원곡선 반경

인터체인지 부근의 원곡선 반경이 작으면 곡선의 바깥쪽에 설치되는 유출입 연결로 및 변속차로와 본선의 편경사 차가 커지는 경우가 많고, 이런 경우에는 안전한 유출입이 어렵고 위험하며, 설계상 편경사 설치가 곤란하게 된다. 이와 같은 이유로, 인터체인지 구간의 본선의 횡단경사는 가급적 3.0%이하로 하는 것이 바람직하다. 원곡선 반경의 최소표준 값은 편경사가 3.0%일 때의 값을 계산한 것이다. 원곡선 반경의 최소 특례 값은 본선의 바람직한 최소 원곡선 반경의 값을 채택하였다.

(2) 종단곡선 기준 인터체인지 전체가 본선의 큰 오목(凹)형 종단곡선 안에 있을 때 운전자가 인터체인지를 쉽게 알아볼 수 있어서 가장 바람직하나, 인터체인지가 본선의 작은 볼록(凸)형 종단곡선 내 또는 그 직후에 있으면, 인터체인지의 전체 또는 그 일부가 보이지 않게 될 염려가 있다.

① 볼록(凸)형 종단곡선의 변화 비율

볼록형 종단곡선의 변화 비율(K)은 다른 구간보다 충분히 커야 하므로 인터체인지 부근에서는 본선 기준 시거(S)의 1.5배 정도의 거리가 확보되어야 할 필요가 있는 것으로 하여 표준값을 규정하였다. 특히, 지형 등의 제약으로 표준값의 적용이 어려울 경우에는 본선 기준 시거의 1.1배 정도의 거리가 확보되도록 특례값을 규정하였다.

〈표 5.7〉의 값을 구하는데 이용한 식 (5.1)은 다음과 같다.

$$K = \frac{S^2}{360} \quad S_1 = 1.5S \quad K_1 = 2.25K \tag{5.1}$$

$$S_2 = 1.1S \quad K_2 = 1.25K$$

〈표 5.7〉 볼록형 종단곡선의 최소 종단곡선 변화비율

본선 설계속도(km/h)		120	100	80	70	60
본선의 기준값(K)		120	60	30	25	15
계산값	표준(K1)	270	135	68	56	34
	특례(K2)	150	75	38	31	19

② 오목(凹)형 종단곡선의 변화 비율

오목형, 종단곡선의 경우, 연결로에 육교가 있을 경우를 제외하고는 인터체인지의 시인성(視認性)에 문제가 있는 경우는 없으나 종단선형의 시각적인 원활성을 확보하기 위하여, 표준값(K_1)으로는 충격완화에 필요한 오목형 종단곡선 변화비율의 4배의 크기를 채택하였고, 특례 값(K_2)으로는 이를 2배 정도까지 줄이는 것을 인정하였다.

〈표 5.8〉의 값을 구하는데 이용한 식 (5.2)는 다음과 같다.

$$K = \frac{V^2}{360} \quad K_1 = 4K \tag{5.2}$$

$$K_2 = 2K$$

〈표 5.8〉 오목형 종단곡선 최소 종단곡선 변화비율   (단위 : m/%)

본선 설계속도(km/h)		120	100	80	70	60
본선의 기준값(K)		40.0	27.8	17.8	13.6	10.0
계산값	표준(K1)	160	111	71	54	40
	표준(K2)	80	56	36	27	20

③ 최대종단경사

본선의 종단경사는 가능한 한 완만하게 하는 것이 바람직하다. 인터체인지 구간에서의 급한 하향경사는 인터체인지에서 유출하는 자동차의 감속에 불리하게 작용하며, 그 결과 과속으로 인하여 사고를 일으키는 일이 대단히 많다. 또 급한 상향경사는 본선으로 유입하는 자동차의 가속에 불리하게 작용하므로, 가속차로의 길이를 표준길이 이상 확보해야 하고, 가속 차로의 길이가 충분히 확보되어 있어도 대형 자동차는 충분히 가속되지 않은 상태로 본선으로 유입하므로 사고를 일으키는 일이 있다.

이와 같은 안전성을 고려하여, 인터체인지를 설치하는 본선구간의 최대종단경사는 일반적인 본선의 경우보다 0.5~1.0% 낮추어 규정한다. 그리고 지형지물 상황 등의 부득이한 경우에 한하여 표준 값에 1.0%를 더한 특례 값을 인정한다. 단, 이 경우에도 설계속도 120km/h의 구간만은 2.0%로 억제하고 특례를 인정하지 않는다.

④ 기타

인터체인지의 계획 설계에서 본 조항에 규정한 평면선형과 종단선형 요소의 기준치를 당연히 준수해야 한다. 그러나 본선의 선형이 이들 조건을 충분히 만족하고 있더라도 인터체인지가 절토구간이나 육교 직후에 설치되어 유출 연결로가 가려져 있는 경우에는 이곳이 사고 많은 지점이 될 수 있으므로 운전자의 시선을 방해하지 않도록 한다. 유출 연결로 접속단 직전의 작은 볼록(凸)형 종단곡선, 교량, 난간 등도 연결로를 가릴 수 있으므로 주의를 기울어야 한다. 이와 같은 문제가 있는 곳은 계획 단계에서 투시도를 활용하여 선형을 총괄적으로 판단한다.

(4) 지형 및 사회 환경

넓은 면적을 필요로 하는 입체교차 시설은 지형 조건에 따라 공사비에 큰 차이가 나므로 가급적 험준한 지형 또는 연약 지대 등을 피하고 될 수 있는 한 철도, 하천 등으로 인하여 장대 구조물이 필요하게 되지 않도록 위치를 선정해야 한다. 경우에 따라서는 입체교차 시설을 설치하기 쉽도록 본선의 노선이나 선형을 변경할 수도 있다.

입체교차 시설 설치구간 안에 매장 문화재와 같은 지장물이 있어서 용지취득이 어려운 경우에는 기존 자료를 미리 조사하여 관련 기관과의 합의를 거치는 등 그 조치에 만전을 기해야 한다. 또 학교 주변, 주택 지역 등을 피하는 것은 물론이고, 장래 계획도 검토하여 소음과 배기가스 등의 공해 문제에도 특히 유의할 필요가 있다.

5.3 인터체인지의 형식

5.3.1 개요

입체교차의 계획, 설계시에는 교차 접속하는 도로의 종류와 설계속도, 교통량 등의 기본적인 조건 외에 부근의 지형, 건물의 상황, 토지이용현황과 장래계획, 교통안전, 입체교차의 건설비와 편익 등의 조건과 유료 도로로서의 관리와 운용상의 조건들을 총괄적으로 검토하여 기술적, 경제적으로 가장 적절한 형식을 선정한다. 또, 인터체인지는 일반적으로 유료도로에 설치되는 경우가 많으므로 유료도로로서의 인터체인지 형식 선정에 있어서는 당해 도로의 요금징수 체계도 함께 고려하여 검토해야 한다.

유료도로의 요금징수 방식으로서는 다음과 같은 종류를 생각할 수 있다.

1. 전 노선 균일 요금제
2. 구간별 균일 요금제
3. 인터체인지 구간별 요금제

1과 2는 일반 유료도로에서 채용되어 온 방식으로서, 전자는 비교적 연장이 짧고 출입제한이 없는 일반도로에서 사용되고, 후자는 전자보다는 도로 연장이 길고 출입제한이 된 도로이지만, 도중의 인터체인지에서는 요금을 징수하지 않고 유료 단위구간마다. 본선 상 또는 인터체인지 내에서 요금징수를 하는 방식이다. 3은 장거리의 고속도로에서 일반적으로 채택되는 방식으로서 요금징수는 원칙적으로 인터체인지 내에서 하는 방식이다. 그러므로 1, 2방식의 유료도로에서 인터체인지 형식은 유료도로의 형식을 일단 생각하지 않아도 된다. 3의 방식을 채용하는 경우에는 인터체인지에서 요금징수 시설, 경우에 따라서는 관리사무소가 병설되므로 일반적인 조건 이외에도 교통관리상의 편의성, 유지관리에 필요한 비용의 경제성 등에 대해서도 충분히 검토하여 형식을 선정하지 않으면 안된다.

5.3.2 인터체인지의 구성

1 일반사항

인터체인지는 교차하는 두 도로의 본선 부분과 두 본선 차도를 연결하는 연결로가 주 구성요소이며, 부수적으로 집산로, 영업소, 주차장 등의 요소가 있다.

인터체인지의 구성은 〈표 5.9〉과 같이 구분할 수 있다. 인터체인지는 선 구성으로 뼈대가 이루어지며, 면 구성으로 살이 붙여진다고 볼 수 있다. 일반적인 선 구성은 인터체인지의 계획단계에서 이루어지고 면 구성은 설계단계에서 이루어진다.

〈표 5.9〉 인터체인지의 구성

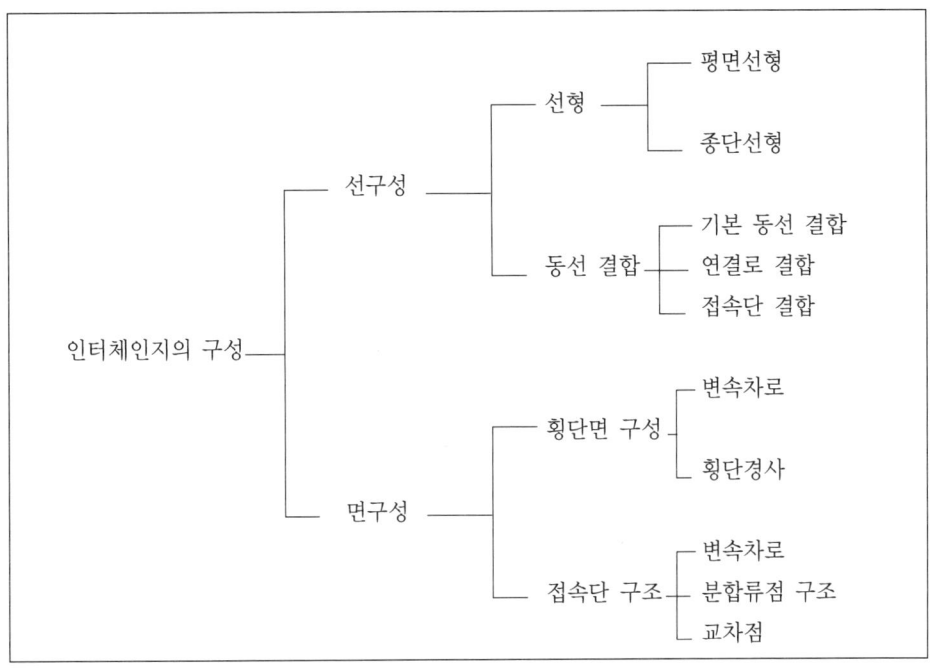

2 동선 결합

인터체인지의 종류마다 형식을 규정하고, 교통 운용상의 차이를 초래하는 기본적인 요소는 동선 결합이며, 이것은 교차 접속부에서 요구되는 교통 동선의 3차원적 결합관계에 있다. 이 동선 결합은 앞에서 본 것과 같이 기본 동선 결합, 연결로 결합, 접속단결합으로 구분된다.

1) 기본동선 결합

기본동선 결합은 두 개의 교통류의 상호 결합 관계를 나타내며, ① 분류(diverging), ② 합류(merging), ③ 엇갈림(weaving), ④ 교차(crossing) 등 네 가지 기본관계가 있다. 이것을 인터체인지의 교통 운용상의 특성을 나타내기 위해, 본선(주동선(主動線))과 연결로(부동선(副動線))의 상호관계에 따라 분류하면 (그림 5.8)과 같다.

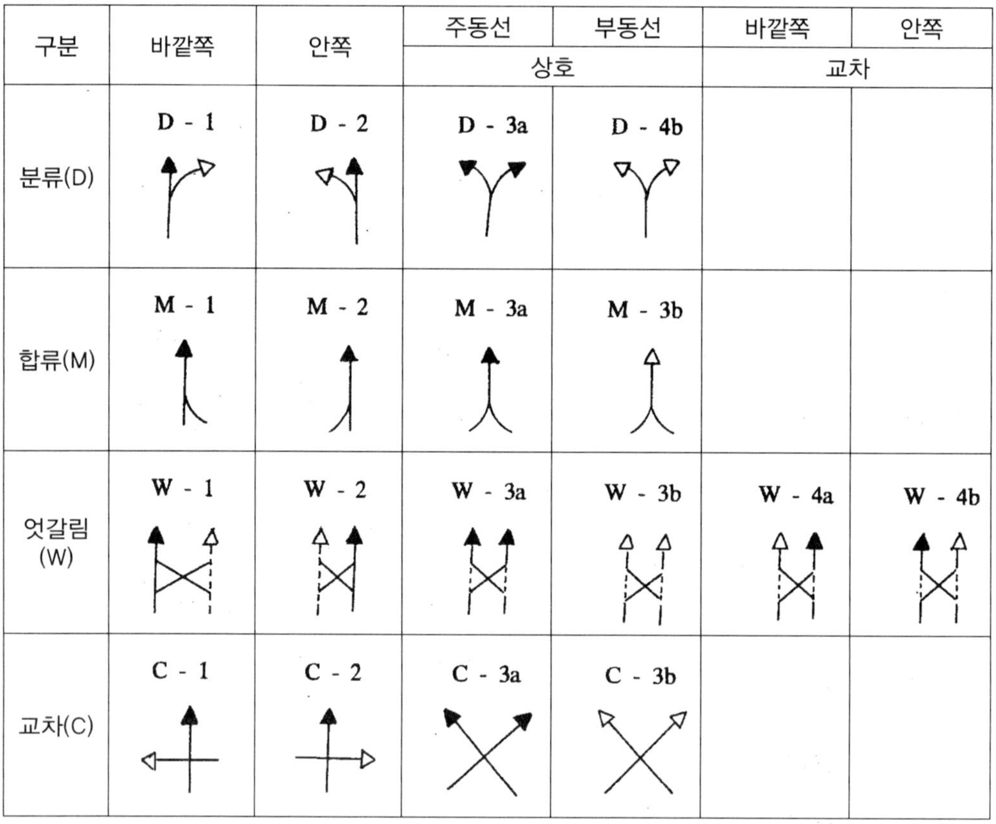

구분	바깥쪽	안쪽	주동선	부동선	바깥쪽	안쪽
			상호		교차	
분류(D)	D-1	D-2	D-3a	D-4b		
합류(M)	M-1	M-2	M-3a	M-3b		
엇갈림(W)	W-1	W-2	W-3a	W-3b	W-4a	W-4b
교차(C)	C-1	C-2	C-3a	C-3b		

〈그림 5.8〉 기본 동선 결합의 분류

〈그림 5.8〉의 호칭은 가로 난과 세로 난을 조합하여 붙일 수 있다. 예를 들면, D-3a는 주동선 상호분류라 하며, M-3b는 부동선 상호합류라고 부른다.

이들의 분류관계를 보면, 일반적으로 바깥쪽, 안쪽, 상호의 3종류로 되나, 엇갈림에 대해서는 교차 엇갈림이라는 네 번째의 분류항목이 있다. 이것은 엇갈림이라고 하는 현상이 두 개의 동선 결합관계뿐만 아니라, 그 양측의 교통 모두와 관계가 있기 때문이다. 이들 기본동선 결합은 연결로의 배치방법에 의해 각종 조합이 생긴다.

2) 연결로 결합

연결로(RAMP)란 자동차가 진행 경로를 바꾸어 좌회전 또는 우회전을 할 수 있도록 본선과 따로 분리하여 설치하는 도로로서, 본선과 본선 또는 본선과 접속도로간을 이어주는 도로구간을 일컫는다.

연결로 결합은 교차하는 두 개의 주동선 사이의 동선 결합관계를 나타내는 것으로, 하나의 연결로에 의해 맺어져서 그 양 끝에 두 개의 기본동선 결합을 가지고 있다.

연결로의 기본형에는 좌회전 동선에 대응하는 좌회전(左) 연결로와 우회전 동선에 대응하는 우회전(右) 연결로가 있다. 우회전 연결로로는 외측분류(外側分流), 외측합류(外側合流)의 이른바 외측 직결로(outer connection)이외는 거의 사용되지 않는다.

좌회전 연결로로는 5가지의 형식이 있으며, (그림 5.9)과 같다. 분류측만 살펴보면, 직결 연결로(direct ramp), 준직결 연결로(semi-direct ramp) 및 루프(Loop)의 세 가지가 있지만 합류측에도 좌우의 구별이 있으므로 직결 연결로와 준직결 연결로에 각각 두 가지가 있어서 총 5종류가 된다. 본선에서 분류부나 합류부가 좌측 분합류라면 직결 연결로, 우측 분합류라면 준직결 연결로라 부르는 것이 통례이다.

우회전연결로	좌회전연결로				
우직결연결로	준직결연결로		직결연결로		루프
	SS	SD	DD	DS	L

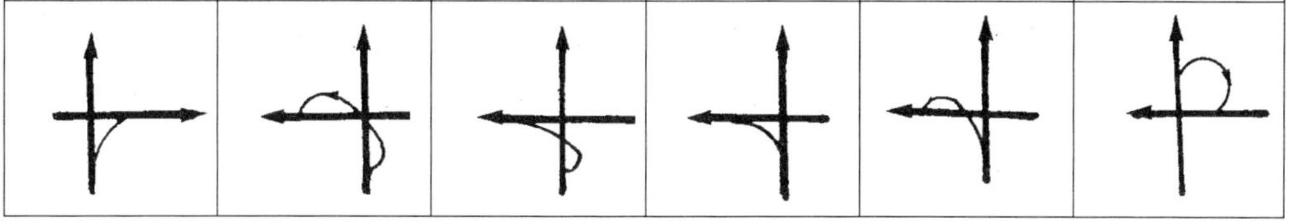

(그림 5.9) 연결로 결합의 분류

인터체인지의 형식은 좌회전 동선에 이 다섯 종류 중 어느 것을 조합시키는가로 결정된다. 이들 연결로 결합은 각각의 구조 및 운용상의 특성 외에 양끝을 연결하는 사이의 선형을 매체로 하여 주행속도와 안전성에 영향을 미침으로써, 주행거리의 길고 짧음에 의해 교통경제면에 차이를 발생시킨다. 이들 형식의 특징을 정리해 보면 (그림 5.10)과 같다.

연결로는 조합 방법과 교차 각도 등에 따라 선형 특성이 생긴다. 기본적인 네 갈래 입체교차를 예를 들면 다음과 같다. 다섯 가지의 기본 연결로 형식에 대하여 (그림 5.9)처럼 같은 형식을 대향 사분면(四分面)에 점내칭이 되도록 배치하면, 기본 연결로 형식마다 각각 두 종류의 조합이 생긴다.

하나는 안쪽에서 회전하는 형식(안쪽 회전)으로서, 이것은 서로 마주보는 연결로 또는 연결로를 이용하는 교통동선이 교차하지 않는 형식이다. 다른 하나는 밖에서 회전하는 형식(바깥쪽 회전)으로서, 대향하는 두 연결로 또는 교통동선이 교차하는 것을 말한다. 루프 연결로는 교통동선이 서로 교차하므로 바깥쪽 회전형식에 속한다. 따라서 네 갈래 교차에서 연결로 조합방법은 9종류로 나눌 수 있다.

연결로 형식		진행방식	특징
우회전	우직결 연결로	본선 차도의 우측에서 분류한 후 약 90° 우회전하여 교차도로 우측에 합류	 우회전 연결로의 기본형식으로서, 이 기본형식 이외의 변형은 거의 사용되지 않음
좌회전	준직결 연결로	본선 차도의 우측에서 분류한 후 완만하게 좌측으로 방향을 전환하여 좌회전함	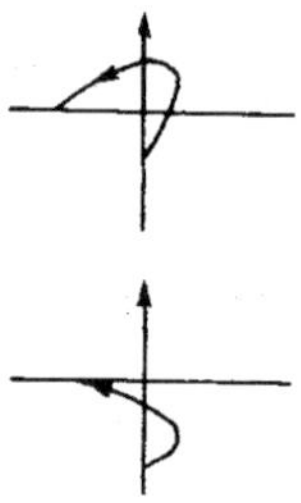 ①주행궤적이 목적 방향과 크게 어긋나지 않아서 비교적 큰 평면선형을 취할 수 있음 ②입체교차 구조물이 필요함 ③우측 유출이 원칙인 고속도로에 주로 사용됨
	좌직결 연결로	본선 차도의 좌측에서 직접 분류하여 좌회전함	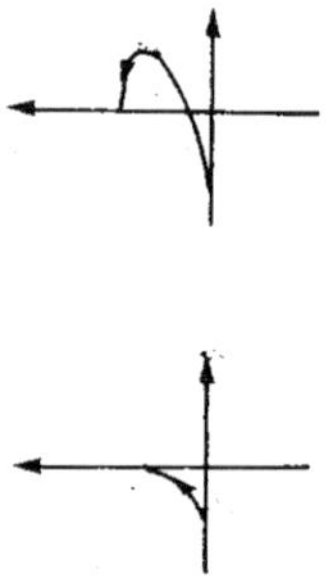 ①고속인 좌측 차로에서 분합류하므로 위험함 ②본선 차도의 좌우에 연결로가 교대로 존재하면, 불필요한 엇갈림이 생김 ③분기점과 같이 대량의 고속교통을 처리하며, 좌회전 교통이 주류인 곳에 적용
	루프 연결로	본선 차도의 우측에서 분류한 후 약 270° 우회전하여 교차도로 우측에 합류. 특별한 경우 분류가 좌측에서 이루어지기도 함	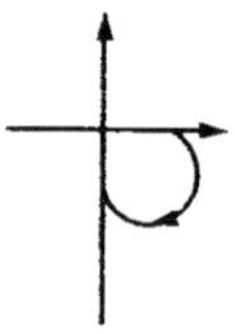 ①새로운 입체교차 구조물을 설치하지 않고 접속이 가능 ②원곡선 반경에 제약이 있으므로 주행시 속도저하 ③원하는 진행방향에 대하여 부자연스러운 주행궤적을 그리므로 운전자가 혼돈할 우려가 있음 ④교통용량이 적으므로 이용 교통량이 적은 곳에 적합한 형식

※주 : 1) 세 갈래 교차의 경우, 합류 또는 분류부의 위치가 좌측이면 준직결 연결로, 우측이면 직결연결로 라고 한다.
    2) 좌회전 연결로의 경우 S는 진행방향의 우측에 분합류부가 있고, D는 진행방향의 좌측에 분합류부가 있다는 것을 뜻한다.

〈그림 5.10〉 연결로의 형식과 특징

형식구분		안쪽회전	바깥쪽 회전
준직결연결로	SS	2SS(안) 	2SS(밖) 
	SD	2SD(안) 	2SD(밖) 
좌직결연결로	DS	2DS(안) 	2DS(밖) 
	DD	2DD(안) 	2DD(밖) 
루프	L		2L 

(그림 5.11) 좌회전 연결로 결합의 분류와 조합

3) 접속단 결합

(1) 개요

인터체인지에서 하나의 주동선에서 보면, 기본 동선 결합들이 조합되어 연결되어 있음을 알 수 있다. 기본 동선들의 결합은 사용되는 연결로 형식과 배치방식에 의해 여러 가지 조합이 생길 수 있으며, 이 때 두 접속단의 상호관계를 표현하는 것을 접속단결합이라고 부른다.

접속단은 분류(Diverge)와 합류(Merge)의 조합이므로, ⓐ 연속 분류(DD), ⓑ 연속 합류(MM), ⓒ 합분류(MD), ⓓ 분합류(DM) 등의 네 가지 조합이 있다.

우회전의 경우, 합류는 모두 오른쪽에서 하고, 좌회전의 경우, 좌우 모두 합류할 수 있도록 하면 16가지 조합으로 분류된다. 이들 결합 관계는 각각 교통 운용상 서로 다른 특징을 가지고 있다.

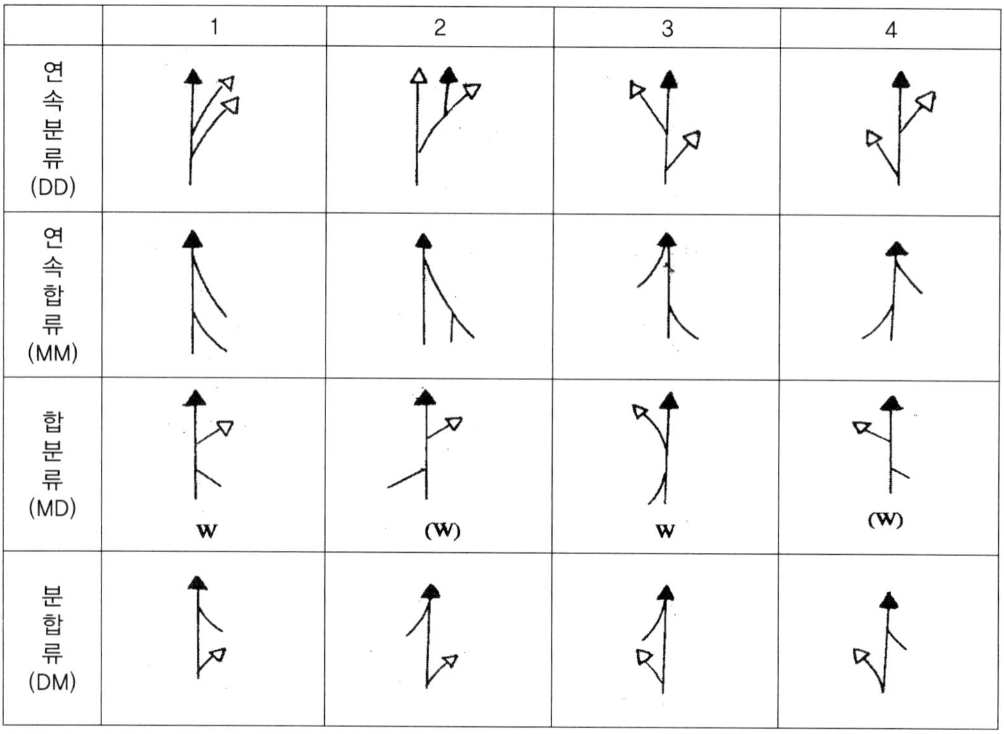

	1	2	3	4
연속분류 (DD)				
연속합류 (MM)				
합분류 (MD)	W	(W)	W	(W)
분합류 (DM)				

※ 주 : W는 엇갈림을 의미, (W)는 엇갈림이 생길 수 있음을 의미

〈그림 5.12〉 접속단 결합의 분류

(2) 연속 분류(DD)

우선 연속 분류는 인터체인지의 출구 배치방식에 달려 있다. 네 갈래 교차인 인터체인지에서는 어떤 방향의 본선 차도에서 교차도로의 좌우 방향으로 회전하기 위해 두 개의 분류 동선이 필요하고, 배치방식에는 네 가지 방식이 있다.

일반적으로 인터체인지에서 두 개의 출구가 연속해서 있으면, 고속주행의 본선 상에서 어느 출구로 나가야 하는지의 판단을 짧은 시간에 해야 하기 때문에 운전자는 자주 혼란을 일으켜 갑자기 방향을 바꾸거나 정지하게 된다. 특히, 고속도로 상에서는 사고의 위험성이 높고, 또 통행자를 바르게 유도하는 안내표지의 설치도 어렵다. 또한 좌우 분류방식(DD-3, DD-4)은 필요 없는 차로변경과 큰 마찰이 생기게 된다. 본선 상에서 두 분류단의 거리는 300m 정도가 바람직하다고 하지만, 좌우 분류에서 이 만큼 취하는 것은 연결로 배치의 실정으로 보면 불가능하다. 따라서 좌회전 연결로가 주류가 되는 경우 이외에는 이 방식을 사용하지 않는 것이 바람직하다.

우측 분류 두 곳 방식(DD-1)을 사용하는 형식에는 대표적으로 루프를 사용하는 인터체인지 형식이 있다. 출구가 모두 우측에 있고, 2개소의 분류단 간의 거리도 비교적 충분히 취할 수 있기 때문에 좌우 분류방식보다 약간 우수하다.

우측 분류 한 곳 방식(DD-2)은 속도가 높은 본선상에서 운전자의 결정행위가 한 번으로 끝나고, 다음 결정은 속도가 낮은 연결로 주행시에 하면 되므로 운전자의 판단이 쉽고, 표지도 분명하므로 교통 운영상 가장 바람직하다. 준직결 연결로를 사용할 때는 일반적으로 이 형식을 이용한다.

우측 분류 두 곳 방식(DD-1)도 집산로를 이용하면 쉽게 이 형식으로 바꿀 수 있다.

(3) 연속합류(MM)

본선으로 합류되는 연속합류의 경우, 운전자의 결정행위는 없고, 합류시의 안전성만이 문제가 되기 때문에 출구만큼의 중요성은 없다. 좌측에서의 합류는 사고율이 높다고 되어 있으므로, 우측에서의 합류, 특히 한 곳 합류(MM-2)가 가장 바람직한 것은 분류의 경우와 마찬가지이다.

(4) 분합류(DM)와 합분류(MD)

합류와 분류의 연속성은 분류가 합류보다 앞서는 분합류(DM) 방식이, 합류가 분류보다 앞서는 합분류(MD) 방식보다 우수하다. 합류가 분류의 앞에 서면 엇갈림이 생기는 경우가 많고, 또 합류와 분류 사이의 구간이 교통 용량상의 애로가 되는 수가 많기 때문이다.

(5) 인터체인지의 형식

접속단 결합은 연결로의 배치에 의해 생기기 때문에, 인터체인지 형식의 우열을 따져 볼 때 이 결합 관계의 좋고 나쁨이 비교의 대상이 된다.

이상과 같이 교차 동선의 3차원적 결합관계가 정해지면, 하나의 인터체인지 형식이 결정된다. 각 형식의 기본적 특질은 동선 결합관계에서 생기며, 각각이 지닌 선형 특성도 동선 결합에서 생긴다.

5.3.3 인터체인지의 형식과 적용

1 개요

인터체인지의 형식은 연결로의 조합으로 구성된다. 따라서 그 조합을 논리적, 계통적으로 행하면 모든 형성 가능한 형식을 만들 수 있다. 그러나 단순히 기하학적으로 형성 가능하다는 것은 무의미하고 인터체인지로서의 교통공학적인 기능을 가지고 사회적, 경제적으로 수용할 수 있는 것이어야 한다.

"5.3.4 인터체인지의 형식모음"은 기본적인 형식을 계통적으로 정리, 구성한 것이다. 기초적인 것은 전부 포함되어 있지만 그로부터 파생되는 변형과 실제적으로 적용할 수 없는 무의미한 것은 제외하고 200여개의 가까운 형식이 있다.

이들 수많은 형식 중에서 각각의 환경 조건에 적합한 형식을 선택해야 하며, (그림 5.13)와 같은 요인에 대하여 비교 평가해야 한다.

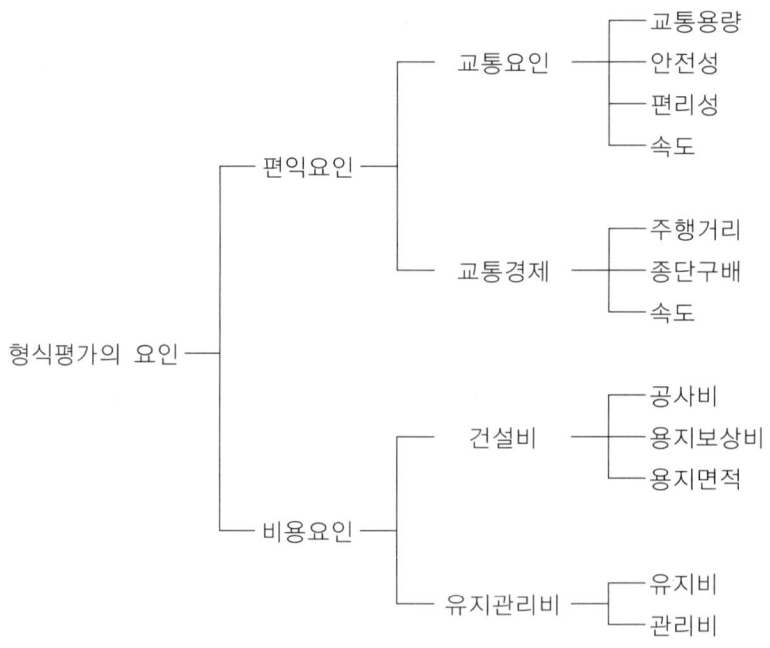

(그림 5.13) 형식평가의 분류

이들 요인에 대한 평가의 비중은 그 인터체인지가 지닌 교통상, 환경상의 특성에 따라서 달라진다. 예를 들면, 규격이 높은 도로와 교차하면 안전성에 비중을 두고 교통운용 측면이 높게 평가되어 완전 입체로 한다거나 접속부에서 안전도가 높은 형식을 선택한다. 규격이 낮은 도로라면 평면교차에서의 엇갈림이 허용된다. 또한 전환 교통량이 많은 경우에는 주행 거리가 짧은 연결로 형식을 선택하는 등 교통 경제적인 측면에 중점을 두어야 한다.

비용 측면에서 보면, 도시 내의 인터체인지는 용지면적이 작은 형식이 전체적으로 건설비가 적게 소요되므로 유리하고, 지방부에서는 용지면적보다 교차 구조물을 적게 건설하여 전체적인 건설비를 줄일 수 있으므로 이러한 형식이 유리하다.

개개의 형식 선정은 이들 요인 중 몇 가지에 대하여 두드러진 특성을 가지고 있는 것은 적용성이 높지만 어느 요인에서도 뛰어난 특성을 가지고 있지 않은 형식은 구성상 가능하다고 해도 적용성이 매우 낮다.

입체교차 시설은 교통동선의 처리방법에 따라 불완전 입체교차, 완전 입체교차, 엇갈림형 입체교차로 구분할 수 있고, 교차 접속하는 도로의 갈래 수에 따라 구분할 수도 있다. 여기에서는 교통동선의 처리 방법에 따라 입체교차의 기본 성격과 특성, 적용성을 설명하고, 부수적으로 갈래 수에 따라 세분하여 설명하기로 한다.

2 불완전 입체교차형

불완전 입체교차형은 평면 교차하는 교통동선을 1개 이상 포함하는 형식이다. 이 형식은 일반적으로 다양한 변형이 존재하므로, 교통특성이나 지형에 알맞은 형을 얻을 수 있다. 그러나 본선과 연결로의 교통에 정지를 요하며, 교통의 연속성과 안전성이 반드시 발휘될 수 있는 형식은 아니다. 그러나 용지면적이나 건설비가 적게 들고 우회 거리가 짧아지므로 정지에 의한 시간손실의 상당한 부분이 보완되며, 문제가 되는 교통용량도 어느 정도 확보될 수 있으므로 그 특성을 잘 이용하면 효율적으로 운용할 수 있다. 불완전 입체교차 형식 중 실용성이 높은 것은 다이아몬드형, 불완전 클로버형, 트럼펫형(네 갈래 교차) 등이 있다.

1) 다이아몬드형

다이아몬드형은 네 갈래 불완전 입체교차의 대표적인 형식의 하나이다. 이 형식의 장점은 다음과 같다.

1. 가장 단순한 형이기 때문에 필요로 하는 용지가 가장 적다.
2. 횡단구조물이 불필요하므로 다른 형식에 비해 건설비가 적다.
3. 우회 거리가 가장 짧아서 교통 경제상 유리하다.

이러한 장점이 있는 반면, ① 접속도로와의 연결로 접속 부분에서 생기는 평면 교차부에서의 도로 교통용량이 적어지고, ② 영업소를 설치할 경우 영업소가 네 곳에 분산되어 관리비가 많아지며, ③ 연결로의 선형과 길이, 경사 등을 여유 있게 설계하지 않으면 사고가 일어날 가능성이 많다는 단점이 있다.

(그림 5.14(a))는 일반적인 다이아몬드형이지만 접속도로상에서는 비교적 근접해서 좌회전을 수반하는 두 개의 평면 교차부를 생기게 하므로, 한 쪽의 교차부에서의 교통지체가 다른 쪽에 영향을 미치기 쉬워서 적절한 신호처리를 통해서만이 교통용량을 증대시킬 수 있다.

(그림 5.14(b))는 분리 다이아몬드형이며, 통과도로와 직각으로 교차되는 두 개의 도로로 분리하여 접속시키는 방식이다.

(그림 5.14(c))는 접속도로의 통행방식을 일방통행으로 처리한 것이다. 이 형식은 좌회전 교통이 제거되므로 교통안전과 교통용량 측면에서 바람직한 형식이다.

일반적인 다이아몬드형에서는 접속도로를 일방통행으로 처리하는 것이 곤란하지만 분리형에서는 당초의 접속도로가 양방향 통행도로라고 하더라도 장래 일방향 통행로로 통행방식을 바꿔서 용량을 증대시킬 수 있는 여력을 가지고 있다는 것이 장점이다.

다이아몬드형에서는 근접한 두 곳에 십자로가 있으므로 진입을 잘못할 가능성이 커서 적절한 유도표지를 설치하는 것이 요구되며, 이와 같은 위험을 없애기 위하여 평면교차부에서 교통섬을 설치하여 도류화 하는 것이 바람직하다.

다이아몬드 형식을 변형하여, 영업소를 두 개로 줄여서 관리비의 절감을 도모하는 경우가 (그림 5.15)에 제시되어 있다. 이 형식은 횡단 구조물이 두 개 많아지지만, 고가구간 등에서는 새로운 횡단 구조물을 추가하지 않아도 간단하게 적용할 수 있다. 또 영업소 전체를 본선의 고가 밑으로 설치함으로써 용지비를 절감하는 것도 가능하다.

다이아몬드형 입체교차는 영업소가 별개로 분산되어 관리상 불합리하더라도 도시 내 및 도시 근교와 같이 용지비가 고가인 곳에서는 관리비 증가분을 충분히 보상할 수 있는 경우도 있으므로 건설비, 관리비의 경제성을 종합적으로 검토하여 적용을 결정해야 한다.

(그림 5.16)는 3지 교차 다이아몬드형이다. 이 형식의 특성은 입체 교차 구조물이 1개소로 되고, 용지 면적도 상당히 감소되므로 건설비도 적게 들지만, 연결로 상호의 평면교차가 있으므로 이용 교통량이 적고, 안전성이 충분히 확보되는 경우에 한하여 적용해야 되는 형식이다.

교차부분의 식별, 연결로의 가감속 관계 및 교차 구조물의 공사비 측면에서도 연결로가 본선의 위로 통과하는 형식이 바람직하다. 또, 이 평면교차 부분을 영업소 부근으로 이동시킨 (그림 5.16(b))의 형식도 생각할 수 있다. 이 경우에는 연결로가 본선 위로 통과할 필요가 없다.

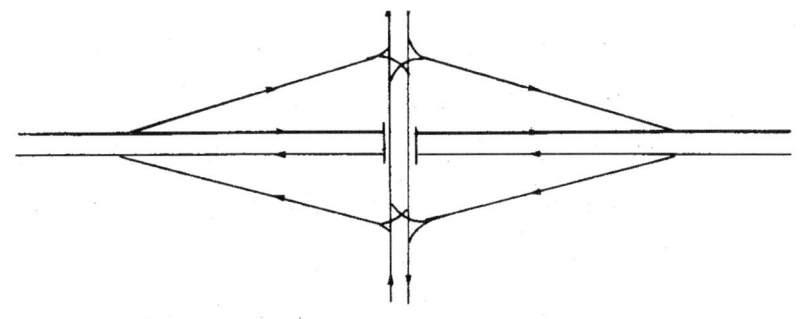

(a) 보통형

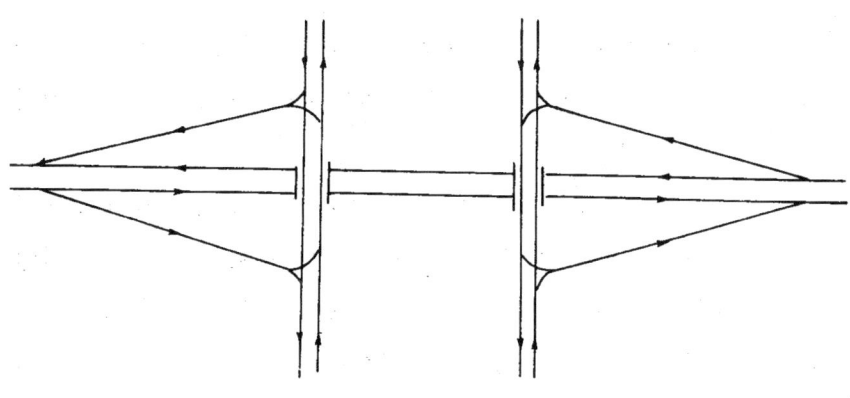

(b) 분리형(양방통행)

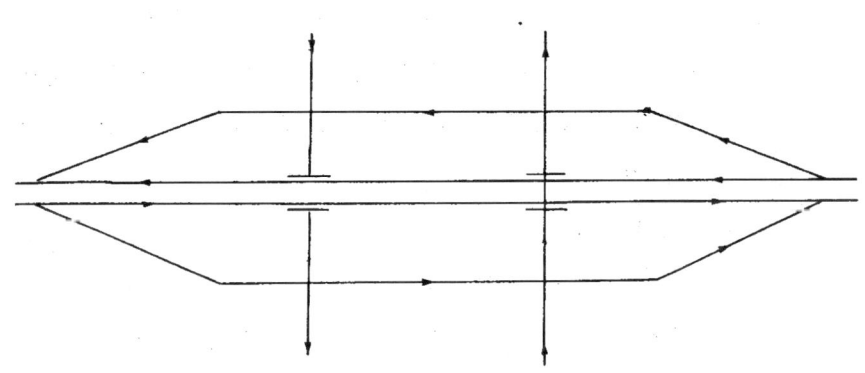

(c) 분리형(일방통행)

(그림 5.14) 다이아몬드형 입체교차

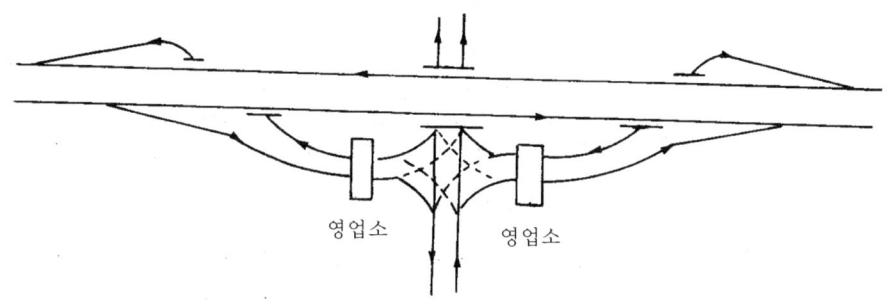

(그림 5.15) 변형 다이아몬드형 입체교차

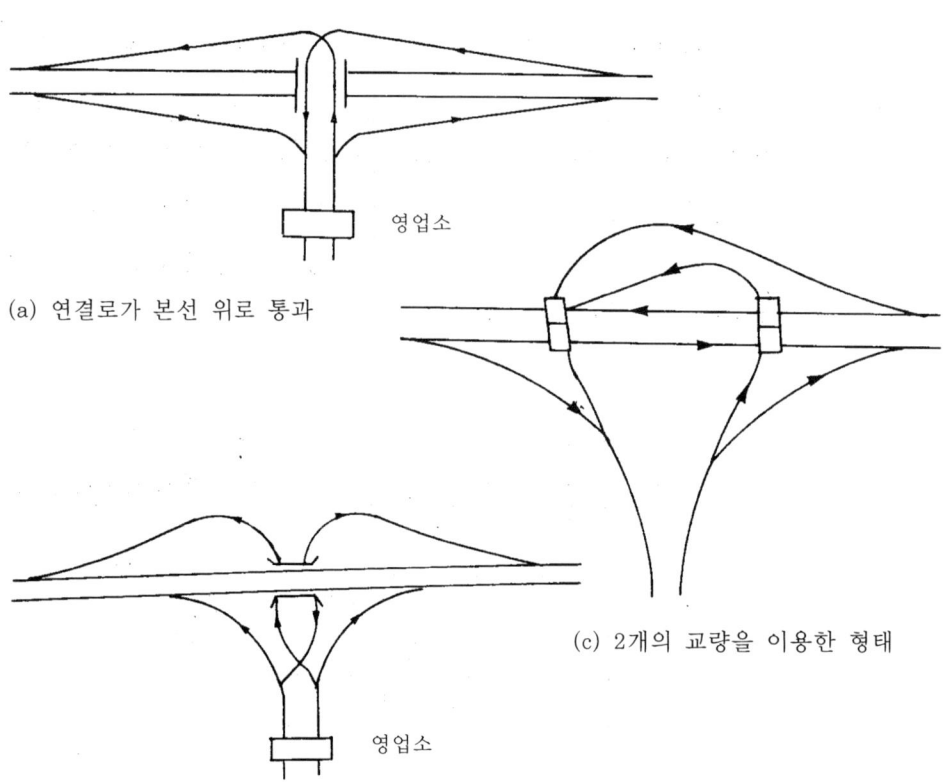

(a) 연결로가 본선 위로 통과

(c) 2개의 교량을 이용한 형태

(b) 연결로가 본선 아래로 통과

(그림 5.16) 세 갈래 교차 다이아몬드형 입체교차

2) 불완전 클로버형

(1) 형식

불완전 클로버형은 네 갈래 교차에서는 가끔 사용되는 형식이며, 다이아몬드형보다 건설비는 많이 들지만 그 특징을 살리면 교통 용량 측면에서는 더 유리한 형식이다.

불완전 클로버형은 연결로의 배치방식에서 볼 때, 기본적으로 세 가지 형식이 있다. (그림 5.17) 동서 방향을 통과도로(상급도로 혹은 주요도로), 남북방향은 이에 교차 접속하는 도로라 하면, A형은 대각선 배치로서 통과도로에서의 유출입구가 양방향 모두 교차도로의 바로 전방에 있다. B는 같은 대각선 배치로서 유출입구가 교차 도로 후방에 있는 형식이다. AB형은 통과도로에서 볼 때 좌우대칭의 형을 이루고 있으며, 교차도로의 한 쪽에 연결로가 있다. 일반적으로 어느 쪽이든 한 쪽 방향의 교통이 많을 때는 그 방향을 연결하는 사분면과 대각선상의 사분면에 배치하는 것이 평면 교차부에서 다른 교통류의 동선을 횡단하지 않고 많은 교통량을 처리할 수 있다.

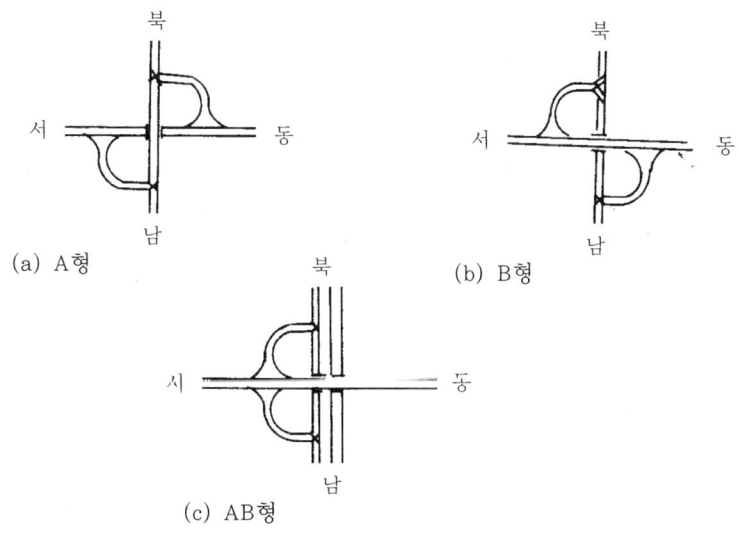

(그림 5.17) 우회전 연결로가 일부 없는 불완전 클로버형

A형과 B형 모두 평면 교차부를 적게 하기 위해서 우회전 연결로를 부가하여 네 사분면을 모두 사용하는 형식이 있다. (그림 5.18)

A형은 북서간 도는 남동간의 교통량이 많고, 교차 도로의 교통량이 그리 많지 않은 곳에 적합한 형식이다. 교차 도로의 교통량이 많을 때에는 직결로를 설치해야 한다.

B형은 북동간 또는 서남간의 교통량이 많은 곳에 적합한 형식이다. 직결로가 있는 경우 A형은 교차 도로에서의 좌회전이 없어지지만 B형에서는 이러한 점이 개선되지 않으므로 특별한 장점은 없다.

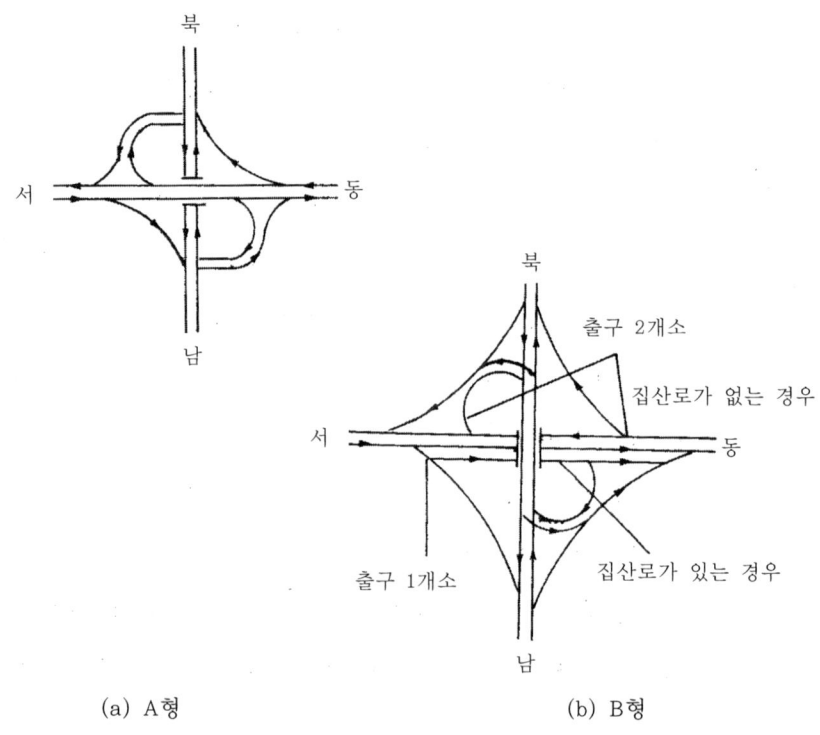

(a) A형   (b) B형

(그림 5.18) 우회전 연결로가 있는 불완전 클로버형 입체교차

(2) 다이아몬드형과의 비교

다이아몬드형과 불완전 클로버형을 비교하면, 불완전 클로버형은 우회거리의 증가에 따른 주행비용 손실이 양 형식간의 용지비 및 공사비의 차에 가산되므로 일반적으로 불리하다. 그러나 불완전 클로버형에는 연결로의 적절한 배치에 따라 교차 도로상에서의 좌회전 동선을 우회전으로 변환시킬 수 있어 평면 교차점의 용량을 증가시키는 이점이 있다. 또 불완전 클로버형은 완전 클로버형으로 개량하기 쉬우므로 장래 완전 입체교차형으로 개량할 필요가 있을 때 또는 클로버형 입체교차의 단계 건설로서의 적용성이 있다.

또, 연결로를 위한 횡단 구조물은 다이아몬드형에서와 같이 필요하지는 않으나 용지 면적이 다이아몬드형 보다 넓으므로 건설비는 비교적 많이 소요되는 반면, 교통용량 측면에서는 다이아몬드형 보다 유리하다. 따라서 방향별 교통량이 명확하게 분리되어 있는 경우에는 적용성이 높다. 이 형식의 또 다른 이점은 버스 정류장 및 주차장을 장래 입체교차로 개축하는 것과 같은 경우에 용이하며, (그림 5.19)와 같이 단계적으로 입체교차를 설치하는 것이 가능하다는 것이다.

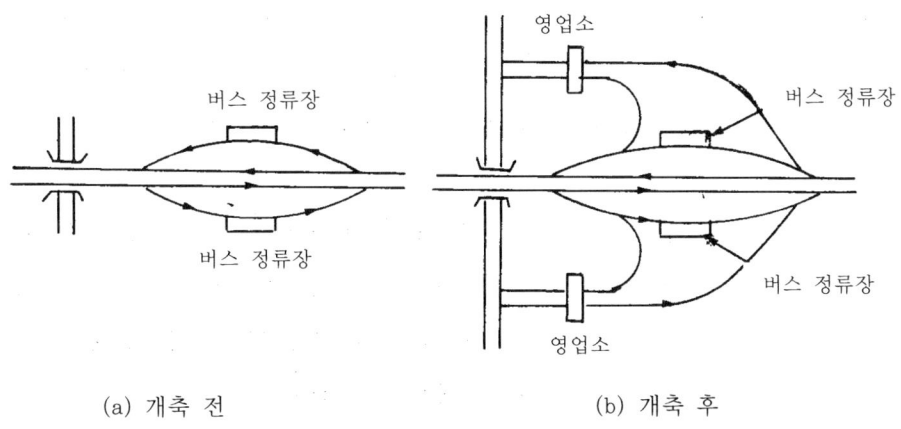

(그림 5.19) 버스 정류장에서 입체교차로 이행하는 경우

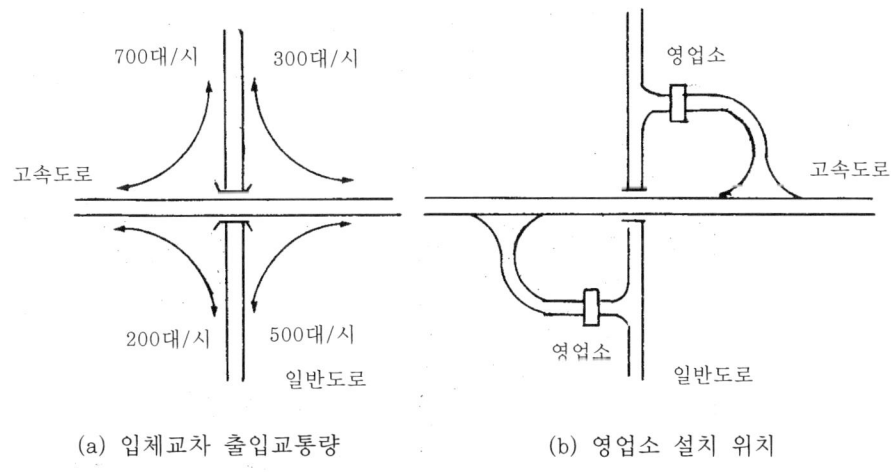

(그림 5.20) 영업소를 설치하는 사분면 결정

(3) 영업소의 설치

영업소를 불완전 클로버형에 설치하는 경우, 연결로를 설치하는 사분면을 교통량과 지형지물 조건을 고려하여 결정해야 한다. 예를 들어, (그림 5.20(a))와 같은 교통의 동선이 얻어졌다면, 영업소를 설치하는 곳은 (그림 5.20(b))와 같이 하면 교통의 흐름으로 보아 가장 적합하다. 이 형식은 영업소가 두 곳으로 분리되므로 관리비 측면에서 바람직하지 않다.

3) 트럼펫형(네 갈래 교차)

(그림 5.21)는 트럼펫형을 네 갈래 교차에 적용한 경우를 보여주고 있다. (그림 5.21(a))의 트럼펫형은 고규격 도로가 저규격 도로와 교차할 때, 고규격 도로에서는 완전 입체의 세 갈래 교차형식을 취하고 저규격 도로에서는 평면교차로 처리한 것을 나타내고 있다.

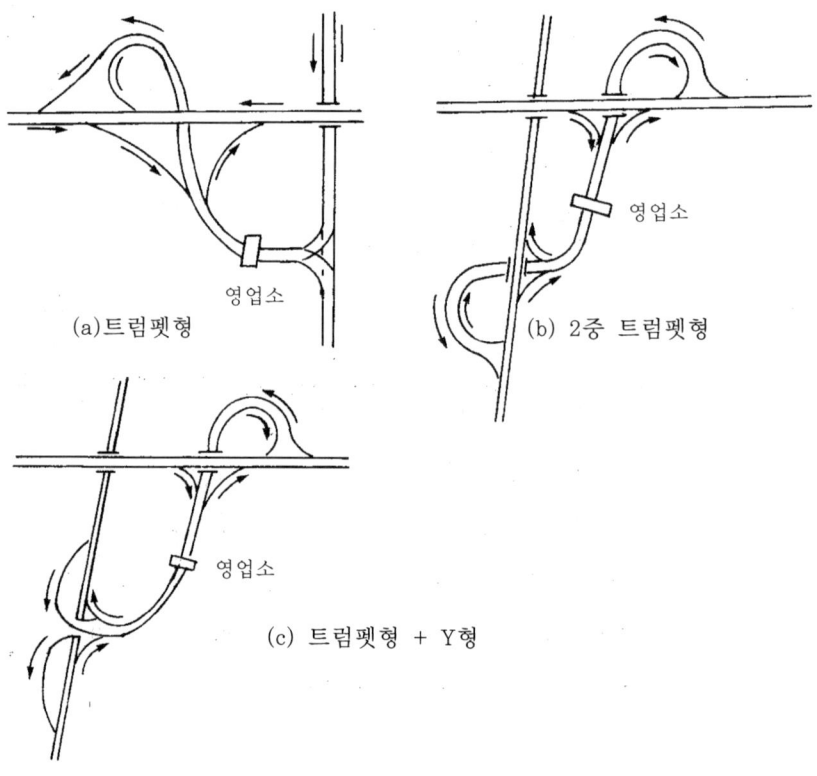

(그림 5.21) 트럼펫형 입체교차(네 갈래 교차)

이 형식은 루프 연결로의 속도저하로 교통용량이 감소하므로, 루프 연결로를 이용하는 교통량이 적을 경우에 적합한 형식이며, 폐쇄식 영업체계로 운영되는 유료도로 구간에서 대표적으로 이용되고 있는 형식이다.

(그림 5.21(b))는 접속도로가 교통량이 많은 간선도로일 때 트럼펫형 두 개를 사용한 2중 트럼펫형으로 완전 입체교차 형식으로 만든 경우이며, (그림 5.21(c))는 트럼펫형과 Y형을 이용한 완전 입체교차 형식을 제시하고 있다.

2중 트럼펫형은 접속도로측에서 일부 엇갈림이 생긴다는 점, 우회 거리가 길어진다는 점 등의 결점이 있지만 영업소를 집약시킬 수 있으므로 유료도로의 경우에 자주 사용된다. 일반적으로 트럼펫 형식을 출입 교통을 한 곳에 모을 수 있으므로 영업소가 집약되어 관리가 쉬우므로 유료 고속도로의 전형적인 형식으로 되어 있다.

트럼펫형을 사용할 때는 교통 동선을 조사하여 (그림 5.22(a))와 같이 주 교통이 지나는 사분면에 지형, 지물 등의 제약 조건이 없으면 (그림 5.22(b))의 위치에 영업소를 설치한다.

이는 서북방향의 교통량이 700대/h로서 가장 많기 때문에 고속도로 본선에서 영업소까지의 거리를 길게 함으로써 본선 교통에 영향을 줄일 수 있기 때문이다.

4) 준직결+평면 교차형

세 갈래 교차로 본선 상에 일부 평면교차를 허용하는 형식 (그림 5.23)은 도시지역 일반도로의 Y형 교차점이나 우회도로의 분기점 등에 사용된다. 입체화된 준직결 연결로 합류측에 사용하는 형식(합류형이라 칭함)에서는 분류가 자연스럽지만, 주도로에 평면 좌회전이 생기고, 분류측에 준직결 연결로를 사용한 형식(분류형)에서는 부도로에 평면 좌회전이 생긴다. 신설 우회도로 계획 등에서 좌로 분기하는 신설도로를 축조하는 경우는 기존도로를 손대지 않아도 되므로 합류형의 편이 채택되기 쉽지만, 분기하는 편이 주류가 되는 경우에는 안내표지를 설치하더라도 교통의 혼란을 초래하기 쉽고 교통의 지체와 사고의 잠재적 요인이 된다. 이와 같은 경우에는 다소 공사비가 증대하더라도 기존도로를 일부 개량하여(그림 5.24)과 같이 직결 Y형을 채택해야 한다. 연결로의 교통량이 적을 때에는 준직결 연결로를 상호 평면교차로 하는 세갈래 다이아몬드형을 채택할 수도 있다. 이 형식은 출입이 적은 일반도로의 입체교차로 이용해도 좋지만 평면 교차부가 연결로 경사부의 직후에 있어 교통 안전상 위험하므로 이러한 형식을 채택하려면 신중한 검토가 필요하다.

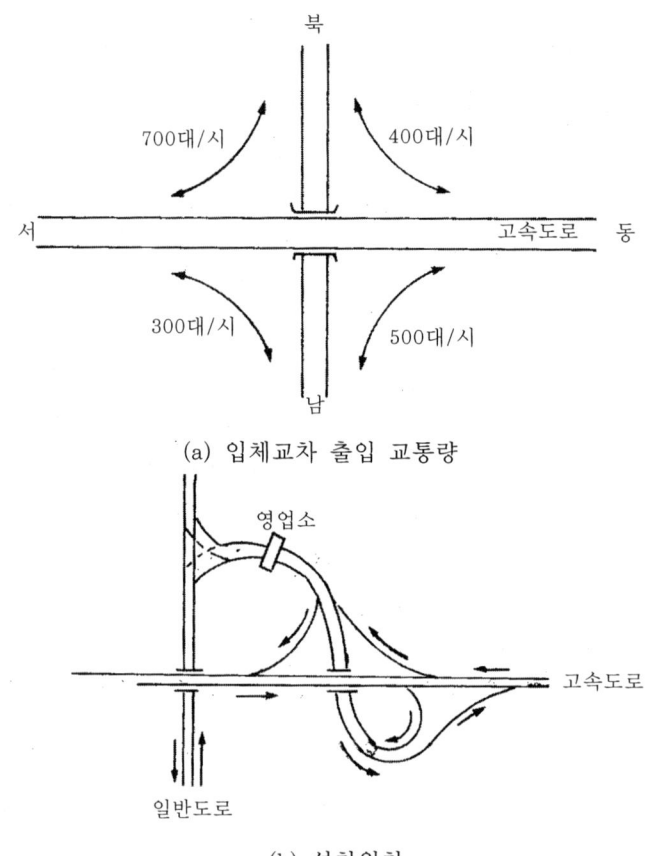

(a) 입체교차 출입 교통량

(b) 설치위치

〈그림 5.22〉 영업소 설치위치의 결정

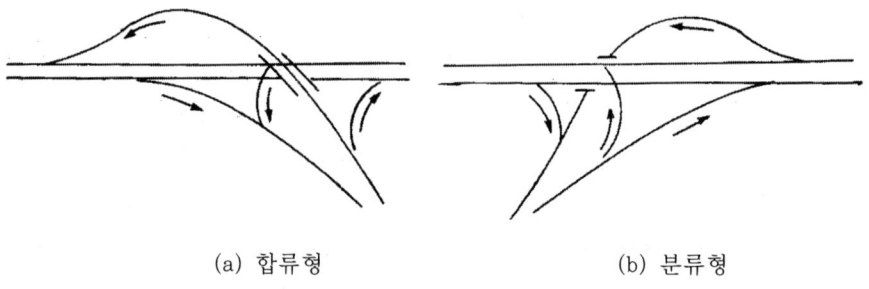

(a) 합류형   (b) 분류형

〈그림 5.23〉 본선상에 평면교차를 허용한 입체교차 방식

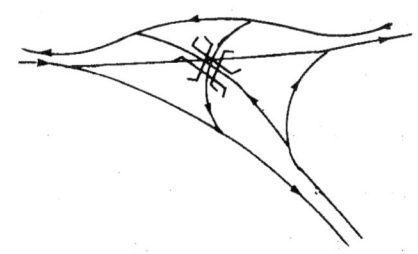

(그림 5.24) 직결 Y형

③ 로터리형

로터리형은 평면 교차는 포함되지 않으나 연결로를 전부 독립으로 하지 않고 두 개 이상으로 차도(통과 차도 또는 연결로)를 부분적으로 겹쳐서 엇갈림을 수반하는 부분을 가진 형식이다.

로터리형 입체교차의 기본형식은 (그림 5.25)과 같다.

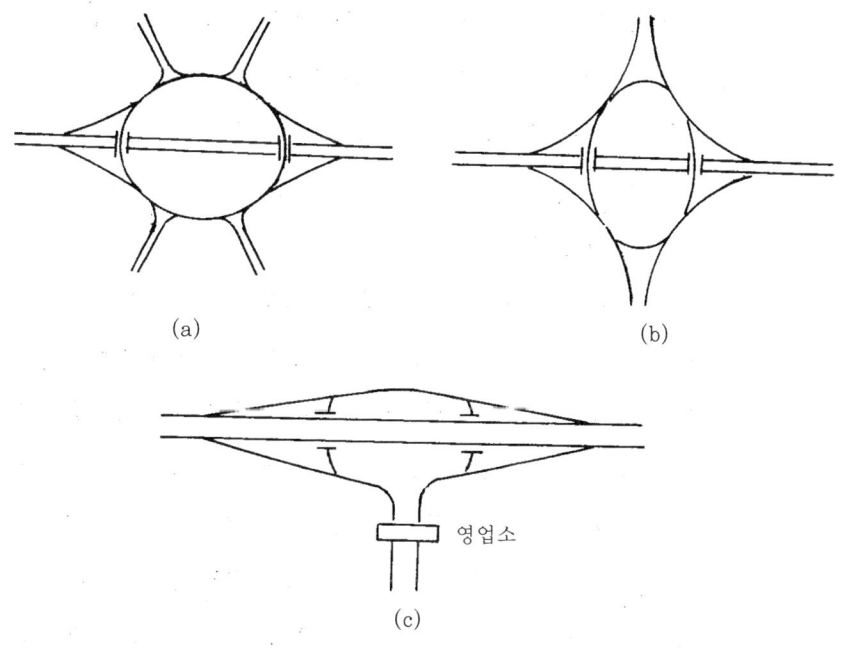

(그림 5.25) 로터리형 입체교차

다섯 갈래 이상의 여러 갈래 교차에서 로터리형으로 입체교차를 만들면 교통동선이 아주 복잡해지므로, 보통 이 형식을 채택하지는 않는다. 다섯 갈래 이상의 교차는 이들 두 개 이상의 교차부로 분리하여, 한 곳에 네 갈래 이상의 접근로가 모이지 않도록 설계한다. 이와 같은 처리를 할 수 없을 때에는 엇갈림을 수반하는 로터리형을 채택하는 것이 실질적이다. 그러나 엇갈림 구간을 길게 잡는 것은 곤란하므로 교통량이 적은 경우가 아니면 채택하지 않도록 한다.

완전 입체교차 형식의 하나인 전형적인 직결 Y형의 직결 좌회전 연결로를 엇갈림으로 변경한 직결 Y형의 변형이 있다.

4 완전 입체교차형

완전 입체교차형은 입체교차의 기본형으로서 입체교차 본연의 목적에 가장 잘 부합된 형식이다. 이 형식은 평면 교차를 포함하지 않고 각 연결로가 독립되어 있는 입체교차이다. 그러므로 일반적으로 공사비가 많이 들고 용지면적도 과다하게 소요되므로 고규격의 자동차 전용도로의 입체교차 시설로 주로 이용된다.

1) 직결형 및 준직결형 완전 입체교차형(세 갈래 교차)

세 갈래 완전 입체교차 형식중 (그림 5.26)와 같이 세 방향의 모든 접속이 직결 연결로로 연결된 형식을 직결 Y형이라 한다.

각 분리 상호간의 거리를 상당하게 확보한 형으로는 (그림 5.26(a))와 같이 차도의 교차는 분산된 세 개의 2층 구조물로 처리된다. 지형과 용지조건 등의 제약 때문에 모양을 작게 하여 통합할 필요가 있는 경우에는 (그림 5.26(b))와 같이 교차를 하나로 통합하여 3층의 입체교차 형식을 채택한다. 이 형식은 어느 것도 직접 좌측에서 분기하기 때문에 왕복차도를 넓게 분리할 필요가 있으며, 용지면적이 과대하게 소요되므로 처음부터 본선과 입체교차를 일체로 하여 계획하고 설계할 필요가 있다.

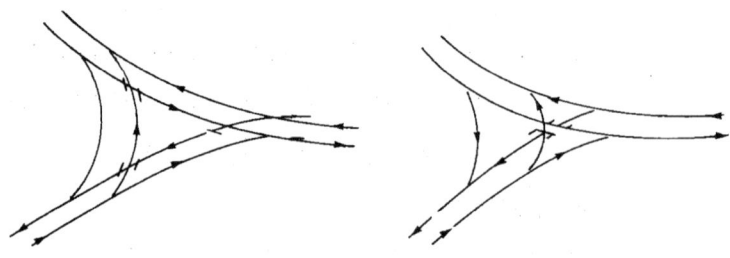

(a) 2층 구조 (b) 3층 구조

(그림 5.26) 직결 Y형 완전 입체교차(세 갈래 교차)

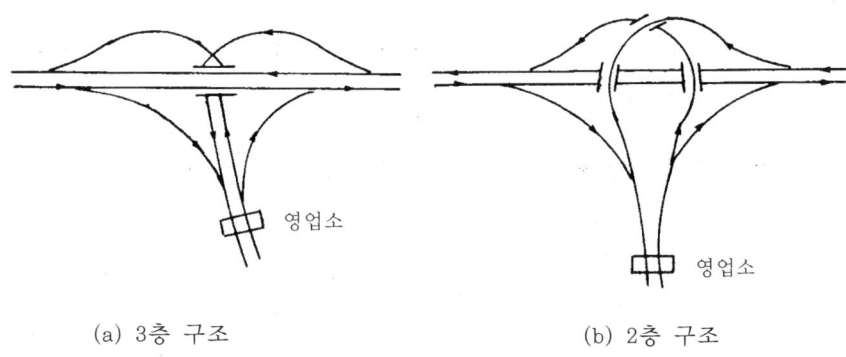

(그림 5.27) 준직결 Y형 완전 입체교차(세 갈래 교차)

준직결 연결로를 사용한 준직결 Y형(그림 5.27)은 주로 고규격의 도로와 일반도로의 입체교차에 사용된다. 이 형식도 선형을 크게 잡을 수 있으면 입체교차 구조물을 구태여 3층으로 하지 않아도 (그림 5.27(b))와 같이 세 개의 2층 구조로 건설할 수도 있다. 이 형식은 분기점에서 한 쪽의 교통량이 상대적으로 많을 경우 사용된다. 이 경우 직결 Y형에 비하여 주행성은 다소 떨어지지만 왕복 차도를 넓게 분리하지 않아도 된다는 이점이 있다. 보통 루프 연결로를 사용하지 않는 직결형, 준직결형에서는 그 형은 평면 선형보다 오히려 종단 선형의 제약, 즉 입체교차를 위한 높이 차에 의해서 좌우되는 경우가 많다.

2) 직결형 완전 입체교차(네 갈래 교차)

고속도로 상호 기타 고급 도로의 십자형 접속에는 클로버형의 변형과 준직결형 및 그 변형이 있으며, 이들은 하나 이상의 직결 또는 준직결 연결로를 가지고 있으므로 직결형이라고 불리지만 좌회전 교통을 목적하는 방향으로 원활한 곡선으로서 처리할 수 있기 때문에 필연적으로 공사비도 증대된다. 그러므로 처리하는 교통량과의 관계에서 경제성을 충분히 검토해야 한다. 직결형에는 여러 가지 형식이 있지만 그 중 비교적 적용성이 높은 몇 가지 예는 (그림 5.28)과 같다.

3) 트럼펫형 완전 입체교차(나팔형, 세 갈래 교차)

트럼펫형은 세 갈래 교차 입체교차의 대표적 형식으로서, 분기점의 경우 루프 연결로로 처리한 교통량이 적을 경우에 적용된다. 그 이유는 루프 연결로에서 50km/h 이상의 높은 설계속도를 적용하는 것이 우리나라의 용지나 지형 조건으로 보아 곤란하기 때문이다. 그러나 루프 연결로를 이용하는 교통량이 적을 것으로 판단되는 경우에는 트럼펫형의 채용이 적절할 때도 있다. 특히, 연결되는 고속도로 상호간에서 교통량과 그 중요도에 차이가 있고, 따라서 어느 쪽을 주도로로 볼 수 있을 경우에는 트럼펫형을 적극적으로 채택해도 된다.

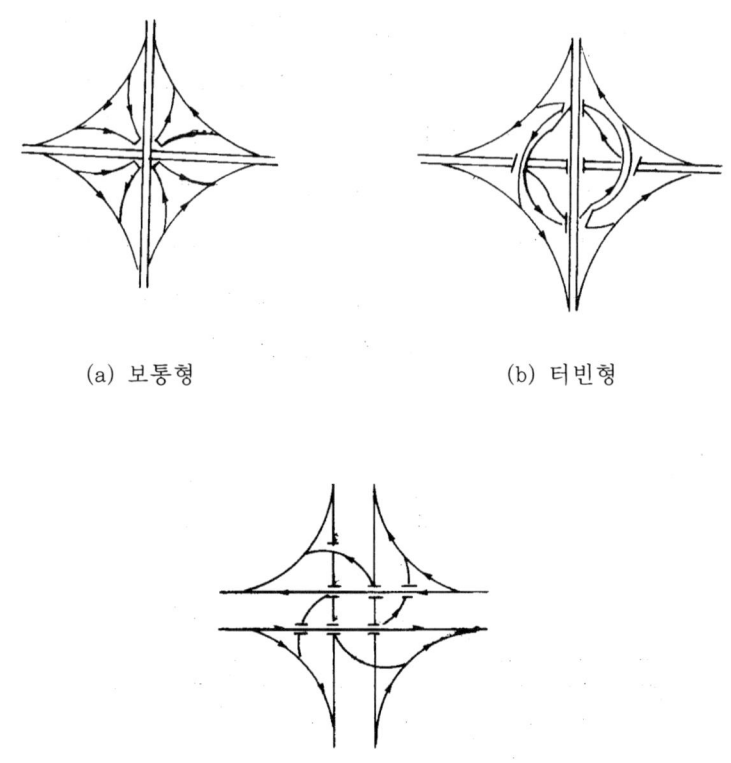

(a) 보통형   (b) 터빈형

(c) 분리 터빈형

〈그림 5.28〉 직결형 입체교차(네 갈래)

특별한 경우로서, 분기점에 영업소가 병설되는 경우 Y형보다는 오히려 트럼펫형을 채택하는 것이 바람직하다. 분기점의 경우에도 영업소가 병설되면 당연히 모든 자동차가 일단 정지해야 하므로, 연결로 설계속도를 지나치게 높게 잡으면 오히려 위험하고, 과대한 설계가 되기 때문이다.

(1) 유입 유출 루프 연결로 사용 형태에 따른 분류

본선이 동서 방향으로 놓여져 있다고 가정할 때 〈그림 5.29(a)〉와 같이 루프를 교차점 전방에 설치하여 본선으로 유입하는 연결로로 사용하는 A형과, 〈그림 5.29(b)〉

와 같이 루프를 교차점을 지나서 설치하여 본선에서 유출하는 연결로로 사용하는 B형이 있다.

분기점에서 트럼펫형을 채용하는 경우, 루프 연결로의 설계속도는 최대 50km/h를 적용하고, 일반적으로 40km/h가 그 한도이다.

A형과 B형의 적용에 있어서는 다음 사항을 고려하여 교통안전과 경제성의 관점에서 종합적으로 판단해야 한다.

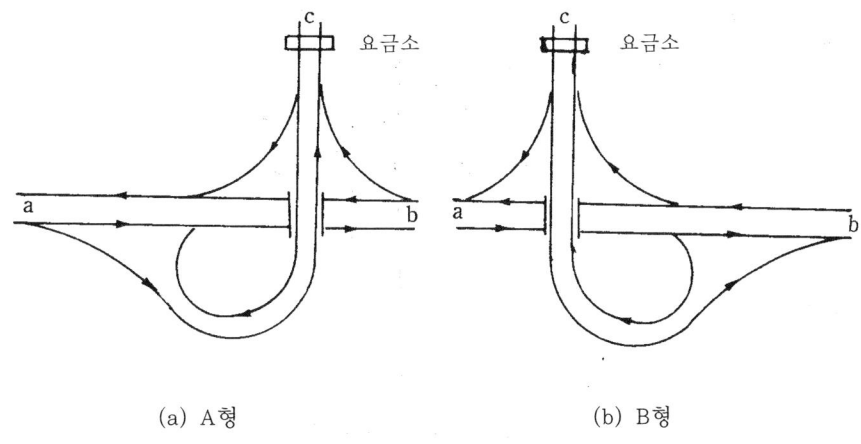

(a) A형 (b) B형

(그림 5.29) 트럼펫형의 루프 연결로 형식

ⓐ 교통량이 적은 쪽의 연결로를 루프 연결로로 한다. 루프는 교통용량이 준직결 및 직결 연결로보다 상당히 적고, 주행거리가 길어지므로, 교통량이 적은 쪽의 연결로 형식으로 루프를 사용하는 것이 교통량 측면에서나 주행비용 측면에서 타당하기 때문이다.

ⓑ 루프 연결로와 준직결 연결로의 교통량에 큰 차이가 없는 경우, 유입 연결로를 루프로 한다(A형). 단 이 경우 준직결 연결로의 고속도로 본선 노즈 부근의 곡선반경은 될 수 있는 대로 크게 하도록 한다. 왜냐하면 교통량에 큰 차이가 없을 때에는 유입 연결로의 형식으로 루프를 사용하는 것이 교통 안전상 유리하기 때문이다.

ⓒ A형을 사용할 경우에는 원칙적으로 본선이 고가차도(overpass)형식으로 연결로 위에 놓이도록 한다. A형의 경우에는 루프형 연결로가 유출 연결로로 되므로 고속도로 측에서 유출하는 고속자동차의 속도조정에 편리하도록 루프 연결로의 반경을 크게 할 필요가 있으며, 또한 본선 상에서 루프 전체가 잘 보이게 설계해야 하기 때문이다. 본선이 연결로의 밑에 놓이고 루프 연결로가 상향경사인 경

우 루프 앞에 있는 교대 뒤로 루프부분이 가려져서 잘 보이지 않는다.
(2) 트럼펫형 완전 입체교차 유형

트럼펫형 완전 입체교차 유형은 (그림 5.30)과 같다.

(그림 5.30)에서 (a)형과 (b)형, (c)형과 (d)형은 교차하는 각에 차이가 있다. 즉, (a)형과 (c)형은 경사져서 교차(skewed crossing)하도록 설계되어 있으나 (b)형과 (d)형은 직각으로 교차하도록 되어 있다. 경사교차인 (a), (c)형은 직각교차인 (b), (d)형에 비하여 다음과 같은 장점이 있다.

그림 (e)에 보이는 입체교차 형식은 모든 좌회전이 루프를 이용해야 하고 또 엇갈림 현상을 유발하므로 좋은 설계방법은 아니다. 장기적으로 완전 클로버형으로 개량할 경우에는 초기단계에서 적용할 수 있는 형식이다.

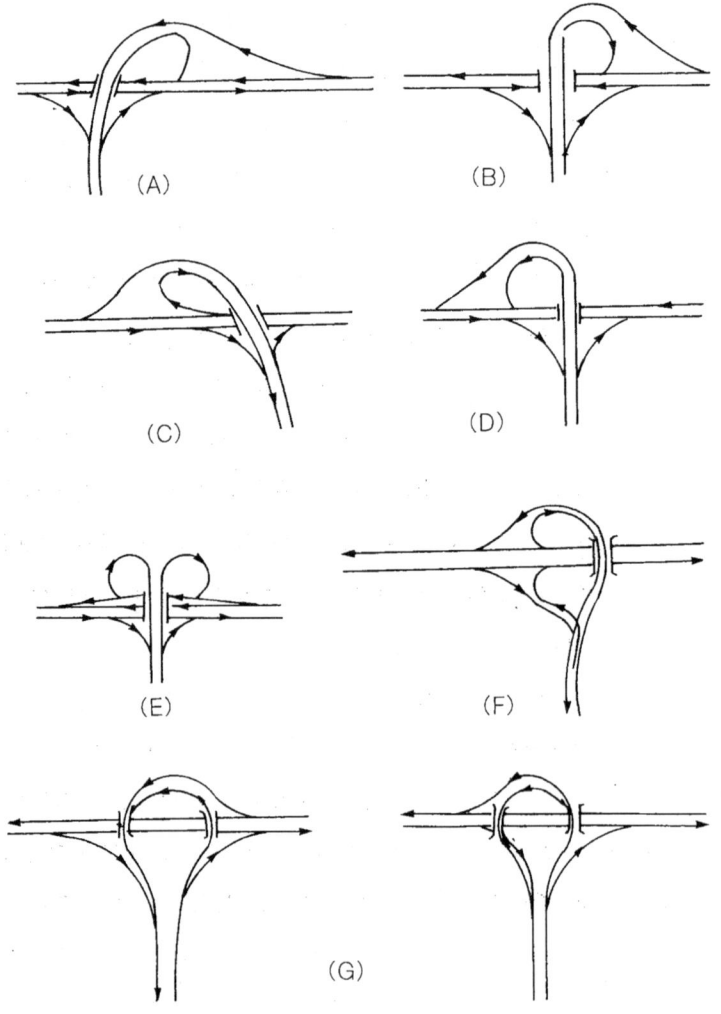

(그림 5.30) 트럼펫형 입체교차 유형 비교

- 좌회전시 보다 완만한 곡선반경을 제공한다.
- 좌회전시 회전각이 작다.
- 주행거리가 짧다.

(3) 완전 클로버형 입체교차

클로버형은 네 갈래 교차로서 평면교차를 포함하지 않는 완전 입체교차형의 기본형으로 기하학적으로 대칭인 아름다운 형을 이루고, 입체 횡단 구조물도 한 개뿐인 입체교차 형식이지만 이 형식의 단점은 다음과 같다.
① 용지가 많이 소요된다.
② 좌회전 자동차가 루프를 사용하여 약 270° 회전해야 하므로 평면 곡선반경을 크게 할 수 없다.
③ 인접한 두 루프 연결로의 유입지점과 유출지점 간에 엇갈림이 생겨 용량상의 애로가 되는 동시에 교통 안전상으로도 좋지 않다. 엇갈림을 본선에서 완화하는 방법으로서는 집산로(集散路)를 설치하는 방법이 있다. (그림 5.31(b))

클로버형은 넓은 용지를 필요로 하기 때문에 도시 지역에서는 그다지 사용하지 않으며, 지방지역 또는 도시 주변부의 고속도로와 주요 간선도로와의 접속에 적합하다. 교차도로가 4차로 이하인 도로에 이 형식을 사용한다는 것은 과다설계라고 할 수 있다. 분기점이나, 고속이고 교통량이 많은 도로의 접속에 집산로가 없는 클로버형을 이용하면 많은 문제가 발생하기 때문에 일반적으로 클로버형의 변형 또는 직결형을 채택한다.

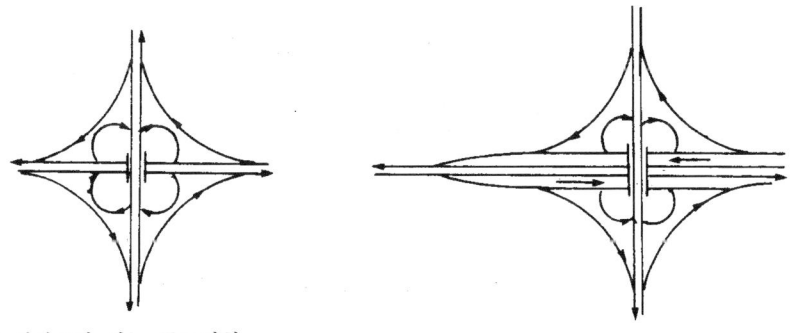

(a) 집산로가 없는 클로버형   (a) 집산로가 설치된 클로버형

(그림 5.31) 클로버형 및 변형 클로버형

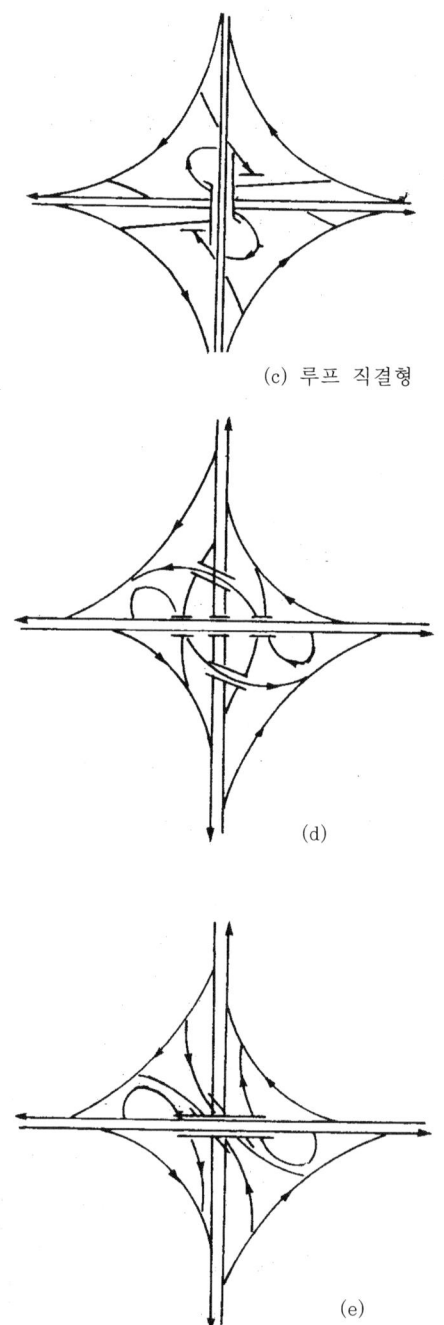

(c) 루프 직결형

(d)

(e)

〈그림 5.31〉 클로버형 및 변형 클로버형 (계속)

(4) 사용(저비용 I.C)조건
   1. 저비용 I.C가 1개 노선에 20~30% 이상 포함
   2. 출입교통량이 1년에 1,000대/h 미만
   3. I.C건설공사비 절감액이 20%이상

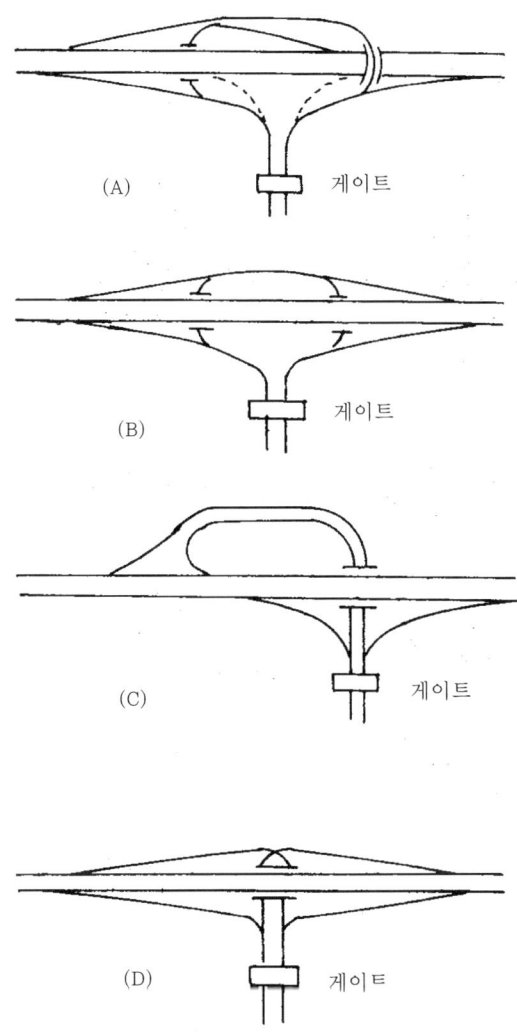

(그림 5.32) 저비용 인터체인지의 기본형식

5 스마트 인터체인지

 스마트 인터체인지는 하이패스 전용차로만을 설치하여 무인으로 운영하는 간이형식의 인터체인지로 건설 및 운영비용이 저렴하여 IC 추가설치가 용이하며 일본의 경우 건설 및 관리비용은 정규 인터체인지의 1/2~1/5 수준이다.

 스마트 인터체인지의 효과는 대상 지역별로 다양하나 아래와 같은 효과가 나타나는 것으로 평가되고 있다

- 관광시설, 병원 등 주요시설에 대한 접근시간 단축
- 혼잡지역 우회를 통한 주요지역간 운행시간 단축
- 관광객, 방문객 등 증가로 지역경제 활성화
- 신규 교통수요 유발로 도로 이용차량 증가

스마트 인터체인지의 형태는 휴게소 접속형과 본선 접속형이 있으며 각각의 특징은 다음과 같다

① 휴게소 접속형 : 휴게소(SA), 주차장(PA) 등 기존시설물을 이용하여 도로 진출입

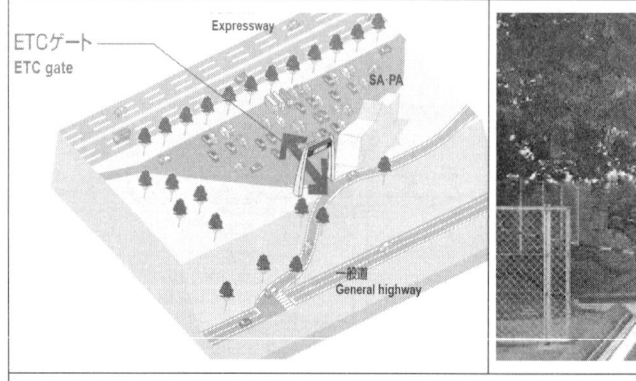

- 휴게소와 외부도로를 연결하고 ETC 전용 게이트 설치
- 기존 시설물을 활용하므로 비용이 저렴하고 설치 용이

(그림 5.33) 일본의 휴게소 접속형 인터체인지

일본의 경우 현재 42개소가 휴게소 접속형으로 운영 중이며 주로 인터체인지 간격이 큰 지방 지역을 대상으로 설치하고 교통 특성·접속도로 조건 등을 고려하여 다양한 형태로 운영하고 있다

- 운영시간을 제한하는 경우 (교통량이 많은 특정시간대만 운영)
- 이용차량을 제한하는 경우 (대형차량 이용 제한)
- 진출입 방향을 제한하는 경우 (특정 방면으로만 유출입 가능)

이용 교통량은 최소 2~3백대/일, 최대 3~4천대/일 수준이며 기기고장 등 긴급 상황 시 대처를 위해 관리자를 배치하여 운영하고 있다

(그림 5.34) 일본의 휴게소 접속형 인터체인지 예

② 본선 접속형 : Up-down 형식 (휴게소 등 기존시설이 없는 경우)

- Up-Down 연결로에 각각 ETC 게이트 설치
- 휴게소 등 이용가능 시설이 없는 경우 고려

(그림 5.35) 일본의 본선 접속형 인터체인지

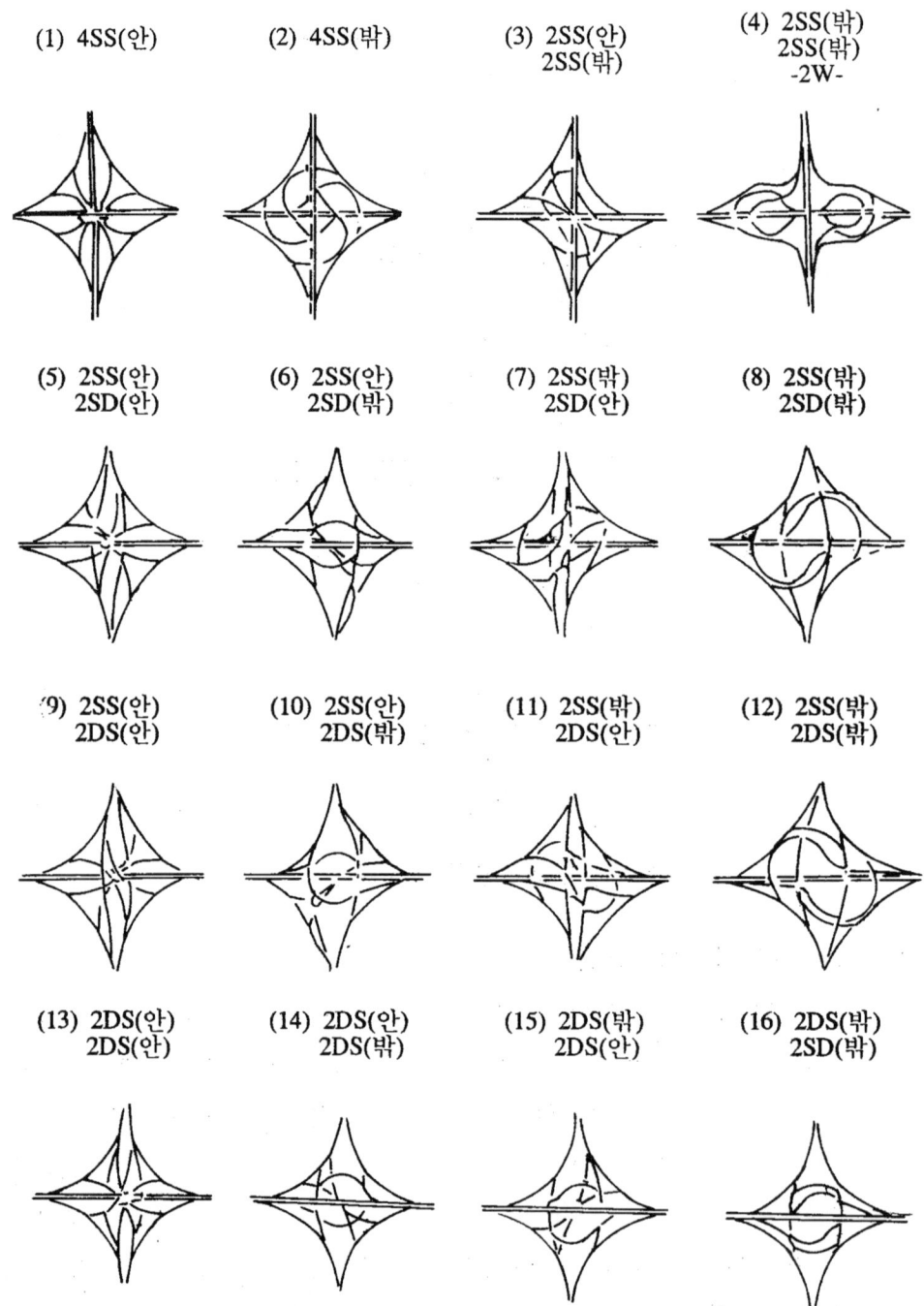

(그림 5.36) 점대칭형 인터체인지의 기본형식

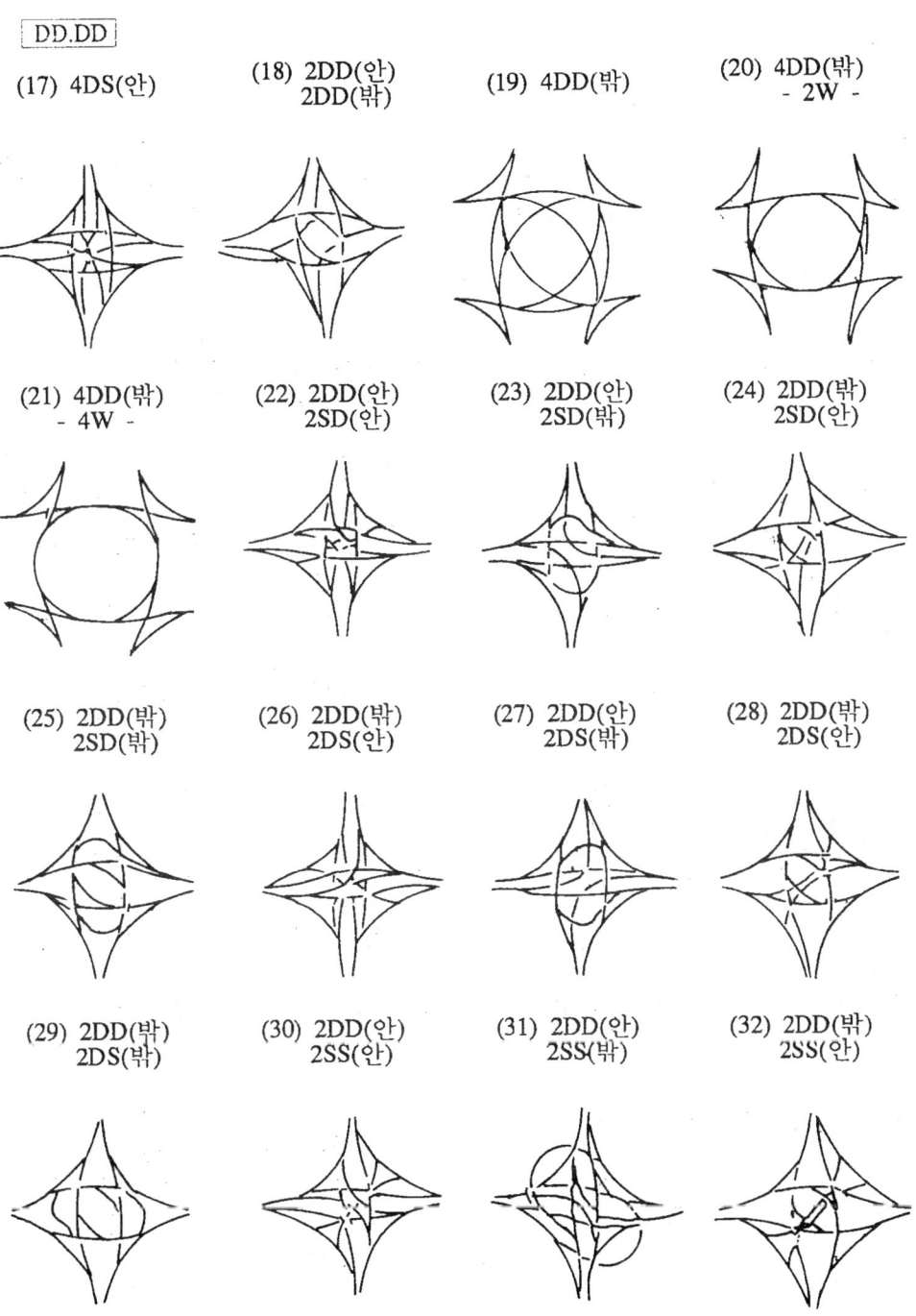

(그림 5.36) 점대칭형 인터체인지의 기본형식(계속)

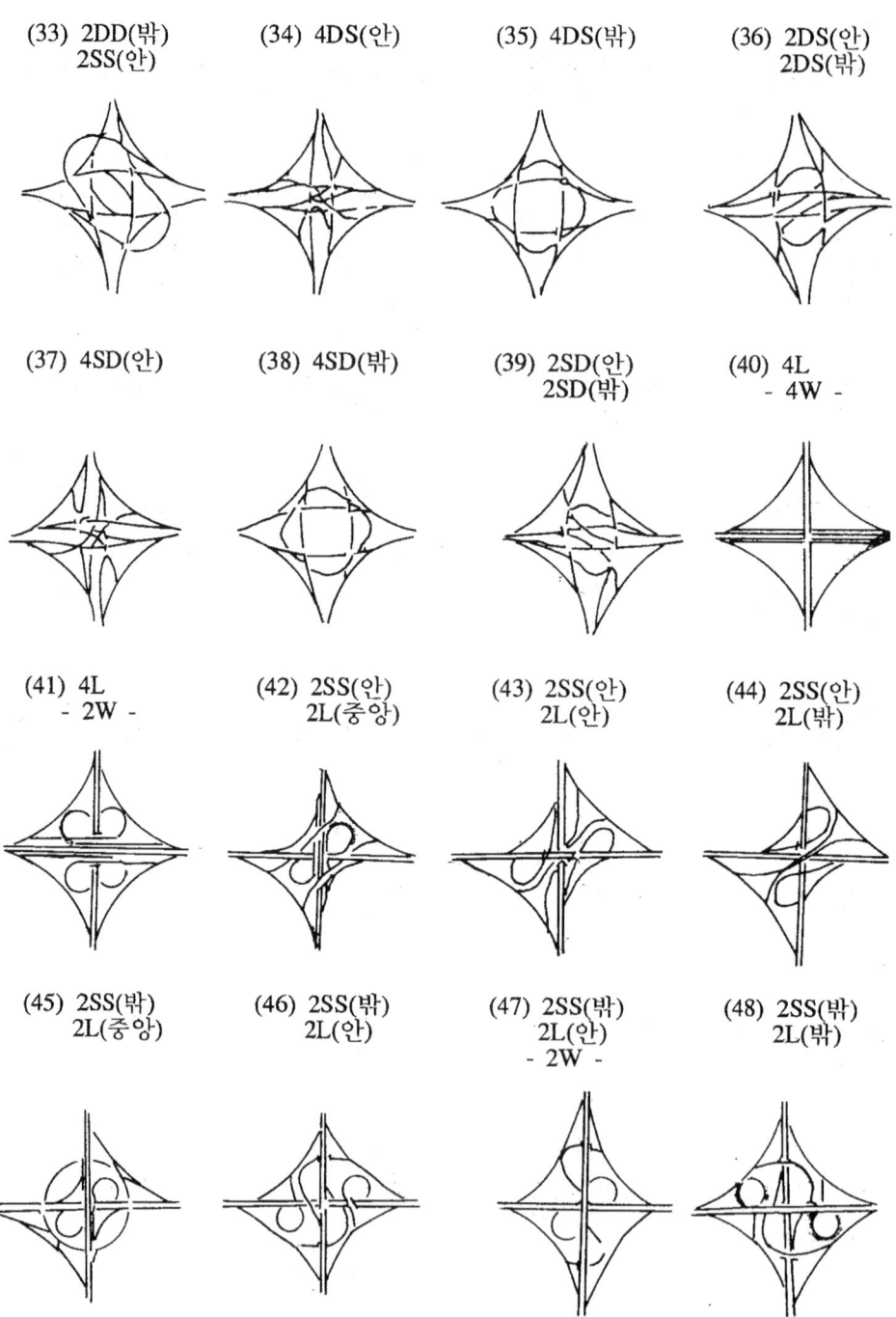

(그림 5.36) 점대칭형 인터체인지의 기본형식(계속)

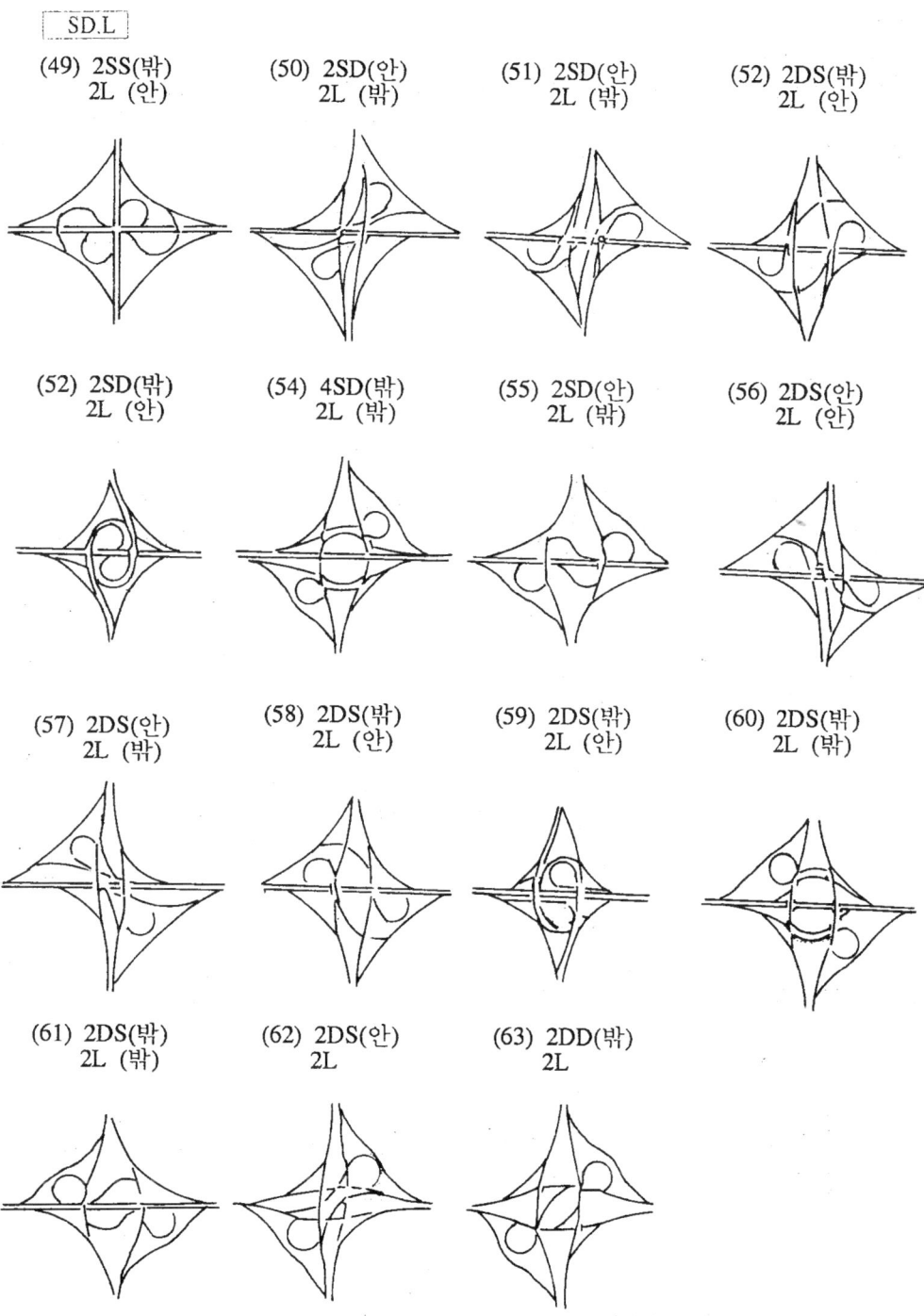

〈그림 5.36〉 점대칭형 인터체인지의 기본형식(계속)

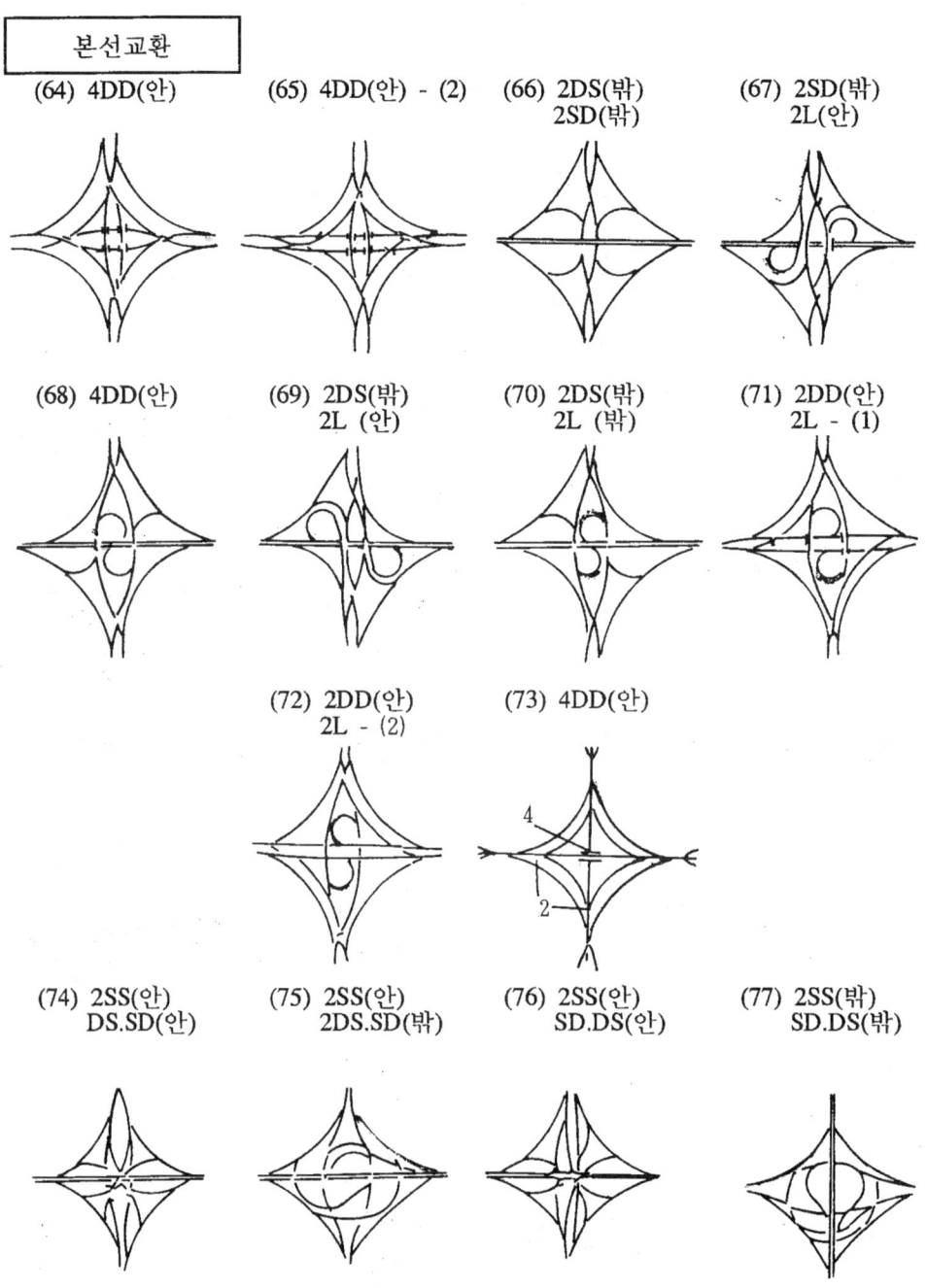

(그림 5.37) 선대칭형 인터체인지의 기본형식

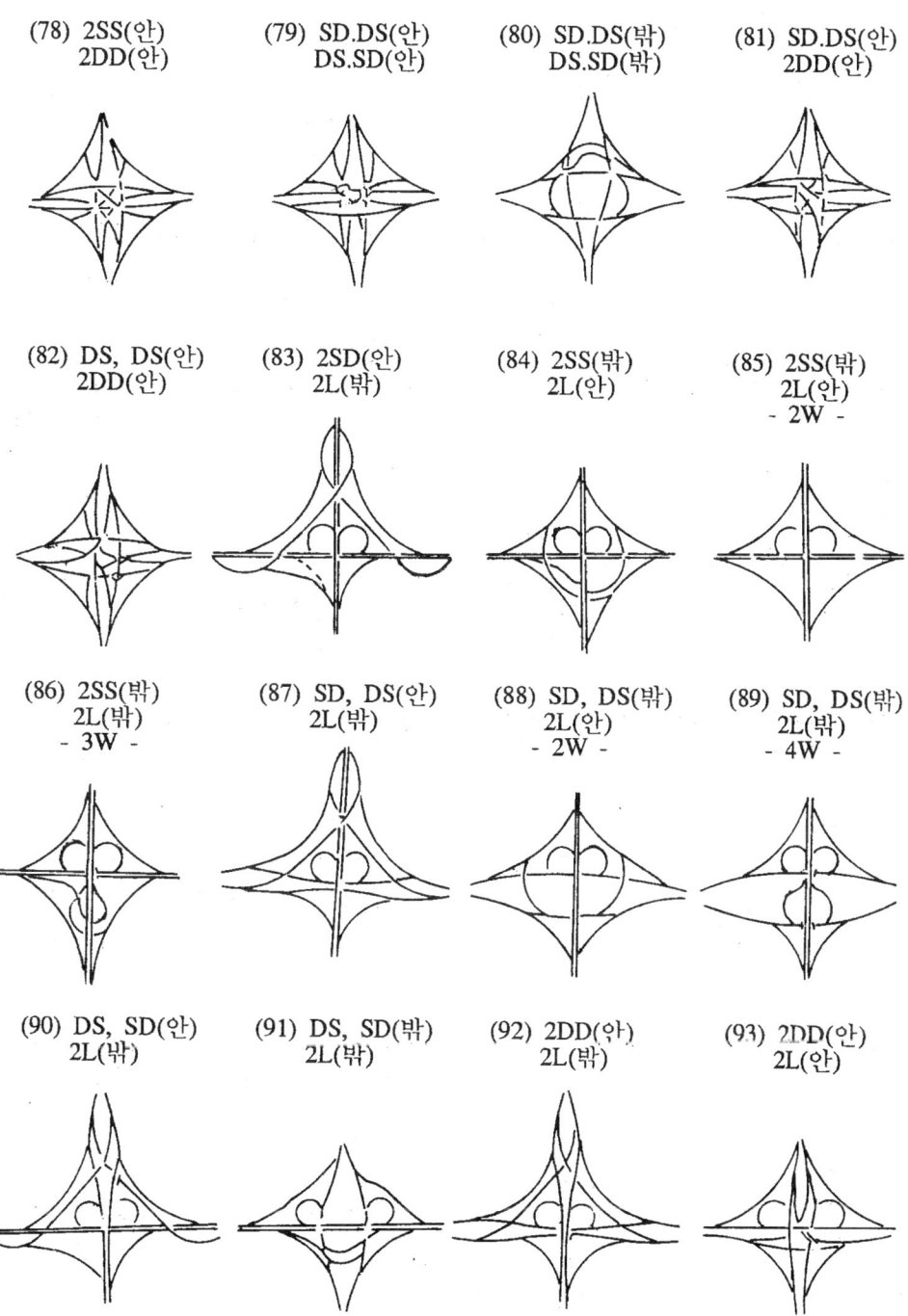

(그림 5.37) 선대칭형 인터체인지의 기본형식(계속)

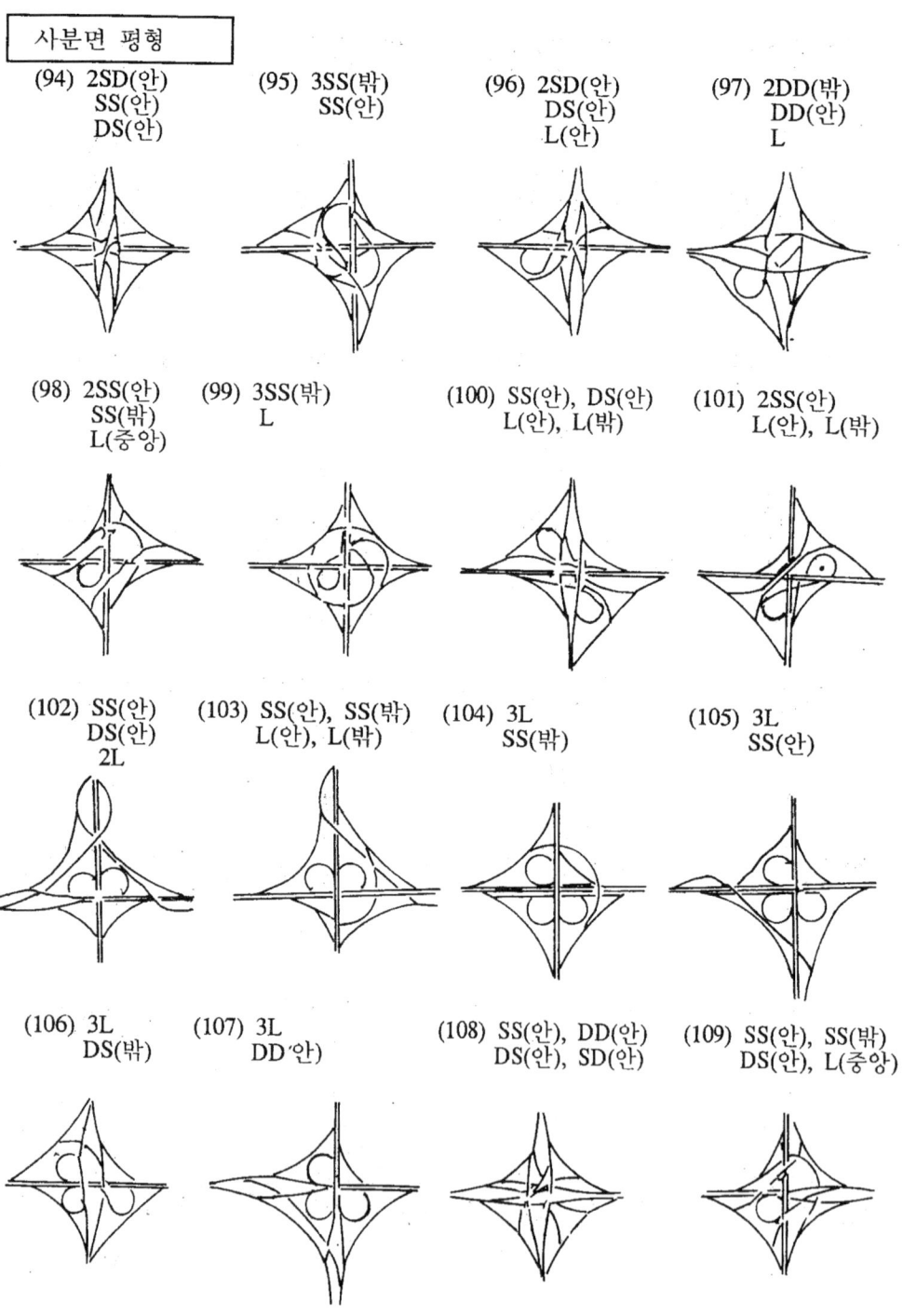

(그림 5.38) 비대칭형 인터체인지의 기본형식

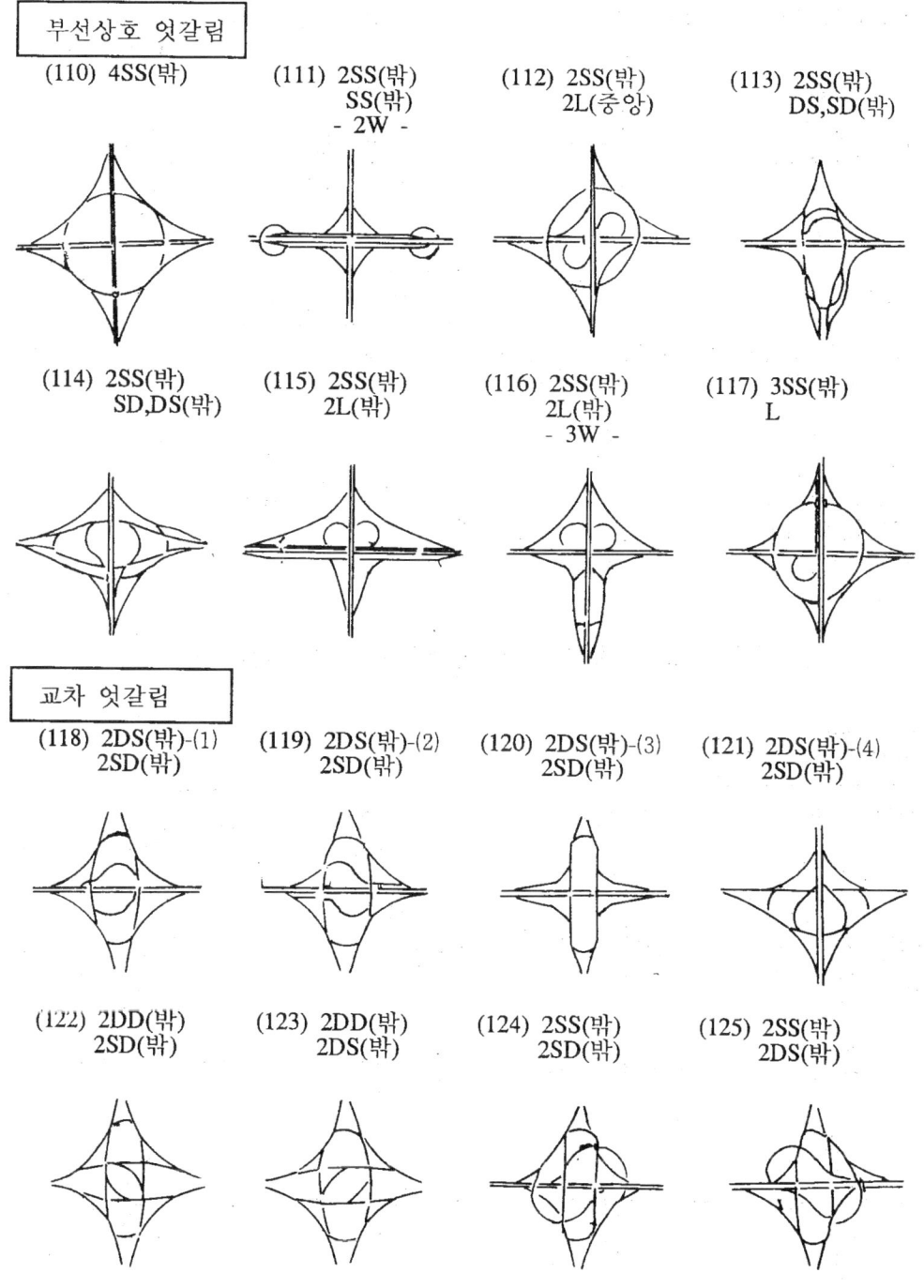

(그림 5.39) 엇갈림형 인터체인지의 기본형식

(126) 4SD(밖)-(1) (127) 4DS(밖) (128) 4SD(밖)-(2) (129) SD, DS(밖)-(1) DS, SD(밖)

주선상호 엇갈림

(130) SD, DS(밖)-(2) DS, SD(밖) (131) DS, SD(밖) 2L(밖) (132) 4DD(안)

(그림 5.39) 엇갈림형 인터체인지의 기본형식(계속)

부선상호 교차

주부선 교차

(133) 4SS(안) (134) 4SS(밖) (135) 2SS(안) 2SD(안) (136) 2SS(안) 2SD(밖)

(137) 2SS(안) 2DS(밖) (138) 4SD(밖) (139) 2DS(밖)-(1) 2SD(밖) (140) 2DS(밖)-(2) 2SD(밖)

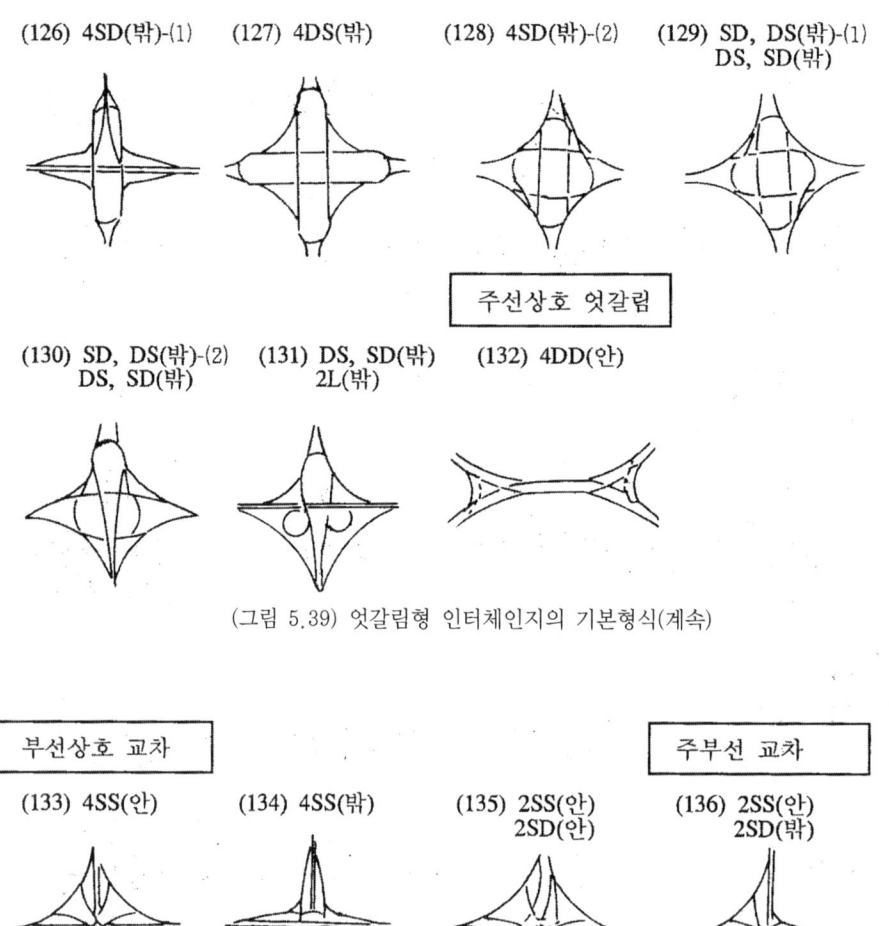

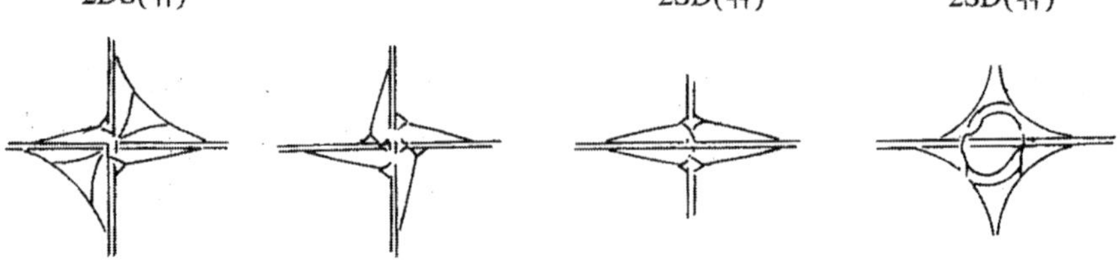

(그림 5.40) 교차형 인터체인지의 기본형식

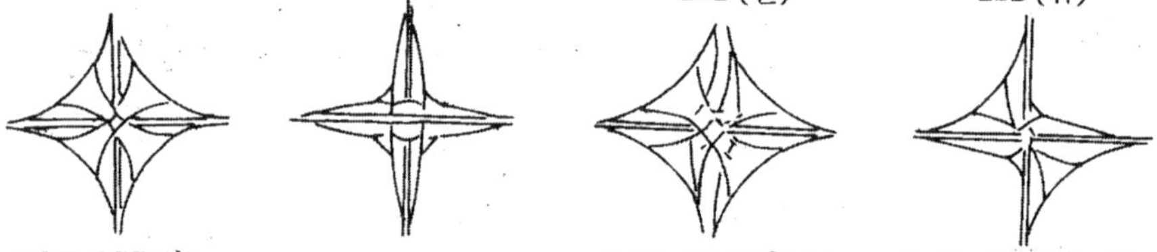

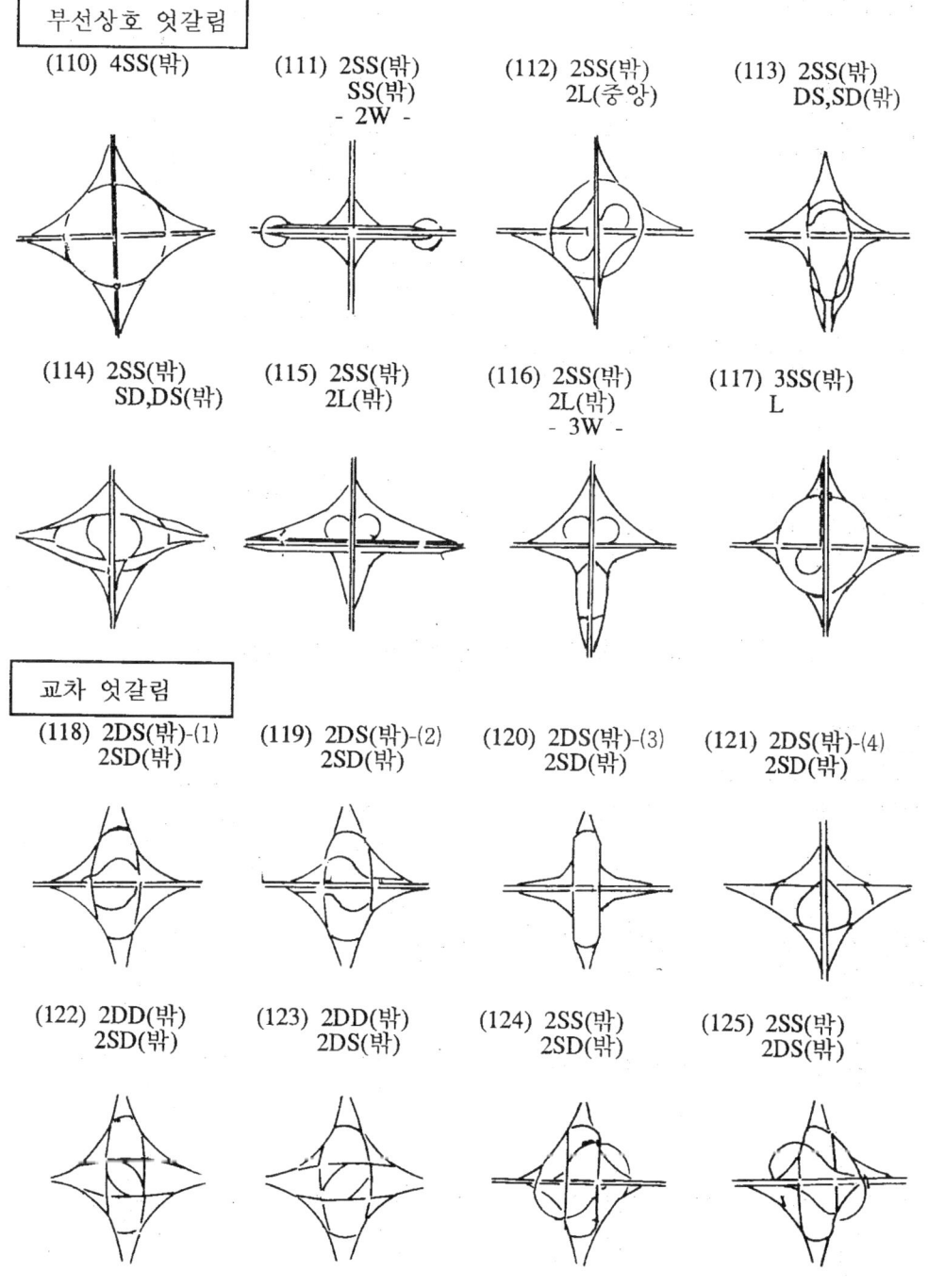

(그림 5.39) 엇갈림형 인터체인지의 기본형식

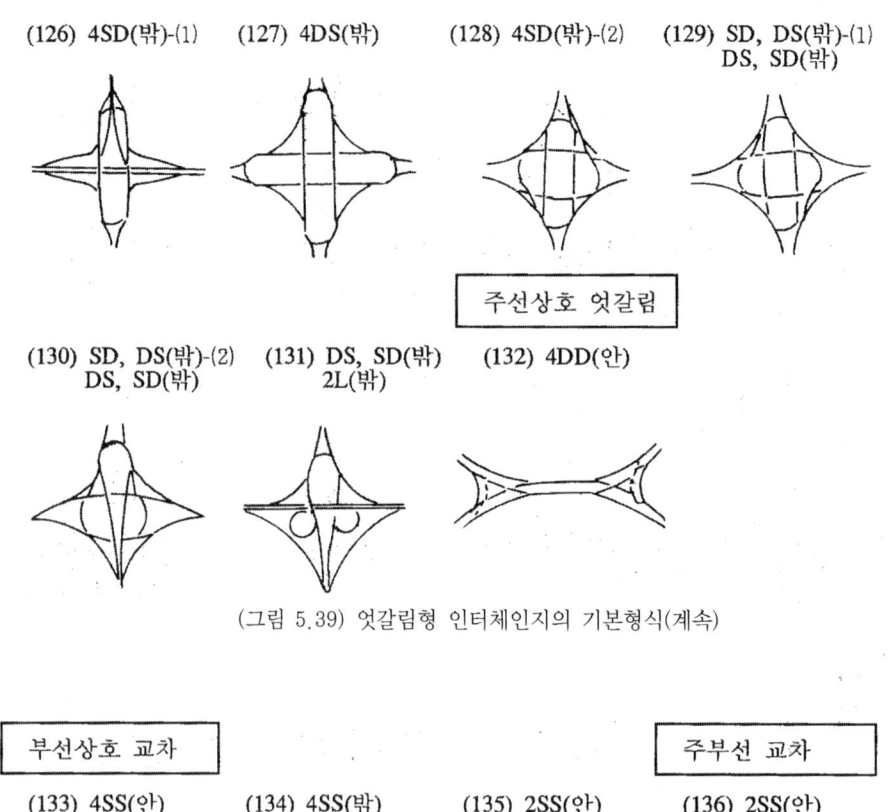

(그림 5.39) 엇갈림형 인터체인지의 기본형식(계속)

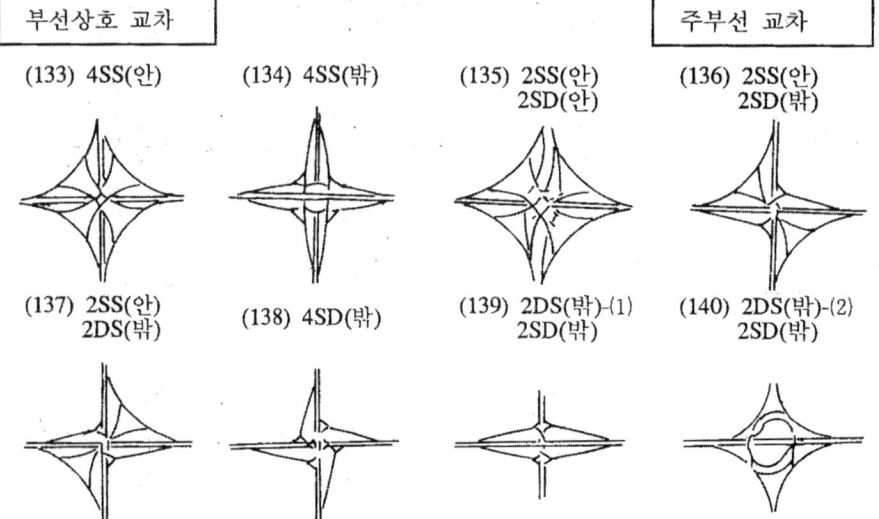

(그림 5.40) 교차형 인터체인지의 기본형식

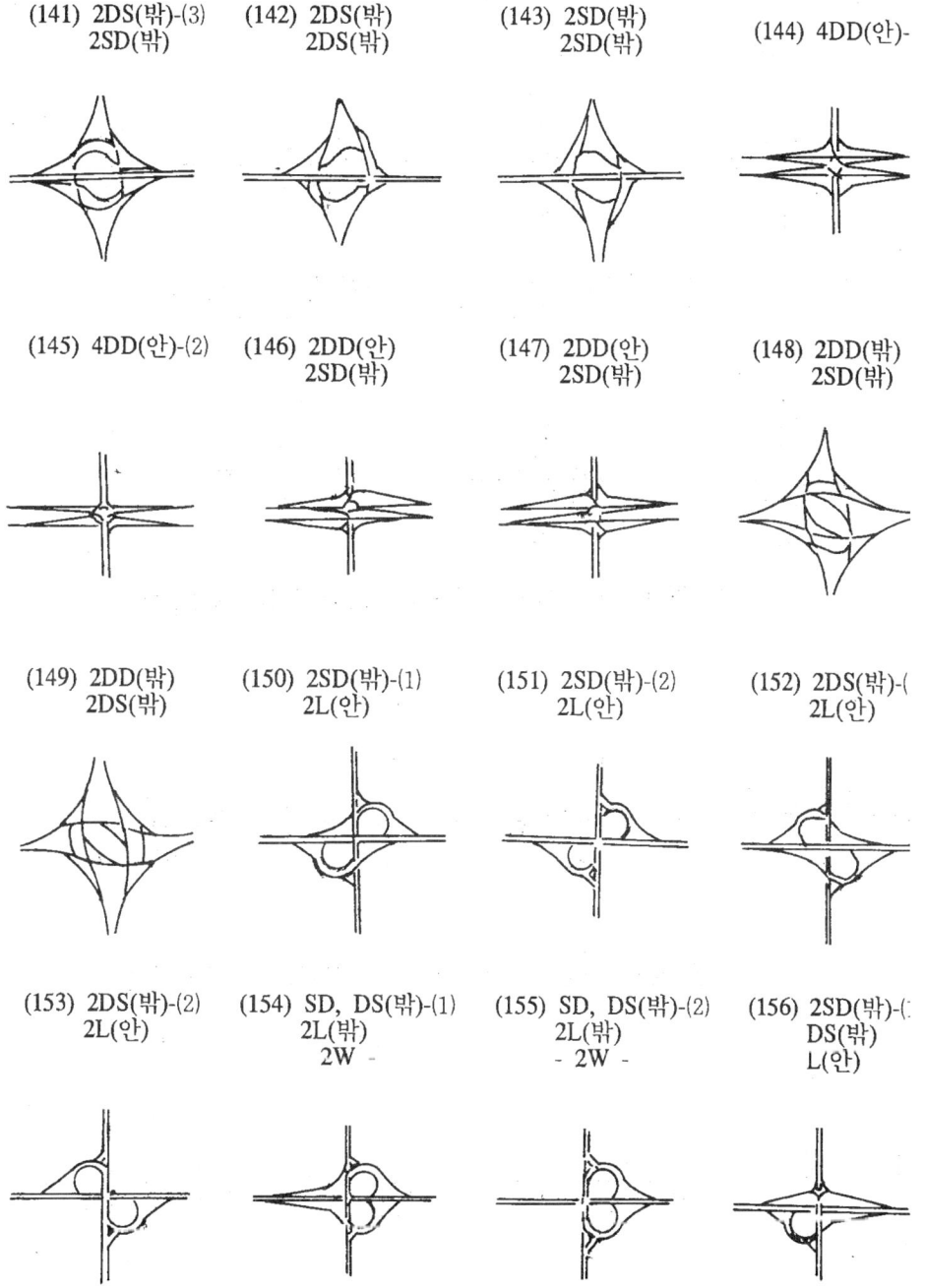

(그림 5.40) 교차형 인터체인지의 기본형식(계속)

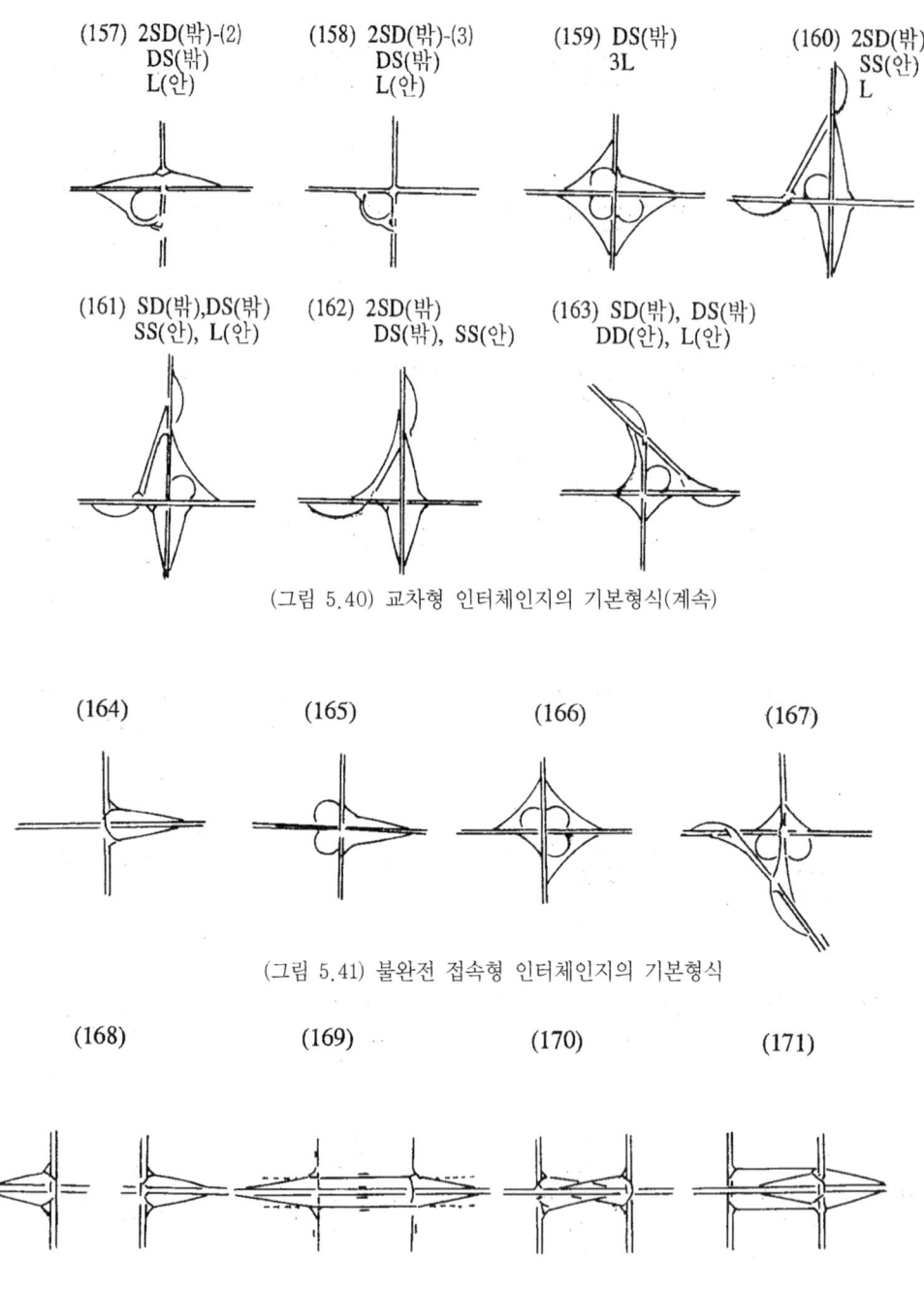

(그림 5.40) 교차형 인터체인지의 기본형식(계속)

(그림 5.41) 불완전 접속형 인터체인지의 기본형식

(그림 5.42) 분리·조합형 인터체인지의 기본형식

완전 입체형

(172) S · S   (173) S · D   (174) D · S   (175) D · D

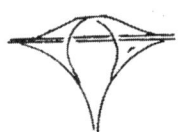  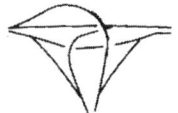 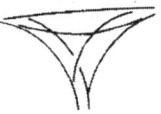

(176) S · L   (177) L · S   (178) D · L   (179) L · D

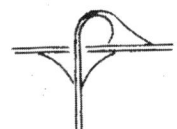 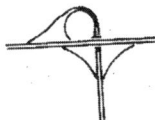 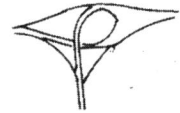 

(180) L · L   (181) D · D
                   -W-

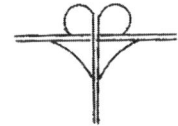 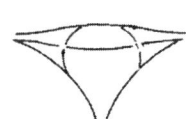

엇갈림형

(182) S · S   (183) S · D   (184) D · S   (185) D · D

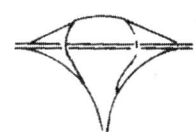 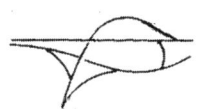  

(그림 5.43) 세 갈래 교차 인터체인지의 기본형식

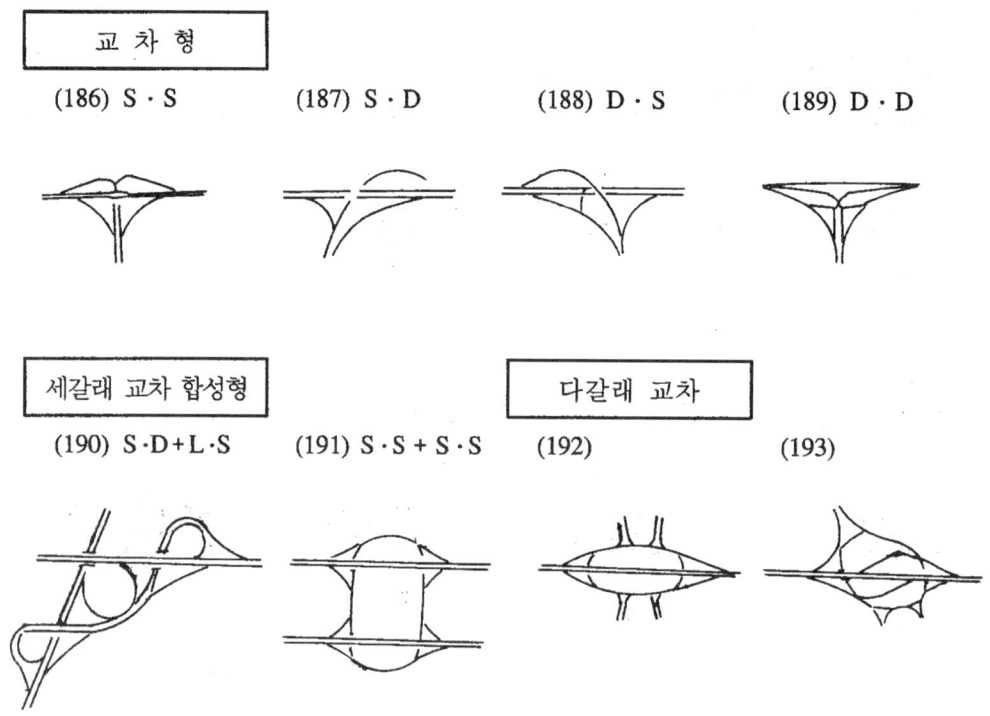

(그림 5.44) 여러 갈래 교차 인터체인지의 기본형식

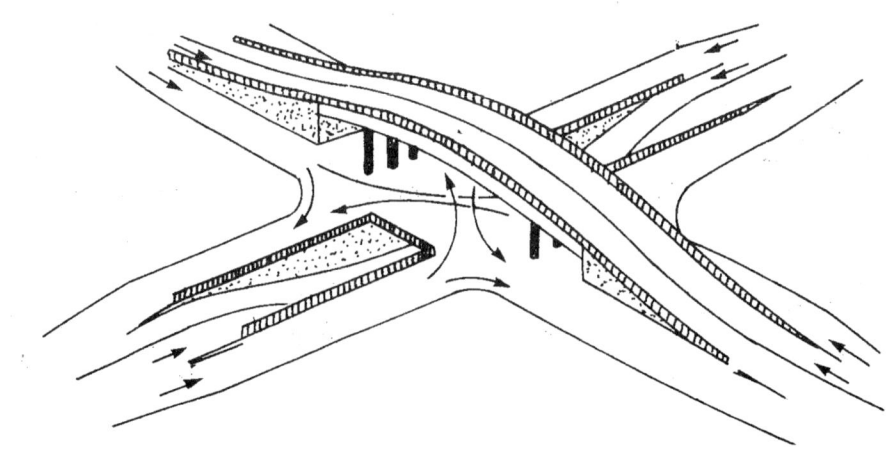

(그림 5.45) 3층의 입체교차로

일본의 경우 현재 1개소가 본선 접속형으로 운영 중이며(미토기타 스마트IC) 도쿄방면으로의 진·출입 연결로만 설치되어 있다. 휴게소형과는 달리 부적격 차량 처리를 위해 별도의 회차로(연결램프)를 설치하고 진입램프 및 진출램프에 각각 관리자를 배치하고 있다

5.3.4 인터체인지 형식 모음

인터체인지의 형식은 연결로의 조합으로 구성된다. 따라서 그 조합을 논리적, 계통적으로 만들어 보면, 모든 형식 가능한 형식을 만들 수 있다. 그러나 단순히 기하학적으로 형성 가능한 것은 무의미하고, 인터체인지로서의 교통공학적인 기능을 가지고 사회적, 경제적으로 수용할 수 있어야 한다.

(그림 5.36)~(그림 5.44)은 기본적인 형식을 계통적으로 정리한 것이다. 기본적인 형식으로부터 파생되는 변형과 실제적으로 적용할 수 없는 것은 제외하였다.

5.4 분기점의 설계

5.4.1 일반사항

일반적으로 고속도로 상호간의 입체교차 시설인 분기점(junction)의 계획과 설계의 기본은 인터체인지의 일반적인 계획과 설계의 기준과 크게 다른 것은 없고 계획과 설계의 조건 그리고 설계 방법에서 약간의 차이가 있을 뿐이다. 즉 고속도로와 일반도로의 교차 접속시설인 일반적인 인터체인지에서는 고속도로와 일반도로 사이에서의 속도조절을 안전하고도 원활하게 하는데 설계의 주안점이 있으며 분기점의 계획과 설계에서는 고속도로 상호간의 입체적인 교차 교통에 대하여 도로조건이나 주행조건(주로 속도)의 변화를 너무 크게 수반하지 않고 방향전환을 안전하고도 능률적으로 하는데 주안점이 있다.

물론, 지형지물의 조건이나 토지이용 상의 제약, 시설에 소요되는 비용의 많고 적음에 의하여 기능상의 요구가 제약을 받게 되는 것은 당연한 것이며, 교차 접속하는 고속도로 그 자체의 성격이나 이용 교통량 등 예측되는 도로조건이나 교통조건에 가장 적합한 최적 설계로 하는 것이 필요하며, 분기점의 설계를 두 고속도로의 설계속도에서만 판단하여 획일적인 설계로 하는 것은 피해야 한다. 분기점의 계획 및 설계시 고려할 사항은

다음과 같다.
1. 교차 접속하는 두 고속도로의 교통량, 규격, 설계속도, 차로수, 선형 등 본선의 도로 조건(연도 조건 포함) 및 교통조건
2. 인터체인지, 버스정류장 등 다른 교통시설과의 거리
3. 분기점에서의 방향별 교통량과 차종구성, 이용교통의 주행거리 등 교통특성
4. 분기점에 적합한 연결로의 기하구조, 폭 구성, 규격의 적용
5. 분기점으로서 적절한 설계속도와 기본형식의 선정

1 고속도로 본선의 성격과 교통량

교차 접속시키고자 하는 고속도로 본선의 성격이나 이용 교통량에 따라 분기점의 계획과 설계는 근본적으로 달라진다. 예를 들면 지역간의 고속도로와 도시 내 고속도로 상호간의 분기점과 지역간 고속도로 상호간의 분기점은 전혀 다른 형식이나 설계조건을 채택하고 있다.

또, 대상을 지역간 고속도로 상호간의 분기점에만 국한시키더라도 교차하는 두 고속도로의 설계속도, 교통량, 차로수 등 여러 조건에 따라 분기점의 최적 설계는 크게 달라진다. 두 고속도로의 설계속도나 교통량에 큰 차이가 있는 경우에만 일반적으로 인터체인지의 경우와 거의 같은 설계 방법을 채택할 수 있을 것이고, 반대로 두 고속도로가 높은 설계속도(100km/h이상)로 계획되어 있고 교통량도 대단히 많은 경우에는 아주 높은 수준의 분기점으로서 많은 비용을 들여서라도 고급의 분기점으로서 계획·설계하지 않으면 분기점 그 자체가 교통 소통상의 장애가 되어 고속도로 전체의 효용을 떨어뜨리게 된다.

2 다른 시설과의 거리

교차 접속하는 두 고속도로에서 다른 교통시설(인터체인지, 버스 정류장, 휴게소, 주차장, 본선 영업소 등)과의 거리를 충분히 검토하여 전체적인 배치관계를 명확하게 한 후 계획과 설계를 진행하는 것이 이상적이다.

그러나 일반적으로 노선의 투자 우선순위 등의 관계에서 한 쪽 노선의 교통 시설이나 본선 요금소의 위치가 확정된 후 분기점의 계획과 설계에 착수하는 경우가 대단히 많다. 따라서 이와 같은 경우에는 이미 확정된 교통시설의 배치관계를 재편성해 보는 것이 가장 바람직하지만, 이와 같은 재편성이 불가능할 때에는 분기점의 근처에 위치하는 다른 교통 시설의 위치를 약간 변경하는 방안을 검토할 필요가 있다.

특히 분기점이 인터체인지와 아주 가까운 곳에 설치될 경우 두 기능을 겸할 수 있는 입

체교차 시설로 계획을 변경하여 하나만 설치할 수도 있다. 그러므로 분기점과 다른 교통시설과의 거리를 최소한 어느 정도 확보하느냐가 문제가 되는데 최소 간격은 교통운용에 필요한 거리에 따라 결정되며 일반 인터체인지와 다른 시설과의 관계를 준용하면 될 것이다.

③ 교통 특성

일반적인 인터체인지에서와 마찬가지로 분기점을 이용하는 교통량과 통행특성이 계획과 설계의 가장 중요한 요소이며 이용 교통량의 방향별 분포 역시 대단히 중요한 요소이다. 분기점에서의 방향별 교통량에 현저한 차이가 있을 경우 중방향 연결로의 설계속도, 폭 선형 등의 기하구조 설계기준을 높게 하여 형식선정이나 세부설계를 할 필요가 있다.

이용 교통의 주행거리도 역시 분기점의 계획 설계의 결정 요인으로서 중시되어야 할 요소의 하나이다.

예를 들어 비교적 짧은 구간의 국지적인 서비스를 목적으로 하는 고속도로가 서로 교차 접속하고 있는 경우에는 이용자의 대부분이 일상적으로 그 분기점을 운행하는 것으로 생각할 수 있으므로 그 고유한 도로조건, 교통조건을 경험적으로 잘 알고 있는 경우가 많다. 이와 같은 경우에 분기점의 교통용량이 계획 교통량보다 떨어지지 않는 범위에서 비교적 소규모로 설계할 수 있으며, 형식선정과 세부설계에서도 별도의 검토를 하여 과다한 설계가 되지 않도록 한다.

④ 연결로의 기하구조

연결로의 평면선형, 종단선형, 시거(視距) 등의 설계요소는 선정한 연결로의 설계속도에 따라 한계 값이 정해지고, 전체적인 형식선성과 함께 분기점으로서의 전체 규모가 결정되지만, 분기점 연결로의 폭 구성은 설계속도 외에도 여러 가지 요인을 고려하여 설계해야 한다.

연결로의 폭 구성의 종류에는 다음과 같이 세 가지가 있다.

1. 1차로로 설계하는 경우
2. 2차로로 설계하는 경우
3. 본선의 폭 구성에 준하여 설계하는 경우

분기점의 연결로 설계시에 고려할 사항으로서, 본선이 분기되거나 합류되는 것으로 간주 할 수 있는 중요한 연결로는 일반적인 연결로의 설계속도보다 높은 설계속도를 적용하고, 폭 구성은 본선의 횡단면 구성에 준하여 설계한다. 그리고 분기점의 다른 일반적인 연결로, 즉 중요도가 떨어지는 연결로는 A규격 연결로의 횡단면 구성으로 설계하는 것을 표준으로 한다.

분기점의 연결로에서, 본선에 준한 폭 구성을 취하는 것은 그 분기점에서 본선 교통의 거의 전부가 다른 고속도로로 이행하는 것과 같은 경우이고, 수행해야 하는 교통상의 기능으로 보아 고속도로 본선이 연장된 것으로 보고 계획 설계를 해야 되는 경우이다. 1과 2에 기술한 연결로의 차로수 산정은 처리해야 할 교통용량의 관점에서 정하는 것이 당연하지만, 계획 교통량이 교통용량 측면에서 볼 때 1차로 연결로로 처리할 수 있는 경우에도 앞지르기가 가능하도록 2차로로 설계하는 것이 바람직한 경우가 있다.

예를 들면, 대형 자동차의 구성비가 높고 연결로의 종단경사가 큰 경우 연결로 길이가 상당히 길어진다. 이 때 1차로 연결로에서는 대형 자동차의 속도저하에 의하여 대형 자동차를 뒤따르는 다른 자동차도 감속주행을 해야 하므로 분기점의 교통 기능이 크게 감소되며, 주행 성능이 높은 자동차가 저속으로 주행하는 자동차를 앞지르려고 할 수도 있다.

이와 같은 교통 운용상의 문제점을 고려할 때, 분기점의 주방향 연결로는 원칙적으로 2차로로 설계하는 것이 바람직하다.

분기점 연결로를 1차로로 설계할 수 있는 경우는 대형 자동차의 구성비가 낮고, 연결로의 길이도 짧은 우회전 연결로의 경우에 적용해야 한다. 또한, 루프 연결로의 경우 앞지르기를 할 수 있도록 설계하는 것은 위험하므로 1차로로 설계하고, 길어깨 폭을 넓게 설계하는 것이 필요하다.

5.4.2 기본 차로수 및 차로수의 균형

도로의 기본 차로수는 해당 도로의 장래 교통수요 및 설계 서비스 수준에 따른 설계교통용량을 바탕으로 하여 결정되지만, 분기점에서는 교통의 분합류를 위해 보조 차로를 설치하게 되므로 차로수가 급변하는 일이 있다. 여기에서 기본 차로수란 "어느 노선의 어느 구간에 할당된 일정수의 차로"로 정의할 수 있다.

도로의 분기점에서 교통의 분합류가 원활하게 이루어지게 하고, 설계 교통용량을 충분히 이용하기 위해서는 차로수의 균형이 유지되어야 한다. 이 관계는 (그림 5.46)에 나타낸 바와 같이 합류부와 분류부에 적용될 수 있다.

고속도로가 분합류하는 경우, 분합류부의 차로수 사이에는 다음의 법칙이 성립되도록 하여 차로수의 균형을 유지해야 한다.

(1) 합류부 : 합류점 직후의 차로수는 합류점 직전의 전체 차로수에서 한 차로를 뺀 차

로 수보다 많아야 한다.
(2) 분류부 : 분류점 직전의 차로수는 분류점 직후의 전체 차로수에서 한 차로를 뺀 차로 수보다 많아야 한다.

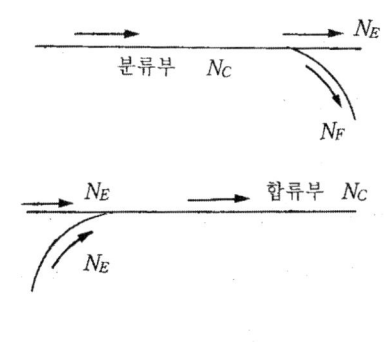

$$N_C \geq N_E + N_F - 1$$

(그림 5.46) 차로 수의 균형

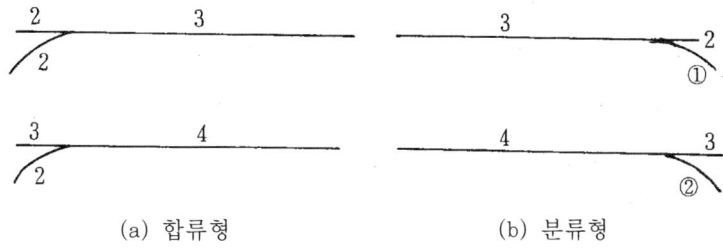

(a) 합류형   (b) 분류형

(그림 5.47) 분·합류부에서의 차로수의 균형 예

예를 들어, (그림 5.47)에서와 같이 2차로 연결로가 유입하는 경우는 합류점을 지나서 앞의 고속도로 본선 차로수는 그때까지의 차로수보다 한 차로 이상 많아야 한다. 2차로 유출 연결로의 경우 분류점 직전까지의 고속도로 본선 차로수는 분류점을 지난 후의 차로수보다 한 차로 이상 많아야 한다.
이상이 분·합류부에서 효율적인 교통 운용과 용량을 효율적으로 이용하기 위한 차로 균형의 기본원칙이다.

5.4.3 분합류부에서 부가하는 보조차로

분합류부에서의 차로수의 균형과 통과차로의 기본 차로수를 유지한다는 두 개의 요인을 상반되지 않도록 조화시키기 위해서 적당한 길이의 보조차로를 설치할 필요가 있다. 자동차의 원활한 운용을 기하기 위하여 부가하는 분합류부의 보조차로의 길이는 표준 1,000m, 최소 600m가 일반적이며, 보조차로는 기본 차로수에 포함시키지 않는다.

이상과 같이 연속된 분기점을 지닌 고속도로 구간에서는 교통량과 용량의 관계, 차로수의 균형, 기본 차로수 부가차로의 응용 등 각 요소를 관련시켜 차로수를 정하는 것이 여유용량, 교통운영의 탄력성 및 주행성을 보장하는 요점이다.

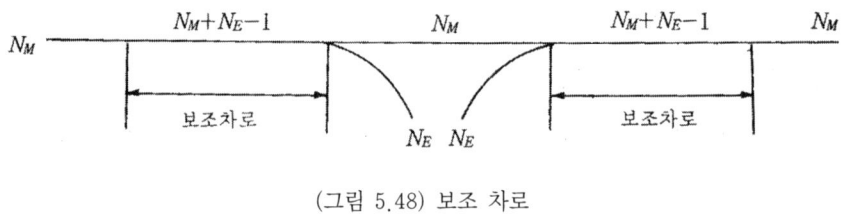

(그림 5.48) 보조 차로

5.5 인터체인지의 기하구조 설계

5.5.1 개요

1 일반사항

인터체인지의 설계는 인터체인지를 구성하는 본선차도, 접속도로인 연결로, 연결로의 본선 접속부인 노즈 부근이 상호 관련하여 일체가 된 교통시설을 만들어 내는 것이다. 인터체인지에서 주행하는 교통은 복잡한 행동을 요청 받게 된다. 운전자는 분기점에서 판단 결정하고 본선으로부터 연결로, 또다시 본선으로 항상 변화하는 주행속도를 조절하고 진로를 찾아 합류부에서는 전후좌우의 자동차들과의 마찰을 조절하면서 본선 고속교통의 흐름에 진입하게 된다. 인터체인지에서는 자동차를 주체로 하는 도로교통이 일으키는 현상이 집중적으로 나타날 뿐만 아니라, 한정된 좁은 영역에서 합리적인 구조를 갖지 않으면 안 되는 이유로 그 설계, 특히 교통에 직접 관계되는 기하구조 설계 및 교통관리시설의 설계는 인터체인지에서의 교통현상을 깊이 관찰하여 매우 세심히 행하여지지 않으면 안된다.

본 장에서는 인터체인지 설계를 단순한 기준의 해설에 그치지 않고 운용면과 관련한 설계상의 유의점과 그것을 기본으로 한 설계법을 서술한다.

2 인터체인지와 사고

인터체인지에 있어서 발생한 사고의 실태를 파악하는 것은, 설계와 운용에 있어서 큰 도움이 된다. 일본의 메이신(名臣)고속도로에서는 1963년 7월 개통이래 1965년 12월말까지의 2,347건의 사고가 발생하였으며, 그 가운데 30%가 인터체인지와 관련된 사고이다. 미국에서도 고속도로 교통사고의 11~46%, 평균 약 20%는 인터체인지에서의 사고라고 한다. 인터체인지에서의 사고에 관하여 매우 광범한 사고조사를 행한 캘리포니아의 조사에서도, 고속도로에서 발생한 전체 사고의 18%가 인터체인지의 사고이다. 이 조사는 캘리포니아의 772개 연결로에 대한 3년간에 걸친 기록에 근거하며, 사고율을 연결로를 이용하는 교통량 100만 대에 대한 발생 건수로서 표현하여 각종의 비교를 하였다. 자료에 의하면 우선 인터체인지 전체 사고율은 0.79(건/백만대)이며, 이것을 유출입별로 나누면, 유출 0.95 유입 0.59로 약 50% 정도 유출이 많다(〈표 5.10〉참조). 유출 연결로에서의 사고가 많은 것은 다른 조사에서도 볼 수 있듯이 일반적인 경향이나, 드물게는 유입 연결로 사고율이 높다는 보고가 텍사스주 등으로부터 제출된 경우도 있다.

인터체인지 사고율은 고속도로 본선 사고율보다 높을지라도 그 피해 정도는 본선보다 오히려 약간 낮다. 사고 100건에 대하여 고속도로 본선에서는 평균 1.8인의 사망자와 74인의 부상자가 발생하였으나 인터체인지에서는 유출, 유입 모두 사망 1.5인, 부상 58인으로 조사되었다. 이것은 인터체인지의 주행속도가 낮은 것에 의한 것으로 여겨진다. 또한 사고의 상태를 보면 〈표 5.10〉에 표시된 바와 같이 인터체인지에서는 단독사고가 많고, 특히 유출연결로에서는 그 경향이 현저하다.

〈표 5.10〉 단독 자동차사고와 다중 충돌사고

상태	전체사고(%)			사고율(건/백만대)	
	유입 연결로	유출 연결로	고속도로평균	유입 연결로	유출 연결로
단독차량	31	51	28	0.18	0.48
2차	57	43	53	0.34	0.41
3차이상	12	6	19	0.07	0.06
합계	100	100	100	0.59	0.95

유입 연결로 사고율의 합은 유출 연결로의 단독차량 사고율과 비슷하다. 이것은 유출연결로의 기하구조가 중요한 원인을 제공하고 있음을 나타내고 있다.

인터체인지의 형식에 의한 사고율도 역시 비교하였다 〈표 5.11〉.

1. 교차도로가 본선의 위에 있는 경우는 고가도로(over pass), 밑에 있는 경우는 지하도(under pass)라 함.
2. 집산로가 없는 클로버 루프 및 트럼펫형 루프
3. 좌측(내측)부터 직접 유출입하는 연결로
4. 고속규격의 접속로(우측 접속)
5. 단순 우회전 램프
6. 도중에 평면교차가 있는 연결로

전체적으로 교차도로가 고가도로인 경우와 지하도인 경우를 비교하면 유입에서는 큰 차이가 없으나, 유출에서는 고가도로인 경우가 사고율이 낮다. 이것은 고가도로의 경우는 연결로가 상향 경사되어 감속에 도움이 되는 것이고 시거가 양호한 것에 기인하고 있다고 생각된다.

연결로의 형식별로 보면, 다이아몬드형이 0.53건/백만대로 가장 낮다.

〈표 5.11〉 단독 자동차사고와 다중 충돌사고

연결로 형식	고가도로 (over pass)		지하도 (under pass)		소계		합계	연결로 수
	유입	유출	유입	유출	유입	유출		
다이아몬드 연결로	0.35	0.67	0.46	0.66	0.44	0.67	0.53	174
트럼펫형 연결로	0.77	0.85	1.43		0.84	0.85	0.85	18
클로버형 연결로(집산로 없음)	0.75	0.87	0.68	1.13	0.72	0.95	0.84	153
클로버형 연결로(집산로 있음)	0.50	0.68	0.14	0.23	0.45	0.62	0.61	41
루프 연결로(집산로 없음)	0.76	0.83	0.82	0.94	0.78	0.88	0.83	116
루프 연결로(집산로 있음)	0.39	0.52	0.38	0.08	0.38	0.40	0.69	29
좌측 연결로	0.74	1.74	1.38	2.64	0.93	2.19	1.91	22
직결로	0.54	0.86	0.35	1.00	0.50	0.91	0.67	29
본선 루프연결로					0.64	0.91	0.80	129
평면연결로					0.88	1.48	1.28	11
합계	0.59	0.89	0.60	1.07	0.59	0.95	0.79	722

직결형, 클로버 연결로 및 집산로가 연결된 루프에서는 사고율이 0.6~0.7의 범위이며, 트럼펫 및 집산로가 없는 루프가 0.8~0.9이며, 평면 연결로(도중에 평면교차가 있는

연결로)와 좌측(내측취부)연결로가 각각 1.28 및 1.91로 매우 높은 값을 나타낸다. 집산로가 있는 경우와 없는 경우에서는 항상 집산로가 있는 경우의 사고가 적어 집산로가 용량상 뿐만 아니라, 안전에도 유효하다는 것이 명확하게 나타났다. 또 다이아몬드형의 사고율이 매우 적은 것은 흥미 있는 부분이다.

본 조사에서는 다이아몬드형의 평면교차부 사고가 포함되어 있지 않기 때문에 무조건 다이아몬드형이 클로버형보다 사고율이 적다고는 할 수 없지만, 영국의 고속도로(M)에서도 다이아몬드형의 사고가 적다는 것이 보고되어 있다. 〈표 5.12〉

좌측 유출입의 사고가 많고, 도중에 평면교차가 있는 연결로 사고율이 높은 것은 인터체인지의 계획, 설계상 유의해야 한다.

인터체인지에 있어서 사고의 위치에 대하여도 상기 캘리포니아의 조사는 다음과 같이 보고되고 있다. 즉 유입 연결로에서는 그 사고가 합류구역(합류 노즈로부터 변속차로 선단까지의 변속차로 구간)에서 52%, 연결로 자체에서 48%가 발생하고 있다. 이것에 대하여 유출 연결로에서는 44%가 분류구역에서 56%가 연결로 상에서 발생하고 있다.

〈표 5.12〉 영국 고속도로(M)의 인터체인지 사고

인터체인지 형식	전 사고수	인터체인지 수	인터체인지 당 연간 사고수
터미널 로터리	55	5	11.0
불완전 클로버형과 트럼펫	29	3	9.7
로터리	16	5	3.2
다이아몬드형	4	2	2.0
고속도로 상호	6	2	3.0

유출 연결로가 유입 연결로보다 사고율이 높으며 그것은 주로 연결로 자체에서 발생하고 있는 사고가 원인이 되고 있다. 또한 유출 연결로의 형상과 사고율의 관계를 보면(그림 5.49) 직선상의 연결로(중심각 0, 곡선반경 무한대)의 사고율이 매우 낮다.

그러나 곡선반경이 작고 중심각이 큰 연결로보다 곡선반경과 중심각의 중간 정도인 연결로 쪽이 사고율이 낮다. 이것은 아마 급격한 회전이 운전자에게 확실하게 위험을 느끼기에 필요한 경계심을 일으키는 데 반하여 중간정도의 곡선부는 위험하게 보이지 않아 운전자가 주의를 기울이지 않는 원인으로 판단된다.

이러한 경향은 일본 메이신(名神)고속도로에 있어서도 볼 수 있다. 메이신 고속도로의 인터체인지에 있어서의 사고를 연결로로 나타낸 것이 〈표 5.13〉이다.

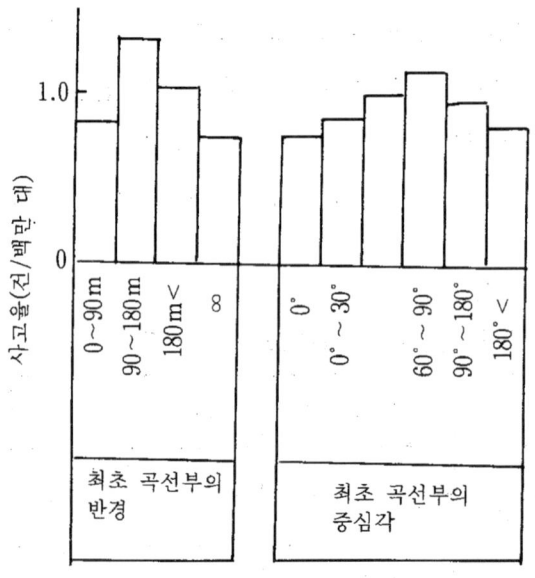

(그림 5.49) 유출 연결로의 선형과 사고율
(캘리포니아주 조사)

〈표 5.13〉 인터체인지의 사고(메이신 고속도로)

연결로 형식	유입		유출	
	연결로수	사고율(건/백만대)	연결로수	사고율(건/백만대)
A형(직선형)	4	6.1	3	0
B형(단순 좌회전형)	13	3.6	13	0.6
C형(트럼펫의 S형)	5	4.7	3	1.0
D형(트럼펫형 루프)	3	0.6	5	3.2
평균	25	3.7	24	0.9

※ 1964년 7월 16일-1967년 3월 31까지의 통계

위 자료에 의하면 유출 연결로의 사고율은 유입 연결로의 사고율의 약 4배이며, 또 비율도 미국의 예에 비하면 꽤 높다. 각 형식별로 보면 유출 연결로에서는 직선형 연결의 사고율이 높지만, 이것은 단거리의 연결로나 시거가 불량한 연결로를 포함하고 있다. 그러나 선형이 작은 트럼펫형 루프는 오히려 사고율이 낮으며 중간 정도의 선형인 쪽이 상대적으로 높다. 이것들은 유출의 속도와 시거에 영향을 받고 있는 것이다. 유입부에서는 트럼펫형 루프가 사고율이 높은 것이 특징이다.

캘리포니아주 도로국이 40여개의 연결로에 대해 좌우의 접속위치 및 유입·유출로 나누어 교통사고의 발생률을 조사한 결과가 다음 표와 같다.

〈표 5.14〉 연결로의 설치방법과 사고율

연결로의 접속방법		교통사고율(건/백만대)
우측	유입	0.07
	유출	0.17
좌측	유입	0.37
	유출	0.62

이상의 사고통계를 분석해 볼 때, 좌측 유출연결로가 가장 많은 교통사고를 유발하고 있으며, 유출연결로에서는 유입 연결로보다 많은 교통사고가 발생한다.
또 집산로가 있는 클로버형 루프는 집산로가 없는 클로버형 루프에 비해 교통사고율이 낮다.
따라서 인터체인지 계획시
① 좌측 유출입 연결로는 가능한 피한다.
② 유출연결로의 설계는 신중을 기하여 각 설계요소의 안전성이 확보되도록 한다.
③ 클로버형 루프에서는 가능한 한 집산로를 설치한다.

③ 유출입 연결로 유형의 일관성

한 노선 내에 일련의 입체교차가 설계되는 경우에는 각각의 입체교차는 물론 이들의 입체교차를 연계시킬 경우 유출입 연결로의 유형이 일관성을 가지도록 설계한다. 특히 유출 연결로가 구조물의 앞이나 뒤에 섞여 있거나 좌측과 우측의 유출입 연결로가 병합되지 않도록 설계한다.
좌측에 유입부가 있는 경우에는 유입 교통류와 우측의 고속 교통류와의 합류에 문제가 발생한다. 또 좌측에 유출 연결로가 있는 경우에는 유출 교통류의 차로 변경에 문제가 발생한다.
유출입 유형의 일관성을 확보함으로써 생기는 장점은 다음과 같다.
1. 차로 변경을 줄일 수 있다.
2. 단순한 노로 안내표시를 설치하여 사동자를 유도할 수 있다.
3. 직진 교통류와 마찰을 줄일 수 있다.
4. 운전자의 혼란을 방지한다.
5. 운전자가 길을 찾는 신경을 줄일 수 있기 때문에 교통안전에 도움이 된다.

(그림 5.50)은 미국 AASHTO(American Association of State Highway and Transportation Officials)설계기준에 제시된 일련의 입체교차에서 유출 유형에 일관성이 있는 형식과 일관성이 없는 형식을 비교한 것이다.

(그림 5.50(a))는 유출 유형에 일관성이 없다. 즉, 지점 A에서는 구조물 전에 유출부가 있고 지점 B, C, E에서는 구조물 뒤에 유출부가 있다. 또 지점 A, B, C, E에서는 우측에서 유출하도록 설계되었으나 지점 D에서는 좌측에서 유출하도록 하고 있다. (그림 5.50(b))는 유출 유형에 일관성이 있도록 설계된 것이다. 즉 모든 유출이 구조물 앞에서 이루어지도록 하였고, 또 모든 유출이 우측에서 이루어지도록 하기 위해 집산로를 이용하고 있다.

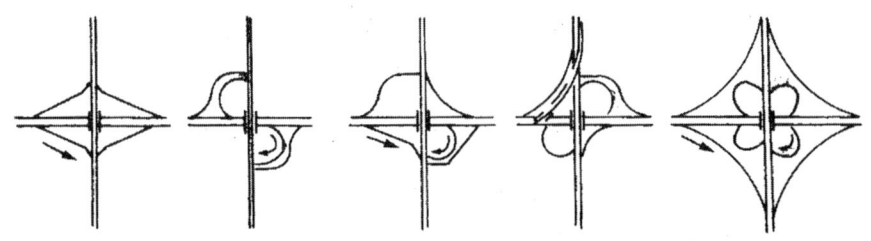

(a) 일관성이 없는 유출 형태

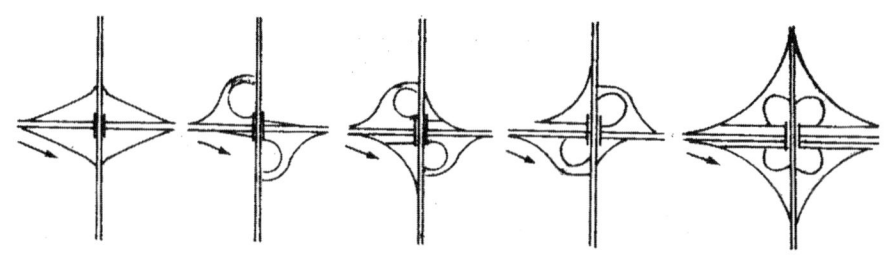

(b) 일관성이 있는 유출 형태

(그림 5.50) 연계 입체교차에서 유출부의 일관성

4 기본 차로수와 차로수의 균형

고속도로에서는 도로의 일관성을 유지하기 위하여 기본 차로수가 제공되어야 한다. 기본 차로수가 정해진 후에는 해당 도로와 연결로 사이에 차로수가 균형을 이루어야 한다. 기본 차로수란 교통량의 많고 적음에 관계없이 도로의 상당한 거리에 걸쳐 유지되어야 할 최소 차로수를 말한다. 기본 차로수는 설계 교통량과 교통량 및 설계 서비스 수준이 결정되면 구할 수 있다.

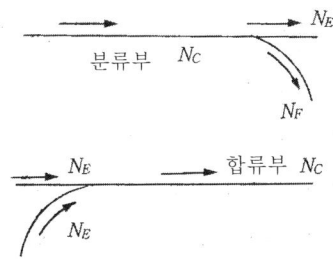

$$N_C \geq N_E + N_F - 1$$

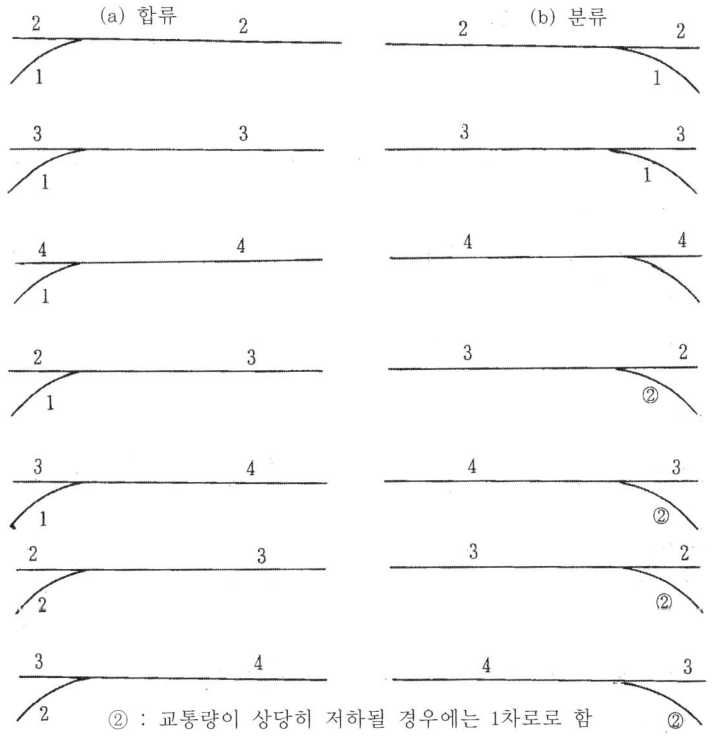

② : 교통량이 상당히 저하될 경우에는 1차로로 함

(그림 5.51) 차로수의 균형 원칙

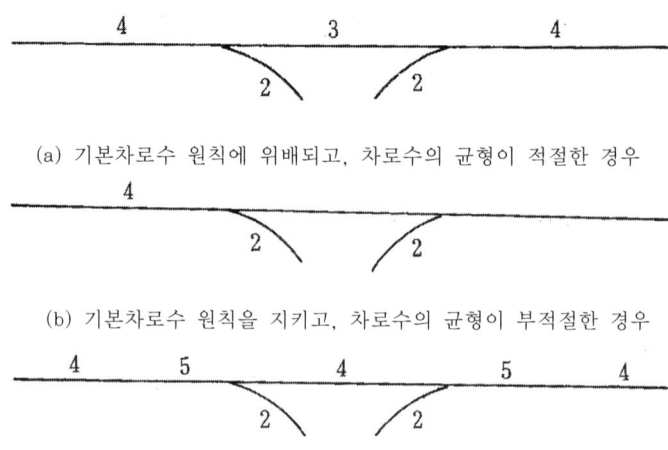

(그림 5.52) 기본 차로수와 균형 원칙의 조화

부가 차로는 기본 차로수에 포함되지 않는다.

기본 차로 수가 정해진 후에는 해당 도로와 연결로 사이에 차로수의 균형이 이루어져야 한다. 차로수 균형의 기본 원칙은 다음과 같다.

1. 합류부의 차로수 균형은, 합류 차로수에서 하나 이상 줄어서는 안된다.
2. 분류부의 차로수 균형은, 분류 차로수에서 하나 이상 줄어서는 안된다.
3. 차로의 감소시에는 한 번에 2차로 이상 줄여서는 안 된다.

이러한 차로 수 균형 원칙에 따른 분합류부의 차로의 배열은 (그림 5.51)과 같고 기본 차로수와 차로수 균형의 원칙은 (그림 5.51) 및 (그림 5.52)와 같다.

5.5.2 연결로의 설계속도와 적용

인터체인지에서 연결로를 이용하여 방향을 전환하고자 하는 자동차는 고속도로로부터의 유입 및 유출시에는 될 수 있는 한 가감속이 적게, 즉 속도변화를 완만하게 하는 것이 바람직하다. 이러한 이유로 연결로의 설계속도는 본선속도와 관련하여 결정할 필요가 있다. 미국의 AASHTO 기준에서는, 이러한 관점으로부터 연결로의 설계속도를 본선의 평균 주행속도에 균등하게 잡는 것을 바람직한 값으로서 본선 설계속도의 1/2을 최소로 규정하여 〈표 5.15〉와 같은 지침을 나타내고 있다.

〈표 5.15〉 본선속도와 연결로 설계속도(AASHTO)

본선 설계속도(km/h)		50	60	70	80	100	120
연결로 설계속도(km/h)	상위(85%)	40	50	60	70	90	110
	중위(70%)	30	40	50	60	70	90
	하위(50%)	20	30	40	40	50	70

또 AASHTO에서는 연결로의 설계속도를 루프연결로의 경우 최소 40km/h, 준직결로에서는 최소 50km/h, 직결로에서는 최소 60km/h를 추천하고 있다.

또한 독일에서는 아우토반의 인터체인지에 대하여 접속도로의 성격과 교통량에 의해 등급별로 분류하여 각각에 대하여 최소곡선반경을 규정하고 있다. 그 설계속도는 명확하지 않으나 편경사와 횡방향 미끄럼 마찰계수를 규정하여 추정한 값을 고려하여 그 기준을 〈표 5.16〉과 같이 나타낸다.

〈표 5.16〉 인터체인지의 등급별 연결로 최소곡선 반경

인터체인지의 등급별	곡선반경(m)		곡선부의 추정 설계속도(km/h)	
	표준	최소	표준	최소
아우토반 교차접속	50	50	45	45
1급 인터체인지	50	40	45	40
2급 인터체인지	40	20	40	25
3급 인터체인지	30	20	35	25

〈표 5.17〉 연결로 설계속도(일본구조요강)

하급도로 \ 상급도로		AB규격(km/h)					C규격(km/h)		
		120	100	80	60	40	80	60	40
A, B 규격	(km/h) 120	80~50¹⁾(40)							
	100	70~50¹⁾(40)	70~50¹⁾(40)						
	80	70~40	60~40	50~40					
	60	60~40	60~40	50~35	50~35				
	40	60~40	60~40	50~35	50~35	40~35			
C규격	80	60~40²⁾	60~40	50~35	40~30	40~30	50~35		
	60	50~40	50~40	50~35	40~30	40~30	50~35	40~30	
	40	50~40	50~40	50~35	40~30	40~30	50~35	40~30	40~30
D규격 또는 일시정지		50~35	50~35	45~25	40~25	40~25	40~25	30~25	30~25

※주 : 1) 루프를 사용할 경우에 한하여, 기준치보다 나쁜 경우는 40km/h보다 설계속도를 낮게 할 수 있다.
   2) 국부적으로 최소치를 사용해서 설계속도 25km/h의 구간을 설치하는 것이 허용된다.

일본의 구조요강은 이러한 2개국의 자료를 기초로 교차 접속하는 양도로의 설계속도에 대하여 연결로 설계속도의 적용범위를 정하고 있다. 여기서 A규격 도로는 지방부 고속도로를, B규격은 도시부 고속도로를 의미하고 있다. 또한 C규격, D규격은 각각 지방부 및 도시부의 일반도로를 의미하고 있다. 일시정지라는 것은 하급도로의 설치부에 일시정지 규제가 있거나 도중에 요금소가 있는 경우에 적용된다.

연결로 설계속도를 각각의 범위 안에서 선택할 경우 각각의 연결로 교통량, 차종구성, 지형, 지역의 상황을 고려할 뿐 아니라, 한 개의 인터체인지에서 다른 연결로와의 균형, 하나의 고속도로에 있어서 일련의 인터체인지의 상호관련 등도 고려하여 종합적으로 판단해야 한다. 동일구조를 갖는 고속도로에서 각기 개별적으로 램프의 설계속도가 상이한 것은 교통 규제면에서도 획일성이 없고, 또한 운전자에게도 혼란야기 등 운용상의 결점이 많다.

그 점에서는 오히려 독일의 예처럼 인터체인지를 교통량과 성격에 의해 어느 정도 구별하여 각각에 기준적인 연결로 설계속도를 부여하는 것이 바람직한 것으로 판단된다. 일본 도로공단에서는 〈표 5.18〉에 보인 것처럼 인터체인지의 규격을 구분하고 각 구분에 따라 설계속도를 정하고 있다.

〈표 5.18〉 인터체인지의 규격 구분과 연결로 설계속도(일본도로공단기준)

종별	규격	구분	설계속도(km/h)	
고속도로 상호 인터체인지	1종		80, 60, 50, 40	
			고속도로측	일반도로측
고속도로와 일반도로의 인터체인지	2종	1급 2급 3급	40 35 30	40, 35, 30 35, 30 30
일반도로 상호 인터체인지	3종	1급 2급 3급	40 35 30	

우리나라 「도로 구조 및 시설에 관한 규칙 해설 및 지침」에서는 연결로의 설계속도는 서로 접속하는 두 도로(〈표 5.19〉에서 상급도로와 하급도로)의 설계속도와 소재 지역에 따라 규정되며, 교통량, 차종 구성, 지형, 지물, 연결로 상의 자동차 주행속도의 변화 및 교통의 운영조건을 고려하여 원칙적으로 〈표 5.19〉에서 정한 범위 내에서 적절하게 선택하도록 하고 있다.

〈표 5.19〉에서 상급도로라 함은 교차 또는 접속되는 두 도로 중 지방지역에 속하는 도로를 말하며, 두 도로가 모두 지방지역에 속하거나 모두 도시지역에 속할 경우에는 설

계속도가 높은 쪽의 도로를 말한다. 설계 속도가 같다면 교통량이 많은 도로를 상급도로로 간주한다.

루프 연결로의 경우, 〈표 5.19〉에 제시된 연결로 설계속도에서 5~10km/h를 뺀 값을 적용할 수 있다. 연결로의 설계속도는 장소의 제약이나 비용 등의 관계로 낮게 잡을 수 밖에 없는 경우가 많다. 또, 실용상 어느 정도 낮은 설계속도도 허용할 수 있다. 이는 인터체인지 또는 분기점에서 방향을 바꾸려는 운전자는 선형에 따라 자연스럽게 감속하기 때문이다.

연결로의 설계속도를 결정하는 데에는 연결되는 도로 상호의 설계속도뿐만 아니라 교통량, 차종 구성, 지형, 지역 및 연결로 상의 주행속도 변화를 고려해야 한다. 특히, 유출 연결로의 경우에는 유출부의 속도 규제상황 등을 고려하여 표에 규정한 범위 내에서 적절하게 선정해야 한다. 예를 들면, 교통량이 많은 연결로의 설계속도는 50km/h 또는 60km/h로 하는 것이 바람직하고 산지부 등의 교통량이 적은 연결로의 설계속도는 20km/h로 할 수도 있다.

〈표 5.19〉를 적용할 때의 주의 사항은 다음과 같다.

1. 분기점에 설치되는 연결로의 경우 이용 교통량이 많은 것으로 예상되는 연결로는 본선의 설계 기준을 적용하여 설계한다.

〈표 5.19〉 연결로의 설계속도

(단위 : km/h)

상급도로 하급도로		지방지역					도시지역			
		120	100	80	60	50~40	100	80	60	50~40
지방 지역	120	80~50								
	100	70~50	70~50							
	80	70~40	60~40	60~40						
	60	60~40	60~40	60~35	50~35					
	50	60~40	60~40	50~35	50~35	40~20				
	40	60~40	60~40	50~35	50~35	40~20				
도시 지역	100	80~50	70~50							
	80	60~40	60~40	50~35	40~30	40~20	60~40	50~35		
	60	50~40	50~40	50~35	40~30	40~20	60~40	50~35	50~30	
	50	50~40	50~40	50~35	40~30	40~20	60~40	50~35	40~30	40~20
	40	50~40	50~40	50~35	40~30	40~20	60~40	50~35	40~30	40~20

2. 본선의 분류단 부근에는 보통 주행속도의 변화가 크기 때문에 속도 변화에 적합한 완화구간을 설치하여 운전자가 주행속도를 자연스럽게 바꿀 수 있도록 한다.
3. 연결로의 실제 주행속도는 선형에 따라 변하므로 편경사 등의 기하구조를 설계할 때는 실제 주행속도를 고려할 필요가 있다.
4. 하급 도로가 도시지역 도로로서 설계속도가 60km/h 이하인 경우에는 설계속도의 최소 값으로 20km/h를 채택할 수 있다.

현재 우리나라 고속도로 상에 설치되는 입체교차 시설의 연결로 설계속도는 〈표 5.20〉과 같이 적용하고 있다.

〈표 5.20〉 연결로의 설계속도 적용 예(한국도로공사)

구분	표준 설계속도(km/h)		특별 설계속도(km/h)	
	직결 연결로	루프 연결로	직결 연결로	루프 연결로
인터체인지	50	40	40	35
지방지역 분기점	50	50	50	40
도시지역 분기점	50	40	40	35

1. 상급 도로 또는 분기점 본선은 지방지역에 속하는 것으로 하고, 설계속도는 100km/h를 기준으로 한다.
2. 하급 도로의 설계속도는 80km/h를 기준으로 하고, 분기점에서는 도시부 80km/h, 지방부 100km/h를 기준으로 한다.
3. 루프 연결로의 설계속도는 5~10km/h를 뺀 값이 35km/h 미만일 경우는 35km/h로 한다.
4. 표준 설계속도는 〈표 5.19〉의 중앙값을 택하고, 특별 설계속도로는 〈표 5.19〉의 최소값을 택한다.
5. 지형 여건이 양호한 경우 표준 설계속도를 적용하고 지형 여건 등이 부득이한 경우에는 특별 설계속도를 적용한다.

분기점에서 교통량이 적은 방향에 루프 연결로를 사용할 수 있으나, 연결로에 50km/h 이상의 설계속도를 채용하려면 넓은 용지가 필요하고, 여분의 주행거리가 생기므로 교통 경제적인 측면에서 비경제적이다. 그러므로 동일 인터체인지 내에 있더라도 루프 연결로만은 설계속도를 40km/h까지 줄일 수 있다.

분기점의 연결로 설계속도는 입체교차 형식과 밀접한 관계가 있다. 즉, 예상하는 입체교차 형식에 따라 연결로별로 설계속도가 개략적으로 결정되고, 반대로 연결로의 중요도에 따라 필요로 하는 설계속도가 정해지며, 이에 대응하는 입체교차 형식이 결정된다. 이 때문에 분기점의 경우에는 연결로의 설계속도와 입체교차 형식이 병행 검토되어 결정되는 것이 보통이다. 세 갈래 교차 형식이 병행 검토되어 결정되는 것이 보통이다. 세 갈래 교차 형식으로는 직결 또는 준직결의 Y형의 선정되는 일이 많고, 네 갈래 교차 형식으로는 일반적으로 클로버 형식 및 그 변형이 선정되는 일이 많다. 이 경우에는 선형 설계상 연결로를 설계속도의 하한값에 가까운 속도로 설계할 필요가 생긴다. 단, 이 경우에도 우회전 연결로의 설계속도로 비교적 높은 값을 선정할 수 있다. 특별한 경우로서, 분기점이 영업소를 중간에 두고 접속되는 것과 같은 곳에는 영업소에서 일단 정지를 고려하여 오히려 일반적인 인터체인지에서와 같이 모든 연결로를 40km/h 정도로 설계해야 한다.

인터체인지의 규격을 결정할 때 먼저 고려해야 할 요소는 본선의 설계 속도 및 설계수준이다. 본선의 설계속도가 높고 설계 서비스 수준도 높은 구간은 선형, 도로구조, 시설내용 등의 각종 요소를 높은 수준으로 설계하여 고속도로 이용자에게 높은 안전성과 쾌적성을 보장하여야 한다. 따라서 이와 같은 구간에 설치되는 인터체인지는 그 균형상 높은 규격의 것이라야 한다. 이와는 반대로, 본선의 설계속도가 낮고 설계 서비스 수준도 낮은 구간에서는 인터체인지도 본선의 도로구조, 시설내용 등의 수준에 맞추어 비교적 낮은 규격의 것으로 하는 것도 허용될 수 있을 것이다.

한편, 인터체인지의 규격을 결정하는 또 하나의 요소로서 그 인터체인지를 이용하는 교통량을 생각할 수 있다. 많은 교통량을 처리하는 인터체인지의 경우, 많은 투자를 하여 고규격의 설계를 실시하더라도 그로 인해 얻을 수 있는 안전성과 쾌적성에서 생기는 이익으로 충분히 보상을 얻을 수 있으므로, 국민 경제적인 측면에서나 유료도로로서의 채산성 측면에서도 타당성이 인정된다.

국지적인 교통만 통행하는 인터체인지는 설계 수준을 약간 낮게 잡아서 선계해도 무리가 없다. 왜냐하면, 해당 인터체인지를 이용하는 이용자가 인터체인지를 이용하는 횟수가 많아질수록 도로 여건에 익숙해져서 교통 안전상 큰 문제가 적어질 수 있기 때문이다.

이상과 같이 우리나라 인터체인지 연결로의 설계속도 설계기준은 상급 도로와 하급도로의 설계속도에 따라 각각 규정하고 있으나 우리나라 고속도로의 경우에는 대부분 그 영업체계가 폐쇄식으로 운영되어 인터체인지에 영업소가 설치되어 주행속도가 '0' km/h가 되므로 연결로의 설계 속도를 이와 연계하여 검토할 필요가 있다. 그러나 고소도로 상호간을 연결하는 분기점에서는 교통이 연속류란 점을 감안하여 연결로의 설계속도를 검토할 필요가 있다.

5.5.3 연결로의 규격과 횡단면 구성

1 연결로의 규격

1) 연결로 규격의 기준

우리나라 「도로의 구조·시설기준에 관한 규칙」에서 연결로는 다음과 같이 다섯 가지 규격으로 구분되어 있다.
① A규격 연결로 : 길어깨에 중, 대형 자동차가 정차한 경우 세미트레일러 연결차가 통과할 수 있는 기준
② B규격 연결로 : 길어깨에 소형자동차가 정차한 경우 세미트레일러 연결차가 통과할 수 있는 기준
③ C규격 연결로 : 길어깨에 정차한 자동차가 없는 경우 세미트레일러 연결차가 통과할 수 있는 기준
④ D규격 연결로 : 길어깨에 소형자동차가 정차한 경우 소형자동차가 통과할 수 있는 경우
⑤ E규격 연결로 : 길어깨에 정차한 자동차가 없는 경우 소형자동차가 통과할 수 있는 경우

2) 연결로 규격의 적용

연결로 규격의 적용은 교차 접속하는 상급 도로의 구분에 따라 〈표 5.21〉과 같이 정한다.
① 상급도로가 도시 고속도로인 경우에는 표준으로 A규격 연결로를 사용하고, B규격 연결로는 이용 교통량이 비교적 적은 경우에 적용할 수 있다. C규격 연결로는 이용 교통량이 아주 적고 대형차의 출입이 거의 없는 인터체인지에서 하급도로측의 연결로에 적용된다.
② 상급도로가 도시 고속도로인 경우, 일반적으로 연결로가 구조물로 축조되는 일이 많고 소형차의 구성비가 높으며, 용지확보가 어렵다는 점 등을 감안하여 C규격 연결로의 적용을 표준으로 한다. 단 도시지역 및 그 주변이라 하더라도 지방의 간선도로 성격이 짙고, 대형 자동차의 이용이 많을 것으로 예상되는 출입시설의 연결로는 A규격 연결로를 사용하도록 한다.
③ 상급도로가 일반도로인 경우에는 자동차 전용도로에 비하여 일반적으로 본선의 설계속도가 낮으므로 B규격 연결로를 표준으로 사용하도록 한다. C규격 연결로의 적용은 자동차 전용도로의 경우와 마찬가지로 이용 교통량이 아주 적고, 대형 자동차 교통량이 거의 없는 출입시설의 연결로에 이용한다.

④ 소형차도로에서의 연결로는 도로의 성격에 따라 D, E규격 연결로를 사용하도록 한다.

일반도로에서 교통량이 매우 많고 대형 자동차의 통행량이 많은 입체교차에서는 A규격 연결로의 적용도 충분히 검토되어야 하지만 이러한 경우에는 2차로 연결로로 계획되는 경우가 많으므로 일반도로의 표준으로 B규격 연결로를 사용한다.

〈표 5.21〉 연결로 규격의 적용

상급 도로의 구분		적용되는 연결로의 규격
고속도로	지방지역	A규격 또는 B규격
	도시지역	B규격 또는 C규격
일반도로		B규격 또는 C규격
소형차도로		D규격 또는 E규격

2 연결로의 횡단면 구성

1) 개요

연결로의 횡단구성에는 전통적으로 미국방식과 독일방식이 있다.
미국방식은 본선의 경우와 마찬가지로 연결로 차로의 우측에 주차 길어깨를 갖는 비대칭 형식이다. (그림 5.53)
이에 반하여 독일방식은 차로를 중앙에 놓은 좌우 대칭식으로서 인터체인지의 형식과 교통량에 따라 차로폭을 가·감하고 있다. (그림 5.54)
연결로는 통상 방향이 분리된 1방향 1차로가 원칙이며, 이러한 연결로는 고장난 차가 주차할 수 있도록 주차 가능한 길어깨를 설치해야 한다. 또한, 공용되고 있는 연결로의 운용 실태에 의하면 주행차는 곡선 내측으로 주행하는 경향이 강하며, 또한 연결로는 오른쪽으로 굽어지는 것보다도 왼쪽으로 굽어지는 편이 많으므로 자동차가 길어깨를 주행하는 경향을 많이 볼 수 있다.
연결로의 교통량이 많을 경우 2차로 연결로가 사용되지만, 이 경우에는 일반적으로 주차를 위한 길어깨를 설치하지 않는다. 왕복방향의 연결로가 병렬하는 구간에서는 중앙분리대를 설치하여 분류하는 것이 원칙이다. 이것은 본선이 고속도로인 경우 운전자가 왕복 분리되어 있는 도로를 주행해 진행하므로, 연결로 진입시 돌연 비분리되어 있으면 부주의한 주행에 의해 정면 충돌사고 등을 일으킬 위험이 있기 때문이다.

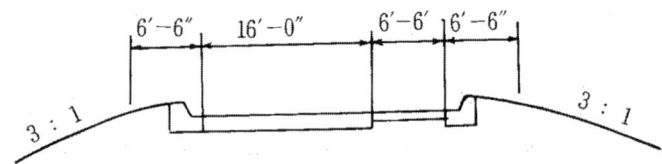

(그림 5.53) 미국의 대표적인 연결로 횡단구성

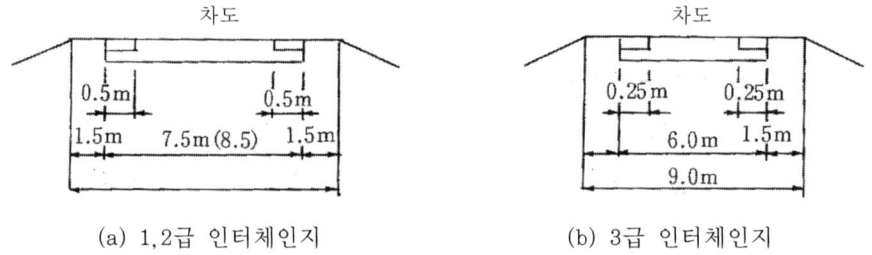

(a) 1, 2급 인터체인지   (b) 3급 인터체인지

(그림 5.54) 독일의 아우토반 연결로 횡단구성

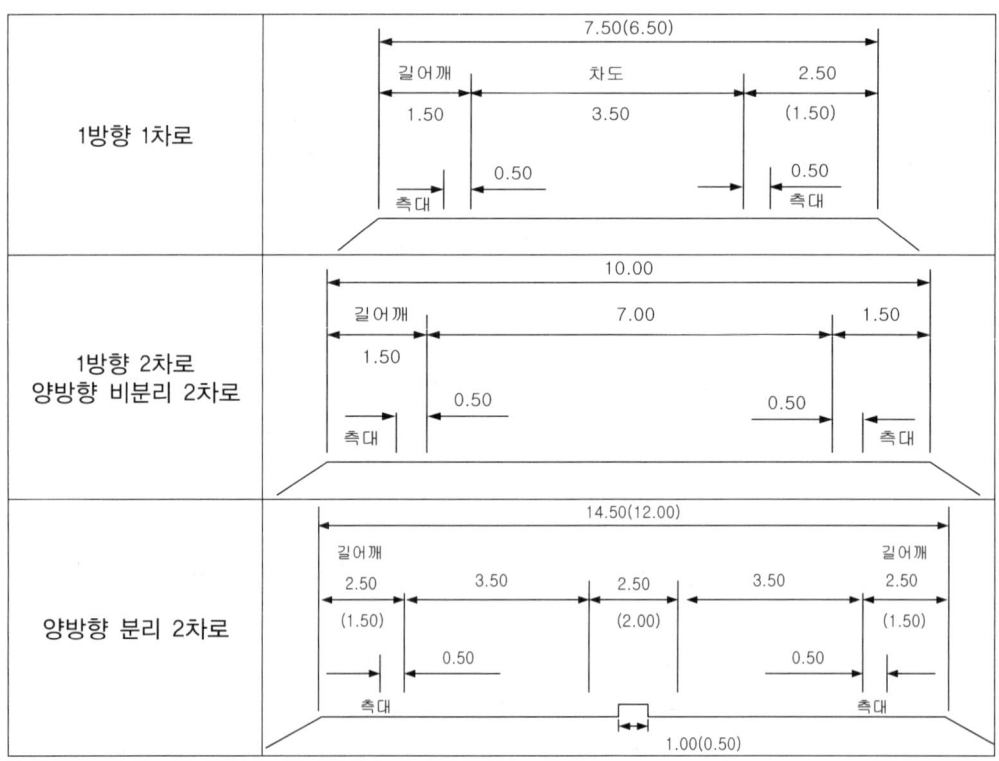

(그림 5.55) A규격 연결로의 횡단면 구성(단위 : m)

2) 연결로의 횡단면 구성

「도로의 구조·시설 기준에 관한 규칙 해설」에서는 미국방식을 채택하고 있으며, 연결로의 규격에 따라 〈표 5.22〉 및 (그림 5.55)~(그림 5.59)와 같이 규정하고 있다.

〈표 5.22〉 연결로의 규격과 폭

	차로폭(m)	길어깨(m)			중앙분리대의 폭(m)	
		1방향 1차로		1방향 2차로 양방향 2차로(좌우동일)	표준	최소
		우측	좌측			
A	3.50	2.50	1.50	1.50	2.50	2.00
B	3.25	1.50	0.75	0.75	2.00	1.50
C	3.25	1.00	0.75	0.50	1.50	1.00
D	3.25	1.25	0.50	0.50	1.50	1.00
E	3.00	0.75	0.50	0.50	1.50	1.00

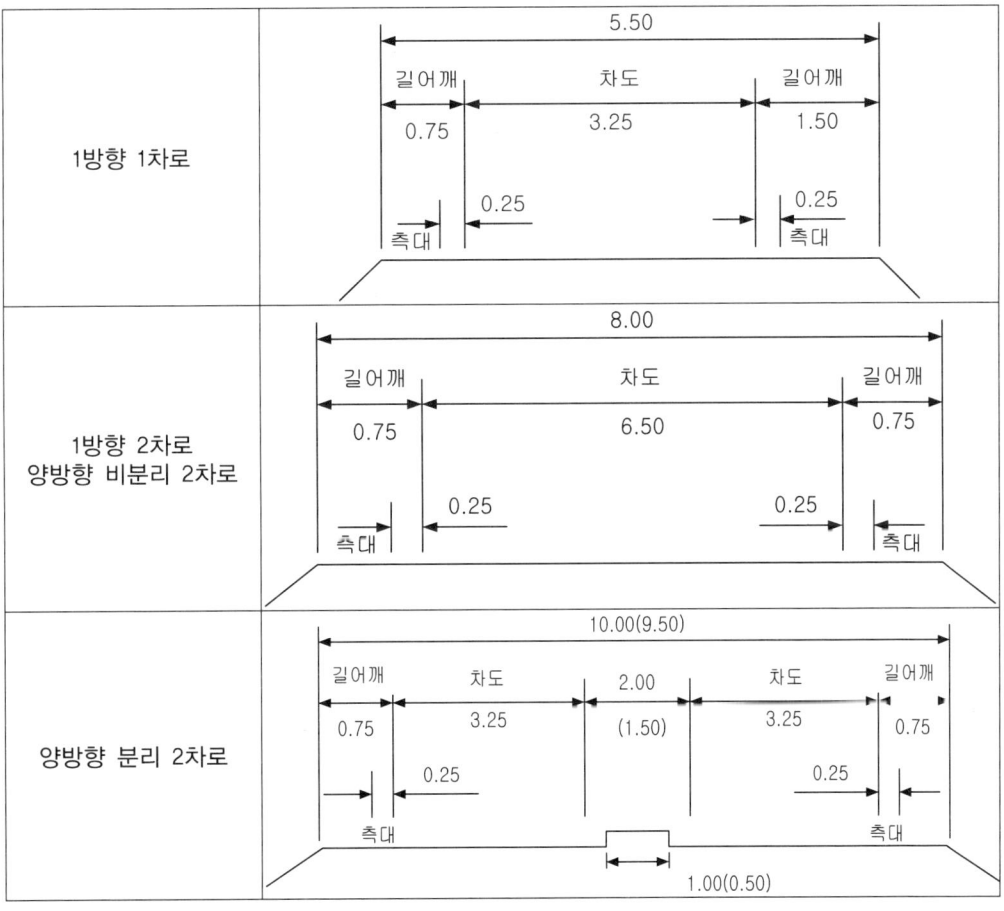

(그림 5.56) B규격 연결로의 횡단면 구성(단위 : m)

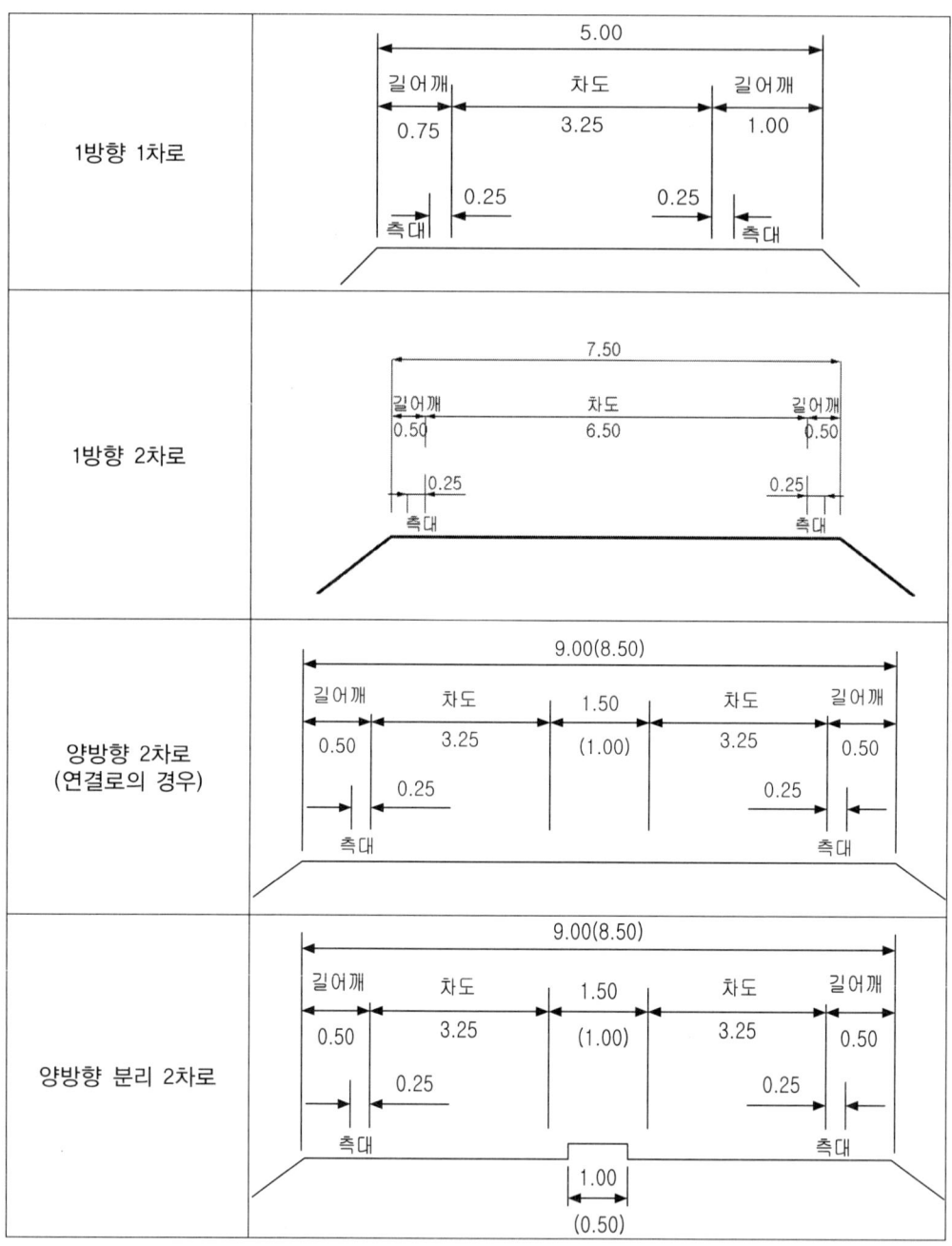

(그림 5.57) C규격 연결로의 횡단면 구성(단위 : m)

3) 적용시 주의사항

연결로의 횡단면 설계시에 주의해야 할 사항은 다음과 같다.
① 도시고속도로에서 A규격 연결로를 적용할 경우 차로 폭을 3.25m로 할 수 있다.

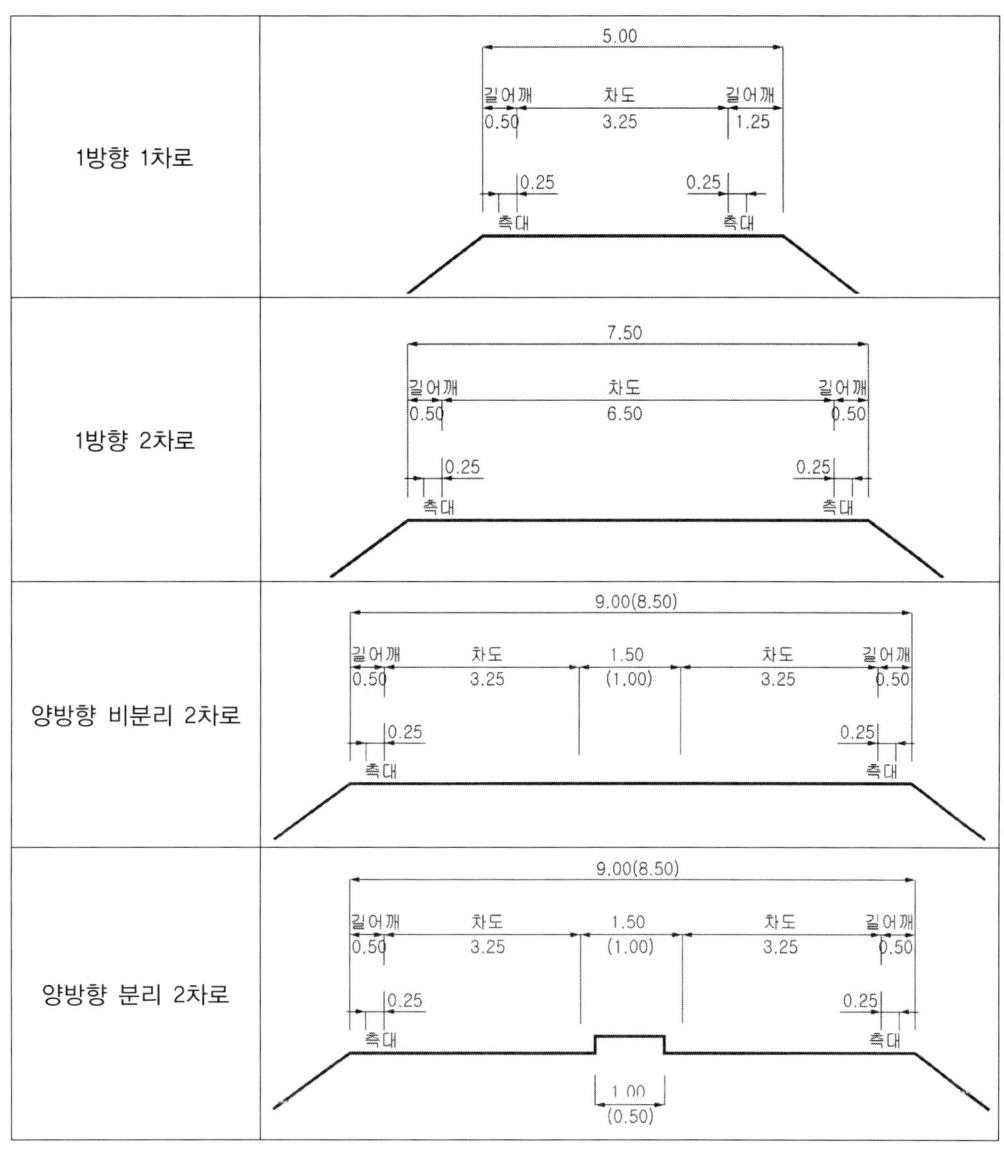

(그림 5.58) D규격 연결로의 횡단면 구성(단위 ; m)

② 연결로의 중앙분리대 폭은 〈표 5.22〉에서 제시한 표준폭을 원칙으로 하고, 구조물 등 공사비가 많이 소요되는 특별한 경우에 한하여 최소폭을 적용한다. 중앙분리대에 설치되는 분리대는 원칙적으로 차도면보다 높은 구조로 한다.

③ 터널, 구조물 등 공사비에 큰 영향을 미치는 구간에서 1방향 1차로의 A규격 연결로를 설치할 경우, 우측 길어깨의 폭을 1.50m까지 줄일 수 있다. 연결로의 길어깨는 원칙적으로 차도와 같은 포장을 한다.

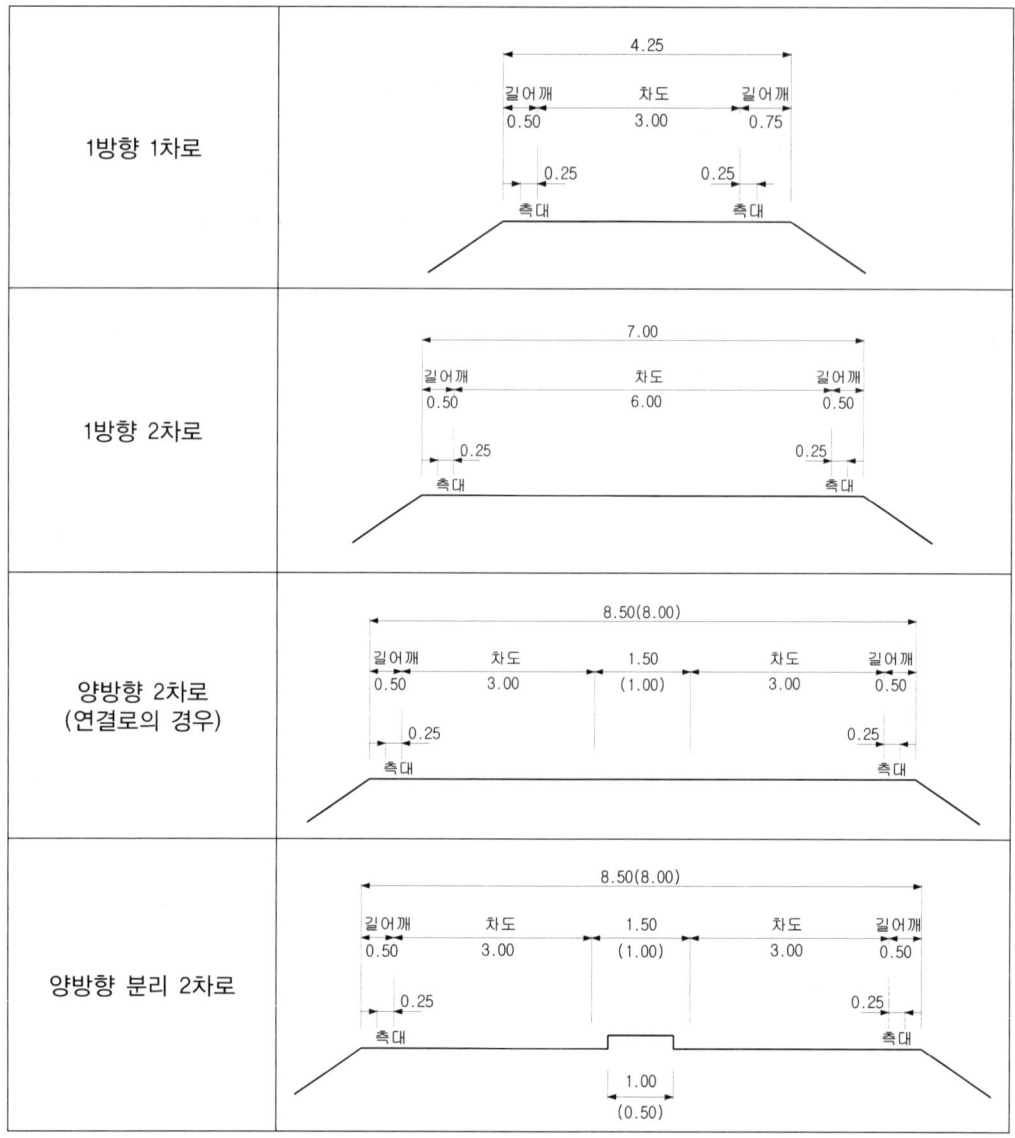

(그림 5.59) E규격 연결로의 횡단면 구성(단위 ; m)

④ 중앙분리대와 길어깨의 측대는, A규격 연결로에는 0.5m, B규격, C규격, D규격과 E규격 연결로에는 0.25m로 한다.
⑤ 분기점에서 연결로의 폭은 본선의 폭과 같이 설계하는 것을 원칙으로 하고, 교통 상황에 따라서 A규격 연결로를 적용할 수도 있다.

4) 우리나라 고속도로의 설계

고속도로의 연결로를 본선의 횡단면 구성과 동일하게 설계할 경우는 고속도로의 통행 특성인 고속교통의 안전하고 원활한 통행을 확보할 수 있고, 본선의 횡단면과 연결로 횡단면간의 일관성 확보 및 합리적인 도로관리가 이루어질 수 있으므로 바람직한 것으로 판단된다. 그러나 공사비를 고려하여 우리나라 고속도로에서는 (그림 5.60)과 같이 설계하고 있다.

③ 연결로의 시설한계

연결로의 시설한계는 「제3.2절」 "시설한계"에 따르되, 차도 중앙분리대 또는 교통섬에 걸리는 부분이 경우는 (그림 5.61)과 같이 적용한다.

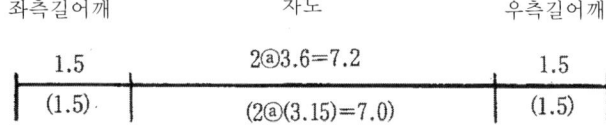

(그림 5.60) 연결로 횡단면의 설계 예(단위: m)

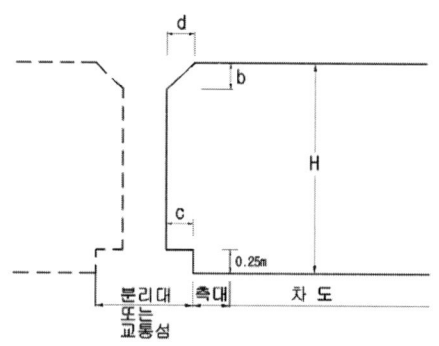

(그림 5.61) 시설한계도

(그림 5.61)에서 H, b, c, d는 각각 다음 값을 나타낸다.

  H : 4.5m
  단, 시공한계는 포장의 덧씌우기 등을 고려하여 0.30m의 여유를 둔다.
  b : H-4.0m
  c : 0.25m
  d : 분리대에 걸리는 것에 대해서는 연결로의 구분에 따라 각각 다음의 표의 값으로 하고, 교통섬에 걸리는 것에 대해서는 0.5m로 한다.

〈표 5.23〉 분리대에서의 가각부 길이

구분		d(단위 : m)
규격	차로수	
A	1차로 2차로	1.00 0.75
B	1차로 2차로	0.75 0.75
C, D, E	1차로 2차로	0.50 0.50

5.5.4 연결로의 시거

연결로에 있어서 필요한 시거는 정지시거이며 그 길이는 식 (5.3)에 의해 구해지지만 동일한 설계속도에 대해서도 주행속도, 반응시간, 종방향 미끄럼 마찰계수의 적용방법에 의해 달라진다.

$$D = \frac{V}{3.6}t + \frac{1}{2gf}\left(\frac{V}{3.6}\right)^2 \tag{5.3}$$

여기서, D : 최소정지시거(m)
V : 주행속도(km/h)
t : 인지반응시간(초)
g : 중력가속도(9.8m/sec^2)
f : 타이어와 노면 사이의 종방향 미끄럼 마찰계수

〈표 5.24〉는 t=2.5초로서 운전자에게 미치는 영향을 고려하여 충분한 안전값을 취하고자 노면 습윤상태에서 속도를 주행속도로 하여 정지시거를 구한 것이다.

〈표 5.24〉 정지시거의 계산(노면이 젖어 있는 경우)

설계속도(km/h)		30	40	50	60	70	80
주행속도(km/h)		30	36	45	54	63	68
종방향 미끄럼 마찰계수		0.44	0.40	0.36	0.33	0.32	0.31
정지시거	계산값	28.9	37.8	53.3	72.3	92.5	105.9
	규정값	30	40	55	75	95	110

평면곡선의 설계에서는 곡선반경의 내측에 시거를 확보할 수 있도록 설계상에서 고려해야 한다. 시거의 곡선부 내측의 차로 중심선상 1.0m의 높이로부터 전방의 0.15m 높이의 물체를 한눈에 볼 수 있는 거리를 확보하지 않으면 안 된다. (그림 5.62) 시거를 방해하는 것으로서는 구조물의 교각, 옹벽, 터널벽면, 절토법면 등이 있으며, 시거가 확보될 수 있도록 그 장애물 설치 시에 고려해야 한다.

교량의 난간, 가드레일 등도 시거를 방해하는 것으로서 고려의 대상이 되고 있으나, 난간 등이 1.0m 미만의 높이일 경우, 전방의 자동차는 난간 위에서 한 눈에 볼 수 있으므로 높은 벽이 있는 경우와 동일하게 생각하여 후퇴시킬 필요가 없다.

시거확보를 위한 시선과 내측 차로 중심선과의 간격의 최대치 S는 식 (5.4)로부터 구할 수 있다.

$$S = R\left(1 - \cos\frac{\theta}{2}\right) = R\left(1 - \cos\frac{1}{2R}\right) \fallingdotseq \frac{D^2}{8R} \tag{5.4}$$

여기서, S : 내측 차로 중심선으로부터 시선까지의 최대시거(m)
R : 내측차로의 곡선반경(m)
θ : 내측차로의 곡선반경(m)
D : 시거(m)

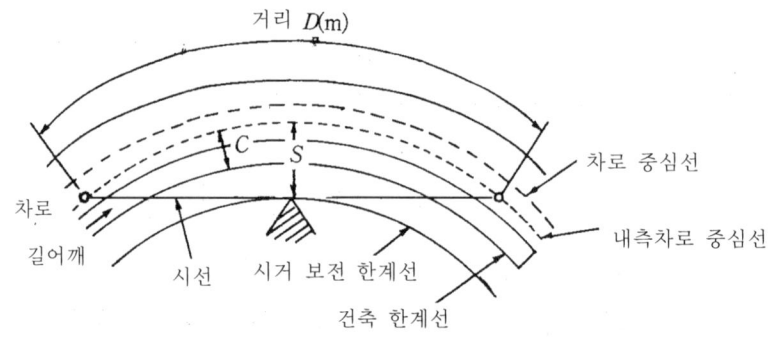

(그림 5.62) 시거를 잡는 방법

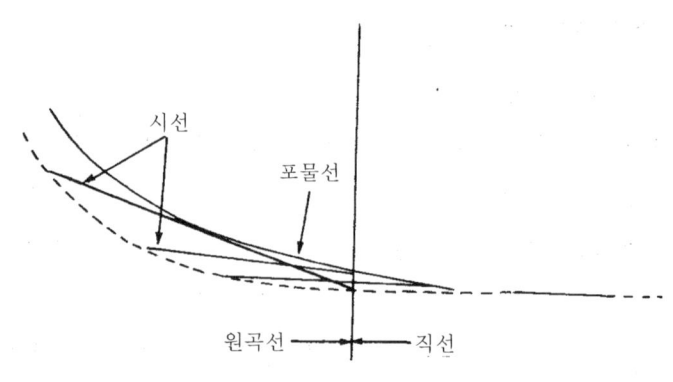

(그림 5.63) 시거확보의 검토

S를 확보하려 할 때 내측 차로 중심선으로부터 건축 한계선까지의 거리(여유폭) C는 고정되어 있으므로 실제로 장애물을 후퇴시킬 양은 S-C이다. 따라서 S가 C보다 작게 되는 반경의 경우는 특히 시거확보를 생각하지 않아도 좋다.

어떤 연결로 횡단구성과 설계속도가 부여되었을 때는 미리 좌로 굽는 경우와 우로 굽은 경우 쌍방의 경우에 대하여 시거를 확인할 필요가 있는 최소반경을 구해 놓고, 그 수치 이하의 반경이 발생할 경우 시거확보를 검토하면 좋다.

시거의 계산은 양단이 결국 원곡선상에 있는 경우의 계산이므로, 시선의 한 방향 또는 양방향이 완화곡선상과 직선상에 있는 경우 도상에 포물선을 그어 검토하는 것이 좋다. (그림 5.63)

종단곡선 상에의 설계한계치는 종단적인 시거의 확보를 위하여 정해져 있으므로, 설계상 특별히 고려하지 않아도 좋다. 인터체인지에서는 합류, 분류가 많으므로 다른 인접 차로와의 횡방향의 시거확보가 필요하며, 또한 루프에서는 진로를 잘 알 수 있도록 시거를 계산치 이상으로 충분히 확보하는 것이 중요하다.

루프 내에 시거가 불량한 작은 산과 밀집된 수림이 존재하는 경우, 운전자는 자주 방향과 속도감각을 상실하게 된다.

5.5.5 연결로의 평면선형

1 전이구간의 평면선형 설계

인터체인지의 기하구조 설계가 도로 일반부와 다른 특징은 합분류 현상을 수반하는 것과 연결로 부분에서 속도변화를 수반하는 것이다. 연결로는 일반적으로 짧고 그 양단에서 고속도로 본선에 접속하거나 혹은 정지해야 하는 교차부에 연결된다. 연결로 접속부의 감속차로에서는 그 길이가 본선의 주행속도로부터 연결로 속도까지 감속하는데 충분한 거리가 확보되어 있으며, 가속차로에서도 합류부의 연결로 속도로부터 본선에 유입하는 안전속도까지 가속하는 데 충분한 길이가 확보되어야 한다.

인터체인지의 교통운용의 실정을 보면, 운전자는 유출시에 연결로 설계 속도보다는 빠른 속도(60~80km/h)로 달리는 경향이 있다. 한편 유입시에도 운전자는 노즈의 바로 앞으로부터 벌써 가속하려는 경향이 있다. 이러한 관점에서 가속, 감속 어떤 경우도 분기단에 접하는 연결로가 있는 일정구간은 전이구간으로서의 설계를 하지 않으면 안 된다.

다이아몬드형과 같은 직선적인 연결로와 비교적 큰 평면선형이 취해지는 경우는 별 문제가 없으나 루프 연결로의 경우처럼 한계반경에 가까운 노즈 근방에서 접속하지 않으면 안 될 때는, 그 사이 전이구간의 설계가 특히 문제가 된다. 전이구간의 평면선형의 설계법은 종종 있으나, 그 기본의 노즈 가까이에 작은 반경을 접속시키지 않고 가감속, 특히 감속의 경우에 충분한 여유를 주어야 한다.

일본의 도로기하구조 요강에서는 이와 같은 고려하에 유출부의 노즈보다 후방의 일정 구간에서 거리에 대해 최소반경을 규정하고 있다. (그림 5.64)의 횡축에 감속차로의 차로폭 확보점으로부터 임의점까지의 거리를 잡고, 종축에 그 점에서의 최소반경을 설계속도마다 나타내고 있다. 이 그림은 감속차로에의 진입속도를 취하여, 노즈 통과속도와 감속도 등을 판정하여 계산한 〈표 5.25〉를 기초로 나타내었다. 이 그림에 의하면 설계속도 100km/h의 경우에는 감속 차로의 길이가 90m이면 노즈 지점에서는 반경 200m 이상을 확보하여야 하며, 연결로 최소 반경이 50m이면 그 시점은 감속 차로폭 확보점

A로부터 적어도 150m 이상, 즉 노즈보다 적어도 60m 후퇴시키지 않으면 안 된다.

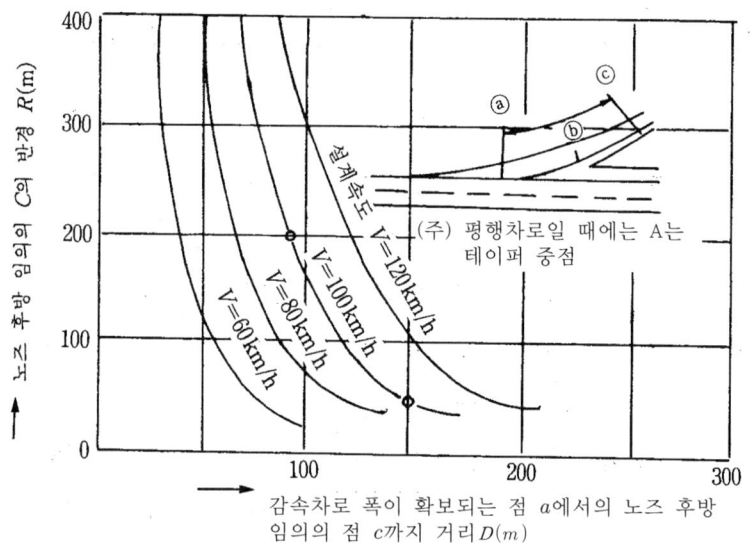

(그림 5.64) 노즈 후방 임의점의 반경 R과 거리 D와의 관계(일본 기하구조 요강)

〈표 5.25〉 노즈 후방 임의점의 반경의 규정계산(일반기하구조 요강)

설계속도 (km/h)	노즈 통과속도 (km/h)	노즈의 최소반경 i=0.01 f=0.1(m)	연결로 최소반경(m)	감속도 (m/sec^2)	b~c간 거리(m)
120	60	250	40	1.0	100
100	55	200	35	1.0	80
80	50	170	30	1.0	70
60	40	100	25	1.0	40

또 노즈 부근에 클로소이드 곡선을 사용하는 경우 파라미터의 크기를 일본구조 요강에서는 〈표 5.26〉과 같이 정하고 있으나, 이 표의 절대 최소치는 (그림 5.64)에 대한 최소치이다.

〈표 5.26〉 노즈 부근에 사용하는 클로소이드 파라미터(일본구조요강)

설계속도(km/h)	절대 최소(m)	표준최소(m)
120	70	90
100	60	70
80	50	60
60	40	50

이와 같이 노즈 부근에서 클로소이드의 파라미터 크기는 원곡선 최소반경의 1.5~2배에 달하는 것으로서 이 사이의 접속방법은 충분한 검토가 필요하며, 접속하는 최소반경이 비교적 크면 단일의 클로소이드와 직결시키는 방법도 있다(그림 5.65(a)). 이 경우는 클로소이드의 파라미터와 원곡선 반경의 관계는 보통의 경우와 달리 A=1~1.5R정도까지 허용된다.

이 경우 클로소이드의 파라미터가 작으면 노즈 부근의 반경이 작아질 뿐 아니라 노즈에서의 합분류각이 커지며, 이것은 길어깨가 넓을 때 특히 현저하다. 또한 합류, 분류 어떤 경우도 고속도로 인터체인지에서는 바람직하지 않다.

따라서 일시정지를 해야 하는 일반도로에 출입할 경우를 별도로 하면, 단일 클로소이드의 경우 파라미터의 크기는 유입, 유출 모두 표준 최소 70m, 절대 최소 60m로 해야 한다. 이것으로부터 역산하면 원곡선 반경은 40~50m가 된다. 이 이하의 최소반경을 이용하게 되면 R과 A와의 비가 한층 크게 되어 주행상 적당하지 않다. 따라서 작은 곡선반경과 노즈 부근의 큰 클로소이드를 연결하기 위해서는 중간에 원곡선을 삽입시킨 난형 (그림 5.65(b))과 두 개의 클로소이드를 연속시킨 복합 클로소이드를 이용하는 것이 적당하다.

복합 클로소이드와 같은 복잡한 선형을 사용하는 것은 오히려 연결로의 주행 실태에 일치하는 바람직한 방법이다. 복합 클로소이드 위에서의 원심 가속도의 변화는 (그림 5.66)과 같이 노즈 부근에서 완만하고 그 전방에서 급하게 된다.

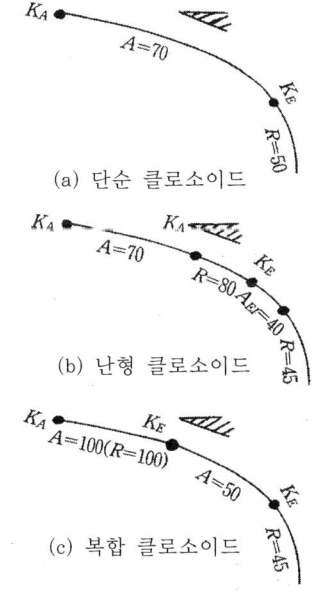

(a) 단순 클로소이드

(b) 난형 클로소이드

(c) 복합 클로소이드

(그림 5.65) 전이구간의 평면선형

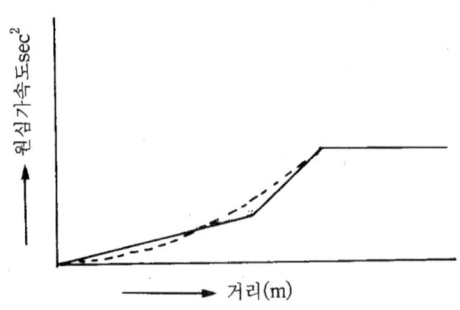

(그림 5.66) 복합 클로소이드의 원심가속도 변화

이것은 이 구간에서 속도가 점차 변할 때, 일정한 감속이 되고 또한 원심 가속도의 증가율이 일정하게 되는 것과 같은 상태(그림의 점선)와 거의 유사하다.

독일 아우토반의 유출부에서 「제동곡선」으로서 복합곡선을 사용하는 것을 추천하고 있으며, 〈표 5.27〉과 같은 값을 나타낸다. 여기에서 $n = V_o / V_n$으로, V_o는 본선 설계속도이다.

〈표 5.27〉 아우토반 유출구의 표준 제동곡선의 수치

n	R_n	A_1	A_2	R_s
3.0	20~30	100	30	140
2.5	30~50	120	40	190
2.0	50~70	130	60	225
1.75	70~90	135	70	265
1.50	90~150	135	80	300

※ 주 : $n = V_o/V_n$, R_n : 최소반경, A_1 : 처음 클로소이드의 파라미터, A_2 : 뒤의 클로소이드의 파라미터, R_s : A_2의 접속반경

V_n은 연결로의 설계속도이며 R_n은 접속 최소반경이다. 최소반경의 값에 따라 두 개의 클로소이드의 파라미터가 변화하고 있고 본선으로부터는 큰 반경으로 길이 150~200m의 테이퍼에 의한 확폭을 행하여 그 전에 제동곡선이 접속되는 설계로 되어 있다.

이러한 속도 변화가 요구되는 전이구간의 설계곡선을 한층 완화한 것으로서 독일에서는 대수(對數)나선을 이와 같은 곡선으로 이용하는 것이 제안되고 있다. 또 마코-네르에 곡선 등도 연구의 대상이 되어 이후 개발이 기대된다.

현재의 설계단계에서는, 클로소이드를 잘 이용하는 것이 그 해결책이나, 〈표 5.27〉의 독일 표준도는 유용한 지침이다. 유입·유출 모두 A_1과 A_2의 비는 2~3배, A_1의 R_n에

대한 비는 1~1.3배 정도가 일반적으로 이용되고 있다. 유입부에서는 노즈 부근에서 작은 클로소이드 파라미터를 이용하면 노즈에서의 유입각이 너무 크게 되어 유입자동차가 가속차로를 이용하지 않고 직접 본선으로 유입할 위험이 있다.

2 최소 평면곡선 반경

1) 표준 최소 원곡선 반경

최소 원곡선 반경은 최대 편경사의 값과 최대 허용 횡방향 미끄럼 마찰계수(횡방향 가속도의 크기)를 이용하여 각 설계속도마다 구할 수 있다.

이 때 횡방향 미끄럼 마찰계수는 설계속도에 따라 〈표 5.28〉을 기준으로 하여 구한 최소 원곡선 반경은 〈표 5.29〉에 나타낸다.

2) 특례 최소 원곡선 반경

연결로의 선형은 건설비, 지형, 지물, 용지취득 등의 조건에 의하여 제약되는 경우가 많으며, 또 연결로를 주행하는 자동차의 운전자들은 본선을 주행할 때와 달리 조심스런 운전 형태를 보이므로 최소 원곡선 반경의 특례값을 규정하여 경제적인 건설이 이루어질 수 있도록 하고 있다.

일반적으로 운전자는 연결로 상에서 주행할 때, 본선상을 주행할 때보다 큰 원심력이 작용할 것으로 예상하므로, 특례값을 구하는데 적용한 횡방향 미끄럼 마찰계수는 표준값을 구하는데 적용한 값보다 0.02~0.10정도 큰 값을 채택하였다.

〈표 5.28〉 횡방향 미끄럼 마찰계수(t)의 비교

설계속도(km/h)	80	70	60	50	40	35	30	20
표준값	0.12	0.13	0.14	0.15	0.16	0.16	0.16	0.16
특례값	0.16	0.15	0.20	0.22	0.25	0.26	0.29	0.16

〈표 5.29〉 연결로의 최소 원곡선 반경

설계속도(km/h)		80	70	60	50	40	30	20
최소원곡선 반경(m)	표준	280	200	140	90	60	30	15
	특례	230	180	110	70	40	20	15

③ 완화곡선

1) 완화곡선의 크기

곡선과 직선 혹은 반경이 다른 곡선간은 완화곡선으로 연결되어 곡률을 점차 변화시킨다. 완화곡선에서는 일반적으로 클로소이드 곡선이 사용된다. 접속되는 반경에 따라 클로소이드의 파라미터를 어느 정도 크기의 것으로 잡을 것인가는 다음의 세 가지 조건으로부터 결정된다.
① 원심 가속도의 변화율을 기준 제한치 이하로 할 것.
② 필요한 편경사의 접속설치 길이가 얻어질 것.
③ 시각적으로 주행하기 양호한 선형으로 할 것.

직선부에서는 횡방향의 원심 가속도는 0이나 원곡선부에서는 원심 가속도가 작용하며, 그 변화점에서 급격히 가속도가 늘어나면 생리적으로 불쾌하므로, 서서히 가속도를 변화시키지 않으면 안된다. 그 변화율의 값과 클로소이드의 파라미터와의 사이에는 다음과 같은 관계가 없으면 안 된다. 그 변화율의 값과 클로소이드의 파라미터와의 사이에는 다음과 같은 관계가 있다.

원곡선부에서 원심가속도 $\quad a = \dfrac{V^2}{3.6^2 R}$ (5.5)

완화구간의 주행 시간 $\quad t = \dfrac{3.6L}{V}$ (5.6)

$$p = a/t = \dfrac{V^2}{3.6^2 R} \bigg/ \dfrac{3.6L}{V} = \dfrac{V^3}{3.6^3 LR}$$

$$A = \sqrt{LR}$$

$$A = \left(\dfrac{V^3}{3.6^3}\, p\right)^{1/2} = \left(\dfrac{V^3}{p}\right) \bigg/ 0.146$$

여기서, a : 원심가속도(m/sec²)
R : 원곡선 반경(m)
L : 완화곡선 길이(m)

p : 원심가속도 변화율(m/sec³)
V : 속도(km/h)
t : 주행 시간(초)
A : 클로소이드의 파라미터

위 식을 이용하여 구한 클로소이드의 최소 파라미터는 〈표 5.30〉과 같이 추천한다. 〈표 5.30〉에서 원심가속도 변화율은 미국 AASHTO 설계기준의 값을 참고하여 설정하였다. 연결로의 경우 원심가속도 변화율로 AASHTO에서는 설계속도 80km/h에 대해 0.60m/sec로 설계속도 32km/h에 대해 1.22m/sec³까지 점점 높아지는 값을 채택하고 있다.

편경사의 접속설치 길이가 최소 파라미터로 설계한 클로소이드 곡선의 길이보다 길 경우, 완화곡선의 길이는 편경사 접속설치 길이로 한다.

〈표 5.30〉 클로소이드 곡선의 최소 파라미터 계산

설계속도(km/h)		80	70	60	50	40	35	30	25
원심 가속도 변화율(m/sec³)		0.60	0.75	0.90	1.05	1.15	1.20	1.25	1.30
최소 파라미터	계산값	135.2	99.0	71.7	50.5	34.5	27.7	21.5	16.1
	추천값	140	100	70	50	35	30	20	15

2) 완화곡선의 생략

어느 정도 이상의 곡선 반경을 가진 원곡선부에서는 곡선 앞뒤의 직선부 및 원곡선 내에서 완화주행이 가능하므로 완화곡선을 반드시 설치할 필요가 없다. 완화곡선을 생략할 수 있는 원곡선 반경은 원만한 핸들 조작에 필요한 조건으로 구하지 않고, 자동차가 〈표 5.31〉의 최소 파라미터를 가진 곡선상에서 주행할 때 이정량 S가 0.20m인 곡선반경을 구하고 여유를 두기 위하여 그 값을 약 두 배한 값을 완화곡선을 생략할 수 있는 곡선반경으로 추천한다. 완화곡선을 생략할 수 있는 곡선반경을 구하는 계산식과 계산 결과는 다음과 같다.

$$S = \frac{1}{24} \cdot \frac{L^2}{R} \quad (5.7)$$

식 (5.5)에서, 클로소이드 식은 $A^2 = RL$ 을 대입하면,

$$S = \frac{1}{24} \cdot \frac{A^4}{R^3}$$

위 식을 곡선반경 R에 대해서 정리하면,

$$R = [A^4 / (24S)]^{\frac{1}{3}} = A \div 1.687 \text{ 과 같다.} \tag{5.8}$$

여기서, S : 이정량(0.20m)
R : 원곡선 반경(m)
A : 클로소이드의 최소 파라미터
L : 클로소이드 곡선의 길이(m)

〈표 5.31〉 완화곡선을 생략할 수 있는 최소 원곡선 반경 계산

설계속도(km/h)		80	70	60	50	40이하
최소 파라미터	계산값	135.2	99.0	71.7	50.5	34.5
최소 원곡선 반경	계산값	411.5	271.5	176.7	110.7	66.7
	추천값	800	550	350	220	140

3) 편경사의 접속설치 길이

일반적으로 편경사의 접속설치를 완화구간의 전 구간에 걸쳐 설치한다. 이 경우 편경사의 접속설치율에서 필요로 하는 완화구간의 길이가 앞의 항에서 설명한 완화곡선의 길이보다 더 길 경우 본선의 "편경사 접속설치"에 따른다.

4 트럼펫형 인터체인지의 평면 선형설계

트럼펫형 인터체인지는 요금소 설치가 타형식에 비해서 쉬우므로 유료도로에서 일반적으로 많이 적용된다. 트럼펫형의 선형 설계상의 요점은 그 형태상의 특징인 루프와 그 외측에 접하는 S형 연결로를 상호 조화시켜, 어떤 연결로에 있어서도 바람직한 모양을 얻는 것이다. 트럼펫형에서는 기본형식으로 루프를 유입측에 사용하는 A형과 루프를 유출측에 사용하는 B형이 있으며, 선형상의 특징별로는 단순원형과 난형이 있다. 단순원형이라는 것은 루프의 원이 가지는 교각의 거의 180° 정도이며, 이것에 외접하는 S형 연결로가 루프의 최소반경에 따라 결정되는 경우를 가리킨다(그림 5.67(a)). 난형(계란형)이라는 것은 루프가 대소 2원으로 구성되며, 외접하는 S형 연결로가 루프 소원

(작은원)에 직접 결정되지 않도록 하는 모양으로 된 것을 가리키고 있다(그림 5.67(b)). 위의 형태 등은 A형, B형 어떤 경우에도 가능하며, 이러한 것들은 어떤 식으로 적용하여 어떠한 최적의 선형을 얻을 수 있는가가 설계의 성패를 결정하는 열쇠이다.

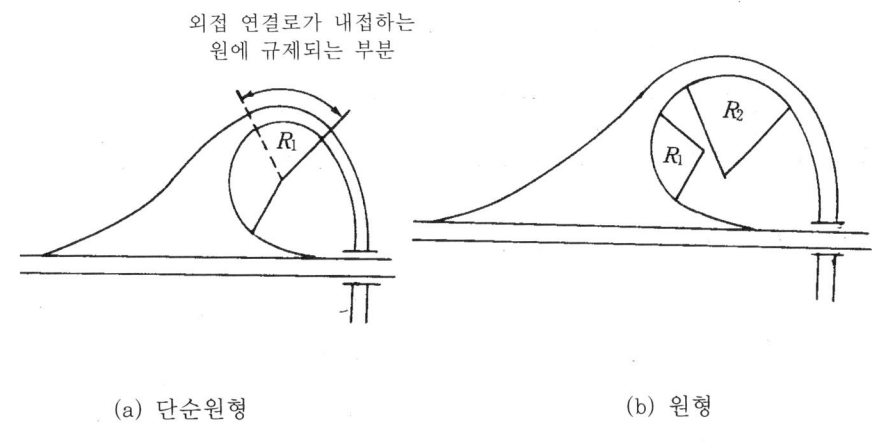

(a) 단순원형   (b) 원형

(그림 5.67) 트럼펫 루프의 선형

일본의 메이신고속도로에서 조사한 트럼펫형을 구성하는 루프 연결로와 S형 연결로에 대한 사고율을 도시한 것이 (그림 5.68)이다. 이것을 보면 트럼펫 A형의 사고율은 유출, 유입 모두 B형 보다 높으며, 주로 주행속도가 원인이 됨을 알 수 있다.

같은 고속도로의 트럼펫형에 있어서 주행속도와 선형의 관계조사에 의하면, (그림 5.69)에서 볼 수 있듯이 유출연결로의 구간에서는 서로 상당한 상관성이 있는 곡선반경이 작아지면 그 만큼 주행속도는 낮아져 있으나 유입 연결에서는 그와 같은 대응관계를 볼 수가 없다.

유출연결로에서는 순수한 주행 역학적인 측면에서 주행되므로 루프 연결로와 같이 속도를 떨어뜨리는 시각적 효과가 큰 곳에서 운전자는 자연스럽게 감속하여 사고도 적다. S형 연결로는 속도가 높으므로 변곡선 부근의 선형이 나쁘면 사고로 이어지기 쉽다.

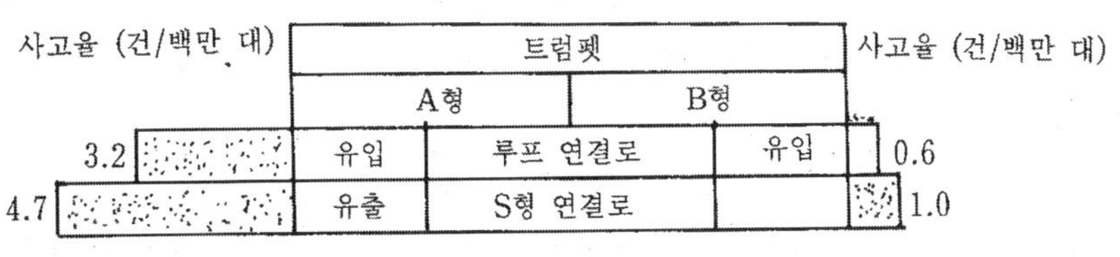

사고율 (건/백만 대)	트럼펫		사고율 (건/백만 대)
	A형	B형	
3.2 유입	루프 연결로	유입	0.6
4.7 유출	S형 연결로		1.0

(그림 5.68) 트럼펫 A형과 B형의 사고율 비교(일본 메이신고속도로)

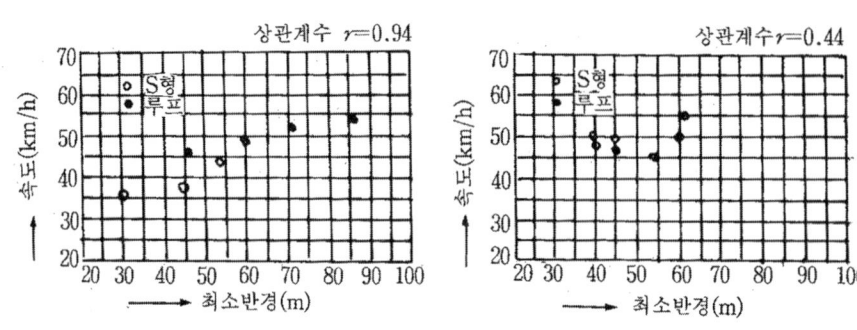

(그림 5.69) 주행속도와 최소반경의 관계(일본 메이신고속도로)

일방향 유입연결로에서 운전자는 고속도로에 진입하기 전에 심리적으로 준비를 하며, 직접 주행하고 있는 곡선반경보다도 시계와 유입부까지의 거리를 판단하여 속도를 조정하고 있다고 볼 수 있다. 따라서 유입부 직전에 작은 반경이 있는 것은 운전자에게 심리적으로 좋지 않아 사고율도 높아진다.

이상의 문제점들을 충분히 이해한 뒤에 설계를 하면 A형이든 B형이든 각각 안전성이 높은 설계가 가능함과 동시에 기존의 사고 데이터처럼 항상 A형보다 B형이 보다 더 우수하다고 생각되지 않는다. 교통량이 적은 측에 루프를 이용한다고 하는 형식 선정상의 일반 원칙이지만, 각각의 조건에 적합한 형식 선정과 선형설계를 해야 할 것이다.

1) 트럼펫 A형의 설계

트럼펫 A형에서 루프는 유입측에 사용되지만, 여기에 단순원형을 사용하는 경우 이 루프에 외접하는 유출의 S형 연결로에는 내측 루프의 최소반경에 접하는 부분이 생기며, 이 최소반경이 작으면 S형 유출 연결로를 주행하여 온 자동차는 반전하여 갑자기 작은 반경을 만나게 되고 이 경우 속도를 (그림 5.70)과 같이 급히 감속해야 하므로 사고의 원인이 될 수 있다.

고속도로에서 유출시 S형 연결에서는 변곡점 이전의 시작 반경은 최소가 100m이나 가능하면 120m를 확보하는 것이 좋고, 또한 변곡점 후의 최소반경 부분은 최소 60m이나 가능하면 70m로 하는 것이 바람직하다.

따라서 외측의 최소반경을 60m로 정하면, 그 부분의 내접 루프 반경은 약 55m가 되고 (그림 5.71)과 같이 단순원형을 사용하면, 이 반경이 루프의 최소반경이 된다.

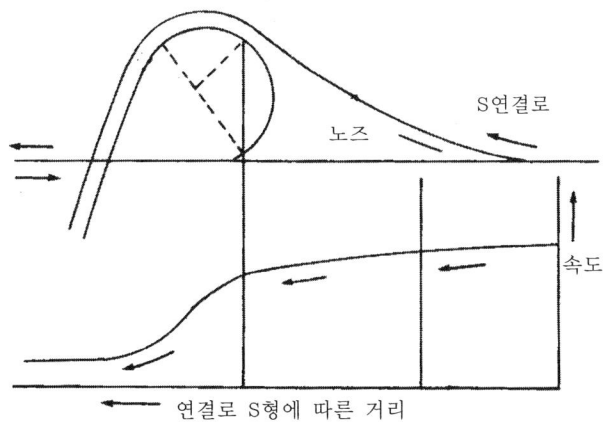

(그림 5.70) S형 유출 연결로의 속도

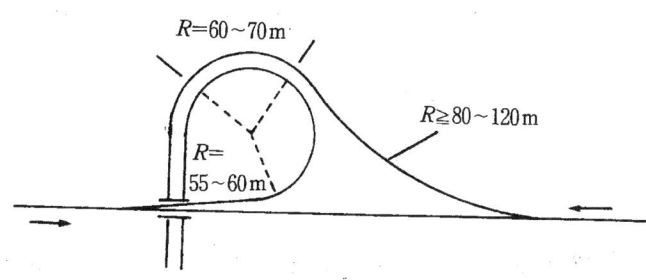

(그림 5.71) 단순원형의 A형 트럼펫의 대표적인 설계치

루프의 최소곡선 반경이 55m~60m정도라면 단순원형으로 설계한다 해도 큰 문제는 없을 것으로 판단된다. 그러나 루프의 최소반경은 설계속도 40km/h에 대하여는 45m 까지 허용되고 있으며, 설계속도가 낮으면 반경 35~25m에 15m(설계속도 25km/h의 경우)까지 허용되기도 한다. 이와 같이 반경이 작은 유입 루프에 이용하여 단순원형으로 설계한다면, 외접하는 S형의 유출 연결의 최소 반경도 이것에 접속하여 매우 작아지게 된다. 반경이 작은 S형의 유출 연결로에 이용하는 것은 유출 자동차의 주행 안전성에 문제가 있을 수 있다.

유입 루프의 최소반경을 작게 하고, 또한 유출 S형의 선형도 어느 한도 이상 크게 하기 위해서는 루프에 난형을 이용하고, S형 연결로에서는 루프의 최소반경 부분을 직접 접속시키지 않도록 해야만 한다. 이것은 전체면적을 적게 하고 유입, 유출 모두 주행성이 좋은 선형을 얻기 위한 방법이다.

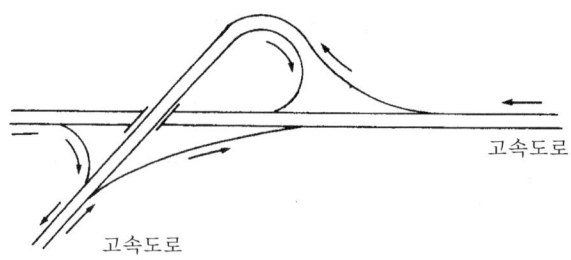

(그림 5.72) 고속도로 분기에 트럼펫 A형을 이용하면 차는 루프에서 고속으로 주행하게 됨

그러나 이러한 경우 루프 난형의 모양은 일정한 조건으로 설계하지 않으면 안된다. 원래 A형의 결정에는 유입 루프에 자동차가 너무 높은 속도로 진입하는 문제가 있다. 고속도로 상호간 분기부에서 A형 트럼펫을 이용하면, 분기측으로부터 진입하여 온 자동차가 본선합류부 가까이에서 갑자기 작은 반경을 만나기 때문에 교통상 위험하며, 허용해서는 안 되는 것으로 되어 있다. (그림 5.72)

일반적인 고속도로 출입 인터체인지의 경우에서도 톨게이트를 통과하여 온 자동차는 연결로의 선형이 좋으면 이미 고속도로에 들어간 것과 같은 심리적 해방감으로 인해, 정해진 속도보다 높은 속도로 루프에 돌입하는 경향이 있다.

연결로에 높은 속도로 진입하여도 안전하기 위해서는, 루프 반경이 큰 경우이거나, 또는 반경이 작은 경우라도 그것에 도달하기 직전에 속도를 떨어뜨리게 만드는 설계를 하지 않으면 안 된다. 이 점에 있어서, 앞의 단순원형의 반경이 55~60m라면 특별한 문제는 없다. 그러나 난형으로 할 경우에는 큰 원과 작은 원의 비는 1.5배에서 최대 2배까지 해야 한다. (그림 5.73(a)) 표준적인 유입부 난형 루프에서 큰 원 반경의 최소를 50~55m로 한다면 작은 원의 최소는 3.5m로 생각할 수 있다.

저급 인터체인지 등에서 유입 루프의 최소반경을 한층 작게 할 필요가 있을 때는, 큰 원에 들어가기 전에 하나 더 작은 반경을 삽입하여, (그림 5.73(b)) 미리 속도를 떨어뜨리게 하는 방법이 필요하다. 이 경우는 R_1과 R_2의 값을 결정할 때 외접하는 유출 연결로의 반경이 너무 작아지지 않도록 주의해야 한다.

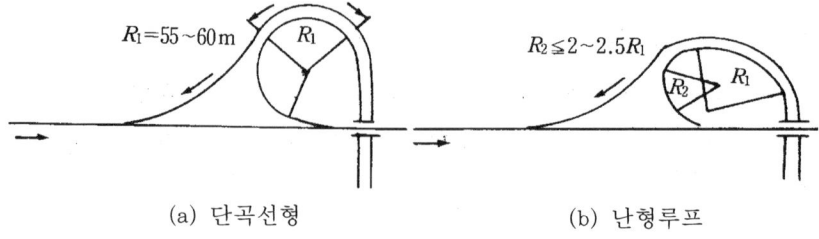

(a) 단곡선형   (b) 난형루프

(그림 5.73) 난형 루프 설계시 트럼펫 A형의 선형

2) 트럼펫 B형의 설계

B형에서 루프는 유출측에 사용되지만 유출 노즈부터 전이구간의 설계가 충분하다면, 안전하고 또한 주행성이 좋은 선형이 얻어진다. 유입의 경우와 마찬가지로 최소반경이 55~60m정도로 되어 있다면, 루프를 단순원형으로 하는 것은 문제가 없다(그림 5.74(a)). 단순원형일 경우에는 외접하는 유입 S형 연결로는 직접유출 루프의 최소반경에 규제를 받지만 이 정도의 반경이라면 유입 연결로의 주행에도 특별한 영향은 없을 것으로 판단된다.

유출 루프의 최소반경을 아주 작게 했을 때는 단순원형에서는 유입측의 S형 연결로의 곡선 반경이 작게 될 뿐 아니라, 유출측에서도 작은 단일반경으로 커다란 교각을 회전하는 것이 쉬운 것은 아니다. 따라서 유출 루프의 최소반경을 50m 이하로 할 때는, 난형으로 하는 편이 좋고 반경을 작게 하여 난형으로 하는 경우, 작은 원과 큰 원(유출 연결로에서 소원의 뒤로 나타나는 대원)과의 반경의 비는 2~2.5배 정도라면 일단 감속이 이루어진 후에 있으므로 특별한 지장은 없을 것으로 판단된다. 또한, 유입 S형 연결로의 선형도 좋아진다(그림 5.74(b)).

본선의 유출단으로부터 최소반경에 이르기까지 원활한 감속을 할 수 있도록 전이구간을 설치하는 것은 당연하지만, 고속도로에서는 최소 40m이하의 반경은 유출부에 사용하지 않는 편이 안전하다. 이러한 작은 반경을 사용하지 않으면 안 될 때 루프는 유입부에 사용하는 A형을 선택해야 할 것이다.

유출 루프의 최소반경이 작고 또한 연결로가 고가로 되어 분기단을 잘 식별할 수 없는 B형 트럼펫인 경우 사고가 발생하는 예가 많다. 이상을 총괄하여 고속도로의 트럼펫형의 설계에 대하여 일반적으로 다음과 같은 사항을 들 수 있다.

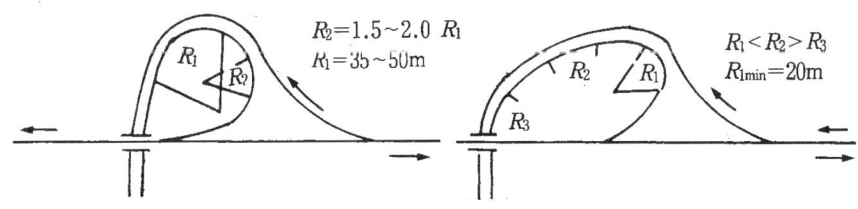

(a) 표준 난형 루프 (b) 유입부 반경을 작게 한 복합 난형 루프

(그림 5.74) B형 트럼펫 선형

① 루프의 최소반경에 50~60m의 값을 채용할 수 있으면, A형에서 B형에서도 단순원형을 채택할 수 있으며, 또 주행상에 있어서도 별 문제가 없다.

② 루프의 최소반경을 50m 이하로 해야 할 때는, 난형 루프로 해야 한다. 그 경우 A형에서는 큰 원과 작은 원의 비가 1.5배정도, 최대 2배까지 해야 하지만, B형에서는 2~2.5배 정도로 해도 특별한 지장은 없다.

③ B형의 유출 루프와 최소반경은 35m이상으로 해야 한다. 30m이하의 반경으로 할 때는 A형으로 유입 루프에 사용하고, 그 경우 최소반경 부분에 너무 높은 속도로 차가 접근하지 않도록 3중 난형으로 하는 등 선형상의 대안이 필요하다.

5 확폭

곡선부에서는 자동차의 전륜과 후륜이 상이한 궤적을 그리므로 직선부보다 넓은 점유폭을 필요로 한다. 일반적으로는 점유폭의 증가분을 차로의 확폭량으로서 구하고 있다. 세미트레일러를 설계자동차로 하면, 그 확폭량은 다음 식에 의해 계산된다.

$$\epsilon = \epsilon_1 + \epsilon_2 = \frac{L_1^2 + L_2^2}{2R} \tag{5.9}$$

여기서, ϵ : 전체 확폭량
ϵ_1 : 견인차에 대한 확폭량
ϵ_2 : 피견인차에 대한 확폭량
L_1 : 세미트레일러의 전면으로부터 제2축까지의 거리
L_2 : 세미트레일러의 제2축으로부터 최후축까지의 거리
R : 곡선중심선의 반경

1) 확폭규정

「도로의 구조시설기준에 관한 규칙 해설」에서는 연결로의 곡선부에서 연결로의 규격 및 곡선 반경에 따라 〈표 5.32〉 및 〈표 5.33〉과 같이 확폭하는 것으로 규정되어 있다.

2) 연결로 규격 및 통행조건과 확폭량

(1) A규격 연결로

길어깨에 중·대형 자동차가 정차하고 있을 때, 세미트레일러 연결차가 차도와 연결로의 길어깨 및 확폭량을 포함한 여유폭을 이용하여 서행하면서 통과할 수 있는 것을 통행조건으로 하여 확폭량을 산정하였다.

5.5 인터체인지의 기하구조 설계

〈표 5.32〉 1방향 1차로 연결로의 확폭

연결로의 원곡선의 반경(m)			확폭량(m)
A규격	B규격	C규격	
		15~21	3.00
15~21	15~21	21~23	2.75
21~23	21~23	23~25	2.50
23~25	23~25	25~28	2.25
25~27	25~28	28~32	2.00
27~29	28~32	32~37	1.75
29~32	32~36	37~44	1.50
32~36	36~44	44~54	1.25
36~42	44~54	54~72	1.00
42~48	54~72	72~104	0.75
48~58	72~100	104~200	0.50
58~72	100~190	200~700	0.25
72 이상	190 이상	700 이상	0.00

〈표 5.33〉 1방향 2차로 및 양방향 2차로 연결로의 확폭(고속도로)

연결로의 원곡선의 반경(m)			확폭량(m)
A규격	B규격	C규격	
	15~21		4.00
	21~22		3.75
15~21	22~23	15~21	3.50
21~22	23~24	21~22	3.25
22~23	24~25	22~23	3.00
23~24	25~26	23~24	2.75
24~25	26~27	24~25	2.50
25~26	27~29	25~27	2.25
26~27	29~31	27~29	2.00
27~29	31~33	29~31	1.75
29~31	33~36	31~34	1.50
31~33	36~39	34~38	1.25
33~36	39~42	38~42	1.00
36~39	42~47	42~48	0.75
39~43	47~52	48~56	0.50
43~47	52~60	56~66	0.25
47 이상	60 이상	66 이상	0.00

(2) B규격 연결로

길어깨에 소형 자동차가 정차하고 있을 때, 세미트레일러 연결차가 차도와 연결로의 길어깨 및 확폭량을 포함한 여유폭을 이용하여 서행하면서 통과할 수 있는 것을 통행조건으로 하여 확폭량을 산정하였다.

(3) C규격 연결로

길어깨에 정차한 자동차가 없을 때, 세미트레일러 연결차가 차도와 연결로의 길어깨 및 확폭량을 포함한 여유폭을 이용하여 서행하면서 통과할 수 있는 것을 통행조건으로 하여 확폭량을 산정하였다.

3) 측방 여유폭

세미트레일러 연결차 또는 기타의 자동차와 노측과의 측방 여유폭은 최소 0.25m, 세미트레일러 연결차와 주차된 자동차간의 여유폭은 0.50m로 잡고 있다.
2차로 연결로에서는 자동차 상호 및 장애물과의 측방 여유폭을 1.25m로 하여 계산한 것이다.
양방향 2차로 연결로의 경우는 연결로 곡선부에서 세미트레일러 연결차가 차도, 길어깨 및 확폭량을 포함한 총 폭을 이용하여 서로 비켜갈 수 있도록 규정하고 있다. 1방향 2차로 연결로의 경우에도 양방향 2차로 연결로와 같은 취지에 입각하여 결정하였다.

4) 확폭의 접속설치

곡선부에서 차로의 확폭은 원칙적으로 곡선의 안쪽에 접속시켜야 하지만, 곡선의 안쪽에 확폭을 하기가 어려울 경우에는 곡선의 안팎으로 등분(等分)하여 설치할 수 있다. 확폭의 접속설치는 확폭량을 완화구간 전체에 걸쳐 적절히 배분하여 설치한다.

5) 적용

고속도로 설계시에는 횡단면의 폭은 규정값 이상을 적용한다. 따라서 차로 확폭시에는 이러한 점을 감안하여 확폭량을 계산해야 한다. 〈표 5.34〉는 A규격 연결로의 횡단면 설계기준과 실제 적용값을 비교한 것이다.

〈표 5.34〉 A규격 연결로의 횡단면 기준과 적용

구분		우측 길어깨선	차로폭	중앙분리대표준폭	좌측 길어깨폭
A규격 연결로 규정	1방향 1차로	2.50	3.50	–	1.00
	1방향 2차로	0.75	3.50	2.50	0.75
실제 적용값	1방향 1차로	2.50	3.60	–	1.50
	1방향 2차로	1.50	3.60	2.50	1.50

〈표 5.34〉와 같이 1방향 1차로의 경우 차도부의 폭이 규정값을 적용했을 경우보다 0.6m 더 넓고, 양방향 2차로의 경우 1.7m 더 넓다. 따라서 고속도로 인터체인지의 1방향 1차로 연결로의 확폭 설계시에는 〈표 5.32〉에 규정된 확폭량에서 0.6m를 뺀 값을 적용할 수 있고, 1방향 2차로 및 양방향 2차로의 경우에는 〈표 5.33〉에 규정된 확폭량에서 1.7m를 뺀 값을 적용할 수 있다.

우리나라의 고속도로 연결로의 설계속도로는 35~60km/h를 사용하고 있으며, 설계속도 35km/h에 대한 표준 최소 원곡선 반경은 40m이다. 원곡선 반경 40km에 대한 확폭량은 1방향 1차로 A규격 연결로의 경우 1.00m, 1방향 2차로 및 양방향 2차로 A규격 연결로의 경우 0.5m로서, 현재 고속도로 설계시에 적용하고 있는 횡단면의 경우 확폭을 고려하지 않아도 된다.

5.5.6 연결로의 종단선형

1 개요

연결로의 종단선형 계획시에는 다음과 같은 사항에 주의를 기울여서, 안전하고 원활한 주행이 되도록 설계하여야 한다.

1. 종단선형은 가급적 연속된 것으로 하고 선형의 급변은 피해야 한다.
2. 종단곡선 반경은 될 수 있는 대로 크고 여유가 있는 것이 좋다. 특히, 유출시 본선과 연결로의 주행속도차에 따른 지체가 발생하지 않도록 배려하지 않으면 안된다.
3. 유입부 부근의 종단선형은 본선의 종단선형과 상당한 구간을 평행시켜 본선과의 시계를 충분히 얻을 수 있도록 배려하지 않으면 안 된다.
4. 동형의 종단곡선 사이에 짧은 직선 구간을 설치하는 것을 피해야 하며, 이와 같은 경우는 두 종단곡선을 포함하는 복합된 큰 종단 곡선을 사용함으로써 개량할 수 있다.
5. 종단선형의 설계는 항상 평면선형과 관련시켜 설계하고, 양자를 합성한 입체적인 선형이 양호해야 한다.

6. 변속차로와 본선과의 접속 부분에서는 횡단형상과 종단형상과의 관련을 중시하여 설계한다.
7. 영업소 부근의 종단곡선 반경은 가급적 크게 하고 원활한 종단곡선을 이용할 필요가 있다.

② 종단경사

연결로 종단경사의 최대값은 직접적으로는 설계속도에 따라 결정되어야 하지만, 간접적으로 직결, 준직결, 루프 등의 연결로 종류나 장소, 교통량 등에 대응하여 정해져야 되는 면도 있어 반드시 설계속도에만 지배되지는 않는다. 또 연결로의 성질상 급경사 구간이 길게 연속되는 일은 없고, 주행속도나 주행 안전성은 앞뒤의 종단 선형이나 평면선형에 따라 좌우되는 일이 많다. 그러나 이러한 점을 모두 감안하여 규정하기에는 어려움이 많으므로 「도로의 구조·시설 기준에 관한 규칙 해설」에서는 연결로의 설계속도에 따라 종단경사를 〈표 5.35〉와 같이 규정하고 있다.

〈표 5.35〉 연결의 최대 종단경사

설계속도(km/h)	80	70	60	50	40	35	30	20
표준최대종단경사(%)	4.0	4.5	5.0	5.5	6.0	6.5	7.0	8.0
부득이한 경우의 최대종단경사	6.0	6.5	7.0	7.5	8.0	8.5	9.0	10.0

연결로의 설계시에 부득이한 경우의 최대 종단경사는 가능한 한 사용하지 말고, 완만한 종단경사를 사용하여 안전하고 원활한 주행이 이루어질 수 있는 종단선형이 되도록 설계해야 한다.

연결로의 종단경사 기준은 본선의 기준보다 완화된 값이나, 연결로는 구간에 따라 자동차의 속도 변화가 있을 수 있고, 실제 설계 예를 보면 이 정도의 규정을 적용해도 아주 비경제적인 설계가 되지는 않는다는 점 등을 감안하여 결정하였다.

또한, 이 값은 한계값에 가까운 값이므로 가능한 한 완만한 값을 사용하는 것이 바람직하다.

③ 종단곡선

종단경사가 변하는 곳에는 종단곡선을 설치하고, 종단곡선의 변화비율과 길이는 연결로의 설계속도에 따라 〈표 5.36〉의 값 이상으로 한다. 그러나 연결로 상에서는 설계속도 이상으로 주행하는 차가 많은 것을 감안하여 기준치 이상을 사용하는 것이 바람직하다.

〈표 5.36〉 연결로의 종단곡선기준

연결로 설계속도(km/h)		80	70	60	50	40	35	30	20
최소종단곡선변화비율(m/%)	볼록형	50	30	20	10	5	4	3	1
	오목형	35	25	20	12	7	5	4	2
종단곡선 최소길이(m)		70	60	50	40	35	30	25	20

5.5.7 연결로 접속부의 설계

1 개요

연결로 접속부는 연결로가 본선과 접속하는 부분으로서 변속차로(가속차로 및 감속차로), 테이퍼, 본선과의 분기점(노즈) 등을 총칭한다.

연결로 접속부의 설계는 본선의 교통 운용에 밀접한 관계가 있고, 이 설계가 합당하지 않으면 교통에 크나큰 위험과 혼란을 초래하는 것이다.

캘리포니아의 조사에 의하면 인터체인지의 사고 중에 유입 연결로에서는 52%가 합류구역(연결로 접속부)에서 발생하고 있으며, 유출 연결로에서도 44%가 분류구역에서 발생하고 있다. 이러한 연결로 접속부 사고의 특징으로 유입부에서 추돌사고가 많다.

유입단에서 운전자는 앞의 차와 본선교통에 주의를 하지 않으면 안되는 이유로, 앞의 자동차가 분류시기를 잡지 못하고 속도를 늦추거나, 일시 정지했을 때, 본선교통에 의해 시행을 하다기 차 뒤에 의해 종종 추돌사고가 발생한다. 이러한 종류의 사고를 줄이기 위해서는 연결로 본선의 시야가 좋아야 하며, 연결로 단부가 합류하기 쉬운 구조를 갖고 있는 것이 좋다.

유출단의 사고에서는 단독자동차의 사고도 적지 않은데, 판단이 늦어 분류단의 안내표지와 조명전주, 가드레일 등의 고정물에 충돌한다.

그 외 분류시의 속도저하와 급정차에 의한 추돌, 출구를 넘어가 정차하여 일어난 추돌, 내측 차로로부터의 무리한 유출에 의한 접촉사고 등이 있다. 이러한 유출 연결로의 사고는 시야가 나쁜 장소에 있는 급회전하는 연결로의 분기점에서 일어날 확률이 높다.

이러한 점으로부터, 연결로 접속부의 설계에는 고려해야할 몇 가지의 기본원칙이 있다.

1) 유출 연결로 접속부의 설계

① 유출 연결로의 위치는 본선의 통행자가 눈으로 확인하기 쉬운 곳이 아니면 안된다. 본선의 평면곡선과 종단곡선, 또는 구조물에 의해 가려져 운전자 앞에 갑자기 나타나는 일이 없도록 그 위치 선정에 충분히 주의해야 한다. 특히, 볼록종단곡선(crest) 바로 후방에서의 분류부는 시거나 나빠서 위험하다.

② 감속차로의 형식은 평행식보다 주행성이 양호한 직접식이 바람직하다. 그러나 감속차로와 본선과는 진로를 확실하게 변화시켜야 한다. 특히, 좌로 굽는 본선 차도로부터 분기하는 유출 연결로의 선형을 본선의 접선 방향으로 끌어내면 본선과 착각할 위험이 있으므로, 이 경우 직접식의 설계는 특히 주의가 필요하다.

③ 고속도로 상에서는 운전자는 속도 감각이 둔해져 속도조절을 하기 어렵기 때문에 연결로 시작부분의 곡선반경을 크게 하여 속도조절의 여유구간을 주고, 또한 횡방향도 시야가 좋아지도록 절토의 경우에는 여유를 갖고 절토면을 뒤로 물려야 한다. 동시에 노즈 부근의 종단곡선반경도 크게 하여, 시거가 좋고 주행에 안정성을 갖도록 해야 한다.

④ 분류부의 노즈 부근은 진로를 오판하여 급히 방향을 바꾸는 차가 적지 않으므로 노즈를 차로폭의 바로 옆으로부터 후퇴시켜(오프셋을 잡는다고 함), 차가 빠져나갈 곳을 확보하여 주는 동시에, 노즈 부근이 연석과 마킹으로 명료하게 식별 가능하도록 해야 하며, 노즈 부근에 육교의 교각 등을 두는 것은 바람직하지 않다.

2) 유입 연결로의 설계

① 유입 연결로 합류각은 되도록 작게 함으로써 가속차로가 보다 유효하게 이용되어 원활한 유입이 가능해진다. 이것이 유입부의 선형을 잡는 방법의 기본이지만 마킹 등에 의해서도 유입각을 상당히 규제할 수 있다.

② 본선과 연결로 상호의 시계를 좋게 해야 한다. 운전자는 연결로 단의 60m정도 앞에서 본선을 주시하기 시작한다. 본선상에서 100m, 연결로상에 60m는 상호 시야를 좋게 하기 위해 장애물을 제거할 필요가 있다.(그림 5.75) 절토부라면, 절토면을 높이 50cm이하로 잡아 식수도 낮은 관목만으로 하고 동시에 가능하면 노즈의 앞 30m 이상 본선과 연결로의 종단경사를 일치시키면 좋다.

③ 가속 차로의 앞이 급하게 좁아진 느낌이 되면 유입하려는 운전자는 본선에의 유입을 강요받게 된다. 테이퍼 앞 육교의 교대, 본선 자체의 교량의 난간 등은 충분한 측방 여유를 가질 수 있도록 설계해야 한다.

④ 본선이 오르막 경사일 때 유입부에서 특히 대형차는 가속합류에 곤란을 느끼므로,

평탄하게 또는 완만한 내리막 경사 부분에 설치될 수 있도록 배치와 본선의 선형을 고려해야 한다.

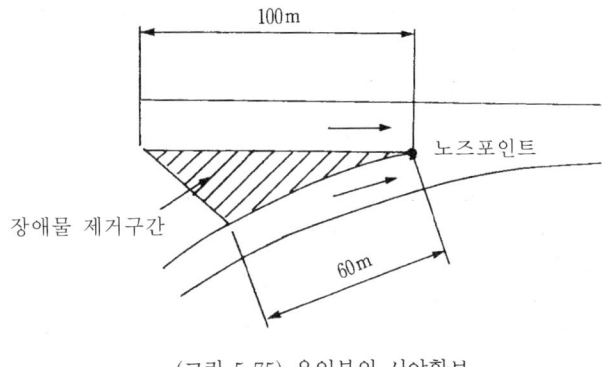

(그림 5.75) 유입부의 시야확보

② 변속차로의 기하구조

유입연결로가 본선 진입 시 각각의 장소에 가속차로를 설치한다. 그 기능은 유입하려 하는 차가 본선의 속도가 되도록 가속함으로써 본선의 주행간격을 선택하여 될 수 있는 한 본선의 교통 흐름에 지장을 주지 않게 합류하는 것을 가능하게 하는 것이다.

마찬가지로 본선으로부터 분기하는 차는 본선교통에 영향을 주지 않고 감속하여 안전 하게 이탈하는 것을 쉽게 하기 위해 감속차로를 설치한다. 가속차로, 감속차로를 총칭 하여 변속차로라 한다.

1) 변속차로의 형식

변속차로에는 가속, 감속 모두 평행식, 직접식의 두 가지 형식이 있다. (그림 5.76) 평행식은 일정폭의 차로를 어느 일정한 연장만 본선차도에 병행시켜, 선단부에 테이퍼 를 설치한 것이다. 직접식은 일정의 거리에 걸쳐서 서서히 연결로를 붙이는 형식으로 테이퍼 형식이라고도 불려진다.

감속차로의 경우 평행식은 자동차가 S자형의 주행궤적을 달리는 것이며, 운전자는 그 와 같은 주행을 좋아하지 않는다. 일본 메이신고속도로의 조사에 의하면, 감속차로 중 에서 본선으로부터 유출하려 하는 궤적은 (그림 5.77)에서 볼 수 있듯이, 직접식의 관 측결과 평행식의 통상 테이퍼장에 상당하는 테이퍼단으로부터 60m지점까지의 구간에 95%가 유출을 시작하는 데 비해, 평행식의 경우는 같은 60m의 테이퍼 구간에서 유출 을 시작하는 것이 80%이다. 유출점 위치로 볼 때는 직접식인 경우가 평행식에 비해 보 다 유효하게 이용되고 있다고 볼 수 있다.

미국에서는 많은 조사 예가 있으나, 요약하면 평행식 감속차로에서는 운전자의 30%가

설계에 의도된 궤적을 취하고 있으며, 45%가 직접적인 궤적을, 35%가 노즈 가까이에서 급하게 들어가는 궤적을 취하고 있다.

이것에 비해 직접식의 경우는 98%까지 감속차로의 중간까지 유출을 시작한 예가 보고되고 있어 명확한 대비를 나타내고 있다.

일본의 예는 나타난 것처럼 평행식과 직접식이 그렇게 명확한 차는 없으나, 감속차로가 길고 동시에 곡선형인 장소에서 설계대로 궤적을 나타내는 것은 약 60%에 지나지 않는다. S자형으로 주행하는 것을 좋아하지 않아 통과차로 상에서 감속하거나, 통과차로로부터 나오는 것을 지연되게 하여 감속차로를 충분히 이용하지 않는 상태는 명확하게 본선 주행차에 영향을 준다. 운전자의 성향에 합치함과 동시에 감속차로를 충분히 이용할 수 있게 하기 위해서는 직접식 쪽이 뛰어나다는 것이 명확하게 입증되어 있다.

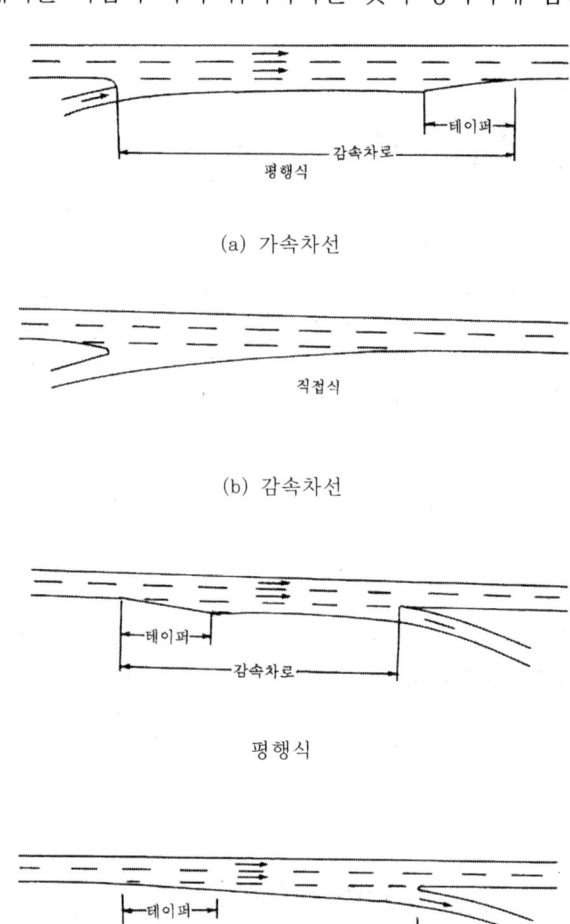

(그림 5.76) 변속차로의 형식

5.5 인터체인지의 기하구조 설계

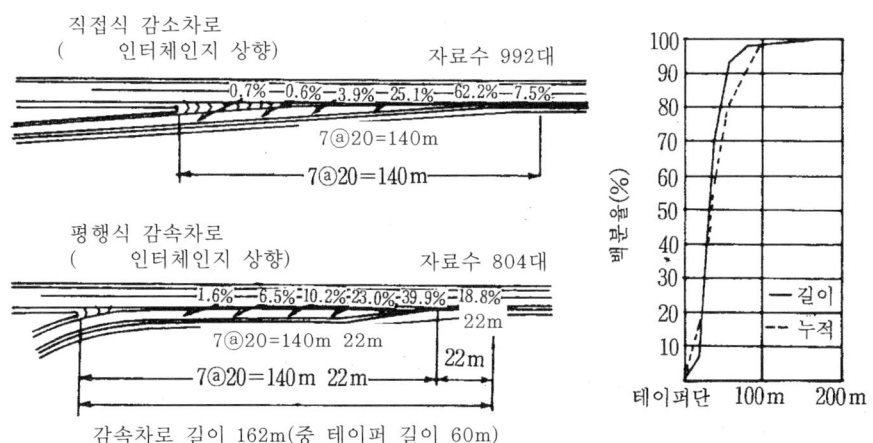

(그림 5.77) 일본 메이신고속도로에서의 유출궤적

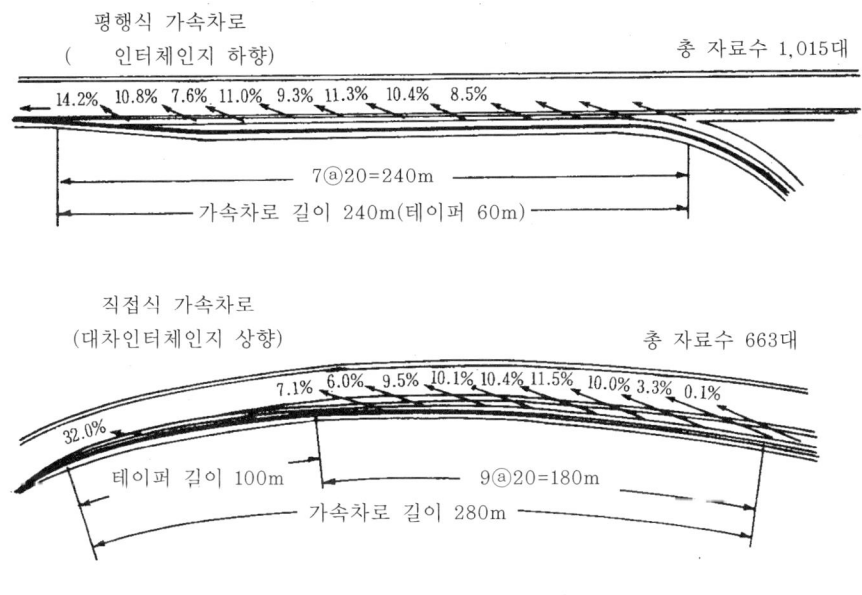

(그림 5.78) 일본 메이신고속도로에서의 유입궤적

특히, 매우 짧은 감속 차로의 경우에 평형식은 거의 이용되지 않는다는 것도 고려해 두어야 한다.

가속차로에 대해서는 평행식, 직접식 양자의 어느 것이 뛰어난지는 현재로서 단정짓기 어렵다. 일본 메이신고속도로는 전부 평행식 가속차로로 설계되어 있으며, 본선으로의 유입 위치의 조사에 의하면 어느 특정구간에 집중하는 일 없이 가속 차로의 전구간에 걸쳐서 평균적으로 유입이 행해지고 있어 양호한 결과를 나타내고 있다. (그림 5.78) 가속차로 상에서는 차는 달리면서 본선 유입의 기회를 기다리므로, 합류하기 힘들지 않은 자유로운 상태가 바람직하다. 이런 점으로 볼 때는 평행식이 바림직하다고 볼 수 있겠다. 그러나 미국에서도 평행식이 장려되는 한편, 합류각이 최소 30:1, 이상적으로 50:1의 직선 테이퍼 가속차로가 좋다고 하는 의견도 있다. 매우 완만한 테이퍼의 가속차로상에서는 서서히 본선이행을 유도하는 것이 될 것이다. 메이신고속도로의 관측 예에서도, 익숙치 못한 운전자는 정상 이상으로 가속차로로 길게 주행하여, 마침내 선단부근에서 감속 또는 가속하여 본선에 유입하는 현상이 보여지고 있다. 이러한 현상은 길고 완만한 직접식 가속차로라면 좀 더 매끄러운 유입이 될지도 모른다. 일본에서는 현재 원칙적으로는 평행식이 쓰이고 있으며, 도메이 고속도로도 본선이 곡선부인 경우에는 직접식을 사용해도 좋다고 되어 있으나 실제로는 그다지 쓰이지 않고 있다.

본선이 작은 곡선부(반경 1,000m 이상)인 경우는 직접식을 쓰는 것이 좋다. 또, 테이퍼 끝이 갑자기 좋아지는 것은 위험하고, 테이퍼단까지 합류할 수 없었던 차는 그 앞에 넓은 길어깨가 있으면 이를 이용하여 갑작스런 정지와 급격한 유입은 피할 수 있다. 그렇게 볼 때, 길어깨가 좁은 본선에의 접속에는 직접식 가속차로가 유용할 것이다. 가속차로에 있어서의 평행식과 직접식의 비교, 사용법에 대해서는 차후 연구할 여지가 많다. 「도로의 구조·시설 기준에 관한 규칙 해설」에서는 감속차로, 가속차로 모두 평행식을 권장하고 있으며, 본선이 곡선인 경우에는 직접식을 권장하고 있다.

2) 변속차로의 횡단구성

변속차로의 차도폭은 접속하는 연결로의 차도폭과 같게 하는 것이 원칙이다. 평행식의 경우에는 변속차로와 본선과의 사이에는 측대가 들어가고 그 폭은 본선 측대의 폭이다. 외측의 측대 및 변속차로가 본선으로부터 떨어진 지점에서의 내측 측대는 연결로와 같게 하는 것이 좋으며 길어깨에 있어서도 마찬가지이며 (그림 5.79)와 같다.

일반적으로는 본선의 길어깨가 연결로의 길어깨보다 넓다. 그러나 본선 교통량이 적을 때는, 본선의 길어깨를 부분적으로 좁게 할 경우가 있다. 또 일반도로에 접속하는 경우에도 마찬가지로 접속 본선의 길어깨보다 연결로의 길어깨가 넓은 경우가 있으며, 이때 변속차로의 길어깨 폭은 연결로에 합치지 않고 본선에 합치도록 한다.

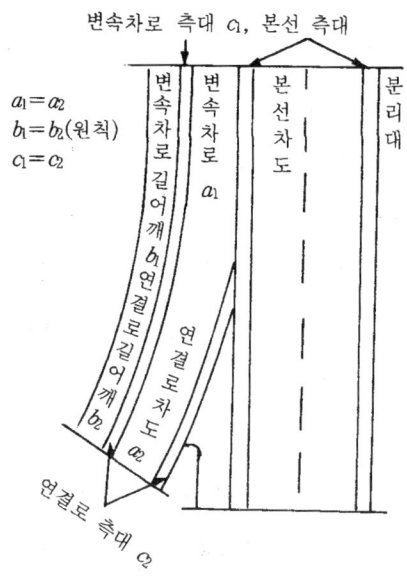

(그림 5.79) 변속차로의 횡단구성

3) 변속차로의 길이

(1) 감속차로의 길이

감속차로의 길이는 유출하려는 차가 본선의 주행속도로 감속차로로 유출하여 분류 연결로의 설계속도까지 감속하는 데 필요한 거리를 기준으로 구한다. 따라서 그 필요 길이는 다음과 같은 세 가지의 요소로부터 결정된다.
① 자동차가 감속차로에 들어갈 때의 속도
② 자동차가 감속차로 주행을 마쳤을 때의 속도
③ 감속의 방법 또는 감속의 정도

또한, AASHTO에서는 승용차를 대상으로 다음과 같은 가정에 의해 구해진다.
① 유출하는 차는 감속차로의 시점부에서 본선 교통량이 적을 때의 평균 주행속도로 유출한다.
② 감속차로에 진입하기 시작하면 즉시 엔진브레이크에 의한 감속으로 3초정도의 시간을 소요한다.
③ 그 후 운전자에게 불쾌감을 주지 않을 정도의 감속도 ($2.7m/sec^2$)로 브레이크에 의한 감속을 통해 출구 곡선부 지점에서 연결로의 평균 주행속도에 달한다.

이상의 가정에 의해 계산된 감속차로의 길이는 〈표 5.37〉과 같다.

트럭에 대하여 양단의 속도차가 같으면 보다 긴 감속 차로장을 필요로 하지만, 평균 주행속도가 승용차보다 낮으므로 승용차에 의한 계산장으로 충분하다고 생각된다.

〈표 5.37〉 감속차로 설계장(AASHTO 기준)

본선		감속차로 길이L(m)								테이퍼 길이(m)
설계속도 V(km/h)	초기속도 V_a(km/h)	연결로 설계속도 V'(km/h)								
		정지	24	32	40	48	56	64	72	80	
		출구 커브 지점의 평균 주행속도 V_a(km/h)								
		0	22	29	35	40	48	57	64	70	
64	58	98	90	82	75	60	–	–	–	–	57
80	70	127	120	112	105	97	82	–	–	–	69
96	83	150	150	142	135	127	120	97	90	–	81
104	88	165	165	157	150	142	135	112	97	–	87
112	93	180	172	165	165	157	150	127	120	105	90
120	98	195	187	180	180	172	157	142	135	120	94
128	102	210	202	202	195	180	172	157	142	135	99

※ 주 : 테이퍼길이는 감속 차로길이에 포함

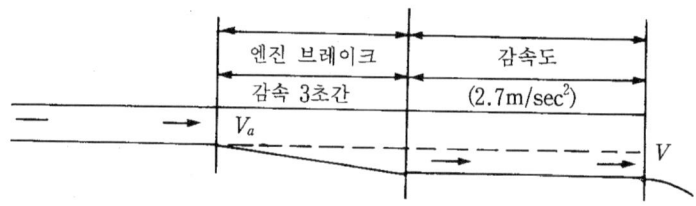

(그림 5.80) 접속차로 설계길이(AASHTO)

일본 도로기하구조 요강은 상기의 AASHTO 자료에 의하여 감속차로 길이를 산정하고 있다. 〈표 5.38〉 이 경우, 본선 평균 주행속도를 초기속도로 하여 연결로 주행속도는 그 설계속도와 거의 같다. 엔진브레이크 시간은 AASHTO와 같이 3초, 제동 감속도를 최대 2.4m/sec^2(120km/h에 대하여)으로부터 최소 1.4m/sec^2(60km/h)으로 하여 승용차를 대상으로 구하고 있다.

구조요강의 기준은 뒤에 표시하듯이 감속차로 전 길이를 테이퍼 길이와 차로 폭이 확보된 점으로부터의 규정길이를 분할하여 표시하고 있으나, 그 합계의 감속차로 전 길이를 앞의 AASHTO의 기준 길이와 대비하면 조금 길어지고 있다. 이 두 기준 모두 속도차가 작을 때 감속차로 길이를 짧게 잡는 것은 그 계산 근거로부터 도출되는 당연한 결과다. 그러나, 이러한 규정이 반드시 적당하다고는 볼 수 없다.

〈표 5.38〉 감속차로장 기준(일본 기하구조요강)

도로의 규격	본선		감속차로장L(m)					
	설계속도 (km/h)	초기속도 (km/h)	감속차로규정장(m)[1]					테이퍼장 (m)[2]
			연결로 설계속도(km/h)					
			25	30	35	40	50	
A,B규격	120	90	–	–	110	110	90	70
	100	80	–	100	90	90	70	60
	80	70	90	80	80	70	50	50
	60	60	80	70	60	60	30	45
	40	40	30	20	–	–	–	40
C규격	80	70	80	80	70	70	60	50
	60	60	60	60	50	50	30	45
	40	40	30	20	–	–	–	40

※ 주 : 1) 감속차로 규정길이란 본선 차도변에서 소정의 변속 차로 폭이 확보된 점으로부터 분류단까지의 길이를 가리키며, 테이퍼 길이를 포함하지 않음
2) 테이퍼 길이는 평행식 감속차로에 있어서의 표준길이를 나타냄

예를 들어 직접식 감속차로의 경우는 같은 본선 설계속도에 대하여 연결로 속도가 높으면 감속차로 길이가 짧아져 테이퍼 비율도 커진다. 그러나 연결로 속도가 높은 경우는 오히려 중요한 연결로이며, 이와 같은 경우에 보다 큰 테이퍼 비율의 설계를 하는 것은 분류교통의 실태를 고려할 때 적당하지 않다. 이것은 동일 설계속도를 갖는 본선상호 분류의 경우를 생각해 보면 명확하다. 일본 도로공단에서는 그와 같은 관점으로부터 감속, 가속 모두 연결로 설계속도에 관계없이 〈표 5.39〉와 같은 변속차로 길이를 기준으로 하고 있다.
또 독일의 아우토반에서도, 설계속도에 관계없이 가감속 차로를 200m(테이퍼길이 80m)를 표준으로 하고 있다.

〈표 5.39〉 변속차로길이(일본도로공단기준)

본선의 규격	고속도로				일반도로		
설계속도(km/h)	120	100	80	60	80	60	40
감속차로길이(m)	100	90	80	70	70	60	30~50
가속차로길이(m)	200	180	160	140	140	120	
테이퍼길이(m)	70	60	50	45	50	45	

※ 주 : 가속차로장에는 테이퍼 길이를 포함하지 않음

우리나라 기준에 의하면 감속차로는 테이퍼 선단에서 노즈 선단(분류단)까지로 하며, 바깥쪽에 소정의 감속차로 폭이 확보되는 지점으로부터 분류단까지의 길이는 〈표 5.40〉의 값 이상으로 한다. 감속차로가 2차로인 경우에도 외측 차로의 테이퍼를 제외한 표준길이를 〈표 5.40〉의 값의 1.2~1.5배로 한다.

종단경사 구간의 보정은 하향경사에만 적용하고 보정률은 〈표 5.41〉와 같다.

〈표 5.40〉 감속차로의 길이

본선 설계속도(km/h)			120	100	80	60	50	40
테이퍼부를 제외한 감속차로 표준길이	연결로 설계속도 (km/h)	80	100	–	–	–	–	–
		70	130	60	–	–	–	–
		60	150	80	50	–	–	–
		50	160	90	60	30	–	–
		40	170	100	80	50	30	–
		30	–	–	90	60	40	–
		20	–	–	–	–	40	20
평행식 감속차로의 테이퍼 길이		표준	70	60	50	45	45	40
		권장	80	70	60	50	40	40

〈표 5.41〉 감속차로 길이 보정률

본선의 하향 종단경사(%)	0~2	2~3	3~4	4~6
감속차로의 길이 보정률	1.00	1.10	1.20	1.30

(2) 테이퍼 길이

계산된 감속차로중 선단 부분은 본선으로부터 감속차로로 이동하기 위해 필요한 구간이므로 테이퍼 구간을 여기서부터 적용하고, 테이퍼 구간의 길이는 평행식일 경우, 1차로만 옆으로 이전하는데 필요한 시간(실측에 의하면 3~4초)으로부터 계산하는 방법과 S형 주행의 궤적을 반향곡선으로서 계산하는 방법이 있으나 어느 것도 큰 차는 없다. 〈표 5.38〉 및 〈표 5.43〉의 테이퍼 길이는 이러한 근거에 의해 정해져 있다.

(3) 감속차로 길이를 잡는 방법

감속차로란, 테이퍼 시점으로부터 분류된 노즈까지를 가리키는 것이나 〈표 5.38〉의 기하구조요강에서는 테이퍼 길이와 변속차로 길이의 2구간으로 나누어 나타내고 있다. ①에 서술한 조건에 의해 산정된 길이는 그 합계의 길이이다. 여기서 말하는 규정길이란 (그림 5.81)에서 볼 수 있듯이 평행식에서는 테이퍼를 제외한 부분을 의미하지만, 직접식에서는 변속차로의 소정 폭이 확보된 점으로부터 노즈까지의 구간을 의미하고 있다.

종래 AASHTO와 메이신, 도메이고속도로 등에서는 변속차로 길이의 규정 방법으로서, 테이퍼 길이와 테이퍼 길이를 포함하는 전체 연장으로 나타내었으며, 이 방법에 의하면 직접식에서는 설치 비율을 잡는 방법에 의해 테이퍼 길이는 달라지므로 테이퍼 길이가 길어지면 A, B사이의 규정길이가 짧아질 위험도 있어서 기준으로서 적절하지 않다.

직접식의 테이퍼는 규정길이를 잡기 위한 설계에 따라 정해지므로 특별히 표준은 규정되지 않으나, 일반적으로 평행식의 경우보다 길어진다.

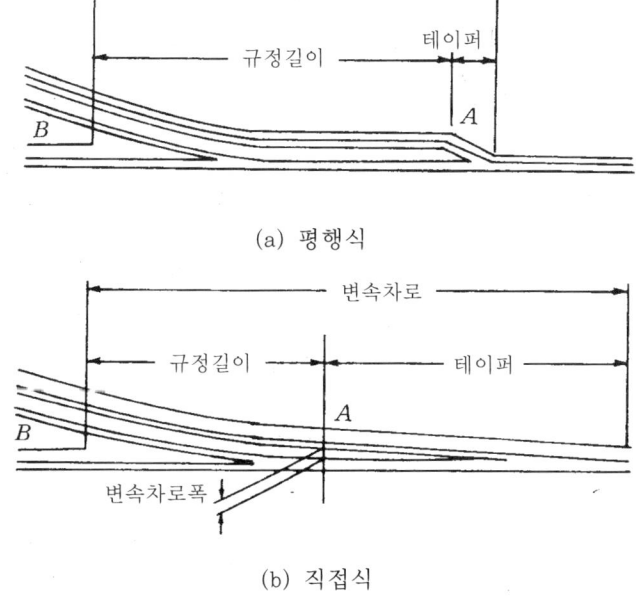

(a) 평행식

(b) 직접식

(그림 5.81) 변속차로 길이 규정

(4) 가속차로의 길이

가속차로의 길이는 유입차가 연결로 속도로부터 본선 주행속도까지 가속하는 데 필요한 길이와 합류하기에 필요한 길이 등 양자를 고려하지 않으면 안된다. AASHTO는 연결로 평균속도로부터 본선 평균 주행속도까지 가속을 요하는 거리로서 〈표 5.42〉의 표준길이를 나타내고 있다. 이 경우 가속도는 초기속도에 의해 달라지며 16km/h인 경우에는 $1.00m/sec^2$, 48km/h인 경우는 $0.61m/sec^2$의 값을 취하고 있다.

〈표 5.42〉 가속차로 설계길이(AASHTO기준)

본선		가속차로길이 L(m)								테이퍼 길이 (m)
설계속도 (km/h)	초기속도 V_a(km/h)	연결로 설계속도 V' (km/h)								
		정지	24	32	40	48	56	64	72	80	
		출구 커브지점의 평균 보행속도 V_a(km/h)								
		0	22	29	35	40	48	57	64	70	
64	58	–	97	75	67	–	–	–	–	–	57
80	70	–	210	187	180	150	120	–	–	–	69
96	83	–	337	322	300	270	240	180	120	–	81
112	93	–	464	450	420	397	367	300	247	172	90

※ 주 : 1390m를 초과한 가속차로 또는 설계속도 112km/h 이상의 경우에는 50 : 1의 직접식이 권장됨. 일본 기하구조요강에서도, 거의 같은 방법으로 계산하여 〈표 5.43〉의 기준거리를 제시하고 있다.

〈표 5.43〉 가속차로길이 기준(일본 기하구조요강)

도로의 규격	본선		가속차로길이L(m)					테이퍼 길이 (m)
	설계속도 (km/h)	초기속도 (km/h)	가속차로 규정길이(m)[1]					
			연결로 설계속도(km/h)					
			25	30	35	40	50	
A, B규격	120	90	–	–	250	240	190	70
	100	80	–	200	190	170	120	60
	80	70	180	170	160	150	90	50
	60	60	150	140	130	110	60	45
	40	40	50	30	–	–	–	40
C규격	80	63	170	170	150	150	90	50
	60	60	150	130	130	150	50	45
	40	43	130	30	–	–	–	40

※ 주 : 1) 가속차로규정 길이의 측정방법은 감속차로와 같고 테이퍼 길이는 포함하지 않음.

위의 계산으로 연결로의 주행속도는 설계속도를 이용하며, 가속도는 초기속도 등에 의해 달라지지만 0.08m/sec^2(초기속도 25km/h)~0.36m/sec^2(초기속도 50km/h)을 쓰고 있다. 〈표 5.42〉의 AASHTO의 기준과 비교하여 보면(AASHTO에서는 테이퍼 길이가 포함되어 있으나, 일본 구조요강에서는 포함되어 있지 않는 것에 주의해야 하고) AASHTO는 속도 차가 클 때가 조금 길고, 속도 차가 적을 때는 조금 짧다. 가속차로는 단지 가속만이 아니라 유입 기회를 기다리는 구간이기도 하므로, 속도차에 의해 그다지 변화는 많지 않으므로 일본 기하구조요강의 규정이 보다 합리적인 것으로 판단된다. 일본 메이신고속도로의 조사에 의하면, 가속차로길이와는 무관하게 약 220m내에서 85%의 차가 유입하고 있다. 구조요강에서 부여되고 있는 가속차로길이는 본선의 교통량 1,200대/시/차로일 때 각각 99% 이상의 유입확률이 있는 것이 조사되어 합류차로로서의 길이도 충분하다. 연결로 설계속도에 관계없이 가속차로길이를 정한 일본도로공단의 기준치 테이퍼길이는 감속차로의 경우와 같이 〈표 5.39〉와 같이 제시하고 있으며 또, 가속차로길이의 규정길이도 감속차로의 경우와 동일하다.

(5) 변속차로 길이의 보정

변속차로가 접하고 있는 부분의 본선에 종단경사가 있으면, 유출입 교통의 주행속도의 변화가 있으므로 이에 대응하여 변속차로 길이의 조정이 필요하다. AASHTO에서는, 상향경사의 가속차로와 하향경사의 감속차로에서는 그 경사에 따라 차로 길이를 증가시키고, 일방 하향경사의 가속차로와 상향경사의 감속차로에서는 그 길이를 줄이도록 규정하고 있다. 그러나 길이를 줄이는 것은 안전에 위험요소가 될 수 있으므로 일본 기하구조요강 등에서는 짧게 하는 보정은 행하지 않고, 증가의 경우에 대해서의 보정만 규정하고 있다. 그러나 본래 이와 같은 경사구간, 특히 3% 이상의 경사에 변속차로를 설치하는 것은 바람직한 것이 아니다.

〈표 5.44〉 변속차로장의 종단경사에 의한 보정률(일본 기하구조요강)

본선의 평균경사	0~2%	2~3%	3~4%	4~6%
하향경사	1	1.10	1.20	1.30
상향경사	1	1.20	1.30	1.40

우리나라「도로의 구조·시설에 관한 규칙 해설 및 지침」에서는 가속차로의 규정길이를 합류단에서 테이퍼 선단까지를 지칭하는 것으로서 합류단에서 소정의 가속차로가 확보되어 있는 점까지의 길이는 〈표 5.45〉에 기재된 값 이상으로 한다.

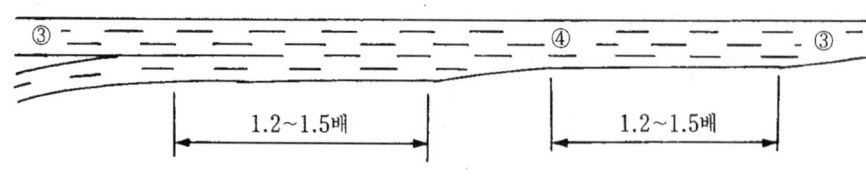

(그림 5.82) 가속차로의 길이

〈표 5.45〉 가속차로의 길이

(단위 : m)

본선설계속도(km/h)			120	100	80	60	50	40
테이퍼부를 제외한 가속차로 규정길이	연결로 설계속도 (km/h)	80	150	–	–	–	–	–
		70	180	100	–	–	–	–
		60	200	150	80	–	–	–
		50	250	180	100	70	–	–
		40	300	220	120	100	50	–
		30	–	–	160	120	70	30
		20	–	–	–	–	90	40
평행식 가속차로의 표준 테이퍼 길이(m)			70	60	50	45	40	40

또 가속차로가 2차로인 경우에 외측 차로의 테이퍼를 제외한 길이는 〈표 5.45〉의 1.2~1.5배로 한다.

경사구간의 보정은 하향경사에만 적용하며, 보정률은 〈표 5.46〉과 같다.

〈표 5.46〉 가속차로 길이 보정률

본선의 하향 종단경사(%)	0~2	2~3	3~4	4~6
가속차로의 길이 보정률	1.00	1.20	1.30	1.40

3 변속차로의 설계

평행식의 변속차로에서는, 먼저 연결에 접속하는 완화구간의 시점에서 변속차로의 중심선을 본선에 평행하게 둔다.(그림 5.83) 이 완화구간의 크기로서는 앞에 서술(5.5 (1) 전이구간의 평면선형 설계)한 바와 같이 본선 설계속도에 대하여 일정한 값 이상이 채용된다. 연결로 끝부분의 설계가 확정되면, 노즈 위치를 구하고 그 선단을 기점으로 하여 변속차로 길이 및 테이퍼 길이를 각각 잡는 것에 의해 변속차로 길이를 확정하게 된다.

평행식에 반하여 직접식의 경우 변속차로의 길이는 변속차로의 설치구간, 연결로 완화곡선의 시점위치, 노즈 오프셋(offset)을 취하는 방법 등이 상호 작용하여 정해지므로, 몇 회 반복해서 행할 필요가 있으나 반드시 구하는 길이를 정확히 얻을 수는 없다.

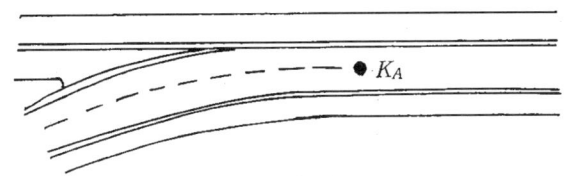

(그림 5.83) 평행식 변속차로의 설계

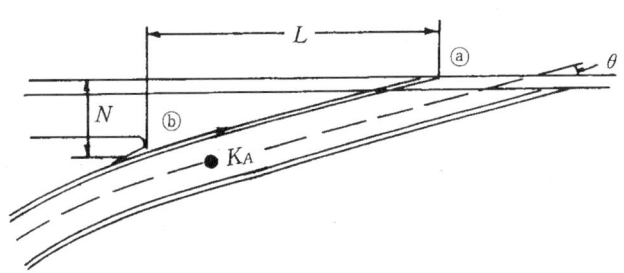

(그림 5.84) 직접식 변속차로의 설계

직접식에 있어서의 변속차로의 규정길이는 (그림 5.84)의 시점(변속차로의 폭이 확보된 A점)으로부터 노즈 선단 (B점)까지로 규정된다.

이 경우 필요한 길이 L을 잡기 위해서는 변속차로의 중심선과 본선이 이루는 각 θ가 필요하나, 그 기울기(설치각)는 노즈 부근의 클로소이드 시점의 위치와 길어깨의 폭, 노즈 오프셋을 잡는 방법에 의해 달라진다. 먼저 연결로 원회곡선의 시점 K_A이 위치가 노즈보다 후방(연결로측)에 있어 A, B사이가 직선으로 된 경우 변속차로 중심선축에서는 N/L이 측정된다.(그림 5.84) 이 경우 N은 노즈단에 있어서의 본선 차도변으로부터 연결로 차도변까지의 폭이지만, 이것은 측대 폭, 길어깨폭, 노즈 선단직경 및 노즈 오프셋량의 합계이다. 노즈오프셋(offset)이란 노즈 선단을 차도단으로부터 거리를 두는 것이며, 유출연결로의 경우에 행해진다.

N값은 길어깨 폭과 노즈 오프셋량에 의해 변동되지만, (그림 5.85)에 그 예를 나타내었듯이 넓은 경우는 5.00m정도, 좁은 경우는 3.5m정도로 1.5배 정도의 격차가 있다.

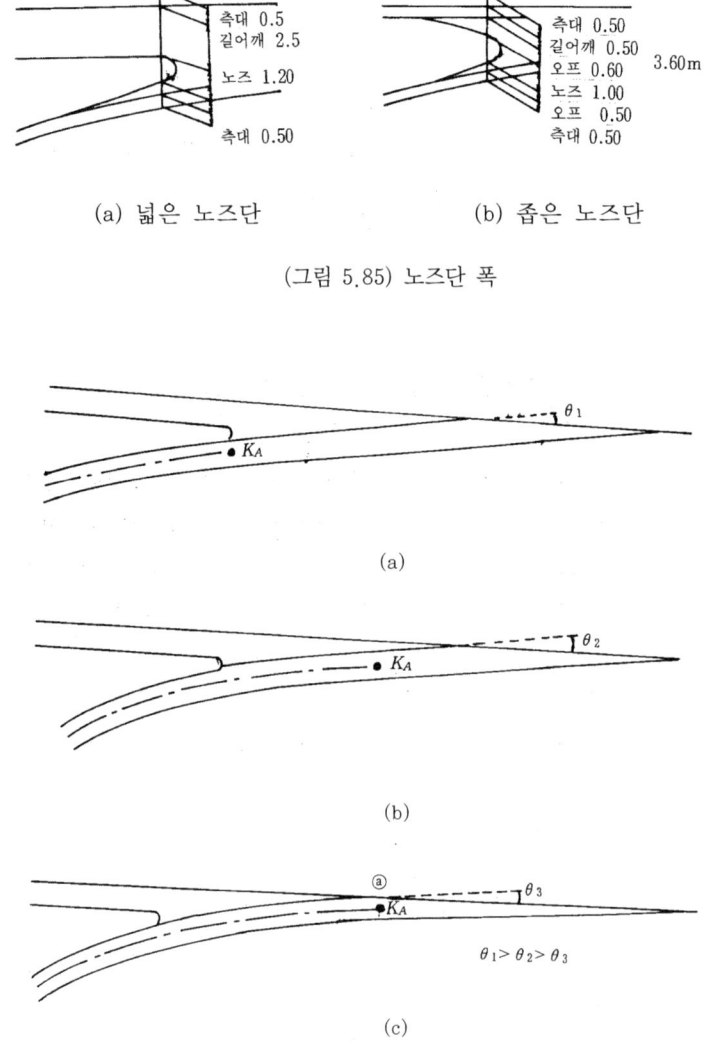

(a) 넓은 노즈단
(b) 좁은 노즈단

〈그림 5.85〉 노즈단 폭

〈그림 5.86〉 클로소이드 시점과 설치각

따라서 똑같은 변속차로길이를 잡으려 하여도 노즈단의 폭에 의해 접속비율은 꽤 크게 변동된다. 노즈 부분의 모양이 같아도 완화곡선의 시점 위치와 클로소이드의 크기가 다르면 동일의 변속차로 규정길이 L을 잡는 경우에서도 접속각은 달라진다.

접속각이 매우 큰 것은 (그림 5.86(a))처럼 노즈까지는 직선의 경우로서 다음의 클로소이드 시점을 변속차로의 중간에 둔 경우와 시점은 안으로 들어갈수록 접속각은 작아지지만, 노즈에서의 진입각은 반대로 나중의 경우만큼 크다. 이러한 것들 중 어느 방식이 좋은가는 일방적으로 말할 수는 없으나, 일반적으로 쓰이는 것은 중간의 (b)방법이다.

(a)의 방법은 미국에서 선호되고 있으나 연결로 전체가 늘어나므로 다이아몬드형과 같은 직선적인 연결로 선형의 경우가 아니면 실용에는 적합하지 않다. (c)는 변속차로가 긴 경우에 노즈에서의 반경이 작고, 또한 그 점에서의 입사각이 너무 크게 되므로 적당하지 않지만, 변속차로가 짧을 경우에는 사용해도 좋다.

이처럼 동일 변속차로 길이에서도 길어깨 폭과 클로소이드 시점의 위치에 의해 접속각이 다른 설계가 가능하지만 동일의 설계속도 조건에 있어서 접속각이 크게 다른 것은 운용상 바람직하지 못하다. 오히려 설치비율을 거의 일정한 범위로 하고 그 범위에 있어 소정의 변속차로길이가 잡혀질 수 있도록 노즈단의 폭과 연결로 완화곡선의 시점위치를 결정해야 한다. 길어깨 폭이 넓은 것은 긴 변속차로 길이에서 알맞게 낮은 설계속도의 경우에 쓰이기 때문에 접속비율의 적용범위는 그다지 크지 않다.

〈표 5.47〉은 이러한 점을 고려하여 변속차로길이를 잡기 위해 채용되어야 할 설치비율의 대략적인 범위를 표시하고 있다. 이러한 값을 목표로 시행착오법에 의해 변속차로 중심선과 본선과의 기울기를 결정한다. 이 경우 정확한 값을 취하지 못하더라도 짧은 경우에는 수 m, 긴 경우에는 10m정도 오차가 있더라도 특별히 지장은 없다.

〈표 5.47〉 직접식 변속차로 설치비율의 범위

본선의 설계속도(km/h)		120	100	80	60	40
설치율	감속차로	1/20~1/30	1/17~1/27	1/15~1/25	1/12~1/20	1/10~1/15
	가속차로	1/40~1/50	1/35~1/45	1/30~1/40	1/25~1/35	1/20~1/30

본선이 곡선부에 있을 때는 거의 일정하게 변속차로가 본선에 붙여지도록 각도를 맞추어 직선, 원곡선 그 외의 곡선을 변속차로 중심선으로 설정한다. 간단한 방법은 본선 중심선과 같은 선형(원곡선이라면 동일 반경의 원곡선을, 클로소이드라면 동일 파라미터의 것)을 접속각만 기울여 설치하는 방법이다.(그림 5.87) 원의 반경과 클로소이드의 파라미터가 크거나, 반향 클로소이드 부분 등에서는 직선과 근사 값을 갖는 원곡선에서 변속차로 중심선을 설정하여도 좋다. 이러한 경우 변속차로의 폭이 도중에서 증감하거나 부자연스런 형상이 되지 않도록 주의하지 않으면 안된다.

(그림 5.87(b))와 같이 본선으로부터 접선으로 끌어내는 방법은 가속차로에서는 적용해도 좋으나, 감속차로의 경우에는 테이퍼 끝이 확실하지 않아 잘못 판단하기 쉬우므로 피해야 한다. 더욱이 테이퍼의 시·종점은 접선이 되면 보기 흉하고, 특히 구조물상에서는 더 하므로 10m~20m정도의 범위로 자연스럽게 접속해야 한다.(그림 5.88)

4 분기단 부근의 설계

1) 연결로 접속부의 선형과 편경사

연결로 접속부에서는 본선의 횡단경사로부터 연결로의 횡단경사까지 서서히 변화하도록 편경사를 접속 설치 한다. 본선이 직선의 내측으로부터 접속하는 경우에는 연결로 편경사와 본선 편경사가 동방향이므로 그 접속은 그다지 문제가 없으나, 본선이 곡선으로 그 외측으로부터 접속하는 경우는, 본선의 편경사와 연결로의 편경사가 크면 크라운(횡단경사의 절곡점)이 발생하여, 자동차가 그곳을 지나갈 때 동요를 일으켜 불쾌감을 줄 뿐 아니라 위험하다. AASHTO에서는 노즈 부근에서의 크라운 허용경사차로서 〈표 4.48〉의 값을 제시하고 있다.

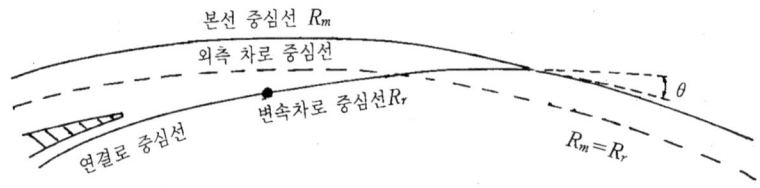

(a) 일반적인 설계법

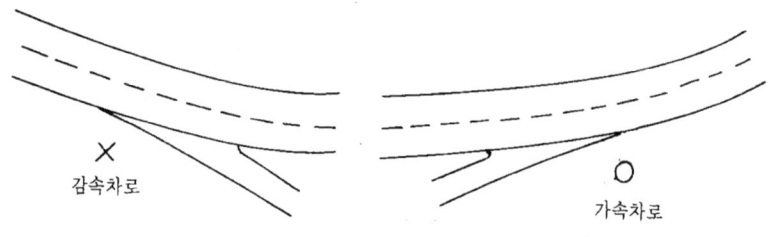

(b) 접선 인출 설계

(그림 5.87) 곡선부에서의 직접식 변속차로의 설정법

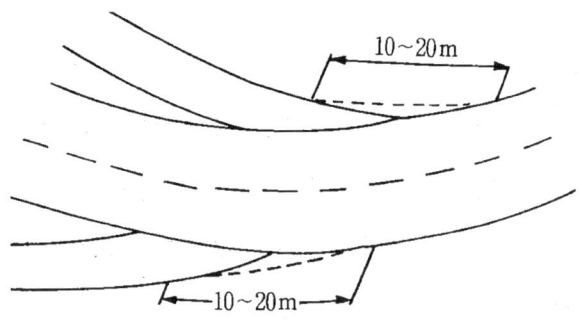

(그림 5.88) 연결로 접속부의 크라운에 있어서 허용 최대경사차

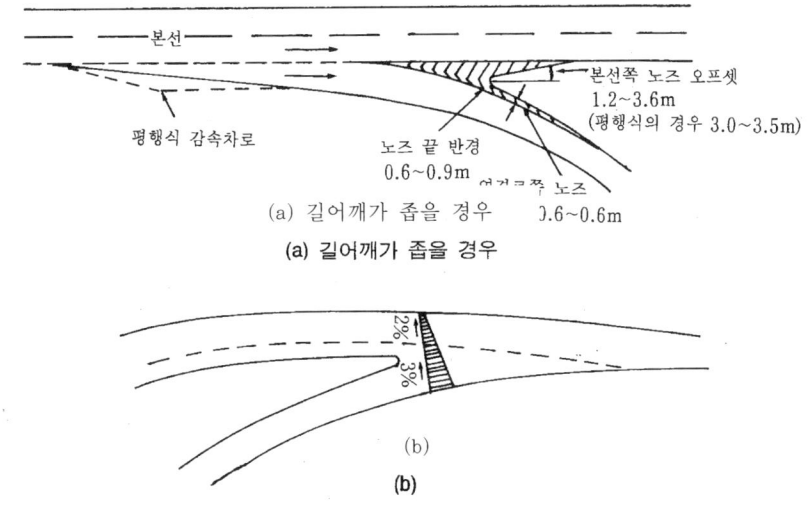

(그림 5.89) 연결로 접속부에서 본선 및 연결로 편경사

편경사의 절곡 방법과 접속 설치법은 우로 굽는 본선에 접속하는 경우, 편경사차를 줄이기 위한 기본은 본선과 연결로와의 선형을 극단적으로 떨어지게 하지 않는 것이다. 허용 편경사차를 5%로 하고, 본선 편경사를 3%로 하면 변속차로의 허용 편경사는 2%가 되지만, 연결로 선형을 그 편경사에 맞는 정도의 큰 반경으로 왼쪽으로 회전하는 곡선을 사용하거나(그림 5.89(a)), 또는 노즈 부분에서는 같은 오른쪽 방향으로 돌아, 그 후에 왼쪽으로 향하는 것 같은 선형(그림 5.89(b))을 잡지 않으면 안 된다. 노즈 부근의 선형은 미리 이와 같은 편경사의 설정을 고려하여 정해야 한다.

2) 노즈의 설계

(1) 분류단 노즈

유출 연결로가 본선에서 분리되는 지점에서 발생하는 분류단 노즈는 자동차의 주행에 혼선을 많이 주므로 특히 안전상의 배려가 요구된다. 노즈 부근에서 갑자기 본선으로부터 연결로에 진입하거나, 혹은 실수로 연결에 들어가 본선에 돌아가려 하는 자동차의 안전을 위해서는 노즈 선단을 충분히 차도변으로부터 줄여야 하며, 이것을 노즈 오프셋이라 한다. AASHTO에서는 본선 길어깨가 좁을 경우, 노즈오프셋이 1.2~3.6m가 필요하다고 되어 있다(그림 5.90(a)). 그 양은 익숙치 않은 운전자가 차도의 외측변을 달려와서 자연스럽게 변속차로의 방향으로 끌려 들어가 버리는 정도의 수치이다. 즉, 매우 완만하게 접속하는 분기방법, 또는 유출차로의 폭을 충분한 값으로 크게 잡지 않으면 안되며, 설치되는 장소에 따라 앞에 기술한 범위 중에서 그 상황에 따라 적용한다.

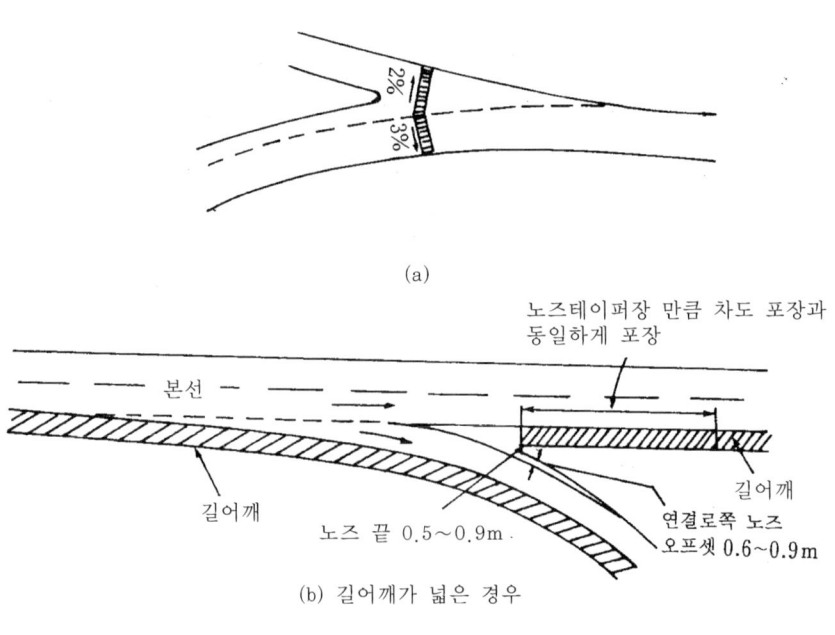

(그림 5.90) 분류단 노즈 상세도

본선 및 연결로가 저속일 경우에는 상황에 따라 0.6~1.2m정도라도 좋다. 반대로 평행식의 감속차로에서는 3.0~3.6m의 노즈 오프셋을 필요로 한다. 주차 가능한 넓은 포장 길어깨를 갖는 경우는 길어깨 폭이 오르막차로의 역할을 하므로 오프셋을 특별히 잡을 필요는 없다. (그림 5.90(b))

노즈 오프셋의 접속률은 1/8~1/12로, 2차 포물선 혹은 직선으로 매끄럽게 붙인다. 본선의 설계속도가 60km/h라면 1/8, 120km/h라면 1/12로서 생각하면 좋다. 오프셋으로 넓어진 부분은 주행 가능한 포장을 하지 않으면 안 된다. 넓은 길어깨를 갖는 경우라도 노즈 테이퍼에 상당하는 길이 (20~40m)는 본선과 같은 두께로 안전하게 주행 가능한 포장을 해야 한다.

유출 연결로측에서의 오프셋은 일반적으로 0.6~0.9m정도면 좋으나, 고속도로 분기와 같은 중요한 분기에서는 1.8m이상으로 하는 것이 필요하다.

노즈는 명료하게 식별 가능하도록 연석을 설치하며, 그 반경은 0.6~0.9m 이상으로 한다. 연석은 차가 충돌하여도 손상이 적은 형식으로 하는 것이 좋다. 노즈의 후방에는 본래 고정물을 설치하지 않는 것이 좋으나, 착오로 노즈에 돌진해온 차를 위해서는 가드레일 등의 설치가 필요하다. 그러나 그 부분에 출구 표지를 둘 수 있도록 하기 위해서 가드레일에 의해 그 전면이 확보되는 것이 보통이다. 이 표지는 충돌하여도 차에 피해가 적은 것으로서 향후 가드레일을 설치하지 않아도 안전할 수 있는 충격완화 장치의 연구가 필요하다. 연석의 뒤에 관목 등을 심는 것은, 노즈의 시인성을 높이는 의미로 바람직하다.

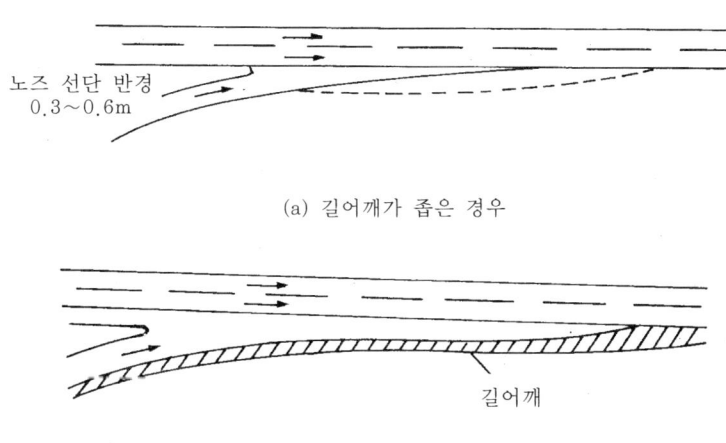

(a) 길어깨가 좁은 경우

(b) 길어깨가 넓은 경우

(그림 5.91) 분류단 노즈

(2) 합류단 노즈

합류단 노즈는 오프셋를 잡을 필요는 없으며, 본선에 통상 덧붙여져 있는 길어깨 끝에 노즈를 두면 좋다.(그림 5.92) 노즈의 선단은 합류각을 작게 하기 위하여 될 수 있는 한 예각 처리가 좋고 선단반경은 0.30~0.60m 이상을 추천한다.

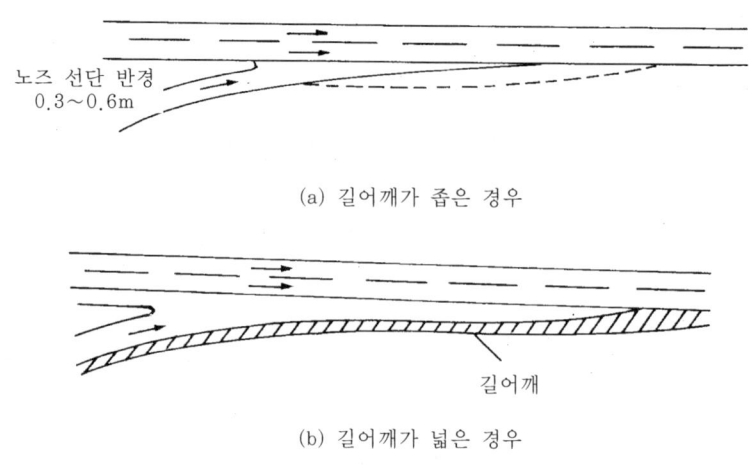

(a) 길어깨가 좁은 경우

(b) 길어깨가 넓은 경우

(그림 5.92) 합류단 노즈

5 2차로 분기의 연결로 접속부

본선으로부터 2차로가 분기 또는 합류할 때, 분기단의 처리가 부적절하면 운용상 혼란과 위험이 발생하기 쉬우므로 특별한 주의가 필요하다.

2차로의 분기, 합류는 ⓐ 본선의 분기, 합류의 경우와 ⓑ 연결로의 용량이 적은 이유로 2차로로 하는 경우에 발생하며, 본선상에서부터 차로수가 증감하는 경우와 증감하지 않는 경우가 있다.

1) 유출 연결로

(1) 본선상호의 분류

본선 상호의 분류각도(설치비율)는 감속차로로서의 길이를 잡기 위해서가 아니라 주행차가 각각의 행선지를 확인하여 적당한 차로에 이동하는 데 필요한 길이가 아니면 안된다. 그런 이유에서 볼 때 중요한 분류에서는 1/50, 적어도 1/30의 비율이 필요하다. 본선 상호의 분류에서도 어느 한쪽을 주방향으로 하고, 다른 쪽을 종방향으로 한 설계가 권장된다. 예로 편측 3차로의 본선으로부터 2차로가 분류하는 경우, 원칙적으로 분류 후의 종방향 본선도 2차로가 된다.(그림 5.93(a))

이와 같은 경우는, 제1차로(좌측 차로)는 그대로 분류방향에 끌어들여 제2차로를 전술한 설치율에 의해 분류시킨다. 이 때 라인마킹은 인터체인지의 경우와 마찬가지로 주방향을 강조하고 제2차로 종방향의 분류는 라인마크를 넘어서 유출하도록 한다. 분류 시작점 앞에서의 안내표지판에는 제1차로는 종방향, 제2, 제3차로는 주방향으로서 차로지정을 한다. 분류단의 오프셋량은 차로 반(1.8m)을 양측에 잡도록 한다.

3차로 본선으로부터 2차로가 유출하여도 역시 주방향이 3차로를 유지하는 경우는 제1차로로부터 2차로로 유출하는 모양이 된다.(그림 5.93(b)) 설치비율은 양 차로에 대하여 각각 필요한 설치율을 만족하도록 선택한다. 그 경우 선형이 상황에 따라 달라도 처음에 분류하는 우측 차로에 대해서는 1/50, 나중에 분류하는 차로에 대해서 1/30으로 하여, 나중의 설치율을 약간 작게 하는 것은 좋다. 분류시점의 바로 앞에 두는 차로 안내 표지판에는 제1차로는 종분류 방향으로 하고, 2차로 본선으로부터 2차로 분류의 경우도 위의 예와 같은 설계로 한다.

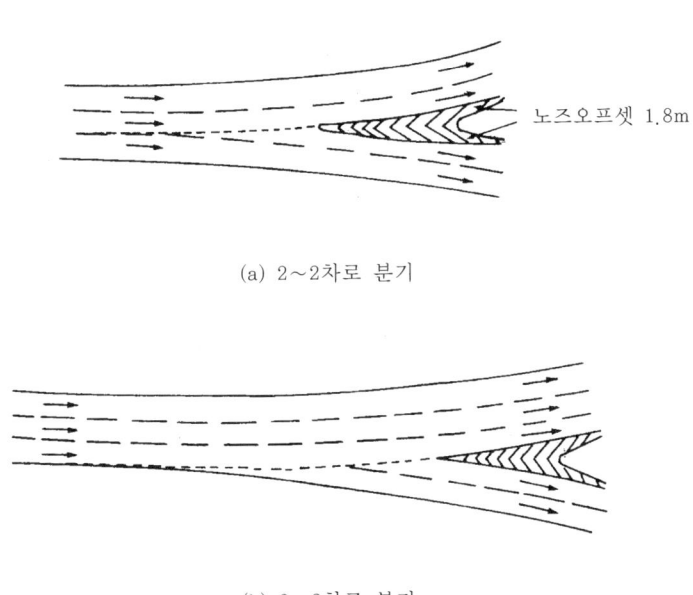

(a) 2~2차로 분기

(b) 2~3차로 분기

(그림 5.93) 차로분류단

(2) 인터체인지 연결로 분류

인터체인지에서의 분류에서 용량상 2차로를 필요로 할 때의 감속차로는 양 차로 모두 충분한 설치길이를 필요로 한다. (그림 5.94(a))과 같이 직접식의 감속차로 규정 길이는 내측(좌측)의 유출 연결로에서 외측까지 나오는 폭의 길이가 필요한 설치길이가 된다. 가능하다면 외측은 내측의 1.5배의 길이를 생각하면 좋다.

(그림 5.94(b))와 같이 평행식 감속차로로서 외측차로의 선형을 먼저 결정하고 난 후, 내측을 고려한 것과 같은 설계는 급한 유출을 유도하는 것이 되어 바람직하지

않다.

본선의 차로를 줄이지 않고 2차로 연결로가 유출하는 것은 연결로의 교통용량이 부족할 때에 행해진다. 그러나 차로 유출부에서도 1,800대/시는 처리할 수 있는 실정으로 볼 때 노즈 부분에서의 갑작스러운 유출을 피하기 위하여 미국에서는 노즈부에서 1차로로 좁히는 설계가 행해지고 있다. 그러나 독일에서는 2차로 유출을 행하고 있으며, 일본에서는 특히 2차로 유출이 부적당하다는 상황은 명확히 나타나고 있지 않다.

이러한 점으로부터 일단 2차로가 용량상 필요하거나 1차로로 가능한 용량이라 하더라도, 꽤 교통량이 많고 긴 연결로의 도중에서 추월을 허용할 때 등 2차로 연결로를 설계하려 할 때는 전술한 바와 같이 충분한 접속길이를 확보하는 것을 전제로 2차로 유출의 형태를 하는 것이 적당하다. 단지 공용 후의 운용상황에 의해서는 마킹이나 라바콘 등으로 유출구를 1차로로 좁히는 처리를 고려해야 한다.

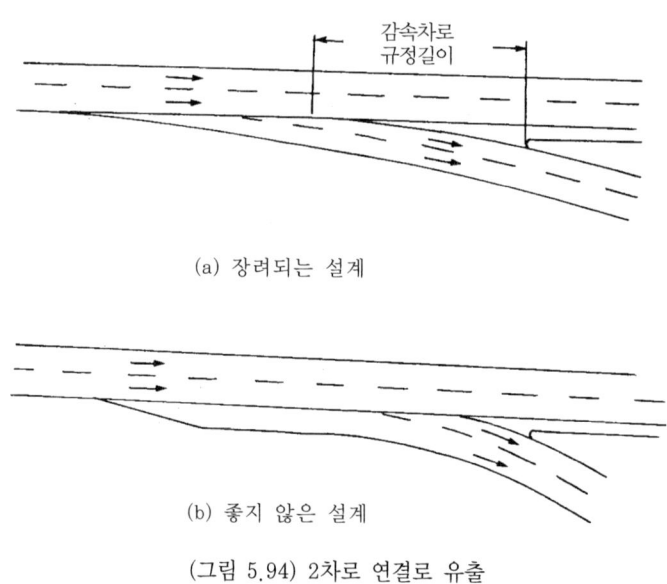

(그림 5.94) 2차로 연결로 유출

2차로 연결로 유출 후의 본선에서 1차로를 줄이는 것과 같은 경우에는 본선으로 주행해야 하는 교통흐름을 위해서, 노즈 부분에서 줄이는 일 없이 1차로분 오프셋량을 잡아 노즈를 지나서부터 서서히 붙여서 줄이는 방법이 캘리포니아의 고속도로설계에서 권장되고 있다. (그림 5.95)와 같이 그 설치 비율은 1/30~1/50으로 하며, 이 경우에서도 바로 앞에 안내 표지판(문형식)을 두고 제1차로는 연결로 전용으로 지정하는 것이 좋다.

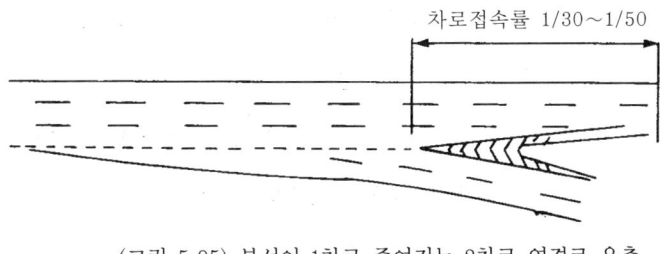

(그림 5.95) 본선이 1차로 줄여지는 2차로 연결로 유출

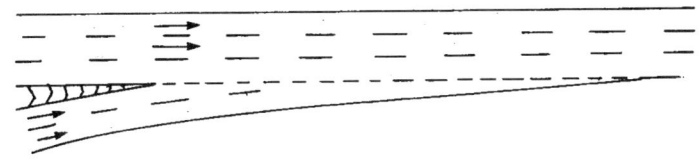

(그림 5.96) 2차로 합류

2) 유입 연결로

(1) 본선 상호의 합류

분류의 경우와 마찬가지로 합류의 접속길이는 고속주행에서의 합류가 안전하게 이루어지는 길이가 필요하다.

설치율은 1/50을 기준으로 생각해야 하며, 합류 후 1차로 증가의 경우 내측차로의 합류에 대하여 필요한 설치길이를 확보하고, 차로가 증가하지 않을 때는 합류의 2차로 쌍방에 대하여 각각 접속길이를 (그림 5.95)에서와 같이 확보하도록 설계해야 한다.

(2) 2차로 연결로 합류

합류 후 본선이 1차로가 많아지는 경우는 본선 상호합류의 경우와 마찬가지로, 내측차로에 가속과 합류의 필요길이(1차로 유입의 값과 같은 값이 좋다)를 잡는 것은 본선 상호합류와 마찬가지다. 감속의 경우와 같이, 외측의 변속차로 길이는 내측의 1.5배 정도를 잡도록 설계하면 좋다. 어떤 경우도, 평행식에서는 매끄러운 합류현상이 되지 않으므로, 반드시 직접식으로 해야 하는 것은 감속차로의 경우도 마찬가지이다. 차로증가가 없는 2차로 합류는 교통량이 많아지면 운용상 곤란이 생기므로, 1차로로 좁히는 것은 감속차로보다는 효과가 높은 것으로 미국의 예에서 지적되고 있다. 감속차로와 마찬가지로 충분한 합류길이를 갖는 2차로 설계해야 한다.

6 연결로 접속단간의 거리

1) 개요

근접한 인터체인지간에서는 본선에서의 유출연결로나 유입연결로, 또는 연결로 상호간의 분합류연결로의 분기단이 근접하게 된다. 이와 같은 곳에서는 운전자가 가야할 방향을 판단하기 위한 시간이나 표지판 설치에 필요한 최소간격 등을 위하여 연결로 상호간에 적당한 거리를 유지시킬 수 있어야만 원활하고 안전한 교통운영에 기여할 수 있다. 예를 들면 합류부가 연속될 때는 그 사이에 가속합류를 위한 어느 정도의 거리가 필요하며, 합류단과 그 직후에 있는 분류단과의 사이에는 엇갈림을 처리하기 위한 거리가 필요하다.

2) 설계기준

미국 AASHTO에서는 표지판 등의 지시를 보고 이해하여 반응하는데 필요한 시간을 2~4초, 자동차가 차로를 바꾸는데 필요한 시간을 3~4초를 합한 5~8초를 기초로 해서 연결로 접속단간의 최소거리를 (그림 5.97)와 같이 추천하고 있다.

연결로 접속부간의 이격거리는 다음 사항에 유의하여 구해야 한다.

(1) 본선의 유출이 연속되거나 유입이 연속되는 경우
  이 경우에는 (그림 5.97)의 값을 취하는 외에 변속차로 길이 및 표지간의 거리 등을 감안하고 제일 긴 거리를 필요로 하는 조건에 따라서 그 거리를 결정한다.

(2) 유입의 앞쪽에 유출이 있는 경우(유입-유출의 경우)
  이 경우에는 (그림 5.97)의 값을 취하는 외에 엇갈림에 필요한 길이를 계산하여 긴 쪽을 취해 거리를 결정한다. 엇갈림 교통량 및 본선 교통량이 많은 경우에는 (그림 5.98)와 같은 집산로 설치가 필요하다. 집산로란 (그림 5.98)에 나타낸 바와 같이 본선에 평행하게 분리하도록 유출구와 유입구 사이에 설치함으로써 교통량을 분산 유도하는 기능을 갖는다.

유입-유입 또는 유출-유출 경구		유출-유입		연결부상		유입-유출 (엇갈림)	
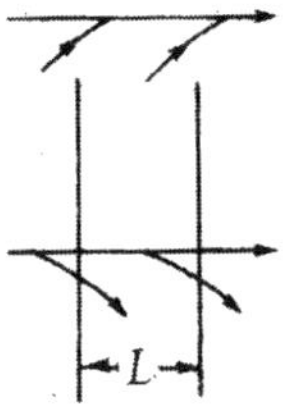		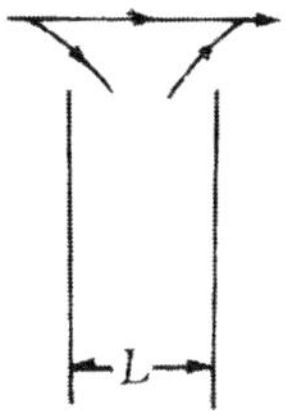		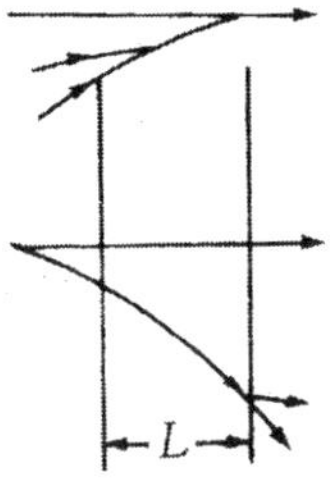		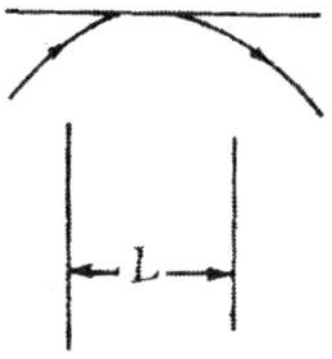 *클로버형의 루프에는 적용 안됨	
모브 노즈까지의 최소 이격거리(m)							
지방지역	도시지역	지방지역	도시지역	지방지역	도시지역	지방지역	도시지역
300	240	150	120	240	180	600	300

(그림 5.97) 연결로 접속부간 최소 이격거리의 추천값

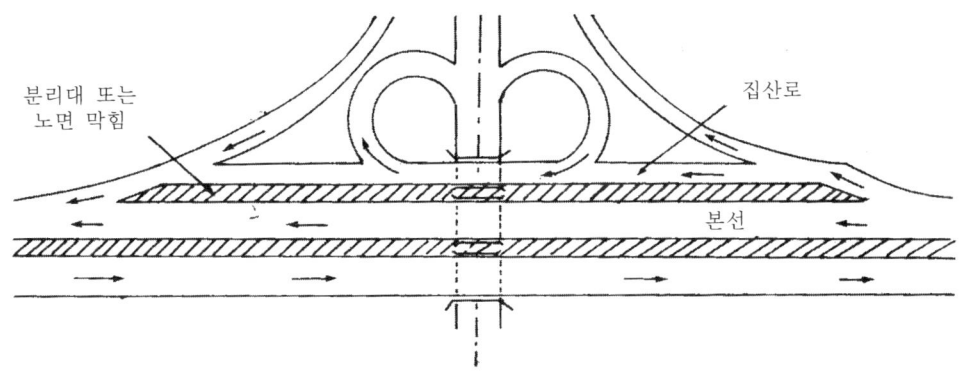

(그림 5.98) 집산로를 설치한 입체교차

일반적으로 다음과 같은 경우에는 집산로의 설치를 검토할 필요가 있다.
① 통과차로의 교통량이 많아 분리할 필요가 있는 경우
② 유출 분기 노즈가 인접해서 2개 이상 있는 경우
③ 유출입 분기 노즈가 인접해서 3개 이상 있는 경우
④ 필요한 위빙 길이를 확보할 수 없는 경우
⑤ 표지 등에 의해 유도를 정확히 할 수 없는 경우

5.6 연결로와 접속도로의 교차

1 개요

인터체인지의 연결로와 일반도로가 만나는 교차부를 처음부터 입체교차로 할 것인지 평면교차로 할 것인지는 인터체인지 및 일반도로의 교통량 및 도로의 성격과 교통용량에 의해서 판단된다. 접속부의 입체교차는 넓은 면적의 부지가 필요할 뿐 아니라 막대한 공사비를 필요로 하므로 교통량을 충분히 검토하고, 장래 교통량 변화도 고려하여 평면교차로 처리할 수 있는 방법, 즉 도로의 폭을 교차부분에서 확폭하여 좌우회전 전용차로를 설치하여 교차부의 용량을 증가시키는 방법도 생각해 보는 것이 필요하다. 또한, 단계건설 계획을 세워서 처음에는 평면교차로 하더라도 장차 입체교차에 필요한 부지를 확보해 둠으로써 차후에 입체교차로 바꾸는 데 어려움이 없도록 하는 방안도 고려해야 한다.

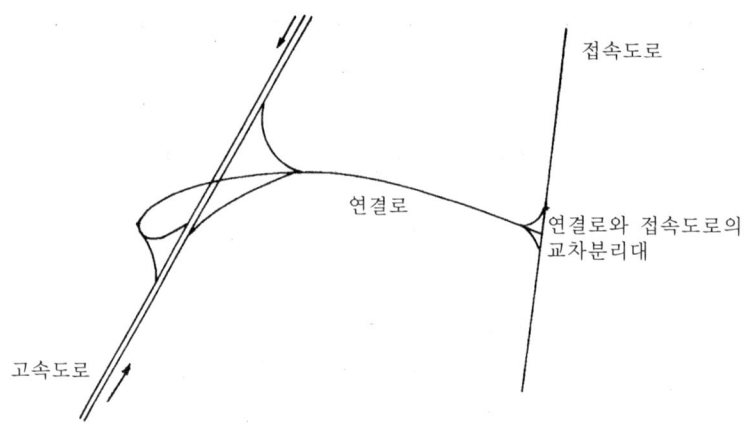

(그림 5.99) 연결로와 접속도로의 교차부

2 교차형식 선정시 고려사항

연결로와 접속도로가 교차하는 지점을 입체교차로 할 것인가 또는 평면 교차로 할 것인가를 결정할 때 고려해야 할 사항은 다음과 같다.
1. 접속도로의 차로수
2. 접속지점의 지형조건
3. 교차점의 이용 교통량과 교통용량
4. 접속도로의 차후 개량여부
5. 경제성

③ 형식선정 기준검토

1) 접속도로의 차로수

「도로의 구조·시설 기준에 관한 규칙」에서는 4차로 이상의 도로가 교차하는 경우 입체교차를 원칙으로 하도록 규정하고 있으며, 부득이한 교통상황 또는 지형상황의 경우에는 평면교차도 허용하고 있다. 그리고 교차하는 도로 중 어느 한 쪽이 2차로인 경우는 평면교차를 원칙으로 하지만, 교차점의 교통량, 교통안전, 도로의 기능면에서 볼 때 입체교차가 바람직하다고 생각되는 경우는 입체교차로 하도록 하고 있다.

2) 접속지점의 선형조건

접속지점의 토지이용현황 및 장래 토지이용계획 등을 충분히 조사 분석하여 접속지점의 교차형식을 선정한다. 연결로가 지방지역 주간선도로에 접속되거나 주변 교통량이 환상형을 형성하는 도시지역 주간선도로에 접속되는 경우, 접속지점의 교차형식은 입체교차로 하는 것이 바람직하다.

3) 교차점의 이용 교통량과 교통용량

연결로와 접속도로의 교통량이 신호 교차로의 교통용량의 초과하여 신호체계로 처리할 수 없는 경우 입체교차로 설계해야 한다. 기준이 되는 교통량은 공용개시 10년 후의 일교통량을 기준으로 하고, 신호 교차로의 교통용량 산정은 〈도로용량편람〉을 이용한다. 공용개시 10년 후의 연평균 일교통량(AADT)이 〈표 5.48〉이상인 경우 입체 교차하는 것이 바람직하나 공용개시 11년 후부터 15년 사이의 교통량이 〈표 5.48〉이상인 경우, 입체교차에 필요한 용지를 확보하여 단계건설을 계획해야 한다.

〈표 5.48〉 교통량에 따른 입체교차 기준(공용개시 10년 후)

구분	연결로 교통량	접속도로 교통량	연결로+접속도로 교통량
지방부	20,000	30,000	25,000
도시부	27,000	40,000	33,000

4) 접속도로의 차후 개량여부

교차점의 도로용량은 접속도로의 폭에 따라 달라지므로 차후 도로확장계획이나 개량여부, 연도계획 등을 고려하여 형식을 선정한다.

5) 경제적 타당성

초기 투자비용(공사비, 용지 및 보상비), 유지 보수비와 편익, 내부 수익률 등을 비교 분석하여 입체교차 여부를 정한다.

4 연결로와 접속도로 교차형식 선정기준

연결로와 접속도로 교차형식을 선정하는 기준은 교차로를 설치한 지역이 지방부인가 도시부인가로 나눈 후, 접속도로의 교통량과 연결로의 교통량에 따라 교차부의 형식을 선정하고 있다. (그림 5.100) 및 (그림 5.101)은 지방부 및 도시부의 교통량에 따른 일반적인 교차형식 선정기준을 제시한 것이다. 두 그림 모두 접속도로가 4차로, 연결로는 2차로일 때의 기준이다.

각 교차 형식별 특징을 간단히 요약하면 다음과 같다.

(그림 5.100)과 (그림 5.101)에서 평면교차, 불완전 입체교차, 완전 입체교차를 다루고 있는데, 이들 형식의 특징을 살펴보면 다음과 같다. 여기에 설명된 형식 외에도 많은 형식이 있을 수 있지만, 일반적으로 적용되는 형식에 대해서만 설명하기로 한다.

1) 평면교차형

이 형식은 건설비가 적게 들고, 도로변의 조건에 거의 영향을 받지 않는 형식이므로 교통량이 적은 연결로와 접속도로의 교차형식으로 사용된다.

2) 불완전 입체교차형

불완전 입체교차형에는 측도가 있는 다이아몬드(한쪽 입체교차형과 완전 입체교차형) 형과 F형, 주방향 입체교차형이 있다.

5.6 연결로와 접속도로의 교차   579

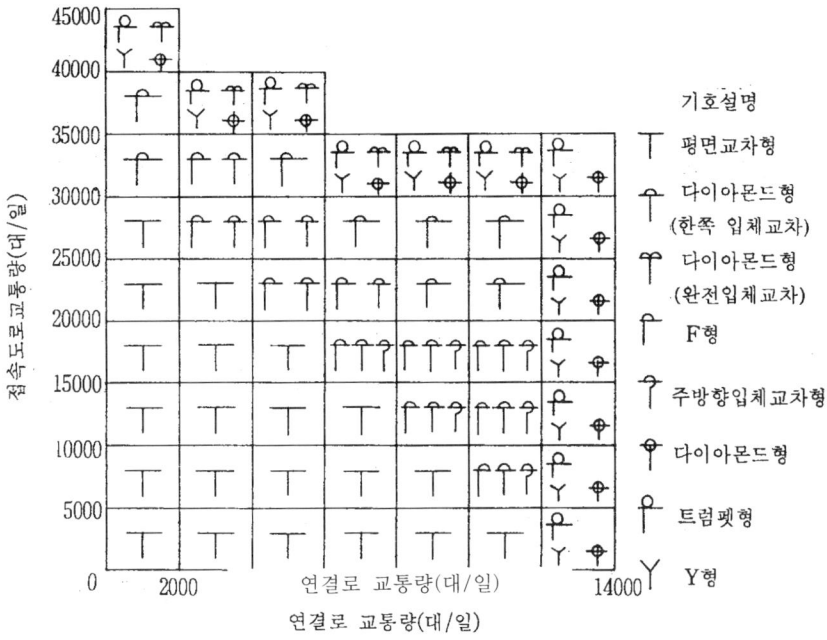

(그림 5.100) 연결로와 접속도로의 교차형식 선정기준(지방부)

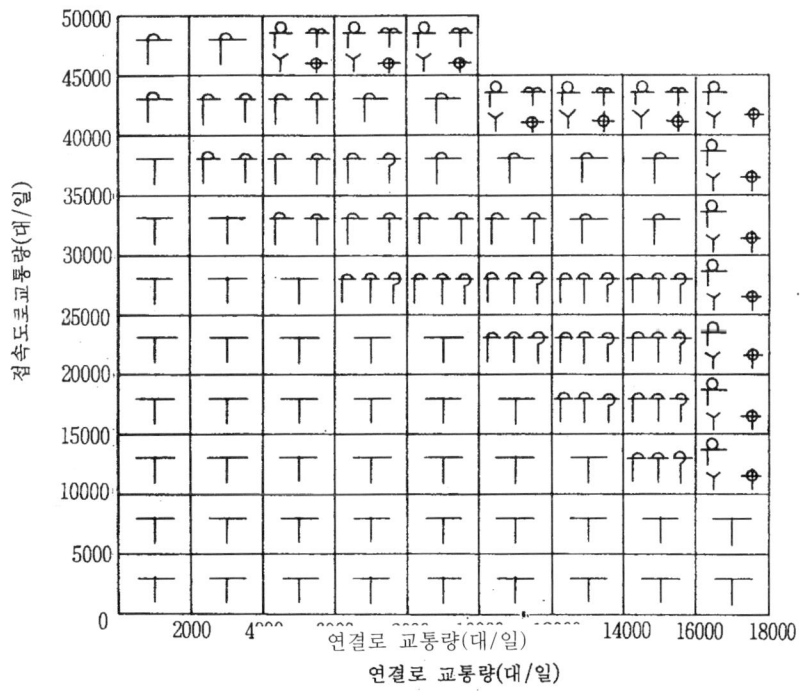

(그림 5.101 연결로와 접속도로의 교차형식 선정기준(도시부)

(1) 측도가 있는 다이아몬드형(한쪽 입체교차)

이 형식은 접속도로의 입체화가 가능할 때 채택할 수 있는 형식으로서 용지면적이 적게 소요되므로, 지형의 제약을 많이 받거나 용지매입이 어려운 곳에 설치할 수 있는 형식이다.

(2) 측도가 있는 다이아몬드형(완전 입체교차)

이 형식은 (가)의 형식과 같은 특징을 가지고 있는데, 완전 입체교차로 시설을 함으로써 교통용량이 (나)형식보다 크고, 공사비도 더 많이 소요된다는 차이점이 있다.

	형식		교차부 구조도	특징
불완전입체형	F형		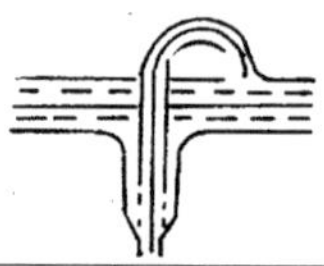	· 연도이용 통과교통에 제약이 적다 · 연도에의 영향이 적고 비교적 건설비도 싸다 · 차로교차가 없다.
	주방향 입체형		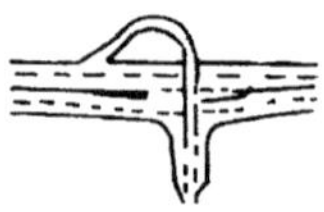	· 주방향 교통량이 월등히 많을 경우
	다이아몬드	연결도로 한쪽 입체형	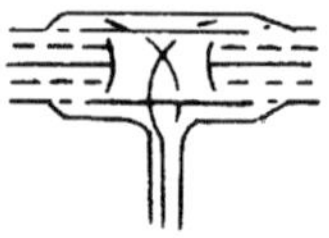	· 연결도로의 입체화가 가능할 때 · 용지면적이 적게 든다. · 지형이 협소하고, 용지매입이 어려울 경우
	보조길	연결도로 완전입체형	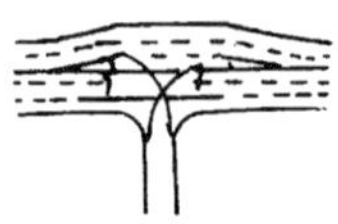	· 연결도로의 입체화가 가능할 때 · 지형이 협소하고 용지매입이 어려울 경우 · 공사비가 고가(불완전 입체교차의 경우)
완전입체형	다이아몬드형		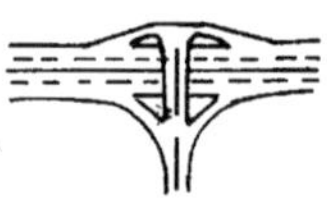	· 편입용지가 적다 · 건설비 저렴
	트럼펫형		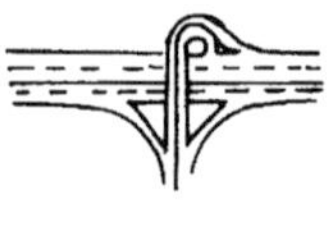	· 최대의 용지면적을 필요로 하므로 지방부에서 용지비가 싼 장소 접합 · 건설비가 불완전 입체교차에 비해 비싸다 · 최대의 교통량을 수용
	Y형(3층)		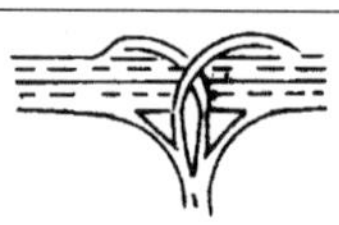	

(그림 5.102) 연결로와 접속도로 입체교차형식

(3) 불완전 입체교차 중에서 주방향 입체교차형은 측도가 있는 다이아몬드 완전 입체교차형, 다이아몬드형 다음으로 용량이 크다. 통과교통에 대한 제약이 적고, 도로변에 미치는 영향이 적으며, 불완전 입체교차 형식 중에서는 건설비가 비교적 적게 든다.
(4) 주방향 입체교차형
한쪽 방향의 교통량이 월등히 많을 때 채택할 수 있는 형식이다.

3) 완전 입체교차형

완전 입체교차형에 트럼펫형과 Y형이 있다. 이들 형식은 비교적 넓은 용지면적을 필요로 하므로 용지비가 싼 지방지역에 적합하다. 그리고 건설비가 불완전 입체교차에 비하여 비싸지만 용량이 큰 장점이 있다.

5 연결로와 접속도로 교차형식 선정기준

고속도로 계획시 분기점과 인터체인지의 적정설치간격이 부족하거나 이용자 요구 등에 의해 분기점 위치에 인터체인지을 함께 설치해야 할 경우가 있다. 4지 교차되는 분기점과 인터체인지의 통합시 적용할 수 있는 형식은 직결형, 변형클로버형(루프 형태별), 로타리형 등 분기점 기본형식에 인터체인지 연결을 직결형과 트럼펫형으로 구분하여 연결 할 수 있다.

1) 직결형

분기점 : 완전직결형

구 분		내 용
교 량	본 선	3개소 / 285m
	연결로	7개소 / 590m
	소 계	10개소 / 875m
편 입 면 적		525천㎡
연결로 연장		8,280m
종 단 층 수		3개층
엇 갈 림		없음

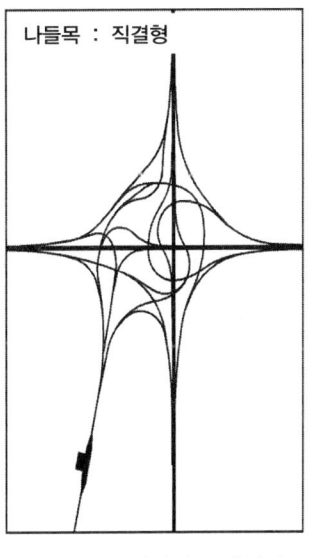
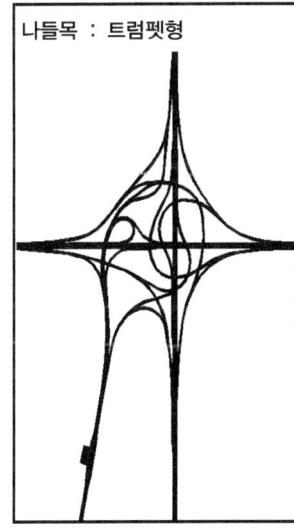

(그림 5.103) 직결형 교차형식

2) 변형클로버형(루프연결 1개소)

분기점 : 직결3방향, 루프1방향		
구 분		내 용
교 량	본 선	3개소 / 130m
	연결로	9개소 / 605m
	소 계	12개소 / 735m
편입면적		307천㎡
연결로 연장		6,860m
종단층수		3개층
엇갈림		없음

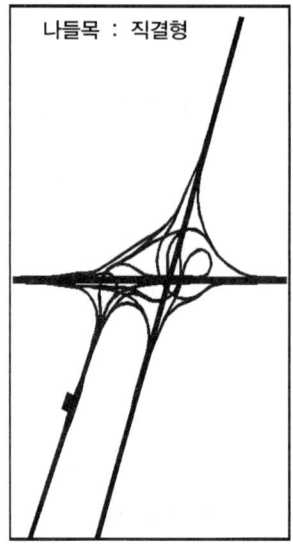 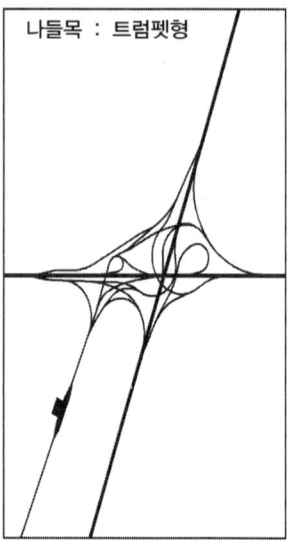

(그림 5.104) 변형클로버형(루프연결1개소) 교차형식

3) 변형클로버형(루프연결 2개소[A])

분기점 : 직결2방향, 루프2방향		
구 분		내 용
교 량	본 선	2개소 / 175m
	연결로	6개소 / 390m
	소 계	8개소 / 565m
편입면적		347천㎡
연결로 연장		7,680m
종단층수		3개층
엇갈림		없음

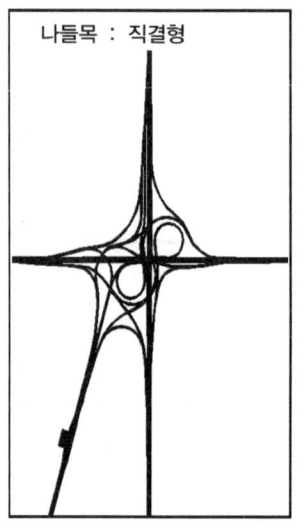 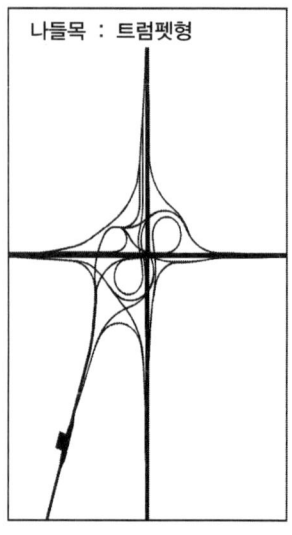

(그림 5.105) 변형클로버형(루프연2개소[A]) 교차형식

4) 변형클로버형(루프연결 2개소[B])

분기점 : 직결2방향, 루프2방향

구분		내용
교량	본선	3개소 / 140m
	연결로	8개소 / 610m
	소계	11개소 / 750m
편입면적		390천㎡
연결로 연장		7,540m
종단 층수		3개층
엇갈림		1개소

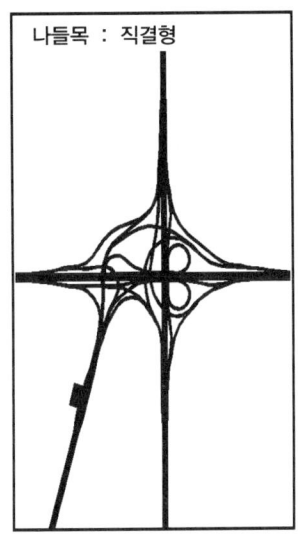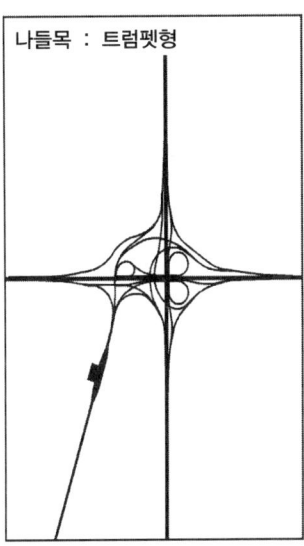

(그림 5.106) 변형클로버형(루프연2개소[B]) 교차형식

5) 변형클로버 + 로타리형

분기점 : 직결2방향, 루프2방향

구분		내용
교량	본선	1개소 / 155m
	연결로	10개소 / 770m
	소계	11개소 / 925m
편입면적		588천㎡
연결로 연장		10,780m
종단 층수		3개층
엇갈림		3개소(IC이용차량)

(그림 5.107) 변형클로버+로타리형 교차형식

(ㄱ)

가감속 차로 ···355
가속차로의 길이 ··560
가속차선 ··552
가시 삼각형(Sight Triangle) ··················367
감속차로의 길이 ··555
감속차선 ··552
개구부 ··167
경고노면 ··375
경제지표 ··83
계획목표년도 ··18
고속도로 ··520
곡선부의 확폭 ··183
곡선의 길이 ··180
공간기능 ··2, 4
교차(crossing) ··459
교차로(Intersection) ··································304
교차로의 상충 ··307
교차로의 시계(視界) ·································367
교차로의 확폭 ··315
교통관제 ··311, 339
교통기능 ··2
교통류율 ··49
교통류의 효과척도 ······································48
교통안전시설 ··386
교통영향분석·개선 ······································76
교통용량 ··44
교통운영 ··398
구간별 균일 요금제 ··································458
구조설계 ··16
굴절교차 ··325
그린쉴드(Greenshields) ···························423
기능설계 ··16
기본 차로수 ··504
기본설계 ··77

기준점 ··99
길어깨 ··146
길어깨의 횡단경사 ·······················272, 295

(ㄴ)

내부 수익률(Internal Rate of Return : IRR) ···121
내접원 직경 ··374
노선계획 ··82
노선선정 ··103
노선의 평가 ··117
노즈의 설계 ··568

(ㄷ)

다이아몬드형 ··467
단계건설 ··298
단속류 도로 ··46
도로 반사경 ··389
도로기능 ··2
도로의 구분 ··6
도로의 네트워크 ··8
도류로 ··342
도류시설물 ··357
도류화 설계 ··332
도시 고속도로 ··520
도시지역 ··33
동선 ··437

(ㄹ)

로터리형 ··477
루프(Loop) ··461

(ㅁ)

민감도 분석(sensitivity analysis) ············125
밀도 ··51

(ㅂ)

방호책 ···388
변속차로 ·····································354, 551
변칙 교차 ··325
변칙교차 ···329
변형교차 ·······································325, 329
보도 ···137
분기점(junction) ····································501
분류(diverging) ·····································459
분리교차(Grade Separations Without Ramps) 304
분리교통섬 ··375
분리교통섬지대 ·····································375
분합류(DM) ··463
분합류부에서 부가하는 보조차로 ············506
불완전 입체교차형 ·································467
불완전 클로버형 ····································471
비용과 편익 ···119

(ㅅ)

산지 ···33
서비스 수준 ···28
선형설계 ···170
설계 교통량 ··37
설계 서비스 수준 ·····································30
설계구간 ··25
설계기준 자동차 ······································18
설계속도 ··31
소형차도로 ··521
순현재가치(Net Present Value) ···············120
스마트 인터체인지 ·································486
시거 ···253
시설한계 ···130
식수대 ··156
신호간격(interval) ·································406
신호교차로 ··406

신호등 ··386
신호주기 ···399
신호현시 ···400
실시설계 ···79

(ㅇ)

앞지르기 시거 ·······································258
양보에 의한 진입 ···································376
양보지점 ···375
양보표지 ···312
엇갈림 교차 ··325
엇갈림 구간 ··54
엇갈림(weaving) ···································459
연결로 접속부 ·······································549
연결로(RAMP) ······································460
연결로의 규격 ·······································520
연결로의 시거 ·······································528
연석돌출부(curb bulb) ···························376
연속 분류(DD) ······································463
연속 진행(progression) ··························407
연속 합류(MM) ·····································463
연속류 도로 ··46
예각교차로 ··402
오르막 차로 ··212
옵셋(offset) ··407
원건 입체교차형 ····································478
완화곡선 ·······································187, 536
완화구간 ···187
우회전 별도차로 ····································375
우회전 차로 ··354
우회전(右) 연결로 ·································461
원곡선 ··226
원곡선 반경 ··173
웹스터(Webster) ···································424
위험도 분석(risk analysis) ·····················125

유도기능 ·· 2
유도차로 ·· 364
유료도로의 요금징수 방식 ················ 458
유입 연결로 ···································· 550
유출 연결로 ···································· 550
이동기능 ·· 2
이정량 ·· 191
인터체인지 구간별 요금제 ·············· 458
인터체인지 형식 모음 ····················· 501
인터체인지와 사고 ·························· 507
인터체인지의 형식 ·························· 465
일반도로 ·· 520
일시정지 ·· 312
입체 횡단시설 ································ 387
입체교차(Grade separations & Interchanges) ·304
입체교차로 ···································· 436

(ㅈ)

자동차 제원 ··································· 196
자본 회수기간(Pay-Back Period : PBP) ······· 121
자전거 보행자도 ····························· 137
자전거도 ·· 137
장래 교통량 예측 ····························· 87
적설지역 ·· 152
전 노선 균일 요금제 ······················ 458
접근기능 ·· 2
접근로 ·· 374
정지선 ·· 391
정지시거 ·· 253
정차대 ·· 137
제한속도 ·· 33
종단경사 ·· 194
종단곡선 ·· 201
종단선형 ·· 194
종단선형 설계 ································ 109

좌회전 차로 ·································· 346
좌회전(左) 연결로 ·························· 461
주기(Cycle) ···································· 406
준직결 연결로(semi-direct ramp) ······ 461
준직결+평면 교차형 ······················ 475
중앙 분리대 ·································· 141
중앙교통섬 ···································· 374
중앙교통섬 직경 ···························· 375
지방지역 ··· 33
직결 연결로(direct ramp) ················ 461
직선 ··· 172
직선구간의 제한 길이 ····················· 226
직접식 ·· 552
진입각 ·· 374
진입곡선 ·· 374
진입로폭 ·· 374
진출곡선 ·· 374
진출로 ·· 374
진출로폭 ·· 374
진행대(through band) ····················· 407

(ㅊ)

차도 ··· 138
차로 폭 ·· 140
차로수의 결정 ································ 139
차로수의 균형 ································ 504
차종의 분류 ····································· 23
첨두시간계수(peak hour factor : PHF) ········· 422
최소 평면곡선 반경 ······················· 535
충격 방지 시설 ······························ 390
측도 ··· 165

(ㅌ)

타당성 조사 ······························ 68, 74
테이퍼 ·· 356

토지이용 ···2
트럼펫 A형 ···································540
트럼펫 B형 ···································543
트럼펫형 ······································474

(ㅍ)

판단시거(Decision Sight Distance) ·········366
퍼짐(flare) ·····································375
편경사 ··273
편익/비용비율(benefit cost ratio : B/C) ·······120
평면 교차로의 최소 곡선 반경 ···············331
평면교차(At-Grade Intersections) ·······304
평면교차로 ····································304
평면교차로의 시거 ····························368
평면선형 ······································171
평면선형 설계 ·································107
평지 ··33
평행식 ··552

(ㅎ)

합류(merging) ·································459
합분류(MD) ····································463
현시(phase) ···································406

화물차턱 ······································375
환경 시설대 ···································155
환경영향평가 ···································77
회전 교통 ·····································313
회전교차로 ····································373
회전반지름(deflection radius) ············376
회전차로 ······································374
회전차로폭 ····································374
횡단경사 ······································270
횡단구성 ······································135

(A)

A형 ···538

(B)

B형 ···538

(S)

S형 연결로 ···································538

(T)

T형 교차로 ···································400

저자 강 재 수

- 고려대학교 토목공학과 졸업
- 고려대학교 대학원 토목공학과 졸업(공학석사)
- 한양대학교 대학원 교통공학과(공학박사)
- 한국도로공사 기술본부장
- 도로 및 공항기술사
- APEC Engineer

  o 1996. 2.~ 2002. 2. : 서울시 건설기술심의위원
  o 1999. 2.~ 2008. 2. : 도로 및 공항기술사회 부회장 및 감사
  o 1999. 7.~ 2001. 6. : 한국지반공학회 대의원
  o 1999. 10.~ 2001. 10. : 원주지방국토관리청 설계자문위원
  o 2000. 3.~ 2005. 3. : 선문대학교 건설공학부 겸임교수
  o 2000. 4.~ 2002. 4. : 대한토목학회 편집위원
  o 2001. 3.~ 2003. 2. : 한국포장공학회 대의원
  o 2004. 12.~ 2006. 12. : 건설교통부 시설물 사고조사위원회 위원
  o 2005. 3.~ 2007. 2. : 경기대학교 산업정보대학원 겸임교수
  o 2001. 10.~ 현   재 : 건설기술평가원 평가위원
  o 2007. 8.~ 2008. 12. : 세계도로협회(PIARC) 한국위원회 운영위원장
  o 2007. 10.~ 현   재 : 한국도로학회 이사
  o 2008. 1.~ 현   재 : 중앙건설기술 심의위원
  o 2009. 1.~ 현   재 : 대한토목학회 이사
  o 2009. 1.~ 현   재 : 세계도로협회(PIARC) 운영위원

최신 도로계획과 설계

2009년 09월 01일 인쇄

2009년 09월 10일 발행

저　자　강 재 수
발 행 자　김 성 계
발 행 처　도서출판 건설정보사
등록번호　제 3-1122호
주　　소　서울시 용산구 갈월동 70-9
전　　화　02) 717-3396~7　Fax 02) 717-3398

ISBN 978-89-6295-054-0　93530　　　　　　　　　　정가 31,000원

이 책의 무단 복제를 절대 금합니다.